Buliang Diji Gonglu Shigong Jishu

不良地基公路施工技术

刘孔杰　郑瑞君
魏正义　魏学军　编著

人民交通出版社
China Communications Press

内 容 提 要

本书以河北沿海高速公路秦皇岛至冀津界路段为依托，介绍了塑料排水板、水泥搅拌桩、碎石振冲桩、钻孔挤扩桩、冲击碾压强夯等处理软弱和砂土液化地基方法，以及盐渍土改性技术，详述了粉煤灰、气泡轻质土、EPS块体路堤填筑技术，并以实际工程为例，综合利用这些方法和技术，成功地解决了台背跳车病害。同时，还探索了在处理的软基上修筑长寿命路面技术，以及路堤防护措施。

本书理论联系实际，便于应用。可供从事公路建设的科研、设计、施工及监理、检测技术人员参考和借鉴，亦可供有关大中专院校师生学习、参考。

图书在版编目(CIP)数据

不良地基公路施工技术/刘孔杰等编著．—北京：人民交通出版社，2009.9

ISBN 978-7-114-07936-8

Ⅰ．不… Ⅱ．①刘… Ⅲ．公路路基—工程施工—施工技术Ⅳ．U416.104

中国版本图书馆CIP数据核字(2009)第161603号

书　　名：不良地基公路施工技术
著 作 者：刘孔杰　郑瑞君　魏正义　魏学军
责任编辑：刘永芬
出版发行：人民交通出版社
地　　址：(100011)北京市朝阳区安定门外外馆斜街3号
网　　址：http：//www.ccpress.com.cn
销售电话：(010)59757969，59757973
总 经 销：北京中交盛世书刊有限公司
经　　销：各地新华书店
印　　刷：北京交通印务实业公司
开　　本：787×1092　1/16
印　　张：23.75
字　　数：556千
版　　次：2009年9月　第1版
印　　次：2009年9月　第1次印刷
书　　号：ISBN 978-7-114-07936-8
印　　数：0001~3000册
定　　价：48.00元

不良地基公路施工技术
编写委员会

前言

QIAN YAN

河北沿海高速公路全长210.06公里，其中秦皇岛、唐山段为北路段，长160.235公里，沧州段为南路段，长49.825公里。

本书依托河北沿海高速公路秦皇岛、唐山段(以下同)，该路段位于渤海湾北部地域，沿途有50余公里盐渍土地带，经过20余公里砂土液化地段，穿过水网密布的稻田和鱼虾养殖区，泥沼、积水湿地、沿海滩涂，星罗棋布，少数路段还遭到海潮冲袭。在这样的地区修建高速公路，其成败的关键问题，在于如何处理软弱土地基和砂土液化地基，改良盐渍土土壤。

关于对不良地基治理，是一个复杂的课题，国内外许多部门、院校和专家，对该课题进行了诸多研究，出版了众多的图书、专著，有关这方面的论文，可说是学富五车。此外，因特网上有关这方面的咨询资料，犹如春节燃放的烟花，绚丽夺目，信手可拈，可谓浩如烟海。但是，不管哪种治理方法和措施，各有自己的用武之地，适应于不同的地域、土质类型和气候，反映不同历史时期的社会生产力发展水平。

众所周知，生产工具是衡量社会生产力水平发展的尺度。随着科学技术进步，工业化水平的提高，许多新型的施工机具不断革新，新型材料不断涌现，相应的对不良地基治理方法和措施，也不断推陈出新。沿海公路建设者们，以科学发展观为指针，以科学研究为先导，结合河北沿海高速公路工程实际，积极地对不良地基治理进行探索。一方面从浩瀚技术资料中，披沙检金，传承运用。同时，积极采用新材料，使用新技术、新设备和新工艺，在对不良地基治理上，继续探骊寻珠。经过三年努力钻研、拼搏，在治理桥头跳车病害，修筑长寿命路面的实线中，又向前迈出成功的一步。

今天，人类社会文明，之所以取得如此进步，社会生产力取得巨大发展，都是人类几千年乃至上万年知识积累的结果。人们知识总是不断积累，社会总是不断进步，生产力水平总是不断提高。正是遵循这一基本规律，我们在总结实践经验的基础上，依据施工中所取得的科研成果，同时吸取有关著作中的资料，采取删繁就简，突出重点，力求更接近于施工作业的需要，经过系统分析、归纳整理，编纂成书，以期与同行们进行交流，更重要的是通过图书载体进行传承，不断丰富对不良地基治理技术的知识，为公路建设事业积累技术经验，为交通建设事业发展贡献微薄之力。

全书统一由刘孔杰、郑瑞君、魏正义、魏学军主持编写和审定。本书共分八章，第一、二章介绍了编写本书所依托的工程概况及浅层不良地地基处理技术，由孟月强、曾俊平、郭登科、朱彤编写；第三章 深层不良地基处理技术，重点介绍了碎石振冲桩、DX挤扩桩等复合地基施工技术，由陈顺林、封晓黎、杨永占、石宗岭编写；第四章 盐渍土固化技术，重点论述了KD固化剂和SH胶固化盐渍土技术，由侯岩峰、何义军、马文栋、孙永兴编写；第五章 主要介绍不良地基上路堤施工技术，以具体工程实例，重点阐述了压实技术、轻质土、EPS等施工技术，综合治理桥梁台背跳车病害，由刘吉川、李宪峰、赵立波、郭久明、王石良编写。第六章，重点探讨了不良地基上的路堤施工过程和最终沉降预测技术，由宋应发、杨立伟、侯立、马悦编写。第七章介绍了在软土地基路堤上修筑长寿命路面施工技术，由于建游、张玉珍、马印怀、由继福编写。第八章 介绍不良地基路堤防护技术，由刘建奇、张同辉、王志义、赵长海编写。

本书所述内容，密切以依托工程为例，便于举一反三，有利于实际应用，期望让读者阅读后获得最佳效果，笔者则感到无限欣慰。在本书编写过程中，曾得到河北沿海高速公路筹建处、北京科技大学、河北交通设计研究院、河北中阔基础工程有限公司、中交第四航务工程勘察设计院北京交通分院，以及全体参建单位和监理单位大力支持，在此一并表示衷心感谢，并致以崇高的敬意。

前已述及，不良地基处理技术资料浩瀚，加之在实践中积累了许多宝贵经验和资料，鉴于笔者水平所限，绠短汲深，书中所述内容，可能会不少不妥之处，诚恳欢迎广大读者匡谬，使之日臻完善。

河北沿海高速公路，已投入使用两年有余，实践表明：施工中我们所采取的技术措施是成功的，愿本书所述经验能有的放矢，对河北省乃至其他省（市、区）公路施工有所借鉴和参考，祝愿河北公路建设事业蒸蒸日上。

作者

2009年6月

目录 MU LU

第一章　依托工程概况

本书依托工程系河北沿海公路北段，所述的技术内容，基于本项目工程经验总结，以及结合项目所进行的研究成果。为便于论述，首先简略介绍一下依托工程的基本概况。

第一节　沿海公路项目工程

为了适应环渤海经济开发和发展，1986年河北省交通厅决定修建沿海高速公路。近几年来，随着曹妃甸港口建设伊始，大吨位运输车辆骤增，原有公路已不堪负重，河北省沿海高速公路（以下简称"沿海公路"）应运而上，于2005年5月16日动工，2007年12月21日交付使用。

沿海公路北端起自京沈高速公路K258处，途经秦皇岛、抚宁、昌黎、乐亭、滦南、唐海、丰南与天津市海滨大道相接，全长160.236km，它将山海关、秦皇岛、唐山、曹妃甸、天津港联结一起，对沿海产业链形成，意义非凡。

沿海公路北段分成两个项目，同时进行建设。第一个项目，自起点到乐亭路段，长82.04 km，简称Q项目；第二个项目起自乐亭到冀津界段，长78.196km，简称T段。

从项目的名称可一目了然，它沿渤海边缘匍匐延伸，经过广阔的斥卤不毛之地，穿越前人开发的一望无边的稻田，飘过阡陌纵横鱼虾池田，直达冀晋界；特别一提的是：三十多年前令人触目惊心地唐山大地震就发生在这里。在这样的地带，如何建成一条合格的、高质量的高速公路，面临诸多技术难题，如何解决这些技术难题，成为项目建设中主旋律。

一、工程技术标准

河北省沿海公路，是一条全封闭、全立交、双向四车道高速公路，北段全长160.236km，其所采用的主要技术指标，如表1-1所示。

河北沿海高速公路所采用的主要技术指标表　　表1-1

<table>
<tr><th>技术指标</th><th>单位</th><th>设计采用值</th><th colspan="2">技术指标</th><th>单位</th><th>设计采用值</th></tr>
<tr><td>公路等级</td><td></td><td>高速公路</td><td rowspan="8">横断面</td><td>路基宽度</td><td>m</td><td>28</td></tr>
<tr><td>设计速度</td><td>km/h</td><td>120</td><td>行车道宽度</td><td>m</td><td>2×7.5</td></tr>
<tr><td>停车视距</td><td>m</td><td>>210</td><td>中间带宽度</td><td>m</td><td>4.5</td></tr>
<tr><td>平曲线最小半径</td><td>m</td><td>3 500</td><td>中分带宽度</td><td>m</td><td>3.0</td></tr>
<tr><td>平曲线最小长度</td><td>m</td><td>1 036.53</td><td>硬路肩宽度</td><td>m</td><td>3.5</td></tr>
<tr><td>缓和曲线最小长度</td><td>m</td><td>384.457</td><td>桥涵与路基同宽</td><td>m</td><td>28</td></tr>
<tr><td>不设超高最小平曲线半径</td><td>m</td><td>5 500</td><td>路拱标准横坡</td><td>%</td><td>2%</td></tr>
<tr><td>最大平曲线半径</td><td>m</td><td>8 500</td><td>路肩横坡</td><td>%</td><td>3%</td></tr>
<tr><td>最大纵坡</td><td>%</td><td>2.214</td><td colspan="2">桥涵设计荷载</td><td colspan="2">公路－I级</td></tr>
<tr><td>最小坡长</td><td>m</td><td>310.0</td><td colspan="2">路面等级</td><td colspan="2">沥青混凝土</td></tr>
<tr><td>凸型竖曲线最小半径</td><td>m</td><td>17 000</td><td rowspan="3">设计洪水频率</td><td>特大桥</td><td colspan="2">1/300</td></tr>
<tr><td>凹型竖曲线最小半径</td><td>m</td><td>10 000</td><td>大、中、小桥涵</td><td colspan="2">1/100</td></tr>
<tr><td></td><td></td><td></td><td>路基</td><td colspan="2">1/100</td></tr>
</table>

2007 年预测日交通量为 48787 辆，其中，大货车占 54%。

二、路线基本走向

河北省沿海高速公路北段*，从京沈高速公路 K258 处起，呈东北西南走向，终点止于冀津界，连接天津境内的海滨大道(图 1-1)。

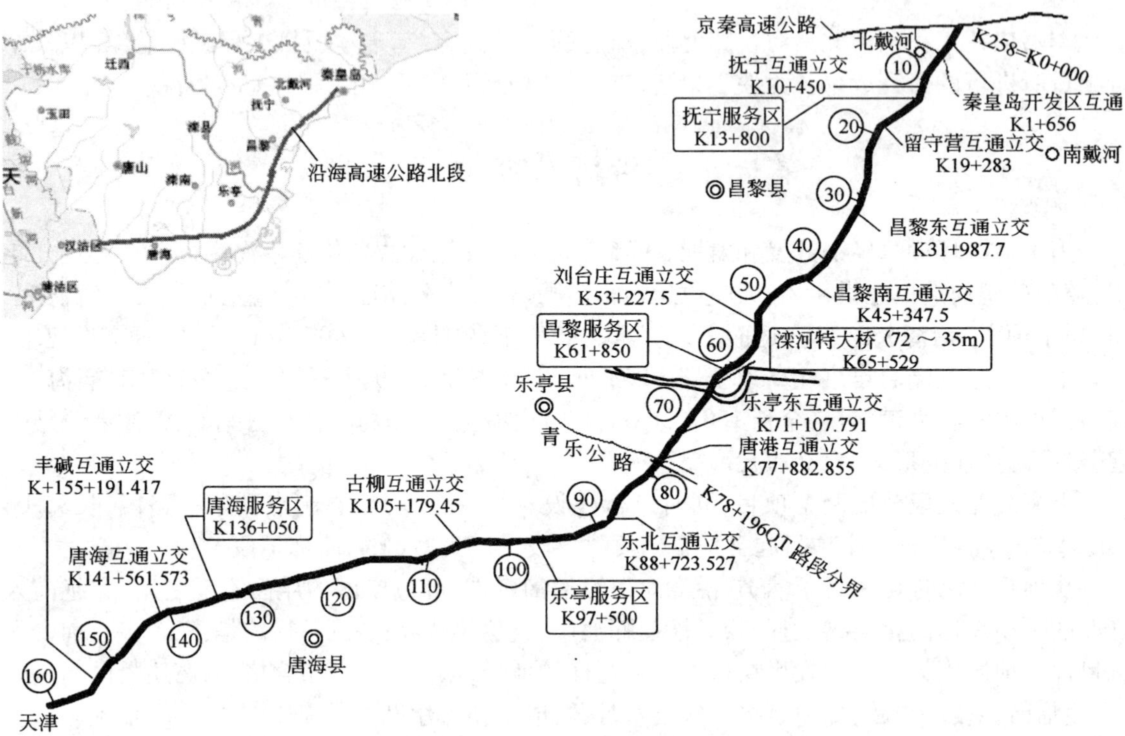

图 1-1　河北省沿海高速公路走向示意图

秦皇岛路段项目(以下简称 Q 项目)，与京沈高速公路、102 国道、北戴河连接线、榆北线、规划的抚南线、榆西线、规划的榆西线、205 国道、抚昌黄线、青乐线、规划的蛇刘线、唐港高速路相互交叉，同时还跨越京山铁路、京秦铁路。

唐山路段项目(以下简称 T 项目)，与唐港公路、乐北线、西曾线、古柳线、迁唐线、唐海线、大碱线、丰碱连接线相交，同时还跨越挖港铁路、规划疏港铁路、汉南铁路。

在建设的过程中，秦皇岛路段分成 Q1 ~ Q7 等七个标段，布设有京秦、秦皇岛开发区、抚宁、留守营、昌黎东、昌黎南、刘台庄、乐亭东、唐港等 9 座互通立交。唐山路段分成 T1 ~ T6 等六个标段，布设有乐北、古柳、唐海、南堡开发区、丰碱等 5 座互通立交。承建各标段土建和路面部分的施工单位一览表，详见本书附录一。

Q 项目上的京秦互通立交是一座枢纽性立交，位于沿海公路的起点，里程桩号为 K0 +000 ~ K0 +650，沟通了东北-天津方向交通流，有力地缓解了京秦高速公路上的交通压力。

T 项目上的唐海立交，位于 K121 +700 ~ K128 +800 处，是一座双喇叭形立交，沿海公路在此与疏港公路相交，成为新兴的曹妃甸港口重要交通枢纽。

---

* 从本页起，以下所指沿海公路均系指河北沿海高速公路的北段。

曹妃甸位于渤海海滩，是通向海外的又一条新的通道。不难看出，当今和未来，这里交通十分繁忙，载重汽车成为主要交通流。唐海立交为沟通沿海和内地交通，发挥着举足轻重的作用。

总之，在沿线设置数量诸多的互通式立交，实现了沿海高速公路与沿线高速路、国道、省道、地方道路及城镇间的交通量转换，把城乡经济、地域经济和京津地区经济联成一体。同时设置了 49 座分离式立设置，保证了高速公路、铁路及其他道路各自安全运营。

河北沿海公路沿线，还跨越大小河流数十条，全线建有特大桥 1 座、大桥 17、中桥 61 座、小桥 48 座、涵洞 164 道，这些桥涵的建设，保持了沿海各水系原有地面径流流向，方便公路两边的村民往来，带动着沿线地方经济的振兴。

全线还布设了 1 个主线收费站、12 个匝道收费站，4 个服务区、3 个养护工区，还建设有 5.36万平方米沿线设施房屋建筑，用于公路日常管理，以维护公路正常运营。

三、沿线气候、河流、地形、土壤

从地理位置上分析，河北沿海公路除去 Q1 标段外，其余大部分路段位于渤海沿岸。据地质调查资料显示，渤海北部沿岸至山东省黄河入口处，多属于淤泥质平原海岸，其中包括滦河、海河、黄河三角洲海岸。河北沿海公路恰横穿滦河平原，沿线地形为宽广的冲积、海积平原，地势平坦、景色单调，平均潮差 1.65m。涨潮时含有大量泥沙，冲积到海岸，遇到大风时潮水呈泥浆状。

1. 气候

渤海海岸范围，包括辽宁、河北、山东，河北沿海公路位于渤海湾中北部，路线经过地域属于温带大陆季风性气候，夏季炎热多雨，冬季寒冷干燥，时常还遭遇到内蒙古高压气流的影响，春秋季刮起的西北风，经常出现 7～8 级；夏季潮湿多雨，冬季多西北风，年平均风速 3.5m/s。

根据气象部门统计资料显示，Q 路段年平均气温 11℃左右，极端最低气温 －24℃，极端最高气温 40℃，最大冰冻深度 80～120cm，年平均降雨量 684.5mm。冬季干旱少雨，夏季雨水集中。

T 路段年平均气温 10.5℃，极端最低气温 －24.8℃，极端最高气温 38.6℃，极端较差 63.4℃。春、秋季气温月际变化较大，秋温高于春温。由于海洋的影响，日温差比年温差明显偏小，春季日温差较大，平均无霜期 184 天，最大冰冻深度 80cm，发生在 T1 标段，最高潮水位 38.3m，最低潮水位 0.24m。

2. 河流与地表土壤

路线所经的沿海平原，河流较多，均属入海过境河流，分别属于滦河、海河水系，大体从西流向东，分别注入渤海湾。

Q 路段跨越的主要河流有：戴河、洋河、沙河、碱河、饮马河、滦河。

T 路段跨越的河流有：青河、深河下游排水总干渠、第二泄洪道、第一泄洪道、青龙河、双龙河、黑沿子排水渠、沙河、涧河。

上述河流，多发源于燕山山脉，上游纵坡较大，一般大于 5%，下游纵坡较小，一般小于 1%。它们流至下游时，流速减缓，河槽宽浅，多属季节性河流。加之下游地势低洼，地下水、地表水十分发育，地面形成许多沼泽、泥潭。沿海公路正是从中穿越，从筑路角度来看，这些临海地区视为软弱、泥沼地带，无疑给路基稳定研究带来新课题。

图1-2是建成的沿海公路一角。从图中可知，路线所经地域，临近海湾、低洼、泥沼地带，土质软弱，还经常受到潮汐影响。因此，土中、水中含有大量的易溶盐类物质，在旱季随着水分蒸发，地表层结晶出一片片白色的盐霜或盐壳，俗称盐碱地带，植物难以生存，这类地表土在工程上称之为盐渍土。

盐渍土一般是指地表以下1m深土层内易溶盐平均含量大于0.3%的土。根据土壤中易溶盐含量类型和含量不同，盐渍土分为弱、中、强、过盐渍土。在干燥状态下，土壤中的易溶盐呈结晶状态，并具有比较高的强度；然而，一旦遭受地面水的侵蚀，它又成液态状态，土体性质也随之发生变化，伴随着含盐量增加，土的抗剪强度逐渐变为零，几乎丧失了强度。

反之，在气候干燥时候，随着土中水分蒸发，易溶盐类物质变成结晶状态，体积又会产生膨胀（图1-3）。在这样的地基上修建建筑物，或用其填筑的路堤，由于盐渍土的松胀作用，路基很容易失去强度和稳定，使路堤遭到不同程度的损坏或破坏，同时对建设在该种地基中的混凝土或钢筋还会产生腐蚀作用。按照盐渍土对混凝土、混凝土中的钢筋、钢结构腐蚀程度，分为弱、中、强腐蚀三个等级（表1-2）。

图1-2　地下水、地表水发育的滦河平原

图1-3　不毛之地—盐碱地貌

地下水、地表水对混凝土及其内部钢筋、钢结构的腐蚀　　表1-2

里程桩号	水样类型	对混凝土	对混凝土中钢筋	对钢结构
K69+600~K82+398	CL · HCO_3^- – Na^+ · Ca_2^+ 型	无	中	中
K82+398~K91+398	CL · HCO_3^- – Na^+ · Ca_2^+ 型	无	弱	中
K91+398~K111+648	HCO_3^- – Mg_2^+ 型	无	弱	弱
K111+648~K123+598	CL · HCO_3^- – Na^+ 型	无	弱	中
K123+598~K136+298	CL · HCO_3^- – Na^+ · Ca_2^+ 型	无	中	中
K136+298~K153+598	CL · HCO_3^- – Na^+ · Ca_2^+ 型	无	弱	弱
K153+598~终点	CL – Na^+ · Mg_2^+ 型	中等	弱	弱

表1-2系摘自沿海公路勘测资料，表中资料显示出了盐渍土类型，展示出氯盐、亚氯盐、亚硫酸盐盐渍土等易溶盐物质，对混凝土和钢筋腐蚀均产生腐蚀作用。

河北沿海公路靠近冀津边界路段，那里盐业、鱼虾养殖业兴旺发达，盐池、鱼虾养殖池一望无际，池间小道阡陌纵横。所建公路不可避免地从那里穿过，如何保证路基稳定，如何对这些软弱地基进行治理，这也是本项目首先要解决问题。沿海公路项目建设者们，以科研为先导，通过科学实验，精心设计和施工，成功地解决了这一技术难题，如今通过这里的高速公路已贯通，无疑又给盐业、水产业带来一片生机，实现路与产业共赢的新的格局(图1-4)。

图1-4 沿海公路穿越盐池地貌

任何事物都在发展，不都是不可改造的。盐渍土地区虽然不利于植物生长，然而，社会生产的现实证明，还是可以改造的。渤海沿岸的先民们，为开拓沿海疆业，历经千百年艰苦奋斗，特别是近十几年来，大兴水利工程，引滦入津，对土壤进行改良，在不毛之地开拓出一片片农田，建起完善的水利灌溉排水系统，大大小小的排灌渠密如蛛网，适宜了农业耕种。

稻田、农田虽然去了盐渍化，但是从工程意义上讲，仍然属于软弱地基，不利于道路、桥梁稳定。因此，如何提高软弱地基承载力的问题，仍是沿海公路建设成败的关键技术问题。

四、地质与水文地质

据沿海公路地质勘测资料显示，公路沿线地层比较简单，从Q路段起点处揭露的地层，基本上为元古界至太古界时代，岩层为黑色方斜长石均质混合岩石，呈全风化、强风化、弱风化状态。其余路段基本上是第四纪全新世Q_4地层，属于冲积、洪积层，出露地层有亚砂土、亚黏土、粉砂、细砂、中砂、黏土、砾石、卵石等。

1. 地表土层分布

在研究区15m深度内的土层，均为第四世(Q_4)滨海沉积层，基本特征如下：

(1)亚黏土：埋深0~4.1m。黑灰色，软弱土，含有机质，具腥味。

(2)亚砂土：埋深4.1~11.6m。灰色，软弱土，含有机质，具腥味，含贝壳。

(3)亚黏土：埋深11.6~15m。灰色，软弱土，含有机质，具腥味，含少量贝壳。

综上所述，地表0~15m范围内，均为软弱的亚黏土和亚砂土，地下水位浅，埋深2.30m。

2. 砂液化土层

渤海北部地域，属于华北平原地震结构区，沿海公路毗邻海岸，在广阔的平原上匍匐蜿蜒，路线穿越昌黎断裂带，这一带地震活动频繁。1976年7月26日唐山大地震就发生在这里。时年地震动峰值加速度为0.1~0.2g，地震动反应谱特征周期为0.35~0.4s。鉴于这里地下水位比较高，饱和亚砂土和砂土发育，极易产生砂土液化。据当年地震资料显示，砂土液化现象十分严重，遍布河渠、道路、田野与乡村，在河渠和古河道，喷水冒砂的现象比比皆是，喷出的沙堆呈串珠状分布，其中路线跨越的滦河附近地区，属于砂土液化严重区域。

1)砂液化

当突然发生地震时，地层中砂土层遭到巨大地震力作用，其孔隙压力突然升高，孔隙水来不及排出，在须臾间砂成为液体状态，地基承载力急剧下降，地面建筑物稍纵即破坏，并瞬间沉入流沙中，地面呈现的喷沙冒水现象，这种现象人们称之为砂土液化(图1-5)。

唐山大地震、台湾花莲地震、日本大阪地震、土耳其地震证明,砂土液化给人类带来广泛而极大的灾害。沙土液化问题与地震裂度一样,直接关系到人民生命和财产安全,已引起多方面的特别关注。

2)河北沿海公路砂液化分布

河北沿海公路勘测资料显示,在地表土层里,普遍存在出现砂液化地层,液化指数(I_N)大致为0.08~57.60,砂土层底深度2.2~16.2m,砂层厚度1.5~8m不等,单段长度11~1.921km,砂土液化总里程达21.568km,占沿海公路全线总里程的26.3%。其中:砂土液化程度属于严重的路段如表1-3所示。

图1-5 地震时发生的砂液化现象

河北沿海公路严重砂土液化路段表 表1-3

序号	分段里程	长度(m)	层底深度(m)	层厚度(m)
1	K83+045.50~K83+283.50	138.00	14.20	6.00
2	K83+045.50~K83+283.50	138.00	14.20	6.00
3	K102+149.50~K102+207.50	58.00	11.35	6.00
4	K106+786.00~K107+084.00	298.00	6.20	2.00
5	K119+221.00~K119+568.50	347.50	4.30~8.70	4.30~6.20
6	K122+265.00~K122+637.00	372.00	2.70	2.70

第二节 不良地基路段分布及处理对策

综上所述,河北沿海公路除去Q1标段外,其余路段大多数地基基本上都属于不良地基。本书所称的不良地基,包括有软土、稻田、湿地、泥沼、盐池、鱼虾养殖池、滩涂、盐渍土、砂液化路段。其中,盐渍土路段长达51km、砂液化路段长21km。

一、不良地基分布

1.软土地基路段

本书所述软土路段,从地形、地貌来讲,主要指路线穿过的滨海平原、沼泽、湿地、滩涂、盐池、鱼虾养殖池路段。在这些路段,表现为地面多为淤泥质土,下部为低液限黏土、粉土,地基十分软弱(图1-6)。

从颗粒分析,软土以细粒土为主,其物理力学特征:

- 天然含水率高,接近或大于液限;
- 孔隙比一般大于1,压缩性高,压缩系数 $a_{1\text{-}2}>5\text{kPa}^{-1}$,或 $a_{1-3}>10\text{kPa}^{-1}$;
- 强度低,快剪的内摩擦角 $\varphi<5°$,凝聚力 $c<20\text{kPa}$;

a)　　b)

图 1-6　泥沼盐碱地貌

a）正在排水的泥沼；b）排水后的黑色盐碱池底

• 渗透系数小，一般 $k=10^{-7}\sim10^{-8}$cm/s，一般软土中有机物含量也较高。

对软土的判定标准，不同的行业有不同的标准，在此对其仅做一简要介绍。

1）在《软土地区工程地质勘测规范》（JGJ 83—91）中软土判别应复合下列要求：

（1）外观以灰色为主的细粒土；

（2）天然含水率≥液限；

（3）天然孔隙比≥1.0。

2）我国铁路部门以物理力学指标区分软土界限：

（1）天然含水率 w 接近或大于液限；

（2）孔隙比 >1；

（3）压缩模量 E_s <4 000kPa；

（4）标准贯入击数 $N_{63.5}$ <2；

（5）静力触探贯入阻力 p_s <700kPa；

（6）不排水强度 C_u <25kPa。

3）日本的道路公团关于高等级公路对软土地基的标准见表 1-4。

软土地基标准　　表 1-4

地　层	泥炭质地基及黏土质地基		砂质地基	备　注
层厚	<10m	>10m		
N（击数）	<4	<6	<10	N—标准贯入击数
Q_u（kPa）	<60	<100		Q_u—无侧限抗压强度 kPa
Q_c（kPa）	<800	<1 200	<4 000	Q_c—荷兰式贯入指数 kPa

4）我国公路工程中关于软土鉴别指标

软土是指饱和的软黏土，不包括饱和砂性土或可液化土。按成因分为海洋沿岸沉积、内陆湖盆沉积和河滩沉积三大类。按其物理特征分为软黏性土、淤泥质土、淤泥、泥炭土、杂填土和其他高压缩土层等。

根据上述描述的软土特征，依据《公路路基设计规范》（JTG D30—2004）规定，采用适宜的勘测方法和现场原位测试，可依据表 1-5 对地基土作出是否为软土的判别。

软土鉴别指标 表1-5

土　类	天然含水率(%)		天然孔隙比	直剪内摩擦角(°)	十字板剪切强度(kPa)	压缩系数 $\alpha_{0.1-0.2}(MPa^{-1})$
黏质土、有机质土	≥35	≥液限	≥1.0	宜小于5	<35	宜大于0.5
粉质土	≥30		≥0.90	宜小于8		宜大于0.3

此外,软土按承受静载能力大小,还细分为中软土和软弱土,前者静承载能力 $f_k \leq 200kPa$,后者<130kPa。

表1-5中,十字板剪切强度(<35kPa),所对应的静力触探的总贯入阻力约为750 kPa。

从成因上分析,软土属于沿海滨海相、三角洲相,内陆为湖塘相。河北沿海公路穿越的滦河、海河平原,毗邻渤海,因此,属于滨海软土相。

为了保证公路永久的稳定,对软土地基必须进行治理,使其达到公路设计的技术要求。

2. 盐渍土路段

盐渍土在本项目工程中分布非常广泛。工程实践表明,当土中易溶盐在0.1%以下,一般不会对工程上产生影响,但是,含量超过0.3%时就需要重视了。从对工程影响分析,盐渍土在沿海公路分布地域,主要位于K109+951~K160+140.27,连续长度达50余公里。根据盐的类型和盐渍化程度,盐渍土按盐渍化程度和含盐性质,以及对公路工程危害程度,划分为弱、中、强、过盐等四类,各等级的盐渍土的含盐量见表1-6,依据该表划分的等级,沿海公路划分为下几个盐渍土路段。

盐渍土工程分类 表1-6

盐渍土类别	土层的平均含盐量(以质量%计)			
	氯盐渍土	亚氯盐渍土	亚硫酸盐渍土	硫酸盐渍土
弱盐渍土	0.3~1.5	0.3~1.0	0.3~0.8	0.3~0.5
中盐渍土	1.5~5.0	1.0~4.0	0.8~2.0	0.5~1.5
强盐渍土	5.0~8.0	4~7.0	2.2~5.0	1.5~4.0
过盐渍土	>8.0	>7.0	>5.0	>4.0

注:含盐性质以 Cl^-/SO_4^{2-} 比值划分,比值>2.0为氯盐渍土;1.0~2.0为亚氯盐渍土;0.3~1.0为亚硫酸盐渍土,<0.3为硫酸盐盐渍土。

1)强盐渍土化路段

强盐渍土化路段,主要分布在K160+147~K155+801,即靠近冀津边界路段,盐渍土性质为氯盐盐渍土或亚氯盐盐渍土。

2)中盐渍土化路段

中盐渍土化路段,在沿海公路上主要分布在以下两路段:

- K155+801~K153+168,盐渍土性质为氯盐盐渍土;
- K152+347~K150+424,盐渍土的性质为亚硫酸盐盐渍土。

3)弱盐渍土化路段

弱盐渍土化路段,主要分布于K146+851~K133+851、K132+251~K109+951,盐渍土的性质为亚氯盐盐渍土或亚硫酸盐盐渍土(图1-7)。

3. 砂液化路段

严重的砂液化路段分布,见表1-3,关于砂液化判别将在第三章中介绍。除此而外,根据地质勘察报告显示,K59+400~K66+600长7.2km为砂土液化中等分布区,中、弱砂液化分布前已所作了介绍,在此不再赘述。

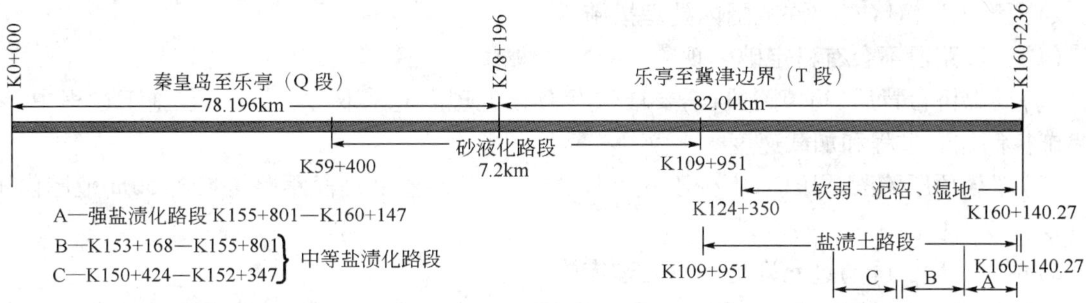

图1-7 沿海公路不良地基分布示意图

二、不良地基工程处理原则

前已所述,沿海公路在河北路网中地位举足轻重,为保证路基强度和稳定符合设计要求,对不良地基治理,是本项目成败的关键所在。

为达到上述预期目的,沿海公路建设者们,围绕不良地质问题,以科学发展观为指针,密切结合工程实际,从众多的成功经验中取精用弘,结合沿海项目的实际,进一步开展科学研究,有针对性地解决了遇到的许多技术难题。因此,确定出对不良地基的处理原则。

顾名思义,软弱土地基不同一般地基,其地基强度低,因此,路基沉降是必然的,不可避免的。关键问题是:如何使修建在软土地基上的公路,在使用年限内(沿海公路路面设计使用为15年),沉降值应控制在允许范围内。根据这一基本规定,在修建沿海高速公路时,对软土地基处理,提出如下原则。

在满足设计标准和施工工期的前提下,最大限度减少投资。根据不同的加载标准、施工周期、预压时间,计算剩余沉降量,即工后沉降量,满足规范上规定的要求。

根据这一原则,在治理不良地基上的路堤时,根据不良地基类型,位于公路结构上的位置,采取相应的处理对策。

三、软土或软弱土地基处理对策

1. 软土地基处理对策

1)直接出露地表、且软土地层较薄时,采取直接清除换填,或填筑山坡土,并采用冲击碾压进行处理。

2)软土或软弱土层比较厚的路段,工期允许时采取超载预压方法进行处理。

3)路堤填筑高度>5m,与桥涵路连接的路段,根据沉降计算结果,或采用塑料排水板、或水泥搅拌桩处理、或振冲碎石桩、或薄壁混凝土管桩,构筑成复合地基,与堆(超)载预压相结合的方式进行处理。

2. 路堤稳定性处理和对策

1)稳定处理

按照调查的软土物理、力学性能指标,确定不同类型的软弱土段路基的临界高度后,分析路堤加载过程中路基的稳定性,控制加载过程和加载速度(工期),不能出现剪切变形,即横向滑动，隆起等病害。然后分别对软土地层进行分析，采取相应的处理对策。

一般采取上述原则和技术后，根据经验作出判断，并分别采取以下处理措施：

1）预测工后沉降在允许范围内处理措施

（1）一般路段不会有稳定破坏现象。

（2）局部桥台背后、高填路段，需要堆（超）预压处理。应采取分步施工，在施工过程中，采取措施控制加载过程和加载速度。

（3）超载预压路段预压期，不少于6个月。软土、软弱土处理段距路堤坡脚50m范围内不允许设置取土坑。

2）预测工后沉降超过允许范围内处理措施

预测的路堤工后沉降量，如果超出允许范围的软土、软弱土路段，采取以下处理措施：

（1）浅层处理

浅层处理措施有打坝、抽水、清淤等方法，为了提高地基承载力，清淤后填筑30～50cm厚砂砾石料后，铺一层土工格栅。

（2）深层处理

如浅层处理达不到设计标准，则需要作深层处理，处理方案如下。

①一般控制段，硬壳层≥4m以上软土地基，采取以下处理措施：

砂垫层＋土工格栅＋超载预压

②一般控制段，软土表层出露或硬壳层＜4m软土地基，采取处理措施：

砂垫层＋土工格栅＋竖向排水体（塑料排水板）＋超载预压

③主控路段，即桥涵桩基础两侧及部分箱形基础下部，采取处理措施：

砂垫层＋土工格栅＋深层水泥土搅拌桩

④特殊路段

特殊路段是指空旷无环境干扰路段，且地层为下伏软土、软弱土，其深度不超过10m的路段，为保证施工质量和处理方式可操作性，可采取高真空击密法方法进行处理。

3．砂土液化处理

位于砂液化路段上的路堤，采取以下原则进行处理。

1）轻微级砂液化路段

砂液化轻微路段，原则上不做处理。

2）中等砂液化路段

位于中等砂液化路段，按以下原则进行处理：

（1）一般路堤，原则上不做特殊处理。

（2）在中桥（桥头30m）、大桥（桥头50m）路堤，采用振冲碎石桩或水泥搅拌桩进行地基处理。桥涵并按7度进行抗震设防，桥梁结构设计需考虑地震力作用和砂土液化影响。

3）砂土液化严重路段

砂液化严重路段，长度20m以上的饱和粉细砂、亚砂土进行了逐孔、逐层判定。根据判定结果确定处理方案。

4. 盐渍土路段

根据盐渍土性质和分布特点，采取以下处理措施。

1)弱盐渍土路段

弱盐渍化路段上路基，原则上不作特殊处理。

2)中～强的氯盐渍土或亚氯盐渍土路段

盐渍化程度中～强的氯盐渍土或亚氯盐渍土，一则不宜作为路堤填料用土，并应采用下列防治措施：

(1)排除地面积水，施做围堰及排水沟排除地表水。

(2)在路堤底面施做砂垫层隔断毛细水。隔断层宜采用渗水性砂砾料填筑，厚度0.5m左右。

3)对中等以下盐渍土，采用固化剂进行改性，然后用作路堤填料。

总之，对于上述对不良地基处理措施，从第二章起从施工角度分别进行论述，为了保护路堤运营安全，还对路堤和桥梁防护采取相应保护措施，关于这些内容将在第八章中论述。

四、半刚性长寿命路面研究

众所周知，公路功能最终主要由路面体现，建成的公路要为车辆提供一个安全、快速、舒适的行车环境，就必须保证路面施工质量。

路面是一个复杂受力体系，每天不仅承受着数万计的车辆冲击和碾压，而且，还时时刻刻受到大自然的浸蚀。因此，在软土地基路堤上修建的路面，能否经受住长期考验，这是沿海高速公路质量应解决的问题。

沿海公路的路面结构，仍采用一般沥青混凝土路面。沥青混凝土虽然目前普遍采用的路面结构形式，但是，其常见病害曾通报过有30余类。为此，沿海公路建设者，总结以往路面施工遇到经验，与河北交科工程咨询公司合作，邀请沙庆霖工程院士，以本项目为依托，开展了长寿路面综合技术课题研究，首次在路面1.5m下设置防水隔断层，同时还在边坡下面用防水材料封闭路床，其上铺筑多碎石沥青混凝土路面，使路床始终处于最佳含水状态，同时加强路面施工管理，保证了路面施工质量，取得了可喜的成果，对今后沥青混凝土路面施工，提供一个可借鉴和参考经验。

第三节　软基处治设计标准和计算方法

一、软土地基设计标准

根据全线软土或软弱土分布区段，桥涵构造物基础类型，按设计使用年限内工后沉降控制，将路堤划分为主控、次控、一般三个基本类型，分别采取相应措施，对路堤工后沉降进行控制。

1. 主控路段

桥涵基础采取桩基础时，其桥台两侧各30m路段作为沉降主控制路段，工后沉降容许值不大于10cm。

2. 次控路段

箱型构造物两侧 20m 路段，作为沉降次控制段，工后沉降容许值不大于 20cm。

3. 一般路堤，工后沉降容许值不大于 30cm。

二、路基沉降验算方法

为检验软土地基处理的结果，需要根据观测资料，计算工后沉降与设计标准进行比较，以判断软土地基处理水平。

综合软土地基各类实用计算方法中，通常把复合地基沉降量分为两部分，如图 1-8 所示。图中：h—复合地基加固区厚度；Z—荷载作用下地基压缩层厚度；s_1—复合地基加固区压缩量；s_2—地基压缩层厚度内的加固区下卧层厚度$(z-h)$的压缩量。在荷载作用下复合地基的总沉降为以上两部分之和。

1. 加固区土层压缩量 s_1 计算

在软土处理后的复合地基中，加固区中增 强体和基体两部分视为一复合地基，其复合土体的压缩性，采用复合压缩模量 E_{cs}进行评价，因此，可采用分层总和法计算加固区土层压缩量（图 1-9）。

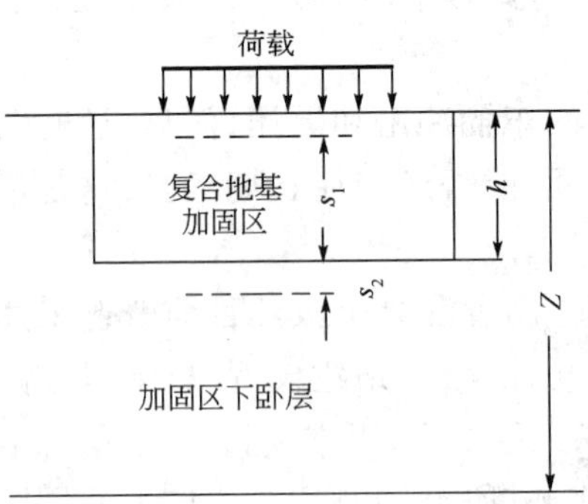

图 1-8 复合地基压缩量计算图示

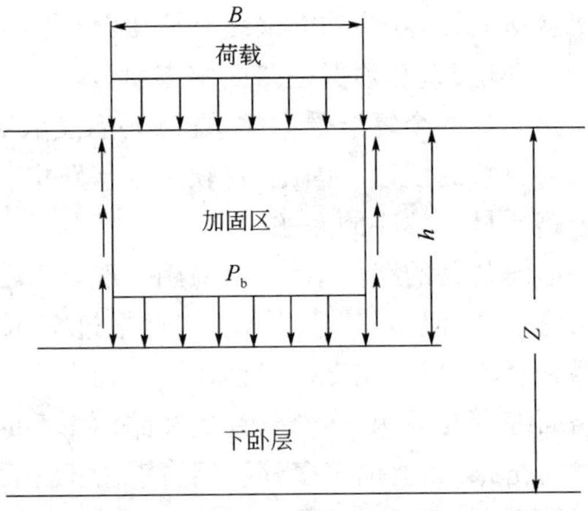

图 1-9 荷载图示

根据上述理论，将加固区分为 n 层，每层复合土体的复合模量为 E_{csi}，加固区土层压缩量 s_1 表达式为：

$$S_1 = \sum_1^n \frac{\Delta P_i}{E_{csi}} H_i \tag{1-1}$$

式中：ΔP_i——第 i 层复合土上附加应力增量；

H_i——第 i 层复合土层的厚度。

竖向增强体的压缩模量 E_{cs}，通常采用面积加权平均法计算，即：

$$E_{csi} = mE_{ps} + (1-m)E_{ss} \tag{1-2}$$

式中：E_{ps}——桩体压缩模量；

E_{ss}——桩间土压缩模量；

m——复合地基置换率。

2. 下卧层土层的压缩量 S_2 的计算

S_2 同样采取分层总和法方式进行计算，即：

$$S_2=\sum_{i=1}^{n}\frac{e_{1i}-e_{2i}}{1+e_{1i}}H_i=\sum_{i=1}^{n}\frac{\alpha_i(p_{2i}-p_{1i})}{1+e_{1i}}H_i=\sum_{i=1}^{n}\frac{\Delta p_i}{E_{si}}H_i \tag{1-3}$$

式中： e_{1i}——根据第 i 分层的自重应力平均值 $\frac{\sigma_{ci}+\sigma_{c(i-1)}}{2}$（即 p_{1i}）从土的压缩曲线上得到的相应的孔隙比；

$\sigma_{ci},\sigma_{c(i-1)}$——分别为第 i 分层土层底面处和顶面处的自重应力；

e_{2i}——根据第 i 分层自重应力平均值 $\frac{\sigma_{ci}+\sigma_{c(i-1)}}{2}$ 与附加应力平均值之和 $\frac{\sigma_{zi}+\sigma_{z(i-1)}}{2}$，（即 p_{2i}）从土的压缩曲线上得到的相应的孔隙比；

σ_{zi},σ_{z}——分别为第 i 分层土层底面处和顶面处的附加应力；

H_i——第 i 分层土的厚度；

α_i——第 i 分层土的压缩系数；

E_{si}——第 i 分层土的压缩模量。

在计算下卧层土层压缩量 S_2 时，作用在下卧层上的荷载用等效实体法计算。将复合地基加固区视为一等效实体，作用在下卧层上面的荷载作用面与作用在复合地基上相同。在等效实体周围作用有摩阻力，设其密度为 f，则下卧层内荷载密度 p_b 可用式(1-4)计算：

$$P_b=\frac{BDP-(2B+2D)hf}{BD} \tag{1-4}$$

式中：B、D——分别为荷载作用面宽度和长度；

h——加固区厚度；

对平面应变情况，上式可改写为：

$$P_b=P-\frac{2h}{B}f \tag{1-5}$$

上述为总沉降计算方法，在计算工后沉降时，采用太沙基一维固结理论用等效实体法，对下卧层在路堤荷载作用下的工后沉降进行计算。

然后，乘以一个经验修正系数，计算地基沉降量。沉降经验修正系数，取 1.1 ~ 1.3，工后沉降基准期，取路面使用年限：15 年。

三、路堤和地基整体稳定性验算方法

路堤和地基整体稳定性验算，主要是控制加载过程和加载速度（工期），不能出现整体剪切变形，即横向滑动、隆起等病害。

路堤和地基的整体稳定性，采用圆弧分析法计算。圆弧分析法计算原理如图 1-10 所示。

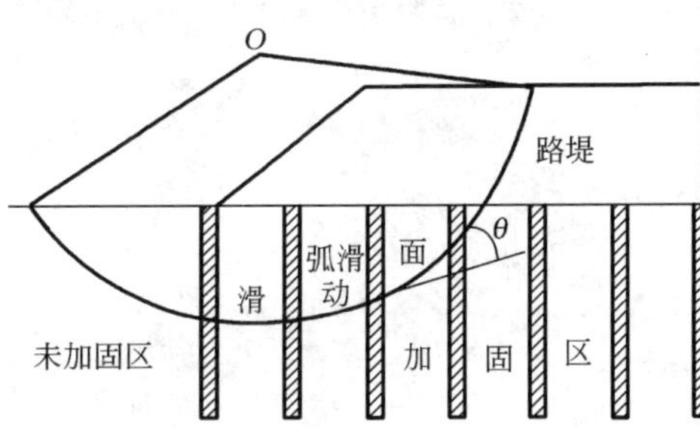

图 1-10 路堤整体稳定性计算图示

在圆弧分析法中，假设地基土的滑动面呈圆弧形。在圆弧滑动面上，总剪切力记为 T，总抗剪力记为 S，则沿该圆弧滑动面发生滑动破坏的安全系

数 K 为：

$$K = \frac{S}{T} \tag{1-6}$$

取不同的圆弧滑动面，可得到不同的安全系数值，通过试算可以找到最危险的圆弧滑动面，并可确定最小的安全系数值。安全系数稳定值取 1.2。

复合土体综合强度指标，可采用面积比法计算。复合土体内聚力 c_c 和内摩擦角 φ_c 表达式可表示为：

$$c_c = c_s(1 - m) + mC_p \tag{1-7}$$

式中：C_s 和 C_p——分别为桩间土和桩体的内聚力，选用有效固结应力法（快剪和固结快剪指标）计算；

$$\tan\varphi_c = \tan\varphi_s(1 - m) + m \cdot \tan\varphi_p \tag{1-8}$$

式中：φ_s 和 φ_p——分别为桩间土和桩体的内摩擦角，选用有效固结应力法（快剪和固结快剪指标）计算。

根据本区域软弱土的物理、力学性能指标经验算判定：该区段不会有稳定破坏现象，局部桥台高填路段，需控制加载过程和加载速度，分步施工。

第二章　浅层不良地基处理技术

本章所研究的不良地基，主要有三种类型，一是：泥沼、稻田、鱼虾盐池，这些统称为软土；二和三分别是砂液化和盐渍土，既是不良地质，也和软土一样，属于不良地基。

第一节　软土地基处理方法

随着我国公路建设快速发展，在公路建设，乃至铁路、水利等土木工程建设中，都曾遇到许多不同类型的软土地基，通过科学研究和工程实践，对软土地基处理，积累了许多成功的经验，并在工程建设中发挥了重要作用。这些经验大致可分为三个方面：

(1)采取工程措施，换填软弱土层增强其强度，或采用桩法构筑成复合地基，或采用排水固结法，或采取超载预压法，加速软土固结，以满足公路构造物的技术要求。

(2)使用新型轻质材料填筑路堤，减轻地基负荷。常用的材料如粉煤灰。近几年来，研制出气泡混合轻质土、EPS块体等材料，再配合土工材料，已成为软土地基和桥台背后填料的时尚材料。

(3)上述一、二两种措施联合使用，既对软弱地基进行加固，同时采用轻质土填料，减轻地基负荷。

对不同类型的软土地基的加固，虽然加固目的相同，但是，由于软土地层厚度不同，其加固方法和投入设备和费用有着极大差别，往往直接左右着工程造价。同时，所使用的方法也有质的差别。因此，软土地基加固方法，按软土地层厚度不同，分成浅层和深层软土加固方法。

第二节　浅层软弱地基处理方法

所谓浅层软弱地基，泛指的是软弱土层厚度＜3m。座落于浅层软土地基上的路堤，其地基处理方法是多种多样的，大致归纳为图2-1所示。然而，实际工程中，这些方法往往是综合使用，发挥“集体”作用。

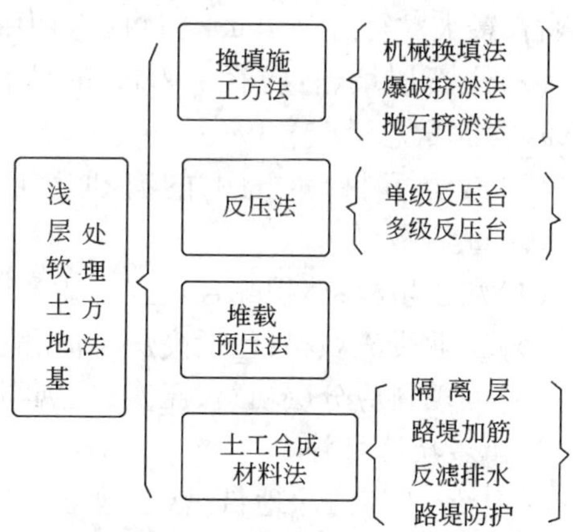

图2-1　浅层软土地基处理方法

一、换填施工方法

在这里所说换填施工方法，一般利用人工、机械和其他方法，清除软弱土层，置换为强度较高的砂垫层、碎(砾)石垫层、素土垫层、干渣垫层、粉煤灰垫层，然后，利用机械碾压实到设计要求的压实度，这是处理浅层软土地基最常用的方法。

1. 换填方法

采用换填处理软土方法，适用于较薄的软弱土层。由于软土类型不同，清除软弱层时可采用适宜的方法。

图2-2是位于沿海公路经过的泥沼地段，其地面软弱土层比较薄。排出地面水后，采用机械办法，将淤泥清除出去。例如：在鱼池、盐池、湖塘、泥沼地段，软弱地层比较薄时，可采用机械方法清除淤泥，然后换填上符合技术要求的填料。在河流和池塘或积水洼地，水底为淤泥地层，淤泥之下为硬土层，可采取抛石方法，从路基中部向两边，抛填耐风化、具有符合技术要求的大块片石，把淤泥挤开，使片石沉入下卧硬层（图2-3）。

图2-2　沿海公路清淤换土施工现场实况

图2-3　在池塘内采用抛石挤淤法修筑路堤

对于较厚的、液性指数较小的、回淤较慢的软黏稠软土，还可采取爆破的方式，先爆破出一条沟，然后迅速进行填筑砂石料，并进行压实，逐步把黏稠淤泥挤出路堤之外。

无论采取哪种换填方式，都要对回填料使用机械进行压实，使其达到设计要求的压实度。对于采用大片石挤淤法换填时，应采用重型机械夯实，甚至选用强夯进行夯实，使抛填料挤入到硬土层上。

2. 换填材料技术要求

用于软土地基的换填料，视软土地基土质不同，宜选用碎石、砂砾、黏性土、灰土、粉煤灰、土工合成材料，其他工业废渣等。对黏性软土，应选用水稳性或透水性好的砂砾材料。采用换填法所选用的材料，应满足以下技术要求。

(1)砂石料：应选用级配良好，不含杂料和有机物。使用细粉砂时应掺入25%～30%碎石或卵石，最大粒径宜<50mm。砂应选用中砂或中砂以上的粗粒砂石，含泥量应<3%。

(2)土石屑填料：粒径<2mm的填料，总量应<40%，粒径<0.074mm的填料，总量应<9%，含泥量总量应<3%。

(3)素土填料：素土中的有机含量<5%，不得含有膨胀土；当含有碎石时其粒径应<50mm。

(4)灰土填料：体积配合比宜为2:8或3:7。土料宜用黏土或塑性指数>4的粉土。

(5)工业废渣填料：包括高炉干渣和粉煤灰，不得混入有生活垃圾和植物。

(6)回填料应分层填筑、压实，达到与公路等级相适应的压实度。

3. 抛石换填材料

对泥沼、沿海滩涂地带，软土地层比较平坦，软土成流动状时，使用一般换填材料，就难以获得成功。为达到预期的目的，此时，应用抛填大块片石作为换填料材料，则能获得成功。所抛填的大块片石，必须是不易风化的，厚度或直径宜≥300mm。且<30 mm粒径含量不得超过

20%(图2-4)。

图2-4　滩涂池塘中抛填片石初成路基

抛填方法应沿路基中线向前,成三角形方式投放,再渐次向两侧全宽范围扩展。当软土地面表层为倾斜状,且横坡陡于1:10时,应自高侧向低侧填筑,并在低侧坡脚外约有2m宽的平台同时抛填。石料抛填出软土面后,应用较小石块填塞垫平,采取重型夯击法或强夯夯击,将大片石挤入到软土下面的硬土层。

4. 换填层厚度

对于一般采用砂砾换填软土的地层,其需要换填厚度 z,一般可按下式估算:

$$P_z + P_{cz} \leq f_z \tag{2-1}$$

式中:P_z——相应于荷载效应标准组合时,垫层底面处的附加压力(kPa);

P_{cz}——垫层底面处土的自重压力(kPa);

f_z——垫层底面经过处理后土层的地基承载力(kPa)。

垫层底面处的附加压力,可分别按下式简化计算:

条形基础:
$$P_z = \frac{b(p - p_c)}{b + 2z\tan\theta} \tag{2-2}$$

矩形基础:
$$P_z = \frac{bl(p - p_c)}{(b + 2z\tan\theta)(1 + 2z\tan\theta)} \tag{2-3}$$

式中:b——矩形或条形基础底面积宽度(m);

l——矩形基础底面积的长度(m);

p——相应于荷载效应的标准组合时,基础底面平均压力值(kPa);

p_c——基础底面处土的自重压力(kPa);

z——基础底面的下垫层的厚度(m);

θ——垫层的压力扩散角,应通过试验确定,当无试验资料时,可选用表2-1中的数据。

不同换填材料垫层压力扩散角 θ　　表2-1

z/b	砂砾*	黏性土、粉土	灰土	* 砂砾具体包括:中砂、粗砂、砂砾、卵石、角砾、圆砾、碎石
0.25	20	6	28	
>0.50	30	23		

注:① z/b <0.25,除灰土取 θ =28°外,其余材料均取 θ =0°,必要时应进行试验确定。

② 当0.25 < z/b <0.5时,θ 值可内插求取。

垫层基础宽度 b' 应满足基础应力扩散的要求,可按式 $b' \geq b + 2z\tan\theta$ 估算,一般路堤每侧应宽出0.3~0.5m,如果还采取超载预压,还应考虑路堤下沉影响,通过计算增加适当宽度(详见本书第五章)。但是,垫层厚度不宜大于3m。否则就不经济,应当改用其他处理措施。

垫层的压实度,应达到公路路堤施工技术规范的要求(见本书第五章表5-1)。

二、反压法处理软土方法

在软土层厚度不大的地基上修筑路堤时,当路堤填筑比较高时,超过了软土自身强度,为防止软土被挤压出,使路堤失去稳定,为此在路堤两侧加筑一定宽度和高度的反压护道,类似放缓路堤边坡的意义,使路堤下的软土处于平衡状态,以达到保持路堤稳定的目的。该法可以就地取材,施工简易,但占地面积大,只适宜非耕地地带。

如果软土层有明显坡度时,两侧的反压台可采取不同宽度,当路堤较高时,用地条件许可时,可采用多级反压台(图 2-5)。反压台法用于处理匀质软土地基时,软土地基的厚度 >1.318 f。其中:f—可能滑动的圆弧上缘点到荷载重心的距离,设计文件上一般应该有计算数据。反压台高度,须低于路堤的极限高度,一般为取路堤高度的 1/2 ~ 1/3,压实度须达到 90%。

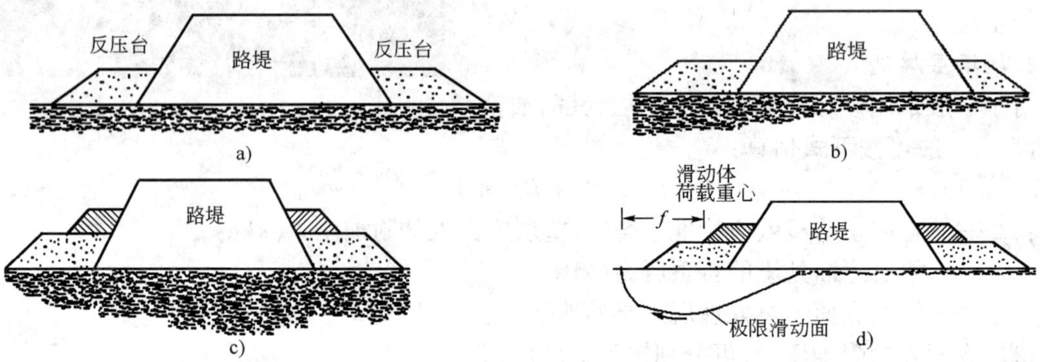

图 2-5　反压台法

a)对称;b)不对称;c)多级;d)极限破坏图示

路堤极限高度是指,路堤产生的荷载应力,等于天然地基的承载能力时的高度。路堤一旦达到该高度,应当采取其他加固和治理措施。路堤极限高度可按下式估算:

(1)均质薄层软土地基,路堤极限高度

$$H_c = N_s \frac{c_u}{\gamma} \tag{2-4}$$

式中:H_c——路堤极限高度;

γ——(填)土的重度(kN/m³);

c_u——由不排水剪测得的软土的凝聚力(kPa);

N_s——稳定因数,与边坡角 β 和深度因数 n_d 有关,可查图 2-6。

(2)均质厚层软土地基,路堤极限高度

$H_c = 5.52 \frac{c_u}{\gamma}$,填土重度 γ 若为 17.5 ~ 19.5 kN/m³,路堤极限高度 $H_c \approx 0.3\ c_u$。

(3)有硬壳的软土,且硬壳厚度 >1.5m 时,路堤极限高度按下式计算:

$H_c = N_s \frac{c_u}{\gamma} + 0.5H$,$H$ 为硬壳厚度(m)。$n_d = \frac{H+d}{H}$,其中 H 为填土高度;d 为软土厚度。N_s 可查图 2-6。

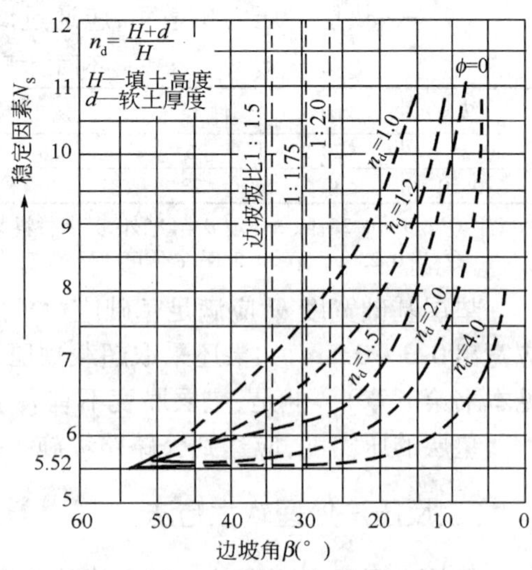

图 2-6　路堤填筑极限高度计算图示

三、超载（堆载）预压处理方法

超载（堆载）预压处理软土方法，实际也称排水固结法，即是采取预压荷载措施，使软土中的孔隙减小，增加其密度，以达到提高软土强度的目的。

这种方法的原理，就是修筑在软土地基路基，再施加等于或大于设计荷载重量，使之在施工期间，完成大部分沉降，约有 90% ~95%。预压完成后卸去多余的荷载，此时，地基也许会有少量的回弹。当公路投入使用后，地基承受车辆荷载后，也许还会发生沉降，但是其沉降量是很少的，而且在规范容许的范围内。

1. 预压作用机理

预压法加固软土地基是一种有效、经济的措施，预压有两种不同的方式：

1）利用路堤自身预压方法

在路堤工程中，对软土地区的天然地基或设有竖向排水体地基，利用路堤填土进行预压。在进行路堤填筑时，应实施分级加荷（填筑），每级加荷待路堤稳定后，再进行下一级加荷，即继续填筑第二层。采取这种预压方法，软土地基总沉降量并不减小，只是大部分的沉降量在施工期间就完成，可以有效减小工后沉降。

2）预压与排水相结合方法

为加速软土地基固结，一般采用预压法与砂垫层及竖向排水体相结合的方法处理地基。构成排水固结的两个要素，即加压系统和排水系统。加压系统是起固结作用的堆填路堤荷载，它使地基土的固结压力增加而产生固结；排水系统主要在于改变地基原有的排水边界条件，增加孔隙水排出的途径，缩短排水距离。

排水系统是一种手段，由水平砂垫层和竖向排水体构成。如果没有加压系统，孔隙中的水没有压力差就不会自然排出，地基也就得不到有效地加固。反之，如果只增加固结压力，不缩短土层的排水距离，则不能在预压期尽快地完成设计所要求的沉降量。因此堆载预压与排水密切相结合，才能收到良好的效果。图 2-7 是一个预压和排水相结合的系统模型。一般情况下，预压的荷载多为路基填料，预压完成后移去他处，仍作为其他路段的填料。预压荷载量大小，应根据要求的地基承载能力和软土性质而定，理论上应等于或略大于设计荷载，具体说就是相当于路面、施工机械、公路投入使用后的车辆荷载之和。

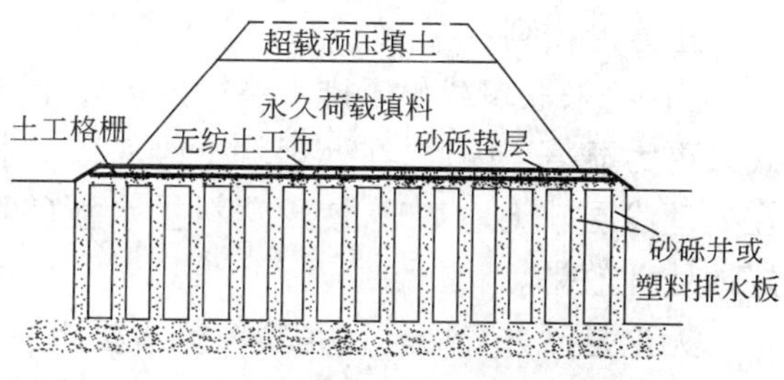

图 2-7 堆载预压处理软土地基概念图示

如果地基比较软弱，承载力比较低，为避免地基发生塑性变形，应控制加载速度，或实行分级加载办法，使其与地基承载能力相适应。软土地基受到预压后，土中的孔隙受到压缩，被挤压出的水分，沿排水系统排流出。因此，需要在软土表面铺设一层砂砾垫层作为排水层，其上布设一层土工布，防止排出来的水渗入上层，公路投入使用后，它又起到过滤作用，防止上部渗水将细粒土带入砂垫层，阻挡排水通道。同时，砂垫层之间，再布设一层土工格栅，加强排水层整体作用。

此处的砂砾垫层（不同于前节的换填材料）系排水作用，其厚度一般为 50cm。竖向排水系统，或是砂井，其直径 20 ~60cm，或是袋装砂井，或是塑料排水板。在平面上，这些竖向排水井，最好布置成三角形状，或梅花形排列，以利于地基中水分排出。

3）竖向砂井或砂袋排水系统

竖向排水系统，如果使用砂井或砂袋作为排水系统，其中砂井直径可取用300～500mm；砂袋直径可为70～120mm。砂应采用渗透系数大的中、粗砂，大于0.5mm的砂应占总量的50%以上，含泥量小于3%，渗透系数小于5×10^{-3}cm/s。

（1）使用砂袋作为排水系统，砂袋应选用聚丙烯编织物，渗透系数不小于砂。砂袋的灌砂率r可按下式估算：

$$r = \frac{m_{sd}}{0.78d^2 L\rho_d} \times 100\% \tag{2-5}$$

式中：m_{sd}——实际灌入砂的质量（kg）；

d、L——砂袋的直径和深度，m；砂袋井直径一般为7～10cm。

ρ_d——中粗砂的干密度（kg/m^3）。

（2）竖向砂井或砂袋间距

根据地基特性和预定的排水固结时间要求，可按井径比n选用，即：

$n = d_e/d_w$，其中：d_e有效直径；d_w为竖井直径。对于砂袋井$n=15\sim22$。一般1～2m，宜选用小间距利于排水。普通砂井$n=6\sim8$。

（3）砂井或砂袋间距平面布置

竖向砂井或砂袋排水系统，在平面上采用等三角形或正方形布设。其有效排水直径d_e和间距l关系为：

等边三角形排列：$d_e = 1.05l$；

正方形排列：　$d_e = 1.13l$（图2-8）。

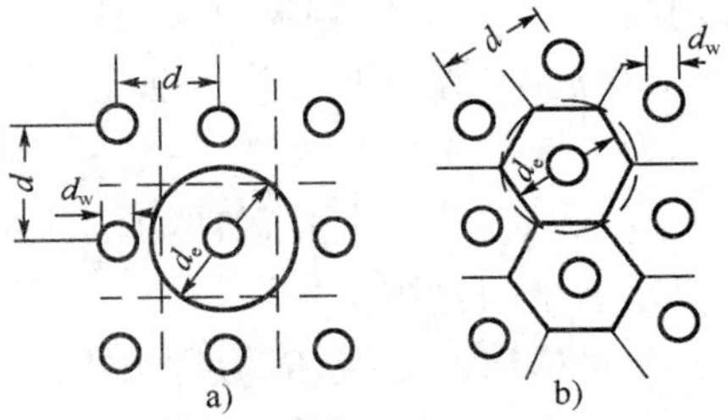

图2-8　排水井平面布置

a）正方形布置；b）正三角形布置

当今，采取超载预压排水系统处理软土地基，使用塑料排水板替代砂井，作为排水系统，其效果更为显著。因此，在处理软土地基施工中，塑料排水板也是一种时尚工程材料。沿海公路在处理浅层软土地基时，使用塑料排水板（见第三章）作为堆载预备压的排水系统，收到了良好地处理效果。

无论是砂井、砂袋，还是塑料排水板组成的竖向排水系统，其深度至少超过最危险滑裂面2.0m，或穿过受压土层。

2. 超载预压填筑荷载构成

沿海公路在处理软土地基时，为了使路堤在施工期间完成大部分沉降，使用填料对路堤后进行超载预压，其超载预压荷载有以下几部分组成：

（1）按设计的活载换算成土层厚度为0.9m；

（2）路面重力产生的静载换算土层厚为0.8m；

（3）在施工期间，各种设备产生的预压沉降厚度；

（4）路堤填方高度，作用于软土地基；

（5）砂垫层厚度，一般取0.5m。

活载换算土层及路面换算土层厚度为超载部分土体，其换算土重度按$\gamma=19kN/m^3$计算。在路堤沉降完成后，超载部分均需予以卸除。

3. 预压填土施工

预压填土荷载部分，宜用细粒土分层填筑，顶部应修整成具有3%的横坡度，以便在预压期内排出表面雨水。

超载预压部分土的压实度应达到85%。超载预压到期后，卸除超载土方后，路堤应挖至路槽底，即路面底基层下边，然后将路槽底以下路堤表层15cm深度的土层压实，其压实度应大于95%。

4. 施工速率与预压期的控制

沿海公路在施工中，通过对沿线软土、软弱土分布区、软弱层厚度、硬壳层厚度，以及压缩影响深度内土层力学特征分析，结合构造物的结构、基础类型、路堤设计高度等相关影响因素，在保证路堤稳定、不产生侧向滑移的前提下，计算出预压荷载填筑速率为0.07m/d，施工速率应满足以下要求：

(1)沿路堤中线地面沉降速率，每昼夜不宜大于1.0cm；

(2)坡脚处的水平位移，每昼夜不宜大于0.5cm。

(3)预压期一般不少于6个月，或超载预压残余沉降量小于设计要求的工后沉降量，经过检测预压荷载后的路堤压实度达到相应的公路等级要求的压实度，即可停止预压、进行卸载。

在预压加载中应及时进行监控，其监控内容：观测地面沉降、地表水平位移、埋设孔隙水压力仪，重点路段还进行典型试验。一旦发现超载，出现异常现象，及时采取措施或暂停或卸载，待沉降恢复正常后再继续加载。

按照公路软土地基路堤设计和施工技术规范规定，工后沉降满足该规范的要求，至于何时卸除超压荷载，这是一个复杂的技术问题，就该问题沿海公路通过路堤观测资料研究，提出最终沉降预测方法，详细见本书第七章。

四、土工合成材料方法

在合成材料没有问世之前，最初在处理浅层软土地基时，在软土地基上铺设一层砂，称之为砂垫层，然后在其上铺筑路堤，或挖出部分软土，进行换填材料。在路堤填土和软土之间的砂砾垫层，可起到排水作用，其厚度一般为50cm(图2-9)。或者在软土层上，也可将挖去一部分软土，再换填上砂垫层，以起到持力层作用。

砂砾垫层横断面，一般为梯形，为减少砂砾垫层用量，亦可做三角形、梯形，甚至做成砂窗格式砂(砾)垫层，以节省材料(图2-10)。

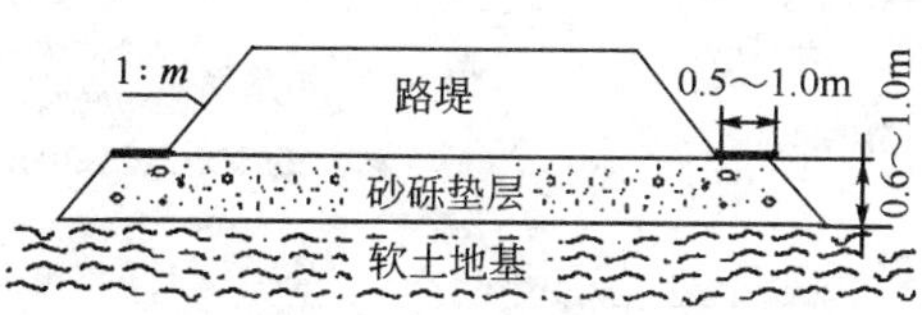

图2-9 排水型砂砾垫层

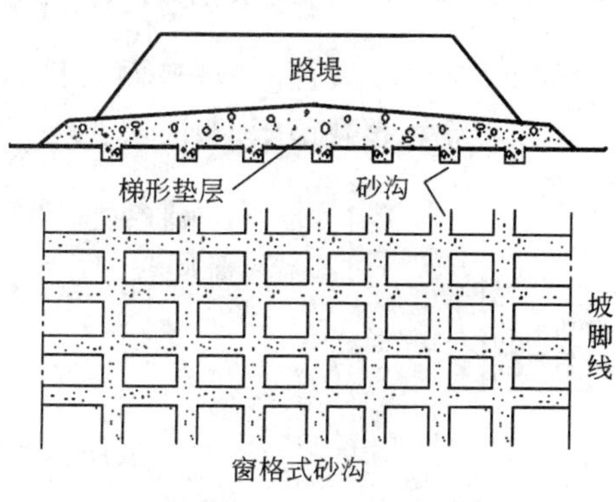

图2-10 窗格式砂砾垫层

用于砂垫层材料，同前所述，宜采用无杂物的中、粗砂，含泥量应小于3%；也可采用天然级配砂砾料，其最大粒径应＜50mm，砾石强度不低于四级（即洛杉矶法磨耗率小于60%）。砂垫层应比路基边脚宽出500～1 000mm，两侧宜用片石护砌，或采用其他方式防护。铺筑时应分层铺筑分层碾压，避免粒料离析，达到规定的压实度。然而，随着土工材料问世，砂砾垫层和土工格栅、土工布联合应用，在处理浅层地基上，收到良好的效果，得到了广泛的应用。土工材料作为一种新材料问世，使软土地层处理技术迈上一个新台阶。土工材料不是一种单独承重材料，它必须与传统的处理方法相结合，才能收到事半功倍的效果。特别是土工格栅、加筋带、土工布等产品，它们与砂垫层、路基填筑联合作用，才能在提高路堤强度和稳定性方面发挥重要作用。

1. 土工合成材料法

土工合成材料在公路、铁路、水利工程上都得到了广泛应用。公路路基和港口工程规范中规定了其应用方法和技术要求。

目前，用于加固路堤的常见土工材料如图2-11所示。土工合成材料属于高分子聚合物，也就是说是有机化合物，用其制成的土工材料，已广泛用作强化路基和路面强度，提高路堤和边坡稳定材料，用作过（反）滤层、排水、防渗、隔离、加筋、防护等方面，收到了显著的经济和社会效益。

在处理浅层软土地基时，时常在砂砾垫层上可铺一层土工布，砂砾垫层厚度可减薄到30cm。当地表层为软土时，则先铺土工布后，再铺砂垫层、土工格栅、再铺筑上砂垫层，土工格栅加强了砂垫层整体作用。当表层为非软土时，则先铺砂垫层，后铺土工布，其应用非常灵活。土工布起到过滤作用，土工格栅起到整体作用。

沿海公路在建设中，广泛使用土工格栅等土工材料。在满足设计标准和施工工期的前提下，最大限度减少了投资。在利用土工材料方法，根据不同加载标准、施工周期、预压时间，计算剩余沉降量（工后沉降量），根据软土地层不同厚度和深度、不同路段，采取不同的处理方式。

2. 沿海公路软土地基处理模式

沿海公路在处理软土地基时，当软土地层位于地表层，且厚度不大时，按以下一般模式进行处理。

1）第一种处理模式

砂砾垫层＋土工格栅＋砂砾垫层

（砂砾垫层＋土工格栅＋砂砾垫层）＋堆载和超载预压

上述处理模式，适宜一般的、而且比较薄的软土地层处理。当软土地层比较厚，且不超过3m，再辅以堆载和超载预压，加快软土地基固结，加快路堤沉降速度，减少工后沉降量（图2-12）。

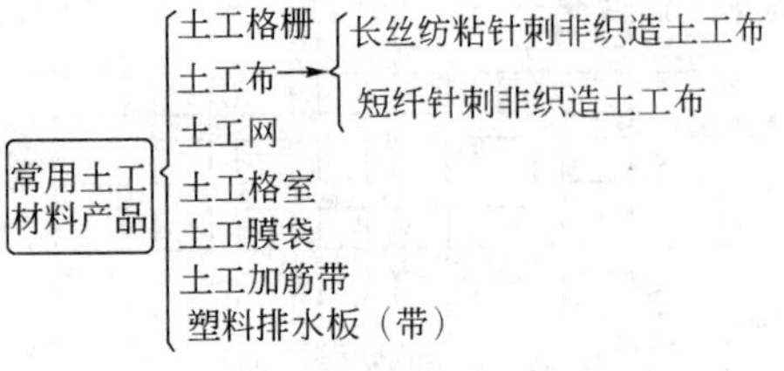

图2-11　常用土工材料产品

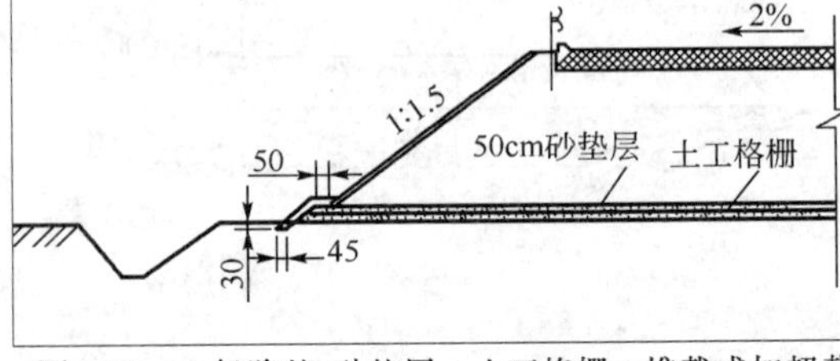

图2-12　一般路基：砂垫层＋土工格栅＋堆载或加超载预压区模式图示（尺寸单位：cm）

2）盐池、鱼塘、泥沼处理方式

盐池、鱼塘、泥沼甚至稻田地段，虽然地基软弱，但是软土地层位于地表，且厚度小于 3m，一般采用采取以下处理模式：

抛填片石 +（砂砾垫层 + 土工格栅 + 砂砾垫层）+ 堆载和超载预压

即先抛填片石，辅以重型甚至强夯方式，将片石强行挤入到硬土层上，然后，铺筑砂砾垫层 + 土工格栅 + 砂砾垫层，通过预压加速路堤沉降，以达到工后路基稳定的目的。预压法适用处理淤泥、淤泥黏性土和冲填土等饱和黏性土地基。

图 2-13 正在铺筑砂垫层和土工格栅路堤施工实况。图 2-13a）已压实砂垫层，图 2-13b）铺筑上土工格栅，然后再铺筑砂垫层。

a)　　　　b)

图 2-13　沿海公路正在施工砂垫层

a）压实平整的砂砾垫层；b）正在砂垫层上铺筑土工格栅

3. 土工格栅材料

在沿海公路上，无论处理浅层软土地基，还是深层软土地基时，都广泛使用土工格栅材料。这种材料是在挤压制成的塑料板材上，成排的冲上孔洞，然后，采取单向或双向拉伸。单向拉伸制成椭圆形孔和单向肋条，则为单向拉伸格栅。双向拉伸成为正方圆角形孔和双向肋条，称为双向拉伸格栅（图 2-14）。

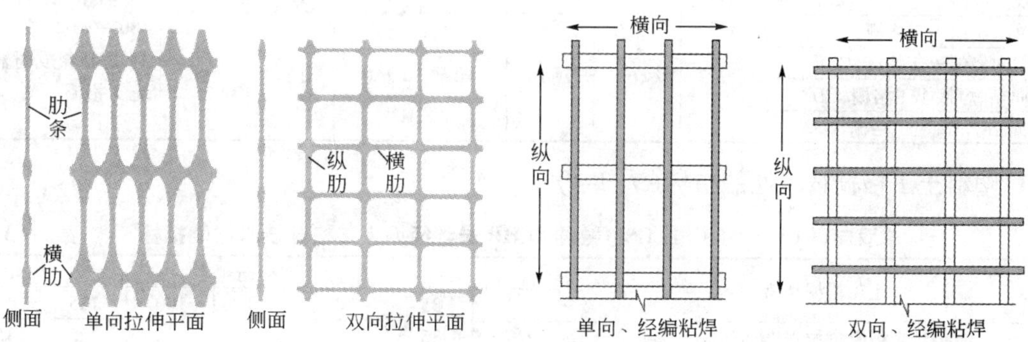

图 2-14　塑料土工格栅形状

经过冲孔的塑料板，经过拉拔作用使聚合物分子重现排列，加强了分子之间的联结力，提高了材料抗拉强度 5 ~ 10 倍。为此，用聚烯烃套把芯材纤维套上，组成筋带并拉紧产生预应力，又提高了其抗拉强度，把两组这样的筋带用在交叉处熔接上，组成筋带格栅，或称经编粘焊土工格栅。

土工格栅根据制作材料不同，有单（双）向塑料土工格栅、单（双）向钢塑土工格栅、玻璃纤维和涤纶土工格栅。

无论那种土工格栅埋在土和砂中，作为路堤加筋带。土和砂嵌入土工格栅的孔眼中，比土工织物与土砂之间摩擦系数增大80% ~90%，能显著地提高路堤整体强度和稳定性。

1）塑料土工格栅类型和原材料及产品表示方式（表2-2）

土工格栅类型及标识符　　表2-2

类型	名称	标识符	生产工艺		产品命名和表示方法
			名称	代号	
塑料格栅	聚丙烯	PP	拉伸	L	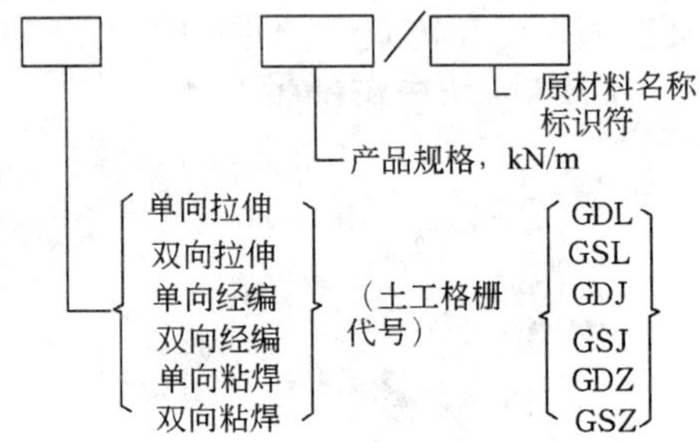
	高密度聚乙烯	HDPE			
玻璃纤维格栅	无碱玻璃	GE	经编	B	
经编格栅	高强聚脂长丝	HP			
粘结格栅	聚丙烯 高密度聚乙烯	PP 或 HDPE	粘结	J	
焊接格栅			焊接	Z	

产品型号示

例1：GDL25/PP。表示：单向拉伸土工格栅，每延米极限拉力25kN，原材料为聚丙烯。

示例2：GSL35/HDPE。表示：双向拉伸土工格栅，每延米极限拉力35kN，原材料为高密度聚乙烯。

2）塑料土工格栅产品规格（表2-3）

土工格栅产品规格　　表2-3

格栅种类	标称每延米抗拉强度（kN/m）							备注
单向拉伸土工格栅，GDL	20	35	50	80	100	125	150	本表摘自JT/T 480—2002，交通工程土工合成材料—土工格栅
双向拉伸土工格栅，GSL	20	35	50	80	100	125	150	
单向经编土工格栅，GDJ	25	40	60	80	100	125	150	
双向经编土工格栅，GSJ								
单向粘、焊接土工格栅，GDZ								
双向粘、焊接土工格栅，GSZ								

3）塑料土工格栅技术性能指标（表2-4）

单双向（GDL、GDJ、GSL、GSJ）拉伸和HP长丝经编土工格栅技术性能指标　　表2-4A

土工格栅类型		土工格栅规格						
		20	35	50	80	100	125	150
单向拉伸	每延米极限抗拉强度（kN/m）　≥	20	35	50	80	100	125	150
	标准抗拉强度下的伸长率（%）　≤	12			13			
	2%伸长率下的拉伸力（kN/m）　≥	6	10	15	24	30	37	45
	5%伸长率下的拉伸力（kN/m）　≥	12	20	28	45	59	78	96
双向拉伸	每延米纵横向极限抗拉强度（kN/m）　≥	20	35	50	80	100	125	150
	纵横向标称抗拉强度下伸长率（%）　≤	13					14	
	纵横向2%伸长率时拉伸力（kN/m）　≥	7	12	17	28	35	43	52
	纵横向5%伸长率时拉伸力（kN/m）　≥	14	24	34	56	70	86	104

注：HP——高强聚脂长丝。

单双向经编玻纤(GDB、GSB)土工格栅技术性能指标 表 2-4B

土工格栅类型		土工格栅规格						
		25	40	60	80	100	125	150
单向	GDB 每延米拉伸断裂强度(kN/m) ≥	25	40	60	80	100	125	150
	GDB 断裂伸长率(%)	≤4%						
双向	GSB 每延米纵横向拉伸断裂强度(kN/m) ≥	25	40	60	80	100	125	150
	GSB 纵横向断裂伸长率(%)	≤4%						

单双向粘焊(GDL、GDJ、GSL、GSJ)拉伸和 HP 长丝经编土工格栅技术性能指标 表 2-4C

土工格栅类型		土工格栅规格						
		20	35	50	80	100	125	150
单向拉伸	每延米极限抗拉强度(kN/m) ≥	20	35	50	80	100	125	150
	标准抗拉强度下的伸长率(%) ≤	12	12	12	13	13	13	13
	2% 伸长率下的拉伸力(kN/m) ≥	6	10	15	24	30	37	45
	5% 伸长率下的拉伸力(kN/m) ≥	12	20	28	45	59	78	96
双向拉伸	纵横向标称抗拉强度下伸长率(%) ≤	13					14	
	纵横向 2% 伸长率时拉伸力(kN/m) ≥	7	12	17	28	35	43	52
	纵横向 5% 伸长率时拉伸力(kN/m) ≥	14	24	34	56	70	86	104

* 粘、焊点极限剥离力≥30N。

4)塑料外观质量

产品色泽均匀,无明显油污、无损伤、无破裂。成品宽度不得小于标称值。单向宽度≥1m;孔眼最小净空 12mm。双向宽度≥2m,孔眼最小净空 20mm。长度≥50m,卷中不得有拼接。

4. 钢塑复合土工格栅

钢塑复合土工格栅,以钢丝(或其他纤维),经特殊处理,与聚乙烯(PE),并添加其他助剂,通过挤出使之成为复合型抗拉条带,且表面有粗糙压纹。由此单带纵、横按一定间距编织或夹合排列,采用特殊强化粘接的熔焊技术焊接其交接点而成为加筋土工格栅。

由钢塑复合拉筋带,按平面经纬成直角,经超声波焊接成型的土工合成材料。由于其抗拉强度大、延伸率低(≤3%)、蠕变小,对土体有较强的嵌锁、咬合作用,它能有效地对软土地基和陡坡路堤进行处理,约束土体的侧向位移,克服土体的不均匀沉降,极大程度地增强地基的承载能力,提高基础的整体性能。适用于各种情况下的地基加固增强措施。

归纳起来这种复合型土工格栅具有以下特点:

1)拉力大:拉力由纵横向筋带内的高强钢丝承担,纵横向强度可达 20~150kN/m,还可根据工程需要组合成各种规格,满足不同工程的需要。

2)变形小:格栅的纵横向破断延伸率均≤3%,蠕变极小,能有效地约束土体的变形。

3)寿命长:格栅的纵横肋条,由钢塑复合拉筋带组成,和钢塑复合拉筋带的寿命一样,格栅的寿命完全可以满足永久性工程的需要。

4)造价省:经若干工程实例比较,双向钢塑复合格栅由于强度高,铺设数量少,与单向塑料格栅比较,综合造价相对降低。

5)施工便捷、工期短:钢塑复合格栅幅宽可达2~8m,格栅铺设、搭接、定位极其简单,容易平整,便于大面积机械化施工,缩短工期。

6)摩擦系数大:格栅的纵横肋条的似摩擦系数均≥0.4,使格栅和土体的摩擦力可以满足工程的需要。

钢塑复合土工格栅技术指标,见表2-5。由于它具有上述特点,还具有抗老化、氧化性能,耐酸、碱、盐等恶劣环境腐蚀,可以满足各类永久性工程100年以上的使用需求,且性能优,尺寸稳定性好。再加之,施工方便快捷、周期短、成本低。在桥台、滑坡整治、隧道口的防护,港口码头、防波堤、护岸、导流堤、防洪堤、水坝、水闸,工民建配套工程、围堤、围墙、各种支挡建筑,工业尾矿坝、渣场、料场、货场,河流、海滩的滩涂围垦,林区工程、军事防护工程,公路的路基、路堤、路堑、桥台、引道、匝道、滑坡整治、软基处理、隧道口的防护频频登场。

钢塑复合单向土工格栅技术指标　　表2-5A

项　目	纵向极限抗拉力(kN/m)≥	单向1%伸长率时荷载(kN/m)≥	项　目	纵向极限抗拉力(kN/m)≥	单向1%伸长率时荷载(kN/m)≥
TGDG30	30	12	TGDG100	100	60
TGDG40	40	16	TGDG120	120	76
TGDG50	50	24	TGDG150	150	98
TGDG80	80	42			

注:以上各型号的单向极限拉伸率,均为3%

钢塑复合双向土工格栅技术指标　　表2-5B

项　目	双向极限抗拉力(kN/m)≥	双向1%伸长率时荷载(kN/m)≥	项　目	双向极限抗拉力(kN/m)≥	双向1%伸长率时荷载(kN/m)≥
TGSG30-30	30	12	TGSG80-80	80	42
TGSG45-45	45	20	TGSG100-100	100	60
TGSG60-60	60	32	TGSG120-120	120	76

注:以上各型号的双向极限延伸率均为3%

钢塑复合双向异型土工格栅技术指标　　表2-5C

项　目	双向极限抗拉力(kN/m)≥		项　目	双向极限抗拉力(kN/m)≥	
	纵向	横向		纵向	横向
TGSG30-20	30	20	TGSG60-20	60	20
TGSG40-20	40	20	TGSG140-30	140	30
TGSG50-20	50	20			

5. 土工合成材料作用机理

在砂垫层中间,铺设一层具有一定强度的土工合成材料,进而使土工合成材料与砂垫层组成的复合体能承受较大拉力,增加了地基土的抗剪强度,提高了路堤的稳定性,同时复合体具有一定的刚度,使上部荷载得到有效的调整,减少土体各部位的沉降差异、提高路堤受力均匀度。由于土工格栅和砂砾垫层组成的复合整体,能承受较大拉力,地基受力变小而均匀,不仅减少了路堤不均匀沉降,而且还可减少地基的总沉降,适应路堤的快速填筑,而荷载的迅速增加，加快了软土的固结作用，从而使沉降加快，减少后期沉降，形成一种良性循环。

沿海公路针对软土、软弱土分布发育情况，采用了三种不同强度的钢塑性土工格栅与砂砾垫层相结合，分别处理软土地基：

(1) K78 + 100 ~ K132 + 650，使用土工格栅型号为双向拉伸聚丙烯，每延米纵横向拉伸屈服力均为 30kN/m，纵向屈服伸长率 13%，横向屈服伸长率 16%，横向 2% 伸长率时拉伸力 11kN/m，横向 2% 伸长率时拉伸力 13kN/m，纵横向 5% 伸长率时拉伸力均为15kN/m。土工格栅幅宽不小于 4m，长度按实际需要定制。

(2) K132 + 650 ~ K160 + 140.477，使用土工格栅为双向钢塑土工格栅，每延米拉伸屈服力大于等于 50kN/m，屈服伸长率小于等于 3%。焊点极限剥离力大于等于 30kN，网格净距大于等于 210mm，单位质量 800 ± 50g/m^2。土工格栅幅宽不小于 4m，长度按实际需要定制。

(3) K132 + 677 ~ K133 + 206.5、K137 + 278.56 ~ K138 + 020.44、K142 + 693.56 ~ K143 + 395.5、K151 + 883.56 ~ K152 + 206.5、K153 + 223.65 ~ K154 + 327.44、K159 + 864 ~ K160 + 031.44 所用土工格栅为双向钢塑土工格栅，每延米拉伸屈服力大于等于 80N/m，屈服伸长率小于等于 3%，焊点极限剥离力大于等于 30kN。土工格栅幅宽不小于 4m，长度按实际需要定制。

6. 土工合成材料施工实例

沿海公路 T5 合同段，里程 K132 + 650 ~ K146 + 350、长 13.7km，线路穿过稻田、芦苇湿地、鱼塘和虾池，地下水位高，地基为软弱土，地基承载力低。采取清淤换填砂砾、砂垫层、土工格栅、塑料排水板、水泥搅拌桩等多种软基处理方法。仅仅铺设土工格栅工程量为 120 156m^2。

1) 开工之前准备

根据设计要求，在原地面进行断面、中边线放样。熟悉施工图纸、施工技术规范，编制出实施性施工组织计划和技术交底书。

(1) 机械设备准备（表 2-6）

主要设备一览表　　表 2-6

序号	设备名称	数量	单位	型号	序号	设备名称	数量	单位	型号
1	装载机	1	台	ZL50	5	自卸汽车	6	台	解放三友
2	挖掘机	2	台	日立 200-5	6	平地机	1	台	PY180
3	压路机	2	台	20t	7	插板机	1	台	LZ-30 型
4	推土机	2	台	山推 160	8	振动锤	1	台	DJ60 型

注：表中设备系 T5 合同段路路堤施工所需机械设备。

(2) 土工格栅施工工艺流程

该合同段软土地基处理，采用塑料排水板和砂土工格栅 + 砂垫层 + 荷载预压处理模式。塑料排水板施工完毕后，铺设砂垫层和土工格栅。

(3) 土工格栅施工流程（图 2-15）

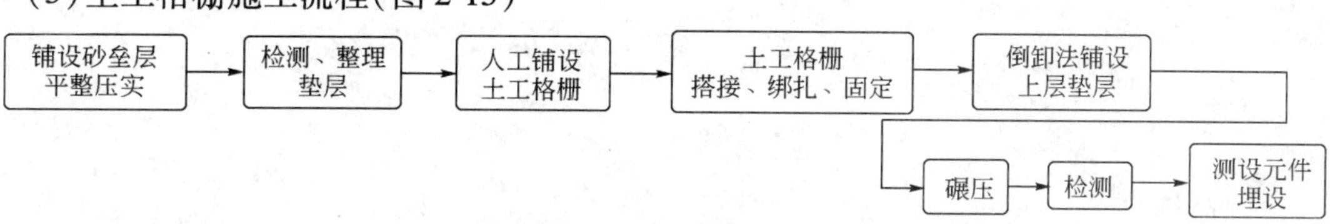

图 2-15　土工格栅工艺流程

2)施工方法

(1)施工放样

施工前放出线路中心桩、原地面高程、路基边线(路基坡脚加宽0.5m),并撒出白灰线,控制铺筑土工格栅的宽度。

(2)土工格栅铺设

第一层砂垫层碾压完毕后,经监理工程师检验合格后铺设土工格栅。施工用的土工格栅为双向钢塑土工格栅,土工格栅的屈服力、伸长率及外形尺寸,符合设计要求,其存放、运输满足规范规定。

铺设土工格栅前,应将场地平整好,清除碎块石等坚硬凸出物。铺设时,应将强度高的方向置于垂直于路堤轴线方向,网与网之间搭接20cm,横向搭接30cm,并在接头上每隔2m钉一枚钉,使一幅格栅网形成一个整体。

土工格栅上第一层填料摊铺压实时,采用轻型推土机或装载机碾压。当填料填筑厚度大于60cm后,才能采用重型压路机。一切车辆、施工机械只容许沿路堤轴线方向行驶。填筑时沿土工格栅两侧边缘轻卸填料,形成施工便道,再由两侧向中心平行于路堤中心对称填筑。

3)土工格栅施工注意事项

(1)距离土工格栅8cm以内的路堤填料,其最大粒径不得超过6cm。

(2)用人工配合平地机和压路机整平铺设土工格栅的路基表面,确保路基表面平整度≤10mm,表面严禁有碎、块石等坚硬凸出物,以免对土工格栅造成损害。

(3)土工格栅铺设过程中,在有褶皱的地方用人工拉紧,必要时采用插钉等措施固定土工格栅于填土层表面。

(4)土工格栅摊铺以后,立即进行路基填筑,避免在阳光下长时间直接曝晒。一般情况下间隔时间不应超过48h;路基填筑过程中,严禁将石料直接抛落于土工格栅上,严禁机械设备直接在土工格栅上进行作业。

(5)路基填料应分层摊铺、分层碾压,所选填料及压实标准,应达到设计和规范要求。

4)砂垫层

砂垫层的材料为中砂及粗砂,含泥量不大于3%,砂垫层的宽度要适当大于路堤底宽,一般两侧各宽出0.5m左右,以防止在施工过程中由于施工机械的破坏影响垫层的有效作用。

砂垫层施工时,要将砂加密到设计要求的密实度(95%),加密的方法有振动法(平振、夯实、插振)、碾压法等。砂垫层要无明显粗、细粒料分离,最大粒径不宜大于5cm。

第三章　深层不良地基处理技术

当软土地层厚度超过3m后，一般视为深层软弱地基，再使用前章所述的方法进行处理，显然不经济，技术上也不可行。

对深层软土地基处理的成功方法，集中体现了对软弱地基治理技术的精华。然而，这些治理技术和方法，多是伴随着施工机具不断革新而不断创新，治理方法和措施层出不尽，积累的经验逐步丰富。笔者从这些技术宝库中吸取精华，结合沿海公路实际，进行分析、研究、归纳，大致分为以下三类：第一类是排水固结法；第二类为构筑软土复合地基法；第三类是重型夯击法。在治理软土地基中，各自适应一定土质和相应的环境。

然而，随着工程不断实践，对软土地基治理技术，往往是综合使用，取长补短，更会收到令人满意的效果。

第一节　深层软基处理技术—排水固结法

众所周知，软土中水分多，是导致软弱地基强度低的最主要因素。针对这一特性，采取“对症下药”措施，把土中多余水分排走，促使土体中孔隙减小，使土的密度增加、强度提高，这种方法称之为排水固结法。

根据排水固结法原理，软土地层排水措施，最初多是采用人工或机械降水和抽水方法，降低地下水位，以达到排出软土中水分。然而，随着技术进步，如今排水固结法，组成一个完整的体系。该体系由排水系统和加压系统组成。一是设置排水系统，在土层中建立新的排水通道；二是加压系统，迫使渗水流动而排出，此应是“砂垫层＋堆(超)预压”的进一步发展(图3-1)。

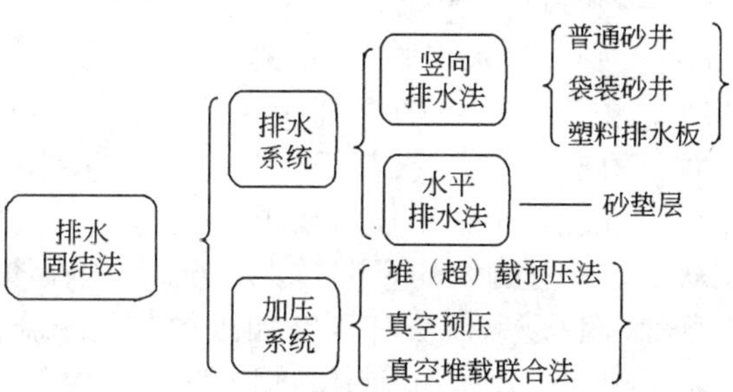

图3-1　排水固结法加固软土地基系统

一、排水固结法

排水固结法处理软土地基系统，包括两部分，一是排水系统，二是加压系统。

1. 排水系统

所谓排水系统，就是在软土地层中，开辟和增加排水通道，改变软土地层中排水边界条件，缩短排水距离，加快排水速度。

在土工材料未诞生之前，在软土地基中钻成若干竖井，灌入普通砂砾，或袋装砂砾，构筑成竖向排水系统。在软土地层上铺设一层砂砾垫层，组成水平排水通道，构筑成完整的排水系统。

2. 加压系统

所谓加压系统，就是对软土地层施加压力，迫使其中的水渗透流动，通过新建的排水系统将水排出地基之外，从而达到提高软土地基密实度。

随着土工材料诞生，塑料排水板（带）应用，人们可以很方便的在软土地层构筑许多竖向和水平排水通道，再结合使用堆（超）载预压，或真空－堆压相结合预压，迫使软土中水分更有效地排水，其中塑料排水板（带）作用，可谓举足轻重。

二、排水固结法施工技术

图3-2是排水固结法施工图示。其竖向排水通道用塑料排水板筑成，在其顶部，也就是说路堤底部，铺设一层厚度约50cm砂砾垫层，顶面做成斜坡状构筑成水平排水通道，竖向和水平向排水通道，构成完整的固结法排水系统。

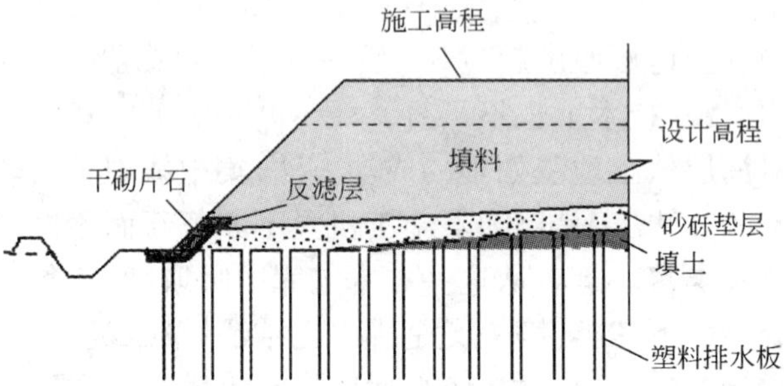

图3-2　塑料排水板系统示意图

1.排水固结法施工技术

1）排水系统施工技术要求

固结法竖向排水通道，使用塑料排水板（带），其平面多按正方形或正三角形布置，一般间距为1.0～2.0m。通常使用的塑料断面为100mm×4mm，其加固效果与7～12cm直径的袋装砂井作用相同。

使用塑料排水板，当量排水直径，可按下列公式估算：

$$d_p = \frac{2(b+\delta)}{\pi}$$

式中：d_p——塑料排水带当量换算直径，mm；其断面尺寸10cm×（0.4～0.5cm），相当于直径7～12cm砂袋井；

b——塑料排水板宽度（mm）；

δ——塑料排水板厚度（mm）。

塑料排水板深度，一般应到达软土底层。若软土层比较厚，其深度到设计位置。为保证路堤稳定而用的塑料排水板，其插入深度应穿过稳定计算的滑动圆弧至少2m。

2）加压系统系统施工技术要求

在软土地基里构筑的竖向排水系统，必须在压力作用下，才能迫使软土中水渗流。常采用的方法有堆（超）载预压法和真空加压法。关于施加堆（超）预压荷载方法、技术要求、加载监控及注意事项同第二章所介绍的相关内容。但是，当竖向排水系统采用塑料排水板时，在施工中增加相当于活荷载部分的压力，经过一段时间后移去后，将路面铺筑上去，理论上地基固结度已满足使用要求。堆载预压施工时应注意以下事项：

（1）修筑场地排水系统

在塑料排水板插入软土地层后，路堤底部铺设砂垫层之前，先修筑场地四周的排水沟，场地内布设盲沟，并与砂垫层联结。砂砾垫层所用砂应为中、粗砂，含泥量不大于5%。砂源困难的地方，可用粒径不大于10cm碎石替代。垫层应顺序填筑，表面平整。

（2）加载预压

加载过程是地基排水固结、强度增长的过程。应实施分级加载方法加载，初次加载量要与地基承载能力相适应，以后分级加载不允许超过前次加载后强度增长允许值，以防止发生塑性变形。

（3）加载过程中监控

在加载中过程中，应按设计规定进行监控，其监控内容：观测地面沉降、地表水平位移、埋设孔隙水压力仪，观测孔隙压力的变化情况。重点路段还应选择试验路段进行典型试验。

加载中一旦出现异常现象,应采取措施,或暂停或卸载。待恢复正常后再加载。对于塑料排水板,加载控制标准可参考表 3-1 资料。

塑料排水板堆载控制指标　　表 3-1

控 制 项 目	控　制　值
地面沉降(mm/s)	20
地表水平位移(mm/d)	6
孔隙水压力系数	0.6

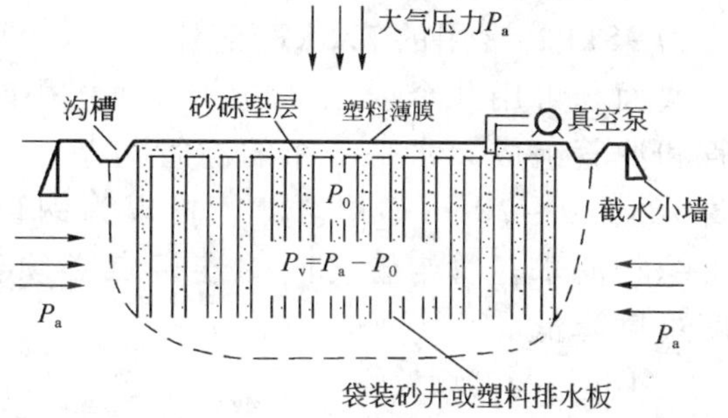

图 3-3　真空预压示意图

一般情况下,地基沉降量每天 <0.2 ~0.5mm时,或超载的预压残余沉降量 < 设计要求的工后沉降量,经过检测预压压实度达到相应的公路等级要求的压实度,即可停止预压、卸载。

3)真空预压加载法

真空预压加载法,就是使用土工膜(土工合成材料),把软土地基上构筑成一个封闭空间里,借助射流泵和埋设在砂垫层中的管道,将土工膜下的空气抽出,形成真空,使软土地层排水压密,有时真空和堆载联合使用,可以加快软土地层固结。

图 3-3 是真空预压荷载图示。一般在构筑成竖向排水通道后,在竖向通道顶铺筑上一层砂垫层。在砂砾垫层里埋设上管道,然后把不透气的土工膜铺盖其上,再借助射流泵和预埋的管道,把薄膜下土体中的空气抽出。软土中渗水在大气压力下迫使流动、排出,促使土体固结。

软土地基未抽出空气之前,大气压力 P_a 作用于软土地基,土中无压力差,孔隙水处于静止状态。一旦抽空后地基土中真空压力(负压力)为 P_0,于是在地基土中产生压力差 P_v,薄膜内外压力差 $P_v = P_a - P_0$,促使渗水流动,地基土固结,强度增加。这方法适宜设计荷载 <80kPa 的软土地基地基。

(1)真空预压施工技术要求

按照设计要求平整地表面,铺设砂砾垫层,做好场地四周排水系统,埋设上过滤管道。预压范围应大于设计范围。

①在实施真空预压时,薄膜下真空度必须稳定在 80kPa(600mmHg)以上。真空度愈高,预压效果就愈好。为获得良好的真空度,预压面积愈大,则效果就愈好。工程实践表明,每块预压面积能达 3 000m^2。

②实施真空预压时,竖向排水系统最好为塑料排水板或袋装砂井。其间距愈小,预压效果就愈好,所需要的时间也短(表 3-2)。实践表明,在袋装砂井与塑料排水板比较,塑料排水板效果最佳,其加固有效深度可达 25m。

袋装砂井间距与所需时间关系资料　　表 3-2

比较项次	袋装砂井间距(m)						为获得良好效果,单块面积尽可能大
	1.3		1.5		1.8		
固结度过(%)	80	90	80	90	80	90	
所需时间(d)	40 ~50	60 ~70	60 ~70	85 ~100	90 ~105	120 ~130	

③抽空设备

实践经验表明，抽空设备宜采用射流真空泵，空抽时真空吸力必须达到95kPa，最好为98kPa，常用的7.5kW射流泵，每台可加固1 000～1 500m²。如果加固面积大时，一块面积可用几个射流泵，反之，面积小时一台可管几个加固区。真空泵的管路，有主管和滤管组成。水平分布的滤管为条状，最好布置成回路，埋设在砂砾垫层中，其上应覆盖上10～20cm砂层。滤管可以为钢管或塑料管，外面需用铅丝包绕，并用尼龙或土工织物滤水。管与管之间的连接点必须密封，并设置回阀和闸阀，以避免停泵后真空度过度降低。

④运行与卸载

管路安装和塑料薄膜铺设完毕后，开始进行试运行，检查管路是否漏气。经过检查一切正常后继续抽气，直到膜下真空等效压力达到0.08MPa以上，再次检查是否漏气，一切完好，覆水20～30cm，继续抽气直到结束。

⑤符合下列条件之一者，可以停止抽气，进行卸载：

- 连续5d实测沉降量≤2mm/d；
- 满足工程对沉降承载力、有效压力强度；
- 软土固结度达到80%以上。

⑥土工膜材料

土工膜是一种防水卷材，基本原料和产品及规格如表3-3所示。其技术性能指标如表3-4所示。

土工膜原材料和产品表示方法　　表3-3

名　称	代　号	名　称	代　号	示例
聚乙烯	PE	聚丙烯	PP	M　1.5　PE(PP、HDPE、PES、PAC、PA)
高密度聚乙烯	HDPE	聚脂	PES	原材料名称标识符，聚乙烯(聚丙烯等)材料；产品规格(标称厚度)，1.5mm
聚丙烯腈	PAC	聚酰胺	PA	产品类型：土工膜代号M

土工膜规格与物理及技术性能指标　　表3-4

产品规格	M0.5	M0.6	M1	M1.5	M2	M2.5	M3
标称厚度(mm)	0.5	0.6	1	1.5	2	2.5	3
每卷纵向基本长度(m)	>30，卷中不得有拼段						
幅宽(m)	>3(偏差+2.5%)						
纵横向拉伸强度(kN幅/m)	≥6	≥8	≥12	≥17	≥18	≥19	≥20
纵横向拉伸断裂伸长率(%)	≥300			≥500			
纵横向直角撕裂强度(N/m)	≥20	≥30	≥40	≥80	≥100	≥120	≥150
CBR顶破强度(kN)	≥2.5	≥3	≥4	≥5	≥6	≥7	≥8
低温弯折性(-20°C)	无裂纹(通过低温抗折仪检验)						
纵横向尺寸变化率(%)	≤5						
耐静水压力(MPa)	≥0.7	≥0.8	≥1.5	≥2	≥2.5	≥3	≥3.5
垂直渗透系数(cm/s)	$\leq 5\times10^{-11}$						

土工膜抗老化等级分为4等，以550W/m^{2}光辐射照射150h，标称拉伸强度保持率：I等<50%，II等为50%～80%，III等为80%～95%，IV等>95%。

外观质量：切口平直，无明显锯齿现象。材面无明显划痕。不允许有直径大于20mm的杂质和僵块，直径0.6～2mm的每平方米要少于20个；直径2mm以上的不允许出现。卷端面错位≤50mm。

(2)真空预压施工流程

真空预压施工流程如图3-4所示。

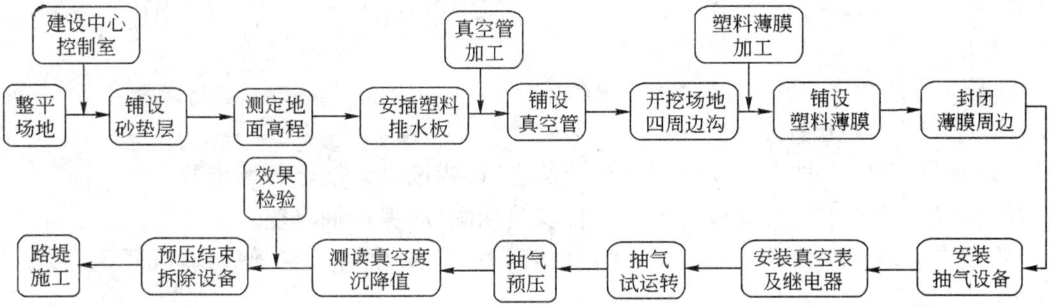

图3-4　真空预压施工流程

(3)真空预压施工质量检查事项

①垫层材料宜采用中、粗砂，泥土杂质含量<5%，严禁砂中混有尖石等尖利硬物。

②密封薄膜厚度宜选用0.12～0.17mm，密封薄膜每边长度应大于加固区相应边3～4m。薄膜加工后不得存在热穿、热合不紧等现象，不宜有交叉热合缝。

③可根据密封膜性能不同，每个加固区可用2～3层密封膜，具体层数视情具体工程情况而定。

④滤管应不透砂。滤管距泥面、砂垫层顶面的距离均应>50mm。滤管周围必须用砂填实，严禁架空、漏填。

⑤密封沟与封堵小墙施工要求：

• 沿加固边界开挖密封沟，其深度应低于地下水位并切断透水层，内外坡应平滑。沟底宽度应>400mm，密封薄膜与沟底黏土之间应进行密封处理。

• 密封沟回填料应为不含杂质的纯黏土，不得损害密封膜。

• 封堵小墙位置应跨密封沟的外沟沿，墙体应密实牢固。

• 铺膜前应把出膜弯管与滤管连接好，并培实砂子同时处理好出口的连接。

• 真空表测头应埋设于砂垫层中间，每块加固区≥2个真空度测点，真空管出口须防止弯折或断裂。

⑥抽真空施工要求如下：

• 抽真空持续时间应符合设计要求，无规定时可持续2～5个月。

• 覆盖厚度宜为200～400mm，膜下真空压力应持续稳定在80kPa以上。应注意观察负压对其相邻结构物的影响。

施工监测要求如下：

• 在预压过程中应进行孔隙水压力、真空压力、深层沉降量及水平位移等预压参数的监测。真空压力每隔4h观测1次，表面沉降每2d测1次。

• 当连续五昼夜实测地面沉降 <0.5mm/d、地基固结度已达到设计要求的 80% 时，经验收即可终止抽真空。

• 停泵卸荷后 24h，应测量地表回弹值。

4）真空—堆载联预压合法

所谓真空—堆载联合预压法，实际上真空预压与堆（超）载同时作用于软土地基上，两压力进行叠加，以提高地基内渗流速度，加快地基固结，进一步提高地基强度（图 3-5）。其施工方法和注意事项与真空预压施工技术相同，但应注意检查以下事项：

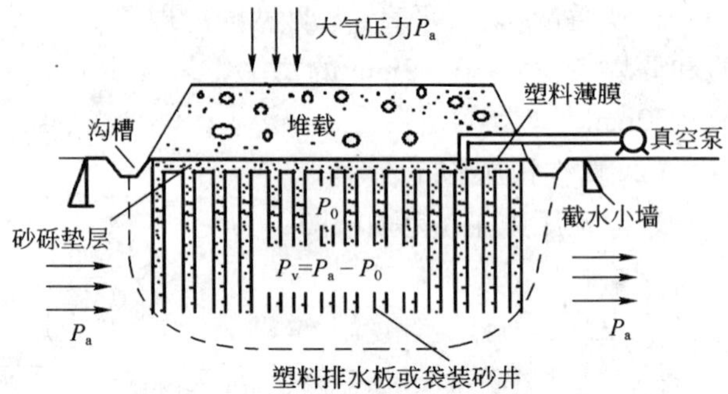

图 3-5　真空—堆载联合预压法

（1）路堤填筑宜在抽真空 30 ~ 40d 后开始进行，或按设计规定开始堆载。

（2）路堤填筑速率应符合设计规定。在填筑期间，应保持抽真空。

（3）路堤填筑高度达到设计标高（考虑沉降）后，应继续抽真空，使路堤沉降值（或地基固结度）达到设计要求。

5）真空预压工程实例

图 3-6 示出的是使用真空预压技术，加固含有透水夹层的施工实例。为了提高真空度效应，把被加固的软土地基构筑成一个向下开口的封闭空间，安装上抽气管道，开动真空泵抽出地基中空气。

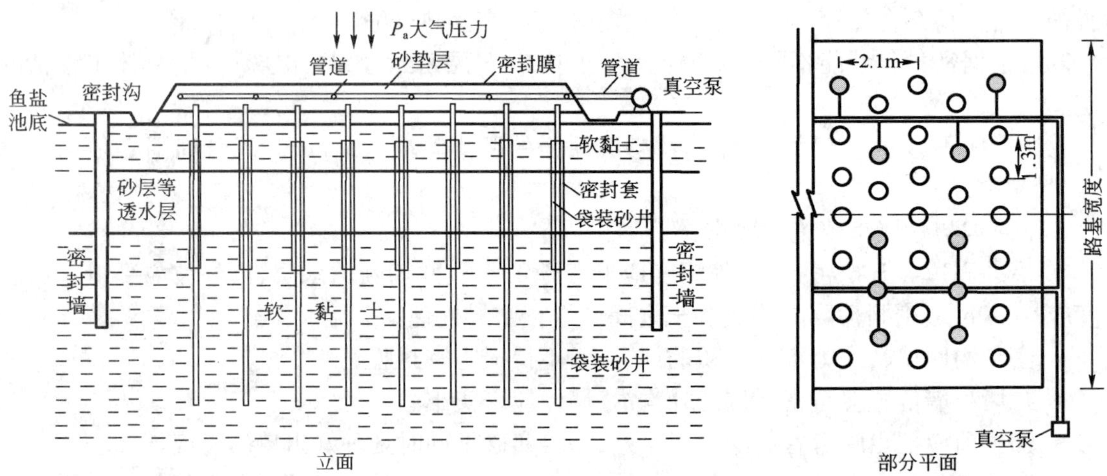

图 3-6　含有透水夹层的软土地基加固示例

（1）用于封闭砂垫层顶和侧面的密封膜，选用聚氯乙烯材料，其材料技术要求：

• 膜的厚度 >0.14mm，50mm 宽试样拉伸强度 >15MPa；

• 断裂伸长率 >200%，直角撕裂强度 >80kN/mm，

• 渗透系数 <10 ~ 11cm/s。

（2）路侧密封墙

一般用黏土泥粉与水泥拌和的泥浆作为密封材料，泥粉与水泥的配合比为 5∶1，施工时在土层中拌和，形成地下柔性密封墙。室内试验表明，黏土渗入粉砂后，粉粒含量达 15%，可使

渗透系数小于 1×10^{-5}cm/s，一般可满足施工要求。

(3)砂井(或塑料排水板)布设

砂井平面一般按梅花形布设，横向间距1.3m、纵向2.1m；位于梅心处的砂井，与抽气管道联结一起，并且在穿过透水层厚度及上下井段，使用密封套进行封闭，以提高下软层真空效应。

砂井密封套，使用聚氯乙烯材料做成的，施工时必须固定其位置，防止脱落或划破。

砂井深度视加固的地基深度而定。

(4)抽气管道

抽气管道一般使用PVC管，直径 ϕ6mm 与位于梅心处的竖向砂井中的管道，联结成抽气网络，其余砂井顶与砂垫层联成一体，在进行真空作业时，真空度由真空泵→砂垫层→竖向排水体→周围土体传递；而地下水则逆向渗流：周围土体→竖向排水体→砂垫层→排出。

三、塑料排水板施工

排水固结法加固软土地层，塑料排水板(带)应是优选排水材料。如果选用塑料排水板(带)作为竖向排水系统，其施工质量关系到软土地基处理效果。塑料排水板施工质量，一是塑料排水板(带)材料质量，二是施工质量，两者不可偏废。

1. 塑料排水板(带)

塑料排水板(带)施工，第一步把住材料关质量。要把住材料关质量，首先应了解塑料排水板材料的质量规定。

塑料排水板(带)是一种土工材料产品。它是针对淤泥、淤泥质土等饱和黏性土及杂土地基特征而生产的一种产品，作为排水固结法竖向排水通道，用于处理软土地基，可大大缩短软土地层固结时间，加速地基固结沉降。

塑料排水板(带)断面小，对地基扰动小，打设桩机械轻，具有质量易于控制、成本低等优点，适宜处理比较软弱地基。

1)塑料排水板构造

塑料排水板又称塑料排水带，是一种复合型土工材料，它是用高肋土工网，或用聚合物制成凹凸不平条带芯带，两面包以非织造土工织物作为滤层。芯带起支承作用，并将滤层渗透进来的水向上排出。施工时用插板机将塑料排水板插入软土地基中，在上部预压荷载作用下，软土中的孔隙水由塑料排水带向上排到砂垫层上，然后排出路堤之外。

塑料排水板(带)宽度≥100cm。如果宽度为10cm，则称为排水带。反之称为排水板。其断面形式如图3-7。

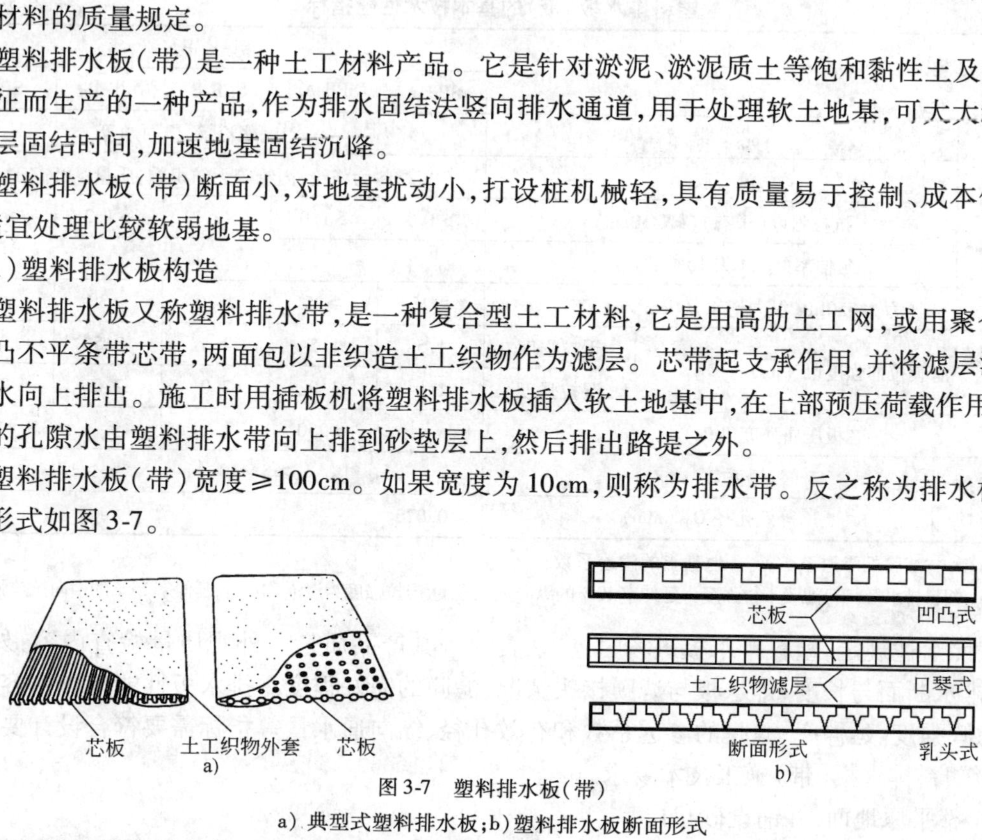

图3-7　塑料排水板(带)

a)典型式塑料排水板；b)塑料排水板断面形式

(1)塑料排水板按使用功能不同分为四类：

- 一是双面反滤排水板，代号为FF；

- 二是单面反滤排水板,代号为 F;
- 三是一面反滤排水,另一面隔离防渗排水板,代号为 FL;
- 四是加筋兼反滤排水板,代号为 FI。

(2)按打入软土深度不同,塑料排水板分为五类,产品表示形式见表 3-5。

按打设深度不同,塑料排水板分类和产品表现形式 表 3-5

类型	打设深度(m)
A	10
A0	15
B	20
B0	25
C	35

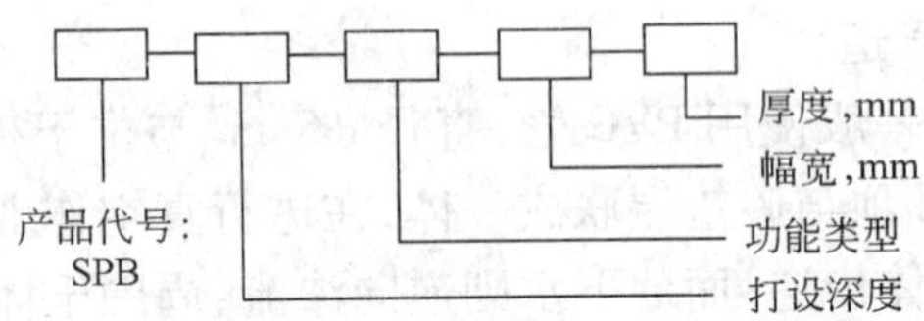

产品示例:SPB-B-F-1000-10。表示 B 类打设深度 < 20m、单面反滤排水板、幅宽为 1000mm、厚度为 10mm。

(3)塑料排水板性能指标

塑料排水板的性能指标,包括纵向通水量、复合体抗拉强度与延伸率、滤膜抗拉强度与延伸率、滤膜渗透系数、滤膜等效孔径,详细技术指标见表 3-6。

塑料排水板(带)的基本技术性能指标 表 3-6

项目			型号				
			SPB-A	SPB-A_0	SPB-B	SPB-B_0	SPB-C
材质	芯带		高密度聚乙烯、聚丙烯等				
	滤膜		材料为涤纶、丙纶等无纺织物,质量 > $85g/m^2$				
复合体	抗拉强度(干态)(kN/10cm)		>1.0	>1.0	>1.2	>1.2	>1.5
	延伸率(%)(为 10% 的强度)		>4				
侧压力为 350kPa 纵向通水量(cm^3/s)			≥25	≥25	≥30	≥30	≥40
滤膜拉伸强度(kN/m)		干拉强度	1.5	1.5	2.5	2.5	3.0
		湿拉强度	1.0	1.0	2.0	2.0	2.5
芯板压屈强度(kPa)			>250			>350	
滤膜渗透反滤特性	渗透系数(cm/s)		$k_g \geq 5\times10^{-4}$, $k_g \geq 10k_s$				
	等效孔径 O_{95}(mm)		<0.075				

注:1. k_g—滤膜的渗透系数;k_s—地基土的渗透系数;

2. 塑料排水板(带)滤膜干拉强度为延伸率 10% 的纵向抗拉强度,湿拉强度为浸泡 24h 后、延伸率 15% 的横向抗拉强度。

按照上述规定,塑料排水板进场时,应认真检查其产品质量。外观质量检查内容:外包装状况、排水断面与长度、排水板与滤膜接头情况,滤膜的完好程度。排水板性能检查内容:排水板与滤膜强度、延伸率、滤膜的渗透系数和有效孔径、纵向通水量等指标需要符合设计要求。

2)塑料排水板(带)施工技术要求

- 整平原地面,并铺设砂垫层。
- 插带机就位,调整导架垂直度,空心套管中穿入塑料排水板,对中桩位,就位时板距相差≤15cm,竖直度 < 15%。

● 塑料排水板端部穿过靴头固定架，对折带子长约 10cm，固定联结。

● 排水板穿入套管，在激振中插入软土，其入土深度须不小于设计要求。施工时根据插板机上配置的自动检测记录仪，以便于随时检查入土深度。

排水板在插入土中过程中，导轨应当垂直，钢套管不能弯曲，防止透水滤套破损和污染。排水板底部应当采取锚固措施，以免拔出套管时带出芯板。套管形式如图 3-8，其中菱形比较常用。几种国产插板机性能见表 3-7。

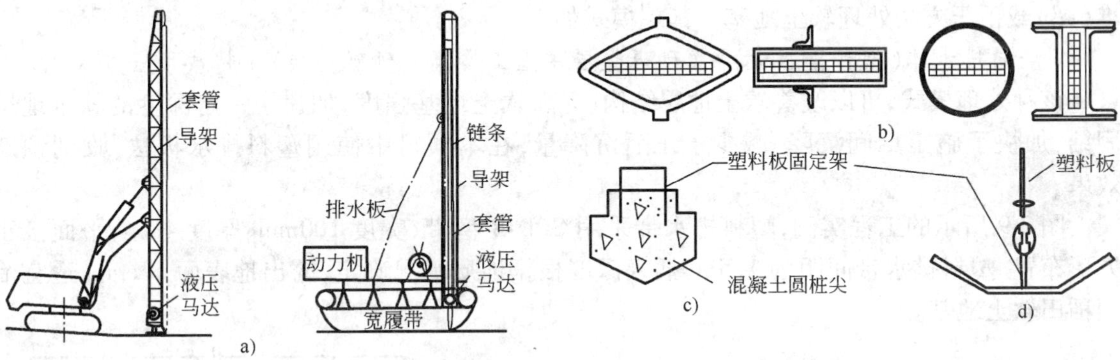

图 3-8　塑料排水板（带）插板机示意图

a）液压挖掘机改装插板机；b）插板机套管形式；c）混凝土圆桩尖；d）金属倒梯形桩尖

几种塑料排水系板（带）插板机性能　　表 3-7

型号	UB-16	RC-110	SSD-20	QDS-22	门架式	
车底形式	步履式*	宽带式	宽带式	轨道式**	I	II
插入和拔出方式	入—振动锤 出—卷扬机	入—液压 出—链条	入—振动 出—链条	入—振动 出—卷拔	入 振动 出—卷＋振	
振动锤功率（kW）	30		30	10	17	22
激振力（kN）	80，160	60	150	70	80	140，160
插入深度（m）	10	10.5	20	21.2	19	22
插入速度（m/min）	11	24				
拔出速度（m/min）	8	24				
插设间距（m）	1.3，1.6	不限				
插板效率（m/台班）	1 500	2 000	1 500	2 000	1 000	
总重力（kN）	150	129.9	340	120	180	
接地压力（kPa）	50	11.0	10			
外形尺寸（cm）	7.6×5.3×15		12×12.75×26.6	8×6×26	8×5×23	

＊ 液压式；＊＊ 双底盘。

● 拔出套管时，下口出地面，则可移动下一个位置。对已插入的塑料排水板上端口加以保护，防止泥土等杂务进入套管内。

● 塑料板顶部伸入砂垫层＞50cm。

工程实践表明：塑料排水板能有效地加快排水固结，与其他排水固结法相比，加固效果可提高 1 倍左右。当塑料排水板布设间距为 1.0m，固结度达到 90% 需要 1 个月时间，间距为 1.5m需要 3 个月，显然选择小的间距，可以获得比较好的固结效果。

使用塑料排水板处理的软土地基，与其他处理方法相比，侧向位移相对比较大，应当视具体情况采取反压法，以减少侧向位移。再者，堆压荷载或填筑路堤时，应严格控制加载速率，防止产生过大的附加沉降。

四、塑料排水板施工实例

河北沿海公路 T5 合同段，即 K132 + 650 - K146 + 350、全长 13.7km，采用塑料排水板结合堆（超）载预压方法处理软土地基。其理模式如下：

竖向排水体（塑料排水板）+（砂砾垫层 + 土工格栅 + 砂砾垫层）+ 超载预压方式

该种处理模式，可以改善软土地层结构，提高软土地基强度，加速了一定深度的软土地层固结，加快了施工期间沉降，减少了工后沉降量，在本项目中使用塑料排水板法，收到预期效果。

图 3-9 所示的工程实例，塑料排水带采用 SPD-B 型带、宽度 100mm、厚度 4mm，平面按正方形布置、塑料排水带间距为 1.5m，插入深度根据地质情况确定，露出地表面 10cm。适宜治理稻田软土地基。

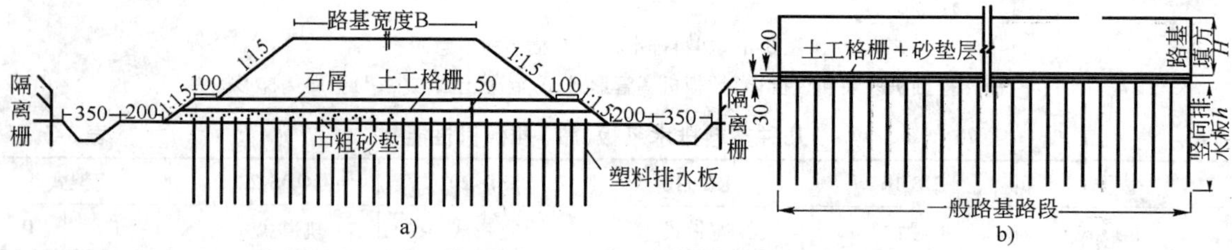

图 3-9　水稻田软土地基处理方案（立面；尺寸单位：cm）

a）横断面图示；b）纵断面图示

在治理水稻田软土地基，塑料排水带在平面布置有两种方式，一是正方形，二是正三角形，但是塑料排水带之间的间距，一般（三角形为边长）为 1.5m（图 3-10）。

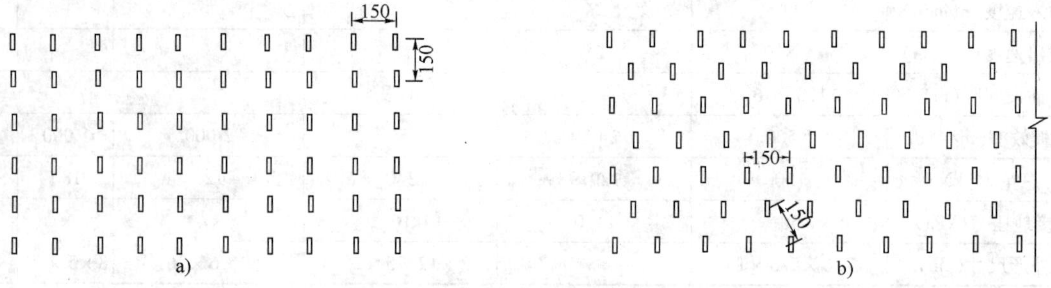

图 3-10　塑料排水带处理软基平面形式（尺寸单位：cm）

a）正方形；b）正三角形

根据工作区软土、软弱土地层结构，总结以往的施工经验，竖向排水体系采用塑料排水带配合超载预压，才能收到良好的处理效果。塑料排水带插入深度，应当穿透软土、软弱土层，有条件时应插入到透水层为宜。

河北沿海公路，采取上述处理模式的路段，主要用于处理一般路的软地基，其工程量计 178 万延米。

1. 塑料排水板施工管理

塑料排水带插板施工，其管理机构如图3-11所示。在整个施工过程中，全队分为三个工班，每班配备相同机械（表3-8）。

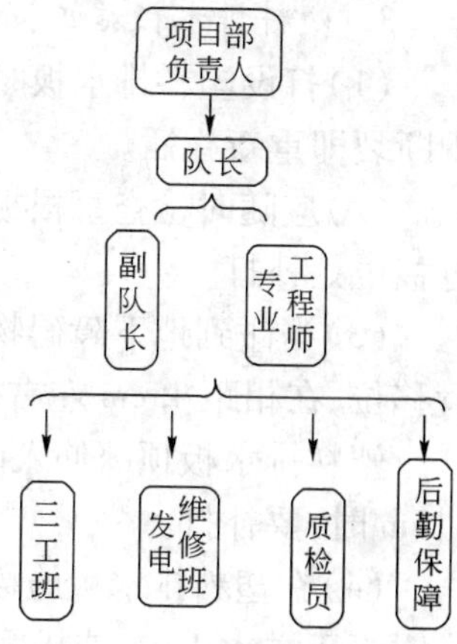

图3-11　沿海公路塑料排水板施工管理组织机构

2. 施工程序及方法

图3-12描述了沿海公路塑料排水板施工过程，具体施工方法：

（1）清理场地，排除积水，并将路基范围内原地面上淤泥、树根、草皮、腐殖土全部挖除。

（2）在路基范围内，按设计要求填筑路拱，碾压密实，在线路以外挖纵向排水沟，铺设30cm砂垫层，用压路机静压4～6遍。

（3）按设计间距测量放线，按等边三角形布置桩位，并用竹片桩标明。

（4）插板机就位，塑料排水带经导管从底部穿出、回折，与桩尖连接、拉紧，与管靴口贴紧，对准桩位。

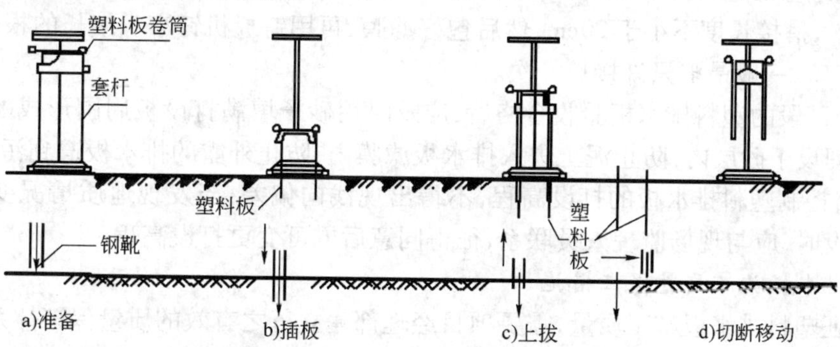

图3-12　塑料排水板施工插板机施工过程图示

（5）为防止导管倾斜，开始插带时缓慢沉管，导管入土深度距设计高程2m时，减慢插入速度，注意地质条件变化。

（6）沉入导管至设计深度后，缓慢拨出导管，将板带及锚靴留在土中。塑料排水带顶部在伸出地面20cm处切断，然后重新装靴。

（7）移动桩架至下一桩位进行循环作业。

塑料排水板施工必备设备　　表3-8

序号	设备名称	规格型号	数量	用途	备注
1	推土机	ST140	1台	清表	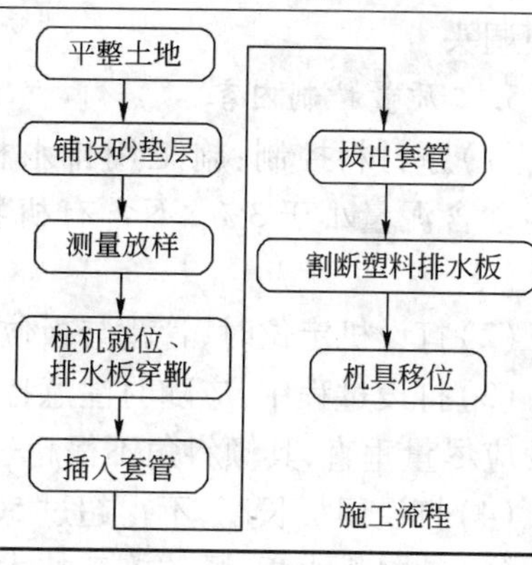
2	挖掘机	日立2000-5	1台	排水沟	
3	平地机		1台	找平	
4	自卸汽车		18辆	砂垫层	
5	插板机	IJB-16	1台	塑料排水板	
6	含水量分析仪		1台	测含水量	
7	测量仪器		1套	测量	
8	沉降观测板		5套	观测	
9	振动锤	DJ60型	1台	塑料排水板	

3. 塑料排水板施工技术措施

(1)打设塑料排水板时,应保持其入土连续性,严禁出现扭曲、断裂和撕破滤膜等现象,发现断裂即重新施插。

(2)应随时检查每根板带施工情况,当符合验收标准时方可移机打设下一根,否则须在临近板位处补打。

(3)当碰到地下障碍物时,若不能继续打进,或孔体倾斜超过容许偏差,应弃置该孔而拔管移位,在相距45cm左右重新打设。

塑料排水板顶部伸入砂垫层,必须符合设计要求,当拔导管将塑料排水带带出长度大于0.5m时,要补打。

(4)在塑料排水板施插过程中,应逐板进行自检,并按要求作好施工记录。注意是否在插入时真正送入土中,或拔管(心管)时排水板是否被回带上来。可通过检查卷筒内塑料板的耗用量,或检查自动记录装置,从两方面判断塑料排水板被插入的施工质量。

(5)打入地基的塑料排水板,应为为整板,一般不允许接长。如果需要接长时,应剥开滤膜使芯板接平,搭接长度不小于20cm,然后包好滤膜,再用钉扳机钉牢。接长的根数不直超过打设根数的5%,一般最多只许接长一次。

(6)一个区段的塑料排水板验收合格后,应及时用砂子填满打设板周围形成的孔洞,并将塑料排水板埋设于砂层内,防止泥土进入排水板滤膜内,防止外露的排水板遭到污染。

(7)严格控制塑料排水板的打设高程,不得出现浅向偏差;当发现地质情况变化,无法按设计要求打设时,应与现场监理人员联系,征得同意后方可变更打设高程。

4. 塑料排水板施工质量保证措施

为了保证塑料排水板施工质量,需要项目经理部建立行之有效的质量保证体系,配备各级专职质检人员,工程队设专职质检工程师,工班设兼职质检员,明确各自的岗位职责。

建立健全质量管理制度,做到质量标准、工作标准、管理标准相协调,使质量工作纳入标准化体系。

在进行施工技术管理时,必须认真审核图纸,详细技术交底,施工中技术人员跟班作业进行指导,及时办理各种签证手续,上道工序未经监理工程师认可签字,下道工序不得开工。

完善资料管理工作,认真做好施工记录。施工时必须将安全放在第一位,设专职安全员进行机械移动指挥。机械驾驶员上岗要经过考核持证上岗,严格按机械操作规程作业。机具停放不得侵入建筑物接近限界,并要停放平稳。设置调头会车段,机械在路基上不得随便调头。

5. 工质量控制内容

(1)原材料控制:施工用排水板滤膜应紧裹芯板不松皱,结构尺寸为100mm×40mm。中粗砂含泥量小于3%,不含有机物及有害物质。塑料排水板盘带,严禁长时间在阳光下暴晒。

(2)打设机定位时,管靴与板位标记的偏差控制在±70mm范围内。

(3)打设过程中,应随时注意控制套管垂直度,排水板施工偏位不得超过15cm,排水板与地面应尽量垂直,其倾斜角不得超过2cm/m。

(4)打设回板长度,不得超过500mm,且回板的根数不宜超过打设根数的5%。

(5)塑料排水板,具体施工技术要求见表3-9。

塑料排水板施工质量标准　　表 3-9

项　次	检 查 项 目	规定值或允许偏差	检查方法和频率
1	板距(mm)	±150	抽查 3%
2	板长	不小于设计值	抽查 35
3	竖直度(%)	1.5	查施工记录

五、塑料排水板处理地基固结计算

采用塑料排水板和堆(超)预压处理地基,在排水加固施工前,一般应进行固结计算。

在施工之前,应通过计算估算施工期完成的沉降量和工后沉降量,推断地基强度增长水平,用于验算路堤的稳定性。在施工过程中,估算到某一固结度所需要的时间,以确定工期和施工进度。

塑料排水板入土深度,如果路堤以抗滑稳定控制路堤,塑料排水板应深入滑动面以下 2m。如果路堤以变形作为控制指标时,塑料排水板深度应在限定预压时间内需要完成的变形量。

(1)地基平均固结度计算

对于施工来说,最关心的在某一固结时间 t 时,对应总荷载的地基平均固结度,可按下式估算:

$$\overline{U}_{\mathrm{t}} = \sum_{i=1}^{n} \frac{\dot{q}_i}{\sum \Delta p}\left[(T_i - T_{i-1}) - \frac{\alpha}{\beta} \cdot e^{-\beta \cdot t}(e^{\beta \cdot T_i} - e^{\beta \cdot T_{i-1}}) \right] \tag{3-1}$$

式中:$\overline{U}$ ——t 时间地基的平均固结度;

$\dot{q}_t$ ——第 i 级荷载的加载速率(kPa/d);

$\sum \Delta p$ ——各级荷载的累加值(kPa);

T_{i-1}、T_i——分别为第 i 级荷载加载的起始和终止时间(从零点起算)(d),当计算第 i 级荷载加载过程中某时间 t 的固结度时,T_i 改为 t;

α、β ——参数,根据地基土排水固结条件按表 3-10 采用。对竖井地基表中所列 β 为不考虑涂抹和井阻影响的参数值。

α、β 参 数 表　　表 3-10

排水固结条件	竖向排水固结 $U>30\%$	向内径向排水固结	竖向和向内径向排水固结(竖井穿透受压土层)	
α	$\frac{8}{\pi^2}$	1	$\frac{8}{\pi^2}$	$F_n = \frac{n^2}{n^2-1}\ln(n) - \frac{3n^2-1}{4n^2}$ c_h—土的径向排水固结系数(cm²/s); c_v—土的径向排水固结系数(cm²/s); H—土层竖向排水距离(cm);
β	$\frac{\pi^2 c_v}{4H^2}$	$\frac{8c_h}{F_n d_n^2}$	$\frac{8c_h}{F_n d_n^2} + \frac{\pi^2 c_v}{4H^2}$	

(2)考虑涂抹和井阻力影响固结度计算

当排水竖向井采用挤土方式施工时,应考虑涂抹对土体固结的影响,当竖井的通水量 q_w 与天然土层水平向渗透系数 k_h 的比值较小,且长度又比较长时,尚应考虑井阻影响。瞬时加载条件下,考虑涂抹和井阻力影响时,竖井地基径向排水固结度,按式(3-2)计算。

$$\overline{U}_{\mathrm{r}} = 1 - e^{-\frac{8c_h}{F \cdot d_e^2}t} \tag{3-2}$$

式中：$F = F_n + F_s + F_r$；

$F_n = \ln(n) - \frac{3}{4} \quad n \geqslant 15$；

$F_s = \left(\frac{k_h}{k_s} - 1\right)\ln s$；$F_r = \frac{\pi^2 L^2}{4} \cdot \frac{k_h}{q_w}$ ；

$\overline{U}_r$ ——固结时间 t 时竖井地基径向排水平均固结度；

k_h ——天然土层水平渗透系数（cm/s）；

k_s ——涂抹区土的水平方向的渗透系数（cm/s）；可取 $k_s = (0.2 \sim 0.33)$；

s ——涂抹区直径 d_s 与竖井直径 d_w 的比值，可取 $s = (2.0 \sim 3.0)$，对中等灵敏的黏性土取低值，高灵敏度的黏性土取高值；

L ——竖井深度（cm）；

q_w ——竖井纵向通水量，为单位水力梯度下单位时间的排水量（cm^3/s）。

一级和多级等速加荷条件下，考虑涂抹和井阻影响时，竖井穿透受压地基之平均固结度可按式(3-1)计算，式中：

$$\alpha = \frac{8}{\pi^2};\beta = \frac{8c_h}{F_n d_n{}^2} + \frac{\pi^2 c_y}{4H^2}$$

(3)对于排水竖井没有穿过受压土层地基，应分别计算竖井范围固结度和竖井底面以下受压土层的平均固结度，通过预压使该两部分固结度和所完成的变形量满足设计要求。

(4)最终沉降量估算

预压荷载下地基的最终沉降量，根据《建筑地基处理技术规范》(JGJ 79—2002)规定，可按下式进行估算：

$$S_f = \xi \sum_{i=1}^{n} \frac{e_{0i} - e_{1i}}{1 + e_{0i}} h_i \tag{3-3}$$

式中：S_f ——最终竖向变形量（m）；

e_{0i} ——第 i 层中点土自重应力所对应的孔隙比，由室内固结试验 $e-p$ 曲线查得；

e_{1i} ——第 i 层中点土自重应力与附加应力之和所对应的孔隙比，由室内固结试验 $e-p$ 曲线查得；

h_i ——第 i 层土层厚度（m）；

ξ ——经验系数，对正常固结饱和的黏性土地基可取用 1.1 ~ 1.4；荷载大、地基软取大值，否则取小值；真空预压时可取 0.8 ~ 0.9；真空—堆载联合预压时取 ~0.9。

受压层计算深度，取附加应力/土自重应力比值 =0.1 处的深度。

上述式(3-2)基本原理同第一章式(1-3)，ξ 类似于软基沉降系数 m（详见后面第五章式(5-4)），属于经验性系数。

第二节　深层软基处理技术—软土复合地基法

复合地基系用两种不同性质的材料组成的地基。构筑成复合地基两种材料，共同承担地面建筑的压力。这两种材料，一是软土地基本身，二是挤入软土地层中的材料。

一、软土复合地基概述

按挤入软土地基方法和挤入的材料不同，复合地基有许多类型，笔者参考以往的有关资料，归纳在图3-13中可供参考。

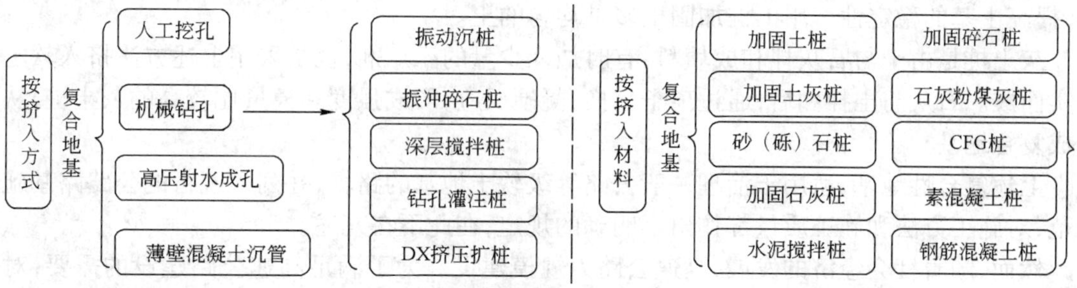

图3-13 软土复合地基

CFG-水泥粉煤灰碎石桩（Cement Fly ash Gravel Pile）

1. 挤入软土中材料性质

如图3-12所示，在软土中根据软土性质挤入相应的填料，增强了深层软弱地基强度，并与桩间软土联合承担地上建筑物的重力。当被挤入的材料量超过软土30%以上，视为置换软土地基。

在软土中如果被挤入的是砂（砾）石料散状材料，没有胶结作用，只承受传递压力，不能承受拉力，在围限条件下成桩，对软土地基起着加固作用，称为散状复合地基。

当被挤入的是素土、石灰、石灰粉煤灰等属于弱胶结材料，既能传递压力，也能承受一些拉力及周边摩擦力，同样对软土地基起着加固作用，属于少黏性复合地基。

当被挤入的是水泥、水泥粉煤灰、素混凝土和钢筋混凝土胶结材料，属于半刚性和刚性材料，既能传递压力，也能承受拉力，抵抗摩擦阻力。

2. 复合地基的应用

使用不同材料挤入软土中，用于治理深层软土地基。根据软土性质和公路等级选用复合地基形式。

1）砂石桩复合地基

砂石桩是砂（砾）和碎石材料，用其组成复合地基的简称，所用材料是无凝聚性粒料。其形成是：采取振动法下沉金属管成孔，把砂石料投入沉管中，利用振动或冲击荷载挤入软土，形成大于沉管直径的柱状密实体。

砂石桩与桩间土构筑成复合地基，可提高了地基承载能力，防止砂土振动液化，还增加弱黏土整体稳定性，同时，还构成了竖向排水通道，加速黏性土固结作用。

砂石桩复合地基，适宜治理黏性土、粉土、黏性土与湿陷性黄土、松散砂土。

2）石灰桩复合地基

石灰桩，也称为石灰挤密桩，同样采用机械成孔，然后将石灰注入孔内夯实挤密，石灰与周围的黏土产生一系列化学作用，对桩间土一方面挤密，一方面吸收周围土中孔隙水，生石灰变成熟石灰，发生化学反应时体积膨胀，又进一步挤压周围土，同时石灰桩周围黏土形成一定的硬壳，所有这些作用加速土的固结，提高了地基的强度，形成一定强度的石灰桩桩体，并改善桩间土的性质，从而组成复合性地基。适宜加固非饱和性软土，或渗透性比较强的土。但对饱和性黏性土效果不理想。

3)土桩复合地基

土桩,一般由素土夯填而成,所用填料的性质常接近于桩间土的性质。通过机械成孔方法,把素土加入软地基中,不仅增加了软土的密实度,减少土的空隙比,以达到消除地基的湿陷性,提高土基的稳定性。用土桩加固土多是均匀的土。

灰土桩是由土与石灰拌和成填料,有时加入少量的添加剂,也是采用上述方法挤入软土中夯实而成。石灰与土拌和后,通过离子交换、凝硬反应,形成强度和模量比较高的灰土桩,从而形成复合地基。

上述复合性地基,适用于治理一般公路等级软土地基的路堤,并列入现行的公路路基施工规范,对施工方法和施工质量都作出了明确的规定,在此不在冗述。

然而,随着社会经济的发展,高速公路大规模建设。为了满足高速公路建设的需要,对软土地基质量要求也不断提高,相应的对软土地基治理技术、方法和措施不断创新,新技术、新的机械设备不断涌现,例如:DX 挤扩装置问世,使对软土地基处理水平,又提高到一个新台阶。

河北沿海公路上软土,地基十分软弱,使用振冲碎石桩、薄壁管桩素混凝土桩、深层水泥搅拌桩、DX 挤扩桩,组成不同类型的复合地基,本节分别对其重点进行论述。

3. 河北沿海公路深层软土地基处理模式

河北沿海公路工程,在处理深层软土地基时,所采用的复合地基形式,大致归纳以下两种模式:

第一种治理模式:

振冲碎石桩(水泥土搅拌桩、薄壁管桩、DX 桩等)+(砂砾垫层 + 土工格栅 + 砂砾垫层)+超载预压方式

第二种治理模式:

深层管桩或 DX 桩 +(砂砾垫层 + 土工格栅 + 砂砾垫层)+ 超载预压后,路堤填料改用"粉煤灰、或气泡轻质土、或砌筑 EPS 轻质砌块",以减轻地基自重。

图 3-14 所示出处理模式,是采用的深层水泥搅拌桩复合地基,用于处理一般路段上软土地基示例。水泥搅拌桩间距 1.0 ~ 1.45m,桩径 0.5m,平面按等边三角形布置,处置宽度至坡脚 0.5m,处理深度视各路段的地质条件而定。

第二种模式,将在本章设专节进行论述。

二、深层水泥搅拌桩—软土复合地基

深层搅拌桩就是用水泥等胶结材料作为固化剂,通过特制的深层搅拌机械,在地基深部就地将软土和固化材料强制进行拌和,促使软土硬化,提高强度和稳定性,减少路堤下沉,从而达到加固软土地基的目的。

1. 深层搅拌桩法应用范围

深层搅拌桩法加固软土地基,视所用的胶结体和工艺不同,又分为若干方法(图 3-15)。使用水泥材料搅拌成的桩体,称为水泥黏土桩;使用石灰搅拌成的桩,称为石灰黏性土桩等,依此类推。深层搅拌桩,广泛用于加固地基强度小于 80kPa 黏性土、淤泥、淤泥质土、泥炭土和粉土,处理效果显著,处理后可很快投入使用。特别对于含有高岭石、多水高岭石、蒙托石等黏性土加固效果比较好。

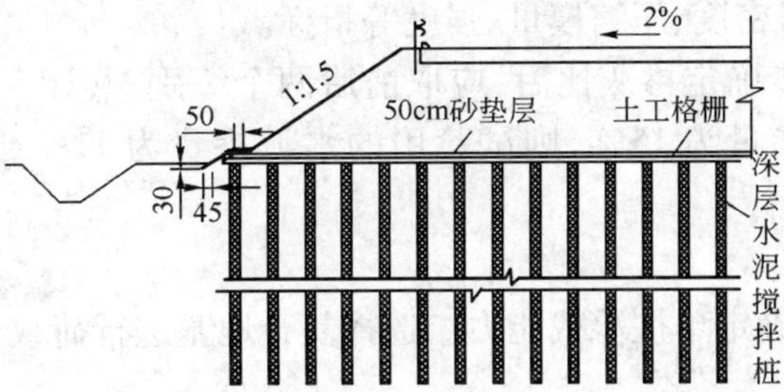

图 3-14　深层水泥搅拌桩工程实例(尺寸单位:cm)

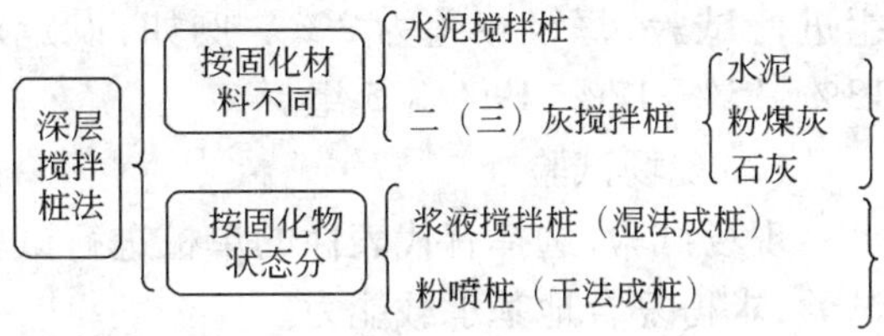

图 3-15　深层搅拌桩类型

对于含有伊利石、氯化物、水铝石英矿物的黏性土效果不太理想。对于有机质含量高、酸碱度(pH)较低的软土效果更不理想。

当用于处理泥炭土,或地下水具有侵蚀性时,应通过试验确定其适用性。冬季施工时,应注意低温对处理效果的影响

在图 3-15 中所说的深层搅拌桩法干、湿法,干法适宜治理高含水率的软土,湿法适宜治理含水率低的软土。对于含水量低的新黄土、砂质及黏性素土,适宜用湿法搅拌桩。视机械设备能力,湿法深度可达 18m、最深者可达 60m。干泆一般可到 15m。但是,对丁高液限软土不适宜使用本法治理。

2. *深层水泥搅拌桩技术要求及承载力估算*

在加固黏性土中,前述的塑料排水带(板)法,迫使土中的自由水排出,以达到加固黏性土软土的目的。水泥搅拌桩法,将水泥与土搅拌在一起,从而彼此之间发生一系列反应,促使土中自由水固化,也就是说,使自由水减少,有资料显示,自由水减少量可达到化学反应生成物的 46%。

水泥与加固土经过充分拌和后,水泥形成各种化合物,有的自身继续硬化,形成水泥骨架;有的与周围黏土发生反应,形成坚固的水泥土。有的化合物吸收空气的二氧化碳,发生碳酸化反应,增加加固土的后期强度。

1)深层水泥搅拌桩施工技术要求

为了使深层搅拌桩获得最佳效果,在进行水泥深层搅拌桩施工时,应遵循以下原则:

(1)被加固土中水的 pH 要求

深层水泥搅拌桩施工中,注入成孔的水泥,与黏性土中自由水发生一系列化学反映,因此,土中自由水应当是无害的,pH 值不能太低,否则会影响加固效果。

(2)机械设备技术要求

应选择功能大的机械,并进行充分搅拌,使水泥与土中自由水得到充分拌和。因此,搅拌次数至少不能低于两次,否则会影响部分水泥发挥效力。

(3)水泥质量的技术要求

水泥应是新鲜的,不能存放过久,一般不超过 3 周。一旦水泥受潮会影响加固效果。

2)水泥搅拌试验桩

在施工前,应进行水泥搅拌桩试桩试验,通过室内试验和荷载试验,以了解加固土中水泥用量、水灰比、外加剂等掺合量,为施工提供相应的参数,以指导大规模施工。

(1)试验室试验

试验时将水泥黏土作为一般土样对待,采用土工常规仪器和取样方法制备试件进行室内

检验。主要检验项目:水泥黏土含水率、质量、相对密度、压缩模量、强度等指标。

如果通过试验需要检测水泥最佳掺量时,初步确定掺灰比后,应取前后两个级别,共计5组进行试验,每级相差为2%。例如:设定水泥掺量为15%,则试验用的水泥掺量为11%、13%、15%、17%、19%等5组。

(2)现场试验

现场试验,选择有代表性的单桩进行试验,以确定单桩承载能力。选择复合地基进行荷载试验,求得复合地基承载能力。

①深层水泥搅拌桩单桩承载力初步估算

单桩承载力应由两个条件确定,一是桩身材料强度,二是桩周围土和桩端土抗力所提供的单桩承载力。上述两个条件可用下列两式估算,一般应同时满足:

$$R_k = \eta f_{cu} A_p \tag{3-4}$$

$$R_k = U_p \sum_{i=1}^{n} q_{si} l_i + \alpha q_p A_p \tag{3-5}$$

式中:f_{cu}——与搅拌桩水泥黏土配合比相同的室内加固土试块,在标准养护条件下90d龄期无侧限抗压强度的平均值(kPa);试块可用70.7mm或50 mm边长的立方体试件,或土工无侧限标准体;

η ——桩深强度折减系数,粉喷水泥黏土桩(干法)取0.20~0.33;浆喷(湿法)水泥黏土桩取0.25~0.33;

U_p ——桩的周长(m);

n ——桩长范围内所划分的土层数;

l_i ——桩长范围内第i层土的厚度(m);

A_p ——桩的断面积(m^2);

q_p ——桩端天然地基的承载力标准值(kPa);可按现行的《建筑地基基础设计规范》(GB 5007—2002)的有关规定来确定;

q_{si} ——桩周第i层土的侧阻力特征值。对于淤泥可取用4~7 kPa,对于淤泥质土取6~12kPa,对于一般黏性土取10~15kPa;

α ——桩端天然地基土承载力折减系数,可取0.4~0.6,承载力高时取低值;

②深层水泥搅拌桩黏土复合地基承载力

$$f_{sp,k} = m\frac{R_k}{A_p} + \beta(1-m)f_{sk} \tag{3-6}$$

式中:$f_{sp,k}$——符合地基承载能力(kPa);

R_k ——单桩竖向承载力特征值(kPa);

m——桩土面积置换率;

A_p——桩的截面积(m^2);

f_{sk}——处理后的桩间土承载力标准值(kPa);

β ——桩间土强度发挥系数,一般碎石桩取1.0,水泥粉煤灰组成的碎石桩取0.9,无经验时,可取0.75~0.95,天然地基承载较高时取大值。

3. 深层水泥搅拌桩施工技术

深层水泥搅拌桩施工,包括两个部分:一是施工机械选用,二是施工方法。其施工技术要求,分别叙述如下。

1)施工机械

深层水泥搅拌桩的施工机械,主要由钻机、喷浆机和空压机组成,同时配备记录仪及打印设备系统,以便了解和控制水泥浆用量及喷浆均匀程度。每天收集记录1次。

(1)深层水泥搅拌桩施工机械组成

①钻机

钻机是水泥搅拌桩的主要成桩机械,应具有动力大、操作灵活、能按不同速度均匀地正向钻进和反向提升,能前后左右自行移动的功能。

②喷浆设备

喷浆设备是定量发送浆体材料的设备,包括储灰罐、发送装置、计量控制装置等,是施工的关键设备。

③压缩机

压缩机是给水泥搅拌桩施工提供一定压力的气源,使水泥浆液克服喷浆口土体阻力而喷入土中。

④深层水泥搅拌桩一些工程使用过的搅拌机械有:

SJB-1 型是深层浆喷搅拌机,双头搅拌,具有专设输送水泥浆管,成桩直径 140mm。

GPP-5 粉体喷射搅拌机,加固深度 12.5m、成桩直径 500mm。钻井速度 1.47m/min、转速 20r/min、罐压 0.2MPa、喷压 0.19MPa。

水泥搅拌桩施工机械,必须处于良好状态,性能应当稳定,所有钻机开钻之前,必须经检查验收合格后方可开钻。

(2)施工机械设备检验

①每台机械设备必须配置可以控制桩身每米喷浆量的记录器,且记录器上应当准确的自动记录操作时间、深度、喷浆量、桩位编号、复搅深度、复搅次数等参数。

②桩机上的气压表、转速表、电流表、电子称,必须经过标定,不合格的仪表必须更换。

③每台桩机钻架相互垂直,两面上分别设置两个 0.5kg 重的吊线锤,并画上垂直线。

④在每台桩机的钻架上画上钻进刻度线,标写醒目的深度。

⑤钻头直径的磨损量已超过 10mm 的必须更换。

2)施工程序

湿法施工程序:定位、预搅拌(将搅拌头下沉)、制备水泥浆、提升喷浆搅拌(重复进行)、洗管、移位(图 3-16)。

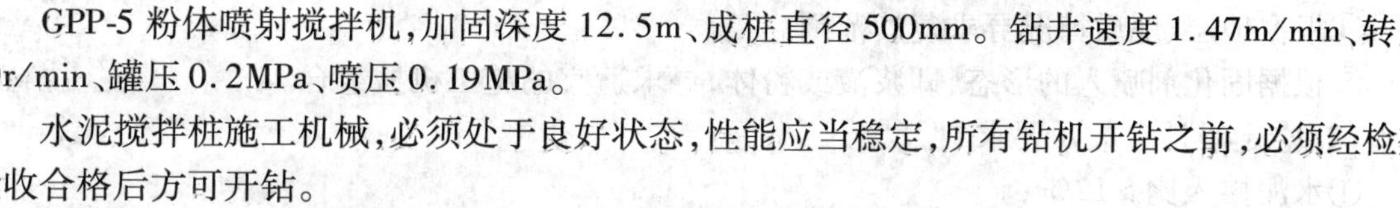

图 3-16　水泥搅拌桩施工程序(湿喷)

干法施工程序:放样定位、调平钻井平台、开机搅拌、提升钻杆喷粉搅拌、重复搅拌、完成一根桩后移机。

干法施工,喷粉提升距地面 0.5m 时应停止喷粉,以免污染环境。同时,在通灰管口设置防灰保护装置。

3）深层水泥搅拌试桩

深层水泥搅拌桩正式施工前，应先进行试桩。其目的是为寻求最佳的搅拌次数、确定水泥浆的水灰比、泵送时间、泵送压力、搅拌机提升速度、下钻速度以及复搅深度等参数，以指导下一步水泥搅拌桩的大规模施工。

每个标段的试桩不少于5根，且必须待试桩成功后方可进行水泥搅拌桩的正式施工。试桩检验可采取7d后直接开挖取出，或至少14d后取芯，以检验水泥搅拌桩的搅拌均匀程度和水泥土强度。

深层水泥搅拌桩施工，是借助搅拌头将水泥浆和软土进行强制拌和。工程实践证明，搅拌次数越多，拌和越均匀，水泥土的强度也就越高。当然，搅拌次数越多，施工时间也越长，工效也越低。因此，通过试桩结合具体工程，优选出适宜施工参数。

（1）寻求的施工参数

①寻求满足设计要求的喷入量各种技术参数，例如：钻进速度、提升速度、搅拌速度、喷气压力、单位时间喷入量等。

②寻求能保证胶结料与加固软土拌和均匀性的工艺。

③寻求下钻和提升的阻力情况，选择合理的技术措施。

④根据地层、地质情况寻求复喷范围。

⑤根据固化剂喷入的形态，即浆液或粉体，寻求适宜的施工机械组合。

（2）选定设计参数及要求

①水泥掺入比>12%；

②室内配合比设计

7d无侧限抗压强度应≥0.8MPa；8d无侧限抗压强度应≥1.6MPa；90d无侧限抗压强度应≥2.4MPa。

③现场质量检测

28d取芯强度：$R_{28}\geq 0.8$MPa，90d取芯强度：$R_{90}\geq 1.2$MPa，单桩承载力>210kPa，复合地基承载力>170kPa。

4）胶结材料选择和技术要求

水泥搅拌桩应选用袋装水泥，以便于计量，水泥用量一般为被加固土的7%～15%。

（1）水泥品种

深层水泥搅拌桩所用水泥品种，宜选用普通或矿渣水泥，等级宜选用42.5～52.5级。加固使用之前，承包人应将水泥的样品送中心试验室或监理工程师指定的试验室检验。

①若掺入粉煤灰，其中二氧化硅和三氧化二铝含量应>70%，烧失量应<10%。

②若掺入生石灰，其应无杂质，粒径应<2.36mm，氧化镁和氧化钙总量应≥85%，其中氧化钙含量应≥80%。

（2）采用浆液固化剂时，制备好的浆液不得离析，不得停置过长。超过2h的浆液应降低等级使用。浆液拌和均匀、不得有结块，供浆应连续。

5）深层水泥搅拌桩施工控制方法

为保证深层水泥搅拌桩施工质量，在施工过程中应采取以下措施和对以下事项进行检验、检查：

(1)施工过程中技术措施

在深层水泥搅拌桩施工过程中,应采取的技术措施归纳如下:

①所有施工机械均应编号,制作标牌表明:水泥搅拌桩桩长、桩距,施工负责人,将责任落实到具体人员。

②水泥搅拌桩开钻之前,应用水清洗整个管道,并检验管道中有无堵塞现象,待水排尽后方可下钻。

③在主机上应悬挂一吊锤,通过控制吊锤与钻杆上、下、左、右距离相等来进行控制,以保证桩体垂直度满足规范要求。

④对每根成型的搅拌桩,应重点检查水泥用量、水泥浆拌制的罐数、压浆过程中是否有断浆现象、喷浆搅拌提升时间以及复搅次数。

⑤每台施工机械,均应配备记录仪,同时现场应配备水泥浆比重测定仪,以备随时抽检水泥浆、水灰比质量。

⑥水泥搅拌配合比:水灰比0.45~0.50、水泥掺量12%,每米掺灰量46.25kg、高效减水剂0.5%。

⑦水泥搅拌桩施工,采用二喷四搅工艺(图3-17):

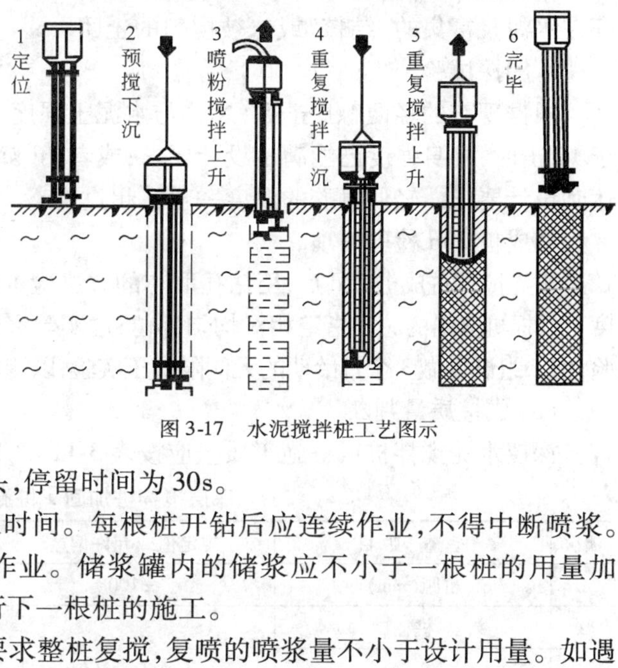

图3-17　水泥搅拌桩工艺图示

第一次下钻时,为避免堵管可带浆下钻,喷浆量应小于总量的1/2,严禁带水下钻。第一次下钻和提钻时一律采用低档操作,复搅时可提高一个档位。每根桩的正常成桩时间应不少于40min,喷浆压力不小于0.4MPa。

⑧为保证水泥搅拌桩桩端、桩顶及桩身质量,第一次提钻喷浆时,应在桩底部停留30s磨动桩端,余浆在上提过程中全部喷入桩体,且在桩顶部位进行磨动桩头,停留时间为30s。

⑨施工时应严格控制喷浆时间和停浆时间。每根桩开钻后应连续作业,不得中断喷浆。严禁在尚未喷浆的情况下进行钻杆提升作业。储浆罐内的储浆应不小于一根桩的用量加50kg。若储浆量小于上述数量时,不得进行下一根桩的施工。

⑩施工中发现喷浆量不足,应按设计要求整桩复搅,复喷的喷浆量不小于设计用量。如遇停电、机械故障原因,喷浆中断时应及时记录中断深度。在12h内采取补喷处理措施,并将补喷情况填报于施工记录内。补喷重叠段应大于100cm,超过12h应采取补桩措施。

⑪采用粉体固化剂时,应符合以下规定:

• 严格控制喷粉高程和停粉高程,不得中断喷粉,确保桩体长度符合设计要求;严格控制粉喷时间、停粉时间和喷入量。应采取措施防止桩体上下喷粉不匀、下部剂量不足、上下部强度差异大等问题,应按设计要求的深度复搅。

• 当钻头提升到地面以下小于500mm时,送灰器停止送灰,用同剂量的混合土回填。

• 如喷粉量不足,应整桩复喷,复喷的喷粉量不小于设计用量。因故喷粉中断时,必须复喷,复喷重叠长度应大于1m。

⑫现场施工人员认真填写施工原始记录,记录内容应包括:

- 施工桩号、施工日期、天气情况。
- 喷浆深度、停浆高程。
- 灰浆泵压力、管道压力。
- 钻机转速。
- 钻进速度、提升速度。
- 浆液流量。
- 每米喷浆量和外掺剂用量。
- 复搅深度。

(2)深层水泥搅拌桩质量检验方法

①水泥搅拌桩7d检查事项

水泥搅拌桩成桩7d后,采用轻便触探法对桩身质量进行以下检验:

- 检验搅拌均匀性

用轻便触探器中附带的勺钻,在搅拌桩身中心钻孔,取出桩芯,观察其颜色是否一致,是否存在水泥浆富集的“结核”或未被搅匀的土团。

- 触探试验

根据现有的轻便触探击数(N_{10})与水泥土强度对比关系来看,当桩身1d龄期的击数N_{10}大于15击时,桩身强度已能满足设计要求;或者7d龄期的击数N_{10}大于30击时,桩身强度也能达到设计要求。轻便触探的深度一般不超过4m。

②成桩28d检验事项

水泥搅拌桩成桩28d后,用钻孔取芯的方法检查其完整性、桩土搅拌均匀程度及桩的施工长度。每根桩取出的芯样指定相对均匀部位,送实验室做(3个1组)28d龄期的无侧限抗压强度试验,留1组试件做3个月龄期的无侧限抗压实验,以测定桩身强度。钻孔取芯频率为1%~15%。

(3)成桩质量判断

深层水泥搅拌桩成桩施工质量应按表3-11的规定进行检验。

深层搅拌桩加固±桩施工质量标准 表3-11

<table>
<tr><th>项次</th><th>检 查 项 目</th><th>规定值或允许偏差</th><th>检查方法和频率</th></tr>
<tr><td>1</td><td>桩距(mm)</td><td>±100</td><td>抽查桩数3%</td></tr>
<tr><td>2</td><td>桩径</td><td rowspan="2">不小于设计值</td><td>抽查桩数3%</td></tr>
<tr><td>3</td><td>桩长</td><td>喷粉(浆)前检查钻杆长度,成桩28d后钻孔取芯3%</td></tr>
<tr><td>4</td><td>竖直度(%)</td><td>1.5</td><td>抽查桩数3%</td></tr>
<tr><td>5</td><td>单桩每延米喷粉、浆量(%)</td><td rowspan="3">不小于设计值</td><td>查施工记录</td></tr>
<tr><td>6</td><td>桩体无侧限抗压强度</td><td>成桩28d后钻孔取芯,桩体三等分段各取芯样一个,成桩数3%</td></tr>
<tr><td>7</td><td>单桩或复合地基承载力</td><td>成桩数的0.2%,并不少于3根</td></tr>
</table>

如果在某一施工段内,抽取的水泥搅拌桩取芯检测结果:

不合格率<10%,认为水泥搅拌桩整体满足要求。不合格率>10%~<20%时,应在该段同等补桩。不合格率>30%,则该段水泥搅拌桩为不合格。

4. 深层水泥搅拌桩工程实例

河北沿海公路 T5 合同段，K132 + 650 ~ K146 + 350，全长 13.7km 的软土地基，采用水泥搅拌桩进行软基处理，治理长度为 1 000m，处理范围包括主要结构物、涵洞通道底部及两侧和一般路段。

1）深层水泥搅拌桩复合地基实例

一般软土地基路段，采取深层水泥搅拌桩组合成复合地基，其加固模式如图 3-18a）。水泥黏土桩平面按正三角形布设，桩间距（即正三角形边长）为 150cm。

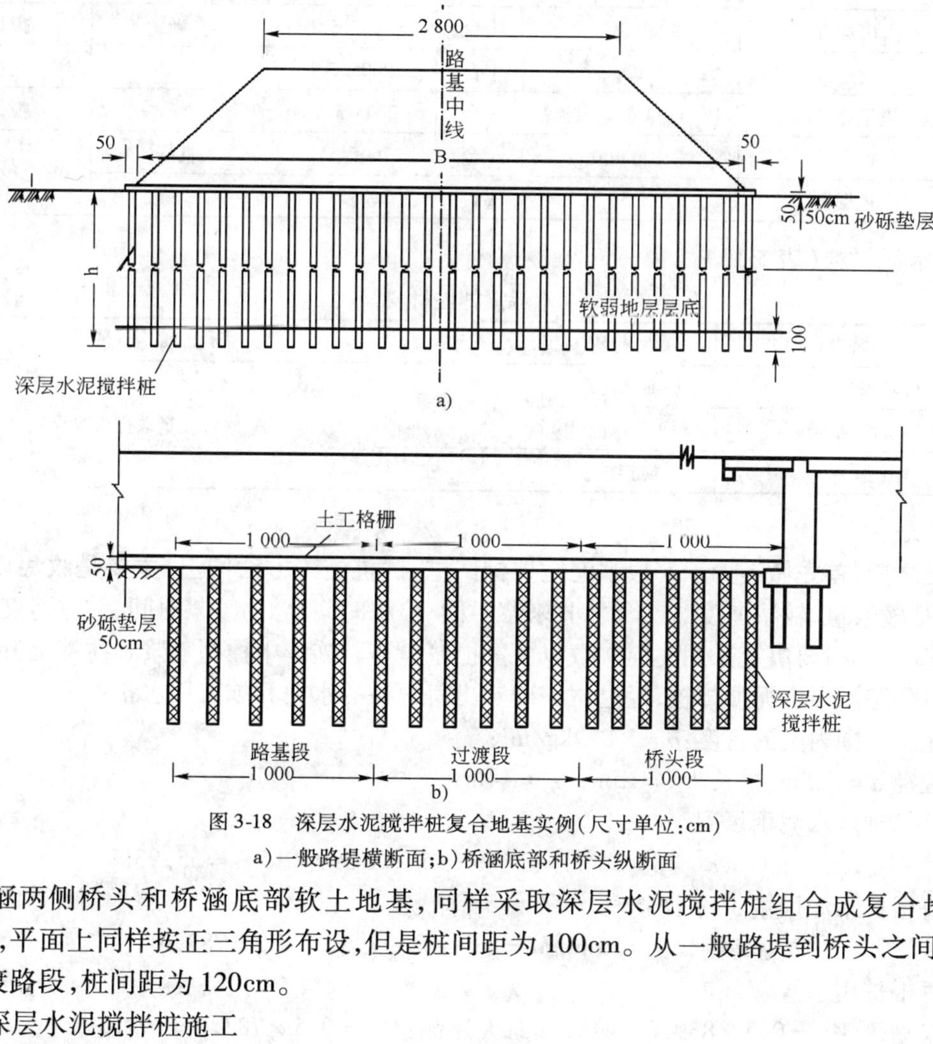

图 3-18　深层水泥搅拌桩复合地基实例（尺寸单位：cm）

a）一般路堤横断面；b）桥涵底部和桥头纵断面

桥涵两侧桥头和桥涵底部软土地基，同样采取深层水泥搅拌桩组合成复合地基［图 3-18b）］，平面上同样按正三角形布设，但是桩间距为 100cm。从一般路堤到桥头之间 10m 路段为过渡路段，桩间距为 120cm。

2）深层水泥搅拌桩施工

（1）工艺流程

沿海公路深层水泥搅拌桩施工流程如图 3-19。

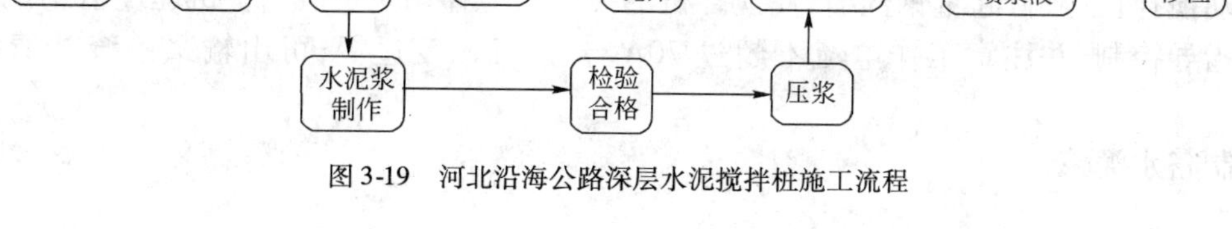

图 3-19　河北沿海公路深层水泥搅拌桩施工流程

(2)施工机械设备(表3-12)

河北沿海公路深层水泥搅拌桩施工机械配备一览表　　表3-12

序号	设备名称	规格型号	数量	进场日期	技术状况	备　注
1	深层水泥搅拌机	STB-I37km	1台	2005.5.12	良好	搅拌桩
2	灰浆搅拌机	STB-1	2台	2005.5.12	良好	搅拌机
3	泵浆机	UB-34k、33L/min	1台	2005.5.12	良好	搅拌机
4	发电机	110kW	1台	2005.5.1	新	搅拌桩
5	电焊机	30kW	1台	2005.5.1	新	搅拌桩
6	起重机	12t	1台	2005.5.1	良好	搅拌桩
7	流量计量机	LD8111-A型电磁流量	2台	2005.5.12	新	搅拌桩
8	推土机	山推160	1台	2005.5.1	良好	场地平整
9	挖掘机	ZL50	1台	2005.5.1	良好	

(3)水泥材料(表3-13)

水泥搅拌桩材料　　表3-13

材 料 名 称	水　泥	水	质　量
材料来源、产地	唐海水泥厂	沙河水系	水泥质量取样试验合格
材料规格、批量	P.S水泥		
用途	搅拌桩	搅拌桩	

(4)试桩

施工之前,首先做不少于5根水泥搅拌桩试桩,试桩施工方法同上,主要是收集以下施工参数:包括输浆量、输浆速度、走浆时间、来浆时间、停浆时间、总的喷浆时间、钻进速度、搅拌轴的提升速度,同时要决定采用复搅次数以及复搅浆量等。施工中控制喷浆和搅拌提升速度。

沿海公路深层水泥搅拌桩,经过试桩确定出每根桩的水泥和施工用水量:

- 施工范围内土的密度:$\rho = 1\,899 kg/m^3$;
- 桩径 $d = 0.5m$,桩长 $L_{秦} = 15m$;$L_{天} = 14m$;
- 桩每延米水泥用量 G

$$G = \pi/4 \times d^2 \times \rho \times 15\% = \pi/4 \times 0.5^2 \times 1\,899 \times 15\% = 55.93kg;$$

- 每根桩水泥用量 M 水泥:

秦皇岛侧,$L_{秦} = 15m$,$M = 839.0kg$;天津侧,$L_{天} = 783.0kg$。

- 每根桩用水量 $M_{水}$:

秦皇岛侧 $M_{水} = 0.5 \times 839.0 = 419.5kg$;天津侧:$M_{水} = 0.5 \times 783.0 = 391.5kg$

(5)深层水泥搅拌桩作业

①场地清理、平整,桩位放样等施工作业内容同前所述。

②预拌下沉

启动搅拌机,放松起重钢丝绳,使搅拌机沿导向架搅拌切土下沉。下沉速度依据试桩的下沉速度指导控制,并注意工作电流不超过70A,若下沉速度过慢,可由输浆系统补清水加快钻进。

③制备水泥浆

水泥用量按设计标准为土体质量的15%，水灰比为0.5。水泥浆待搅拌机下沉一定的深度后才可配制。

④提升喷浆

钻头钻进至设计位置时，停止钻进，提升钻头开始喷浆。喷浆过程中，不断搅拌水泥浆，防止其离析，并通过电脑自动记录喷浆量。

⑤二次搅拌、喷浆

第一次喷浆完成后，继续二次下沉搅拌至设计位置。提升钻头进行补浆。在孔深范围内各段补浆量由电脑自动控制，并保证二次喷浆完成后，各段喷浆量相等，水泥浆刚好使用完毕。

⑥清洗

若桩机停止施工或施工间歇时间太长时，向水泥浆搅拌桶中加入清水，开启灰浆泵，清洗全部管中残存的水泥浆。

⑦搅拌工艺的选择

搅拌机施工时，搅拌次数越多，则搅拌越均匀，水泥加固体强度就越高，但施工效率就降低。试验证明，当加固范围内土体任一点的水泥每遍经过20次的搅拌，其强度可达到较高值。则搅拌头的提升速度V(m/min)为：

$$V=(h\cos\beta\sum Z/N)\cdot n=0.1\times1\times2\times4/10=0.08(\text{m/min})$$

式中：h——搅拌叶片的宽度(m)：$h=0.1\text{m}$；

β——搅拌叶片与搅拌轴的垂直夹角：$\beta=0$；

$\sum Z$——搅拌叶片的总枚数：$\sum Z=2$；

n——搅拌头的回转数(r/min)：$n=40$；

N——单程每遍搅拌次数；$N=10$。

按照以上公式提供的速度V可知，一上一下两次搅拌就能使土体和灰量均匀搅拌20次。

(6)安全技术措施

①用电脑仪控制钻孔深度，确保停浆面搅拌时间。

②水泥浆要严格按照设计配合比配置，配制出的水泥浆不得离析，供浆必须连续。因故停浆时必须重叠不小于0.5m接桩，若停机3h配制的浆液就不能使用，管路必须清洗干净。

③搅拌桩的垂直度偏差不得超过1%，桩位偏差不得大于50mm，桩位放线偏差不得大于20mm，桩径和桩长不得小于设计值。

④桩机操作者应与搅拌施工人员保持密切联系，保证搅拌机喷浆时连续供浆。

⑤应有专人记录搅拌头每次下沉的深度和提升时间，施工中发生的问题及处理情况均应有记录并加以说明。采用经国家计量部门认证的监测仪器进行自动记录。

⑥冷却循环水在整个施工过程中不得中断，应经常检查进水回水的温度，回水温度不应过高。

⑦搅拌机的入土切削和提升搅拌负荷太大，及电机工作电流超过额定值时，应减慢升、降速度，一旦发生停钻、卡管现象，应立即切断电源，重新启动电机。

⑧电网电压低于350V时，应暂停施工，以保护电机。

3)质量保证措施

(1)材料质量控制方法

①水泥质量：粉体采用32.5号矿渣水泥，水泥必须有出厂合格证和品质试验报告单，储存

场地应架空垫高,并用帐篷进行下铺上盖。

②灰量控制:不得超过规定值的±5%。

③桩径:必须采用相应规格的钻头,因磨损达不到要求时应予更换,一旦发现桩径小于设计要求须按相同置换率在桩边补桩。

④水泥搅拌罐:应有准确的加水控制装置,使其符合设计要求的水灰比。加工储浆罐,储浆量应满足一桩一罐的要求。

⑤搅拌桩的垂直度:应在桩架上挂两平行的垂球,吊垂的长度为2~6m,在机座上定出吊球的中心和按其长度1%控制圆的位置,从而来调整搅拌桩垂直度在设计范围内。

⑥保护桩长:按设计要求当喷浆口即将出地面时,应停止提升。但在实际工作中为了保证有效的桩长,每根桩的桩长要增加20cm。

(2)质量检验事项

在施工过程中和终了需检查以下事项:

①施工原始记录:详尽完善、如实记录并及时汇总分析,发现不符合要求的立即纠正。

②水泥试验内容:细度、凝结时间、标准稠度用水量、安定性及胶砂强度试验,执行现行标准。

③成桩试验检测:采用多种检测方法对现场已成型的水泥桩在不同龄期内进行检测,以掌握桩体质量并提供试验控制要点。成桩试验检测的方法有:静力触探、轻便触探、钻芯取样、低应变动测、开挖检查、单桩及复合地基荷载试验等。

• 静力触探:在成桩3d内用静力触探仪进行全桩触探,根据探头阻力可以判断成桩质量,并可精确测出缺陷的位置,试验检测频度为2%。

• 轻便触探:在成桩7d内,用轻便触探仪进行质量检验,并用触探仪中附带的勺钻在桩体中取出水泥土桩芯,观测其水泥含量及均匀性。

• 钻芯取样:按总桩数的0.5%进行检测,采用轻型钻机,对桩体进行全桩长取芯,并把芯样制成标准试件测其无侧限抗压强度,在钻芯取芯过程中,对各段芯样进行直观分析,作好芯样颜色及均匀性记录,以掌握全桩体质量。

• 低应变动测:按设计要求进行低应变动测试验。

• 开挖检查:在成桩28d后,选取0.1%的桩体上部(桩顶以下0.5m、1.m、1.5m)截取三段,制成标准试体进行桩体无侧限抗压强度试验,试验检测频度为每种复合地基类型2根。

• 单桩及复合地基荷载试验:在桩群中进行单桩、单桩复合、多桩复合地基荷载试验,以检测桩体的承载能力及变形特性。单桩、单桩复合、多桩复合竖向抗压承载力静载检测数量在同一条件下不少于3根,且不少于总桩数的0.5%(单桩与复合地基各半)。

5. 高压射水注浆法

高压射水注浆法类似于深层水泥搅拌桩施工方法,用于处理淤泥、淤泥质、黏性土、粉土、黄土、砂土、人工填土等。其施工方法是:先利用钻孔机在软土地层中钻出一孔称为导孔,然后,把带有喷嘴的注浆管插入孔中设计位置,开动高压设备,以20~40MPa高压旋转方式把水泥浆液喷射出去,冲破孔中周围土体,同时,钻杆以一定速度逐渐提升,喷出的浆液与软土强制进行拌和,待凝固后形成螺旋状柱体,又称旋喷桩。

1)施工方法

高压射水注浆法,按喷浆方法分:单管法、二重管法、三重管法和多重管法等。其基本工序如图 3-20 所示。

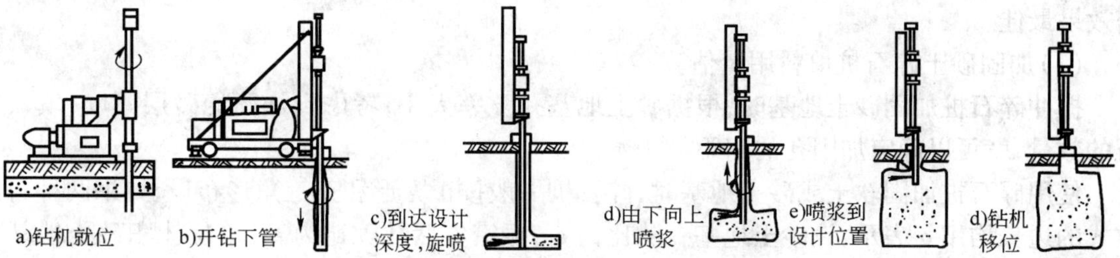

图 3-20　高压射水注浆法施工步骤示意图

2)高压射水注浆法施工法,主要机具包括钻孔机械和喷射注浆设备。

(1)钻孔机械

①地质钻孔机械可用地质钻机,一般施工深度在 30m,最深可达钻进上百米。

②目前常用的高喷钻机:普通高喷型工程地质钻机(代用型),旋转速度 10 ~ 20r/min、提升速度 5 ~ 25cm/min。76 型振动钻机,系单管旋喷的专用高喷射钻机,通常与高压泥浆泵配套使用。GD－2 型旋转钻机,用于三重管高压喷钻机。

(2)喷浆注浆设备

高压泥浆泵、高压水泵、空气压缩机、浆液搅拌机、普通泥浆泵、喷射装置、喷咀、高压胶管、监测仪表。

3)高压射水注浆法特点

高压射水注浆法,以高压喷射、直接将土体破坏,浆液与土体拌和,在软土地层形成新的螺旋固结体,等于置换或半置换原有土体,其适用范围广泛,宜在已有建筑物旁边进行补强,施工设备简单而安全。

三、振冲碎石桩—软土复合地基

振冲碎石桩法是利用一个能产生水平振动的管状设备,在高压水流下边振边冲在软弱地基中成孔,再在孔内分批填入碎石等材料,构筑成一根粗大的柱状体,故称为碎石桩。

碎石桩和桩之间软土形成一个承载力高、压缩小的共同体,称为碎石桩—软土复合地基,适宜治理地基强度 80kPa 以上的不排水的黏性土软土地基,也广泛用于加固砂土地基。目前,对于含水率达 80% 的淤泥质地基,加固深度可达 21m,加固桩直径可达 1 ~ 2m。

1. 碎石桩振冲机理和技术要求

具体说,振冲碎石复合地基,它是用水冲成孔,然后将碎石倒入成孔中,使用一种专门的振冲器设备,在深孔中产生振动加速度。该振动能量沿水平方向传输,迫使土体产生强迫振动,从而使土体达到密实。

1)振冲碎石桩治理砂土地基

在砂土层中,振冲器产生的强迫振动,当其频率接近于砂土自由振动频率时,砂土质点振动逐步加强,于是迫使砂土从静止状态开始浮动起来,这就是砂土液化。被液化的砂土,使原来结构遭到破坏,在上覆荷重和振动作用下,砂土颗粒重现排列,使孔隙大大减少,相对密度大大增加。于是,在地面形成漏斗状塌陷坑,圆坑外缘出现环状地面裂缝,此表明地层已振动密实。

在振冲孔内在投入碎石,迫使碎石在振动过程中挤入砂土中,促使砂土紧密从而起到加固作用。实践表明,碎石颗粒愈大,加固效果愈显著。从试验效果来看,振孔间距1.5~2.5m振密效果最佳。

(1)加固砂土碎石桩填料用量估算

振冲碎石桩加固砂土地基时,根据砂土地基孔隙率大小,考虑到加固的砂层厚度,填入碎石的数量,就可以确定加固孔的间距。

使用碎石桩加固软土或砂土地基时,碎石桩一般按正方形和正三角形布设,如果两种布设方式的边长均用 a 表示,设砂土地基孔隙比为 e_1,振密实后孔隙比为 e_2,单位体积砂土地基需要的碎石填料为 V,即:

$$V=\frac{(1+e)(e_1-e_2)}{(1+e_1)(1-e_2)} \tag{3-7}$$

如果碎石桩采用正三角形布设:一根桩需要承担的加固面积为 $0.866a^2$。

如果加固深度为 L,一根桩的加固体积则为 $0.866a^2L$,一根桩所需加固碎石总量为 $0.866a^2LV$。

通过试桩实际测定所需加固材料为 V_1,则可反算出桩间距为 a 可用下式计算出:

$$a=\sqrt{\frac{V_1}{0.866LV}} \tag{3-8}$$

如果经过振动后,地面发生沉降。此时,碎石桩挤入砂地基后,使地基孔隙比减少,其减少量等于碎石桩填料。对于桩按三角形和正方形分布来说,被加固土层单位体积内孔隙率体积的应变量,分别应为:

$$\lambda_1=\frac{\pi d^2}{2\sqrt{3}a^2}\text{(桩按三角形布设)};\lambda_2=\frac{\pi d^2}{4a^2}\text{(桩按正方形布设)} \tag{3-9}$$

式中:λ_1、λ_2 ——桩分别按三角形和正方形式布设的孔隙体积应变量;

d ——桩的直径(cm)。

振冲碎石桩挤入砂地基后,地面发生的沉降为 ΔS,则加固区每单位体积因地面沉降而发生的体积应变为 $\lambda=\Delta S/L$,而砂土地基总的体积应变为:$\lambda=(e_1-e_2)/(1+e_1)$。所以振冲碎石桩加固的砂土地基总的孔隙体积,应等于碎石桩挤入量和振动引起的密实体积两者之和,即:

$$\lambda=\lambda_1+\lambda_s\text{(三角形分布)},\lambda=\lambda_2+\lambda_s\text{(正方形分布)} \tag{3-10}$$

将上述关系代入式(3-10)中,经过变换和计算,得出碎石桩间距:

$$a=0.952d\sqrt{\frac{1}{(e_1-e_2)/(1+e_1)-\Delta S/L}}\text{(三角形边长)} \tag{3-11}$$

$$a=0.887d\sqrt{\frac{1}{(e_1-e_2)/(1+e_1)-\Delta S/L}}\text{(正方形边长)} \tag{3-12}$$

如果采用振冲碎石桩法加固中砂地基,不回填砂石料,仅仅依靠振冲过程来振密,其振冲点间距 a,可参考下式来确定:

$$a\leqslant 1.73R\text{(三角形边长)};a\leqslant 1.41R\text{(正方形边长)}$$

式中 R 为振冲影响半径,一般经验数据为1.5~2.5m。有条件的最好通过试桩实际进行确定。

2)振冲碎石桩治理黏性土地基

在黏性土中,不能单用振冲器振挤密实,必须在振冲孔中加入粗集料。粗集料在振冲器振动下,形成一个粗大的碎石桩体,使黏性土层形成一个复合地基。碎石桩不仅加固了黏土地基,同时桩本身具有良好的排水性能,还能起到排水固结效应。

(1)振冲碎石桩处理黏性土经验

在黏性土软土地层中,振冲碎石桩加固桩受力复杂,难以使用理论分析计算填料的用量,一般通过试验,或采取半经验的方法,其方法大致可以归纳如下:

凭以往的施工经验,根据加固土不同类型,选择出加固桩的布局、桩径、桩间距等,计算出复合地基承载能力、沉降和稳定性及抗震性能。

根据上部荷载分布,适当调整桩间距大小,荷载大桩间距小,反之则增大,桥头附近路堤,桩间距应密布,远离桥头部分,则采取大间距。

根据被加固的土层垂直分部情况,碎石桩如果置于硬土层地基上,桩径可以细一些,置于软土地层上,桩间距可密一些。对于深层淤泥层,可置换成碎石层,或与其他方法联合进行加固地层。

(2)振冲碎石桩治理黏性土技术要求

鉴于振冲碎石桩处理软土地基,还处于半理论半经验状态。因此,对于高速公路和高等级公路的路基,必须结合现场先进行试桩,取得实际资料再对设计进行修正。

①振冲碎石桩布设方式有:等边三角形、正方形、矩形、梅花形。桩间距视荷载大小而定,荷载大、强度低,则间距小,反之亦然。对于特别深层的软土,桩达不到硬土层短桩,但是桩长不应小于4m,此时间距就更小。一般而言,桩间距为1.0~2.5m。

②振冲碎石桩全部制成后,应将桩体顶部1m左右一段挖去,铺设30~50cm厚的碎石垫层,然后在上施做基础。桩长指垫层以下实有长度。

③桩直径与地基强度密切相关,强度低桩的直径就越大。对一般黏性土,每米桩长需要0.6~0.8m^3。

(3)振冲碎石桩特点

①与周围软土地基相比,振冲碎石桩刚度远比地基大的多,但比钢筋混凝土小的多。碎石桩的压缩模量3~15MPa,软土一般为1~5MPa。

②振冲碎石桩轮廓掺茬不齐,其边缘嵌入周围黏土中,形成相互约束的结构。

2. 振冲碎石桩施工

振冲碎石桩施工,其工艺虽然比较简单,但是,所遇到的地层确是非常复杂。为了保证碎石桩顺利施工,因此,在施工前应先进行试验,掌握施工工艺。

1)振冲碎石桩施工顺序

对于采取振冲碎石桩加固的软土地基时,其制作碎石桩的顺序,应"由里向外"或"由一边向另一边"。如果靠近其他建筑物,应采取跳打的顺序(图3-21)。这种方法可以避免中间加固薄弱环节。

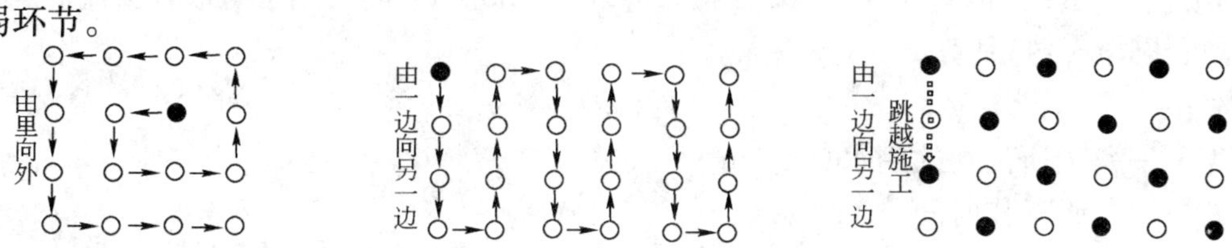

图3-21　碎石桩振冲顺序

2)振冲碎石桩施工方法

振冲碎石桩施工,关键工序是填料方式。填料方式一般有三种:

一是,先把振冲器提出孔外,向孔内添加碎石填料,然后再放下振冲器进行振动。

二是,不提出孔外,只提到一定距离,然后倒料再进行振动。或不提出一定高度,实施边振动边连续加料。只要振密达到一定标准,则视为完成制桩任务。

三是,在黏性土中,由于易发生塌孔现象,因此在施工过程中,经常将振冲器提上提下进行清孔,不能连续填料,有时需要先护壁后制制桩。有时分段制桩,先制4~5m形成护壁,然后继续进行下一段制桩。这就是先护壁后做桩法。

3)振冲碎石桩施工准备

(1)试桩

振冲碎石桩正式施工前,必须先进行试桩,以确定适宜的水压、水量、填料方法和填料用量、制桩时间等施工参数。

(2)准备工作内容

振冲碎石桩施工前,必须对施工机具、水电、填料,按照工程量、工期和气候条件编制施工计划,进行施工准备。其准备的内容:

①施工机具准备

振冲碎石桩施工,所需要的机械设备,应根据工程量、施工期限、地区气候条件选定,一般可按下式进行估算:

$$Q=\frac{Nt}{T_1T_2} \tag{3-13}$$

式中:Q——所需配备的机组(台);

N——整个工程所需要加固的桩总数(根);

T_1——施工期限(d);

T_2——每天的工作时间(h);

t——制成一个桩所需要的时间(h/根)。

②施工现场准备

振冲碎石桩施工现场,应做到“三通一平”。所谓“三通”是“水、电、料通”,一平是“场地平整”。

场地平整:凡是加固区内的一切障碍物应当清除掉,对于池塘、淤泥地表应当进行简易处理,以便于机械行走、防止塌陷。其他有碍于振冲冲孔的旧有的石块、混凝土块也都必须清除掉。然后,测量地面高程,按设计图纸进行桩位放样。

水通:是振冲碎石桩施工必不可少的,其对水的要求:一要有足够压力的水供施工用,二要从孔中排出泥浆也需要水,所以要布设两条水道。压力水由抽水机供水,通过橡胶管,从振冲器出口喷出水,其压力要达到40~60kPa,水量20~30m^3/h。冲浆用水采取自由流清水。总的用水量可按式(3-14)估算:

$$W=QT_2w \tag{3-14}$$

式中:W——每天所消耗的用水总量(m^3);

T_2——每天工作时间(h);

w——每个机组每h消耗的水量(m^3/h)。

电通：一般施工用电为三相和单相电流；三相相电流供振冲器使用，电压务必保证380V，变化范围±20V。施工用电量，可按式(3-15)估算：

$$E = Q e \tag{3-15}$$

式中：E——每天所消耗的电量，kW；

Q——所需配备的机组，台；

e——每个机组所耗费的电量，kW。

料通：就是检查从料场到加固现场的之间的运输能力，加固深度为10m左右，需要1h供应4～6m^3的加固料。用砂土作为填料还需要增加。

(3)振冲碎石桩体材料技术要求

振冲碎石桩所用材料应就地取材，选用没有风化的碎石、砾石、矿渣、碎砖等材料。最大粒径与施工设备有关，一般不大于8cm，碎石常用2～5cm，没有级配要求，含泥量应小于10%。《公路路基施工技术规范规定》(JTG F10－2006)规定，填料粒径为19～63mm。填料的数量与桩径密切相关，对一般黏土中碎石桩而言，每米桩长需要碎石数量为0.6～0.8m^3。

3.振冲碎石桩施工

1)振冲碎石桩施工步骤

振冲碎石桩施工，一般分为成孔、清孔、加料和振密等四个步骤。

(1)成孔和清孔

在振冲器和高压水作用下，从地面向下冲成一个直径50cm左右的孔洞。在黏性土地基中待成孔后，振冲器上下2～3次用水进行清孔，直到孔内流出的是清水为止。

(2)孔中加料和振密

清孔结束后，便可在孔中加料。其加料方法采取“少吃多餐”的方法，每次倒入1m高度，约为300～400 kg，再插入振冲器振密，如此反复，直到密实为止。碎石的密实度以振冲器电流显示，例如采用ZCQ－30型振冲器，电流显示为50～55A表示已经振动密实。振冲器显示的电流有五种：

空载电流、工作电流、瞬时电流、额定电流、密实电流。当刚开孔显示的电流，即为工作电流。当遇到阻力时，电流增大，此时，并不表示振密，在原位停止30s电流会下降，此时的电流称为瞬时电流。如果电流还不下降，则表示振密，此是关键所在。

完成的碎石加固桩，桩顶1m左右由于反复受载，桩的密实度难以保证，应当进行处理，或挖出另做垫层、或振密实。

2)施工操作规程

(1)振冲器对准加固点进行试车，检查水压、电压和振冲器空载运转是否正常。

(2)启动吊机，使振冲器以1～2m/m速度下沉，注意电流最大值不能超过额定电流。否则，应减小下沉速度，或借助高压水冲击硬土层，然后再继续下沉。记录随深度成孔电流和时间，分析土层变化情况。

(3)当冲孔达到设计深度以上30～50cm时，停留1min后，再以5～6m速度把振冲器提升到井口。

(4)重复(2)、(3)1～2次，对深厚淤泥重复3次，即为清孔或洗孔。最后在孔底振冲1min，利用回水把泥浆带出孔外，待孔内水清后将振冲器提到孔外。

(5)灌入填料和振密

把填料灌入一部分后，将振冲器沉入填料进行振密，通过密实电流控制桩体密实情况。如果电流没有达到密实电流情况后，应继续振冲，直到密实为止。每次填料都要记录倒料数量、时间、振冲器电流大小。重复上述动作，直到成桩为止。

4. 振冲碎石施工注意事项和质量检查

在振冲碎石桩施工中，填料的数量、留振时间、密实电流是控制成品质量的三大关键要素。

对于加固的地基为中粗砂时，可以不加填料而使砂土密实。施工操作时的关键问题是：水量和留振时间。

1）振冲碎石施工注意事项

（1）水量和留振时间

所谓留振时间，是指振冲器在地基中某深度的振动时间。水量是保证地基中砂充分饱和。砂土在饱和状态下很快液化，此时需要有足够振冲时间，使砂完全液化。当振冲结束后，砂土颗粒重新排列，孔隙比减少，密实度提高。同样，在地面1m左右密实度比较差，需要重现处理。

（2）施工中控制水量和水压，一台振冲器需水量20～30m^3/h，水压为600～800kPa。在砂土中用水量是关键，一定要保证足够的水量，能使砂土水量饱和。在黏性土中水量不足就不会保证冲洗干净而造成塌孔。

（3）供电主要是电压。电压过低，振冲功率小，制成的桩不密实。因此，要留出足够的时间控制"密实电流"。

（4）填料直径控制在8～15cm。被加固的土愈软，填料的粒径就愈大。

（5）振冲器下沉速度为1～2m/min，与此相应的电流，不应超过额定电流。否则降低下沉速度。

（6）往孔倒入一次料后，振冲器沉入料中振密，有振密电流显示。现场记录每次倒料数量、时间、振密的电流。

2）振冲碎石桩施工质量检查

振冲碎石桩质量应符合表3-14定，其密实度抽查频率为2%，用重II型动力触探测试，贯入量100mm时，击数应大于5次。

碎石桩施工质量标准 表3-14

项次	检查项目	规定值或允许偏差	检查方法和频率	备注
L	桩距(mm)	±150	抽查3%	经验介绍： 用$N_{63.5}$每阵击贯入深度为100mm。 如果击实次数>7次，则判定为密实碎石桩。 5～7次为不够密实；<5次为松散
2	桩径	不小于设计值	查施工记录	
3	桩长	不小于设计值	抽查3%	
4	竖直度(%)	1.5	查施工记录	
5	灌碎石量	不小于设计值	查施工记录	

3）振冲碎石桩置换法

当振冲碎石桩加固不排水的、强度小于10kPa的淤泥时，由于淤泥强度很低，需要增加碎石桩的密度，否则起不到应有的效果。一旦碎石桩的体积超过加固复合地基体积的30%，则视为软弱土被碎石桩置换出，称为振冲碎石桩置换地基。

此时振冲碎石桩，需要加大桩径，一般超过100cm，同时，也必须增大碎石的粒径，大于15cm以上的碎石应占填料总量的50%以上，其次是10cm、8cm的粒径。理论上，碎石粒径质

量评价指标,可用式(3-16)计算:

$$f = 1.7\sqrt{\frac{3}{(D_{50})^2} + \frac{1}{(D_{20})^2} + \frac{1}{(D_{10})^2}} \tag{3-16}$$

式中: f——质量评判指标;

D_{50}、D_{20}、D_{10}——分别为筛分通过的50%、20%、10%的集料粒径。

当$f=0\sim10$时为优质,当$f=20\sim30$时为一般,当$f>50$时不宜采用。

4)水泥粉煤灰碎石桩复合地基

在振冲碎石桩填料中,加入适当的粉煤灰或水泥,或两者都有者称为水泥粉煤灰碎石桩(简称CFG),从而改善碎石桩的刚性。CFG桩和桩间土、垫层一起形成复合式地基。

(1)振冲水泥粉煤灰碎石桩

CFG桩中的粗集料应根据施工方法选择,一般为碎石或卵石。为使碎石级配良好,应掺入石屑或砂填充空间。施工时对材料的技术要求如下:

- 采取泵送混合料时,卵石最大粒径宜为26.5mm,碎石为19mm。
- 采用振动沉桩时,集料的最大粒径为63mm。
- 水泥一般为32.5级普通硅酸盐水泥。
- 粉煤灰宜选用袋装Ⅱ、Ⅲ级。
- 混合料应拌和均匀,坍落度一般为100mm。

施工一般采用振动沉管机械设备,其打桩顺序一般为跳打。如果出现断桩、地发生面隆起,均与桩顶位移有直接关系,因此,在施工过程中,加强对地面位移观测,避免对已成的桩造成损害。如果发现地面位移超过10mm,需要对桩体进行检验。

(2)振冲水泥粉煤灰碎石桩质量标准

振冲水泥粉煤灰碎石桩施工前,应进行成桩试验,试桩数量宜为5~7根,以获得合理地施工参数。龄期到达28d应进行质量检查,其施工质量标准见表3-15。

水泥粉煤灰碎石桩施工质量标准 表3-15

项 次	检 查 项 目	规定值或允许偏差	检查方法和频率
1	桩距(mm)	±100	抽查桩数3%
2	桩径	不小于设计值	抽查桩数3%
3	桩长	不小于设计值	查施工记录
4	竖直度(%)	1	抽查桩数3%
5	桩体强度	不小于设计值	取芯法,总桩数的5%
6	单桩和复合地基承载力	不小于设计值	成桩数的0.2%,并不少于3根

采取振冲碎石桩治理深层软土地基,应与超载预压相结合,其预压期应不少于6个月。同时,还采取措施严禁在软土、软弱土处理的路堤坡脚50m范围内设置任何形式的取土坑。

5.振冲碎石桩工程实例

河北沿海公路,所经乐亭、唐海、滦南县为Ⅶ级烈度区。地下水位大多数极浅,饱和亚砂土和砂土较多,极易产生砂土液化。因此,对中等以上砂土液化路段中桥以上构造物、桥头等路段,采用振冲碎石桩进行处理。其中,中桥两侧处理段为30m,大桥、特大桥两侧处理段为50m。通过强烈振动,提高饱和松砂的密实度、强度及承载力,有效地消除砂液化。振冲碎石桩按正三角形布桩，桩径为1m，桩间距2.0m。振冲器功率为75kW。填料选用自然级配料，但不能采用单级配料，含泥量不超过10%，粒径为4～10cm，最大不超过15cm。碎石桩上部铺设0.5m碎石垫层，垫层材料与桩体材料相同。工程量所计碎石量换算为虚方，应乘以1.35的扩大系数。

振冲碎石桩处理后桩身承载力标准值不小于450kPa，复合地基承载力150kPa。重Ⅱ型动力触探测试，贯入度10cm时，击数不小于5次。

1）振冲碎石桩施工要点

（1）施工前应进行现场工艺性试验，数量不少于5根，以确定造孔电流、造孔水压、加密电流、加密水压、留振时间、填料量和加密段长度等施工参数及施工工艺。

（2）施工前应平整场地，布置桩位，施工机具就位，使振冲器对准桩位。

（3）启动供水泵及振冲器，待振冲器下端射水口出水的水压及水量达到工艺要求时，启动振冲器开始造孔。

- 造孔速度宜为0.5～2m/min。
- 造孔过程中应始终保持振冲器处于悬挂状态，以免造成斜孔。
- 若土层中含有较硬土层，振冲器应上下往复移动几次，以使该段孔径扩大，便于填料。在造孔过程中，应记录振冲器经各深度的水压、电流及留振时间。

（4）当造孔达到设计深度时，将振冲器提出孔口，再放至孔底，往复2～3次，使孔口泥浆变稀，清除孔内泥土，保证填料顺畅，减小桩体含泥量。

（5）清孔后将振冲器提离孔底30～50cm，填料振密，每次填料厚度不宜大于50cm，将振冲器沉入填料中进行振密制桩，当电流达到规定的密实电流值和留振时间后，再次提升振冲器30～50cm，重复上述步骤，自下至上制作桩体至孔口，记录各段深度的填料量、最终电流值及留振时间，并应符合设计规定。

（6）桩体施工完毕后，应将松散桩头采用振动碾压法振压密实，随后铺设并压实垫层。对于箱形基础下部应挖除松散桩头后采用振动碾压法振压密实。

（7）为了能顺利填入振密，填料不宜过猛，应采取“少吃多餐”的原则。

（8）施工顺序对于一般路基段采取隔行振冲的方式；对于桩基构造物两侧处理段，先从邻近桥台的一边折线形逐步向外推移施工。

（9）振冲作业产生的大量污水，应精心设计构筑排污系统，妥善解决泥浆漫流，实施文明施工，满足环保要求。

2）振冲碎石桩的质量检验

振冲碎石桩施工允许偏差，应符合公路规范的要求。为确保振冲碎石桩的施工质量，按照下述方法进行加固质量检验。检验时间除砂土地基外均需间隔一定时间，对黏性土、亚砂土地基间隔时间取3～4周。

（1）施工原始记录：详尽完善、如实记录并及时汇总分析，发现不符合要求的立即纠正，由监理单位进行检查。

（2）密实度检验：选取5%的桩体用重Ⅱ型动力触探测试。

（3）液化判别：每个桥头选取三处标准贯入试验判别桩间土液化趋势。

（4）荷载试桩：抽检比例为0.5%，其中单桩与复合地基各半。

以上（2）、（3）、（4）项均委托由有专业资质的检测队伍进行检测。

3）反压护道

经稳定性验算 K142 + 693.56 ~ K143 + 395.5 段发育厚层软土、软弱土，强度低，路基稳定性差。为此采用反压护道的方式进行处理。反压护道高度为路堤设计高度的一半，单侧顶宽度为 9m，边坡坡度为 1∶1.5。

第三节　深层软基处理技术——DX 桩复合地基

DX 挤扩灌注桩，是在传统的钻孔灌注桩基础上，利用专门的挤扩装置，将软土层中钻孔挤压扩大，形成一串串齿轮形状，然后放置钢筋笼，灌注混凝土。这样的钻孔灌注桩，无疑扩大桩体承载面积，提高了承载能力，相对的缩短了桩身长度，既满足工程建设的需要，又能获得比较高的经济效益。

这种钻孔中的挤扩装置，系 1998 年贺德新先生研制开发的，1999 年 9 月获得第十二届发明展览会金奖，2000 年 10 月 11 日和 2001 年 4 月 17 日分别获得中国和美国发明专利授权。凡是以该项专利修建的钻孔桩，用发明人名字的第一个字母命名，称为 DX 挤扩灌注桩，简称 DX 桩。

一、DX 桩基本原理和施工方法

DX 桩问世后，在全国多行业数十多个建设项目中得到成功应用，取得了显著的技术经济效益，2004 年成为国家建设部新技术成果推广项目，并在河北、江苏、山东、天津、浙江得到了广泛应用。在沿海公路建设时期，在软土地基上修建的桥涵，采用了该项技术，并结合公路桥涵工程实际进行了应用研究。

1. DX 桩施工概念

DX 桩挤扩设备，系新型多功能液压挤扩装置，其成孔施工过程如图 3-22 所示，先是按一般钻孔灌注桩施工方法，钻成直线孔道，然后放入液压挤扩装置，在垂直成孔中不同深度，挤压扩孔成三岔（或多岔）形状，在整个孔深上，形成多层齿轮状，垂直面形似“糖葫芦状”；挤压成孔后，经验收合格，放入钢筋笼，下至设计深度，灌注混凝土，最后形成的桩，称为 DX 挤扩灌注桩。

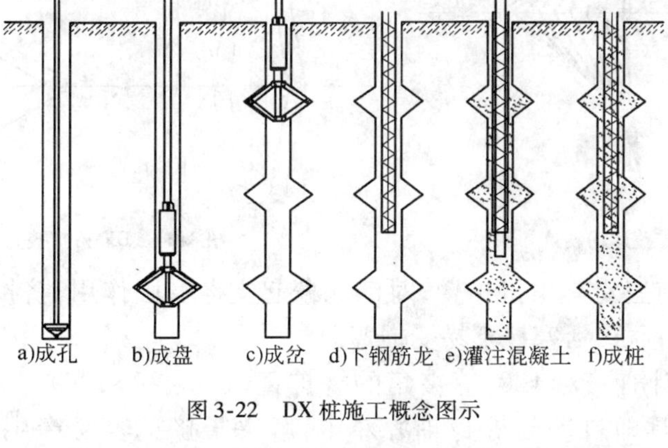

图 3-22　DX 桩施工概念图示

应当说，DX 桩是传统钻孔灌注桩进一步创新。目前，在公路桥梁工程上的应用，处于发展阶段，尚无完整的基础理论和经验数据，为此，在河北沿海公路建中，通过具体桥涵工程应用，拟对 DX 桩的设计、施工积累基础资料进行理论探讨，为其推广应用提供可参考的实践经验。

2. DX 桩挤扩装置

DX 挤扩装置由机头、联结器、电脑液压站控制及车载系统等组成。机头由双向液压油缸装置、三岔挤扩弓压臂、液压定位装置、液压旋转装置、压力传感器、角度传感器、位移传感器装置等组成。联结器包括油管、钢丝绳和自动解力装置，起到柔性连接传递作用。

1）DX 挤扩装置挤压运动

DX 桩挤扩装置，用液压双缸、双向相对位移形式，在成孔中形成挤扩运动。在挤扩运动时，上下挤扩臂做水平运动，无上下运动意识。在做水平运动时，挤扩臂的上下土体，均受到挤压力量。土层所受到挤压力，只是处于被压缩状态，不会发生（或极少发生）掉土现象，在水平方向形成断头横洞。

如图 3-23 所示，DX 桩挤扩装置上臂 AB、下臂 BC，正在做水平运动，图中展示三点运动轨迹：

A 点：$x=0$，$y=\downarrow$（向下）

B 点：$x=\rightarrow$（向右），$y=0$（水平运动）

C 点：$x=0$，$y=\uparrow$（向上），且 A 点处 $y\downarrow$（向下）= C 点 $y\uparrow$（向上）。

所以 B 点只有水平方向运动，且 AB' 所形成的包络线均匀连续上下对称，受力总是平衡的，使挤扩过程中不掉土或少掉土，顺利地使侧面形成腔体。

2）DX 挤扩装置结构

DX 挤扩装置结构，系双缸双向相对位移运动机构。进行挤扩运动时，外活塞杆逐渐外伸，推动上臂张开挤扩，因上臂外伸距离短，力矩较小。同时内活塞杆逐渐收拉，拉动下挤扩臂张开挤扩，内活塞杆力矩逐渐减小（图 3-24）。

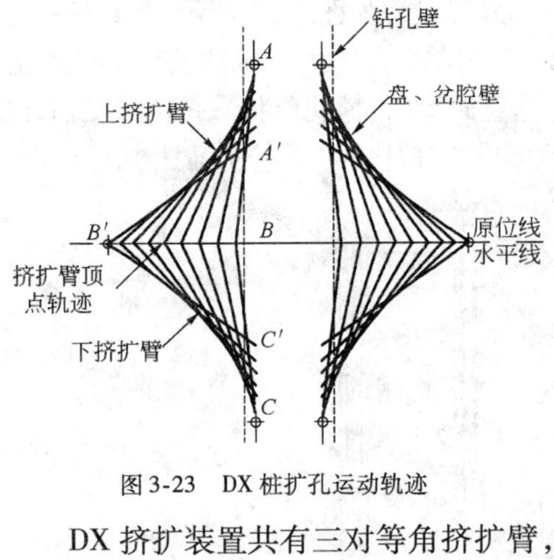

图 3-23　DX 桩扩孔运动轨迹

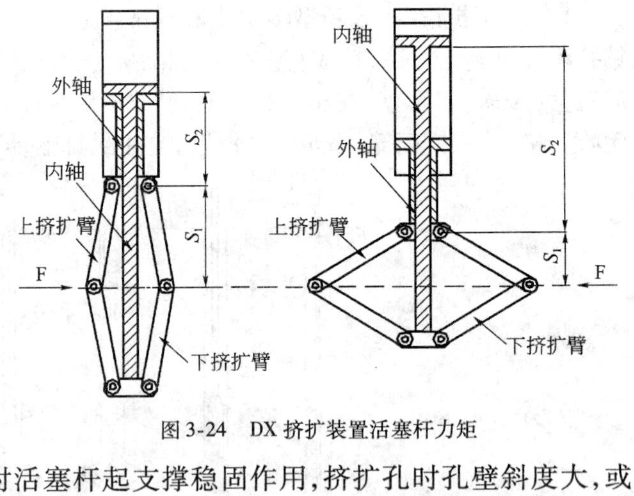

图 3-24　DX 挤扩装置活塞杆力矩

DX 挤扩装置共有三对等角挤扩臂，对活塞杆起支撑稳固作用，挤扩孔时孔壁斜度大，或遇不均匀土体及硬物顶抗，活塞杆不易受损弯曲。

DX 挤扩装置设计有三对 120°等夹角的挤扩臂（图 3-25），在挤扩过程中，挤扩臂一侧遇到受顶情况时，机具即自动与桩身轴心对中，解决了挤扩容易产生偏挤，挤扩成形差的缺陷。

DX 挤扩装置的三对等夹角挤扩臂为套管外联接，旨在彻底排除套筒严重积土现象；挤扩臂内面设计成三角状，即使有夹土，收拢时可起分切作用，保证挤扩臂能够顺利回收；挤扩后腔壁呈"屋脊形",土体不坍塌或少掉土。

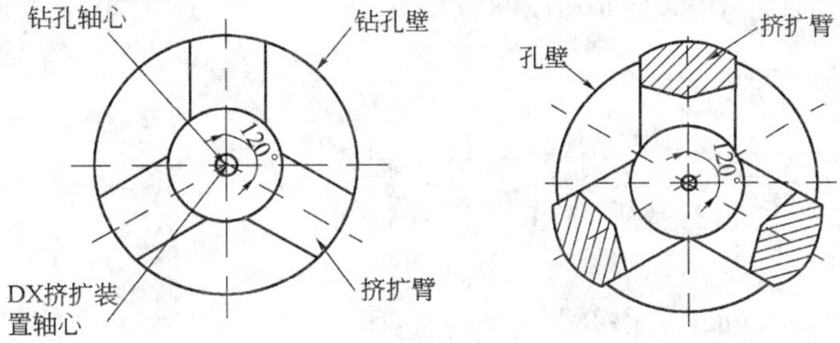

图 3-25　DX 挤扩装置

3) DX 液压装置

DX 桩的挤扩装置动力,采用液压控制自动转角定位机构,故 DX 挤扩装置工作时,其转角定位准确,成盘完整性好,成桩差异性小,施工操作安全,如图 3-26 所示。在桥涵基础施工时,选用 3DX 桩三岔双缸双向液压挤扩装置。

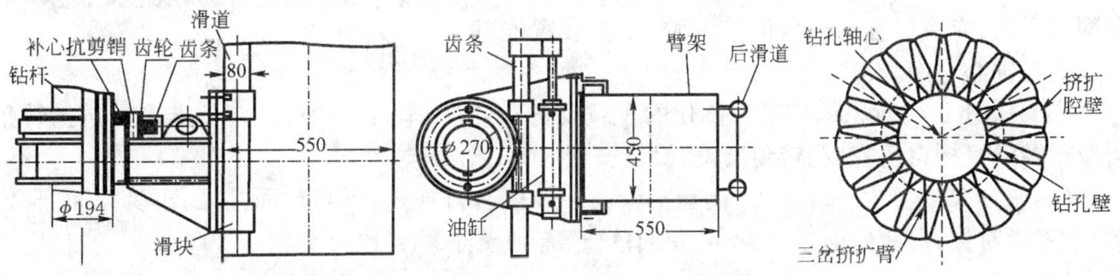

图 3-26　液压控制自动转角定位装置(尺寸单位:mm)

4) DX 挤扩装置连接机构

DX 挤扩装置的连接机构为柔性连接,改原紧固联结为有一定活动量的轴销联接,使挤扩机在孔中工作时,既能垂直对中又能自如就位,可避免机具入孔因孔壁斜度过大,或土体硬度不均,或遇有硬物阻顶等原因所引起的设备断损现象。

DX 桩承力盘(岔)上下对称,盘底面倾斜,不易积土;有利清孔,灌注混凝土,并具有良好的抗水平、冲剪及抗拔性能。

DX 挤扩整体装置见图 3-27。目前,DX 装置有多种型号,适应的孔径由 40 ~ 150cm,挤扩尺寸由 110 ~ 250cm,并可根据工程需要,随时制造和调整扩孔设备。

从上述挤扩装置可知,DX 桩可利用沿桩身不同部位的硬土层,设置承力盘及分岔,将软土中的摩擦桩改为变截面桩,设置多支承点

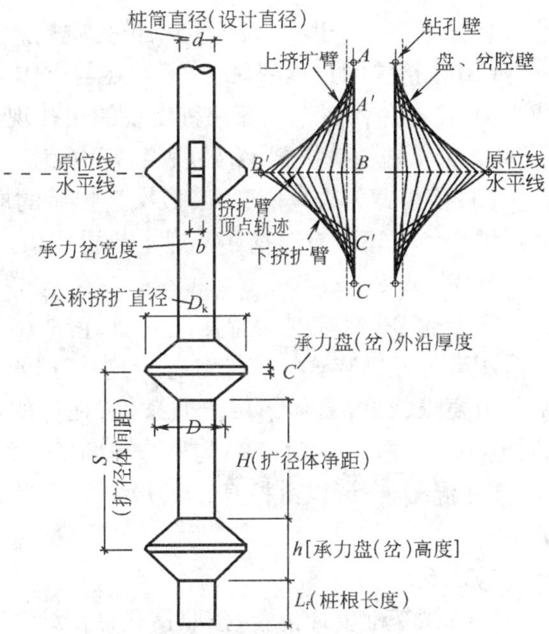

图 3-27　DX 挤扩连接装置

摩擦端承桩，从而改变了钻孔灌注桩的受力机理，显著地提高基础强度，使建筑物基础牢固，承载力高，抗振性能优，沉降变形小，不仅降低工程造价，还缩短了工期，因而受到工程界的青睐。

3. DX 挤扩装置工程特征

综上所述，根据 DX 挤扩装置构造，结合工程实际，总结其实践经验，在建造桩基础时，其施工特征可以归纳为以下几点：

1）DX 挤扩装置构造特征（图 3-28）

DX 挤扩装置联接为柔性联结，挤扩时遇硬物或孔壁斜度偏大时，连接部不易受损。

（1）在挤扩过程活动时，活塞杆受拉力作用的力矩小，三个挤扩臂对活塞杆稳固支撑，活塞杆不易弯曲受损。

（2）一次挤扩三对挤扩臂同时工作，三向支撑，三向同时受力，完成对称的三岔形扩大腔，挤扩装置能准确与桩身轴心对中。

图 3-28　沿海公路使用 DX 挤扩装置

（3）DX 挤扩装置系钻扩清一体化的车载设备，不需吊车，移位方便，定位准确。挤扩转角由液压转动机构自行完成，转角准确，操作安全。

（4）液压站安置在一体机上，高压油管由一体机自行卷送，不与地面接触，不受损而安全。盘、岔腔形对称，盘腔底面倾斜，不易积回落土，有利灌注混凝土。

2）易控制扩孔质量

DX 挤扩装置，采用双缸双向相对位移，带动了三对挤扩臂，不断对土体进行水平挤压。这种装置在施工过程中，易于控制扩孔质量。

（1）在挤扩的过程中，挤扩臂始终与土体接触，上下面土体均被挤压，土体扰动小，无沉渣或少掉土，避免一般钻孔灌注桩出现的塌孔现象。

（2）DX 桩的挤扩臂，为外联接，臂内表面呈三角形，不易夹土，挤扩臂能顺利回位。

（3）挤扩臂外表呈圆弧面，数次挤扩后的形腔顶部呈多个“屋脊形”相连的伞形腔面，不易变形坍塌。它还设有旋挖斗清虚土装置，可有效解决缩径和孔底沉渣问题。

4. DX 桩施工过程

从上述 DX 桩挤扩装置构造可知，它是在钻（冲）孔后，再向孔内放入挤扩专用装置然后通过液压系统控制装置的挤扩臂运动，进行扩张和收缩，在已成孔的不同土层中，根据桩的设计承载力要求，结合具体地层土质条件，在桩的周围土层中不同位置，挤扩出 3 岔状、匀称分布的，或 $3n$ 岔（n 为挤扩次数）匀称分布的扩大岔腔，或近似圆锥盘状的扩大腔体，然后放入钢筋笼，灌注混凝土，形成由桩身、承力岔、承力盘和桩根共同承载的桩型。其施工工艺简要归纳如下：

1）成孔施工

在桥梁基础设计位置，按照钻孔桩传统工艺，向地下钻出符合设计要求的直孔桩孔。

若地下水水位较高，钻孔时通常采用潜水钻机、正循环钻机、钻斗钻机以及冲击钻机，可在泥浆护壁条件下钻进成孔。

若地下水位较深，且桩底位于水位以上时，采用螺旋钻机进行干作业钻进成孔。干作业成孔时，如果砂土层很厚，孔壁易坍塌，可采用水泥浆护壁，用长螺旋钻机成孔。成孔施工的基本技术要求：

钻孔成孔是DX桩施工的先导，直接影响着DX桩施工质量，因此，对成孔施工质量提出如下要求：

（1）成孔设备就位后，必须保证平整、稳固，确保在施工中不发生倾斜、移动。为准确控制钻孔深度，在桩架式钻杆上，应做出控制深度的标尺，以便在施工中进行观测、记录。

（2）直孔可采用钻机成孔（泥浆护壁工艺、干作业工艺及全套管护壁工艺），亦可采用冲击钻成孔或振动与锤击沉管成孔工艺，孔底必须保证达到设计要求的深度，清孔后孔底虚土厚度应满足设计要求，一般应不大于100mm。

（3）采取泥浆护壁成孔工艺，在黏性土中成孔时，可注入清水造浆，孔口排出泥浆的相对密度，应控制在1.10～1.20。当钻孔穿过砂层或易塌孔土层时，宜采用制备泥浆护壁，排出泥浆相对密度可增大至1.30～1.50。

钻孔过程中，应定期测定泥浆胶体率、含砂量和黏度。灌注混凝土前，孔底500mm以内的泥浆相对密度应小于1.25，含砂率≤8%；黏度≤28Pa·s。

2）DX桩施工程序

（1）泥浆护壁成孔DX桩施工程序

当钻进成直孔后，对成孔进行第一次孔底沉渣清理，然后放入DX挤扩装置。从此开始，才是真正意义上的DX桩施工，其施工程序简要用图3-29示出。

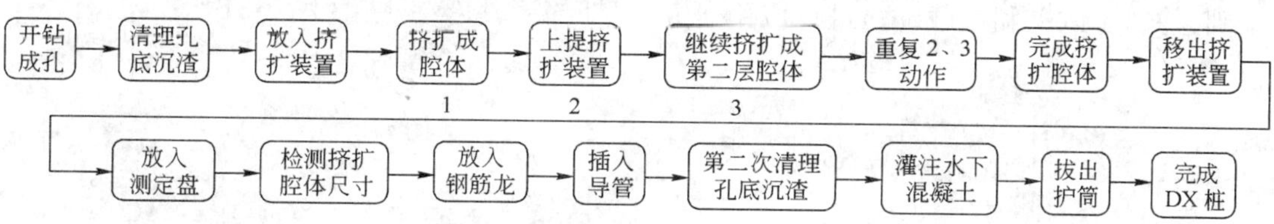

图3-29　泥浆护壁DX桩施工程序

干作业成孔的DX桩施工程序，基本是如图3-29所示。

3）DX桩挤扩成形施工

钻孔成孔后，准备向成孔内放入DX挤扩装置。在放入之前，须检查法兰连接、螺栓、油管、液压装置、弓压臂分合情况，一切正常后方可进行挤扩作业。

（1）DX桩挤扩作业

重复检查桩孔垂直度、孔径和孔深等，并经过验收合格后，即可将DX挤扩装置下入孔内，开始挤扩作业。挤扩作业工序自下而上进行。

①根据挤扩盘大小和要求的岔腔，按弓压臂宽度和孔径计算出挤扩次数，一般应大于7次，人工或机械转动挤扩装置，转动120°后完成盘腔。

②在挤扩过程中，应认真观测压力表的变化，详细记录压力值及挤扩时间，并量测泥浆液面的落差等。如发现泥浆不足时，应及时补充泥浆，以维持水头压力。

③当地质条件复杂、多变时，应及时报告监理或业主，并会同设计方共同研究。挤扩成形中可根据地层实际情况，可适当进行盘（岔）腔位上下调整，但是，必须保证调整后的盘（岔）腔位于设计要求的土层，并满足盘（岔）间距的要求。

(2)承力盘腔的检测

在对直成孔挤扩后，应利用 DX 盘径检测器(图 3-30)，对承力盘成形效果进行检测。DX 盘径检测器的三对测杆，应与挤扩装置的挤扩臂尺寸、张开角度相等。具体检验方法：

利用 DX 盘径检测器的三对测杆，在盘腔处张开下滑时，利用其与三对测杆张开角度几何关系，从而测得盘腔直径。

DX 盘径检测器，结构简单，操作方便，检测准确。检测时，提紧主、副绳，将盘径检测器缓慢放至孔内被测盘腔深度，松开副绳，三对测杆自重下落，主副绳稍作调整，测杆即张开位于挤扩盘腔内。此时，应观察记录主、副绳零点(始点)落差，并根据落差和盘径换算关系表，查得实际挤扩盘腔直径。

成孔成盘腔后，也可以使用井径仪、超声波检测仪对孔径、盘径、盘位等进行检测。

4)放入钢筋龙、灌注混凝土

挤扩作业完成后，经过检查合格后，按一般钻孔灌注桩要求，放入钢筋龙、灌注混凝土。

根据现场记录的混凝土实际灌注量，与理论计算的桩体积对比，灌注量不应小于理论计算体积乘以合理充盈系数。

5)DX 成桩质量检测

DX 成桩后的质量检查方法，同普通混凝土灌注桩。

二、DX 桩设计和承载能力计算

河北沿海公路，在 K86 +619.91、K90 +824.617 及 K103 +913.303 三座天桥桩基采用 DX 桩基础，并通过试桩和荷载试验进行应用研究，以期探讨其内在规律(图 3-31)。

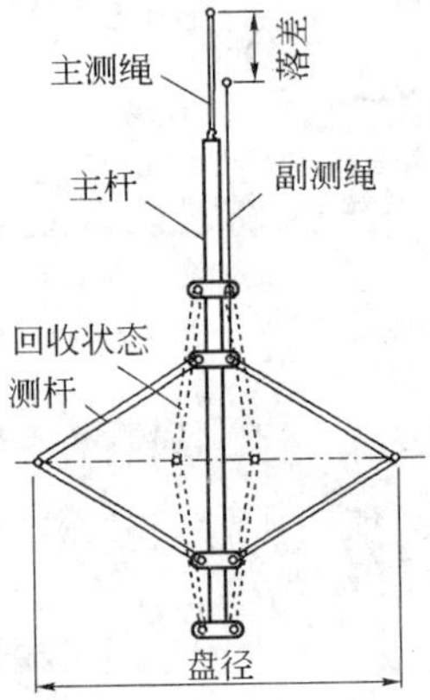

图 3-30 DX 盘径检测器

图 3-31 沿海公路 DX 单桩静载试验

1. DX 桩设计基本规定

根据地基复杂程度，建筑物规模和功能及特征，DX 挤扩灌注桩设计，按照《建筑地基基础设计规范》(GB 5007—2002)3.0.1 规定，地基基础设计等级分为甲、乙、丙三级。视具体地基和建筑物条件选用设计等级。如果桥涵选用 DX 挤扩灌注桩基础时，所采用的荷载效应最不利组合与相应的抗力限值，应符合《建筑地基基础设计规范》GB 50007—2002 的第 3.0.4 节规定。

2. DX 桩设置原则

对于承受抗压的 DX 挤扩灌注桩，其承力盘和承力岔的设置，应遵循以下原则：

1）以下土层可作为承力盘（岔）的持力土层：

- 可塑～硬塑状态的黏性土；
- 稍密～密实状态的粉土和砂土；
- 中密～密实状态卵砾石层；
- 底承力盘也可设置在强风化岩的上层面上。

2）以下土层不得作为持力土层：

- 淤泥及淤泥质土层；
- 松散状态的砂土层；
- 可液化土层；
- 湿陷性黄土层；
- 大气影响深度以内的膨胀土层。

3）承力盘和承力岔持力土层厚度

承力盘持力土层厚度，不宜小于3倍桩径；若有软弱下卧层时，承力盘的持力土层厚度，不宜小于4倍桩径。

承力岔的持力土层厚度，不宜小于2倍桩径；若有软弱下卧层时，承力岔的持力土层厚度不宜小于3倍桩径。

4）承力盘和承力岔深入持力土层深度

承力盘底进入持力土层的深度，不宜小于$0.5h$（承力盘高度）～$1.0h$；承力岔底进入持力土层的深度不宜小于$1.0h$。

5）持力层要求

宜选择较硬土层作为桩端持力层。桩端全断面进入持力层的深度，对于黏性土、粉土不宜小于$2.0d$（DX桩直径，以下同）；砂土不宜小于$1.5d$；碎石类土不宜小于$1.0d$。

6）DX桩间距

相邻DX桩的最小中心距，不宜小于$3.0d$，并不宜小于$1.5D$（承力盘径）。当D大于2m时，桩的最小中心距不宜小于$D+1$m。

7）承力盘的竖向间距

承力盘的竖向间距，不宜小于$2.0D\sim2.5D$；承力岔的竖向间距，不宜小于$1.5D$；承力岔与承力盘竖向间距，不宜小于$1.5\sim2.0D$；持力层为砂土时取大值，黏性土、粉土取小值。

8）DX桩根长度

DX桩的桩根长度，不宜小于$2.0d$。

9）承力盘和承力岔不得设置在下列岩土层中：

- 密实状态（$N\geqslant40$）的粉土和砂土；
- 中密～密实状态的卵石；
- 强～中风化岩层。

对于抗拔DX挤扩灌注桩的承力盘和承力岔的上部土层为其持力土层，第一个承力盘（岔）的埋深不宜太小。

3. 单桩竖向抗压承载力估算

初步设计时，单桩竖向抗压极限承载力可按下列公式估算：

$$Q_u = Q_{su} + Q_{bu} + Q_{Bu} + Q_{pu} \tag{3-17}$$

式中：Q_{su}、Q_{bu}、Q_{Bu}、Q_{pu}——分别为单桩总侧阻力、总岔端阻力、总盘端阻力、总桩端阻力极限值。

式(3-17)中的各子项，按下列公式估算：

$$Q_{su} = Q_{ssu} + Q'_{bsu} + Q_{bsu} \tag{3-18}$$

式(3-18)中的子式：

$Q_{ssu} = \sum u_p q_{siu} l_i$；　$Q'_{bsu} = \sum (u_p - mb) q_{siu} h$；　$Q_{bsu} = \sum ma q_{siu} h$；

$Q_{bu} = \sum mab q_{biu}$；　$Q_{Bu} = \eta \sum q_{Biu} A_{BD}$；　$Q_{pu} = q_{pu} A_p$

式中：Q_{ssu}——单桩桩筒体总侧阻力极限值；

Q'_{bsu}——单桩承力岔之间部分的桩身的总侧阻力极限值；

Q_{bsu}——单桩承力岔总侧阻力极限值；

q_{siu}——单桩第 i 层土的侧阻力极限值；

q_{biu}——单桩第 i 层土的岔端阻力极限值；

q_{Biu}——单桩第 i 层土的盘端阻力极限值；

q_{pu}——单桩的桩端阻力极限值；

u_p——桩筒体周边长度；

A_p——桩筒体横截面面积；

A_{BD}——承力盘扣除桩身部分的投影面积，即承力盘环的投影面积；

l_i——桩筒体第 i 层土的厚度；

m——承力岔单个分岔数，$m = 3n$；

n——挤扩次数；

a——承力岔宽度；

b——承力岔厚度；

h——承力盘、承力岔根部高度；

η——总盘端阻力调整系数，单个和 2 个承力盘时 $\eta = 1.00$；3 个及 3 个以上承力盘时 $\eta = 0.93$。

4. 单桩竖向抗拔极限承载力估算

单桩竖向抗拔极限承载力可按下式估算：

$$T_u = \sum \lambda_i q_{sik} u_i l_i \tag{3-19}$$

式中：λ——抗拔侧阻力折减系数，按表 3-16 取值；

q_{sik}——桩侧表面第 i 层土的抗压侧阻力极限值；

u_i——破坏表面周长，按表 3-17 和表 3-18 取值；

l_i——桩的破坏表面穿过的第 i 层土的厚度。

抗拔侧阻力折减系数 λ_i　　表 3-16

土　类	λ 值	备　注
砂土	0.50 ~ 0.70	桩长 l 与桩身直径 d 或者承力盘直径 D 之比小于 20 时，λ_i 取小值
黏性土、粉土	0.70 ~ 0.80	

承力盘和桩身破坏表面的周长 u_i　　表 3-17

自承力盘中心起算的长度 l_i	$\leqslant \xi_i D$	$> \xi_i D$	注：表中 ξ_i—等效抗拔长度系数，按表3-18取值
u_i	πD	πd	

等效抗拔长度系数 ξ_i　　表 3-18

承力盘以上土的类型	黏性土、粉土	砂土		角砾、圆砾、碎石、卵石
		松散、稍密	中密、密实	
ξ_i	2~4	4~5	5~8	7~10

注:1. 当最上部承力盘距地面的距离,或者某承力盘到上一个承力盘的间距小于表中的 $\xi_i D$ 时,按实际厚度计算 l_i;

2. 当承力盘以上的持力土层厚度小于表中 $\xi_i D$ 时,可根据盘以上各层土的性质综合确定计算起算的长度 l_i;

3. 土的强度高的取大值;土层埋深小的取小值。

5. 单桩水平承载力计算

DX 挤扩灌注桩,可按桩径为 d 的常规灌注桩一样,进行桩基水平承载力与位移计算。承受水平力的单桩,应按下式验算其水平承载力:

$$H_{ik} \leqslant R_{\mathrm{Ha}} \tag{3-20}$$

式中:H_{ik}——相应于荷载效应标准组合时,作用于任一单桩的水平力;

R_{Ha}——单桩水平承载力特征值:

$$H_{ik} = \frac{H_k}{n} \tag{3-21}$$

H_k——相应于荷载效应标准组合时,作用于承台底面的水平力;

n——桩基中的桩数。

当单桩水平承载力由水平静载试验确定时,对于配筋率不大于 0.65% 的 DX 挤扩灌注桩,其水平承载力特征值应按式(3-22)确定:

$$R_{\mathrm{Ha}} = \alpha_{\mathrm{t}} H_{\mathrm{cr}} \tag{3-22}$$

式中:H_{cr}——单桩水平静载试验的水平临界荷载,按《建筑基桩检测技术规范》(JGJ 106—2003)第 6.4.4 条确定(附录三);

α_{t}——荷载性质系数,对于承受水平地震力的桩基础,取 $\alpha_{\mathrm{t}}=1$;对受长期或反复出现水平力的桩基础,取 $\alpha_{\mathrm{t}}=0.8$。

对于配筋率大于 0.65% 的,其水平承载力特征值应取(3-22)和(3-23)式中的低值。

$$R_{\mathrm{Ha}} = \frac{\alpha_{\mathrm{t}}}{K_{\mathrm{Ha}}} H_{\mathrm{u}} \tag{3-23}$$

式中:H_{u}——单桩水平静载试验的水平极限承载力,按《建筑基桩检测技术规范》(JGT 106—2003)第 6.4.3 条确定(附录三);

K_{Ha}——单桩水平承载力安全系数,一般取 1.4。

6. 桩身强度验算

DX 挤扩灌注桩桩身混凝土强度,应满足桩的承载力设计要求。在轴心受压时,桩身强度应符合式(3-24)的要求:

$$Q \leqslant \psi_{\mathrm{C}} f_{\mathrm{C}} A_{\mathrm{p}} \tag{3-24}$$

式中:f_{C}——混凝土轴心抗压强度设计值,按现行国家行业标准《混凝土结构设计规范》(GB 50010—2002)取值;

Q——相应于荷载效应基本组合时的单桩竖向力设计值;

A_{p}——桩身横截面面积;

ψ_{C}——工作条件系数,取 0.8。

三、DX 桩工程实例

河北沿海公路西段，位于 K86 + 619.91、K90 + 824.617 及 K103 + 913.303 处等处的天桥基础（以下简称 K86、K90、K103 桥），采用 DX 桩基础，并进行实桥建设试验。

试验桥所处位置的地形、地貌，系滦河冲积扇及滨海滩涂和沼泽区，地势平坦、开阔，地形起伏很小。根据工程地质勘测资料显示，这里的地层主要岩土分层，依次为亚黏土、淤泥质黏土和软弱土、粉砂和亚黏土、密实的细砂、中砂持力层。

1. 试验桥基本资料

上述三座试验桥基础，桥台和桥墩均采用桩基础，桩径一般为 1 100mm，最大者为 1 200mm，设计承力盘个数一般为 2 个，最大桩长为 28m（表 3-19）。按照接近桩的实际工作状态，对 DX 桩进行试验，确定单桩竖向极限承载力和水平极限承载力，获取其在不同地层中的设计计算参数及施工经验，以评价它的施工工艺可行性，为日后应用提供理论基础和施工方案。

天桥墩台基础设计基本资料　　表 3-19

标段	工点	桩型	桩径（mm）	桩长（m）	承力盘（个）	桩数（根）	延米（m）
T1	K86	桥台桩	1 100	25	2	8	200
		墩台桩	1 200	28	1	6	168
	K90	桥台桩	1 100	18	1	4	72
		墩台桩	1 200	24	1	6	144
T2	K103	桥台桩	1 100	18.5	2	8	148
		墩台桩	1 200	24	2	6	144

2. 试验桩设计

试验桩选择在 K103 号桥，桩型：DX 试验桩 1 根，直孔试验桩 1 根，锚桩 6 根，各种类型桩的基本资料见表 3-20，桩的平面布局见图 3-32。

试 验 桩 参 数　　表 3-20

工　点	K103		
桩型	DX 桩	直孔桩	DX 锚桩
桩径（mm）	1 100		1 000
桩长（m）	18.5		
承力盘（个）	2	—	2
桩数（根）	1	1	6

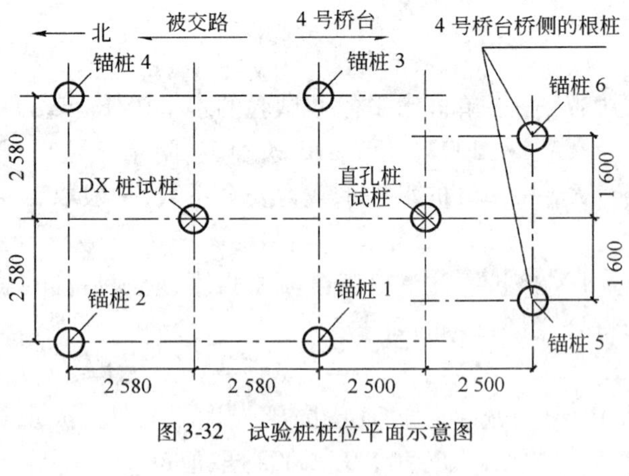

图 3-32　试验桩桩位平面示意图

3. 试验桩配筋和混凝土等级

如表 3-20 所述，试验桩分为三种，各自配筋情况：DX 桩和直孔桩主筋都为通长配筋，钢筋型号 10 根 ϕ22mm（HRB335），箍筋为 ϕ8mm（HPB235）螺旋筋，在试验桩顶部 1 500mm 范围内，箍筋加密布置，竖向间距为 ϕ8@100mm。

为了加强钢筋笼的刚度与整体性，避免在吊放和灌注混凝土时发生变形，因此，要求提高钢筋笼的骨架的焊接质量，并在主筋内侧每隔2m设置一道ϕ16mm的加强箍筋(图3-33)。桩身混凝土等级采用C30，钢筋保护层厚度不小于50mm。

锚桩与DX桩相同的桩型，设置2个承力盘，桩径1 000mm，主筋为全长配筋。

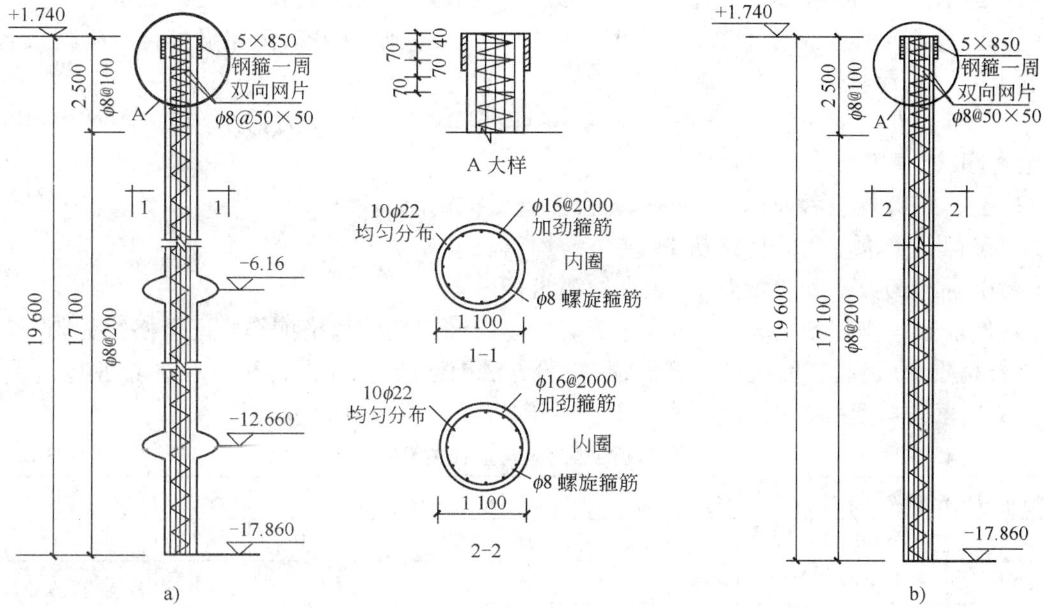

图3-33　DX桩和直孔桩钢筋布置图(尺寸单位:mm,高程:m)

4. 试验桩施工质量控制

泥浆护壁成孔DX桩施工程序，详见本章图3-29。在DX桩施工过程中，应遵循以下要求，进行施工质量控制，以确保最终成桩符合设计要求。

1)测量放线

严格控制DX桩的位置，自测后再由监理人员进行符合，并采取措施保护桩位和护筒高程，以免发生差错；不同类型桩也应采用不同标记标出，以免发生误认。

2)钻孔作业时质量控制事项

试验桩工程在进行施工时，采用90型反循环钻机、三翼式钻头成孔。该类型钻机特点，成孔速度快、清孔效果好、成孔质量稳定，桩径及垂直度都有保证。钻孔作业时应注意以下事项：

(1)钻机就位应准确、稳固，并用水平尺进行调整机台水平度和钻杆垂直度；钻杆垂直度偏差应<0.5%，钻头对准桩位的误差<20mm，并拉出控制线进行校核(图3-34)。

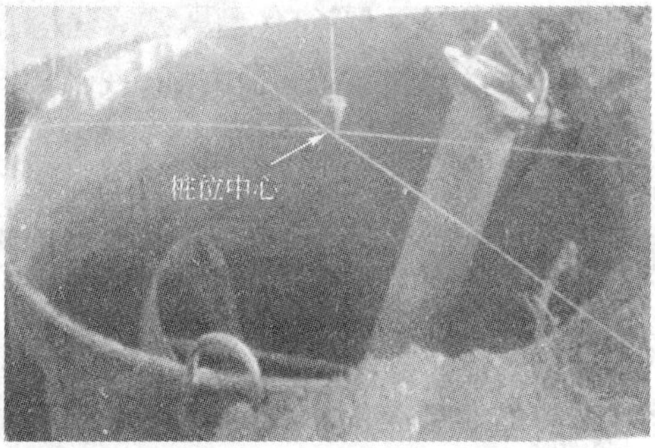

图3-34　十字交叉法确定桩位

(2)测量的桩径不小于设计桩径。

(3)在孔深5m范围内，钻进速度不宜过快，以保证桩孔垂直度。钻孔深度必须达到设计孔深，以满足设计桩长要求。

(4)钻孔作业时应控制泥浆含砂率须<4%。

(5)灌注混凝土前孔底沉渣厚度≤300mm。

3)挤扩承力盘腔质量控制事项

DX试验桩采用DX98—800型挤扩装置,挤扩承力盘盘腔成腔效果良好。全部试锚桩下承力盘,其首扩压力值均为20~23MPa。这表明该土层稳定且强度高,正是设置承力盘的理想持力层。上盘首扩压力值一般在17~19MPa,个别桩能达到20MPa,土层强度符合勘察报告所提供的土力学指标。

(1)挤扩作业之前,应对设备进行检查,并且试机测量空载压力,分合时间、油位变化等,并记录在案,以便备查。

(2)挤扩机入孔前后,应测定沉渣厚度,注意保护护筒高程。

(3)确保每个承力盘的挤扩次数,转角需均匀。

(4)确保盘的数量和质量要求,认真检测盘径。

(5)作业过程中仔细读表,认真做好挤扩作业纪录。钻孔和挤扩作业记录格式见附录二。

承力盘质量检测,使用盘径检测器,其检验方法前已所述,见图3-30。在试验桩时,总结出盘径检测器落差与盘径数据关系(表3-21),可供施工人员参考。

盘径检测器落差与盘径关系表 表3-21

落差(mm)	盘径(mm)	落差(mm)	盘径(mm)	落差(mm)	盘径(mm)	落差(mm)	盘径(mm)
200	1 020	500	1 360	900	1 630	1 200	1 940
250	1 080	550	1 400	950	1 690	1 250	1 980
300	1 150	600	1 440	1 000	1 750	1 300	2 010
350	1 220	650	1 470	1 050	1 800	1 350	2 040
400	1 260	700	1 520	1 100	1 845		
450	1 320	850	1 570	1 150	1 890		

注:盘径检测器落差与盘径的换算关系不是定值,施工时定期对检测器主、辅绳进行测定,以避免量测误差,保证检测准确性。

4)放入钢筋笼及导管质量检查事项

(1)钢筋笼材质规格及制作要求等,均应符合公路桥涵施工技术规范要求。

(2)合理设置保护层垫块;对有浮锈的钢筋笼应全面进行除锈后方起吊入孔;为防止钢筋笼弯曲变形,应采取多点起吊方式。

(3)钢筋笼放入钻孔中后,应拉线进行量测以确保笼顶居中,同时还要控制钢筋笼笼顶满足设计高程要求。

(4)灌注混凝土混合料的导管,接头牢固、无渗漏、无弯曲,管的内壁应光滑、无残渣,隔水栓应能顺利通过,导管的长度应与孔深相互匹配。

5)水下灌注混凝土

浇筑水下混凝土的坍落度应在18~22cm,以满足公路桥涵混凝土施工技术规范要求。

灌注混凝土时,应注意检查以下事项:

(1)混凝土初灌量,应满足埋管深度大于1.6m的要求;

(2)灌料斗应与导管漏斗位置相互准确,防止灌注时混凝土外漏或外溢。

在施工试验中,应检测混凝土充盈系数。沿海公路试验桥基础,混凝土充盈系数多在1.02~1.19范围内,仅K103的三根锚桩充盈系数为1.35左右。

5. DX 实桩静载试验

2006 年 7 月,在完成 DX 桩和直桩后,随即进行单桩竖向抗静压和单桩水平静载对比试验。试桩地质情况见图 3-35,两种桩直径均为 1 100mm、实际桩的长度为 19.5m。

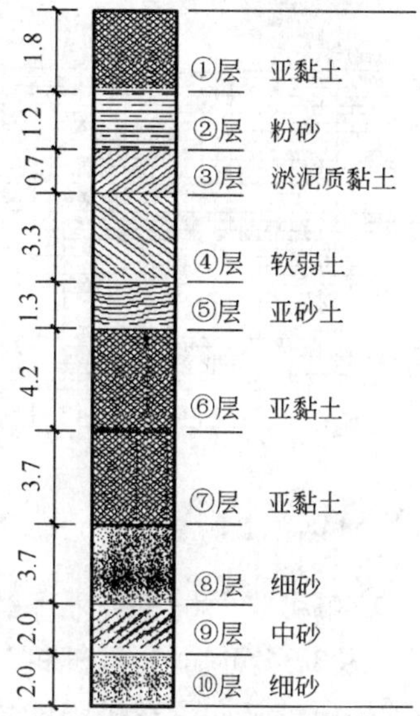

图 3-35　试桩地质情况示意图(尺寸单位:m)

1)试验方法

(1)单桩竖向抗压静载试验

采用锚桩为反力装置,慢速维持荷载法。直孔灌注桩(1 号)每级加荷 60 × 10kN;DX 桩每级加荷 80 × 10kN。荷载采用千斤顶上的压力表测读油压,根据千斤顶率进行换算。桩顶沉降量由四块百分表测定,沉降稳定标准≤0.1mm/h。

(2)单桩水平静载试验

测定单桩水平荷载试验时,采用多循环加卸载法,每级加载 5 × 10kN,荷载采用联于千斤顶上的压力表测读油压,根据千斤顶率进行换算,水平位移量由两块百分表测读。

2)仪器设备

320t 千斤顶 4 台、100t 千斤顶 1 台、基准梁、压力表、百分表及其他辅助设备。

3)测试执行标准

《建筑基桩检测技术规范》(JGJ 106—2003);《建筑基桩技术规范》(JGJ 94—94)。

4)试验结果

(1)单桩竖向抗压静载试验

1 号试桩最终加载达到 420 × 10kN,桩顶总沉降量大于 60mm;2 号试桩最终加载达到 1 040 × 10kN,钢筋被拉断,依据规范终止试验。

试验结果表明,各试桩每级加载量、沉降量、累计沉降量及历时,分别见表 3-22、表 3-23。荷载沉降曲线见图 3-36、图 3-37,$S \sim \lg t$ 曲线见图 3-38、图 3-39。

1 号试桩单桩静载试验结果表　　表 3-22

荷载级数	2	4	5	6	7
压板荷载(×10kN)	120.0	180.0	300.0	360.0	420.0
本次沉降(mm)	0.50	0.43	18.16	19.19	>23.63
累计沉降(mm)	0.50	0.93	20.11	39.30	>62.93
本次历时(h)	2.0	2.0	2.0	2.0	0.08
累计历时(h)	2.0	4.0	8.0	10.0	10.08

2 号试桩单桩静载试验结果表　　表 3-23

荷载级数	2	4	5	6	7	8	9	10	11	12
压板荷载(×10kN)	160	240	400	480	560	640	720	800	880	960
本次沉降(mm)	0.58	0.45	0.83	1.17	1.64	2.31	2.32	2.99	3.93	4.98
累计沉降(mm)	0.58	1.03	2.47	3.64	5.28	7.59	9.91	12.90	16.83	21.81
本次历时(h)	2.0	2.0	2.0	2.0	2.0	2.0	2.5	2.5	2.5	2.5
累计历时(h)	2.0	4.0	8.0	10.0	12.0	14.0	16.5	19.0	21.5	24.0

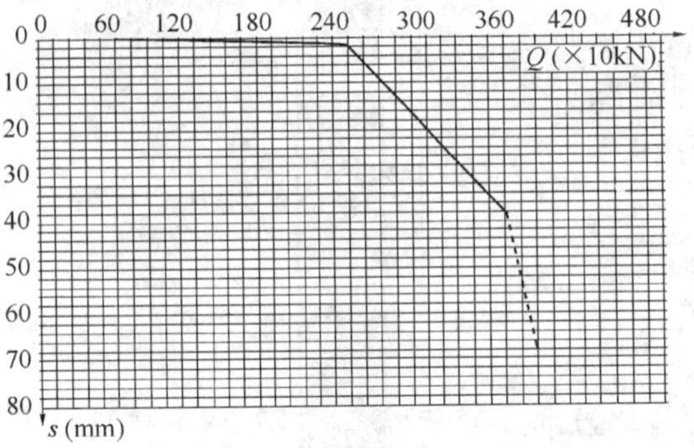

图 3-36　1 号试桩静载荷试验 Q—s 曲线

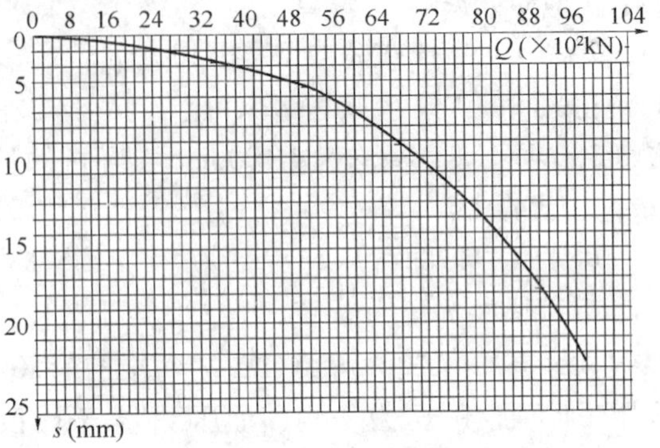

图 3-37　2 号试桩静载荷试验 Q—s 曲线

(2)单桩竖向抗压极限承载力确定

由图 3-36 可知,1 号试桩当加载到 420 × 10kN 时,$Q \sim s$ 曲线明显变陡,依据规范规定,1 号试桩单桩竖向承载极限能力 Q_u 为 360 × 10kN 承载力确定。

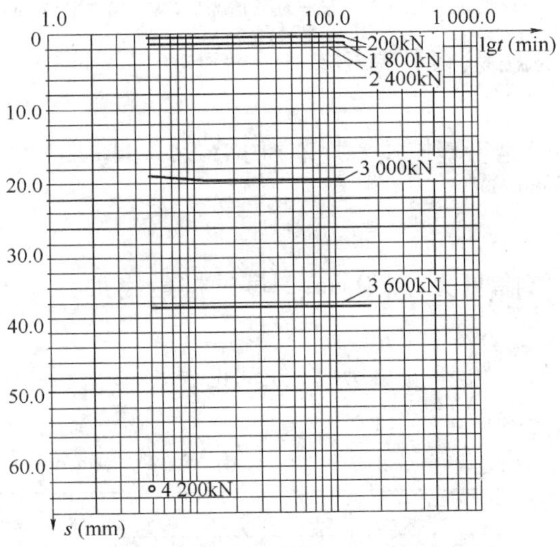

图 3-38　1 号试桩静载荷载分 s—lgt 曲线

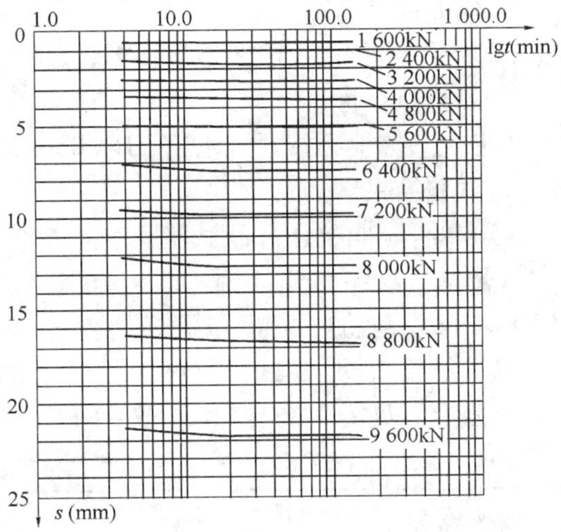

图 3-39　2 号试桩静载荷载分 s—lgt 曲线

由图 3-37 可知,2 号试桩 $Q \sim s$ 曲线呈缓变形,其极限承载能力确定为 960 × 10kN。其试验结果见表 3-24。

单桩竖向抗压极限承载力(Q_u)和相应的沉降量　　表 3-24

试桩号	桩型	龄期(d)	桩长(m)	极限承载能力 Q_u(kN)	相应沉降量(mm)
1 号	直孔桩	>28	19.5	360 × 10	39.3
2 号	DX 桩	>28	19.5	960 × 10	21.81

(3)单桩水平试验结果

1 号桩加载达到 40 × 10kN,2 号试桩加载达到 45 × 10kN,位移量均超过 40mm,依据规范终止试验。

水平加载试验结果,归纳成表并绘制成加卸载位移量曲线,见表 3-25、表 3-26 和图 3-40 ~ 图 3-43。据此确定出单桩水平极限承载力,见表 3-27。

1 号试桩单桩水平静载试验结果表　　表 3-25

加载级数		1	2	3	4	5	6	7	8
荷载(kN)		50.0	100.0	150.0	200.0	250.0	300.0	350.0	400.0
平均水平位移(mm)	加载	0.90	1.81	2.95	4.47	7.59	13.03	20.25	41.85
	卸载	0.38	0.50	0.69	1.11	1.46	2.45	3.33	

2 号试桩单桩水平静载试验结果表　　表 3-26

加载级数		1	2	3	4	5	6	7	8	9
荷载(kN)		50.0	100.0	150.0	200.0	250.0	300.0	350.0	400.0	450.0
平均水平位移(mm)	加载	0.74	1.40	2.08	3.04	4.25	8.59	14.95	22.80	40.85
	卸载	0.24	0.28	0.48	1.35	2.10	3.91	6.48	9.98	

单桩水平极限承载力(H_u)和水平临界荷载(H_{cr})　　表 3-27

桩号	桩型	龄期(d)	桩长(m)	水平极限承载能力 H_u(kN)	水平临界荷载 H_{cr}(kN)	H_{cr}对应的位移(mm)
1 号	直孔桩	>28	19.5	20×10	20×10	4.47
2 号	DX 桩	>28	19.5	25×10	25×10	4.25

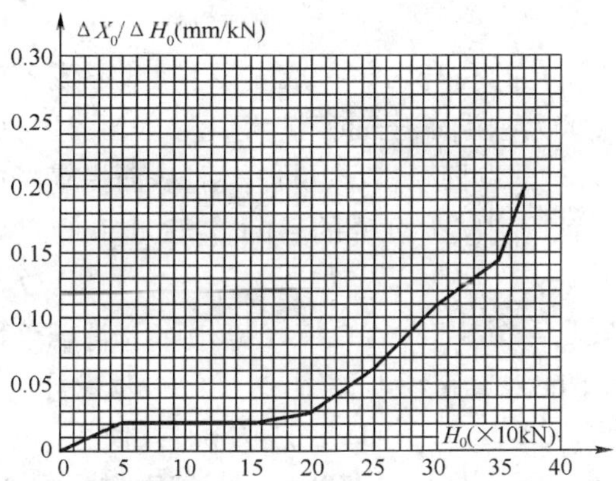

图 3-40　1 号试桩静载荷试验 $H_0-\Delta X_0/\Delta H_0$ 曲线

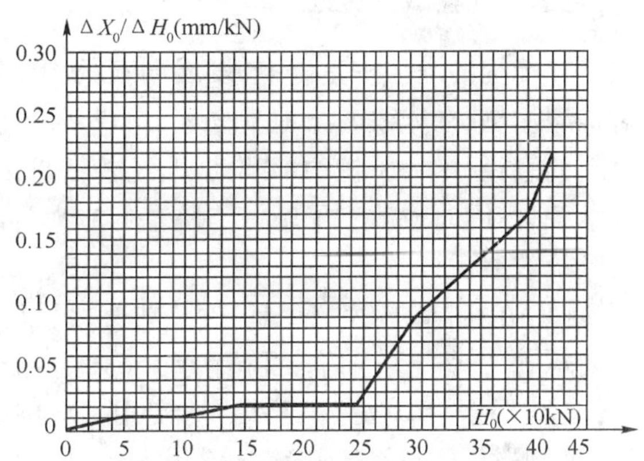

图 3-41　2 号试桩静载荷试验 $H_0-\Delta X_0/\Delta H_0$ 曲线

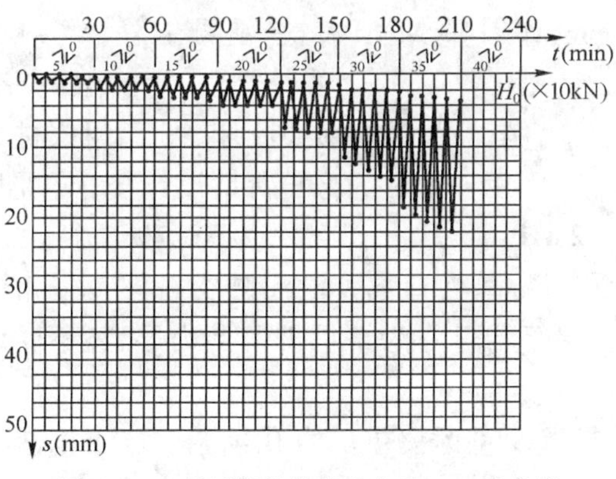

图 3-42　1 号试桩静载荷试验 H_0-t-X 曲线

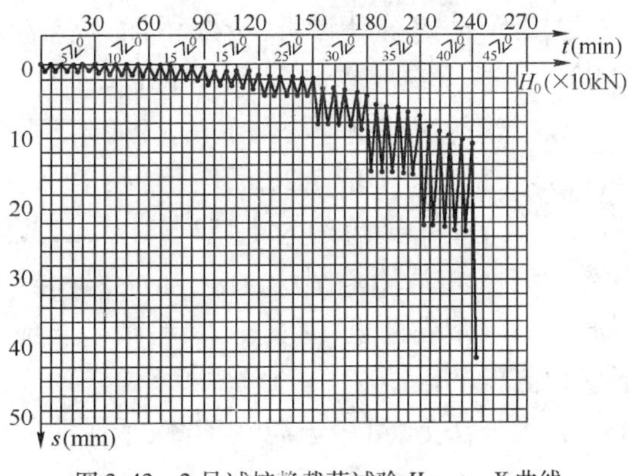

图 3-43　2 号试桩静载荷试验 H_0-t-X 曲线

(4)沿海公路三座天桥 DX 桩基础实例

依据上述研究成果,在沿海公路三座天桥,即:K86、K90、K103 号桥,改用 DX 桩,其工程效应如表 3-28。

K86 号桥 DX 比较表 表 3-28

位　　置	0 号台	1 号墩	2 号墩	3 号墩	4 号墩
桩顶高程(m)	2.550	3.660	2.000	3.800	2.800
桩底高程(m)	-22.45	-24.40	-26.00	-24.20	-22.20
桩长(m)	25.00	28.00	28.00	28.00	25.00
桩径(mm)	1100	1200	1200	1200	1100
盘径(mm)	2000				
直桩允许承载力(kN)	2594	2888	2888	2888	2594
DX 允许承载力(kN)	2808	3110	3110	3110	2808
直桩混凝土(m^3)	28.5	42.96	42.96	42.96	28.5
DX 混凝土(m^3)	24.45	32.00	32.00	32.00	24.45
节约混凝土(m^3)	4.05	10.96	10.96	10.96	4.05

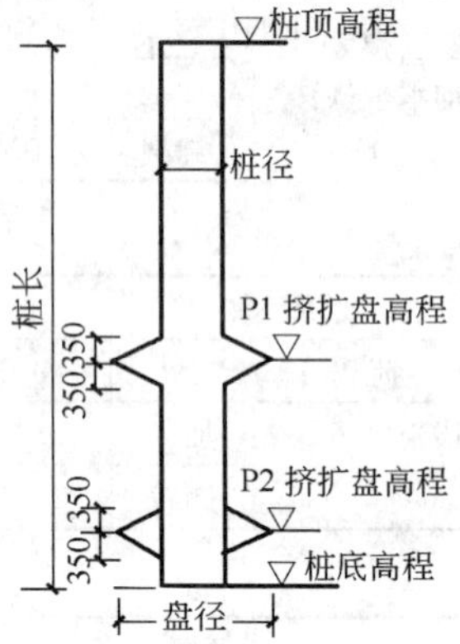

K90 和 K103 比较资料从略。

四、DX 桩试桩评述

在传统的灌注桩基础上，发展创新的 DX 桩，在直孔的孔身内挤扩成多层岔腔，形成多节挤扩灌注桩，在未改变原地基物理力学特性条件下，扩大桩端承压面积扩大，还扩大了桩身多个断面直径，增大了桩的承载面积，还挤密桩围土体，充分发挥了桩土共同作用，从而提高了单桩承载力，同时也改善了基桩与桩基的应力分布，进而达到减少沉降的目的，同时也获得良好的经济效益。

(1)在相同的条件下，即桩径、桩长、配筋和混凝土等级相同，与直灌注桩相比，DX 桩单桩竖向承载力提高 2.6 倍，沉降量减少 44%。抵抗水平能力提高产 1.1 倍，水平位移减少许多。

(2)根据沿海公路试验结果，使用 DX 桩修建了 K86、K90、K103 三座天桥，共使用 38 根 DX 桩，混凝土总量比一般钻孔灌注桩减少 300m^3，减少泥浆排放量 800m^3。节省钢材 9.5t，施工费用和综合管理费用降低 22%。

据沿海公路统计计算，沿线桥涵共有 7 000 棵桩，如果都改为 DX 桩，混凝土总量可减少 20 000m^3，按现在成本计算，可节省费 2 000 万元。

以拟建的唐曹高速公路 K70 +992 南堡盐特大桥为例，原设计桥墩 468 座、936 颗桩、桩长 56m、桩径 1.4m、造价 7 262.33 万元；若采用 DX 桩，可用 468 根，既可满足设计要求，桩长 49m、桩径 1.5m、造价约为 4 452.08 万元，节约费用 2 810.25 万元，节约率为 38.7%。

(3)DX 桩适用范围广，在内陆冲积和洪积平原及沿海、河口部位的海陆交替层及三角洲平原下的硬塑黏性土、密实粉土、粉细砂层或中粗砂层等均可作为挤扩桩的持力层，还不受地下水位高低的限制。

施工方法上，可用于泥浆护壁、干作业、水泥浆护壁及重锤捣扩成直孔工艺。施工工艺与一般钻孔灌注桩相比并不太复杂。

(4)DX 单桩承载力高，可充分利用桩身上下各部位的硬土层。成孔成桩工艺适用范围较广。低噪声，低振动，泥浆排放量减少。机械化程度高，挤扩效率高，节约成本，缩短工期，很有推广价值。

第四节　强夯处理地基法

强夯法又称为动力固结法。它是将重锤从自一定高度下落，对软土地层施加强大的夯击能，于是在软土地层中形成冲击波和动应力，使地基压密和振密，以达到加固地基的目的。

强夯法在上世纪60年代从法国发展起来的，到70年代我国也相继应用，收到显著的效果。经过几十年的发展，强夯法已广泛用于加固砾石，治理砂土、低饱和度的粉土、黏性土、杂填土、素填土、湿陷性黄土等各类地基。

与其他治理软基方法相比，强夯法施工设备、施工工艺和操作都比较简单，适用土质范围广，加固效果显著，可取得较高的承载力。据有关资料显示，一般的地基强度可提高2～5倍；变形沉降量小，压缩性可降低2～10倍；加固影响深度可达6～10m；土粒结合紧密，有较高的结构强度；工效高，施工速度快，与换土回填法和桩基相比缩短工期一半；节省加固原材料，施工费用低。不仅陆地上，而且也可在水下夯实。其缺点：施工噪声和振动较大，不宜在人口密集的城市内使用。

河北沿海公路，在K110+900～K111+000路段，依据《建筑地基处理技术规范》(JGJ 79—2002)的有关规定，对该路段软土地层采取强夯法进行治理，同样也获得相同的效果。

一、强夯法加固地基原理

强夯法是使用吊升设备，将质量8～40t重锤，反复起吊至10～40m高后，让其自由落下，在要加固的地面产生巨大冲击能量和振动能量，冲击能一般为1 100～4 000kJ，最大可达8 000kJ。在如此大的冲击能量作用下，突然给地基以冲击和振动。

1. 强夯冲击能量传递

强夯法处理地基原理是，利用夯锤自由落下产生的冲击波，使地基土达到密实。这种冲击波在土中是以波的形式向地下传播。这种振动波分为体波和面波两大类。体波包括压缩波和剪切波，面波如瑞利波、乐夫波等。

如果将地基视为弹性半空间无限体，则夯锤自由下落过程，就是势能转化为动能的过程，即随着夯锤下落，势能越来越小，动能越来越大，在落到地面以前的瞬间，大部分势能都转化为动能，夯锤击到地面时，这部分动能除一部分以声波形式向四周传播，一部分由于夯锤和土体摩擦而变成热能外，其余的大部分冲击动能则使土体产生自由振动，并以压缩波（亦称纵波、P波）、剪切波（横波、S波）和瑞利波（表面波、R波）波的体系联合在地基中传播，在地基中产生一个波场。离开振源（夯锤）一定距离处的波场如图3-44所示。

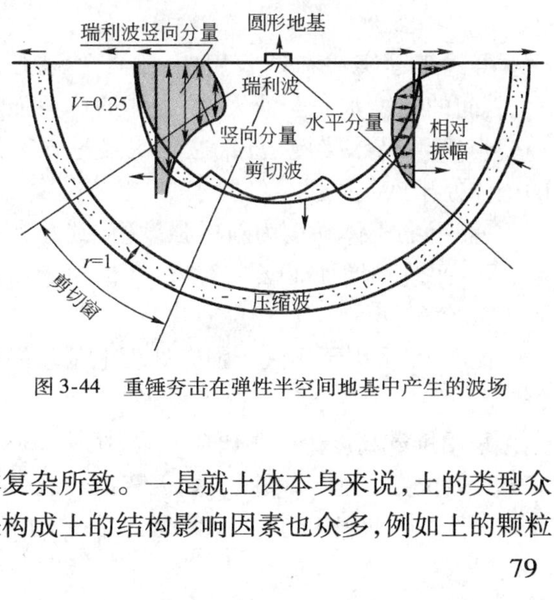

图3-44　重锤夯击在弹性半空间地基中产生的波场

2. 强夯加固理论

强夯加固地基机理比较复杂，这是因为土体复杂所致。一是就土体本身来说，土的类型众多，包括饱和土、非饱和土、砂性土、黏性土；二是构成土的结构影响因素也众多，例如土的颗粒大小、形状、级配、絮状结构、聚粒结构、构造(层理等)、密实度、抗剪强度、渗透性、压缩性、强度等,这些都会影响到土体加固效果。

从土体外部来说,单点夯击能(锤重、落距)、单位面积夯击能、锤底形状和面积、夯点布置、夯击次数、夯击遍数、两遍夯击之间的间歇时间以及强夯置换的填料和砂井的作用等也都会影响加固效果。

综合上述原因,关于强夯加固地基设计,目前尚未有一套成熟的理论和设计计算方法。然而,工程实践表明,使用强夯加固的地基,却收到了满意的效果。为此,也对其加固机理作出不同的解释,这些解释虽众说纷纭,但可以互补,形成系统的解释。但其共同点可以概括如下:

土体在强夯重复荷载作用下,迫使土体结构破坏,土中孔隙受到压缩,孔隙水压上升从而导致土体下沉。一旦土体中气体接近于零时,土体则达到不可压缩的程度。与此同时,土中孔水压力上升到与覆盖的压力相等时,土体则产生液化,土体出现裂缝,形成良好的排水通道,土的渗透性骤然增加,孔隙水顺利排出,夯坑附近出现涌水现象。伴随着孔隙水排出,土体裂缝闭合,土颗粒则变的比强夯前更加紧密,抗剪强度和变形模量大幅度增长。

经过夯击的土体,其强度提高,大致分为四个阶段:

(1)夯击能转化,对土体实施强制压缩或振密,气体排出、孔隙水压上升。

(2)土体液化或土体结构破坏,土体强度降低,抗剪能力丧失。

(3)排水固结压密,渗透系数改变、土体裂隙发育,土体强度提高。

(4)逐渐恢复并伴随固结压密。

综上所述,强夯加固机理,可以简要概括如下:

一是动力加密机理,强夯加固多孔隙、粗颗粒、非饱和土为动力密实机理,即强大的冲击能强制超压密实地基,使土中气相体积大幅度减少。

二是动力固结机理,强夯加固细粒饱和土为动力固结机理,即强大的冲击能与冲击波,破坏土的结构,使土体局部液化并产生许多裂隙,作为孔隙水的排水通道,使土体固结,土体触变恢复压密土体。

三是动力置换机理,强夯加固淤泥为动力置换机理,即强夯将碎石整体打入淤泥成整体式置换或间隔夯入淤泥成桩式碎石墩。

3. 工程实例

经过工程实践和试验表明,土体经过夯击后,其间的孔隙水完全消失后,土体的抗剪强度和变形模量仍然缓慢增长,这表明经过强夯后的土体处于恢复阶段。经验表明:土体夯实1个月后,测得的土体强度为新的强度值,到6个月后,强度平均还增加20% ~30%,变形模量增加30% ~80%。

图3-45采用预压法与强夯处理地基效果比较工程实例。

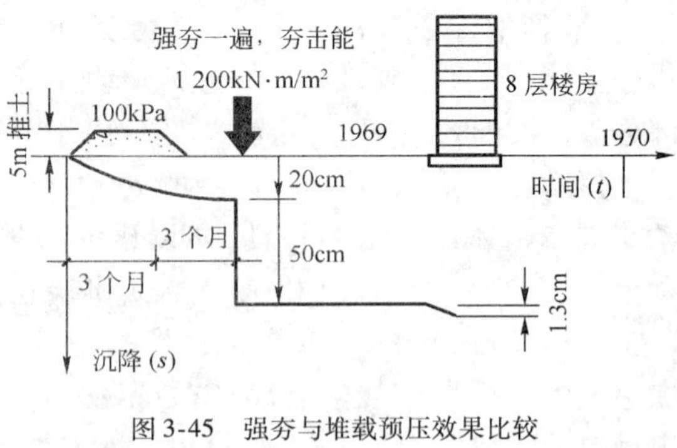

图3-45　强夯与堆载预压效果比较

采用堆载高度5m,预压3个月,沉降20cm。用强夯法,锤重80kN、落距10m、单击夯击能800kJ、单位夯击能1 200kJ/m^2,仅夯击一遍,整个场地的平均沉降量为50cm。

8层楼房基底应力300kPa,竣工后平均沉降量仅为1.3cm。这一比较表明强夯压实效果是显著的。

4. 饱和土加固机理

上面分析的强夯加固土，属于三相土体，即为非饱和土而言。然而，饱和土属于二相土，土体由固体颗粒和液体（通常为孔隙水）组成。传统的饱和固结理论为太沙基（Terzaghi）固结理论：假定水和土粒本身是不可压缩的，因为水的压缩系数很小，仅为 $5\times10^{-4}MPa^{-1}$，土粒本身压缩系数更小，为 $6\times10^{-5}MPa^{-1}$，而土体压缩系数通常为 $1\sim0.05MPa^{-1}$ 各相差 100～1000 倍。当压力为 100～600kPa 时，土颗粒的体积变化不足土体体积变化的 1/400，故可忽略土粒和水的压缩，认为固结就是孔隙体积缩小和孔隙水的排出。

饱和土体在冲击荷载作用下，水不能及时排出，故土体积不变而只发生侧向变形，因此，采取夯击饱和土时，造成夯坑侧面隆起，重夯时形成"橡皮土"。

5. 强夯置换法机理

软土，特别是沿海滩涂、泥沼、稻田、淤泥、鱼虾盐池，其本性是含水量大，孔隙率或孔隙比大，抗剪强度低。软土中的含水量常常会等于或大于饱和含水量，孔隙全部被水分所占据。因此，对特别软弱地基处理，如果一开始采用很大的夯击能，冲击波势必激发土体中形成微细裂缝，激发孔隙水压剧升，而在排水条件又不相适应的条件下，使得上壤严重液化，使得抗剪强度本来就不高的软土地基反而遭到严重"损伤"。在工程实践中，曾经有过许多失败的工程案例，例如：某机场采用强夯法处理软土地基，一锤下去土体中的水分以水柱方式冲向天空。

还如：某高速公路处理软土地基时，一夯下去夯锤落入土体竟达 2m 深。某建筑工地采用强夯，一锤下去夯坑周边严重隆起。这就是说强夯使用是有条件的。

以上说明，对饱和软黏土来说，不适宜使用强夯处理。

总结上述失败的教训，在处理这类饱和的软黏性土地基时，应当选用强夯置换法进行处理。

强夯置换原理：就是利用强夯能量，将碎石、矿渣等物理力学性能好的粗颗粒强制挤入软土地层，以置换原有地基土，从而达到加固的目的。强夯置换可分为整体置换和桩式置换。

（1）整体式置换，以密集的群点进行置换，使被置换的土体整体向两侧或四周排出，置换体连成一个整体，构成置换土体，类似于换土层，其强度和变形取决于置换材料的性质和厚度及下卧层的性质。

（2）桩式置换，是用的最多的方法。通过强夯或钻孔挤压、排水固结作用，在饱和黏性土中形成碎石墩（桩）和碎石墩（桩）之间的土形成碎石墩（桩）复合地基。碎石墩中的空隙，成为软土孔隙水良好的排水通道，从而缩短了软土的排水固结时间，提高了地基承载能力和减少了沉降。

强夯置换法具有良好的处理效果，但目前尚无成熟的设计、施工方法，需要在实践中不断积累经验，逐步推广强夯法的适用土类。

二、强夯加固设计

前已所述，软土地基一般非常复杂，难以建立起适宜各类地基土普遍意义的理论，但对地基处理中经常遇到的几种类型土，还是有规律可循的。要寻求其规律，一般根据现场的地质条件和工程使用要求，通过试夯正确选用强夯参数。

影响强夯加固效果的因素，也就是强夯参数主要有：有效加固深度、最佳夯击能、夯击遍数、夯击间歇时间、夯点布局和夯点间距。

1. 夯击加固方案设计

采取强夯处理软土地层，首先应根据不同的土质、地质条件下进行夯击施工方案设计，在方案选定时，主要从以下两个方面考虑：

一是被加固的地基土的质条件；二是根据公路等级、交通量、设计轴载等设计参数，选定强夯的技术参数。

强夯的技术参数，主要包括：夯击能、施工机具型号、每点夯击次数、两夯之间时间差、遍夯与点夯的时间差。

1）强夯施工参数初选

（1）强夯有效加固深度

根据工程实践经验，强夯有效加固深度，可按下式估算：

$$H \approx \alpha\sqrt{Mh} \tag{3-25}$$

式中：H——有效加固深度（m）；一般可参考取用附加应力等于自重应力的20%处，作为强夯有效加固深度；

M——夯锤重（kN）；

h——夯锤落距（m）；

α——有效加固深度修正系数，港口技术规范中，一般取用0.4～0.7，对于一般黏性土、砂土取0.45，高填土路堤取0.6～0.8，湿陷性黄土取0.34～0.5。

（2）工程实例

河北省邯（郸）—长（治）高速公路在治理湿陷性黄土路堤时，采用强夯处理技术。采用的夯锤重：点夯为180kN，落距$h=11.2$m；满夯夯锤重100kN，落距$h=10$m。通过实际试验，归纳出湿陷性黄土有效加固深度经验公式（表3-29）。

强夯工程加固深度经验公式计算值 表3-29

经验公式	计算值（m）	经验公式	计算值（m）
$H'=a\sqrt{wh}$	7.07	$H=5.1022+0.00895Wh+0.09361E$	7.35
$H=h_0+(1.67D\sim2.5D)$	7.27	加固深度为附加应力等于自重应力的20%处	

2）强夯夯击能

强夯单击的夯击能量＝锤重×落距。

（1）归纳常使用的锤重，一般为10～25t，个别可达40t，落距8～25m。

（2）夯锤平面多为圆形或方形。分别又有有气孔式和封闭式。实践证明圆形并带气孔的效果比较好。可避免两次夯击落地不完全重合而造成的能量损失，并可减小锤离地时吸力，落地瞬时气垫上拉力造成的能力损失。

夯锤上的气孔250～300mm。锤底面积：砂性土为3～4m^2，黏性土不宜小于6m^2。

具体施工中，夯锤质量已知，一旦要求的夯击能确定后，就可以计算出夯锤的落距。对于相同的夯击能，应选用较大的落距，可获得较大的落地速度，将能量较多的传入地基。

（3）最佳夯击能

理论分析，最佳夯击能系地基土中出现的孔隙压力达到土的自重压力时，此时的夯击能为最佳夯击能。

实际工程中，夯击能大小一般应根据地基土类别，结构类型、荷载大小及要求的处理深度，通过现场试验，绘制夯击次数与夯击量关系曲线，同时满足以下条件确定最佳夯击能。

①夯坑周围地面不应发生较大隆起。

②不因夯坑过深而发生起锤困难。

每次夯沉量不宜过小，过小无加固作用。在一般的情况下，粗颗粒土可参考取用 10 000 ~ 30 000kJ/m²；细颗粒土可参考取用 15 000 ~ 40 000kJ/m²。

3）夯击次数和遍数

（1）夯击次数

夯击次数理论上应是夯坑的竖向压缩量最大，而周围隆起最小的夯击数。对于饱和细粒土，夯击数可根据孔隙水压力增长和消散来决定。当被夯击加固的土层将要发生液化的击数，即为该点击数。以后各点击数按此确定。有的采用最后两击的平均沉降量≤20mm 控制。

（2）夯击遍数

根据地基土的性质而定。一般情况下为高能夯击 2 ~ 3 遍。当地基土渗透系数低，含水率高，需要夯击 3 ~ 4 遍。最后以低能满夯夯击一遍，目的将表面松土再夯击一遍。

（3）夯击间歇时间

夯击间歇时间，是指相邻夯击两遍时间的间隔。一旦孔隙水消散，即可进行新的夯击作业。对于黏性土，孔隙水压力峰值出现在夯完后的瞬间，当每遍的总夯击能越大，孔隙压力消失时间越长，一般为 1 ~ 6 周，因此，间歇时间不能少于 4 周。港口工程技术规范提出，对于透水性差的土，两遍之间的间隔时间一般为 1 ~ 4 周，对于砂性土，渗透系数比较大，间歇时间极短，可以连续夯击。

4）夯点布置原则

夯点布置和夯点间距的确定原则，应是使夯后地基受力均匀。

（1）夯点布置

对于较大强夯面积，夯击点一般按梅花形、等三角形或正方形布置。这样布置比较规矩，便于施工。夯击处理范围应大于基础范围，超出范围一般为 1/2 ~ 1/3 设计处理深度，同时还应顾及路堤的稳定要求（图 3-46）。

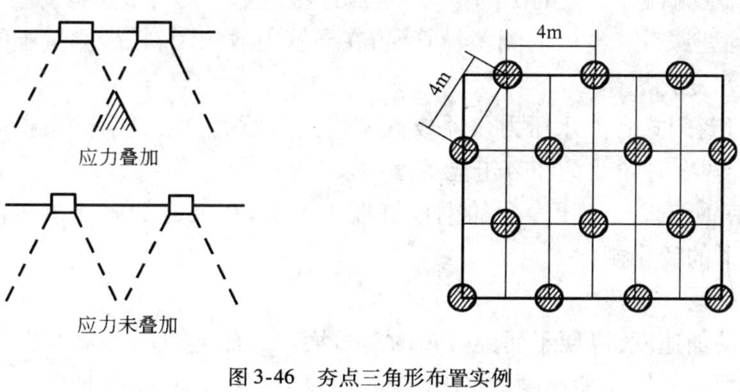

图 3-46　夯点三角形布置实例

（2）夯点间距

强夯夯击时，夯击能以一定扩展角向土层内传递，在有效加固深度平面上，夯击能量相互联结，以此确定夯点间距。

当土质差、软土地层厚,应适当增大夯点距离。当软土地层薄,而又有砂类土夹层或土夹石填土,可适当减小间距,一旦孔隙水压力消散,即可进行新的夯击作业。

当地基为黏性土时,一般会在夯坑周围产生辐射裂缝,这些裂缝是动力固结的主要因素。

综上所述,根据工程经验,夯间距多为4~9m。同时,在进行下一遍夯击时,夯点往往布置在上一遍夯点的中间,彼此重叠搭接夯击,以确保地表土均匀和具有较高的密实度。

2. 试夯测试,修正强夯施工参数

按照初选的强夯施工参数进行试夯,并对以下项目进行测试,以检验或对初选的强夯施工参数进行修正。

1)单点夯击检查

单点夯击检查,应布置在地表位移(竖向、水平),深层位移(竖向、水平)处,记录每击夯沉量。测定夯坑深、口径、体积;测定孔隙水压力增长消散时间,振动影响值及范围,测定填料厚度。

2)夯厚检查

夯厚检查,应在一定时间内进行,测试内容可选土工试验室内以及常用的原为测试方法。试验孔布置应分坑心、坑侧。侧坑距离坑心2.5~3D内布置测点,以测定加固影响范围,确定合理的夯点间距。

3)加固效果检查

选择代表性地段、试夯面积、夯击能、夯距、夯击遍数,记录下沉量。以了解地表隆起影响范围、垫层的密实变化。夯击能与沉降量关系,以确定最佳夯击能。确定场地平均沉降和搭夯沉降量,以研究强夯的加固效果。

4)地面变形检查

(1)观测地面、深层和水平位移,以测得的黏性土有效变形量(夯坑体积等于引起临近土隆起的体积)为30%,砂性土为62%。

(2)场地水平测量,可测定加固地基变形效果。在分层土面上或同一层不同高程处埋设一处沉降标,用以观测各分层土的沉降量,以及强夯对地基土的有效加固深度。

(3)夯坑周围埋深带有滑槽的测斜导管,再在导管内放入测斜仪,测量土的侧向位移。

5)测定孔隙水变化规律

(1)埋设双管封闭式孔隙水压力仪器或钢弦式孔隙压力仪器,测定孔隙水变化规律,以检验两夯击点间距、间歇时间及饱和夯击能等参数。

(2)埋设带有钢弦式孔隙压力盒的钢板桩埋入土中,在强夯加固前测量沿深度土压力变化规律和在夯击下的变化规律。

6)测设地面振动加速度

测设地面振动加速度,以便于研究夯击时对地面现有的建筑屋的影响。为此,在强夯下沿不同距离测试地面水平振动加速度,绘制出振动加速度与距离的关系曲线。

当地面最大振动加速度为0.98m/s^{2}时,即认为相当于7级地震。

距离强夯16m处的振荡加速度为0.98m/s^2,与7级地震相当,但由于强夯振动时间短,所以远小于地震的作用和范围。为减少影响,常在夯区周围设置隔离沟。

三、强夯施工技术要求

1. 铺设垫层

夯击前应在天然地基表面上，铺设上一层粗颗粒垫层，它既起置换作用，又有排水功能（图3-47）。

图3-47　河北沿海强夯施工地表铺设上的碎石垫层

垫层一般宜选用粗粒料，其厚度可根据拟想挤入层厚度而定，细黏性土一般为厚度0.5～2m，可以一次铺筑，也可以分次铺筑。为保证夯击效果，遇阴雨天或强夯施工中出现夯坑积水，必须及时排水。

2. 夯击能调整技术

（1）每击夯击能的大小，可通过落锤高度 h 调节。夯击时应先轻夯后重夯。在此所说的轻与重夯，是指单击夯击功的大小，换句话说，就是调整落距 h 大小问题。

（2）每击夯击引起的坑深不宜过大，坑边不能隆起。调节方法仍然是通过落锤高度 h 来调节。

3. 夯击间歇时间

每遍（同一夯击点一般为一锤或几锤）夯击后，应有一段间歇期，使土壤孔隙超水压力在排水畅通条件下恢复正常。土壤结构中的微细裂缝得以弥合。

4. 最后一遍夯击

最后一遍夯击，主要解决上部松散问题，对地基承载力要求不高，可采用夯击能量为1 000kN · m的平夯（满夯），每遍夯两击，间隔搭接长度为1/3D。平夯（满夯）采用一遍过的施工工艺，加快固结。最后用推土机填平夯坑，再用振动式压路机对表面进行碾压处理。总之，强夯击“先轻夯，后重夯”，“及时排水”，“有间歇期”，又“有粗颗粒垫层”的强夯法，能够很好地与软土地基结合起来。

5. 软土强夯施工中效果简评法

（1）根据声音判别

根据夯锤落地声音判断效果：起初夯锤落地是“噗（pū）、噗（pū）”之声，到后来强夯发出“嘭（pēng）、嘭（pēng）”声。从声音之差别，判断出地基强度增加程度。

（2）根据锤击坑深判别效果

观察落锤夯坑深度，如果后来在大夯击功作用下形成的坑深与起初小夯击功作用下形成的坑深大体相同，或者更小，表示地基强度已增加。

（3）一般以最后两击（挖方路堑6击、填方12击）平均沉降量≤20mm。

四、强夯施工管理

强夯施工非同一般施工作业，除遵循一般工程必须遵循的施工管理规定外，根据强夯特殊工种要求，特别加强以下管理事项：

1. 施工安全管理

（1）制订严格安全管理措施，在强夯区四周，要设置醒目的危险警告标志，采取绝对安全管理措施，严格禁止行人和非施工车辆进入夯区，以确保操作员、过往行人和车辆的安全。

(2)清理现场

对夯击范围内的地下构造物和各类管线，采取必要的保护措施，以免受到损坏。遇到不需拆迁的高压电线时，施工人员必须安排集中施工方案，以便及时向供电部门申请临时停电。

(3)强夯施工设备，宜采用带有自动脱钩装置的履带式起重机。为保证施工安全，在臂杆端部设置辅助门架，或采用其他安全措施，防止落锤时机架倾覆。选用组装起吊设备及辅助框架时，应关注起重机械的自身稳定性，以确保施工安全。

(4)路基基底横向或纵向坡度陡于1:5时，须先开挖出满足机械作业要求的台阶后，再进行夯击。

(5)夯锤上通气孔，如遇堵塞，应立即打通。

(6)现场操作人员必须戴安全帽、挂牌上岗，对施工机械定期进行安全检查。起锤后人员应在10m以外，带上安全帽，严禁在吊臂前站立。

(7)承包人对所有强夯机械进行编号，每台强夯机械必须持有监理组发放的《施工许可证》方可进行强夯施工。

(8)承包人除在强夯机械上挂《施工许可证》外，还必须竖立"机械操作主要人员"和"施工技术参数和施工要点"醒目等标志牌，以供现场人员遵照执行。

2. 施工技术管理

(1)按设计图要求，编制夯点编号图，编号图要清晰、规范、科学。

(2)铺设垫层之前，要对原地面进行清表并整平，按每20m一个断面，每个断面5个规定测点，测量清表后的高程。

(3)用水准仪测量垫层铺设前、后的对应测点高程，初步确定垫层厚度，每20m一个断面，每个断面5个规定测点，再按每断面挖1处探坑，进一步确定垫层厚度，所挖控坑必须在测点位置上。

(4)垫层宽度按每20m一处用钢尺丈量。

(5)按设计要求布置夯点，布置时用钢尺按100%的频率丈量。

(6)锤必须过磅称重。夯前须检测夯击能，核定是否满足设计要求。每夯击100次，用钢尺量一次夯锤落距。

(7)必须及时排出夯坑内积水。

(8)每遍夯间隙时间，满足设计要求，同时根据现场情况可作必要的调整。

(9)施工人员要认真做好强夯施工记录，记录要求清楚、真实。

(10)施工人员必须注意观察已处理路段，发现异常及时报告驻地监理和有关部门。

(11)夯区内的构造物，必须在强夯作业完成后，才能进行构造物的下部施工。

五、强夯施工步骤

河北沿海公路T3合同段，K110+900~K111+000路段系稻田地带，为提高地基承载能力，为此，采取强夯进行加固。施工前先在未清淤的地表上，直接铺筑一层大块碎石层，厚约0.4~0.65m，并进行了碾压。试夯时，采取满夯(1 000N·m)和大能量一次点夯(2 000N·m)的两种方式。

满夯每点两击，点击和点击之间，压夯面积大于25%。

点夯的夯点，按正方形布点，点夯间距4.0m，一遍点夯，夯后推土机整平，不进行满夯。

然后，根据记录各点夯的总夯沉量，计算平均下沉量。试夯结果确定强夯施工参数，整个施工过程简要概括为图3-48。强夯作业步骤如下：

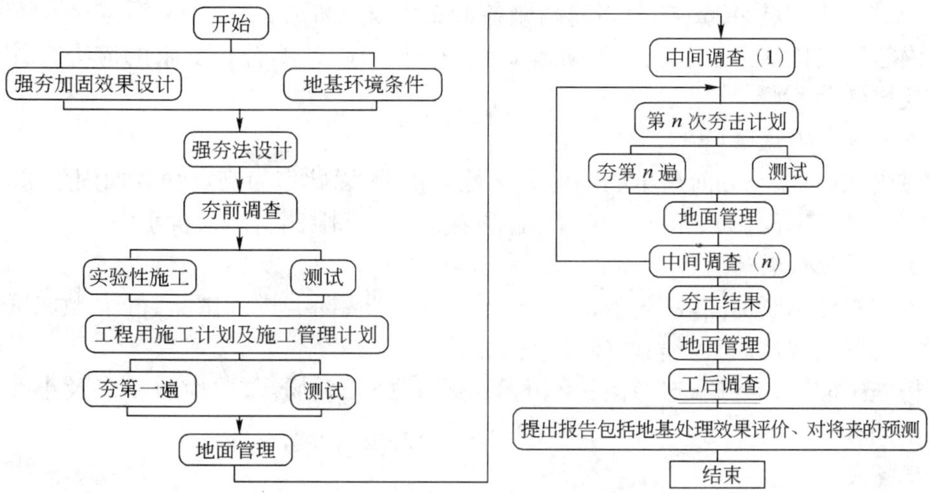

图3-48　强夯施工管理工艺流程

(1)清理表土并平整施工场地，修整施工便道。

(2)标出夯点的位置，并测量场地高程。

(3)起重机就位，使夯锤对准夯点位置。

(4)测量夯前锤顶高度及控制扬程。

(5)将夯锤起吊到预定高度，待夯锤脱钩自由下落后，放下吊钩，测量锤顶定点位置的高度，进行安全检查。

(6)重复步骤(5)，按设计规定的夯实次数及控制标准，完成一个夯点夯击。

(7)重复(3)～(6)完成一遍全部夯点的夯击。

(8)用推土机整平，用1 000kN·m级能锤满夯一遍，并测量高程。

(9)施工单位派人察看，监理派人旁站，强夯机手做好记录。在纵向每打完10m左右，旁站监理应该用水准仪检查一次锤击的深度，与记录是否相符，并根据每次锤击的变化，了解填土密度及地基强度认真做好强夯记录。

六、强夯施工质量检验与评定

1.施工质量检验基本要求

(1)碎石垫层的碎石规格和质量，必须符合设计要求。强夯施工必须按夯击点确定的技术参数进行。以各个夯击点的夯击数作为施工控制数值。

(2)质量检查时间

施工结束后，隔一定时间对地基加固质量进行检查：碎石、砂土地基，间隔时间可为1～2周；对低饱和土的粉土和黏性土地基为3～4周。

(3)质量检查方法和要求

视地质情况，采取原位检查或室内试验。对一般工程，采取原位检查，重要工程增加检查项目，做大压板试验，对砂性液化土应做标准贯入试验，检查深度应超过基础深度。质量检查点数：

①每个施工面积检查点不少于3处，强夯面积超过1 000m^2，每增加1 000m^2，应增加1处。

②标准贯入试验，按需3点/5 000m^{2}且不少于3点。孔位随机布置。特殊地段适当加密。瑞利波法（SSW）按1点/40m，在中心线两侧各15m处交叉布点。

检查内容还应包括施工过程中各项测试和施工记录。凡不符合要求的应进行补夯，或采取其他有效措施。

2. 夯击质量室内试验

通过室内试验，比较夯前后土的物理力学性质指标，以此作为判定强夯加固效果。比较的项目有抗剪强度指标（c、φ）、压缩模量（压缩系数e_{1-2}）、孔隙比、容重、含水率等。

3. 夯击质量原位测试

通过原位检测判断加固效果，测试项目：十字板试验、标准贯入试验、静力触探试验、旁压仪试验、荷载试验、波速试验。表面波谱分析法。

为获得施工前设计数据，选择面积不小于400m^{2}施工现场，试验应有单点及小片试区，必要时应有不同夯击能的对比，以提供合理的夯击能。

4. 外观鉴定

（1）填筑碎石垫层前，必须清表、整平，无明显凸凹点，整平不符合要求扣2分。

（2）夯坑内积水应及时排除，不符合要求扣2分。

（3）夯后场地应平整，无局部隆起，不符合要求扣2分。

5. 填写强夯分项质量评定表

按照公路工程质量检验评定标准（JTG F80/1—2004）规定的分项工程质量评定标准，评定强夯施工质量。

七、强夯施工方案实例

综上所述，强夯法处理地基效果，主要取决于方案的设计。方案设计合理，就能达到预期的效果。相反，不仅事倍功半，还有可能破坏地基。

强夯方案设计依据：被处理的场地工程地质条件、设计要求的达到的目的。然后，合理选择夯击能夯、夯锤面积、夯的击数及施工条件。

强夯法加固非饱和土地基，系基于动力压密的概念。目前，设计上基本是半经验的。因此，强夯施工前应就地定几个试验区进行试验。

1. 试验区选择

试验的目的：通过对不同厚度，不同能级、不同地质、不同技术要求的试验区试夯和检测，获取合理的强夯参数，达到设计效果。

2. 试夯设计

（1）夯击能选择

可按式$H=\alpha\sqrt{W\cdot h/10}$估算。$H$：加固深度；$W$：锤重；$h$：落距；$\alpha$：修正系数，取0.5。

一般强夯最大加固深度在7m，因此，路堤填筑高度一般为8～10m。所以要求的夯击能，夯击能$W\times H=1960\text{kN}\cdot\text{m}$。

经验资料：粗颗粒土可取（1000～3000）kN·m/m^2；细颗粒土可取（1500～4000）kN·m/m^2。

（2）强夯加固深度

按《建筑地基处理技术规范》(JGJ 79—2002)有关说明,强夯有效加固深度,应根据现场试夯或当地经验确定。在缺少经验和试验资料时,可按表3-30估算。

强夯法的有效加固深度(m)　　表3-30

单位夯击能(kN·m)	碎石土、砂土等	粉土、黏性土湿陷性黄土等	单位夯击能(kN·m)	碎石土、砂土等	粉土、黏性土湿陷性黄土
1 000	5.0~6.0	4.0~5.0	5 000	9.0~9.5	8.0~8.5
2 000	6.0~7.0	5.0~6.0	6 000	9.5~10.0	8.5~9.0
3 000	7.0~8.0	6.0~7.0	8 000	10.0~10.5	90~9.5
4 000	8.0~9.0	7.0~8.0			

根据以上资料,加固深度在7m左右。采用的夯击能约3 000kN·m(单击)。因此,考虑桩锤采用20t、起吊高度15m,单击能达3 000kN·m;夯锤用圆形、直径2.5m。当设置工具式支架式,可进行6 000kN·m夯击能施工,有效加固深度可达到10~12m。

3. 试夯

试夯的目的是选择有关施工参数,恰当地选择夯间点矩、每点击数和夯击遍数。

夯点的夯击次数:按现场试夯得到的夯击次数和夯沉量关系曲线确定,且应同时满足下列条件:

(1)最后两击的平均夯沉量不大于20mm(邯长高速公路采用值);

(2)夯坑周围地面不应发生过大的隆起;

(3)不因夯坑过深而发生起锤困难。夯击点击数,是获取最好加固效果的一个重要因素,夯点击数小,达不到压密加固效果,击数过大不仅费用高而且也不经济,有时还会降低地基土承载力。当夯击数达一定范畴,若再增加,由于土的塑性变形渐小,强性变性加大,强夯能在性变形中消耗掉,每击夯沉量将留在一个很小的变化范围或引起土的侧向变形,强夯能量在弹性变形中被消耗,因此,试夯时根据有关经验及国内资料,初步确定15击和10击及最后两击平均沉量不超2cm为标准,现场确定。

4. 夯击遍数

采用2遍法,针对砂类土质的特点,两遍之间不需停歇,最后采用一夯压半夯进行低锤满拍。

夯点间矩:一般为1.5~2.2倍锤底直径,夯点间矩试夯时采用方案:3 000kN·m夯击能,夯点间距5m×5m,正方形布置;1 000kN·m夯击能,夯点间距4m×4m,正方形布置。

强夯区应比基础外边缘加大3m以上。

5. 试验及监测

试夯结束后,应及时委托地质部门对加固地基进行检测,为大面积施工选择合理的设计与施工参数,试验内容包括:

- 载荷试验,以确定强夯后地基承载力标准值。
- 标准贯入试验,辅助载荷试验判定强夯加固工艺提高地基承载力并确定有效加固深度。
- 其他土工试验,测量内容应每隔50cm取土样,夯面下测定土的干密度,湿陷系数指标。

6. 施工工艺

(1)施工机具

起重机选用50t和15t履带式起重机,每月每机处理面积约5 000m^2,根据工程量大小及工期要求,确定机械设备(表3-31)。

主要机具设备一览表 表3-31

名称	数量	单位	规格型号	名称	数量	单位	规格型号
履带式起重机	1	台	W200 50t	工具式支架	1	台	
履带式起重机	1	台	W100 15t	推土机	1	台	
夯锤	1	台	ϕ2.5,20t	装载机	1	台	ZL50
夯锤	1	台					

(2)施工步骤,同前。

第五节　砂土液化地基处理

地层中的砂土层,一旦遭到巨大地震时,孔隙压力会突然升高,孔隙水来不及排出,须臾间砂变成液态状态,像水一样喷出地面,这种地质现象称为砂土液化。

一、砂土液化危害性和发生条件

1.砂土液化的危害

现代强地震引起的砂土液化,已是很普遍的现象,例如:1966年邢台地震,1975年营口—海城地震,1976年唐山地震,以及台湾的莲花地震,均引起大范围的地下砂土液化。尤其1976年7月28日发生的唐山强地震,震后数分钟大面积地区砂土液化,开始喷水冒砂达数小时,引起地表开裂与下沉,最终使建筑物成片倒塌。世界上的其他国家,例如日本大阪地震、土耳其地震也伴随着出现砂液化病害。

砂土液化地质病害,会导致地面开裂,淹埋大片农田、堵塞渠道、岸堤滑塌、道路毁坏、房屋倒塌,灾害十分严重。已引起越来越多人们的关注,研究对其防范措施,以确保人民的生命财产之安全。

2.砂土液化发生条件

1)砂土液化机理

饱和松散的砂土是由砂和水组成的复合体系。砂土靠砂粒间摩擦力和砂粒接触点传递土压力(称为有效应力),维持其本身的稳定。水的突出的力学性质是体积不能压缩,承受局部压力。当砂受到动荷载作用时,砂粒之间脱离接触,有效应力变为零,此时砂粒呈悬浮状态,即液体状态,于是土体压力全部由孔隙水承担,一旦孔隙水压力超过上层土体压力,砂和水就会突然冒出地面。

2)砂土液化界限指标

地震时砂土液化表明,在地震震动条件下,砂土是否产生液化,这与土壤类型和所处状态有密切关系。有资料显示,可液化土的某些条件如下:

- 平均粒径在0.021~1mm之间,土的不均匀系数<10;
- 土的相对密度<75%,土的塑性指标<10,未固结饱和砂土层最大液化深度可达20m。

• 砂液化随震级的加大，发生液化的范围也越大，例如发生 7 级地震时，可液化范围达 100km；

当震级为 8 级时液化范围达 200km；然而震级 <5 级却未发现过液化现象。因此，砂土液化是强地震的产物。

3）影响砂液化的因素

通过研究表明，砂液化能否发生，与一定的地质条件密切相关。大量的事实证明，喷砂冒水严重的地区，地下水位一般都比较浅，很少超过 3m。地下水位深度为 3 ~ 4m 时，喷砂冒水现象就很少了，地下水位超过 5m 时，未见到喷砂冒水现象。所以，似乎不妨把砂液化最大的地下水位深度定为 5m。

当然在同样条件下，饱和、松散、洁净、均匀的粉细砂最容易液化。在考虑液化问题时，先要明确可能发生的地震烈度，然后根据场地的勘察资料，明确在可能发生的液化深度范围内是否存在可液化的土型（由粗砂到轻亚黏土）。如果存在这种土型，要根据试验资料，检查这种土的分类指标是否在上述限界值范围之内，还要研究这层土和地下水的埋藏条件，如果土层和地下水位的埋深都在上述的范围之内，这就意味着给定的场地存在砂土液化问题。根据上述事实，归纳出以下条件是影响砂液化的主要因素：

（1）砂土的组成

一般来说，细砂比粗砂容易液化，级配均匀的比级配良好的容易液化。因为粗砂比细砂透水性好，即使粗砂有液化现象发生，但因孔隙水超压作用时间短，其液化进行的时间也短。

（2）相对密度

松砂比密砂容易液化，通过对地震液化砂土分析研究，相对密度为 50% 的地方普遍看到液化现象，而相对密度 >70% 的地方就没有液化。

由于粉土是处于黏性土与无黏性土之间的过渡性土壤，因而其黏性颗粒的含量决定了这类土壤的性质，从而影响液化的难易程度。黏性颗粒少的比多的容易液化，即黏粒含量超过下列数值时则不会发生液化：

地震烈度 7、8、9 时，相应的黏粒径小于 0.005mm 的含量为 10%、13%、16%。

（3）土层的埋深

用应力控制式的动三轴试验及研究结果表明，侧限压力越大，越不容易液化。测限压力大小实际上反映了土层的埋深。所以砂土层埋深越大，即有效覆盖压力越大，砂层就越不容易液化。地震时，液化砂土层的深度一般是在 10m 以内。

（4）地下水位

地下水位浅的比地下水位深的易发生液化。对于砂类土液化区内，一般地下水位深度 <4m容易液化，超过此深度后，就没有液化发生。对粉土的液化，在 7 度、8 度、9 度区内，地下水位分别小于 1.5m、2.5m、6.0m，容易液化，超过此值后，则未发生液化现象。

（5）地震烈度大小和地震持续时间

多次震害调查表明：地震烈度高，地面运动强度大，容易发生液化。一般 5 ~ 6 度地区很少看到有液化现象。日本新泻在过去 100 年中发生 25 次地震，其中只有三次发生过液化现象，这三次地面加速度都大于 0.13g。地面运动强度是砂土液化的重要原因。

实验结果还说明，如地面运动时间长，即使地震烈度低也可能出现液化。

二、砂土液化的判别

我国《工业与民用建筑抗震设计规范》(TJ 11—78)根据1971年以前8次大地震的数据,参考美国、日本的有关研究成果,给出了以临界标准贯入击数为指标的砂土液化判别公式。

现行规范《建筑抗震设计规范》(GBJ 11—89),通过对海城、唐山地震的系统研究,结合国外大量资料,对原规范进行了修改,采用了两步评判原则,并对临界标贯击数公式进行了修改,使之更符合实际。

在国标《岩土工程勘察规范》(GB 50021—94)中,对此又进行了补充,给出了液化比贯入阻力临界值和液化剪切波速临界值公式,以此作出对砂层是否会发生砂液化的判断。

在公路工程中,基本上沿用上述两步评判原则,采用了临界标贯击数判别方法,并根据公路工程中的研究成果,给出了临界标贯击数的计算公式。这些规范在我国工程界得到了广泛应用。

当地基内存在饱和砂土和饱和粉土(不含黄土)时,地震烈度为7、8、9度时,应对饱和土进行液化判别。当烈度为6度及其以下时,则不进行液化判别。对砂液化判别,应以下从三个方面着手:

一是判定场地土有无液化的可能性,二是评价液化等级和危害程度,三是提出抗液化措施的建议。

1. 不液化的判别

当符合下列条件之一时,可初步判别为不液化,或可不考虑液化影响。

(1)地质年代为第四纪晚更新世(Q_3)及其以前时,地震等级为7、8、9度时可判为不液化。

(2)当采用六偏磷酸钠作分散剂测定的粉土,当其中黏粒含量百分率,在地震烈度为7、8、9度时,分别不小于10%、13%、16%时,可判为不液化土。

(3)当上覆非液化土层厚度和地下水位深度,符合下列条件之一时,可不考虑液化影响:

$$\left.\begin{aligned} d_u &> d_0 + d_b - 2 \\ d &> d_0 + d_b - 3 \\ d_u + d &> 1.5d_0 + 2d_b - 4.5 \end{aligned}\right\} \tag{3-26}$$

式中:d——地下水位深度,宜按设计基准期内年平均最高水位采用,也可按近期内年最高水位采用;

d_u——上覆盖非液化土层厚度,计算时宜将淤泥和淤泥质土层扣除;

d_0——液化土特征深度(表3-32);

d_b——基础埋置深度,不超过2m时应按2m考虑。

液化土特征深度(m) 表3-32

饱和土类别	地震烈度		
	7度	8度	9度
粉土	6	7	8
砂土	7	8	9

2. 砂液化进一步判别

对地震区可能发生砂液化的范围,应重点对地面以下15m深度范围内的地基进行液化判别,对于采用桩基或埋深>5m的天然地基,判别深度应加深至20m。

1)砂液化判别

具体判别方法,一般采用标准贯入试验,测定其液化指数。当满足下列条件时,应判为液化土

$$N_{63.5} > N_{cr} \tag{3-27}$$

式中：$N_{63.5}$——未经杆长修正的饱和土标准贯入锤击数实测值；

N_{cr}——液化判别标准锤击数临界值，该值按公式(3-28)、式(3-29)进行计算：

$$N_{cr} = N_0[0.9 + 0.1(d_u - d_w)]\sqrt{\frac{3}{M_c}} \quad (d_s \leqslant 15) \tag{3-28}$$

$$N_{cr} = N_0(2.4 + 0.1d_s)\sqrt{\frac{3}{M_c}} \quad (15 \leqslant d_s \leqslant 20) \tag{3-29}$$

式中：N_0——液化判别标准贯入锤击数基准值，地震烈度为7度时为6，7度时为10，9度时为16；

d_s——饱和土标准贯入点深度(m)；

d_w——地下水位深度(m)；

M_c——黏粒土含量百分数，当小于3或为砂土时应采用3。

当建筑物建成后和建筑前的地面高程和地下水有较大变化时，其各项数据应采用建成后的相应值，且贯入数按下列公式进行修正：

$$N'_{63.5} = N_{63.5}\frac{d'_s + d'_w + 7.8}{d_s + d_w + 7.8}$$

式中：d'_w——建筑物建成后的地下水位深度(m)；

d'_s——建筑物建成后的饱和土标准贯入点深度(m)。

当地基内有液化层时，可不计该土层的强度。如果利用时可根据液化指数对液化土层的桩摩阻力、摩擦角进行折减，其折减系数 α 见表3-33。

液化土力学指标的折减系数 α　表3-33

液化指数 I_N	d_s(m)	α
$I_N < 0.6$	$d_s \leqslant 10$	0
	$10 < d_s \leqslant 20$	0.33
$0.6 < I_N \leqslant 0.8$	$d_s \leqslant 10$	
	$10 < d_s \leqslant 20$	0.66
$0.8 < I_N \leqslant 1.0$	$d_s \leqslant 10$	
	$10 < d_s \leqslant 20$	1.0

抗液化指数 I_N

$$I_N = \frac{N_{63.5}}{N_{cr}}$$

2）液化等级计算

砂液化等级评价基本方法是"逐点判别、按孔计算、综合评价"。对存在液化土层的地基，应探明各液化土层的深度和厚度，按下面公式计算每个钻孔的液化指数 I_N，并按表3-34综合划分地基的液化等级，并选用地基抗液化措施。

砂液化等级的划分　表3-34

液化等级	轻微	中等	严重
判别深度为15m时的液化等级	$0 < I_N \leqslant 5$	$5 < I_N \leqslant 15$	$I_N > 15$
判别深度为20m时的液化等级	$0 < I_N \leqslant 6$	$6 < I_N \leqslant 18$	$I_N > 18$

$$I_N = \sum_{i=1}^{n}\left(1 - \frac{N_i}{N_{cri}}\right)d_i W_i \tag{3-30}$$

式中：n——判别深度范围内每一个钻孔标准贯入试验点的总数；

N_i、N_{cri}——i 点标准贯入试验锤击数的实测值和临界值，当实测值大于临界值时，应取临界值的数值；

d_i——i 点所代表的土层厚度；

W_i——i 土层单位土层的层位影响权函数。

三、砂土液化地基处治方案

1. 砂液化地基处理原则

在地震作用下，砂土液化对公路造成的破坏表现形式：路基下沉、开裂、边坡坍滑等，其破坏程度与地基土性质、路堤高度、填料性质、地震强度等因素密切相关，其中水文地质条件是关键因素。对判断为中等、严重液化地基，一般可采取以下处理原则：

1）一般路基路段

（1）路堤高度≤3m 时，不处理液化地基。

（2）路堤高度＞3m～＜5m，在地面以下 6m 深度范围内液化土层累计厚度＜2m 时，不处理液化地基。

（3）8 度地震区上覆非液化土层厚度，或地下水位埋深大于 6m 时，不处理液化地基。

（4）在不能满足上述条件之一时，按液化等级处理液化土地基，轻微液化路段不处理，中等液化路段部分消除液化，严重液化路段全部消除液化。

2）位于液化土地基上的桥涵构造物

（1）小桥涵、通道，按液化等级处理，轻微液化对基础结构或上部结构采取构造物措施，以减小地基不均匀沉降，中等～严重液化全部消除液化。

（2）大中桥、立交跨线桥不分液化等级应全部消除液化。

2. 砂液化地基处理措施

根据公路对地基的技术要求，结合液化土特性、液化土层深度，可能对路基的危害程度，考虑当地路基填料来源，经技术经济比较后，一般采用的治理措施有：换填法改善地基条件，使用挤密砂石桩、振冲碎石桩、深层搅拌桩、石灰粉煤灰桩、DX 挤扩桩构筑成复合地基，提高地基强度和稳定性，采取高真空击密法处理液化土地基。

1）换填法

在地震活动频繁，地震基本烈度 8 度地段，分布于地表且厚度＜3m 的粉土、粉细砂，部分或全部挖除液化土，换填上强度较高的砂砾、碎石、卵石等，并分层夯（压）实，从根本上改善了地基条件，彻底消除液化条件。换填宽度应超过基础底面下处理深度的 1/2，且不小于基础宽度的 1/5。

2）全部消除砂液化沉陷的措施，应符合下列要求：

（1）采用桩基时，桩端应伸入液化深度以下稳定土层中的长度（不计桩尖部分）应按计算确定。伸入碎石、砾、粗、中砂、坚硬黏性土和密实粉土≮0.5m，其他非岩石土不宜＜1.5m。

（2）采用深基础时，基础底面埋入液化深度以下稳定土层中的深度应≮0.5m。

（3）采用加密法，例如振冲碎石桩、振动加密桩、挤密碎石桩、DX 桩、强夯等加固时，应处理至液化深度下界；振冲或挤密碎石桩加固后，桩间土的标准贯入锤击数应大于计算的临界值。

(4)采用加密法或换土法处理时,在基础边缘以外的处理宽度,应超过基础底面下处理深度的1/2,且不小于基础宽度的1/5。

(5)要求部分消除地基液化沉陷时,处理深度应使处理后的地基液化指数减少,当判别深度为15m时,其值不宜大于4,当判别深度为20m时,其值不宜大于5,对独立基础与条形基础,不应小于基础底面下液化土特征深度和基础宽度的较大值。

四、高真空击密法处理砂土液化地基技术

高真空击密法,就是真空排水固结与强夯技术相互结合方法,利用各自的特长,共同对地基进行加固。

前者采用布设排水管,用真空泵抽真空,使地层产生负压,强制地下水流动、排除,降低表层地下水位,加速超静孔隙水压力消散,使土体的含水率逐步接近最佳含水率,或同时对土体产生有效的预压。然后,再用重锤强夯夯击,使之形成一种为均匀的硬层,此法称为高真空击密法,或称为动力固结方式或动力挤密法。

1. 高真空击密法设计标准

1)高真空击密法施工设计要求

一个小区(2 000 ~3 000m^2)一般需要进行2 ~3遍高真空强排水,主要针对表层填土及下卧层软土进行有效高真空排水,管点间距3 ×3.5m、插管深度浅层管3m、深层管8m,在处理区外围2.5m处设置外围封管,外围封管间距1.75m。

2)强夯击密技术要求

(1)强夯夯锤直径2.2 ~2.5m,夯锤重质量15t。

(2)夯击能

- 一般路段采用1 500 ~2 500kN · m,处理两遍。
- 桥头路段及土质差的区域,采用约为1 500 ~3 000kN · m,处理三遍。

(3)夯点间距为5m,按正方形布置,每个夯点5击左右。

(4)收锤标准:续两击不大于10cm/击。

(5)每夯两遍后,用推土机平整场地,待地基超孔水压力消散75%后,再进行下一遍夯击。

(6)最后进行满夯,其夯击能为500 ~1 000kN · m,采用1/4搭接,每点夯击数为2击。

(7)强夯允许偏差项目

①夯击点中心点位移150mm,抽查夯击点数5%;

②顶面高程 ±20mm;

③表面平整度30mm。

3)施工垫层设置

根据施工要求,需要设置施工垫层,便于机械行走。施工垫层先填0.5 ~0.7m粉土后再加0.3m粉细砂。粉土厚度依据现场地质情况而定。桥头路段灌注桩应在处理完地基后在施钻,以防桩头受损。

4)地基处理后承载力和沉降标准

(1)采取高真空击密法处理后的地基,其承载力应达到以下标准:

- 一般路基 >120kPa;
- 桥头路段 >150kPa。

(2)工后沉降:一般路段 <30cm、桥头路段 <10cm。

5)砂液化路段须进行标准贯入试验,判别砂土液化趋势 $1/500m^2$ 一处。

6)施工须做完整的原始施工记录。

2. 高真空击密法施工技术

1)高真空击密法作业流程

高真空击密法施工流程,如图 3-49:

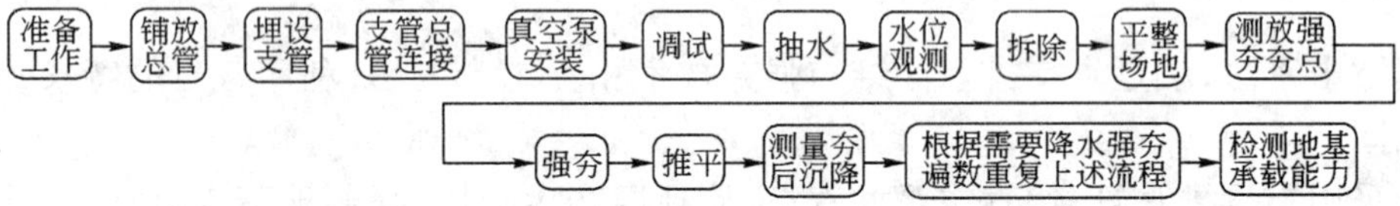

图 3-49 高真空击密法工艺流程

2)高真空击密法作业准备工作

准备工作包括:场地平整、施做垫层、测设井位、布置总管、安装真空泵抽水机组。

(1)施工场地平整内容:清除地面障碍物,填平池塘和洼地,回填施工垫层,整平压实。施工垫层,一般用粉土、粉砂土或粉煤灰回填。

(2)钻探取样

现场钻探取样分析,并做静力触探,查清施工处理范围内的土质分布,各层土的物理力学指标,正确计算施工参数。

(3)布设工作基桩

施工前,布设工作基桩和校核基桩。该两种桩均采用 10cm × 10cm × 120cm 的钢筋混凝土桩,桩顶预埋钢筋测头。桩顶露出平台 10cm。混凝土等级不小于 C25。

工作基桩是控制测点的基准桩,必须打设在路堤坡脚外不少于 50m;校核基桩设在路堤坡脚外不少于 100m,这两种桩均应加以保护,不准被被坏扰动。每遍高真空强排水前后,均需测定含水率、孔隙水压力消散,为进一步优化施工参数。

3)真空施工作业

(1)成孔下管

可使用水冲法成孔或机械成孔,外径约 100 ~ 150mm,井管外露地面约 20 ~ 30cm,并在管井周围均匀回填土并振捣密实,以防漏气。

(2)真空作业设备安装

井点管与总管、真空泵机组连接后,进行运行调试,检查是否有漏气及死管的情况,发现问题应及时采取措施进行补救。

(3)抽水运行和水位测量

由专人昼夜巡查,检查真空度的变化、真空管是否正常、出水情况等,出水应先浊后清,并对降水水位进行监测,当水位降至要求后,报请现场监理、建设单位代表检查,符合降水水位要求后立即拆除降水管、保留外围封闭管准备强夯。

4)试夯

试夯要求同强夯作业。

5)夯击作业

将夯锤起吊到预定高度,开启脱钩装置,待夯锤脱钩自由落下后,放下吊钩测量锤顶高程,测量并记录每一锤击后的下沉量。

6）重复上述作业步骤

重复高真空排水和夯击作业步骤。直至通过多遍高真空排水—不同夯能击密的反复循环，使总沉降量逐步接近控制指标。

7）收锤

地基土的总沉降量控制，按设计沉降和地基土承载力要求，根据地质勘测资料和设计荷载，用分层总和法预先计算出，作为需加固土体的总沉降量，以此作为高真空击密施工的控制指标。

当最后一遍高真空击密趋近总沉降量后，即可停工。加固地基作业结束后，需要做沉降、荷载等试验，以判断地基处理效果。整理夯击记录，同时整平碾压进行夯后地基检测。

8）特殊情况下技术处理对策

在施工过程中，一旦遇有特殊情况，应准备的预案措施：

（1）夯击时夯坑周围出现明显隆起、或相邻夯坑内出现明显的隆起（隆起量大于5cm）、后一击夯沉量明显大于前一击夯沉量。对策：适当降低夯击能量。

（2）孔隙水消散缓慢或水不能有效排除

在施工中，若遇有下列两种情况：

一是：在混合土体中，例如：沙层中夹杂一层薄薄的粉质黏土，致使黏土层孔隙水消散缓慢，或其含水不能有效地被排除土体外。

二是遇到地表水丰富或地下水位较高时，采取对策：需要开挖排水沟，排除地表水，并同时辅以推土机碾压，挤出表层水，通过排水沟排离加固区以外。

3. 高真空击密法质量检测

高真空击密法质量检测事项如下：

（1）检验项目：地基变形、土体含水率，静力触探、荷载试验等项目。

（2）含水率分析：每遍都需进行取样，检验频率每1 000～2 000m^{2}一个点，并做好记录。

（3）水位监测记录：施工期间每天实测水位下降情况并做好记录。

（4）夯后检测：根据规程要求检测地基承载力特征值不小于设计，以达到消除砂液化目的。

（5）大能量夯击时，最后两击贯入度之和不大于30cm。

（6）每遍高真空抽水时间，要根据土层含水率、水位监测情况确定，确保强夯时的土体含水率为最佳状态。

（7）工艺要求：每遍强夯之间间隔时间为7d，或孔隙水压力消散至85%以上。

4. 高真空击密法处理地基效果评价

1）施工期沉降（工前沉降）

为了保证处理后的工后沉降量满足设计要求，针对高真空击密法的施工工艺，应采取控制施工期沉降量（工前沉降）的方式来控制施工质量，施工期沉降要求不小于设计值，所有处理路段均要求进行观测。观测点设置，应根据设计要求，同时考虑地质地形等情况，每100m^{2}设置1个观测点。

采用AT-G2型自动安平水准仪配合水准尺进行观测，施测方法：

按照《工程测量规范》三等水准测量的技术和观测要求，以符合水准路线或闭合水准路线形式，联测每个断面的基准点；

按照四等水准测量的技术和观测要求，以符合水准路线或闭合水准路线形式联测每个断面上的变形观测点。通过施工前后两次观测的高差确定施工期沉降量。

2）荷载试验

高真空击密法施工结束后，依据《建筑地基基础设计规范》（GB 50007—2002）、《建筑地基处理技术规范》（JGJ 79—2002）规定，应做静载荷试验，检测处理后地基承载力。

（1）检测频率：

- 一般路基段为1/4 000m^2，检查一处。
- 桥头处理段不小于3个点，检测点位随机布置。

（2）载荷试验要点

检验承载力是否达到设计值要求。采用圆形钢质承压板，其面积不小于0.5m^2。最大加载力压不应小于设计值的2倍。

（3）加载装置及方法

加载装置可采用锚桩反力装置、或堆载平台反力装置方法。

①锚桩反力装置：荷载装置由一根主梁、三根副梁、八个锚桩组成。

②堆载平台反力装置：堆载重力应提供不小于最大加载值的1.2倍。

③试验荷载通过液压千斤顶加于试验桩桩顶，荷载大小由油压表通过换算控制。试验加载分10级，等量加载。

④沉降测量装置

试测沉降测量时，采用对称布置于桩顶的2只电子数显百分表测读。百分表由磁性表座固定在基准横梁上。磁性表座、基准梁在构造上不受气温、振动及其他外界因素影响而发生竖向变位。

⑤采样测读时间

每级加载之前纪录沉降量，间隔5、10、15min各测读1次试桩的沉降量，以后每隔30min测读1次。当1h的沉降量小于0.1mm时，即可加下一级荷载。

⑥终止加载条件

当出现下列情况之一时，即可终止加载

- 沉降急骤增大，承压板突然下沉，土被挤出或周围出现明显隆起；
- 承压板累计沉降量已超过0.06d（d为压板直径）；
- 总加荷量已达到设计值的2倍以上。

⑦卸载

卸载数为加载数的一半，等量进行，每卸载一级，间隔0.5h，读记回弹量，卸完全部载荷后，间隔3h读记总回弹量。

3）静力触探检测

静力触探是将电测应力传感器（应变片等）探头，用静力匀速贯入土中，根据电测质感器的信号，测定探头承受的贯入阻力，进而推测土层的工程地质性质。本工程检测采用江苏溧阳生产的静力触探车，探头为能同时测试锥尖阻力（q_c）及侧壁摩阻力（f_s）的双桥探头。静力触探检测频率：

（1）一般路基段2 000m^{2}检测1处。

（2）桥头处理范围内不少于3个点，检测点位置随机抽取，并且静载荷试验点处必须布置一个静力触探揭穿，静力触探测试深度为10m（测试深度不包括上部垫层）。

通过静力触探测试，测定处理后地基的压缩模量、地基承载力等参数，从而检验高真空击密法地基加固处理深度及质量。

检测后，要求提供静力触探柱状图。静力触探柱状图应包括：地层划分、锥尖阻力、侧壁摩阻力及摩阻比曲线，换算压缩模量及地基承载力，据此判断处理后地基力学参数的提高程度，并与静载荷试验结果进行对比判断处理效果。

4）钻孔取样，检验处理后的力学指标

在处理路段内，钻孔取样，检测处理范围内土体物理力学指标，与施工图勘察钻孔资料（处理前土体物理力学指标）进行对比，并进行软土路堤沉降稳定验算。

（1）检验频率：

①一般路基段4 000m^2 布置一个钻孔；桥头处理段布置一个钻孔。

②钻孔位置随机布置，钻孔深度为15m。在地下水位为10～15m时，每2m采取一个原状土样，砂层不用取样。应注意钻孔深度不包括上部垫层。

③对土样进行土工试验，提供如下试验指标：

含水率、天然密度、土粒比重、孔隙比、液塑限、饱和度、压缩系数、压缩模量、*e-p* 曲线、直接快剪、固结快剪、固结系数。

（2）处理段沉降稳定验算

处理段沉降稳定验算，采用北京理正岩土系列软件3.52版，选用有效固结应力法（快剪和固线快剪指标）计算稳定。

安全系数稳定值取1.2；

经验系数法计算沉降，也即采用分层总和法计算沉降，然后，乘以一个经验修正系数，计算地基沉降量。工后沉降基准期，取用15年路面使用年限。通过计算，判断处理后工后沉降量是否满足设计标准。

5）标准贯入试验

对于高真空击密处理砂土液化路段，增加标准贯入试验，判别砂土液化趋势。

（1）检测频率1/500m^2，判别深度为10m，要求1m作1个标贯试验。

（2）对于处理后的砂土液化路基，采用标准贯入试验判别液化趋势，要求处理后地基不再液化，判别标准按《公路工程抗震设计规范》执行。处理效果检测要求施工完成14天后进行。

6）地基承载力特征值判断

当 P—s 曲线上极限荷载能确定时，其值不小于对应比例界限的2倍，可取比例界限，其值小于对应比例的2倍时，可取极限载荷的一半；

当 P—s 曲线是平缓的光滑曲线时，按相对变形值的确定，对以黏性土或粉土为主的地基 $s/d=0.01$所对应的载荷值为复合地基承载力的特征值，按相对变形量确定的承载力特征值，不应大于最大加载压力的一半。

试验点不小于3点，当满足极差不超过平均值的30%时，可取平均值为复合地基承载力值。

7）工程实例

沿海公路附近的曹妃甸铁路工程上，采用高真空击密法加固软土地基。加固面积为150 000m^2。被加固的地基，主要由粉质砂黏土、粉细砂组成，浅层含泥量较高，呈松散状态，地基承载力仅在 42 ~ 78kPa 间。设计要求采用高真空击密法进行加固处理,加固深度 6m,加固后地基承载力不小于 150kPa、含水率不大于 28%。

被加固的地基,采用吹填法填筑,土体以吹填沙为主,局部夹杂着黏土,土质极为不均匀,有的路段表层及地下 2m 左右有一层厚度为 16 ~ 54cm 的粉质黏土,表层有积水,加固宽度 42m,地下水位高程为 3.4m,地面高程为 3.95 ~ 4.35m,土体孔隙水处于超饱和状态。

按照设计降水、强夯布置图,同时在两种土质条件下进行试验。

(1)沙层地质试验结果比较满意,施工技术参数也得到认可。

(2)含粉质黏土的地质,水位降到要求后,夯坑严重超标,越夯地质条件越差,致使夯机无法正常移动和作业。经过再一次的降水后,同样的问题再次出现。经钻孔取样分析表明,地表下 2m 处的粉质黏土层孔隙水仍处于饱和状态。其原因是:粉质黏土渗透力差所致。对此,在加固区外侧,开挖出深 2m 的排水沟,重新分布排水管,纵向井管间距加密至 2m,横向间距 5m,在真空降水的同时,用推土机在两行排水管间来回碾压,使粉质黏土中的孔隙水在重压力的作用下逐渐渗出,并同时对土体形成夯前预压,明显地改善了表层土结构状况。采取三降(水)三夯(击)后,使地基承载力达到要求,确定了施工参数。

通过工程实例,高真空击密法与其他软土处理工法相比具有下述特点:

(1)单位面积施工工期为 10 ~ 25d,是其他常规方法的 1/3 ~ 1/2。

(2)工程造价低,一般仅为常规工法的 40% ~ 80%。

(3)可有效控制软土的含水率、密实度、工前沉降与差异沉降,快速提高土体的承载力,可控制施工质量。

(4)可克服真空度沿塑料排水板深层衰减及塑料排水板水通道存在工后沉降较大的缺陷,克服一般强夯法对饱和软土施工易生产“弹簧土”的缺陷。

第四章　改性盐渍土稳定土

盐渍土中含有许多盐分，用其修筑的公路路堤，面临以下诸多工程问题，例如：翻浆、盐胀鼓包、溶陷，沥青面层起皮脱落、网裂和坑洼，以及不规则变形（图4-1）。为了解决工程上遇到病害，国内外许多研究机构和学者，采取固化材料（以下简称固化剂），对盐渍土进行改性研究。

图4-1　津唐地区盐渍土公路病害

第一节　防治盐渍土病害经验

长期以来，广大公路建设者，在盐渍土地带修筑道路，针对不同类型盐渍土，总结出了众多治理盐渍土和防治公路病害的方法。这些方法大致可归纳隔断水分、加固路堤结构和去除盐分三种类型。

1. 隔断水分

在气候干燥地区，采取隔断地下水的方法，使土中盐分处于结晶状态，这对道路工程来说有益而无害。早在上世纪50年代，青海的一条公路，修建盐桥穿盐湖而过，就是一个典型工程实例。

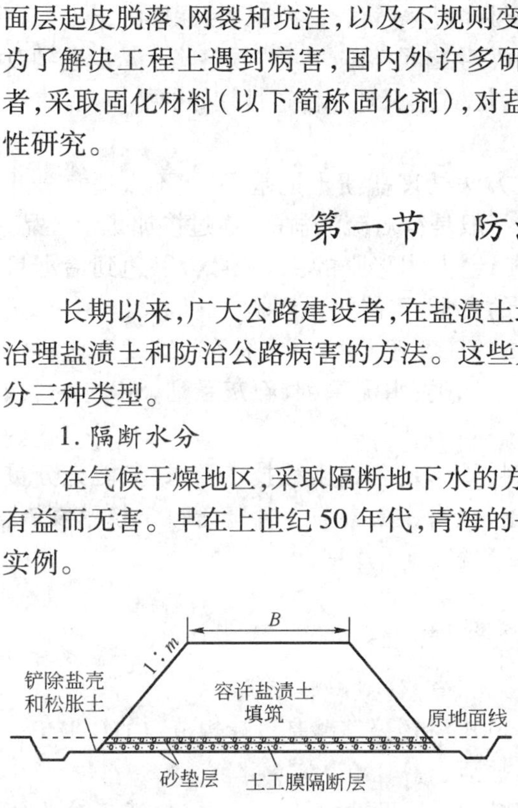

图4-2　设置隔断层，隔断盐渍土水分

隔断盐渍土中水分，主要有以下一些方法：

（1）加大路堤高度，把路堤高程提到不发生盐渍化的最小高度。

（2）设置砂石材料隔离层、变形缓冲层、土工布隔断层，隔断毛细水上升通道。其中采用土工布、土工膜等材料，铺筑砂垫层，用以隔断毛细水上升和地面水下渗，实践证明是一种行之有效的方法（图4-2）。

2. 路堤土体加固

所谓路堤加固方法，就是不改变公路环境条件下，采取一些工程措施，增强或加固路堤结构，强化路基稳定，提高路面强度。这种加固路堤结构的方法，基本上分为两类，一是工程加固技术，二是工程去盐技术。

1）工程加固技术

所谓工程加固方法，一般不改变盐渍土本身性质，而是通过采取一些工程措施，以达到提高路堤强度的目的，其中常用的方法如本书第二、三章所述的有关内容。

2）去除盐分技术

盐渍土中的盐分，是导致公路病害的根源。如果能去除盐分，或者把有害的盐分转化为无害的，或者降低其危害程度，同样能够达到治理公路病害的目的。其具体做法有：

（1）换填法

对路堤一定深度内存在的盐渍土，采取换填法去掉有害土，换土深度应超过有效的溶陷性（及盐胀性）土层厚度，换土的宽度应保证下卧层顶面处路基设计宽度，同时还应保证周围土溶陷时换土部分土体的稳定性（图4-3）。

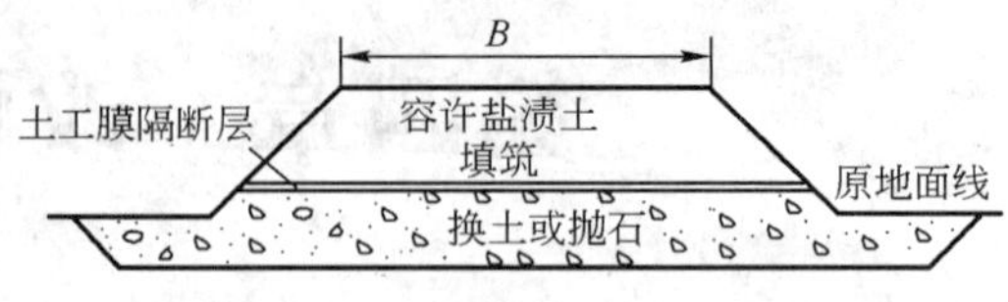

图4-3　采取换填土去掉有害盐渍土地基

（2）浸水预溶法

在进行公路建设之前，通过水浸地基使上部土层易溶盐溶解，并渗流到较深层的土中。在这一过程中，在土自重作用下，土体结构会遭到破坏而发生自重溶陷，也称“预溶陷”，从而达到改造盐渍土地基的效果。这种方法适用于盐渍土厚度不大，或之只适用渗透性较好的盐渍土。

3. 化学改良方法方法

对含盐量较高、盐渍土层较厚的地基，采用上述方法处理盐渍土地基，显然不太适宜。此时，化学处治的方法应运而生。现有化学处治方法，一般是针对硫酸盐的，通过掺加化学产品，将土中易溶硫酸盐转化为较难溶解的硫酸盐，消除产生土体膨胀的主要因素，以达到治理目的。但是，化学处治应考虑成本，不能危及施工人员的安全，不能污染环境。

关于固化剂种类，可谓鲜花盛开，例如：NCS、SCA、ZDYT型土壤固化剂等。综观固化材料众多，据有关研究资料显示，目前的固化材料大致分为四类：水泥系列、石灰系列、SiO_2 系列和有机系列四大类。

经过化学改性的盐渍土，可作为填筑路堤的填料，既满足公路工程技术要求，又能充分贯彻就地取材的建设方针，是一个经济实惠的筑路措施，很有发展前景。伴随着科学技术发展，新的类型加固剂不断崭露头角，为治理盐渍土提供新途径。

第二节　沿海公路上盐渍土

按照现行的《岩土工程勘察规范》（GB 50021—2001）和《公路路基设计规范》（JTG D30—2004）规定，土中易溶盐含量如果>0.3%，则判断为盐渍土。

在工程上盐渍土被称为特殊土。在公路设计规范上，按照含盐性质不同，盐渍土分为氯盐、亚氯盐、硫酸盐、碳酸盐，并按照土中含盐量多少，将盐渍土分为弱、中、强、过盐渍土，并规定其应用范围（表4-1、表4-2）。

盐渍土按含盐性质分类　　表4-1

盐渍土名称	离子含量比值		备　注
	Cl^- 或 SO_4^{2-}	$CO_3^{2-}+HCO^{3-}$ 或 $Cl^-+SO_4^{2-}$	
氯盐渍土	>2	—	注：离子含量是以1kg土中的离子毫摩尔数计（mmol/kg）
亚氯盐渍土	1~2	—	
亚硫酸盐渍土	0.3~1.0	—	
硫酸盐渍土	<0.3	—	
碳酸盐渍土	—	>0.3	

盐渍土按盐渍化程度分类 表4-2

盐渍土名称	细粒土土层平均含盐量（以质量百分数计）		粗粒土通过1mm筛孔土平均含盐量(以质量百分数计)		备 注
	氯盐渍土及亚氯盐渍土	硫酸盐渍土及亚硫酸盐渍土	氯盐渍土及亚氯盐渍土	硫酸盐渍土及亚硫酸盐渍土	注：离子含量以100g干土内的含盐总量计
弱盐渍土	0.3～<1.0	0.3～<0.5	2.0～<5.0	0.5～<1.5	
中盐渍土	1.0～<5.0	0.5～<2.0	5.0～<8.0	1.5～<3.0	
强盐渍土	5.0～8.0	2.0～5.0	8.0～10.0	3.0～6.0	
过盐渍土	>8.0	>5.0	>10.0	>6.0	

一、滨海盐渍土特性

河北滨海地区盐渍土，其含盐成分基本上与海水一致，主要是氯化物，此外，还有硫酸盐渍土、碳酸盐渍土。众所周知，用作公路填料必须具备以下六个条件：

(1)要有足够的强度和刚度； (2)要有足够的水稳性和冻稳性；

(3)要有足够的抗冲刷能力； (4)收缩性要小；

(5)要有足够的平整度； (6)要与面层良好结合。

然而，盐渍土性质与上述要求条件相比，却大相径庭，不能满足路用要求。鉴于河北沿海公路沿线的盐渍土分布比较广泛，长达50余公里。为此，结沿海公路工程展开了对盐渍土改性攻关研究。

1. 沿线盐渍土工程特性分析

沿海公路地质勘探资料显示，唐山、秦皇岛地区的地下水，属平原孔隙潜水。水位埋深在0.5～12m之间，年水位变幅在1.3～2.5m之间。地下为微淡化水，地表40～100m为咸水体，矿化度普遍在30g/L以上。

2. 盐渍土物理和化学性质

不同类型的盐渍土，所表现的物理性质也各不相同，因此研究治理时，所采取的治理措施，需有的放矢。

1)不同类型盐渍土物理特性

(1)硫酸盐渍土膨胀性

硫酸盐沉淀结晶时，体积增大，脱水时体积缩小，致使原有土体结构破坏而疏松。土中硫酸钠含量、温度变化以及含水率及密度等是影响硫酸盐渍土膨胀变形的主要因素。

(2)碳酸盐对土的膨胀影响

碳酸盐中含有大量吸附性阳离子，遇水时便与胶体颗粒相互作用，在胶体颗粒与黏土颗粒周围形成结合水薄膜，减少了颗粒间的黏聚力，使其互相分离，引起土体膨胀。

(3)氯盐渍土的吸湿性

氯盐渍土内含有较多的一价钠离子，一价钠离子的水解半径大，水化能力强，在其周围可形成较厚的水化薄膜，因此使盐渍土具有较强的吸湿性和保水性。

2)盐渍土的溶陷性

天然状态下的盐渍土，在土的自重压力或附加压力作用下，受水浸湿时产生的变形称为溶陷变形。盐渍土的溶陷变形分为两种情况：

图4-4 沿海公路沿线盐渍土路基出现的溶陷病害

一是在静水中的溶陷变形,即水力坡降较小无渗流时,土中部分或全部结晶盐溶解,导致土体结构破坏,孔隙减小,产生溶陷(图4-4);

二是潜蚀变形,即土中盐分和部分土颗粒因水的渗流被带走而形成的溶陷变形。而路基的潜蚀包括两部分:

一是机械潜蚀,即力学潜蚀,盐分随水冲刷流走而产生管涌和流砂。

另一个是化学潜蚀,土中的结晶盐被渗流的水溶解成盐溶液,随渗流被带走。溶陷性用溶陷性系数δ来表示,由室内实验或现场浸水试验来获得。研究表明,潜蚀变形是盐渍土地基溶陷的主要部分。

3)盐渍土化学性质

盐渍土按含盐量不同,而呈现不同的腐蚀特性。一是化学腐蚀,即土中的盐与建筑材料发生反应,久而久之引起建筑物破坏。二是物理结晶性腐蚀,土中含有一定矿化度的环境水,在毛细作用下,会从墙体潮湿一端进入墙体,由暴露在大气中的另一端蒸发,进入墙体孔隙中水溶液浓缩后,产生结晶体产生膨胀,导致建筑材料破坏。

3. 盐渍土的力学性质

在一定含水率条件下,因土粒中含有盐分,土粒彼此间的距离将会加大,黏聚力将随之变小。但当含盐量增加到某一程度后,盐分的胶结能力逐渐增加,结果使黏聚力随含盐量增加而增加。当含盐量少时,盐溶解于水又起润滑作用,内摩擦角减小。当含盐量增加到某一程度时,盐开始结晶,晶体充填于空隙中,起骨架作用,内摩擦角增大。所以在干燥状态下盐渍土中的含盐量增加到某一程度后,比不含盐的土的强度高,当含水率增大时,其强度则急剧降低,比不含盐土的强度小。在潮湿状态下,土中的含盐量越大,则其强度越低。

1)滨海盐渍土击实性

在气候干燥状态下,由于盐的胶结作用,含盐地层的力学性能较好,但在浸水(雨、雪)条件下,其力学性能会迅速恶化,造成路基的严重塌陷和毁坏。

试验成果表明,土中黏粒愈多,最佳含水率就越大。当土的含水率远远超过最优佳水率时,夯击填土很快使土达到饱和,然后就会变成橡皮土,使土发生塑性变形。同时,最佳含水率也与夯击能量有关,对同一种土夯击能量较大,可得到较大的干密度。

2)滨海盐渍土抗剪强度

盐渍土的抗剪强度,除与土的矿物成分、粒度级配、天然含水率、密实度和天然结构状态有关外,还与土中的含盐量有密切关系。

研究结果表明,对含氯盐为主的盐渍土的抗剪强度具有以下特性:

(1)起初,抗剪强度随含盐量的增加而下降。

(2)当土中含盐量超过某一界限值时,抗剪强度随着含盐量的增加而增大。

(3)当土中含盐分较少时,土中孔隙水能充分溶解土中易溶盐形成盐溶液,而以离子形式存在于土内孔隙水中起不到骨架作用,黏聚力变小。盐溶液在土粒相互移动时起润滑作用,从而使内摩擦角也变小。

(4)当土体含盐量较大时,土中孔隙水的盐溶液达到饱和,多余盐分便以晶体的形态存在于土中,并成为土骨架的一部分,起着重要的胶结作用,致使土的黏聚力及内摩擦角随含盐量的增加而增大。

3)滨海盐渍土压缩性

(1)盐渍土的饱和度对压缩性的影响

土的压缩变形是指:地基在天然含水率条件下受外荷载作用所产生的变形。该种变形主要源于土中孔隙减小。而盐渍土压缩系数与含盐量及盐渍土的饱和度有关。非饱和氯盐渍土的压缩系数随含盐量的增加而降低(表4-3)。对于饱和盐渍土,试验研究结果表明:压缩系数随含盐量变化呈类似正态分布形式(图4-5)。当含盐量从0.0%增加至10.0%时,盐渍土压缩系数呈上升趋势,含盐量为10.5%时的压缩系数,达到最大值0.78MPa^{-1}。然后,随着含盐量的增加压缩系数缓慢减小,最后,含盐量为25%时的压缩系数值接近0.4MPa^{-1}值。

非饱和氯盐渍土压缩系数与含盐量关系 表4-3

NaCl含量(%)	试件含水率(%)	试件密度(g/cm^3)	压缩系数(MPa^{-1})
0	16.58	1.61	0.45
1	16.48	1.61	0.54
3	16.05	1.64	0.45
5	16.83	1.67	0.44

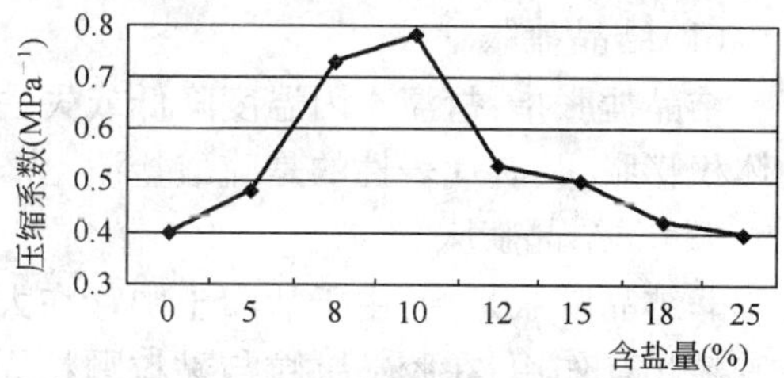

图4-5 饱和氯盐渍土压缩系数随含盐量变化

(2)含盐量对压缩性的影响

由试验结果可知(表4-4、表4-5):氯盐渍土压缩系数随含盐量增加而降低。当处于较干燥状态时,即含水率小于最佳含水率时,由于盐晶体充填和胶结作用,在天然条件下盐渍土的压缩性都比较低。当浸水以后,土中水有充分溶解力使结晶盐变为液相,致使孔隙水溶液浓度增加,而盐溶液在降低土的粒间联结强度上比纯水大,使盐渍土变为软弱、压缩性极大的土。

弱盐渍土压缩性与密度、含盐量统计表 表4-4

土的分类	取样位置及深度	含盐量(%)	含水率W(%)	天然密度(g/cm^3)	压缩系数(MPa^{-1})
粉土	0.7	0.35	27.9	1.97	0.337
	0.9	0.90	28.5	1.91	0.161
粉质黏土	0.5	0.25	20.5	1.97	0.261
	1.0	0.25	26.3	1.90	0.422
	0.6	0.26	21.6	1.72	0.387
	1.4	0.29	28.5	1.94	0.391
	0.3	0.3	19.4	2.08	0.268

中盐渍土的压缩性与密度、含盐量统计表 表4-5

土的分类	取样位置及深度	含盐量(%)	含水率W(%)	天然密度(g/cm^3)	压缩系数(MPa^{-1})
粉土	0.3	1.90	24.2	2.00	0.337
	0.9	0.90	28.5	1.91	0.156

续上表

土的分类	取样位置及深度	含盐量(%)	含水率 W(%)	天然密度(g/cm³)	压缩系数(MPa⁻¹)
粉质黏土	2.0	0.96	20.3	2.10	0.153
	1.0	1.35	22.7	2.01	0.169
	0.9	1.63	22.0	2.00	0.166
	0.5	2.33	18.8	2.11	0.115
黏土	0.6	1.19	28.5	1.91	0.337
	1.0	1.25	24.4	1.97	0.342
	0.6	1.6	23.1	2.04	0.186

4)滨海盐渍土盐胀性

盐渍土的盐胀一般可以分为两类,即结晶盐胀和非结晶盐胀。

(1)结晶盐胀

结晶盐胀指:盐渍土因温度降低或失去水分后,溶入土中孔隙的盐浓缩并析出结晶而产生的体积膨胀,具有代表性的是硫酸盐渍土。

(2)非结晶膨胀

非结晶膨胀是指:由于盐渍土中存在大量吸附性阳离子,具有较强的亲水性,遇水后很快与胶粒相互作用,在胶粒颗粒与黏粒颗粒周围形成稳固的结合水薄膜,从而减小颗粒间的黏聚力,引起土体膨胀,具有代表性的是碳酸盐渍土。

研究区中有15%的路段为弱亚硫酸盐渍土。一般认为,硫酸盐渍土路基产生膨胀危害的含盐量在2%左右,达不到该含量,膨胀作用较小,不致影响土体密度。因此,研究区内盐渍土不会因盐胀而对路基造成危害。

二、工程实例:盐渍土现场测试与分析

盐渍土中含盐量、含盐性质,决定了能否用于路堤填料或进行改良,这就需要详细了解研究区内盐渍土分布、性质及发育状况。

1.代表性路段土样含盐量测试

沿海公路在对盐渍土试验研究时,选择代表性T6路段及四个取土场进行土壤含盐量测试,其测试结果见表4-6。

沿海高速公路T6标段盐渍土测试结果表　　表4-6

序号	路　　段	含盐量(g/100g)	土　类	等级	长度(m)	取土场
1	K146+350~K146+851	0.47	亚硫酸盐	弱	501	沙和桥土场
2	K146+851~K150+423.5	0.10~0.14	–	非	3572.5	
3	K150+423.5~K151+833.5	1.11~1.62	亚硫酸盐	中	1410	黑东村土场
4	K151+833.5~K152+381.5	0.41	氯盐	弱	548	
5	K152+381.5~K152+891.5	0.15	–	非	510	
6	K152+891.5~K153+375	0.48	氯盐	弱	484	
7	K153+375~K154+927.5	1.54~3.87	氯盐	中	1552	丰南取土场
8	K154+927.5~K155+355.5	6.58	氯盐	强	428	

续上表

序号	路　段	含盐量(g/100g)	土类	等级	长度(m)	取土场
9	K155 +355.5 ~ K156 +355.5	5.04	亚氯盐	强	1000	
10	K156 +355.5 ~ K157 +475	8.02	氯盐	过	1119.5	
11	K157 +475 ~ K158 +475	5.89	氯盐	强	1000	
12	K158 +475 ~ K160 +140.477	1.36 ~ 2.27	氯盐	中	1665.477	
13	K160 +140.477					涧河土场

2. 研究区盐渍土颗粒分析

根据表4-6所测试的路段和土场，对于粒径 >0.075mm 粗粒土，采用筛分法进行颗粒分析，粒径 <0.075mm 细粒土采用比重计法进行颗粒分析，绘制出了路基土的颗粒级配曲线（图4-6）。

从试验结果可以看出，T6 地基土颗粒含量以细颗粒为主，其中小于 0.002mm 的颗粒含量约为 16.5% 和 10.6%；0.002 ~ 0.074mm 之间的颗粒占 63.2% 和 60.5%；大于0.074mm的颗粒为21.3% 和28.9%。为进一步了解研究区内盐渍土的颗粒级配，在试验过程中还进行了洗盐前后颗粒级配的对比。洗盐前，由于盐的胶结作用，土中细颗粒含量较少，洗盐后，由于易溶盐被溶解，原来由盐胶结而成的集粒解体，使土颗粒分散度增高，细颗粒含量明显增大（图4-7）。所以，以洗盐后所得到的粒径组成来确定土的名称。

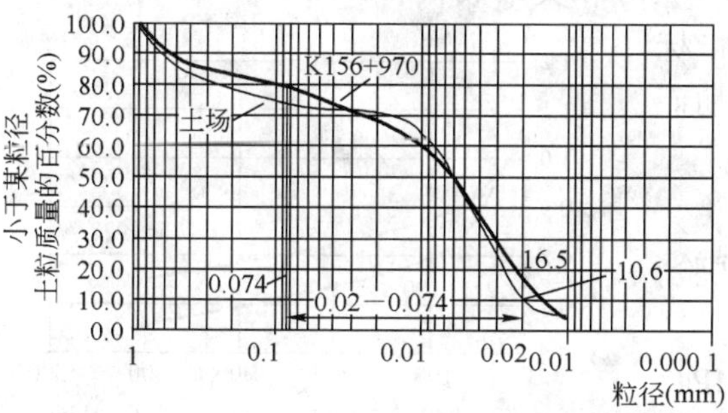

图4-6　盐渍土原状土颗粒级配曲线

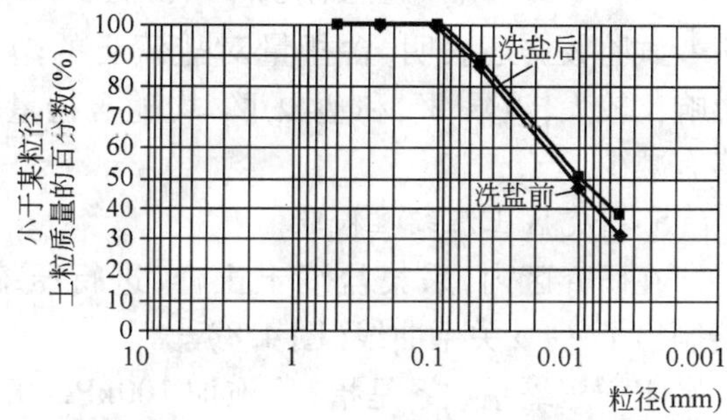

图4-7　K153 +750 亚黏土洗盐前后颗分曲线

3. 盐渍土击实和 CBR 试试验

干密度是评价路基填筑质量的重要指标，为此，采取重型击实和承载比 CBR 对土样进行检测，其检测结果见表4-7、表4-8。

研究区盐渍土样的击实试验结果表　　表4-7

序号	取样位置	土样定名	塑性指数	最大干密度(g/cm^3)	最佳含水率(%)	
1	K150 +000	亚黏土	10.6	1.83	15.7	分析：T5、T6 标段取土场，通过颗粒分析，土料定名均为亚黏土，塑性指数 I_P =10 ~ 17
2	K150 +930	亚黏土	9.5	1.86	14.3	
3	K155 +000	亚黏土	11.9	1.84	15.8	
4	K156 +970	亚黏土	16.3	1.84	14.9	
5	K157 +000	亚黏土	8.0	1.96	11.6	
6	K159 +000	亚黏土	16.3	1.88	14.1	

研究区 T5、T6 标段取土场土的含盐量和承载比测试结果表　　表 4-8

标段	取土场名	渍土类别	含盐量(g/100g)	CBR(%)	
T5	沿海路北侧取土场	弱氯盐	0.87	6.8	分析： 检测结果表明： T5 标取土场土料的 CBR 均满足要求； T6 标的 CBR 多数不满足要求，需进行改性研究
	粉煤灰场西取土场	弱氯盐	0.91	6.2	
	沙河取土场	非盐渍土	0.25	5.5	
	沙河东取土场	非盐渍土	0.28	5.8	
T6	农场土场	弱亚硫酸盐	0.43	4.5	
	郑家沽排干渠土场	弱氯盐	0.48	1.4	
	丰碱路土场	中氯盐	3.87	1.9	
	涧河桥土场	中氯盐	2.27	1.5	

为此，对 T6 标段盐渍土含盐量的垂直变化规律、含盐量与颗粒级配、液塑限的关系进行了试验研究。

4. 研究区盐渍土水理性质

在施工前夕，对研究区的盐渍土进行水理性质检测，获取 491 组数据，经过回归分析，得出塑性指数 I_P 与液限 W_L 相关，表明研究区大部分为低液限盐渍土，少部分土样液限超过 50% 为高液限盐渍土。

$$I_P = 0.5478W_L - 5.712 \qquad 相关系数 r = 0.9528$$

试验数据还表明，含盐量对盐渍土的塑性指标影响比较大，液限 W_L 和塑限 W_P 均随含盐量增加而略有减少。

5. 研究区土压缩性检验

在研究区内，采集盐渍土土样，进行压缩试验，绘制出了 $e \sim p$ 关系曲线(图 4-8)。

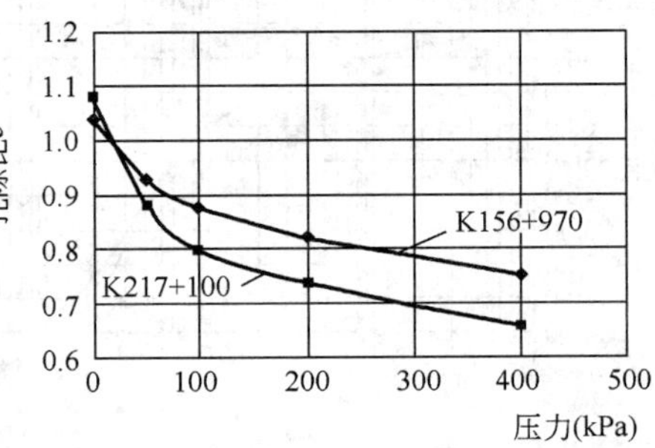

图 4-8　$e \sim p$ 关系曲线

土样压缩系数系是指：从施加 100kPa(0.1MPa) 到 200kPa(0.2MPa) 孔隙比与荷载之差比，记为 α_{1-2}，用以比较不同类型土质压缩性高低的指标，计量单位为 MPa^{-1} 或 kPa^{-1}。

$$\alpha = \frac{e_1 - e_2}{p_2 - p_1}$$

式中：e_1——p_1 对应的孔隙率比；

e_2——p_2 对应的孔隙率比；

p_1——相当于一个大气压力，即 $p_1 = 100$kPa 或 0.1MPa；

p_2——相当于两个大气压力，即 $p_2 = 200$kPa 或 0.2MPa；

根据上述公式，从图 4-8 中可以计算出 K156 + 970 的压缩系数 $\alpha_{1-2} = 0.55MPa^{-1}$，K217 + 100 的压缩系数 $\alpha_{1-2} = 0.55MPa^{-1}$。

- 一般来说，土质的压缩系数 $\alpha_{1-2} < 0.1MPa^{-1}$ 为低压缩性土体；
- $0.1MPa^{-1} < \alpha_{1-2} < 0.5MPa^{-1}$ 为中压缩性土体；
- $\alpha_{1-2} > 0.5MPa^{-1}$ 为高压缩性土体。

所以研究区内的盐渍土属于高压缩性土体。

6. 研究区盐渍土无侧限抗压试验

按照《公路土工试验规程》(JTJ 051—93)规定的方法,制备重型击试验方法试件,采用电动击实仪,击实功为2687.0kJ/m^3,得出击实曲线,求得原样土及添加固化剂后混合料的最佳含水率和最大干密度。然后,按下述公式换算出在试件最大干密度$\rho_{d\,max}$下的拌和土湿密度,并换算成单个试样质量,根据最佳含水率进行配料、拌和均匀、闷置1h,放入试模中在数显液压压力试验机YES－300kN,加压速率0.12～0.25kN/s,加压成型后脱模,试样尺寸Φ50mm×Φ50mm圆柱体。

$$\rho_{d\,max} = \frac{\rho}{1 + 0.01w_{max}} \tag{4-1}$$

式中:ρ——试件的湿密度(g/cm^3);

w_{max}——含水量(%)。

素土(原状土或重塑土)的强度试验,一般不需要养生,而改性土则因添加固化剂而随时间固化,其强度逐渐增长,所以规范规定改性土试件从试模脱出并称量后,应立即放入密封湿气箱和恒温室内进行保温保湿养生7d,整个养生温度应保持20±2℃,养生最后1d,应将试件浸泡在水中,在试件顶上水深约2.5cm。

在整个养生期间,根据尺寸不同,试件重量损失不得超过相应规定值(如:Φ50mm×Φ50mm两试件,损失量不得超过1g)。对试件实施浸水养生的目的,主要检验水对改性土强度影响。试件无侧限抗压强度R_c:

$$R_c = \frac{P}{A} \tag{4-2}$$

式中:P——试件破坏时最大压力(N);

A——试件截面积(mm^2)。

依据上述原则与方法,在最大干密度和最优含水率条件下,制成的添加改性剂盐渍土试件的试验结果列入表4-9中。

盐渍土改性试件无侧限抗压强度试验结果　　表4-9

取样位置	最佳含水率(%)	最大干密度(g/cm^3)	7d抗压强度(MPa)	7d抗压强度/MPa(第6d浸水1d)
K156+970	15.2	1.86	0.62	崩解
K217+100	16.3	1.87	0.56	崩解

7. 盐渍土盐胀性和冻胀性试验

1)盐渍土盐胀性

通过化学分析,盐渍土溶出液的pH为7.5～8.3之间,呈碱性特征。土样中含有一定数量的碳酸根和碳酸氢根离子,碱性土颗粒含有大量的吸附性阳离子,遇水后易在胶粒或黏粒周围形成厚的水膜,减小了颗粒间的凝聚力,使颗粒间距增大,引起土体膨胀。

实验证明,碳酸钠含量超过0.5%,碱性盐渍土的膨胀性显著增强,遇水时容易造成边坡崩塌,路肩泥泞等问题。

2)盐渍土冻胀性

盐渍土的膨胀性,原于伴随温度变化致使土中硫酸钠结晶而引起的。众所周知,硫酸钠溶解度对温变十分敏感,在温度约32.4℃时,其溶解度可达峰值;低于峰值温度的过饱和溶液,以芒硝晶体形式从溶液析出,呈粉末状态存在。无论芒硝晶体,还是硫酸钠吸水转为带结晶水的晶体,其体积都会增大2~3倍。

随着季节变化,地面温度频繁变化,使硫酸钠的溶解度受到剧烈变化,这种剧烈变化导致土壤结构松散,对道路和地坪等造成破坏作用。

盐渍土冻胀性主要指:北方冬春季温度一般比较低,一旦温度降低到含盐水冰点以下,则盐渍土产生冻结现象。此时,水分由温度高的土层向较低的土层移动,以致于在临界冻结深度附近发生了水分聚集的现象。聚集的水分通过毛细管作用而上升,于是形成冰冻土层中具有大小不同的冰粒或冰层,其体积大大超过了土原有的孔隙和含水体积,即发生冻胀现象。

春夏融冻时,上层冰粒溶化而下层尚未溶,则上层水分无法下渗,致使上层填土中的含水率超过液限,在振动荷载的周期性挤压、冲击作用,路基就出现翻浆,导致路面泥泞不堪。

为探讨温度、含盐量、密实度、含水量及氧化钠对盐胀和冻胀性影响,以便采取对症下药,找出对盐渍土的改性措施。

在沿线8个路段和取土场的盐渍土进行取样,并做了化学分析,试验结果显示:土样中硫酸钠含量从0.03%~1.45%之间,变化范围较大,有相当一部分在0.5%以上。为此,在不同温度、不同密度、不同含盐量的条件下,分别对其盐胀和冻胀性进行了大量试验研究,并绘制出与其相应的过程曲线,详见图4-9。

(1)温度、含盐量、密实度与盐胀关系

从图4-9a)看出:随着温度降低,盐胀和冻胀曲线总和呈递增趋势;当温度降至-5℃后增速减慢,到-20℃附近,当水全部转化为固态冰后,土体盐胀和冻胀基本稳定。

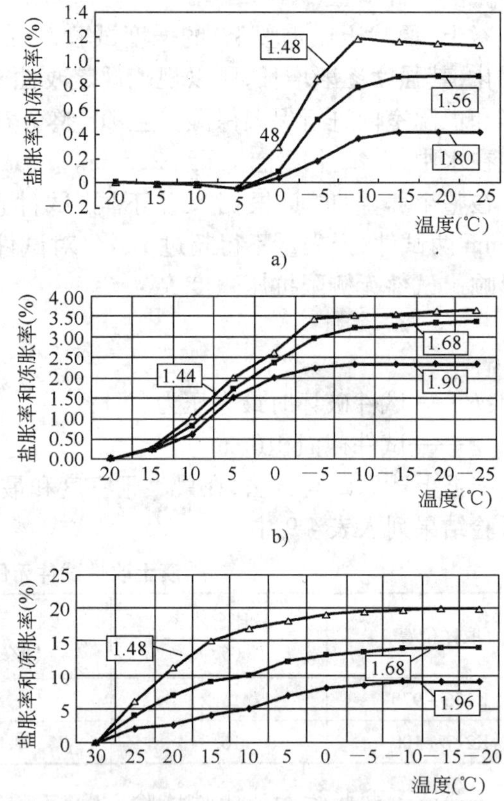

图4-9 不同含量硫酸钠和不同密度下单次盐胀和冻胀过程线

a)含硫酸钠0.5%;b)含硫酸钠1.5%;c)含硫酸钠4.0%

比较图4-9所示出的三组曲线,不难看出:随着含盐量不断增加,盐渍土起胀温度点不断变高。当含盐量比较低(如0.5%)时,盐溶液处于不饱和状态,不会有晶体析出,土体并不膨胀,相反还表现出部分冻缩的特点。随着温度降低,溶液趋近饱和时,开始有晶体析出,含盐量越高,曲线变化越是明显,而且最终的盐胀和冻胀率也大。当然,这种变化也只发生在一定含盐量范围内。

由图4-9还看出,不论硫酸钠含量多大,在同一初始硫酸钠含量的情况下,随着土的初始干密度增大,单次盐胀和冻胀率逐渐减小。此外土体盐胀和冻胀发育,与溶液所处位置(孔隙间和孔隙接触间)、土体内部结构、内摩擦力、黏聚力与颗粒间引力共同作用的结果,孔隙率大小不能完全反映对结晶硫酸钠的吸收程度。

综上所述,随着初始干密度逐渐增大,单次盐胀和冻胀率逐渐减小,其原因如下:

在初始干密度小时，随着土干密度增加，溶液由颗粒接触间逐渐向孔隙中转移，硫酸钠结晶体的析出，也逐渐由土颗粒接触间向孔隙中转移，使颗粒接触间的硫酸钠结晶体数量减少，因此，孔隙间比颗粒接触间空间大，能容纳硫酸钠结晶体能力比颗粒接触间强，而此时孔隙中的溶液结晶时不能充满孔隙，所以从宏观上减弱硫酸钠结晶膨胀能力。

初始干密度较小时，由于溶液基本都处在土颗粒接触之间，所以硫酸钠结晶主要在土颗粒之间发生，当硫酸钠结晶析出时，土颗粒接触间的结构网间距猛增，使土体产生剧烈的盐胀；在初始干密度较小时，随着初始土干密度的增加，土颗粒之间的紧密程度增加；土体内部的各种约束力（内摩阻力、粘聚力、土颗粒间的引力等）也增大，即土体抵抗膨胀的能力增大，在一定程度上限制硫酸钠析出结晶的膨胀作用。

盐胀性随密实度变化曲线存在两个临界点。由工程实际，结合所研究的盐渍土黏粒成分比较大的特点，黏土第二临界值要比粉土偏高，而现场的施工条件所能达到的最大干密度基本处于第一临界值左右，因此，可以认为，在提高密实度对控制盐胀和冻胀是有效的。

（2）含水率对盐胀的影响

根据试验资料，绘制出盐胀率随含水率变化曲线（图 4-10），从该图上不难看出，随着盐渍土中含水率增加，盐胀率也不断加大，分析其原因：

①土中含水率小时，土粒间摩擦阻力大。

②随着含水率增大，自由水增多，孔隙率减少，水在颗粒间起到润滑作用，土粒周围扩散双电离层厚度变厚。

③在含盐量一定情况下，含水率增加造成孔隙溶液中溶解的硫酸钠数量增多，在低温区结晶出更多的芒硝，膨胀量增大。

与此同时，还发现盐渍土中存在一个起胀含水率，在其他因素一定时，土体含水率必须达到该界限以上才会表现盐胀性质，起胀含水率也随其他因素变化而变化。

3）氯化钠对硫酸钠盐胀性的影响

在对盐渍土化学分析表明，无论是氯盐还是氯化物硫酸盐盐渍土，只要氯化钠含量达到总含盐量 60% 以上，氯化钠含量增加无疑对吸湿性、击实特性、溶陷量等方面产生影响；而对于氯化物硫酸盐来说，氯化钠与硫酸钠之间相互影响，就变得重要起来。

如图 4-11 所示，在 Na_2SO_4 溶液中，加入含有 Na^+ 的 NaCl，由于 Na^+ 的同离子效应，使 Na_2SO_4 的溶解度大大降低。而且，也使芒硝和无水芒硝的转变点温度由 32.4℃ 减小为 17.9℃。即在 NaCl 饱和的条件下，在 17.9℃时芒硝便脱水生成无水芒硝。

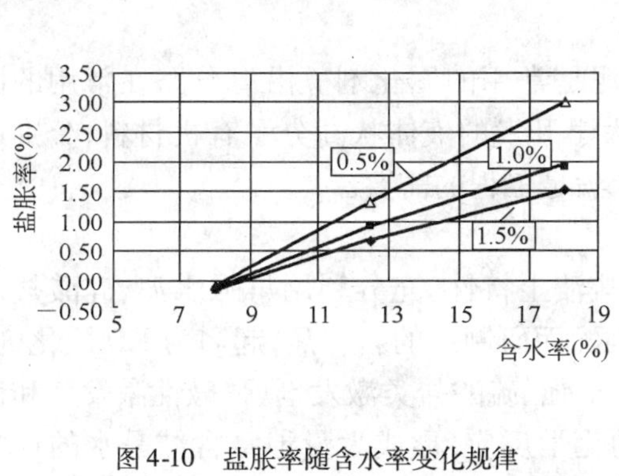

图 4-10　盐胀率随含水率变化规律

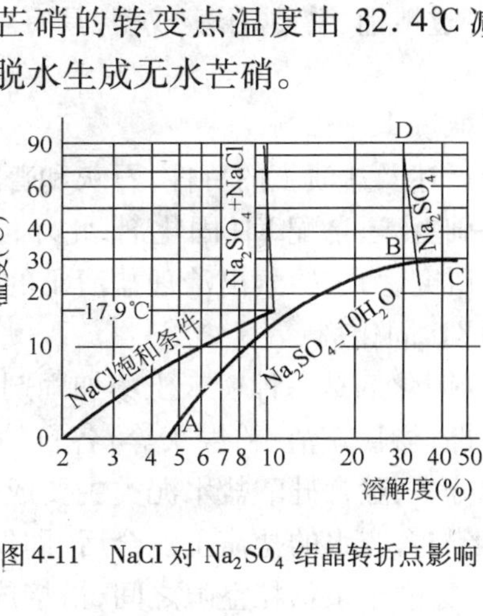

图 4-11　NaCI 对 Na_2SO_4 结晶转折点影响

由此可见,尽管在0℃以上氯化钠溶解度受温度变化的影响很小,但将它加入溶液后对于硫酸盐的溶解特性以及结晶规律有显著影响。

另外,盐渍土中含有过多的氯化钠,在冻结温度以下,它会以冰盐($NaCl \cdot H_2O$)的形式析出,使得盐渍土的冻胀更为严重。因此,在硫酸盐比较严重的地段,受氯化钠影响硫酸盐,其盐胀作用更为突出,对土体破坏作用也就更大。也就是说,初始含水率越大、NaCl 含量越小、Na_2SO_4 量越大,初始干密度越小、外荷载越小的试样,其起胀温度越高,起胀温度高的试样的最终盐胀量也大,需要合理地控制起胀温度,以减小盐胀破坏作用。

第三节　KD 固化剂改性盐渍土技术

为了保证公路永久稳定,用于公路路堤填料,一般须满足以下基本条件:

- 在车辆荷载和路基自重作用下,必须能保证路堤长期稳定;
- 路堤填筑后,能很快完成压缩沉降,以保证路面稳定;
- 在受到诸如水、温度、地震等因素影响下,所使用的填料应有利于路堤稳定。

为了达到上述基本要求,《公路路基设计规范》(JTG D30—2004)规定了高速公路路基填料的最小强度和最大粒径。为使修建的公路达到规范要求,必须选用优良的填料,使填筑的路基稳定,工后沉降小。

工程实践表明,砾石类和砂类土等,均被视为路基优良填料。然而,优良路基填料并非随处可寻。因此,在盐渍土地区,如何对其进行改性.适宜路堤填料,成为沿海公路建设中遇到的一个重要课题。

一、土壤固化材料

所谓土壤固化剂,就是在土壤中加入一定的外加剂,使之与土壤发生一系列物理化学反应,从而达到改善土的物理力学性质,以满足公路填料的需要,这样的外加剂称为土壤固化剂。

常用的土壤固化剂,按产品外观可分为液体状与粉状两大类。用适量的土壤固化剂与被改性的土壤混合,在最佳含水率下条件下,拌和而成的混合料称为固化土混合料,然后按规定要求,经过摊铺、整型、压实成型,具有一定厚度和强度,成为路基结构的某一层次,称为固化土路基。

1. 盐渍土固化剂

前已述及盐渍土的特性,石灰和普通硅酸盐水泥是常用的固化剂。沿海公路在常用的固化剂基础上,还自配 KD 固化剂,此外,还引用兰州大学开发的液体状高分子有机材料,分别进行应用研究,力求探索出治理盐渍土的合理方案,以满足工程的需要。

1)KD 固化剂

KD 固化剂是一种粉末土壤加固剂。它是针对盐渍土特性,充分利用早强水泥、硅酸盐水泥和活性材料(矿渣、粉煤灰等)各自的特性,合理匹配而研制成的新产品,起名为 KD 固化剂。在其成分中,除含硅酸盐水泥类主要成分外,还含有早强、硫酸盐类激发剂、强碱性激发剂和保水剂,当与含有水的盐渍土混合后,即发生一系列的化学反应,形成大量地富含结晶水的针状结晶体,穿插于土颗粒空隙之间,搭接成网形成强度骨架;其次,硅酸盐类水化产物还填充在骨架之间，使固化体系进一步密实；最后，在各种激发剂的强烈作用下，混合材料和部分土颗粒也参加了化学反应，产生有效的造岩作用。使固化后的土壤混合料具有良好的耐久性。

2）SH 胶固化剂

SH 胶是一种高分子有机材料，分子量 2 万左右，主链为疏水性 C－C 键相联的大分子链，在其上有亲水基团：羟基、羧基等。遇水可无限稀释，黏度低、凝胶时间易控制、无毒性，具有良好物理力学性能，拥有宽阔的形成条件；固体含量为 6%，比重为 $1.09g/cm^3$。

当 SH 胶掺入土中，可发生不可逆反应，干燥后呈坚硬状态，再次遇水后胶体变软，但不再溶解，并保持很好的韧性，使土颗粒紧固在一起。经过试验证明：SH 胶液具有以下特征：

（1）能溶解于水，便于在土中均匀分布；

（2）与土聚合硬化后，能形成不溶于水且不被水侵蚀的物质；

（3）硬化后形成的物质，将土粒和聚合物牢固联结一体；

（4）能有选择性地吸附于亲水性黏土矿物表面，并进一步形成化学吸附的化合物；

（5）能抵抗物理、力学作用及生物分解作用；

（6）能沿湿土表面自动扩散；

（7）能用湿土在 0～30℃条件下施工；

（8）价格比较便宜，且所需剂量小。

2. 盐渍土固化方案概况

1）第一试验方案：石灰固化盐渍土

石灰是常用的土壤固化剂，其主要成分为氧化钙，水化后形成消石灰，此时，其主要成分为氢氧化钙，并含有少量的碳酸钙和氧化镁。我们利用石灰的特性，选择了不同剂量，掺入盐渍土中，并按照图 4-12 流程和试验事项制备成试件，对其进行击实试验、液塑限试验、水稳定性试验、冻融循环试验、无侧限抗压强度试验等。

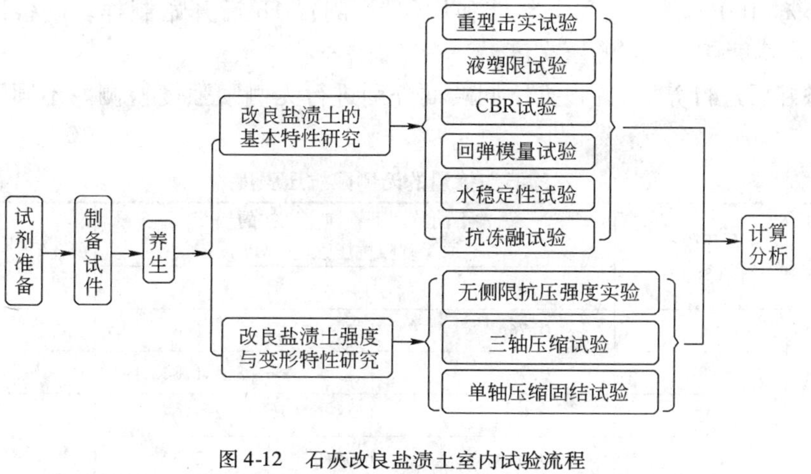

图 4-12　石灰改良盐渍土室内试验流程

试验时所有材料：土料为沿线代表性土样，其物理性质见表 4-10、表 4-11。石灰选用唐山市水泥厂生产的石灰，其物理化学指标见表 4-12。

选择有代表性风干土料，用木锤和木碾捣碎，并通过 2mm 筛。在试验前 1d 测定其风干含水率、含盐量。然后，按比例制成小 3% 的含水率浸润土料、拌和均匀，放在密闭容器内浸润 4～12h。

土料基本物理性质指标　　表 4-10

土样编号	比重 G_r	稠度指标			击实试验		粒度组成(%)	
		液限 W_L(%)	塑限 W_P(%)	塑性指数 I_p	最大干密度 ρ_d(g/cm^3)	最佳含水率 W(%)	0.074～0.005mm	<0.005mm
1 号	2.67	34.4	20.5	13.9	1.84	15.22	88.61	11.39
2 号	2.68	36.0	19.7	16.3	1.87	11.40	96.72	3.28

土料化学分析结果(单位 g/kg)　　表 4-11

土样编号	PH	CO_3^{2-}	HCO_3^-	Cl^-	SO_4^{2-}	Ca^{2+}	Mg^{2+}	K^+ 和 Na^+	易溶盐总量
1 号	8.33	0.016	0.189	9.381	0.333	0.185	0.356	5.433	19.6
2 号	8.60	0.013	0.306	0.668	0.209	0.079	0.035	0.502	2.0

注:1 号土样为中等氯盐盐渍土。2 号土样为非氯盐盐渍土

石灰颗粒组成及化学组成 g/cm^3　　表 4-12

	粒径(mm)				
颗粒组成	2	1	0.5	0.25	0.075
	100%	98.2%	95.6%	63.0%	89.5%
物理性质	密度		含水率		
	$0.98g/cm^3$		75.8%		
化学成分	CaO	MgO	活性氧化钙与氧化镁		
	52.16%	0.41%	52.57		

在制备试件之前,加入不同掺量的石灰并拌和均匀,在拌和过程中将预留 3% 的水加入混合料中,使其达到制件含水率。

制备试件时,盐渍土应磨细并过 0.5mm 筛,石灰过 1mm 筛,压实度分别分别为 90%、93%、94%、96%、100%。石灰和土料拌和均匀后,闷置 1h 后开始制样。制备试件要求的密度,等于最大干密度乘以相应的压实度。

试件制备好后进行养护,并根据不同龄期分别进行无侧限强度检测。不同石灰掺量试验结果详见表 4-13。

不同石灰掺量的无侧限抗压强度　　表 4-13

土样	石灰掺量(%)	不同龄期下不泡水试样的平均无侧限抗压强度(MPa)			养护 7d 第 6d 泡水试样强度
		7d	14d	28d	
K156 +970	6	0.76	1.23	1.67	崩解
	8	0.79	1.33	1.84	崩解
	12	0.92	1.45	2.03	崩解
K141 +850	6	0.64	1.64	2.54	崩解
	8	0.76	1.88	2.49	崩解
	10	0.85	2.06	2.98	崩解
K219 +700	4	1.38	3.24	4.30	微裂
	6	1.94	4.31	5.8	1.55
	8	2.08	4.92	6.33	1.63

续上表

土样	石灰掺量（%）	不同龄期下不泡水试样的平均无侧限抗压强度（MPa）			养护7d第6d泡水试样强度
		7d	14d	28d	
K114 +420	4	1.85	4.10	5.98	1.67
	6	2.34	5.42	6.35	2.18
	8	2.56	5.86	6.74	2.38

表4-13 中所示的 K219 +700（被交叉的丰碱路里程）、K114 +420 处的土样，均为弱盐渍土，采取不同石灰掺量进行固化。

从表4-13 中可以得出如下结论：

(1)石灰加固弱盐渍土能起到一定的效果，但是，如果盐渍土中硫酸根的含量过高，或者总易溶盐含量过高，石灰的加固效果就会明显降低，这一点尤其体现在它的水稳性上。

(2)在石灰加固养护7d 后，泡水强度比不泡水前的强度有所降低，K219 +700 降低幅度约20%，K114 +420 降低幅度约10%，主要原因是石灰土的密实性不好，未水化的氧化钙吸水膨胀以及氯离子的易溶盐发生溶蚀造成强度降低。

(3)对于同一种盐渍土而言，在一定范围内提高石灰的掺量能够有效的提高石灰土的强度，尤其是早期强度，但这种效果在石灰掺量达到一定值时会出现下降趋势，并不呈单一的线性相关。

(4)由于两种盐渍土在盐分类型上的差异，以碳酸根含量为主的 K114 +420 盐渍土其早期固化强度要比以氯盐为主的 K219 +700 土优得多，碳酸根以碳酸钙的形式填充在石灰土颗粒孔隙中，增强土的致密性和黏结性。

(5)石灰土强度形成期，主要集中在7～21d 左右，约占最终强度的60%，这种早期强度较小的情况对施工是不利的。

2)第二试验方案：普通硅酸盐水泥固化盐渍土

在研究中所选用的水泥，系唐山水泥厂生产的42.5 级普通硅酸盐水泥，主要成分为硅酸三钙、硅酸二钙、铝酸三钙和铁铝酸四钙，各种矿物含量均符合国家标准。

试验中选取四种不同盐渍土，与不同水泥掺量相对应最大干密度和最优含水率制成试样，在不同龄期养生，然后检测无侧限强度，检测结果见表4-14。

不同水泥掺量无侧限抗压强度 表4-14

土样位置	水泥掺量（%）	最佳含水率（%）	试件质量（g）	不同龄期下不泡水试样平均无侧限抗压强度（MPa）			养护7d第6d泡水试样强度
				7d	14d	28d	
K156 +970	0	15.2	204	0.62	—	—	崩解
	6	16.3	210	0.85	1.02	1.35	崩解
	8	16.5	212	1.06	1.13	1.39	崩解
	10	16.8	216	1.01	1.22	1.36	崩解
	12	16.8	218	1.08	1.24	1.37	崩解

续上表

土样位置	水泥掺量(%)	最佳含水率(%)	试件质量(g)	不同龄期下不泡水试样平均无侧限抗压强度(MPa)			养护7d第6d泡水试样强度
				7d	14d	28d	
K141+850	0	14.0	206	0.48	—	—	崩解
	6	15.4	208	0.95	1.87	2.04	崩解
	8	15.4	212	1.18	1.85	2.09	崩解
K219+700	0	13.6	202	0.55	—	—	崩解
	6	16.3	210	1.36	2.32	2.86	1.15
	10	16.5	216	2.12	2.54	2.88	1.32
K114+420	0	13.9	203	0.41	—	—	崩解
	6	15.7	210	1.16	2.05	2.33	0.76
	8	16.0	214	1.21	2.18	2.45	0.78

从表4-14中知悉，用普通硅酸盐水泥固化盐渍土，虽然能起到一定的作用，与用其加固一般黄土相比，其效果相差甚多，例如，用掺量为8%的水泥固化一般黄土，养护7d强度可达6~8MPa，而且水泥固化的黄土遇水后强度还会略微增高，即水的软化系数大于1.0，而水泥固化的盐渍土，强度很低、水稳性很差，遇水5~6h后几乎完全崩解，剩余部分稍完好的试件，经过24h后也出现横向裂纹(图4-13)。

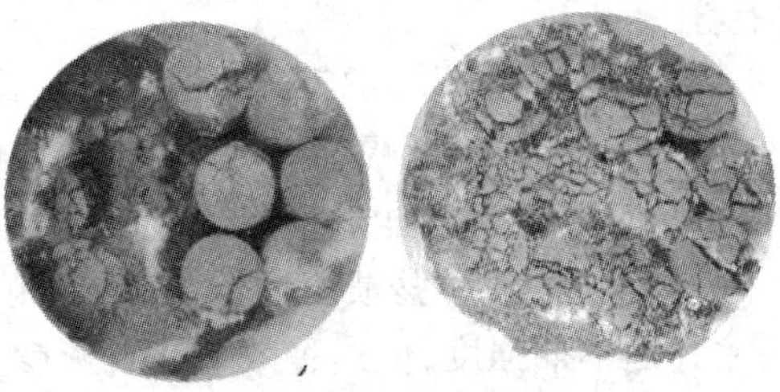

图4-13　水泥固化盐渍土试样泡水情况

由于水泥对盐渍土呈现双重作用，形成不完全的强度。因此，试样泡水后，水分极易侵入试样内部，使土颗粒内的易溶盐结晶被自由水带走，还有过量硫酸钠吸收水分使体积发生膨胀，于是原本强度不高的水泥土骨架在溶释和膨胀的共同作用下逐渐崩解。因此，盐渍土很难采取提高水泥用量来改善固化土的力学性能。要解决固化盐渍土所存在的问题，必须在以下几个方面加以改进：

- 加大钙离子浓度，同时提高前期钙矾石生成量；
- 增加硅酸钙的生成量，加大致密度，尽可能减弱盐分吸湿和溶蚀作用。

3)第三试验方案：KD固化剂固化盐渍土

针对石灰和水泥固化土存在的问题，选择以控制盐胀为突破口，本着“弃氯保硫，以强控胀”的原则，以无侧限抗压强度、CBR值为控制指标，结合沿海公路工程实际，由北京科技大学研制出固化剂配方，对盐渍土进行改性作为沿海公路路基填料。

二、KD固化剂研究与配制

KD固化剂与盐渍土土料混合后，可以扩大胶凝物质生成量，其硬化后可形成凝胶网络，并有足够强度和致密性，对渗透水起到有效地阻隔作用；再通过对硫酸根离子吸收，控制由其产生的盐胀和冻胀性能。

1. KD固化剂配制

KD固化剂配方：用细度达到一定要求的B、C和D三种材料，采用正交表选择各个因素水平，优化出各种材料合理的配合比方案，然后将其按优化出的比例拌和而成固化剂。

在上述三种材料中：

材料 B—土壤活化剂。

材料 C—以普通硅酸盐水泥的熟料与生料作为基料，以一定比例混合研磨而成。

材料 D—部分生石灰和高活性粉煤灰，将其拌和研磨并添加少量硫酸盐类激发剂、强碱性激发剂和保水剂。

KD 固化剂最终产品，按一定比例、掺合次序混合而成粉体材料，便于施工拌和，适合沿海地区含水率高的盐渍土。特别对强盐渍土路段，通过改变掺量都可取得满意的效果。

2. KD 固化剂配合比选择

KD 固化剂是由多种材料（因素）组合而成的，其各种材料比例，通过实验采用正交检验而优化出的。正交表中的因素和水平，对于 KD 固化剂中的因素，是指直接影响其固化效果的材料。水平则是各材料具体用量。

KD 固化剂中材料 B、C 与 D 不得长时间混磨。结合各因素性质与成本，分别选取出各因素的水平，列入表 4-15。

KD 固化剂改性盐渍土所涉及材料（因素）和用量比例（水平） 表 4-15A

因素水平	A 土的种类	B(%)	C(%)	D(%)	E(%)，压实度
1	强	0.8	2.2	1.0	90
2	中	1.0	2.8	1.3	92
3		**1.2**	3.2	1.6	94
4		1.4	3.6	1.8	96
5		1.6	**3.8**	**2.0**	98

为了优化盐渍土改性方案，选择沿海的强、中等级的盐渍土，按照表 4-15A 列举的因素，分别做过 25 次 KD 固化剂改性试验，获得最大干密度与最优含水率和相应 7d 和 7d（浸水）无侧限抗压强度试验 25 组，试验结果列于表 4-15B。

表 4-15B 中每个数据均是一组数据的平均值，即：每组数据是在相同因素下，制备出 12 个试件（浸水和不浸水的各 6 件），在标准条件下进行养护，测得 7d 和 6d + 浸水 1d 试件的无侧限抗压强度。

KD 固化剂改性盐渍土测得最大干密度和最佳含水率及相应的无侧限抗压强度 表 4-15B

试验号	$\rho_{d\,max}$(g/cm^3)	W_0(%)	7d 强度(MPa)	7d 强度(MPa)(6d 浸 1d)
1	1.88	14.6	2.13	1.07
2	1.88	15.1	3.24	1.62
3	1.89	15.5	3.85	1.87
4	1.91	16.1	4.11	2.01
5	1.91	16.6	4.35	2.08
6	1.89	15.3	4.15	2.10
7	1.90	15.6	4.92	2.46
8	1.93	16.6	4.96	2.48

续上表

试验号	$\rho_{d\,max}$(g/cm³)	W_0(%)	7d 强度(MPa)	7d 强度(MPa)(6d 浸 1d)
9	1.89	15.8	4.45	2.43
10	1.88	15.1	3.62	1.81
11	1.90	15.9	4.62	2.31
12	1.89	15.2	4.53	2.27
13	1.89	15.5	4.95	2.58
14	1.87	14.9	4.23	2.12
15	1.89	15.5	3.72	2.26
16	1.90	15.6	4.83	2.52
17	1.91	16.0	4.71	2.36
18	1.88	15.0	3.95	1.98
19	1.89	15.2	4.54	2.37
20	1.88	14.8	4.75	2.38
21	1.92	16.1	5.18	2.69
22	1.89	14.4	4.45	2.23
23	1.88	14.8	4.21	2.21
24	1.90	14.7	3.82	2.06
25	1.91	16.2	4.61	2.31

然后，根据表 4-15B 中的试验资料，选用 $L_{25}(5^{\circ})$ 正交表进行优化检验（检验过程从略）。选择出最优方案为：B 为 12%、C 为 3.8%、D 为 2.0 方案。

三、KD 固化剂改性盐渍土工程性质分析

按照上述研究配制的 KD 固化剂掺入盐渍土进行改性后，经试验证明，明显地改善了盐渍土各种性能。

1. 改性盐渍土塑性指标

在取土场的盐渍土中，掺入 3% ~5% KD 固化剂后，其塑性指数变化在 16.5 ~14 之间，满足了沿海公路路堤填料的需要（表 4-16）。

KD 固化剂改性盐渍土的塑性指数检测表 表 4-16

取样位置	T5 段碱场西			T5 段沿海路北			T6 段沿 K219 +700		
KD 固化剂掺量	0	4%	6%	0	4%	6%	0	4%	6%
塑性指数 I_p	24.2	16.5	14	23	13	10.5	21.2	14.5	13.5

2. 改性盐渍土击实试验

按照《公路土工试验规程》（JTJ 051—93）规定，对改性盐渍土在电动击实仪上进行重型击实试验（图 4-14），击实功为 2 687.0KJ/m³。

击实试验目的，在于确定 KD 固化剂改性土的最大干密度和最佳含水率，以便于指导路堤填筑施工。

击实时分别按干法和湿法对掺入 KD 固化剂的弱、中、强盐渍土进行试验，并绘制出击实曲线（图 4-15）。

从4-15图中可以看出：干法击实的最大干密度较湿法击实大，而最佳含水率较湿法击实要小。

分析其原因：可能与土样初始含水率以及初始密度有关。这两者之差异，导致在击实过程中土在外力击实功作用下压缩变形曲线之别，进而影响成型后试样中土的颗粒大小、排列方式以及土结构上的迥别。

再者，如果被改性的盐渍土含盐量不同，无论采用干法还是湿法击实，由于含盐量增加，土的含水率一旦变化，击实曲线变化十分敏感，特别是在最高点附近±3%区间，变化更为明显，若用该区间的上的干密度变化量来表征这一特征，其公式可以表述如下：

图4-14 电动击实仪

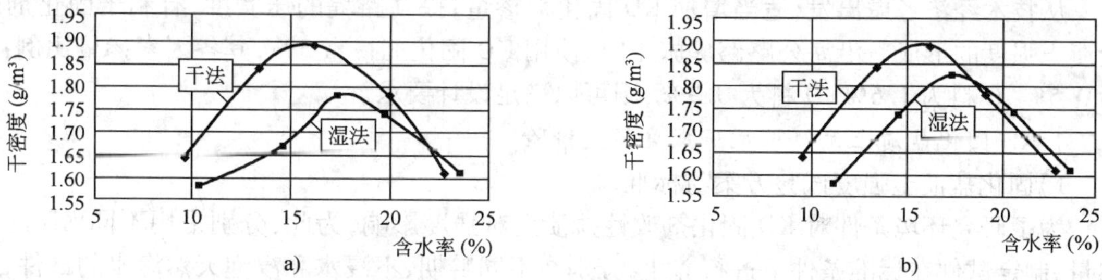

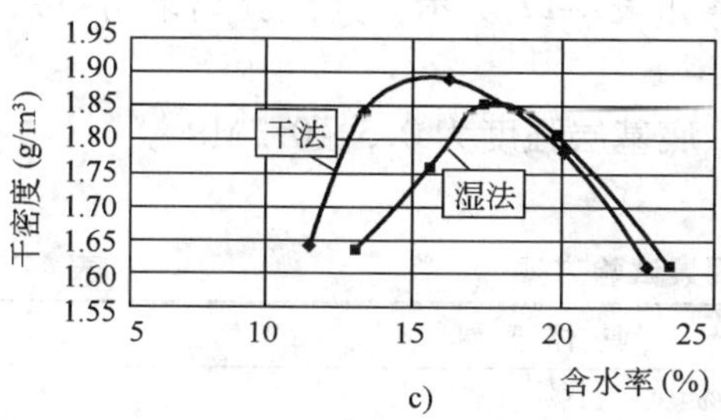

不同含盐量盐渍土 S_w 值

土类型	S_w		土类型	S_w	
	干法	湿法		干法	湿法
弱盐渍土	4.4	3.8	强盐渍土	7.8	7.1
中盐渍土	5.3	4.6			

d)

图4-15 KD固化剂改性盐渍土干法和湿法击实对比图

a）弱盐渍土改性；b）中弱盐渍土改性；c）强盐渍土改性；d）S_w 特征系数

$$S_w = \frac{2\rho_{d\max} - \sum\rho_{d(\max\pm3\%)}}{0.06}$$

式中：S_w——KD固化的盐渍土最大干密度对含水率的表征系数；

$\rho_{d\max}$——盐渍土最佳含水率对应的最大干密度；

$\sum\rho_{d(\max\pm3\%)}$——盐渍土最佳含水率浮动±3%范围内的干密度之和。对三种含盐量的盐渍土，按照上述公式计算的 S_w 列于图4-15d）。以供比较。

3. KD固化盐渍土压实度

在盐渍土中加入KD固化剂后，将发生一系列物理化学反应，连续生成结晶胶凝物质将土粒联结、固定。胶凝物质填充土的孔隙中，使混合料具有一定的结构强度和稳定性。如果压实度不足，混合料中孔隙过大，则胶凝物质结晶结构疏松，则会大幅度降低KD固化剂改性盐渍土的结构强度和稳定性。

为探讨KD固化剂改性盐渍土压实规律，在施工现场分别按98%、96%、94%、92%、90%

压实度分别制作成 Φ5cm × Φ5cm 的试件，分别测定其 7d 的抗压强度，并绘制成抗压强度与压实度关系曲线（图 4-16）。

根据图 4-16 中可知，KD 改性土盐渍土的强度，随其压实度的增长而增大，所以施工过程中严格控制压实度，并使之达到设计标准，可以保证改性盐渍土具有足够强度和良好的路用技术性能。

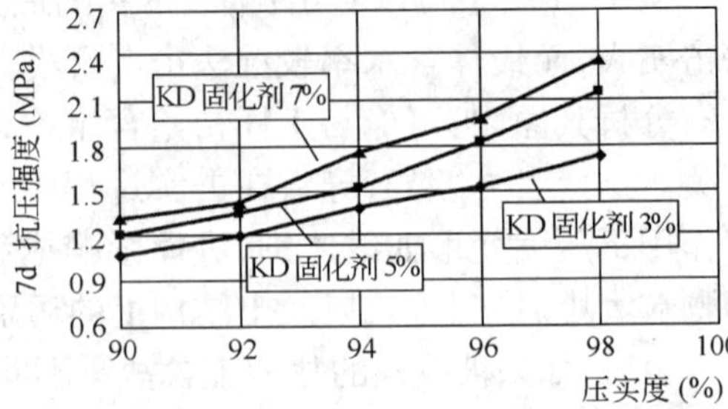

图 4-16　KD 固化盐渍土抗压强度与压实度关系曲线

总之，在盐渍土中掺入适量的 KD 固化剂后，可使盐渍土改性，获得良好的路用性能，并且随着 KD 固化剂含量的增多和龄期增加及压实度增大，CBR 值和回弹模量也相应的增长。因此，改性后的盐渍土可以作为高速公路路堤填料。

从技术经济考虑出发，适当增加 KD 固化剂掺量，提高路堤的压实度，有利于固化剂改性盐渍土强度的形成。沿海公路路堤施工时，使用 KD 固化剂掺量 3%，其各因素掺量比例：B 料为 0.5%、C 料为 1.6%、D 料为 0.9%，则可以满足设计要求。

4. KD 固化盐渍土无侧限抗压强度强度检验

1）固化盐渍土强度试验方案与标准

为了研究环境条件对 KD 固化剂改性盐渍土对强度影响，为此，分别采用不同 KD 固化剂掺量、制定试件在标准条件下进行养生，分别在不同龄期、不浸水和浸泡天然海水的试件，进行无侧限抗压强度、劈裂抗拉强度测试，具体试验方案如表 4-17 所示。其试验结果与石灰稳定土的无侧限抗压强度进行比较，其比较标准：

二级和二级以下公路，路面基层强度≥0.8MPa、底基层强度为 0.5～0.7MPa。

一级和高速公路的路面底基层强度≥0.8MPa。

改性盐渍土强度影响因素试验方案　　表 4-17

影响因素	具体要求
固化剂掺量	0、2%、3%、5%、6%、7%、8%、9%、11%
无侧限抗压强度	龄期取 7d、14d、28d，考察早期强度及水稳性，天然海水浸泡
劈裂抗拉强度	龄期取 7d、14d、28d 的劈裂抗拉强度
强度对比	7d 与 28d 强度比

2）KD 改性盐渍土无侧限抗压强度

按照表 4-17 列出的 KD 固化剂的不同掺量，分别对不同路段的盐渍土进行改性，制成试件养生后，按不同龄期进行无侧限抗压强度试验，并将试验检测结果分别归纳在表 4-18 中，同时绘制成 KD 固化剂掺量的无侧限抗压强度随龄期变化曲线（图 4-17），以便于进行直观对比和分析研究，探索其内在规律。

KD 固化剂固化盐渍土的无侧限抗压强度试验结果　　表 4-18

不同龄期强度	固化剂掺量（%）						
	0	2	3	5	7	9	11
7d 抗压强度　（MPa）	无法成型	0.82	1.56	1.88	2.38	2.63	3.11
28d 抗压强度　（MPa）	无法成型	1.73	2.59	2.93	3.41	3.64	4.21
7d/28d　（%）	—	46.2	60.2	64.2	69.8	72.2	73.9

3）分析研究

根据表4-18归纳的试验结果与图4-17描绘的无侧限抗压强度变化规律，可以看出：

（1）强度形成时间

KD固化剂改性盐渍土，其强度形成主要集中在前28d左右，其中7d的强度约占28d的55%～74%，在时间上其强度形成更趋于合理，与用普通硅酸盐水泥固化盐渍土相比，前者比后者显示出较好的早强效果。

（2）不泡水7d/28d强度比较

同一种土样，掺入不同量的KD固化剂，从不泡水强度曲线上可以看出：因掺入KD固化剂数量不同，7d强度变化比28d的明显，这是因为前期强度以A料为主致，它类似于水泥固化土随掺量变化情况，层次明显。

（3）KD改性盐渍土稳定分析

KD固化剂改性的盐渍土土样，明显地增强了水稳性，通过对7d试样泡水无侧限抗压强度检验，与不泡水试样强度比值在0.4～0.6之间，其原因是大量可溶盐遇水使得土间内摩擦角严重降低，仍存在未充分反应的硫酸盐的盐胀作用。

（4）不同盐渍土固化效果分析

对于不同盐渍化程度的土样，KD固化剂对弱盐渍土的加固效果优于强盐渍土，并且掺入量与强度的变化层次更为明显，固化效果比较显著。

（5）由于KD固化剂提供了高碱性环境，并且在外加剂激发作用下，明显地提高了试块的整体强度性能，尤其是7d强度更为明显，硫酸盐负面作用得到控制，通过生成钙矾石吸收硫酸根，以发挥其填充和挤密作用，克制起膨胀带来的负面作用，收到了明显的效果。

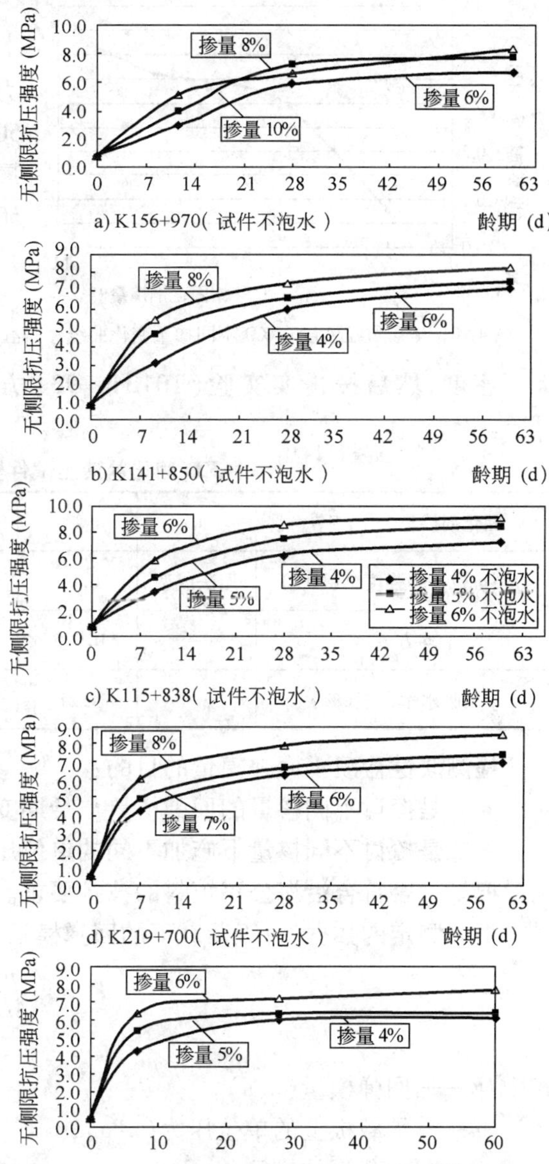

图4-17　不同盐渍土、KD固化剂不同掺量，无侧限抗压强度随龄期变化曲线

5. KD固化盐渍土劈裂抗拉强度检验

按照KD固化剂为0%、2%、3%、5%、7%、9%、11%等7种掺量，对盐渍土进行改性研究，制备成标准试件，同无侧限抗压强度检验条件一样，依据《公路工程无机结合料稳定材料试验规程》（JTT 057—94）规定，对试件在标准条件下养护7d，然后进行劈裂抗拉强度检验，其试验结果见图4-18及表4-19。

从表4-19和图4-18中，可以直观看出，试件的劈裂抗拉强度，随着KD固化剂掺量的增加而增大，特别是掺量由2%增加的5%时，劈裂抗拉强度增加十分明显。

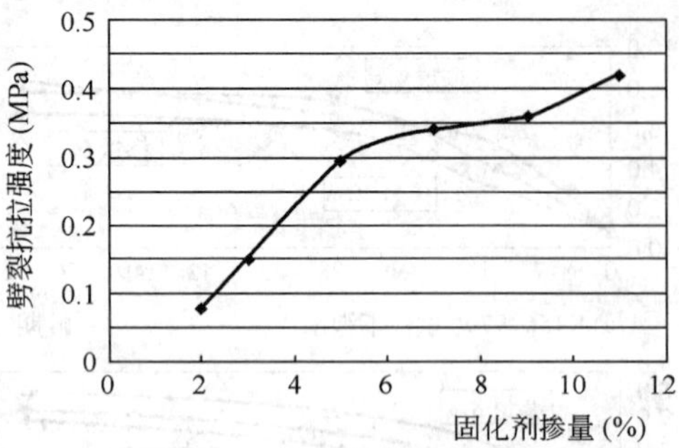

图 4-18 劈裂抗拉强度与 KD 不同掺量变化曲线

6. KD 固化盐渍土回弹模量检验

KD 固化盐渍土的回弹性模量，采用杠杆压力仪法进行检验，最大压力 1500N；承压板直径 50mm、高 80mm；试筒内径 152mm、高 170mm 的金属圆筒；套环高 50mm；筒内垫块直径 151mm、高 50mm；千分表两块，秒表一只。

在制备 KD 固化剂改性盐渍土试件时，KD 固化剂掺量采取 3%、4%、5%、6%，根据工程需要选择重型击实法，检测出最佳含水率和最大干密度，然后按击实实验（T0131—93）方法制备成试件，在标准条件下养护 7d 后进行试验。

KD 固化盐渍土试件劈裂抗拉强度试验结果 表 4-19

固化剂掺量 （%）	0	2	3	5	7	9	11
劈裂抗拉平均强度 （MPa）	无法成型	0.08	0.15	0.294	0.34	0.36	0.42
均方差	—	0.022	0.005	0.005	0.006	0.036	0.047
平均吸水率 （%）	—	4.21	3.72	3.62	2.31	2.22	1.23

检测改性盐渍土回弹模量的目的：

- 一是探讨不同掺量的回弹模量与龄期变化关系；
- 二是探讨不同掺量下施加不同的单位压力与回弹模量关系，以检验改性后的盐渍土的回弹模量是否符合沿海公路填料的技术要求。

根据测定的数据，每级荷载下的回弹模量，按下式计算出回弹模量值：

$$E = \frac{\pi pD}{4l}(1 - \mu^2)$$

式中：E——回弹模量（kPa）；

p——承载板上的单位压力（kPa）；

D——承载板的直径（cm）；

l——相应单位压力的回弹变形（cm）；

μ——改性土的泊松比，取 0.35。

对改性后盐渍土回弹模量检验结果，分别列于表 4-20A、B，并绘制出 KD 固化剂改性盐渍土回弹模量与龄期关系曲线，不同单位压力与回弹模量关系曲线（图 4-19、图 4-20）。

从回弹模量试验结果可以看出：KD 固化剂改性的盐渍土的回弹模量值大小，是随龄期增长而显著增大，7d 的回弹模量均在 450MPa 以上，完全满足路基用土在回弹模量上的要求。

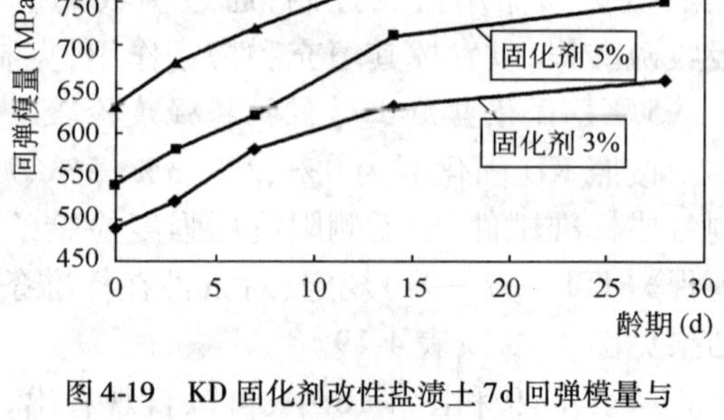

图 4-19 KD 固化剂改性盐渍土 7d 回弹模量与龄期的关系曲线

K141 +850、掺 6%KD 固化剂,7d 时回弹模量　　表 4-20A

单位压力(kPa)	量表读数(mm)				回弹变形(0.1mm)		回弹模量(kPa)
	加载		卸载				
	左	右	左	右	读数	修正后读数	
127	3.415	15.462	3.468	15.631	0.111	0.071	616 071
254	3.448	15.028	3.532	15.350	0.203	0.163	536 700
381	3.370	14.563	3.551	15.013	0.316	0.276	476 312
508	3.248	14.420	3.519	14.878	0.364	0.324	539 181
762	3.069	14.106	3.441	14.670	0.468	0.428	613 190
1 016	2.868	13.446	3.381	14.220	0.644	0.604	579 833
1 260	2.551	13.170	3.208	13.978	0.733	0.693	626 660

K219 +700、掺 4%KD 固化剂,7d 时回弹模量　　表 4-20B

单位压力(kPa)	量表读数(mm)				回弹变形(0.1mm)		回弹模量(kPa)
	加载		卸载				
	左	右	左	右	读数	修正后读数	
127	2.931	22.001	2.956	22.008	0.160	0.08	54 676
254	2.909	21.988	2.949	21.997	0.245	0.16	53 020
508	2.854	21.949	2.918	21.975	0.450	0.37	47 288
762	2.738	21.947	2.842	21.968	0.625	0.54	48 155
1 016	2.678	21.921	2.801	21.961	0.815	0.74	47 609
1 206	2.621	21.901	2.758	21.949	0.925	0.85	49 156
127	2.931	22.001	2.956	22.008	0.160	0.08	54 676

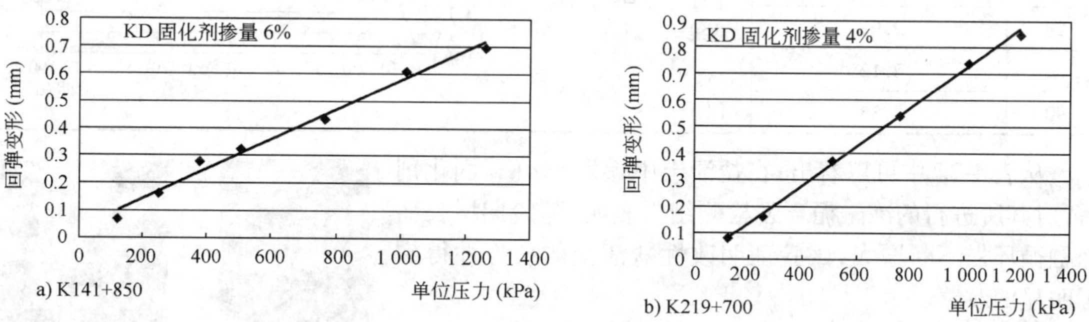

图 4-20　KD 固化剂掺量 6% 和 4%,单位压力与回弹变形关系曲线

7. KD 固化盐渍土耐久性检验

冻融循环抗压强度,是评价 KD 固化剂改性盐渍土的耐久性的重要指标,它表示在环境介质影响保持强度的能力。

1)冻融循环抗压强度

按 KD 固化剂掺量 5%,制备成改性盐渍土试件,养生 28d 测得的初始强度为 2.93MPa。然后,饱水 24h 开始进行冻融试验。先是将试件放入 -15℃ 的低温箱内保持 4h,然后在温度 25℃、湿度≥95% 的养护箱中融化 4h,至此为一循环,如此循环次数为 15 次,测得冻融循环强度,并绘制成冻融循环强度和冻融次数关系曲线(表 4-21)。在此期间内,还同步测量试件的无侧限抗压强度和质量。

冻融循环抗压强度结果检测表 表4-21

冻融次数	冻融循环强度(MPa)	冻融次数	冻融循环强度(MPa)
1	2.73	9	2.7
2	2.7	10	2.56
3	2.56	11	2.29
4	2.29	12	2.32
5	2.32	13	2.22
6	2.22	14	2.1
7	2.1	15	1.47
8	2.73	—	—

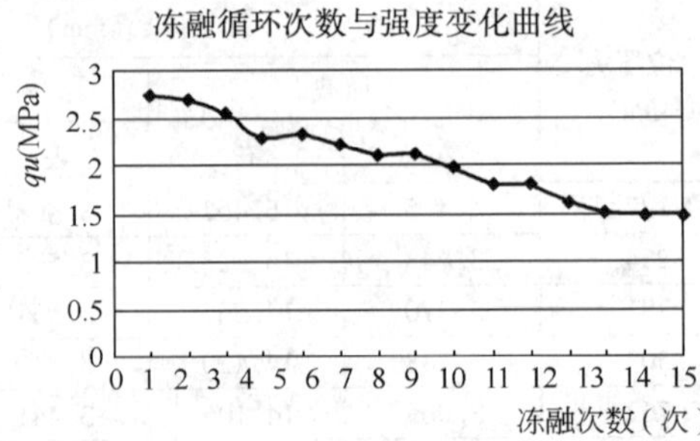

从表4-21中可以看出：KD固化的盐渍土，随着冻融循环次数的增加，其强度减低并不明显。经过15次冻融循环后，固化土从初始的2.93MPa降至1.47MPa，强度损失49.8%，这说明KD固化的盐渍土有一定的抗冻性能。

2）冻融循环强度与龄期关系

对于掺入5%的KD固化剂的化盐渍土，还在不同龄期的试件进行冻融循环强度检测。在冻融循环次数为15次后，检测其结果和绘制的冻融强度与龄期变化曲线一同列入表4-22。

冻融循环强度与龄期的关系试验结果 表4-22

龄期(d)	冻融强度(MPa)
3	1.5
7	1.88
14	2.37
28	2.93
60	3.12
90	3.35

左图：

系根据冻融循环检测结果绘制的强度与龄期的关系曲线

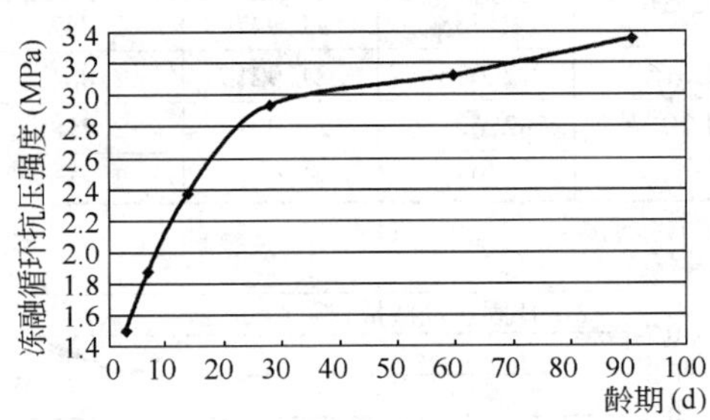

从表4-22中可以看出：在盐渍土中掺入5%KD固化剂后，对其所进行的冻融循环强检测结果表明，随龄期增长而冻融循环强不断增大，试验证明改性盐渍土的抗冻性得到了明显的改善。

3）改性盐渍土干缩和冻胀检验

沿海公路气候变化较大，冬季春季气候干燥，为保证公路建设质量，还对改性盐渍土进行干缩和冻胀检测。用掺入5%的固化剂的盐渍土，制备成试件养护7d，使用干缩试验仪器进行干缩检验（图4-21），其检测结果列入表4-23。

a) b)

图4-21 干缩仪进行干缩试验

a）检测原状土样；b）检测改性土

养护7d干缩率后测量结果表 表4-23A

土样		K114+420				K219+700			
固化剂KD掺量		0	4	5	6	0	4	6	8
养护7d的干缩率(%)	径向	0.64	0.36	0.25	0.19	0.86	0.31	0.23	0.21
	竖向	1.32	0.61	0.49	0.33	1.47	0.56	0.39	0.35

养护 7d 后冻胀率测量结果表　　表 4-23B

土　　样		K219 +700				K141 +850			
固化剂 KD 掺量		0	4	6	8	0	6	8	10
养护 7d 的冻胀率(%)	径向	1.06	0.68	0.59	0.52	1.85	0.94	0.86	0.65
	竖向	3.96	1.14	0.97	0.86	4.30	1.89	1.24	0.97

从检测结果表明:盐渍土试块各向异性表现的十分突出。其原因是:

在制作试件过程中,由于采用了固模压密,高度方向受到较快速的挤密压缩,土中水分经次主应力方向(接近径向)的孔隙由模具内表面挤出;鉴于盐渍土含有较多的盐量,于是造成了盐分颗粒在横纵两个主应力方向上分布的差异;另外,由于采用压样后立即脱模,在沿高度方向用千斤顶模出来的过程中,内壁摩擦力加剧了这种横纵向的差异,因而,在强度形成后出现横向变形较小而纵向变形明显的特点。

掺入 KD 固化剂的改性盐渍土,从检测的干缩率和抗冻胀效果来看,可以说明显地改善了盐渍土的对含水率以及温度的胀缩性能,如果合理控制固化剂 KD 掺入比例,配合适当的填筑高度,就可以达到路用要求。

4)饱水时间、饱水能力试验

众所周知,黏性土在较干燥的情况下具有相当高的力学强度,吸湿后则“软化”,使其强度显著的降低。因此,对于 KD 固化剂改性的盐渍土受到水浸泡后,其强度如何?这对维护路基稳定具有十分重要的意义。因此,固化盐渍土作为公路路堤填料,需将水稳性试验列为路堤耐久性研究的重点内容。

为模拟滨海高矿化度水环境,采用秦皇岛南戴河海水作为浸泡用水。从图 4-22 看出:KD 固化剂改性盐渍土后,经过 1d 泡水,无侧限抗压强度略有降低,但其后即使泡水时间增长,其强度变化并不明显,泡水 10d 强度基本维持在 2.8MPa 左右,而且试件外观完好、未出现崩解现象(表 4-24)。

a)　　b)

图 4-22　试件 7d 泡水强度对比

a) KD 固化盐渍土试件;b) 石灰固化盐渍土试件

KD 固化剂改性盐渍土饱水时间与无侧限抗压强度　　表 4-24

饱水时间(d)	无侧限抗压强度(MPa)
0	2.93
1	2.90
2	2.80
3	2.90
4	2.80
5	2.90
6	2.70
7	2.80
8	2.70
9	2.80
10	2.80

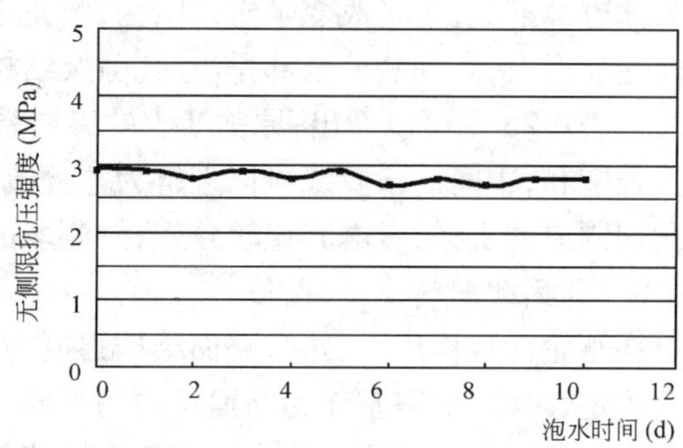

泡水时间与无侧限抗压强度曲线

相反地，养护 7d 后，浸泡 10d 安然用石灰固化的盐渍土试件，在同样养护的条件下，经过浸泡后却土崩瓦解。

5）KD 固化盐渍土渗透试验

土的渗透是水分在土中运动现象，表达这一现象的定量指标是渗透系数。一般地说，水渗透到土中，往往使细粒土的结构发生变化，失去承载能力。因此，对改性盐渍土需要检测其抗渗透能力。沿海公路按照《公路土工试验规程》（JTJ 051—93）规定，对 KD 固化改性的盐渍土，分别进行了渗透试验。其试验结果详见表 4-25。

渗透系数随时间变化表 表 4-25

时间（d）	原土渗透系数（10^{-7}cm/s）	固化土土渗透系数（10^{-7}cm/s）	渗透系数随时间变化曲线
4	2.1215	—	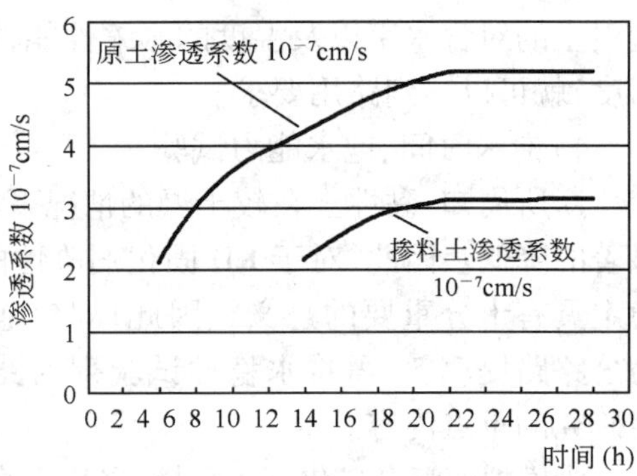
6	3.012 1	—	
8	3.584 7	—	
10	3.901 9	—	
12	4.213 4	2.163 4	
14	4.513 3	2.546 9	
16	4.815 6	2.871 1	
18	5.012 2	3.012 2	
20	5.184 2	3.121 5	
22	5.191 1	3.121	
24	5.192	3.112 6	
26	5.200 1	3.142 3	

水在土中渗透的全过程，可划分为 3 个阶段：浸润固体颗粒、排出土中气泡、水在孔隙中流动。在盐渍土中，起初盐分是以离子和晶体两种方式存在，盐溶液加大了水的粘滞性，对水的渗透产生一定阻力作用。此时，一部分盐颗粒充当土的骨架，另一部分填充土的孔隙。土中进水后，一直到盐溶液饱和为止，盐分在不断的溶解。随着渗透试验的持续进行，盐分不断的溶解，此时排出液体的盐浓度不断增大，孔隙的体积和横截面积也在不断增大；同时，充当骨架的盐晶体也被溶化，于是改变了土的结构，致使土结构开始松散，盐渍土的渗透系数也就随渗透时间逐渐增大，直到盐分全部排出，孔隙及结构不变为止。

从表 4-25 中可以看出：原盐渍土的渗透系数，在渗透曲线上的前一段多为直线，可以理解为土样饱和；中间一段直线可以理解为盐分流失，最后一段为稳定渗流。当盐渍土中掺入 KD 固化剂制成的土样，考虑其比较致密，故测取的数据时延长至 10h。

8. KD 固化盐渍土 CBR 值

在车轮荷载作用下，路基路面结构强度与刚度，除了与路面材料的品质有关外，路基支承起着决定性作用。路基作为路面结构的基础，其抵抗车轮荷载能力大小，主要取决于路面在一定应力级位下抵抗变形的能力。用于表征路基承载力的参数指标有回弹模量、地基反应模量和承载比（CBR）等。

CBR 值是指试料贯入量达 2.5mm 时，单位压力对标准碎石压入相同贯入量时标准荷载强度的比值。它是路基土和路面材料的强度指标，是柔性路面设计的主要参数之一。

在沿海公路建设中，使用不同掺量的 KD 固化剂，掺入盐渍土并在最大干密度和最佳含水率下，以 95% 的压实度为控制条件，采用击实法制备试件，试件尺寸为 Φ152mm × 120mm。然后，放入温度为(20 ± 2)℃相对湿度为 90% 以上的养生室中进行养生，对不养护和养护一定龄期的试件进行 CBR 试验，其试验结果见表 4-26 和图 4-23。

从表 4-26 中看出，随着 KD 固化剂含量增加，测得的 CBR 显著增加；随着养护龄期增长，CBR 值也增长。图 4-23 中 KD 固化剂含量为 3%、5% 和 7% 的改性盐渍土，其 CBR 值均随龄期的增长而增大，增长后的绝对值完全符合高速公路和一级公路路基填料的需要，并且随所填筑的路基的部位不同，对 CBR 要求也不同，只要合理调整 KD 固化剂的含量，就可以拌和成满足要求的填料。

KD 固化剂改性土 0 天 CBR 值结果　　表 4-26

混合料名称	配比 KD∶盐渍土	混合料 CBR 值
KD 固化剂改性盐渍土	0∶100	2.2
	3∶97	26
	5∶95	33
	7∶93	42

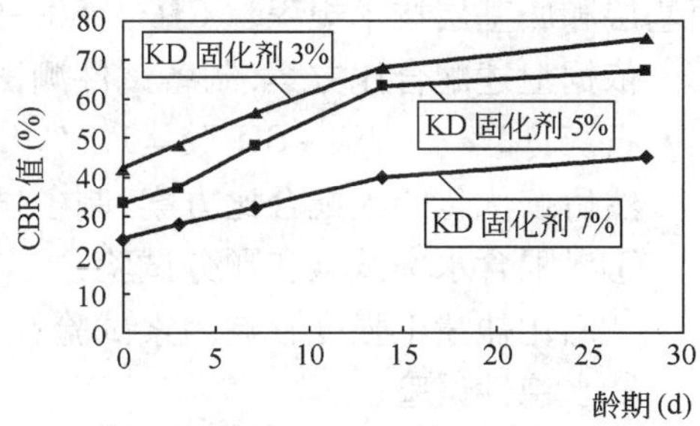

图 4-23　KD 固化盐渍土 CBR 与龄期关系曲线

第四节　SH 胶液固化盐渍土

SH 胶是一种液体固化剂，固体含量为 6%，比重为 1.09g/cm^3，它与土颗粒接触之后，发生化学作用、螯合作用、吸附作用和絮凝作用，使土形成一个不溶性的、富有弹性的、坚固的、网络状的凝胶整体，从而达到固化盐渍土的目的。在沿海公路建设中也用其固化盐渍土，并收到了预期效果。

一、SH 胶固化改性盐渍土试验方案

根据 SH 胶液体固化剂的特性，对用其改性的盐渍土的工程性质，沿海公路进行了一系列试验研究，从而选择最优配比方案。

试验方案：选用沿海公路上的中等盐渍土(粉质黏土)，制备试件进行了一系列相关试验。试验用的盐渍土和固化剂：

1. 中等盐渍土

塑性指数 12.9 ~ 16.3、含盐量 1.89% ~ 2.09%；

素土重型击实试验最大干密度 1.84 g/cm^3 ~ 1.88 g/cm^3，测得的最佳含水率为 14.4% ~ 15.2%。

2. 固化剂配合比

固化剂：SH 胶和石灰(石灰剂量分别为 4%、6%、8%、10%、12%)。

SH 胶 + 石灰配合比，拟定 5 种(SH 胶 + 石灰)配合比方式：

A. SH 胶 + 石灰 = 0.3% +10%；

B. =0.6% +10%；

C. = 0.9% +10%；

D. = 1.2% +10%；

E. =1.5% +10%。

3. 试验条件

(1)固化材料掺入量 = 固化材料质量/干土质量。

(2)龄期一般取 7d、14d、28d，掺 SH 胶的试件增加 3d，测试每个龄期试件浸水前后的抗压强度。

(3)制备试件用水和浸泡用水均为自来水。

(4)执行行业标准《公路工程无机结合料稳定材料试验规程》(JTJ 057—94)和《固化类路面基层和底基层技术规程》(CJJ/T 80—98)。

依据上述配合比方案，制备试件测试无侧限抗压强度，优选最佳固化方案为：

石灰:12%。石灰 + SH 胶 =1.5% +12%。

然后按优化的配配合比方案，制备试件进行以下试验：

①界限含水率试验和颗分试验；

②固化盐渍土强度影响因素试验；

③水稳性试验；

④抗冻性试验；

⑤抗剪强度试验；

⑥标准固结试验；

⑦波速测试试验。

二、SH 固化盐渍土性质室内试验

1. 界限含水率和颗粒分析

选用龄期 28d 无侧限抗压强度试验中被破坏的试件，用橡皮锤将其捣碎作试验用土，然后对其进行界限含水率和颗分试验。将试验结果与原土进行比较，探索盐渍土固化前后塑性指标和颗粒级配变化规律。试验结果见表 4-27、表 4-28。

固化盐渍土的界限含水率试验结果表 表 4-27

固化土类型	固化材料剂量	塑限 W_P	液限 W_L	塑性指数 I_P
原土	0%	20.5	34.4	13.9
石灰固化土	4%	21.0	35.5	14.5
	6%	22.6	34.0	11.4
	8%	23.0	35.6	12.6
	10%	24.2	35.5	11.3
	12%	26.0	35.8	9.8
SH + 石灰固化土	0.3% +10%	26.4	35.0	8.6
	0.6% +10%	26.0	34.0	8.0
	0.9% +10%	25.5	36.0	10.5
	1.2% +10%	26.8	36.0	9.2
	1.5% +10%	25.5	36.5	11.0

从表4-27中试验结果表明：经过固化的盐渍土塑性发生了明显变化，其中液限 W_L 基本保持不变，塑限 W_P 随石灰、水泥掺入量的增加而逐渐增大，塑性指数 I_P 则相应缓慢降低。

分析其原因：由于石灰水化作用，生成 $Ca(OH)_2$ 溶于水，在土颗粒周围形成了一个富含 Ca^{2+} 的碱性溶液环境，溶液中的 Ca^{2+} 与土中的 K^+、Na^+ 等离子发生离子交换反应，因而使双电层厚度减小，使黏土颗粒间的距离减小，相互靠拢，导致土的凝聚，从而引起土塑性的根本变化，改善了其工程性质。由于固化土中SH胶掺量很少，所以对固化土稠度指标的影响不十分明显。

固化盐渍土的颗粒级配试验结果表 表4-28

固化土类型	固化材料剂量	颗粒级配(mm)%					
		>2	2～0.5	0.5～0.25	0.25～0.075	0.075～0.005	≤0.005
原土	无	—	—	—	6.41	82.21	11.38
石灰固化土	4%	—	7.7	13.5	35.8	39.3	3.7
	6%	—	7.3	13.4	44.1	32.4	2.8
	8%	—	9.5	15.6	36.5	34.0	4.4
	10%	—	—	14.2	39.8	40.7	5.2
	12%	—	8.7	14.6	42.5	30.8	3.3
SH胶+水泥+石灰	0.3%+6%+4%	2.2	6.9	14.9	43.7	32.7	0.0
	0.6%+6%+4%	—	4.9	16.3	47.5	29.9	1.5
	0.9%+6%+4%	—	3.4	17.7	44.1	37.0	0.0
	1.2%+6%+4%	—	0.9	16.1	52.4	28.5	2.0
	1.5%+6%+4%	0.3	5.0	14.7	45.4	34.1	0.4

从表4-28试验结果看出，盐渍土与石灰、水泥和SH胶之间发生一系列物理化学反应后，原有粒度组成产生了变化：

细粒组(<0.074mm)含量相对降低，甚至不再含有黏粒；

粗粒组(0.25～0.074mm)含量明显增长。

但是，不同固化材料对土的粒度影响各异，石灰类固化土的粒度增长，主要集中在0.25～0.074mm范围内。水泥类固化土2～0.074mm范围内的颗粒含量增长明显，甚至出现了大于2mm的颗粒。

值得注意的是：筛分法所用土样均采用烘干土，试验结果只反映烘干后固化土的粒度组成，而固化土浸水后土粒间的胶结物会部分溶解，从而使原有的大颗粒转变为小颗粒，改变了固化土各粒组的含量。

盐渍土掺入固化材料后，引起原土粒度组成发生变化，分析其原因有以下两方面：

(1)石灰和水泥水化物及SH胶能对土颗粒起胶结作用，使土颗粒团粒化。

(2)当黏土颗粒周围介质的pH值增加到一定程度时，黏土矿物中的 SiO_2 和 Al_2O_3 的活性将被激发出来，与溶液中的 Ca^{2+} 进行反应，生成硅酸钙和铝酸钙系列产物，这些新矿物同样具有胶凝能力，它们包裹着黏土颗粒表面，与石灰和水泥的水化产物一起将细小的黏土颗粒凝结成大颗粒，这也是固化土中黏粒含量极少的另一个原因。

2. SH固化盐渍土工程性质试验

为了对比和分析石灰和SH胶改性盐渍土强度的影响，选择无侧限抗压强度为测试指标，测试其随着龄期、含盐量、浸泡用水和制样用水等四种因素的变化规律及影响程度。

1）试验方案：

选择固化土龄期：7d、14d、28d、90d，分浸水前后两种情况。

盐渍土含盐量：制备人工盐渍土，含盐量分别为0、0.3%、2%、5%、8%，分为浸水前后两种情况。

浸泡和试验用水：天然海水和自来水。

2）无侧限抗压强度试验

用石灰、石灰+SH胶固化土改性盐渍土制备试件，然后进行无侧限抗压强度试验，其试验结果见表4-29、表4-30。

石灰固化盐渍土无侧限抗压强度试验结果 表4-29

固化材料	无侧限抗压强度（MPa）					
	7d		14d		28d	
	未浸水	浸水	未浸水	浸水	未浸水	浸水
无	0.266	0.000				
4%石灰	0.398	0.000	0.455	0.000	0.497	0.000
6%石灰	0.494	0.396	0.719	0.451	0.865	0.592
8%石灰	0.612	0.461	0.955	0.678	1.100	0.786
10%石灰	0.732	0.500	1.178	0.887	1.379	0.947
12%石灰	0.868	0.510	1.373	0.982	1.416	1.128

SH胶+石灰固化盐渍土的无侧限抗压强度试验结果表 表4-30

固化材料	无侧限抗压强度（MPa）							
	3d		7d		14d		28d	
	未浸水	浸水	未浸水	浸水	未浸水	浸水	未浸水	浸水
10%石灰			0.732	0.500	1.178	0.887	1.379	0.947
0.3%SH+10%石灰	0.657	0.0	0.914	0.621	1.159	0.712	1.291	0.925
0.6%SH胶+10%石灰	0.699		0.973	0.671	1.148	0.759	1.462	0.983
0.9%SH胶+10%石灰	0.660		0.988	0.680	1.320	0.733	1.528	0.985
1.2%SH胶+10%石灰	0.702		0.993	0.694	1.385	0.781	1.521	0.980
1.5%SH胶+10%石灰	0.673		1.027	0.683	1.414	0.837	1.536	1.039

通过表4-29表4-30所归纳的无侧限抗压强度，显然掺入SH胶和石灰的改性盐渍土的强度，无论是浸水还是不浸水的试件，都高于只用石灰固化的强度，完全符合路堤填料的技术要求。

3. 固化盐渍土水稳性试验

黏性土在干燥情况下，具有相当高的力学强度，然后吸湿后“软化”，强度急剧下降，甚至失去承载能力。因此，从某种意义上讲，提高固化土水稳性要比提高土的结构强度具有更重要意义。为此，结合沿海公路工程实际，进行了以下试验，以期探讨其评价标准。

1）固化土饱水时间、饱水能力模拟试验

为模拟沿海地区高矿化度水环境，人工配制浓度为3.5%的盐水作为浸泡用水，并将取自长芦盐场的粗盐洗去杂质烘干，取35g溶于蒸馏水配成1 000mL盐溶液，用浸泡固化土试件；水面高于试件顶面2.5cm，饱水时间以1d为单位，从0d到10d，在此期间还需同步测量试件的无侧限抗压强度、含水率及TDS（单位溶液中所含溶解固体总质量，对盐渍土而言，主要是指溶液中所含溶解盐分总质量），分析固化土不同时间的饱水能力、强度随饱水时间变化规律。试验结果如图4-24～图4-27所示。

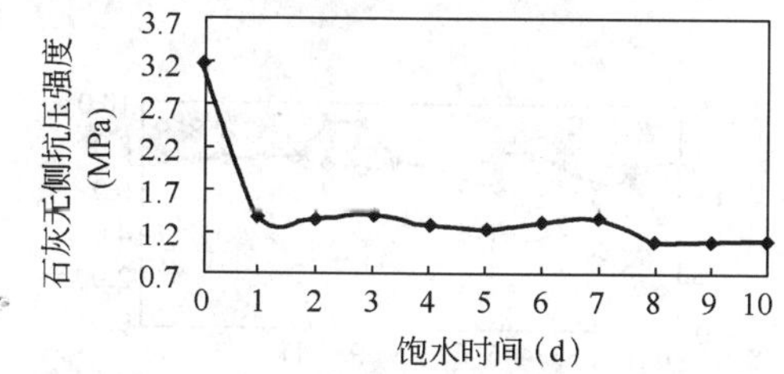

图4-24　石灰固化盐渍土无侧限抗压强度随饱水时间曲线

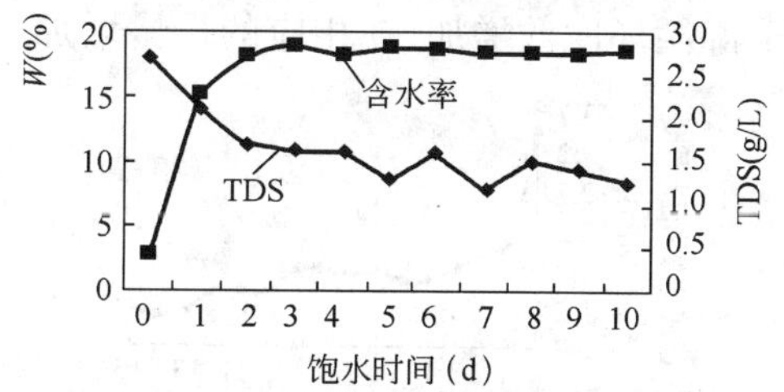

图4-25　石灰固化盐渍土含水率和TDS与饱水时间曲线（TDS单位体积液体中含盐量

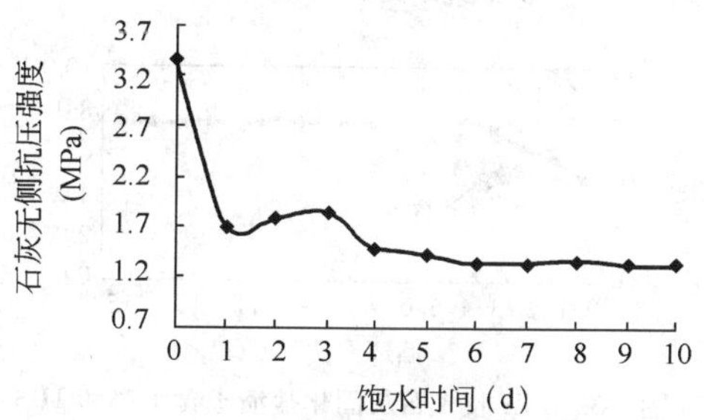

图4-26　SH胶＋石灰固化盐渍土无侧抗压强度随饱水时间变化曲线

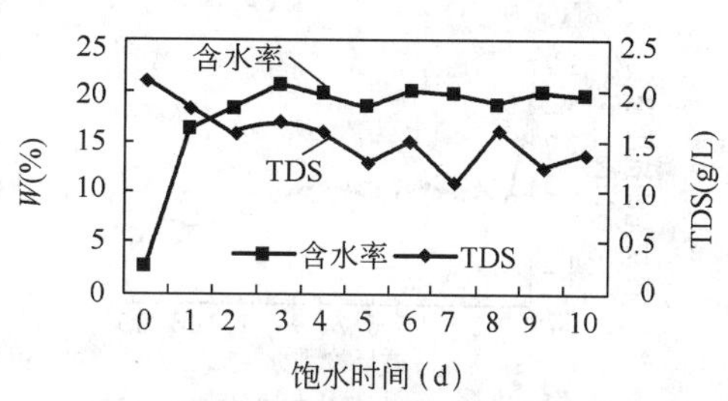

图4-27　SH胶＋石灰固化盐渍土含水率和TDS与饱水时间关系曲线

2）固化土干湿循环模拟试验

为探讨盐渍土固化后的毛细水作用，以评价提出评价水稳定标准和对策，为此对固化土进行毛细水试验。为模拟毛细水上升作用，在人工制备的盐水槽中，铺设上透水石，加水至透水石顶面以下约1mm，并保持水槽内水平稳。然后，将试件置于透水石上，在负孔隙压力作用下，试件通过透水石从水槽中吸水。

固化盐渍土试件，在毛细作用（负孔隙压力）下，“吸入”水槽中的人工盐水，盐分随毛细水进入试件，该过程称为吸湿过程。

吸湿后的试件再通过蒸发和风干作用，使吸收的水分散失，盐分也聚积在试件表面，形成一层盐壳，此过程称为风干过程。

按上述过程进行一系列干湿循环（图4-28）试验，即：以仿真路堤土失水—吸水循环过程。在循环的过程中，还需同步测量试件的无侧限抗压强度、含水率以及TDS。以此方式，对以下两方面的问题进行研究：

一是，研究干湿循环次数对固化盐渍土强度的影响；

二是，研究盐分在毛细水上升作用路堤中次生盐渍化状况。

图 4-28 风干过程

按照上述研究过程，测试出石灰、石灰 + SH 胶固化盐渍土的强度、盐渍化的变化过程，并绘制成变化曲线（图 4-29 ~ 图 4-32）。从变化曲线中可以看出：无论是石灰、还是石灰 + SH 胶固化的盐渍土，随着干湿循环次数增加，其无侧限抗压强度都在降低。浸泡 10d 后石灰固化土强度损失 65.5%，掺入 1.5% SH 胶与石灰固化土相比强度提高 20.6%。抗含水率和 TDS 随着干湿循环次数增加，亦相应的缓慢增加。

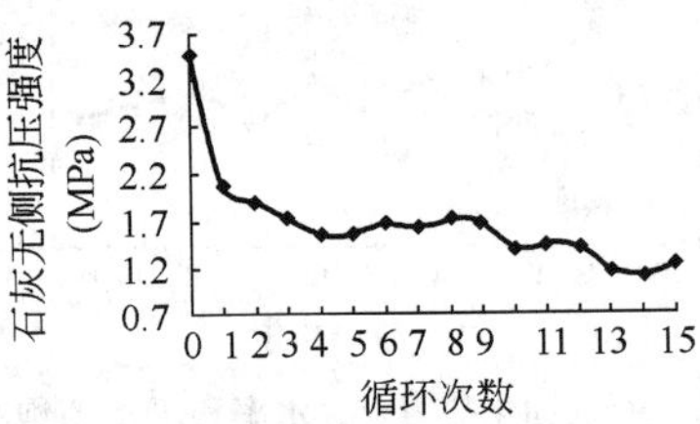

图 4-29 石灰固化盐渍土强度随循环次数变化曲线

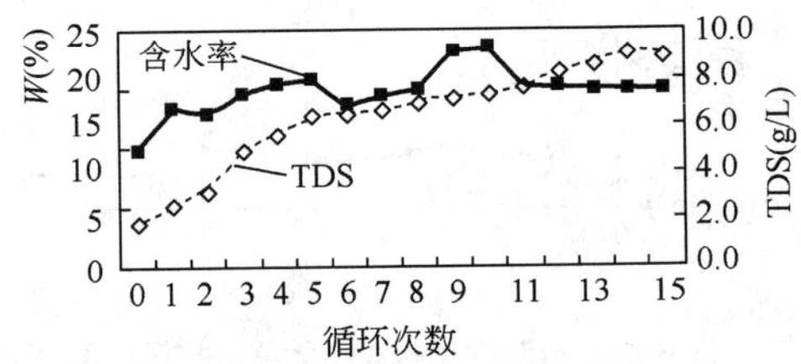

图 4-30 石灰固化盐渍土含水率和 TDS 与循环次数关系曲线

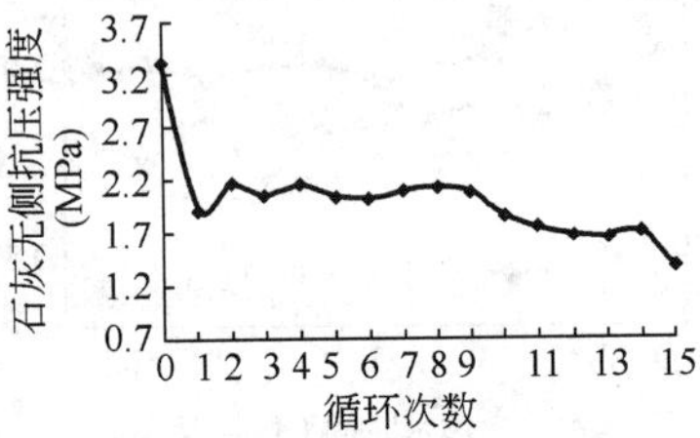

图 4-31 SH 胶 + 石灰固化盐渍土强度随循环次数变化曲线

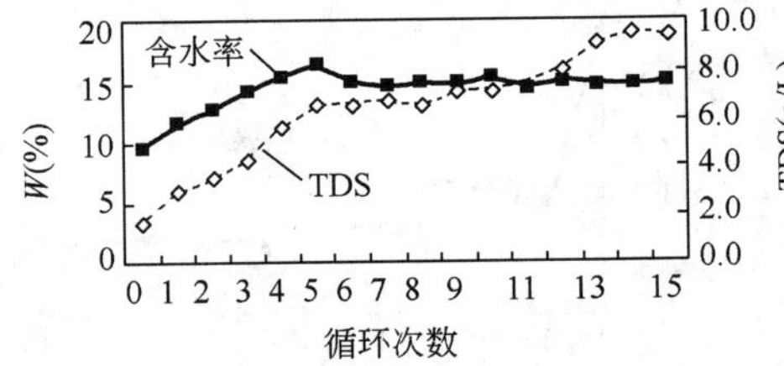

图 4-32 SH 胶 + 石灰固化盐渍土含水率和 TDS 与循环次数关系曲线

4. 固化盐渍土抗冻性试验

为研究石灰和石灰 + SH 胶固化盐渍土的耐久性性能，为此对其进行抗冻性试验。

用石灰和石灰 + SH 胶固化的盐渍土制备成试件饱水 24h 后开始进行冻融试验。

试验方法：将制备的试件，放入 −15℃ 低温冰箱 4h；然后，在标准养护箱（温度 25℃，湿度 95%）中融化 4h 为一循环，循环次数为 15 次，在循环冻融期间，还需同步测量试件的无侧限抗压强度和质量，并绘制出石灰、石灰 + SH 胶类固化盐渍土强度与冻融循环次数变化曲线（图4-33）。

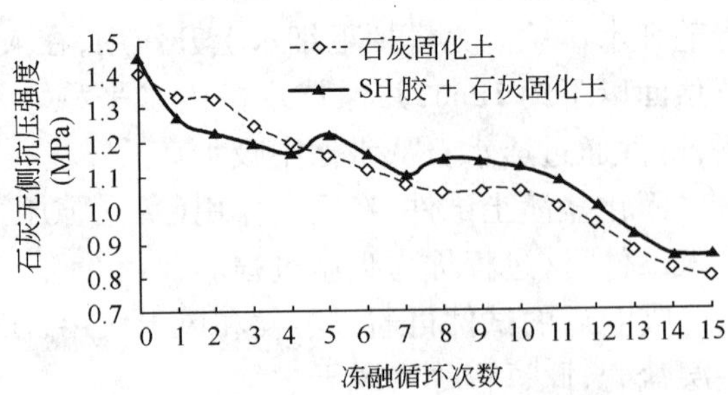

图 4-33 石灰、石灰 + SH 胶固化盐渍土强度随冻融循环次数变化曲线

从图4-33可以看出，石灰、石灰+SH胶固化的盐渍土，随冻融循环次数的增加，强度明显降低明显。经过15次冻融循环，石灰固化土从初始的1.409MPa降至0.795MPa，强度损失43.6%。SH－石灰固化土则从1.452MPa降至0.863MPa，强度损失40.6%。掺入SH的石灰固化土强度较普通石灰固化土提高了8.6%，说明SH可以在一定程度上能够提高石灰固化土的抗冻性能。

5. 固化土剪切试验

对石灰和石灰+SH胶固化的盐渍土制备的试件，各自分为饱和与非饱和两种试件，采用三轴不固结不排水（UU）剪切试验和直剪快剪试验两种方法进行试验。

试验方法：试件在保温室中保湿养生14d，需要做饱和的试件在龄期最后1d真空抽气饱和24h。

三轴不固结不排水UU剪切试验，在台式三轴仪上进行，剪切应变速率为0.36mm/min，围压分别取100、200、300、400kPa，以最大应变（取15%）作为控制试验终点的条件。试验中如出现峰值，再剪3%结束试验。

直剪快剪试验，在电动等应变直剪仪上进行，剪切速率为0.8mm/min，垂直压力分别取100、200、300、400kPa，只读取峰值强度。试验结果见表4-31和图4-34。

固化盐渍土的抗剪强度试验结果表　　表4-31

固化土类型			单　位	石灰固化土	SH胶+石灰	水泥+石灰	SH胶+水泥+石灰
固化材料掺量				12%	1.5%+12%	6%+4%	1.5%+6%+4%
三轴UU压缩试验	饱和前	c	kPa	159.6	161.2	253.6	228.9
		φ	°	33.4	32.0	32.4	34.0
	饱和后	c	kPa	140.6	154.1	218.0	290.8
		φ	°	23.4	20.7	29.7	24.0
直剪快剪试验	饱和前	c	kPa	108.4	123.2	245.6	219.1
		φ	°	37.8	39.2	35.4	35.2
	饱和后	c	kPa	94.4	125.2	214.6	213.8
		φ	°	36.4	28.9	26.8	30.6

由表4-31试验结果可知，试件处于非饱和状态（饱和前）时，固化土黏聚力c很高，达到159.6～253.6kPa。其中：石灰+水泥固化土高出石灰固化土50%左右，但是两者内摩擦角φ差别不大。由于饱和后的土颗粒吸水，颗粒间水膜变厚，使得内摩擦角降低。图4-34绘制的三轴摩尔圆与抗剪强度包络线也已证实，固化土的摩尔圆缩小，抗剪强度包络线变缓，内摩擦角φ降低许多，尤其是石灰固化土。固化土黏聚力c变化幅度相对较小。

与三轴UU试验得到的抗剪强度参数相比，直剪快剪试验测定的黏聚力c低于前者，内摩擦角φ则普遍偏高。直剪试验缺点是剪切面上应力分布不均匀，剪切面积随剪切位移的增加而减少，但计算时仍采用原来的面积，另外剪切面人为固定，并非试件中强度最弱的面，试验条件与实际不相吻合。所以，两种试验方法的结果有差异。

6. SH胶固化土固结试验

对SH胶固化土所做的固结试验，重点研究其压缩变形特性，可得到压缩系数a_v、固结系

数 c_v、压缩模量 E_s、回弹指数 c_s 等参数。该试验是在高压固结仪(配备数据采集系统)上进行的,同样也分为饱和与非饱和两种情况。

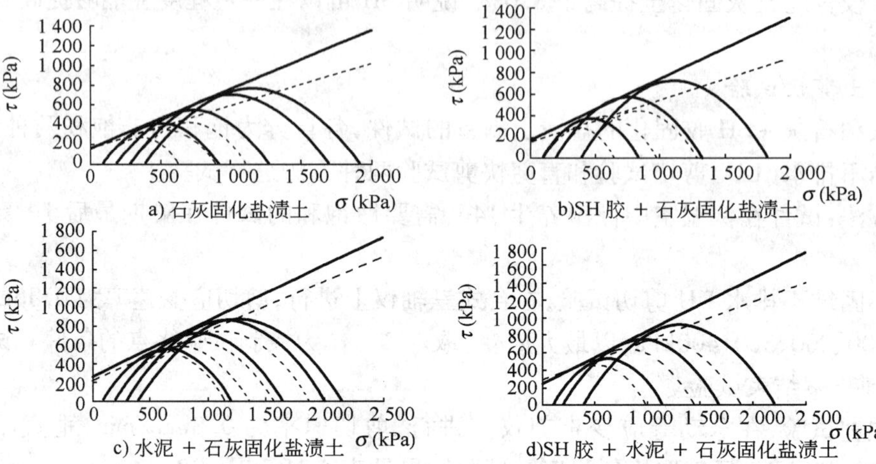

图 4-34　石灰、石灰 + 水泥、石灰 + SH 胶固化盐渍土三轴 UU 试验摩尔圆与抗剪强度包络线(实线表示饱和前的试件,虚线表示饱和后的试件)

试验时,试件需在保温保湿室内养生 14d,而饱和试件在龄期最后 1d 再真空抽气饱和 24h。试验时施加的压力等级为 50、100、200、400、200、100、50kPa,每施加(或卸掉)一级荷载 24h 后,待变形稳定后(系统自动判别),再施加(或卸掉)下一级荷载。试验结果见表 4-32、图 4-35和图 4-36。

固化盐渍土标准固结试验结果表　　表 4-32

固化土类型		单　位	石灰固化土		SH 胶 + 石灰固化土		SH 胶 + 水泥 + 石灰固化土	
			饱和前	饱和后	饱和前	饱和后	饱和前	饱和后
压缩模量　E_S		MPa	31.3	19.8	24.8	21.0	33.8	30.7
压缩系数　a_v		MPa^{-1}	0.053	0.084	0.067	0.079	0.049	0.054
固结系数 C_v	平方根法	10^{-3}	2.66	8.34	3.03	2.66	2.03	3.32
	对数法		2.73	0.35	0.277	5.64	0.09	5.42
压缩指数　c_c			0.024	0.033	0.029	0.030	0.020	0.020
回弹指数　c_s			0.004	0.007	0.004	0.005	0.004	0.004

由表 4-32 可知,固化土压实后在饱和之前的压缩模量 E_s 都很高,可以达到 30MPa 左右,压缩系数 a_V 均小于 $0.1MPa^{-1}$,属于低压缩性土。饱和后的固化土,石灰固化的盐渍土的压缩模量 E_s 降低 36.7%,而掺入水泥和 SH 胶的固化土降幅相对较小。

由图 4-35 看出,人工制备的 SH 胶固化盐渍土试件内部结构与天然土的结构不同,所以固结过程也明显不同。

固化的盐渍土最终沉降变形量,一般由两部分组成,即:瞬时沉降和固结沉降。

瞬时沉降:是指加载之后短时间内(1min 之内),由于土的结构网被破坏引起的沉降。

固结沉降:是指在荷载作用下,由于超孔隙水压力消散、颗粒重新排列,从而引起的极为缓慢变形。

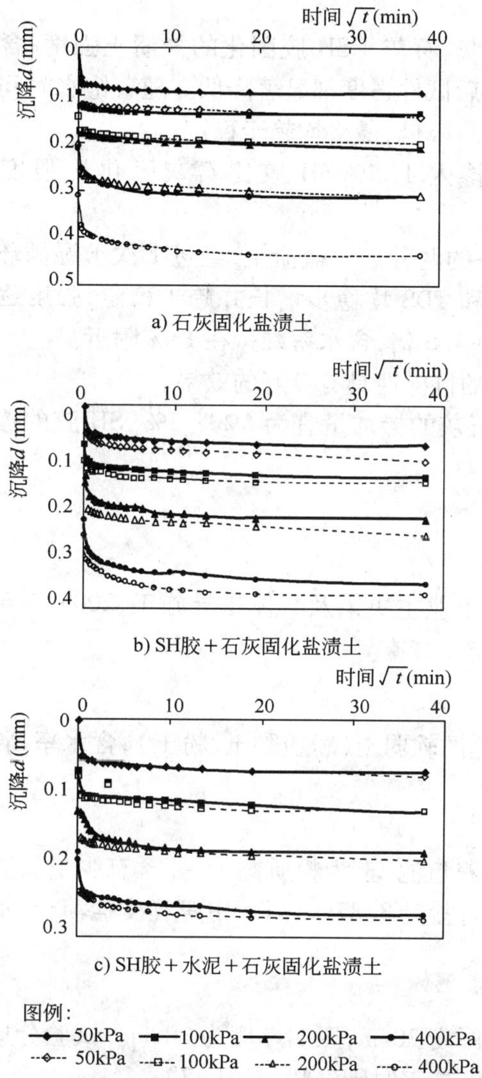

图 4-35　三种固化盐渍土的沉降与时间 d-$\sqrt{t}$关系曲线

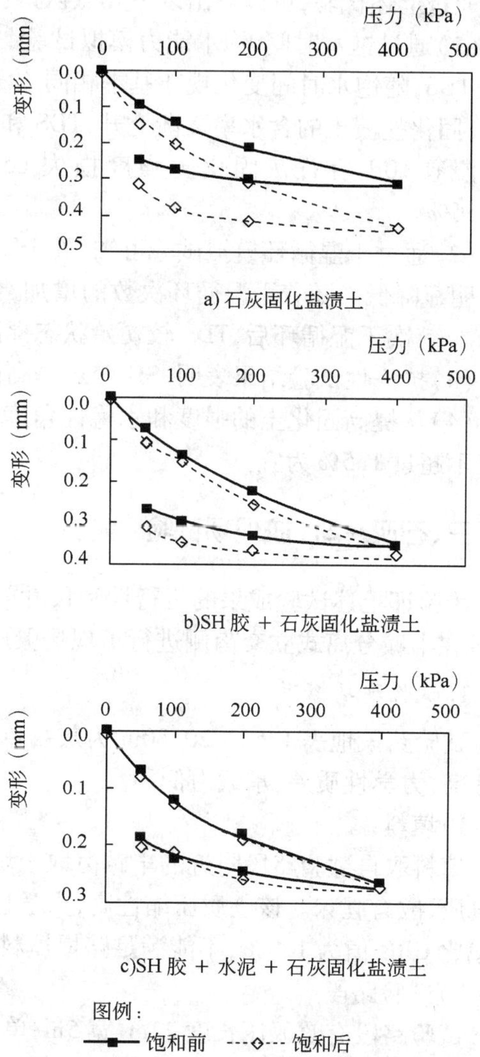

图 4-36　三种固化盐渍土的变形与压力关系曲线

所有固化的盐渍土试件，其饱水后都比饱水前沉降变形大，其中石灰固化的盐渍土为甚，其原因是：由于饱水后土颗粒间的胶结物部分溶解于水，土的结构被破坏而导致的。掺入水泥和 SH 胶的固化盐渍土，不但可以提高土骨架的强度，而且还可以改善土结构的水稳性，总体讲沉降变形量都很小。

由图 4-35 可以看出，在加载过程中，固化盐渍土沉降变形量随压力的增大而增大；在卸载过程中，随压力的逐级减少而产生回弹。这与一般土样加卸载时变形情况相同。对石灰固化土，其饱水前后沉降变形差异较大，而掺入水泥和 SH 胶的固化土，这种差异就很小。

此外，在试验中还对固化土波速进行了试验检测，力图探讨固化土随时间变化与波速之间的函数关系，在此不再详细阐述。

7. 石灰、石灰 + SH 胶固化土试验总结

通过上述试验,可以得出以下几点认识:

(1)通过饱水时间、饱水能力模拟试验,表明石灰、石灰 + SH 胶固化的盐渍土强度、含水率和 TDS,随饱水时间变化规律基本相同。浸泡 1d 后试件强度都显著降低。随着饱水时间的延长,固化盐渍土的含水率逐渐上升,TDS 和强度稳步降低,最终均趋于稳定。

浸泡 10d 后石灰固化土强度损失 65.5%,掺入 1.5% SH 胶比石灰固化土强度提高20.6%。

(2)通过干湿循环模拟试验可知,处于干燥状态的两种固化盐渍土,经过 1 次干湿循环后强度明显降低。随着干湿循环次数的增加,含水率和 TDS 均稳步增长并趋于稳定,强度逐渐下降。15 次干湿循环后,TDS 较初始状态提高 3.4 ~4.6 倍,含水率维持在 15% 附近。

(3)抗冻性试验结果表明,SH 胶对提高固化土的抗冻性具有良好的效果。

(4)从提高固化土的强度和水稳性角度考虑,石灰的掺加量宜为 6% ~8%,SH 胶的掺加量以不超过 1.5% 为宜。

三、石灰 + SH 胶现场试验

为验证上述试验成果的可行性和尺寸效应,便于业主决策及具体指导施工,2005 年 6 月 17 日在丰碱分离式立交南侧进行了现场碾压试。

1. 试验现场概况

试验路段地表 1.50 ~20.80m 为灰褐色、灰黑色的软弱土(粉质黏土、粉土),含水率高,压缩性高,力学性质差,承载力低。

1)填料

填料取自试验路段附近的丰碱卤取土坑,原为养鱼池,土为粉质黏土,并含有少量贝壳和有机质,散有腥味。该土质压缩性高,力学性质差,含盐量 3.87%,属于中等程度盐渍土,加州承载比 CBR 值为 1.9%,不能满足路堤填料的要求。

2)试验路段

试验路段有效碾压长度 22m、宽 5m,单层虚铺厚度 30cm,压实厚度为 20cm。试验分成两段:石灰改性土和石灰 + SH 胶改性土,分别长 11m。施工时天气晴、气温 27℃。

试验养护龄期:1 周、2 周、3 周、4 周、6 周;

2. 试验检测项目

(1)用环刀现场采集压缩、直剪及渗透试验样品,然后进行室内试验

(2)现场采取试块,室内加工成标准试件,进行抗压强度试验。

(3)试件分为原状土和浸水 1d 的两种状态,分别检测其力学性质随龄期的增长规律和软化特性。

(4)现场用灌砂法进行干密度试验(包括含水率测试),研究试验路段干密度均匀性及现场压实度。

(5)试验路段养护 4 周后,现场进行 CBR、弯沉、回弹模量检测。

根据前述室内试验表明,掺加少量高分子材料 SH 胶,可以提高固化土的强度、降低土的渗透性。固化的盐渍土遇水后,表现出良好的塑性和抗压强度、不分散。考虑到使用固化土作

为基底防渗层的要求,在现场碾压试验时选定 SH 胶液体掺入量为干土质量的 4%、石灰掺量为 8%。

SH 胶呈液体状,在水中稀释后喷洒于土中,使用机械均匀拌和,施工甚为方便。石灰均匀撒布在填料表面,用翻犁进行拌和均匀。

3. 现场碾压

使用铲运车和自卸汽车,将 $25m^3$ 土料运至试验段附近、摊开、进行晾晒,直到接近最佳含水率为止;试验的土料最佳含水率为 15.8%。

使用铲运车、推土机、路拌机和压路机等施工机械,其中压路机采用 XSM220 型振动压路机,工作质量 20t,振动频率 28Hz,激振力 350/200kN。施工工艺采用路拌法(图 4-37、图 4-38)。

图 4-37　平整混合料试验段

图 4-38　碾压成型试验路段

4. 施工过程

1)第 I 种结构: 8% 石灰 + 素土施工

用自卸卡车将选用土料运到路堤上,用路拌机反复将摊铺的土块进行强制破碎,直至土团粒小于填料最大粒径。然后,用推土机将填料摊平并粗整成规定的路拱,松铺厚度 0.3m。用洒水车均匀洒水,使土达最佳含水率。按质量百分比 8% 石灰人工撒铺。最后用压路机进行碾压,碾压遍数为 3 遍。

2)第 II 种结构:4% SH 胶 +8% 石灰 + 素土施工

填料翻晒、粉碎和摊铺同上,施工方法同上。

摊铺料的松铺厚度为 0.3m。按质量掺入百分比 8% 石灰,采取人工撒铺。掺入 4% SH 胶液体固化剂,用洒水车均匀洒于土中,再用路拌机拌和,整平已拌和均匀的混合料,最后用压路机进行碾压,碾压遍数为 3 遍。

5. 现场检测点布设

经过碾压合格的试验段,经一周时间养生之后,现场测定压实度、路面弯沉、回弹模量、CBR 等,以检验碾固化土工程效果。检测布置如图 4-39 所示。

1)压实度

试验路碾压成型,养护 1 周后,即 2005 年 6 月 24 日,用灌沙法检测固化土的压实度。测得 8% 石灰 + 素土的压实度为 95.4%,4% SH 胶 +8% 石灰 + 素土为 96.3%。满足上路堤要求的 95% 的要求。

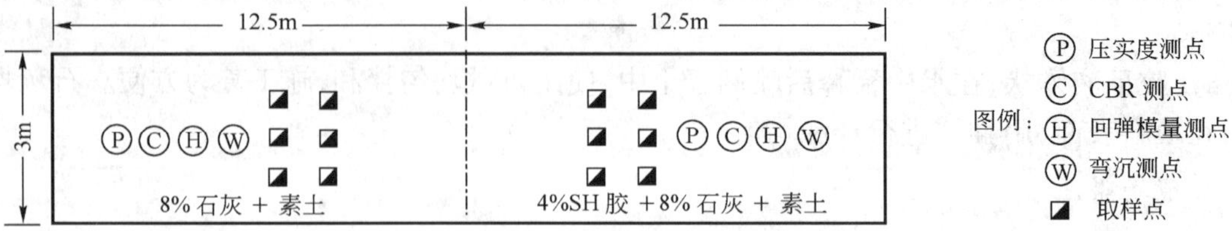

图 4-39　试验段现场检测种类与位置示意图

2）回弹弯沉值

回弹弯沉采用贝克曼梁法测试，试验路段养护 6 周后，采用试验车检测回弹弯沉值。试验车后轴为 10t 的东风加载钻探车（图 4-40），分别测试了 8% 石灰 + 素土段和 4% SH 胶 +8% 石灰 + 素土段两个测点，测得平均弯沉值为 0.32mm，标准差0.13，代表弯沉值0.51mm。满足路床顶部 200 ~250mm 的弯沉值要求。

图 4-40　现场弯沉试验

3）回弹模量

回弹模量采用承载板法，试验条件同上，测得结果：8% 石灰 + 素土段的回弹模量为 239MPa，4% SH 胶 +8% 石灰 + 素土段为 499 MPa，满足路床顶部 33 ~40MPa 的要求。

4）现场承载比 CBR

承载比 CBR 检测采用承载板法，试验时间和试验车同上。测得两个测点承载比值：8% 石灰 + 素土段的现场承载比 CBR 为 40% ，4% SH 胶 +8% 石灰 + 素土段的现场 CBR 为 30% ，远远满足上路床 8% 的要求。

通过对试验段的检测，路堤压实度满足高速公路路堤的要求，路面弯沉、回弹模量、现场承载比 CBR 都远远超过了路床顶部的要求。

5）室内检测结果

现场取回样品，在试验室内对固化土进行检测。室内试验分成两部分：

第一部分：对从试验路现场采取土块，测试其立方体抗压强度；用环刀采取的样品进行直剪试验、压缩试验、渗透试验、含水率、密度等物理力学性质指标的试验。

为检验试验路段的碾压效果，按照不同的龄期在现场开挖试坑、取样，研究相关物理力学指标随固化材料类型、固化龄期的变化规律。

第二部分：在室内完成土的基本物理力学性质试验、击实试验、各种改性配方的优化试验。选出经济性与实用性相匹配的配方，利用现场碾压试验路段相同的土料、石灰及 SH 胶进行室内无侧限抗压强度试验、压缩试验、三轴 UU 试验、劈裂试验、渗透试验、CBR 试验、崩解试验等。

（1）现场碾压路堤采集试块在室内试验

按照 1 周、2 周、3 周、4 周、6 周的龄期，分别从路堤现场采集试样，在室内进行试验，其试验结果见表 4-33 和表 4-34。

现场试验路堤土试块的力学性质试验结果表 表 4-33

序号	固化配比	周期	直剪试验				渗透系数 K (20×10^{-6}cm/s)	压缩模量 Es_{1-2}(MPa)	
			黏聚力 c(kPa)		内摩擦角 Φ(°)				
			未浸水	浸水	未浸水	浸水		未浸水	浸水
1	第Ⅰ种	1	55	37	26	32	—	12.9	7.8
2	第Ⅱ种	1	61	41	54	36	5.34	15.3	9.6
3	第Ⅰ种	2	59	37	43	24	9.32	17.6	13.4
4	第Ⅱ种	2	68	42	59	39	4.25	24.2	21.3
5	第Ⅰ种	3	75	41	64	35	6.96	20.4	18.6
6	第Ⅱ种	3	78	45	71	41	1.12	26.2	23.4
7	第Ⅰ种	4	97	93	35	25	6.23	—	—
8	第Ⅱ种	4	100	92	33	27	1.24	—	—

注:1. 第Ⅰ种结构:素土 +8% 石灰;

2. 第Ⅱ种结构:素土 +8% 石灰 +4% SH 胶。

从表 4-33 试验数据看出,所测得的路堤试块各项指标均比较理想,但是,由于取样原因导致渗透系数偏大。

现场试验路堤试块的含水率、干密度及抗压强度试验结果表 表 4-34

序 号	固化配比	周 期	含水率(%)	干密度(g/cm^3)	试块抗压强度(MPa)	
					原始状态	浸水 24h 后
1	第Ⅰ种	1	14.1	1.84	0.46	0.10
2	第Ⅱ种	1	18.0	1.74	0.56	0.20
3	第Ⅰ种	2	16.0	1.80	0.42	0.11
4	第Ⅱ种	2	16.7	1.77	0.66	0.23
5	第Ⅰ种	3	14.5	1.62 *	0.65	0.25
6	第Ⅱ种	3	16.2	1.60 *	0.79	0.41
7	第Ⅰ种	4	15.4	1.69	0.67	0.38
8	第Ⅱ种	4	16.1	1.72	0.78	0.57

注:1. 带 * 干密度的探坑靠近外侧,碾压不密实;

2. 现场土块很难加工成规则的立方体,导致抗压强度数值偏低;

3. 余注同表 4-33。

从表 4-34 的试验数据可知,随着周期增长,试验路堤土的天然含水率和干密度变化不大,抗压强度也在逐渐增大。从第 3 周开始,固化土抗压强度增长开始缓慢,但是水稳定性有了极大提高。

(2)人工制样室内试验

从现场采集土样,在试验室内采取人工制备试件,对无侧限抗压强度、崩解、劈裂、CBR、压缩、渗透等试验,以资与现场所取得的试块进行分析比较,以便探讨的变化规律,用以指导固化盐渍土路基施工。

①无侧限抗压强度试验

仍采取与现场同样的固化改性结构,第Ⅰ种结构:以素土 +8% 石灰,按最优含水率为

16.8%，最大干密度为1.68g/cm^3 制样。第II种结构：以素土+8%石灰+4%SH胶制样，其他条件同施工现场，然后进行室内试验。对固化土无侧限抗压强度测试，其结果归纳为表4-35。

从表4-35中可知，第II种结构：素土+8%石灰+4%SH胶，与前述的相同结构的试验数据基本一致，这表明用SH胶对盐渍土改性是可行的。

固化土的无侧限抗压强度测试结果表(MPa)　　表4-35

序号	固化配比	1周		2周		3周		4周		8周	
		浸水	未浸水	浸水	未浸水	浸水	未浸水	浸水	未浸水	浸水	未浸水
1	素土	0	0.54	—	—	—	—	—	—	—	—
2	第I种	0.28	0.56	0.39	0.70	0.46	0.81	0.62	0.85	0.69	0.99
3	第II种	0.36	0.84	0.47	0.99	0.57	1.15	0.69	1.27	0.81	1.37

②崩解试验

在进行崩解试验时，未有单独制样，而是通过观察浸水后无侧限试件而得出的定性观察结果，浸水后的强度见表4-36。

崩解试验情况描述记录表　　表4-36

养护时间	土样配方	原试验编号	遇水后土样情况	完全崩解时间
1周	素土	624A崩1	迅速开始崩解	30min
1周	第I种	625B崩1	样品表面有气泡产生	24h未崩解
1周	第II种	626C崩1	样品表面有少量气泡产生	24h未崩解
2周	第I种	625B崩2	样品表面有气泡产生	24h未崩解
2周	第II种	626C崩2	样品表面有少量气泡产生	24h未崩解
3周	第I种	625B崩3	样品表面有少量气泡产生	24h未崩解
3周	第II种	626C崩3	样品表面有极少量气泡产生	24h未崩解
4周	第I种	625B崩4	样品表面有极少量气泡产生	24h未崩解
4周	第II种	626C崩4	样品表面无明显变化	24h未崩解
60d	第II种	625B崩60	样品四周开裂	24h未崩解
60d	第II种	626C崩60	样品四周开裂	24h未崩解

注：表中土样配方：第I种为素土+8%石灰；第II种为素土+8%石灰+4%SH胶。以下遇到的土样配方，凡是未注明的均如此。

使用现场采集的固化土料，在试验室内制备成试样，经过养护1~4周后，第I种和第II种试样同样浸水后，经过观察比较，发现掺有SH胶的第II种试样表面气泡少。除素土浸泡30min完全崩解外，其余试件浸泡24h均未发生明显开裂现象。但养护周期为60d的两种配方的试件浸水后均出现明显的四周开裂现象，未掺胶的试件开裂程度更严重，分析认为养护期间试件失水过多导致开裂。

③试样劈裂试验结果(表4-37)。

固化土劈裂试验的抗拉强度测试结果表(MPa)　　表4-37

序号	固化配比	1周		2周		3周		4周		8周	
		浸水	未浸水	浸水	未浸水	浸水	未浸水	浸水	未浸水	浸水	未浸水
1	素土	—	0.28	—	—	—	—	—	—	—	—
2	第Ⅰ种	0.28	0.58	0.49	0.79	0.57	0.94	0.61	1.04	0.64	1.08
3	第Ⅱ种	0.36	0.68	0.59	0.95	0.71	1.02	0.80	1.10	0.81	1.21

④CBR试验结果见表4-38。

固化土的CBR试验测试结果表(%)　　表4-38

序号	固化配比	1周	2周	3周	4周	8周	12周
1	素土	2.4	—	—	—	—	—
2	第Ⅰ种	22.8	34.3	39.7	43.1	47.1	47.7
3	第Ⅱ种	24.5	44.4	49.7	55.1	58.6	58.3

⑤三轴压缩试验结果见表4-39。

固化土的三轴压缩试验结果表　　表4-39

序号	固化配比	1周		2周		3周		4周		8周	
		c(kPa)	Φ(°)	c(kPa)	φ(°)	c(kPa)	φ(°)	c(kPa)	φ(°)	c(kPa)	φ(°)
1	素土	42	30	—	—	—	—	—	—	—	—
2	第Ⅰ种	102	37	124	35	123	46	113	47	245	32
3	第Ⅱ种	28	40	127	44	145	35	139	39	228	36

⑥压缩试验结果见表4-40。

固化土压缩系数 a_{1-2}(MPa^{-1})和压缩模量 Es_{1-2}(MPa)　　表4-40

序号	固化配比	1周		2周		3周		4周		8周	
		a_{1-2}	Es_{1-2}	a_{1-2}	Es_{1-2}	a_{1-2}	Es_{1-2}	a_{1-2}	Es_{1-2}	a_{1-2}	Es_{1-2}
1	素 土	0.112	13.25	—	—	—	—	—	—	—	—
2	第Ⅰ种	0.054	30.6	0.053	30.8	0.053	31.2	0.052	31.7	0.05	32.6
3	第Ⅱ种	0.051	32.2	0.049	33.4	0.048	34.5	0.047	35.0	0.045	36.8

⑦渗透试验结果见表4-41。

固化土渗透试验结果表($\times 10^{-7}$cm/s)　　表4-41

序号	固化配比	1周	2周	3周	4周
1	素土	10.8	—	—	—
2	第Ⅰ种	5.15	4.55	4.40	5.49
3	第Ⅱ种	4.51	3.66	9.44	9.32

6)为了研究不同SH胶掺量的石灰固化土的CBR值变化规律,遴选出适宜于不同工程部位的最佳配合比,并进行了一系列的CBR试验。根据试验路段检测结果,从无侧限抗压强度的角度来分析,SH胶的掺加量宜为0.9%～1.5%,石灰的掺加量宜为6%～8%。据此,制备

了 CBR 样品，按两者的不同掺量分别进行承载比试验，其试验结果见表 4-42。

不同掺量固化土 CBR 试验结果表(%) 表 4-42

序号	固化配比	1 周	4 周
1	素土 +0.6% SH 胶	8.8	—
2	素土 +0.9% SH 胶	12.3	—
3	素土 +4% 石灰 +0.6% SH 胶	10.0	22.3
4	素土 +6% 石灰 +0.6% SH 胶	17.4	28.8
5	素土 +8% 石灰 +0.6% SH 胶	22.3	37.1
6	素土 +8% 石灰 +0.9% SH 胶	22.9	40.0
7	素土 +8% 石灰 +1.2% SH 胶	22.1	42.7

根据试验结果，按照正交表进行检验，得出最佳配合比比为：素土 +6% 石灰 +1% SH 胶

6. SH 胶与石灰固化土研究结论

通过对表 4-35 ~4-42 试验数据分析，对于 SH 胶和石灰固化盐渍土可以得出如下结论：

1）素土试件浸水后 30min 完全崩解，而 SH 胶 + 石灰固化土试件浸水后仅有少量气泡产生，24h 无崩解现象。

2）SH 胶和石灰固化土的抗压强度、抗拉强度、抗剪强度、压缩模量均随养护龄期增长，前两周增长较快，后期增长缓慢。

3）SH 胶和石灰固化土的 CBR 值，从第 3 周开始增长缓慢，指标满足工程设计要求。掺加 SH 胶固化土优于单纯掺入石灰固化土。

4）掺加 SH 胶 + 石灰固化土，试件浸水后的强度损失较少，明显高于未掺胶的固化土，表明 SH 胶对提高强度和水稳定性有明显效果。

5）从试验结果综合比较，以 6% 的石灰和 1% 的 SH 胶掺加量的固化土为最佳配合比。

第五节　KD 固化剂改性盐渍土施工

一、改性盐渍土路拌法施工技术

1. 混合料配合比设计

1）土料要求

（1）凡能被粉碎的或原来松散的土，都可以用作固化类混合料的基料。

（2）土中石料最大粒径：包边土不应大于 30mm，底封层不应大于 40mm。

（3）土中石料的压碎值不得大于 40%。

（4）土中有机质含量（质量比）不超过 10%。

（5）土的检测方法，应符合《土工试验方法标准》（GB/T 123—1999）规定。

（6）对于固化类混合料用土，应采取代表性的试样，进行颗粒分析、液限和塑性指数、有机质含量、含水率、pH 值、压碎值等各项试验。

2）固化剂选择与技术要求

河北沿海公路所使用的固化剂是一种粉状土壤固化剂，其细度在 0.08mm 方孔筛上的筛

余量不应超过5%，使用时不得受潮结块。

固化剂由甲料与乙料混合均匀使用。甲料占20%、乙料占80%，施工中须严格按照照设计配方准确配料拌和。

KD固化剂适宜10℃以上的气温环境。气温若在10℃以下，特别是负温环境下使用时，其早强效果明显降低。

2. 固化类混合料配合比设计

(1)本配合比按内掺法设计，即盐渍土：固化剂 = 97:3。

(2)根据土的盐渍化程度，通过试验确定最适宜的固化剂材料和用量。

(3)固化类混合料配合比，应采用质量比，固化剂掺量参照表4-43范围内选择。

盐渍土地区路堤填料容许含盐量表 表4-43

路面等级	填料容许含盐量(%)		
	氯盐渍土及亚旅盐渍土	硫酸盐渍土及亚硫酸亚渍土	碳酸盐渍土
次高级路面	≤8	≤2	≤0.5
高级路面	≤5	≤1	≤0.5

注：公路路基施工技术规范(JTJ 033—95)中表5-2。

改性盐渍土作为以下填料时，其粉状土壤固化剂掺量分别为：

- 作为路面基层混合料中，粉状土壤固化剂占干土质量的5%～7%；
- 路面底基层，固化剂占干土质量的3%～6%；
- 路基底封层，固化剂占干土质量的3%～5%。

建议：

- 土中总含盐量为1%～1.2%时，加入固化剂3%～4%；
- 总含盐量为1.2%～1.3%时，加入固化剂4%～5%；
- 总含盐量1.3%～1.5%时，加入固化剂5%～7%。具体参量，可参照图4-41及表4-44。

为了便于施工，建议底封层统一固化剂加入量为5%。包边土，固化剂占干土质量的3%。

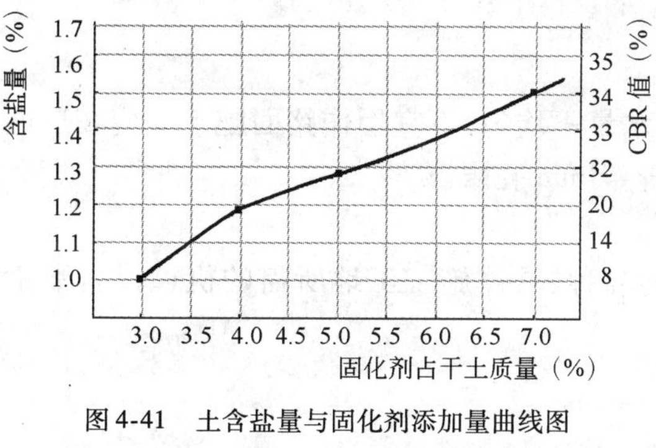

图4-41 土含盐量与固化剂添加量曲线图

固化剂添加量变 表4-44

应用范围	含盐量	固化剂添加量(%)
底封层	1.0～1.2	3
	1.2～1.3	4
包边土	1.0～1.5	6～7

(4)KD固化类混合料的最佳含水率和最大干密度，采用击实试验加以确定。

(5)KD固化类混合料作为路堤填料时，其最小CBR值和最大粒径要求应符合《公路沥青路面设计规范》(JTG D50—2006)的规定。

3. 施工作业准备工作

1)确定工艺流程(见图4-42)

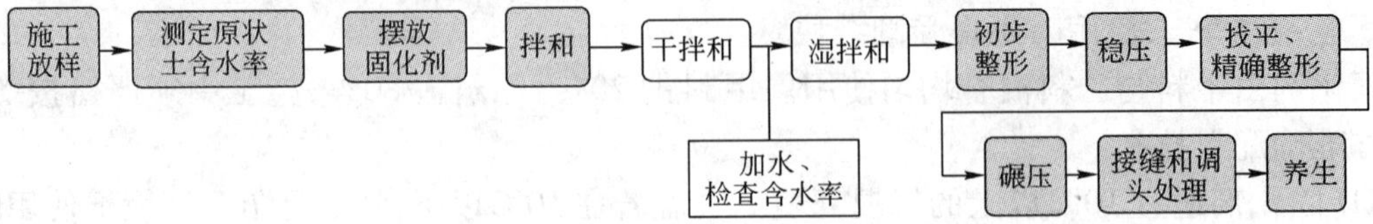

图 4-42　固化盐渍土工艺流程

2)施工作业准备

施工准备事项:同一般公路路面施工。

3)材料准备,计算固化剂用量

(1)根据材料的含水率和所用运料车辆的吨位,计算每车料的堆放距离。

(2)根据固化稳定土层厚度和预定干密度及固化剂量,计算每 $1m^2$ 固化稳定土需要的 KD 固化剂用量,并计算每袋固化剂的摊铺面积。

(3)根据固化稳定土层的宽度,确定摆放固化剂的行数,计算每行固化剂间距。

(4)根据每包固化剂的摊铺面积和每行固化剂的间距,计算每行固化剂的纵向间距。

4)水

一般饮用水或不含油质、杂质的干净水。

5)机具准备

(1)推土机;

(2)拌和设备。

①宝马拌和机

②农用机械:4 铧犁、缺口重型圆耙和平耙(或农用旋耕机),拌和设备可选择任意一种。

(3)碾压设备,碾压设备可根据固化土的厚度及压实度要求,选择几种设备,形成最佳组合。

①振动碾压机(静压时为 6 ~ 8t);

②双轮压路机 6 ~ 8t 一台,12 ~ 15t 一台。

(4)平地机

(5)水车 3.5 ~ 4t

常用的水车两侧应各有一个喷嘴,喷出的水量不均匀,不宜用作路面施工。应在后面改接一根 ϕ50mm、长约 2m 的水平钢管,管壁钻三排 ϕ4mm 孔眼。

(6)运料车

以上为本规程提供的施工机械设备组合的名称,具体施工工地所需的机械设备数量和人工数量,视按上述要求进行准备。

4. 施工工艺

1)摊铺

(1)底封层施工应采用分层铺筑的方法,并先通过一小段试验路确定回填土的松铺系数,松铺系数由现场实测。

$$松铺厚度 = 压实厚度 \times 松铺系数$$

每层松铺厚度,不得大于 25cm,压实厚度不大于 20cm。

(2)用人工、平地机或其他合适的机具,将土均匀地翻开在规定的宽度上,表面应力求平整。在翻开过程中,应将大于4cm以上的石块及其他杂物拣除。

施工长度应根据施工单位日进度的需要量为度,足够次日一天内完成加KD固化剂、拌和、碾压、成型。雨天施工,不可提前一天将土翻开。

(3)根据计算结果,将固化剂依不同路段、不同横、纵间距,摆放在回填土上打开固化剂袋,将固化剂倒在土上,并用刮板将固化剂均匀摊开。应注意使每袋固化剂的摊铺面积相等。固化剂摊铺完毕后,表面应没有空白位置,也没有固化剂过分集中的地方。

2)拌和

(1)干拌(不加水拌和)

用稳定土拌和机进行拌和时,拌和深度应达到稳定土的层底,并设专人跟随拌和机随时检查拌和深度,提示拌和机操作人员及时进行调整。

干拌通常应拌和3遍以上,若3遍仍未拌匀,可适当增加拌和次数。在最后一遍拌和之前,必要时可先用多铧犁紧贴底面翻拌一遍。

严禁在拌和层中留有"素土"夹层。

(2)在没有专用拌和机械的情况下,也可用农用旋耕机与多铧犁或平地机相互配合进行拌和(图4-43)。但应注意拌和效果和拌和时间不能过长,拌和时间一般不超过3h。

图4-43 农用旋耕机拌和混合料

先利用拖拉机牵引(悬挂)多铧犁,先从拌和段起点一侧边线插犁扶耕(向内翻)逐次耕到中心,再从另一侧边线插犁扶耕(向内翻)逐次到中心。与此同时,用重耙紧跟在犁过的土上拌和,拌和完毕后为第1遍。然后再从中心向外逐次搅耕(向外翻)到两侧,再用重耙拌和,此时为第2遍。如此重复拌和共4遍以上。每遍完成后应检查拌和深度,做到层与层之间不留空白。另检查拌和均匀性,如不均匀应增加拌和遍数。

(3)补充洒水

在上述拌和过程结束时,特别是用农用机械进行拌和的情况下,干拌完毕立即测定含水率,然后根据需要补充水量,加水量应控制在最佳含水率+2%范围内,且不低于最佳含水率。

- 粗粒土和中粒土比最佳含水率大0.5%~1.0%;
- 细粒土比最佳含水率大1.0%~2.0%。
- 应加的水量可按下式计算:

$$Q_w = 0.01 \frac{Q_n}{1 + 0.01W_n}(W - W_n)$$

式中:Q_w——混合料应加的水量(t);

Q_n——混合料中素土(或集料)的质量(t),其现场含水率含水率为W_n(%);

W——要求达到的混合料含水率(%)。

如果混合料的含水率不足,应用喷管洒水车补充,加水量需严格掌握,宜勤洒、细洒。洒水距离应有足够的长度,水车起洒处和另一端"调头"处都应超出拌和段长2m以上。洒水车不应在进行拌和的以及当天计划拌和的路段上“调头”和停留，以防局部水量过大。洒水车应连续作业，不得中途中断。

3）湿拌

（1）洒水后应再次进行拌和，使水分在混合料中分布均匀。稳定土拌和机械应紧跟在洒水车后面进行拌和，尤其在纵坡大的路段上应紧密配合。拌和遍数视拌和均匀程度而定，一般在2遍以上。

（2）使用农用机械拌和，利用拖拉机牵引（悬挂）多铧犁或耙也应紧跟在洒水车后面进行拌和，加湿拌和时间，不超过2h。拌和方法同干拌，一般需要2遍以上，使拌和料均匀一致，湿度一致。

4）检查调平，在干拌和湿拌过程中应随时检查：

（1）有无遗漏未拌和之处；

（2）固化土厚度、宽度、长度是否符合设计要求；

（3）固化砂土外观拌和均匀，色泽一致；

（4）含水率，可实测或以经验为准。

5）整形

（1）混合料拌和均匀后，应立即用平地机初步整形。

在直线段，平地机由两侧向中心进行刮平。

在平曲线段，平地机由内侧向外侧进行刮平。必要时，再返回刮一遍。

（2）先用拖拉机初整，再用平地机进一步整形，再碾压一遍。使用平地机或轮胎压路机，立即在初平的路段上快速碾压一遍，以暴露潜在的不平整。

（3）对于局部低洼处，再用平地机整平一次。应用齿耙将其表层5cm以上耙松，并用新拌的固化剂混合料进行找补整平。

（4）每次整形后都应使高程、坡度和路拱符合设计要求，同时接缝必须平顺。

6）碾压

（1）先进行小段试碾压，以此确定能达到质量要求的碾压遍数。然后根据路宽、压路机的轮宽和轮距的不同，制订碾压方案，以求得各部分碾压的次数尽量相等（路面的两侧应多压2～3遍）。

（2）整形后，当混合料的含水率等于或略大于最佳含水率时，立即用12t以上三轮压路机、重型轮胎压路机或振动压路机在路基全宽内进行碾压（图4-44）。碾压的技术要求同一般路面。

一般需碾压6～8遍，压路机的碾压速度，头两遍的碾压速度以采用1.5～1.7km/h为宜，以后用2.0～2.5km/h速度碾压。

图4-44 YZ18G压路机碾压混合料

（3）碾压完成的路段，必须妥善保护。严禁压路机械在其上“转弯”、“调头”和急刹车，以避免固化稳定土层表面的平整度遭到破坏。

（4）在碾压过程中，如发现下列问题应及时处理，处理后应达到质量要求。

①超高程或平整度不符合要求的，应及时翻松找补。

②松散开裂严重，可能是含水率过低或固化剂掺量少，应添加适量的固化剂及补洒水花，

禁止大量洒水；

③有软弹现象应翻开，掺入拌和好的干固化稳定土。

④在碾压结束之前，用平地机再终平一次，使其纵向顺适，路拱和高程及外形尺寸符合设计要求。终平应仔细进行平整，必须将局部高出部分刮除，对局部低洼之处，不再进行找补，待铺筑面层时处理。

7）接缝和“调头”处理

（1）两作业段衔接缝处理

同日施工的两作业路段的衔接处，应搭接拌和。第一段拌和后，留5～8 m不进行碾压。第二段作业时，前段留下未压部分，要再添加部分KD固化剂，重新拌和，并与第二段一起碾压。

（2）纵缝、端缝处理方法

每天最后一段末端缝，即为工作缝，其处理方法同一般二灰土基层施工方法。

（3）机械调头路段处理

在无可奈何的情况下，施工机械必须在成形的路段上“调头”时，应采取措施对“调头”部分进行保护。其保护方式建议如下：

在安排“调头”的成形部位，布设约长8～10m路段，先覆盖一张厚塑料布（或油毡纸），然后，在它的上面铺盖上约10cm厚的一层土、砂或砂砾。

第二天，摊铺固化剂及湿拌后，除去方木，用混合料回填。靠近方木未能拌和的一小段，应人工进行补充拌和。

整平时接缝处的固化稳定土，应较已完成端面高出约5cm，以便将“调头”处的土除去后刮成一个平顺的接缝。

整平后用平地机将塑料布上大部分土除去（注意勿刮破塑料布），然后人工除去余下的土，并收起塑料布。在新混合料碾压过程中，将接缝修整平顺。注意当天经过拌和、整形的固化稳定土，应全部压实，不留尾巴。

5. KD固化盐渍土养生

1）分层施工时，下层固化盐渍土养生

固化盐渍土分层施工时，下层固化盐渍土碾压完后，过1d就可以铺筑上层固化盐渍土，不需经过7d养生期。在铺筑上层之前，应始终保持下层表面湿润。为增加上下层之间的粘结性，在铺筑上层固化土时，宜在下层表面撒少量固化剂。

2）上层固化盐渍土养生

分层施工的KD固化盐渍土上层，应在每一碾压完成一段，并经压实度检查合格后，应立即开始养生，不应延误。

3）KD固化盐渍土养生方法

（1）砂层覆盖法

KD固化盐渍土养生方法可采用湿砂养生。也就是说，用7～10cm厚的砂层，均匀地覆盖上被养生的固化盐渍土路段上，立即洒水使砂始终保持潮湿状态。但不得用湿黏土覆盖。

（2）使用覆盖材料养生

KD固化盐渍土也可以用潮湿的帆布、粗麻布、草帘、不透水薄膜等其他合适的材料覆盖，养生结束后，必须将铺盖物清除干净。

(3)使用沥青乳液养生

KD固化盐渍土作为路面基层或底基层时，还可用沥青乳液进行养生。沥青乳液应选用沥青含量约35%的慢裂乳液，使其能透入基层几毫米深。沥青乳液的用量1.2～1.4kg/m^2。

用沥青乳液养生时，应分两次喷洒。乳液分裂后，宜撒布一层粒径3～8或5～10mm的小碎(砾)石，其撒布密度约60%的面积，也就是说，不完全用小碎(砾)石覆盖上，均匀覆盖程度达到60%的面积，即处于露黑状况。

养生结束后，沥青乳液相当于透层沥青，也可以其上立即(或第二天)做下封层，再利用下封层进行养生。

(4)其他养生方法

无上述条件时，也可用洒水车经常洒水进行养生。每天洒水的次数应视气候而定。整个养生期间，应始终保持固化土层表面潮湿，不应时干时湿。洒水后，应注意表层情况，必要时用两轮压路机压实。

(5)养生期限

养生期不宜少于7d，否则应做上沥青面层，并限制重型车辆通行。

(6)若在KD固化盐渍土层上，直接铺筑水泥混凝土面板的基层时，且面板是用小型机械施工的，则基层完成后3～7d就可以铺筑混凝土面层。

在养生期间未采用覆盖措施的固化盐渍土层上，除洒水车外，应封闭交通。在采用覆盖措施的固化盐渍土层上，不能封闭交通时，应限制重车通行，其他车辆的车速不应超过30km/h。

养生期结束，应立即喷洒透层沥青或做封下层，并在5～10天内铺筑沥青面层。在喷洒透层沥青后，立即撒布3～8或5～10mm的小碎(砾)石。如为水泥混凝土面层，也不宜让基层长期暴晒开裂。

二、KD固化盐渍土工程实例

2005年5月，为了修筑河北沿海公路，按照KD固化稳定土科研成果，在T6合同段，选择与相交的丰碱路K35处一路段进行铺筑试验。试验路段长50m、宽4m。在试验路段施工之前，对沙河桥和丰碱取土场的素土分别按《公路土工试验规程》(JTJ 051—93)进行了检测，检测结果属于中盐渍土，其主要物理和力学指标检测结果详表4-45、表4-46。

沙河桥取土场素土土样　　表4-45

检测项目		试样1	试样2	试样3	平均值	备注
样品描述		无杂质	无杂质	无杂质	—	不符合技术规范要求
最大干密度(g/cm^3)		1.87	1.87	1.87	1.87	
最优含水率(%)		14.3	14.3	14.3	14.3	
CBR值(%)	$CBR_{2.5}$	1.3	1.8	2.1	1.73	
	$CBR_{5.0}$	1.4	2.2	2.5	2.03	

丰南盐场取土场素土土样　　表 4-46

检测项目		试样 1	试样 2	试样 3	平均值	备注
样品描述		无杂质	无杂质	无杂质	—	不符合技术规范要求
最大干密度(g/cm^3)		1.92	1.92	1.92	1.92	
最优含水率(%)		13.3	13.3	13.3	13.3	
CBR 值(%)	$CBR_{2.5}$	1.7	2.4	1.0	1.7	
	$CBR_{5.0}$	2.4	3.3	1.4	2.4	

根据公路路基设计规范(JTG D30—2004),用于填筑高速公路的上路堤的填料最小强度,上路堤 0.8～1.5m 的 CBR 为 4%,下路堤 1.5m 以下为 3%。上路床 0～0.3m 的为 8%,下路床 0.3～0.8m 为 5%。因此,两个取土场的宿土,均不能直接用于填筑路堤,必须经过改良,达到技术要求后方可使用。

试验路段采用上述两个取土场的素土,然后外掺 3% KD 固化剂,按同样的方法进行检测,其检测结果详见表 4-47、表 4-48。显然经过改良的两个取土场的盐渍土,各项指标符合技术规范的要求,包边土压实度合格率 100%。

在沙河桥取土场素土中掺入 3%KD 固化剂的土样　　表 4-47

检测项目		试样 1	试样 2	试样 3	平均值	备注
样品描述		无杂质	无杂质	无杂质	—	符合技术规范要求
最大干密度(g/cm^3)		1.82	1.82	1.82	1.82	
最优含水率(%)		16.0	16.0	16.0	16.0	
膨胀量(%)		1.64	1.01	0.51	1.05	
CBR 值(%)	$CBR_{2.5}$	27.6	31.6	27.1	28.8	
	$CBR_{5.0}$	31.3	29.5	28.9	29.9	

在丰南盐土场取素土掺入 3%KD 固化剂的土样　　表 4-48

检测项目		试样 1	试样 2	试样 3	平均值	备注
样品描述		无杂质	无杂质	无杂质	—	检测结果同上表
最大干密度(g/cm^3)		1.82	1.82	1.82	1.82	
最优含水率(%)		16.0	16.0	16.0	16.0	
膨胀量(%)		1.87	0.99	0.51	1.12	
CBR 值(%)	$CBR_{2.5}$	54.9	53.6	58.0	55.5	
	$CBR_{5.0}$	102.0	108.4	100.0	103.5	

1. 原材料及配比

试验路土料分别取自丰南取土场。经试验分析:土样液限为 45.0、塑限为 22.0、塑指为 23.0、Cl－含量为 0.59%、SO42－含量为 0.17%,易溶盐总量 1.31%,是一种淤泥质中盐渍土。由于土场原来是池塘,含水率远高于最佳含水率,为此在试验之前进行了晾晒。

KD 固化剂:由河北沿海公路课题组研制的配比,并在唐山丰南水泥厂进行加工生产。

路基填料配合比为,KD 固化剂∶盐渍土填料 = 3∶97(质量比)。最大干密度为 1.90 g/cm^3,最佳含水率为 16.1%。

2. 施工

1)拌和

KD 固化盐渍土拌和，是施工过程中最重要的一个环节，其拌和得均匀与否，直接影响着试验路的质量。正值将要进行拌和作业时恰遭雨来，致使土的含水率增大，5cm 大小的黏土团粒较多，给施工增加了不小的难度。因此，要求在拌和之前，事先在原土料上均匀撒布固化剂。然后，采用农用旋耕机拌和混合料。

2）碾压

碾压，是整个施工过程中仅次于拌和的重要环节，在试验路施工中采取了不同的措施，其要点综述如下：

(1）先轻后重，先少后多。

(2）对于基层混合料先用推土机排压，然后再用压路机碾压。

3）养生

KD 固化盐渍土养生问题，是形成强度的重要影响因素，水分蒸发快对 KD 固化盐渍土的强度显然是不利的，因此，压实完毕后采取了覆盖养生方法，同时还洒上适量水进行养生。

养生结束之后，按照现行公路工程质量检测方法，对压实密度、含水量、强度 CBR 值、回弹模量等指标进行检测，其结果见表 4-49。

(1）KD 固化盐渍土压实度，检测结果，见表 4-49。

试验路现场压实度与含水率测定结果 表 4-49

点位	湿密度（g/cm^3）	干密度（g/cm^3）	含水率（%）	压实度（%）	备　注
1	2.14	1.84	16.5	97	现场采用灌砂法，检测的压实度，每点都超过 90%，说明达到了质量要求
2	2.16	1.86	16.3	98	
3	2.12	1.81	17.1	95	

(2）KD 固化盐渍土 CBR 值

混合料拌和结束后，分别取试样进行 CBR 试验，其试验结果为 CBR 值为 32%，远远高于上路床 8% 的要求。

(3）回弹模量

为了评价 KD 固化盐渍土效果和填筑质量，在填筑完成后的盐渍土路基上，采用承载板法对回弹模量进行了检测，其检测结果见表 4-50。

回弹模量检测结果 表 4-50

检 测 点 位	回弹模量（MPa）	检 测 点 位	回弹模量（MPa）
1	50	3	46
2	42	4	51

《公路沥青路面设计规范》（JTG D50—2006）规定，高速公路和一级公路的土基回弹模量应大于 30MPa，从表 4-50 可以知道，试验路改良土的土基回弹模量都远超过了规范要求，说明 KD 固化剂改良盐渍土路基是有效的。

(4）回弹弯沉值

回弹弯沉采用贝克曼梁法，试验时间为碾压试验段完成后六周（2005 年 6 月 27 日）。试验车采用后轴 10t 的东风加载钻探车，分别测试了试验段两个测点的回弹弯沉值。测得该路段平均弯沉 0.22mm，标准差 0.10，代表表弯沉值 0.31mm。满足路床顶部 200 ~ 250mm 的弯沉值要求。

(5)路基表面观察

2005 年 9 月 30 日,对 KD 固化稳定土路基进行了观测,按照上述研究成果所做出试验段未出现任何龟裂现象。在第二年春融期进一步观测,也没有发现任何龟裂现象(图 4-45)。

从以上对试验段的检测和观察,试验路堤压实度,满足高速公路路堤要求,路面弯沉、回弹模量、承载比 CBR 都远远超过了路床顶部的要求,因此,KD 固化盐渍土完全可作为路面基层填料。

图 4-45　试验路 4 个月后路基表面

第六节　SH 胶法改性盐渍土路堤施工

以 SH 胶改性盐渍土为路堤填料,如同 KD 固化剂一样,可采取厂拌法和路拌法施工。

一、SH 胶改性盐渍土填料施工工艺

1. 路拌法

用 SH 胶固化盐渍土作为填料时,即用自卸卡车把选用材料运到路堤上,经过翻晒、过筛,然后用推土机和平地机摊平填料,并粗整成规定的路拱。用洒水车均匀地洒水,人工撒铺石灰,用洒水车将融入 SH 胶水均匀洒于土中,再用拌和机拌和,用平地机整平已拌和成的混合料,最后用合适的压路机进行碾压。整个施工工艺流程如图 4-46 所示。

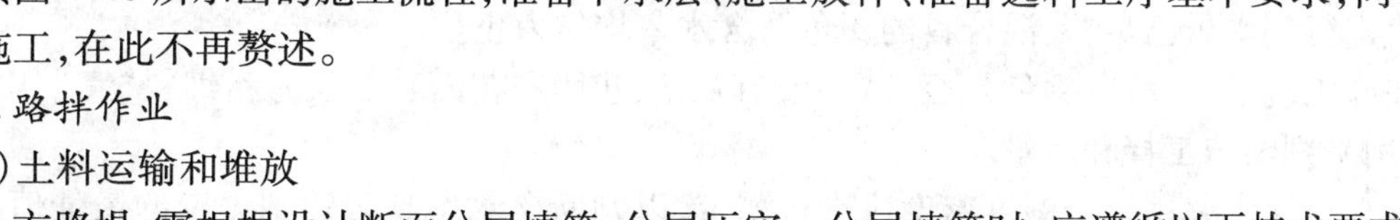

图 4-46　路拌法工艺流程图

按图 4-46 所示出的施工流程,准备下承层、施工放样、准备选料工序基本要求,同 KD 固化土施工,在此不再赘述。

2. 路拌作业

1)土料运输和堆放

土方路堤,需根据设计断面分层填筑、分层压实。分层填筑时,应遵循以下技术要求:

(1)分层最大松铺厚度,不应超过 30cm。

(2)根据每层宽度、厚度及预定的干密度,计算每层所需的干土数量。

(3)根据选料的含水率和所用运土车的吨位,计算每辆车的堆放距离。

(4)选料装车时,每辆卡车装载数量应基本相等。根据计算的堆放距离,由远至近等距离卸料。

(5)运至指定点的土料,应当天摊铺均匀,第二天拌和石灰。如土料中有较大的土块,应

事先粉碎，然后用平地机铺平。摊铺土料之前，应先在下承层表面洒水，使其表面湿润，但不应过分潮湿而造成泥泞。

2）洒水预湿

在摊铺完毕土料上，应进行洒水预湿。因在撒铺石灰之前，大部分需要的水量已经加到土里去了，在撒铺石灰及拌和过程中，就可以减少很多洒水工作量。

3）整平轻压

摊铺、洒水后需要充分焖料一夜后，再整成要求的高程和坡度，并用6～8t两轮光面压路机碾压1～2遍，使素土层具有平整光滑的表面，同时具有一定的密实度，以便摊铺石灰。

4）摆放和摊铺石灰

根据石灰改性土的压实厚度、预定的干容重、石灰剂量，计算每$1m^2$SH胶需要的石灰用量，并计算石灰的摊铺面积。然后，根据SH胶层的宽度，确定摆放石灰的行数，计算每行石灰的间距。

根据计算的石灰摆放纵横间距，用石灰在料层上作出摆放石灰的标记，同时划出摊铺石灰的边线。将石灰运到摊铺路段后，按事先做好的标记摆放石灰，并检查有无遗漏或多余（图4-47）。

图4-47　按计算摆放的袋装石灰

解袋倒出石灰，用木刮板均匀摊开，不露空白，也无过分集中的石灰粉。

5）干拌和加水湿拌

拌和的目的：使石灰完全均匀地分布到土中。在不洒水之前，用机械在路基上先行拌和1～2遍，即为干拌。然后，边洒水边拌和，即为湿拌。拌和要求同KD固化盐渍土施工工艺。

6）加溶入SH胶的水及湿拌

根据配合比将SH胶溶入洒水车的水中，然后均匀地喷洒在正在拌和混合土上。洒水车不应在正进行拌和的以及当天计划拌和的路段上调头和停留，以防止局部水量过大。

拌和机械应跟在洒水车后面拌和。在洒水及拌和过程中，应及时检查混合料的含水率。

当含水率接近最佳含水率时，应减少每次喷洒的水量。水分略大些比水分不足为好。拌和一直进行到水量已足够、混合料的颜色及含水率均匀为止。

在施工现场，一般以颜色是否一致（没有灰条、灰团和花面）、有没有粗细料“窝”作为判别标准，用来判断施工拌和质量。

混合料含水率用核子湿度密度仪进行测定，以判断含水率是否达到预定的最佳值。含水率也可现场人工判断。具体方法是：用手抓一把SH胶混合料，用力在手中捏紧成团。落在地上能散开表示含水率合适。

7）整平

混合料拌和均匀后，先用平地机初步整平，其技术要求同KD固化盐渍土施工工艺。

8）碾压

SH胶改性土整平到需要的高程和坡度后，应立即用12t以上的三轮压路机或振动压路机在路堤全宽内进行碾压。碾压过程中，如发生“弹簧”、松散起皮等现象，应及时翻开换以新的改性土重新拌和,或用其他方法处理,直至达到质量要求。碾压第一遍为静压,第二遍后为振动压,最后一遍为静压,以消除压路机的痕迹。一直碾压到要求的密实度为止,一般需6~8遍。在碾压终了之前,如需要的话,可用平地机再终平一次,使石灰混合料层纵向顺适,路拱和超高符合设计要求。

碾压时注意,压路机不得在已完成的或正在碾压的路段上"调头"和急刹车。碾压过程中,表面应始终保持潮湿。

9)接缝和"调头"处处理、养生同KD固化改性盐渍土施工工艺。

二、SH胶固化盐渍土路拌法关键技术及质量评定

1. SH胶固化盐渍土施工关键技术

(1)SH胶和石灰应均匀分布,特别是石灰摆放和摊铺对混合料均匀性有着极大的影响。

(2)严格控制SH胶、石灰和水的配合比,保证施工配合比不小于实验配比。

(3)石灰遇水即开始水化,因此,一旦加入混合料中,就应尽快完成拌和,尽快将混合料摊平,尽量缩短从拌和到完成碾压之间的时间。

(4)SH胶改性土的胶凝过程,是一个连续而复杂的过程,其强度随龄期的增加而增长。改性土在每段拌和、碾压完成并经检测合格后,应立即进行养生。

(5)SH胶改性土收缩裂缝会引起排水面破坏,会造成基床表层级配料与改性土的相互侵入。为此,应严格控制压实含水率,确保压实度,注意养生,以控制改性土本身的收缩裂缝。

(6)SH胶压实作业,应按照先两侧后中间、先快后慢、先静压后振压、最后静压的程序进行,随着分层填筑碾压施工,分层进行检测,合理调配机械设备,恰当安排各个工序,以保质保量。

2. 施工过程质量控制

SH胶施工质量控制的项目,主要有含水率、结合料剂量、无侧限抗压强度、拌和均匀性、压实度等。表4-51中列出了主要试验项目的测定频率和质量标准。

SH胶固化土施工质量控制项目和测定频率及质量标准　　表4-51

项　目	频　率	标　准	备　注
石灰和SH高分子固化剂剂量	每2 000$m^2$1次,至少6个样品,用滴定法,并与实际设计用量校核	不少于设计值1%	现场摊铺整平过程时取样
含水率	根据观察,异常时随时取样	满足规范要求	
拌和的均匀性	随时观察	无灰条、灰团、色泽均匀、无离析	
压实度	每作业段6处	满足规范要求	
抗压强度	每作业段6处	满足规范要求:现场压实密实度应达到室内密实度标准	
承载比CBR	每作业段2处	满足规范要求	
延迟时间	每作业段1次	满足指标要求	改性土

三、SH 胶固化盐渍土厂拌施工法

SH 胶固化盐渍土混合料，可在中心站用多种机械进行集中拌和，例如用强制式拌和机、双转轴浆叶式拌和机等，也可用路拌机械或人工在场地进行分批集中拌和，然后将拌和合格的 SH 胶混合料运到现场摊铺，该过程统称为厂拌施工法，其工艺流程如图 4-48 所示。

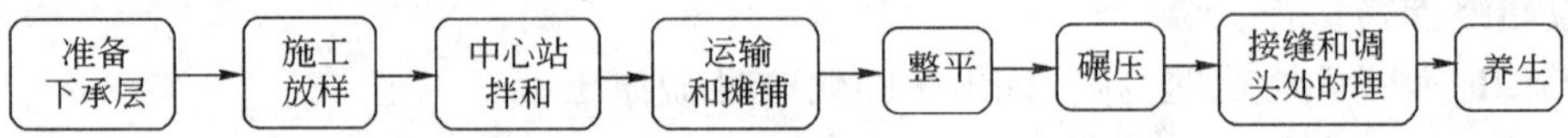

图 4-48　SH 胶固化土厂拌法工艺流程图

SH 胶固化盐渍土厂拌施工与路拌法不同之处，在于拌和和运输与摊铺，其他工艺同路拌法。

1. SH 胶固化盐渍土混合料拌和

SH 胶固化盐渍土采取厂拌法施工时，其所用拌和设备必须由两台 200t/h 以上的拌和能力的拌和设备，同时只为一个摊铺作业点供料才准许开工生产。在混合料拌和时，应遵循以下技术要求：

(1)石灰应保持合适的含水率，但不准含水率过大，以免造成结块。拌和时计量应准确。雨季施工时，要对石灰采取覆盖措施。

(2)根据 SH 胶配合比，应将 SH 胶充分融入水中，掺入量应严格控制，拌和必须均匀。

(3)拌和设备配料，计量功能齐全、有效，料仓或拌缸前应有剔除超粒径石料的筛子。

(4)配料应准确、拌和须均匀。若为 0 ~ 31.5mm 的混合料，上料时必须码成大堆掺和均匀后上料，不准有明显的离析现象，随时对集料进行筛分，及时调整材料的配比。

(5)在拌和现场，必须配备 1 名试验员，随时抽查配合比情况，并记录控制拌和时含水率和各种材料的配比。

(6)每个料斗应配备 1 名工作人员，时刻监视下料状况，并人为帮助料斗下料，不准出现卡堵现象，否则应及时停拌。

(7)拌和时的含水率应较最佳含水率大 1% ~2% 。

2. 运输及摊铺

必须用全幅一次性摊铺机摊铺，即两台摊铺机同时梯队形作业。

(1)运输车辆须用自卸汽车运料至摊铺现场。

(2)摊铺前应使下承层保持湿润，用按配合比溶入 SH 胶的水车洒水。

(3)使用自动找平且具有振捣夯击功能的大功率摊铺机摊铺。

(4)路基两侧均设基准线，以控制高程。

(5)摊铺速度应均匀、连续，尽量避免停机现象，否则会大大影响平整度。

(6)设一名测量员随时检测摊铺后的高程，出现异常马上采取补救措施。

(7)派专人用拌和合格的混合料，对摊铺后表面粗料集中的部位进行人工找补，以保证表面均匀。局部水分不合适的要挖除，换填合适材料。

3. 碾压

宜配备振动式压路机 1 ~2 台、18 ~21t 静态压路机 2 ~3 台、轮胎式压路机一台。

(1)首先，用振动式压路机静态碾压一遍，然后振动碾压至压实度，通过试验段确定合理的碾压遍数。18～21t 静态压路机碾压 2～3 遍，达到表面密度无轮迹出现。

(2)碾压应连续达到规定的遍数后，试验员及时取样检测压实度，压实不足应及时补压。

(3)路肩一同碾压。

(4)拌和至碾压成型的时间控制在 24h 内。

4. SH 胶固化盐渍土养生

SH 胶固化盐渍土需要养生 7d，在此期间要经常保持其表面湿润，除洒水车外不准任何车辆通行(必须有断交措施，并插牌警示)。养生前 3d 应选择洒水车，防止喷头角度对改性土产生冲刷，造成局部坑槽。

5. 接头处理

接头一律为垂直衔接，或用方木进行端头处理，或碾压后挂线直接挖除至标准断面，用 3m 直尺进行检验，以确认接头处理是否到位。

四、SH 胶固化盐渍土施工关键技术和质量检测

1. SH 胶固化盐渍土施工关键技术

(1)必须配备两台以上拌和站，并且同时拌和，每个拌和设备的拌和能力不小于 400t/h。

(2)必须配备两台或两台以上摊铺机，实施整幅一次性摊铺梯队作业。

(3)洒水养生期 7d，在养生期间内除洒水车外禁止一切车辆通行，应采取果断的断交措施。

(4)拌和料配合比必须准确。

(5)多余废料不得抛弃路肩、边坡和中央分隔带上，应随时清出现场。

(6)处于养生期间的路段，必须设置明显的标志牌。

2. SH 胶固化盐渍土施工质量检验

各项检验应在成型后的 48h 内完成，高程、平整度等几何尺寸满足要求，标高合格率应达到 85% 以上，达不到要求的部位，其高出的部分要刮除或洗刨。

检验时，首先进行外观检验，外观应无轮迹、无翻浆、表面均匀密实、无明显离析现象、边沿整齐、接头处理平顺。压实度、强度不合格的段落要返工处理。

第七节　固化剂改性技术总结与展望

在河北沿海公路工程建设中，针对不同类型盐渍土，采用 KD 固化剂和 SH 胶 + 石灰固化进行改性，总结出以下一些实践经验。

1. 石灰改良盐渍土

石灰是一种传统的固化材料，在河北沿海公路建设中，通过其固化盐渍土试验，我们体会如下：

1)使用石灰加固弱盐渍土，能起到一定的效果；但是，如果盐渍土中硫酸根的含量过高，或者总易溶盐含量过高，其加固效果就会明显降低，水稳定性不能令人满意。

2)对于同一种盐渍土而言，在一定范围内提高石灰的掺量，可以能够有效的提高石灰土的强度，尤其是早期强度，但掺量达到一定值后又会出现下降趋势，呈现出一定的非线性关系。

3)以碳酸根含量为主盐渍土，使用石灰固化，其化学反应所形成的碳酸钙，填充石灰土颗

粒孔隙,增强土的致密性和黏结性,与固化的氯盐盐渍土相比,早期强度高。

4)石灰土强度形成期,主要集中7~21d左右,约占最终强度的60%。显然,早期强度低不利于施工,直接影响施工进度及质量。

2. 水泥改良盐渍土

1)采用水泥加固盐渍土,受到土样类别限制,对塑性指数高的黏土、有机土及盐渍土等土类,加固效果不理想。

2)对于水泥加固的盐渍土,其干缩系数和温缩系数均较大。在最优含水率下制成的水泥土试件,在空气中风干所达到的最大干缩应变为2 780~3 950με,因此水泥土易开裂。

3)水泥初、终凝时间较短,一般要求在3~4h内。从加水与土拌和,直到碾压终了,施工时间比较长,水泥固化土无法这一要求,因此,施工质量难以保证。

4)水泥改良盐渍土,水分易侵入试样内部,使填充在土颗粒内的易溶盐结晶易被自由水带走,过量硫酸钠吸收水分体积膨胀,导致原本强度不高的水泥土骨架在溶释和膨胀共同作用下,逐渐发生崩解。

综上所述,单纯使用水泥或提高用量,难以达到固化盐渍土的目的。

3. KD固化剂改良盐渍土

KD固化剂实际上是利用早强水泥、硅酸盐水泥特点,充分发挥活性混合材料(矿渣、粉煤灰等废渣)性能,然后将它们合理匹配在一起,从而研制成一种新的固化材料,在固化盐渍土过程中,各自发挥各自的优势,从而使固化土达到足够的强度和稳定性。

1) KD固化剂的强度形成,主要集中在前28d左右,与普通硅酸盐水泥比较,在时间上强度生成均匀,7d强度约占28天强度的55%~74%。

2)对于同种土样,掺入不同量的KD固化剂,对比其不泡水强度曲线,7d强度比28d强度随掺入量不同而发生明显变化。主要原因是:前期以A料强度为主,表现出了较好的早强性,层次明显。

3)对不同盐渍化程度的土样,KD固化剂对弱、强盐渍土均有较好的适应性,可采用调节固化剂掺量来选择提高固化程度。

4)由于提供了高碱性环境,基于激发剂的作用,使得采用KD固化剂固化后的盐渍土整体强度性能尤其是7d强度有了明显提高,硫酸盐负面作用得到控制。

5)使用KD固化剂改良后的盐渍土,其无侧限抗压强度、回弹模量、弯沉值量和CBR指标,均可满足高速公路路堤的规范要求,而且水稳性、抗冻性和耐久性有显著的提高,可大量推广应用。

6)使用KD固化剂改良后盐渍土泡水强度接近2MPa,而且渗透系数小,固化后土体密实,具有较强的抵抗毛细水的能力,可以作为道路基层或底基层使用,具有广阔的应用前景。表现在:

(1)施工方便、早期强度高、耐久性好、成本低;

(2)不损害自然景观、不扰民、节约运输费用;

(3)利用大量的工业废料,节能利废,满足环保要求;

(4)利用KD固化剂改良盐渍土,经济效益显著。

4. SH胶改良盐渍土

通过一系列室内试验、现场碾压检验和原位测试,SH胶+石灰固化沿海盐渍土的改性方案,在技术上是可行的、经济上是可承受的、施工工艺上是便利的。

1)SH 胶和石灰固化的盐渍土经验:

作为路堤填料,石灰掺量宜为 6%,SH 胶的宜为 1%。

用作防渗层土料使用,SH 胶掺加量宜为 3%～4%,不超过 4%。

用作包边土料时,应重点考虑防渗和侧压力问题,SH 胶掺加量宜为 2%。

2)按照上述配合比制备的固化土土样,其无侧限抗压强度和 CBR 指标均可满足高速公路路堤的有关要求。SH 胶对固化土的强度、水稳性、抗冻性和耐久性有显著的提高。

3)SH 胶固化土施工时,现场拌和施工可采用咸水或淡水拌和,碾压成型后的路堤,其周边咸水对固化土的无侧限抗压强度虽然有影响,但是其影响程度均在工程可接受的范围内。

4)经兰州医学院对小白鼠强制喂养试验表明,SH 胶无毒、无污染,SH 胶固化后发生了不可逆的化学反应,工程设计可不考虑未来的材料分解问题。

5)现场碾压试验及原位测试结果,SH 胶固化的盐渍土 CBR、平均弯沉值、回弹模量均满足高速公路工程设计要求。

6)SH 胶与土发生了化学作用、螯合作用、吸附作用和絮凝作用。随着失水,高分子链相互聚积形成膜或单个直链高分子,主链上的羟基、羧基可以和土颗粒的钙、镁、硅等离子发生络合,依靠这种络合作用,使高分子键紧紧抓住这些离子,使土成为一个不溶性的、富有弹性的、坚固的、网络状的凝胶整体。SH 胶与土颗粒的物理化学作用是不可逆的,SH 胶干燥后成为具有黏弹性长链状的连续性丝状膜层,膜与土颗粒牢固黏结成为整体。

5. 固化土效益与展望

使用固化材料固化盐渍土,可使不适宜筑路的土壤资源改良成可适用的工程材料,显著地提高路基稳定性,解决深层土层不均匀沉降和高路堤后期沉降问题,避免路面基层及面层产生裂缝,提高路基安全性和耐久性,保证车辆安全、舒适运行。同时,还可以做到既不损害自然景观、不污染、不占用耕地,还改善池塘土质,可以就近取材,具有广阔发展前途。

第五章　不良地基路堤施工

路堤是公路的主体,是公路工程的基础,其施工质量关系公路的整体形象。路堤施工质量管理,一般包括两方面:一是文明与规范化施工;二是工程质量管理。前者是施工质量的外在表现,后者是工程内在质量,二者是相辅相成的。关于外在施工质量要求,一般在公路施工质量监理和管理方面的图书中都有详细阐述,在此不再冗述。

第一节　一般公路路堤施工技术

路堤的施工质量,直接关系公路永久稳定和车辆安全运营。经过30多年来的高速公路施工经验,已总结出一套行之有效的施工管理程序,规范着公路路堤施工行为。

一、路基施工程序

就一般而言,公路路堤施工,一般分为四个阶段:施工准备、施工、交工验收、竣工验收。四个过程:填筑(开挖)、平整、碾压、检验。这四个过程可再细化为八个工艺流程:施工准备、基地处理、分层填筑、摊铺整平、洒水或晾晒、碾压成型、质量检验、路基整形。

上述每一个阶段、过程和流程,都有具体的技术要求,在《公路路基施工技术规范》(JTG F10—2006)均有具体要求。

综合上述施工过程,按照《公路工程质量检验评定质量标准》(JTG F80/1—2004)规定,在符合线形和几何尺寸前提下,要使修建成的公路路堤填筑最终获得的施工质量,河北沿海公路要求,均必须达到表5-1、表5-2规定技术标准。

根据表5-1、表5-2的技术要求,选择适宜的路堤填料和压实工艺就成为路堤施工质量的关键技术和施工环节。如果路基的压实度达不到表5-1、表5-2的技术要求,按照公路工程质量检验评定标准规定,该项目施工质量不合格。

路堤压实度及强度要求表　　表5-1

挖填方路基类型		路面底面以下深度	压实度(%)	粒料最大粒径(cm)	填料最小强度CBR(%)
填方路基	上路床	0~30	≥96	10	8
	下路床	30~80	≥96	10	5
	上路堤	80~150	≥95	15	4
	下路堤	150以下	≥93	15	3
	零填及路堑上路床	0~50	≥96	10	8

注:表中压实度以重型击实法为准,评定路段内的压实度平均值下置信界限不得小于规定的标准,单个测定值不得小于极值(表列规定值-5个百分点)。

路堤填料最小强度和最大粒径要求　　表5-2

项目分类（路面底面以下深度）		填料最小强度CBR(%)		填料最大粒径(mm)
		高速、一级公路	二级及二级以下公路	
路堤	上路床(0～0.3m)	8.0	6.0	100
	下路床(0.3～0.8m)	5.0	4.0	100
	上路堤(0.8～1.5m)	4.0	3.0	150
	下路堤(>1.5m)	3.0	2.0	150
零填及路堑路床	0～0.3m	8.0	6.0	100
	0.3～0.83m	5.0	4.0	3.0

注：1. 表列强度按《公路土工试验规程》规定的浸水96h的CBR试验方法测定。

2. 三、四级公路铺筑沥青混凝土和水泥混凝土路面时，应采用二级公路的规定。

3. 表中上、下路堤填料最大粒径150mm的规定，不适用于填石路堤和土石路堤。

二、路堤填料技术要求

选择路堤填料质量，是保证其施工质量的基础。一些材料不适宜作为路堤填料，没有击(压)实性能；一些材料适宜路堤的填料，具有可压实性能。因此，在路堤施工中，必须选择适宜的填料，才能为保证施工质量奠定基础。

1. 一般路堤填料

1)路堤填料选择

为了保证路堤压实质量，首先，根据公路地质调查和钻探资料，在沿线进行详细调查，选取适宜的取土场地，从其中选取有代表性的土样，按《公路土工试验规程》(JTJ 051—93)的试验方法进行试验，并确定土的以下性质，然后，根据检测的土的技术指标，以对填料作出适宜性的判断。

(1)液限、塑性指数、天然稠度；　　(2)颗粒大小分析试验；

(3)含水率试验；　　(4)密度试验；

(5)土的击实试验；　　(6)土的承载比试验；

(7)有机质含量及溶盐含量试验。

施工时不得采用不适用土作为路堤填料。对于高速公路的上路床填料，CBR值必须大于8%；下路床填料，CBR值大于5%(表5-1)。一般合格的天然砂可作为路堤填料，具有天然级配砂砾是良好的路堤填料。

2)不适宜作为路堤的填料

在《公路路基施工技术规范》(JTG F10—2006)中，对以下土料认定不适宜直接用于路堤填料：

(1)沼泽土、淤泥、泥炭、冻土、生活垃圾、建筑垃圾。

(2)含有树根和易腐朽物质的土。

(3)有机质含量大于5%的土。

(4)液限大于50%、塑性指数大于26的土。

3)不能直接作为路堤的填料

以下土壤不能直接用作路堤填料，但经过改造符合技术要求后，可以用作路堤填料：

(1)盐渍土、膨胀土及含水率超过规定的土

盐渍土、膨胀土及含水率超过规定的土，不得直接作为路堤填料，按设计要求经过技术改

性,再经过试验检验合格后,并经监理工程师批准后方可使用。

本书在第四章,使用KD固化剂和SH胶分别对盐渍土进行改性,改性后的盐渍土可用作路堤填料。

(2)工业废渣及建筑垃圾

利用工业废渣及建筑垃圾填筑路堤,应先进行试验,并将试验报告及其施工方案报监理工程师批准后方可使用。

(3)粗填料

路堤填料中其石块最大粒径应<层厚的2/3,路床顶面以下500mm厚度不得直接采用石块填筑,必须使用时,采取特殊的施工技术。

(4)石灰材料

石灰材料是最常见的地材,用其作为路基材料时,应符合《公路路面基层施工技术规范》(JTJ 034—2000)规定的III级以上的技术要求,按《公路工程无机结合料稳定材料试验规程》(JTJ 057—94)规定的试验方法进行检验,符合表5-3的要求后才能直接使用。

石灰的技术指标(GB 1594—79) 表5-3

项目		钙质生石灰			镁质生石灰			钙质消石灰			镁质消石灰		
石灰等级		I	II	III	I	II	III	I	II	III	I	II	III
有效钙加氧化镁含量(%) ≮		85	80	70	80	75	65	65	60	55	60	55	50
未消化残渣含量5mm圆孔筛的筛余(%) ≮		7	11	17	10	14	20						
含水率(%) ≮								4	4	4	4	4	4
细度	0.71mm方孔筛的筛余(%) ≯							0	1	1	0	1	1
	0.125mm方孔筛的累计筛余(%) ≯							13	20	—	13	20	—
钙镁石灰的分类界限,氧化镁含量(%)		≤5			>5			≤4			>4		

注:硅、铝、镁氧化物含量之和>5%的生石灰,有效钙加氧化镁含量指标:I等≥5%、II等≥5%、III等≥5%。未消化残渣含量指标与镁质生石灰指标相同。

以上无论采用哪类填料,最终能通过机械压实到符合表5-1所规定的压实度,才算是合格的填料。

2. 公路路堤轻质土填料

修筑在软土地基上的路堤,由于地基强度不够,或经过治理后的软土地基,为了使路堤工后沉降控制在容许范围内,常用轻质土填料填筑,以减轻地基的附加应力。

公路路堤常用的轻质材料有:气泡混合轻质土、EPS砌筑块以及粉煤灰等材料。其中粉煤灰的容重约在12~16kN/m^3,属于填筑路堤的准轻质材料,在公路路堤填筑中已得到广泛应用。

1)轻质填料

目前,颇受工程界青睐的气泡混合轻质土和SPS砌块,已在治理桥台及特殊工程部位得到广泛的应用。关于这些新形路堤填料的制作和应用,将在本章四、五节中详细介绍和研究。

2)准轻质土材料

粉煤灰材料是一种准轻质土材代表,已是工程界熟悉的路堤填料。近几年来,在河北省高速公路建设中,累计修筑了粉煤灰路堤120多公里,使用粉煤灰1 800万吨,最大填筑高度10.67m。大大减少取土用地,显著地降低了工程费用。

在沿海公路建设中,使用粉煤灰填筑路堤,特别是用于桥台台背填料,同时用改性盐渍土包边，既可适度减轻软土地基负荷，又充分利用改性盐渍土，扬长避短，在软土、盐渍土地带，组合成一种符合技术要求的、就地取材的经济材料。

粉煤灰是原煤经粉碎加工在高温下燃烧熔化后，冷凝残留的烧结物，呈玻璃质结构。据有关资料介绍，在电子显微镜下放大 650 ~ 13 000 倍观察，可见颗粒呈单粒结构，系由大小不等的圆球颗料组成，颗粒表面轮廓线圆滑、无棱角，颗粒上有漏斗状孔洞，空心颗粒有 50% ~ 70%。因此使粉煤灰材料具备了以下特点：

（1）质量轻

决定粉煤灰质轻的原因，归纳有两个：一是粉煤灰的主要化学成分为 SiO_2，Al_2O_3 等，这些成分比黏土的矿物质成分质量（比重）要轻；二是粉煤灰本身是一些实心的和空心及微颗粒组成的混合体，同时，粉煤灰颗粒相对比较均匀单一，其均匀的颗粒级配决定了其孔隙较大，因而是软弱地基上廉价的轻质填料。

（2）粉煤灰无黏结性或黏结性比较小

从试验资料中可以看出，粉煤灰主要成分是粉粒，而且小于 0.002mm 颗粒极少，一般不能搓成条或很难搓成条，几乎没有塑指。粉煤灰液限较大，据实测资料显示，粉煤灰颗粒愈粗，其液限值愈大，分析其原因与空心颗粒含量有关，一般颗粒愈粗，空心含量越多，其液限值就愈大，它的这种性质与土的规律正好相反。

（3）透水性较大

粉煤灰一般透水性比较大，且饱水后强度急剧降低，压缩性较大。为了保证路堤稳定，粉煤灰在用于填筑一般路堤时，在施工中应有严格的隔水、布设足够的排水设施。

然而，粉煤灰上述特点，在沿海公路路堤和桥台背后填料，使用粉煤灰填筑，对减轻软土地基的附加应力，发挥了显著的作用；但是，与气泡混合轻质土相比，对地基附加应力减轻作用粉煤灰还略逊一筹。

（4）用粉煤灰作为路堤填料，应符合《公路粉煤灰路堤设计与施工技术规范》（JTJ 016—92）、《公路路面基层施工技术规范》（JTJ 034—2000）有关规定，并同时应满足下列规定：

①粉煤灰中的 SiO_2、Al_2O_3 和 Fe_2O_3 的总量应 > 70%；

②粉煤灰的烧失量不应超过 20%；

③粉煤灰比面积宜大于 2 500cm^2/g（或 90% 通过 0.3mm 筛孔，70% 通过 0.075mm 筛孔。大于 45% 通过 0.075mm 筛孔可用于粉煤灰路基）。

④干粉煤灰和湿粉煤灰都可以用作路堤填料。干粉煤灰如堆放在空地上，应加水，防止飞扬造成污染。

⑤湿粉煤灰的含水率不宜超过 35%。使用时，应将凝固的粉煤灰块打碎或过筛，同时清除有害杂质。

三、路堤压实机械选用

当路堤填料合格后，压实则是路堤施工的关键工艺。用于填筑路堤的（包括路堑顶）材料，除去特殊的能具有自固强度的材料外，一般的填料都需要进行压实，压实可使填料的颗粒处于比较紧密地状态，以增加它们之间的内聚力。

路基或路面施工，压实都是一个关键的工艺环节，它直接关系着工程的整体质量。路堤压实或是路面压实，首先应根据被压实的填料和技术要求选择压实机械，反之，不同的压实机械适应不同的被压实的填料。因此，根据被压实的填料和技术要求，选择适宜的压实机械，首先应了解压实机械的性能和要求，无论对于业主审核施工人技术设备能力，还是施工人选用适宜的压实机械，都是十分必要的。

1. 公路压实机械分类及使用范围

压实机械的产品类型繁多，按照压实原理、压实机构、压实行走方式和压实方法不同，大致归纳为如图5-1所示几种类型。

1）常见的压实机械类型

在工程施工中，一般按照压实功能选择压实机械。按照施加压实功能不同，压实机械大致分为两大类：一是静力式压路机械，二是动力式压实机械（或同一机械具有静力和动力压实功能）。动力式压实机械，有一般动力式、冲击和夯击式。

静力压实机械是利用其自身的重力所产生的压力，在行驶过程中对被压材料实施反复滚压。它适宜压实路堤、路面，以提高路基路面的压实度。

振动压实机械是依靠其自身重力和振动力压实被填筑或铺筑的材料，适宜压实非黏性土壤、碎石、碎石混合料以及各种沥青混凝土等工程。

根据机械产品分类标准（JB），压实机械按类、组、型分类进行编号，其类、组、型代号与主要参数由两部分组成（表5-2）。常见的压实机械组别有：

- 光轮压路机（Y、压）；
- 轮胎压实机（YL、压、轮）；
- 振动压实机（YZ、压、振）；
- 羊脚压路机（YJ、压、脚）；
- 振动夯实机（H、夯）；
- 夯实机（H、夯）等，冲压机（YC）。

上述各组的压路机械，按碾压行走方式，各自又可分有自行式和拖式，以及手扶式。

2）常见的压实机械使用范围

无论静力式压实机，还是动力式压路机，其滚压工作机构有如图5-2所示的十种类型。各自特点和适用范围简述如下：

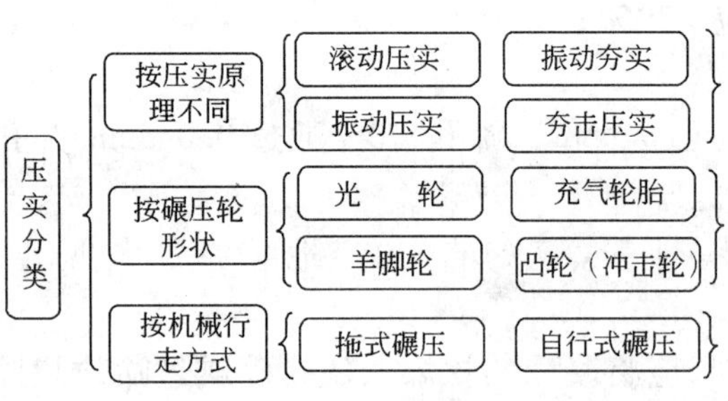

图5-1　压实方法分类

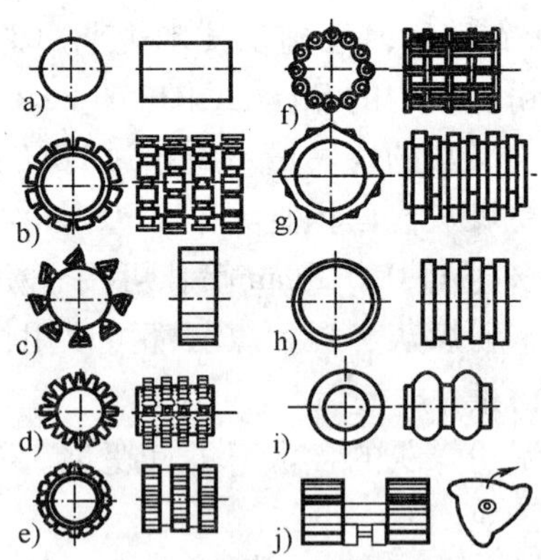

图5-2　滚压工作机构类型

a）光滚轮；b）扇形块式滚轮；c）铰接块板式滚轮；d）羊脚轮；e）凸块式滚轮；f）格栅轮；g）多角圆盘式滚轮；h）圆盘式滚轮；i）气胎轮；j）三角（四、五）冲击轮

（1）光轮压路机

光轮压路机是一种应用比较广泛的压实机械，其压实滚轮是一个圆柱形筒体，以其自重对土体进行压实，还可增减配重调整线压力。按质量大小分为轻、中、重型等，其各自质量级和适用范围见表5-4、表5-5。

各种压路机分类、特性和代号　　表 5-4

种　别	形　式	特性	代号	代号意义	主要参数	
					名称	单位
光轮压实机械 Y（压）	拖式		Y	拖式压路机，简称平碾	加载后质量	t
	两轮自行式(2)	Y(液)	2Y 2YY	两轮压路机 液压(转向)压路机	结构质量加 加载后质量	t t
	三轮自行式 (3)		3Y 3YY	三轮压路机 三轮液压(转向)压路机		t t
羊脚压路机 YJ(压、脚)	拖式 自行式	T(拖)	YJT YJ	拖式羊脚压路机 自行式羊脚压路机	加载总质量	t t
轮胎压路机 YL(压、轮)	拖式 自行式	T(拖)	YLT YJ	拖式轮胎压路机 自行式轮胎压路机		t t
振动压路机 YZ(压、振)	拖式	Z(振)	YZZ	拖式振动羊脚压路机	加载总质量	t
	拖式	T(振)	YZT		结构质量	
	自行式		YZ	拖式振动压路机		
	手扶式	B(摆)	YZZ			
		J(铰)	YZT	自行式振动压路机		
		F(手扶)	YZF	摆振压路机		kg
		S(手扶)	YZS	铰接式振动压路机 手扶式振动压路机		
振动夯实机 H(夯)	振动式 Z (振)	R（燃）	HZ	振动夯实机	结构质量	kg
			HZR	内燃振动夯实机		kg
夯实机 H(夯)	蛙式 W(蛙)		HW	蛙式夯实机		kg
	爆炸式 B（爆）		HB	爆炸夯实机		kg
	多头式 D(多)		HD	多头夯实机		kg
冲击压路机 Y(压)(冲)	自行	冲击	YCT	拖式冲击压实机	结构质量	t

各等级的光轮压路机适用范围　　表 5-5

压路机型式	质量(t)	单位线压力(kN/m)	适用范围
轻型	≤5	<40	压实人行道和修补黑色路面，路基和路面的初步压实
中型	6～10	40～60	路基和路面的中间压实以及简易路面的最终压实
重型	>10	>60	碎石和碎石路基以及沥青混凝土路面的最终压实

(2)羊脚压路机械

羊脚式压路机，即在光滑圆柱滚轮上，布设有一排排凸脚，类似于羊脚。在羊脚与被压实材料接触面上，羊脚压入被压实材料中，具有较大的单位压力，压实深度大而均匀，并能挤碎土块，广泛应用于黏土压实，不适宜非黏性土和含水率高的土。图 5-3 为羊脚压实机械，可用于碾压细粒填筑的路床顶面，增加路床与路面底基层的结合能力。

(3)轮胎式压路机

轮胎式压路机械,机动性强,便于运输,压实时与钢轮相比,土与轮胎同时变形,全压时间长,接触面积大,并有柔和作用,压实效果好。适宜压实黏土、非黏土、砂黏土、砂土和砂砾土(图5-4)。

(4)格栅式压路机

格栅式压实机构,由型钢条编结或钢制弓形板制成,其压实机构表面呈格栅状;格栅式滚轮每边有15或20cm方孔,可加配重,质量可达15~30t。

格栅式压实机构,在压实过程中,具有揉合作用,并具有较大的接触压力,能粉碎上层材料,压实效果比较好,压实厚度可到40cm土层,适宜各类土壤,其中包含有40~50cm卵石土。广泛用于冬季施工,可压碎60cm大的冻土块,比同质量的轮胎压路机效率高20%~30%。

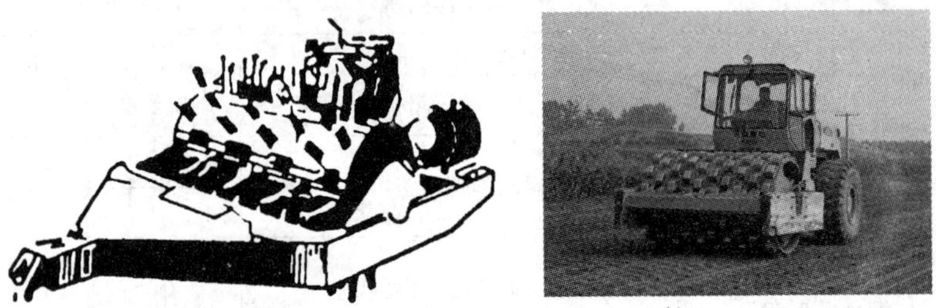

a)　　b)

图5-3　羊角碾压路机

a)拖式压路机;b)改进式羊脚碾

图5-4　轮胎式压路机

(5)块板式压路机

块板式压路机具有宽度不大的圆柱状滚轮,沿全宽布置许多铰接块板,通过其向被压的材料施加垂直静作用力,被压的材料不发生水平位移,用于低黏性土或松散土壤压实。

(6)圆盘式压路机

圆盘式压路机的滚轮,是由不同直径圆盘安装在同轴上。碾压时滚轮沉埋在被压材料中,所有圆盘与被压材料接触。随着压实度提高,滚轮向上升起,此时与材料接触的仅仅是大直径,因而压力集中。用于非黏性土或低黏性土压实。

(7)扇形块式压路机

这种类型的压路机,是在光面滚筒上,安装上带有扇形块状的轮圈。碾压时滚筒沉入土中,仅扇形块紧贴表面,因而接触压力增大。其适用范围同圆盘式压路机。

(8)凸块式压路机

凸块式压路机滚轮为圆柱筒形,其上焊有多排对称的凸块,类似于羊脚轮,但是,凸块高度较低,个数也较少,既有重力压实,又有揉合作用。其工作特点:工作速度高,可用于大面积土壤及垃圾压实。

(9)多角轮盘式压路机

多角轮盘式压路机,由安装在同一轴上多角圆盘组成,压实时圆盘传给土壤是挤压和揉合力,工作速度可达40km/h,并附有冲击作用。缺点:多角圆盘周边磨损较快。应用范围同凸块式压路机。

(10)冲击式压路机

冲击式压路机械,20世纪80年代在国外投产使用,1995年我国由南非引入。压实宽度为2m,行驶速度10~15km/h,压实厚度0.8m,压实遍数20遍,压实效率800~1 200m^3/h,按冲击压实机构形状不同，有三角形、四角形、五角形。冲击能量以 25kJ 为基本型号，还有 15kJ、20kJ、30kJ。目前，在我国高速公路施工中已广泛使用了这种压实机械。

2. 静力式压路机

静力式压路机以靠自身行驶的滚轮进行反复压实路基，其机械类型如图 5-5 所示。

轮胎式压路机械属于静力式压路机械，在土木建设中是一种应用比较广泛的压实机械，可以有效地压实非黏性土、少黏性土及最佳含水率的黏性土。带光工作面的轮胎压路机，可用于沥青混凝土压实。轮胎压路机分自行式和拖式两种的类型，如图 5-6 所示。

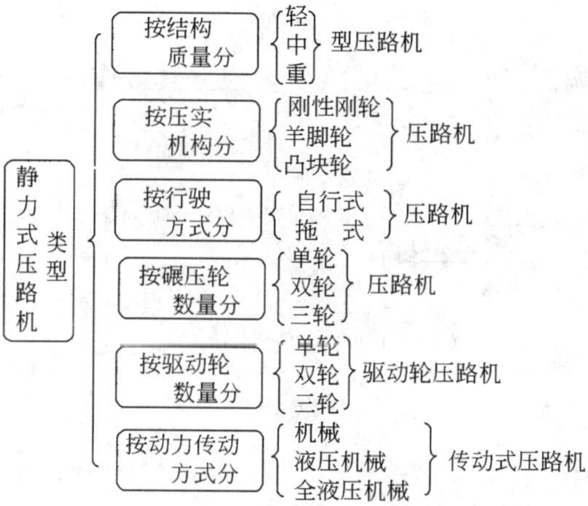

图 5-5　静力式压路机械类型

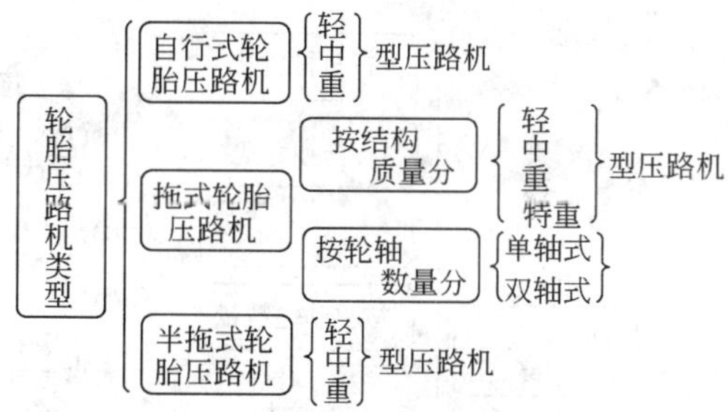

图 5-6　轮胎式压路机类型

1）自行式轮胎压路机，轻型质量 10～15t、中型 20～25t、重型 30t 以上，可压实土、碎石、有机和无机结合料路面、沥青混凝土路面。自行式轮胎压路机的工作速度一般为 2～10km/h，行驶速度为 10～25km/h。例如国产 YL16 型工作速度为 3～16km/h（I、II 档速度），YL25 采用液力传动，高效工作速度 3.3～7.5km/h。

2）拖式轮胎压路机，按质量分类见表 5-6。牵引设施常采用履带拖拉机牵引，其牵引吨级为：轻型 3～4t、中型 10t、重型 15t、特重型 25t。

拖式轮胎压路机按质量分类表　　表 5-6

类型	质　量（t）		碾压宽度（mm）	类型	质　量（t）		碾压宽度（mm）
	有配重	无配重			有配重	无配重	
轻型	12	4	2 200	重型	50	16	3 100
中型	25	8	2 400	特重	100	25	3 200

3）半拖式轮胎压路机

半拖式轮胎压路机，一般采用履带式或轮胎式牵引车作为牵引工具。按质量分为轻型、中型和重型，其具体技术指标见表 5-7。

半拖式轮胎压路机按质量分类表　　表 5-7

类型	质　量（t）		轴上荷载 ≮（kN）	碾压宽度（mm）
	有配重	无配重		
轻型	15	6	120	2 300
中型	30	12	200（±20%）	2 500
重型	45	18	300（±20%）	2 800

4）轮胎压路机使用要求

（1）轮胎压路机虽然应用广泛，但不适宜碾压有尖利棱角的碎石。

（2）当碾压热铺沥青混合料时，应在工艺规定的温度下碾压，并在轮面上涂刷少量柴油或水以免黏轮。其他防黏剂尽量少用，以免腐蚀橡胶轮胎。

（3）各碾压轮胎气压应保持一致，使用时调整平均接地比压，使轮胎有较宽的使用范围，特别转弯转向角度不宜过大和过快。

（4）终压时可锁死摆动，使压实表面具有较好的平整度。

3. 振动式压路机

振动压路机，振动力单位线压力大，振动力影响深，压实遍数可减少。根据其工作原理、结构特点、操作方法和用途不同，有多种类型，如图 5-7 所示。

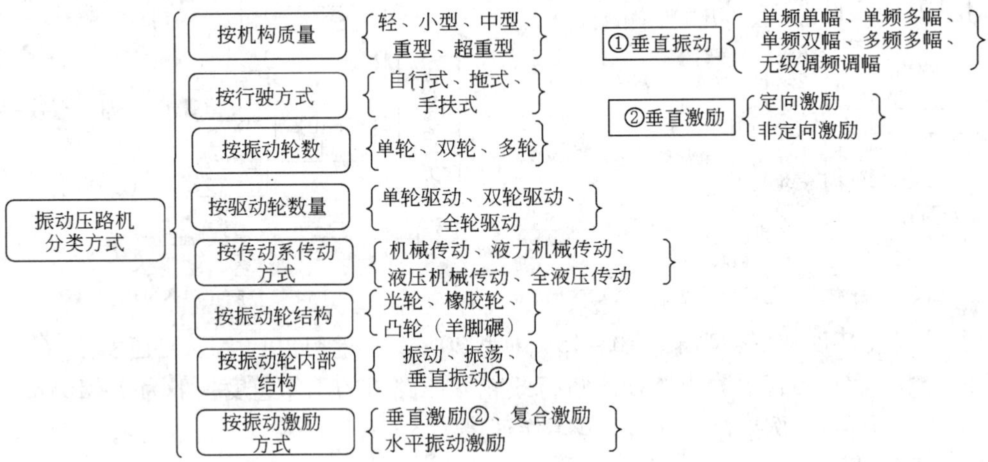

图 5-7 振动压路机分类方法

在图 5-7 中所示的各类振动压实机械型号和特性代号详见表 5-8。在众多类振动压路机中，光轮振动压路机，最适宜压实非黏性土壤，例如砂土、沙粒、碎石、块石、堆石、沥青混凝土路面、不同类型不同厚度的沥青铺层。该类压路机在断开振动时，则为静力作用压实。

单轮振动压路机，总质量为 2 ~ 18（22）t，振动频率相对比较低，且为单频或双频，振幅比较高，且为单幅或正反转调幅，激振力比较大，振动轮为从轮或驱动轮，广泛适用压实路基工程。

双轮振动压路机，总质量为 6 ~ 12t，振动频率相对比较高，在一定范围内有级或无级调节，振幅比较低，在一定范围内有级或无级调节，激振力比较小，振动轮为驱动轮，广泛适用压实路面及铺筑工程。

四轮振动压路机，总质量为 8t，振动频率相对比较低且为单频，振幅比较高亦为单幅，激振力比较大，适宜压实基础工程。振动压路机适用范围见表 5-9。

表 5-9B 列出了使用不同的振动压实机械可达到最小压实度 90%（颗粒材料或 95%）黏性土实际可达到的最大厚度，可供施工人员参考。

振动压路机分类表　　表 5-8

<table>
<tr><th>组　别</th><th>压路机品种</th><th>特性代号</th><th>型号表示方法</th></tr>
<tr><td rowspan="6">自行式振动压路机</td><td>轮胎驱动光轮振动压路机</td><td>YZ</td><td rowspan="15">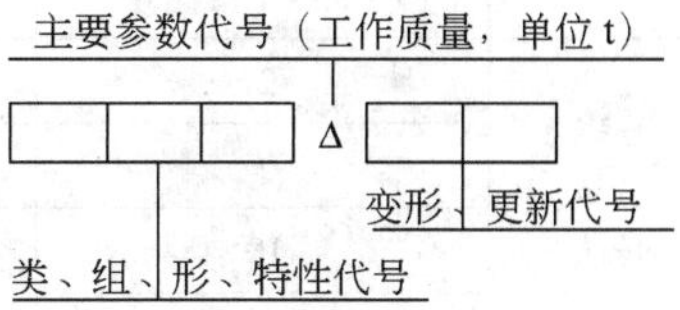</td></tr>
<tr><td>轮胎驱动凸块振动压路机</td><td>YZK</td></tr>
<tr><td>钢轮胎组合振动压路机</td><td>YZZ</td></tr>
<tr><td>两轮串联振动压路机</td><td>YZC</td></tr>
<tr><td>两轮并联振动压路机</td><td>YZB</td></tr>
<tr><td>四轮振动压路机</td><td>4YZ</td></tr>
<tr><td rowspan="4">拖式振动压路机</td><td>拖式光轮振动压路机</td><td>YZT</td></tr>
<tr><td>拖式凸块振动压路机</td><td>YZTΔK</td></tr>
<tr><td>拖式羊脚振动压路机</td><td>YZTΔY</td></tr>
<tr><td>拖式格栅振动压路机</td><td>YZTΔG</td></tr>
<tr><td rowspan="3">手扶式振动压路机</td><td>手扶式单轮振动压路机</td><td rowspan="3">YZS</td></tr>
<tr><td>手扶式双轮振动压路机</td></tr>
<tr><td>手扶式双轮铰接式振动压路机</td></tr>
<tr><td rowspan="2">新型振动压路机</td><td>振荡压路机</td><td>YD</td></tr>
<tr><td>垂直振荡压路机</td><td></td></tr>
</table>

振动压路机适用范围　　表 5-9A

<table>
<tr><th rowspan="2">质量与型式</th><th rowspan="2">块石</th><th colspan="2">砂　砾　石</th><th rowspan="2">粉土、粉质土、冻碛土</th><th rowspan="2">粉土、砂质粉土</th><th colspan="2">黏　　土</th></tr>
<tr><th>优良级配</th><th>均匀粒径</th><th>低中黏土</th><th>高强度黏土</th></tr>
<tr><td>3t 以下光轮</td><td>×</td><td colspan="2">可用</td><td colspan="2" rowspan="2">可用</td><td>×</td><td>×</td></tr>
<tr><td>3～5t 光轮</td><td>×</td><td colspan="2" rowspan="3">适用</td><td>可用</td><td>×</td></tr>
<tr><td>5～10t 光轮</td><td>可用</td><td>适用</td><td>可用</td><td colspan="2" rowspan="2">可用</td></tr>
<tr><td>10～15t 光轮</td><td>适用</td><td>适用</td><td>可用</td></tr>
<tr><td>振动凸块式</td><td>×</td><td>×</td><td rowspan="2">可用</td><td>可用</td><td>适用</td><td colspan="2" rowspan="2">适用</td></tr>
<tr><td>振动羊足式</td><td>×</td><td>×</td><td>可用</td><td>可用</td></tr>
</table>

一些振动压实机械碾压不同填料的压实厚度（压实后）表（cm）　　表 5-9B

<table>
<tr><th colspan="2" rowspan="2">压实机械质量（t）</th><th colspan="4">路基填料可压实的厚度</th><th rowspan="2">基础</th><th rowspan="2">次基础</th></tr>
<tr><th>回填石</th><th>砂、砾石</th><th>粉土</th><th>黏性土</th></tr>
<tr><td rowspan="5">拖式振动压实机械</td><td>6</td><td>75</td><td>60</td><td>45</td><td>25</td><td>30</td><td>40</td></tr>
<tr><td>10</td><td>150</td><td>100</td><td>70</td><td>35</td><td>40</td><td>60</td></tr>
<tr><td>15</td><td>200</td><td>150</td><td>100</td><td>50</td><td>—</td><td>80</td></tr>
<tr><td>6（带凸块）</td><td>—</td><td>60</td><td>45</td><td>30</td><td>—</td><td>40</td></tr>
<tr><td>10（带凸块）</td><td>—</td><td>100</td><td>70</td><td>40</td><td>—</td><td>60</td></tr>
</table>

续上表

压实机械质量(t)		路基填料可压实的厚度				基础	次基础
		回填石	砂、砾石	粉土	黏性土		
轮胎振动压实机械	7(3)	—	40	30	15	25	30
	10(5)	75	50	40	20	30	40
	15(10)	150	100	70	35	40	60
	8(4)(带凸块)	—	40	30	20	—	30
	11(7)(带凸块)	—	60	40	30	—	40
	15 (10) (带凸块)	—	100	70	40	—	60
两轮串联振动压实机械	2	—	30	20	10	15	20
	7	—	40	30	15	25	30
	10	—	50	35	20	30	40
	13	—	60	45	25	35	45
	18 (带凸块)	—	90	70	40	—	60

4. 夯实机械

夯实机械有冲击式和振动式两类。前者将夯锤提到一定高度,然后自由落下,产生冲击力来达到夯实土壤的目的;后者利用机械产生高频率振动,然后通过夯实平板传递入地面,夯实填土或地基。夯实机械按夯击能量和夯击方式不同进行分类,如图 5-8 所示。夯实机组(机种)、型号及代号见表 5-10。

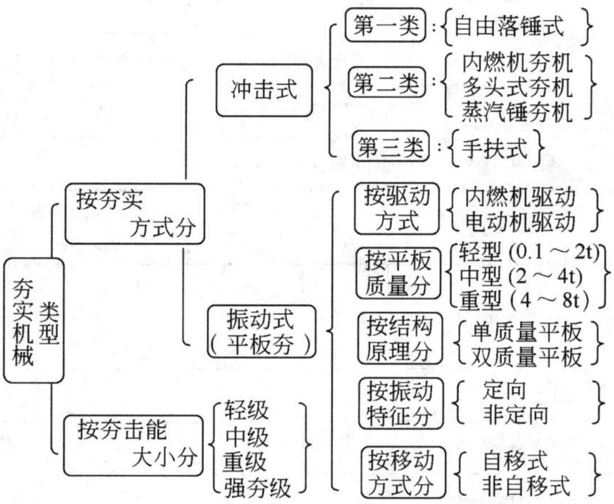

图 5-8 夯实机械类型

1)冲击式夯实机(强夯)

冲击式夯实机,按夯击能量分轻夯级、打击能量为 0.8 ~ 1kJ(千焦耳),中夯级、打击能量为 1 ~ 10kJ,重夯级、打击能量为 10 ~ 50kJ,多用于黏性土或非黏性土,铺层厚度可 1 ~ 1.5m,还可以用以夯实自然土。强夯级、打击能量可达 1 500 ~ 2 000kJ,用于击实湿陷性黄土路基。

夯实机械组、型划分和代号 表 5-10

机种	形 式	特 性	代 号 意 义	参数
打夯机(H)	内燃冲击式(N 或 B)	缸内燃气直接驱动	HN(HB)内燃式打夯机(爆炸夯)	机重(kg)
	多头式(D)	电动或内燃机驱动	HD—多头打夯机	
振动打夯机(H)	振动式(Z)	电驱动	HZ—振动夯实机	
	内燃振动式(Z)	内燃机驱动(R)	HZR—内燃振动夯实机	

2)振动性夯实机

振动夯实机械,体积小,重量轻,主要用于狭窄工作面的非黏性土层、石渣的夯实。振动平板夯主要参数有工作平板地面尺寸、振动平板质量、振动频率、激振力、移动速度、发动机功率。

(1)振动平板尺寸

使用振动夯实机时,被振动夯实的材料厚度是由工艺确定的。振动平板需要的横向尺寸B,一般应大于被压实材料的厚度,通常取:

$B_{min}=(1\sim2)h$(压实厚度);振动平板长度一般为$L=(1\sim1.5)B$。

(2)振动平板质量及单位静压力

振动平板的单位静压力p,应根据被压实的材料选择,

$$p = G/A$$

式中:G——振动平板对地面的重力;

A——振动平板支承底面积,m^2。

经试验表明,为压实某些填料,或振实混合料,所需单位静压力p应不低于以下数值:

过湿砂:0.3~0.4kPa;

最佳含水率砂:0.6~1kPa;;

最佳含水率粉土:2.5~3.0kPa。

对于厚度20~25cm干硬性水泥混凝土,坍落度5~10mm,应为0.3kPa;塑性混凝土(坍落度20~30mm),应为0.2kPa。

(3)振动频率

大多数振动机械的振动频率,对于混凝土,$n=33.3\sim75$Hz;振实非黏性土,$n=11.7\sim60$Hz。

振动频率还与单位静压力有关,在确定机械的振动频率后,单位静压力与频率关系:

单位静压力p:5.0~10.0kPa;10~20kPa

相应振动频率:2 000~1 200Hz/min;1 200~900Hz/min。

(4)激振力

激振力的大小与振动平板夯振动部分的重力密切相关。当夯的振幅达到尽可能大时,而振动平板尚未离开振动面,此时的激振力为振动平板夯的最佳激振力;相应的振幅为最佳振幅。而两者的最佳值,视与被压实的材料而定。

①根据实验证明,振动压实的最佳振幅为:

- 非黏性土的最佳振幅为:0.3~0.4mm;
- 水泥混凝土为0.4~0.5mm;
- 沥青混凝土为0.4~0.7mm。

②激振力的最佳值P按下列公式估算:

- 振捣沥青混凝土混合料及非黏性土时:

$$P = RG$$

式中:G——振动平板夯的重力;

R——见表5-11。

- 振捣水泥混凝土混合料:

$$P = R_2\left(G + R_1\frac{F}{160}\right)$$

式中:R_1、R_2——视振动频率和水灰比而定的系数,见表5-11。

系数 R、R_1、R_2 值表 表 5-11

振动频率(1/min)	R		R_1	R_2	R_1	R_2
	沥青混凝土混合料	非黏性土	水泥混凝土混合料水灰比			
			0.5 以上		0.45 ~ 0.47	
750 ~ 1 800		0.9 ~ 1.1				
1 800 ~ 3 000	2(4)	1.1 ~ 1.4	11	0.5 ~ 0.7	15	0.7 ~ 0.9
3 000 ~ 5 000	2(4)	1.5 ~ 2.3	11	0.7 ~ 1.0	15	1.0 ~ 1.4

5)平板夯移动速度

轻型振动平板夯,移动速度为 6 ~ 12m/min;重型平板夯移动速度为 15 ~ 20m/min。

5. 冲击压实机械

冲击压实机械,是由曲线为边坡构成的冲击轮,采取位能落差与行使动能相结合方式,对被压实填料进行静压、搓揉、冲击为一体,对路堤进行压实。与一般压实机械相比,效率提高 3 ~ 4 倍(表 5-12)。

冲击压路机与普通压路机施工参数对比 表 5-12

指　标	冲击压路机	普通压路机
冲压有效宽度(m)	2	2.134
行驶速度(km/h)	10 ~ 15	3 ~ 6
压实厚度(m)	0.8	0.3
压实遍数	20	6
压实效率(m^3/h)	800 ~ 1 200	320 ~ 640

冲击压实的基本能量:

$$E = mgh$$

式中:E——势能(kJ);

m——非圆冲击轮的质量(kg);

h——冲击轮外径(R)同内半径(r)的差值(m),$h = R - r$;$g = 9.81 m/s^2$。

四、机械压实质量和压实参数

衡量压实质量,常用压实系数(压实度)K 来评价。

1. 压实系数(压实质量)

压实系数就是被压实材料所测得密实度与同类材料在实验室内以标准击实法所获得的最大密度之比。用公式表述如下:

$$K = \rho/\rho_0$$

式中:ρ——被压实后材料密实度;

ρ_0——标准击实法测定的被压实材料的最大密实度。

表 5-13 列出了轻型标准击实法测定的土的最佳含水率和最大密实度变化范围相当于 8 ~ 9t的中型光轮压路机的压实效果。

各种土壤最佳含水率和最大密实度　　表5-13

土壤类别	最佳含水率(%)	最大密实度(g/cm^3)	土壤类别		最佳含水率(%)	最大密实度(g/cm^3)
砂土	8~12	1.80~1.88	黏土	含砂低液限	12~15	1.85~1.95
细砂土	9~15	1.85~2.08		含砂高液限	16~20	1.67~1.79
粉砂土	16~22	1.61~1.80		黏土	19~23	1.58~1.70
粉质土*	18~21	1.65~1.74				

注：* 低液限粉土

对于高速、一级公路，常用重型标准击实法测定土的最佳含水率和最大密实度。工程实践经验表明，用重击实法测定的最佳含水率，除砂土外均比轻型标准击实法测定最佳含水率略低3%~5%，而最大密实度增加10%。

2. 压实机具接触应力

当土或其他材料在被碾压过程中，其压实机具与被压材料表面接触应力 σ 接近于最佳值时，被压实的材料才能得到最好的密实度。

1)单位线荷载

压实机的单位线荷载为 $q=G/b$(单位 N/cm)，由实验可知，对于静力式压路机，压实轮载荷轮过重，线荷载过大，会导致土体结构破坏，滚压时反而把土体推开，为避免被压土体结构破坏，并得到理想的压实效果，用下式估算压实机械的接触应力。

2)压实机械的接触应力 σ

(1)压实机械允许最大接触应力，用下式计算：

$$\sigma=\sqrt{qE_0/R}$$

式中：q——单位线荷载(MN/m)；

R——碾压轮半径(m)；

E_0——压实层的形变模量(MPa)(表5-14)。

不同材料的压实层所选取的形变模量(MPa)　　表5-14

压实层材料	压实开始时	压实终了时	压实层材料	压实开始时	压实终了时
非黏性土		10~15	碎石、石	30	100
黏性土		15~20	热沥青混合料	5~10	50~80

(2)接触应力选用

工程实践表明，当土或其他材料表面的接触应力，接近于材料极限强度(0.9~1.0)σ_B 时，才能获得最好的压实度。不同填料或材料的极限强度 σ_B 或许用应力分别列于表5-15、表5-16、表5-17。

碾压和夯实时被压实材料的强度极限 σ_B(MPa)　　表5-15A

土壤类型	碾压		夯实(夯直径70~100cm)	备注
	光轮压路机	轮胎压路机		
低黏性土(砂土、砂质土、粉土)	0.3~0.6	0.3~0.4	0.3~0.7	* 个别时，当黏土颗粒8%~15%，σ_B 降低到0.3~0.4
中黏性土	0.6~1.0*	0.4~0.6	0.7~1.2	
高黏性土	1.0~1.5	0.6~0.8	1.2~2.0	
极黏性土	1.5~1.8	0.8~1.0	2.0~2.3	

几种材料碾压时的允许最大接触应力(MPa) 表5-15B

压实层材料	压实开始	压实终了时	压实层材料	压实开始	压实终了时
碎石	0.6~0.7	3.0~4.5	石灰稳定土	0.3~0.4	4.0~5.0
填石	0.4~0.6	2.5~3.0	水泥稳定土		
沥青混合料	0.4~0.5	3.0~3.5	沥青稳定土		1.0~1.5

被压实的石料许用单位线压力 表5-16

石料性质	石 料 名 称	抗压强度极限(MPa)	许用单位线压力(kN/m)
软质石料	石灰岩、砂岩	30~60	60~70
中等硬质石料	石灰岩、砂岩、粗粒花岗岩	60~100	70~80
坚硬质石料	细粒花岗岩	100~200	80~100
极坚硬石料	辉绿岩、玄武岩、闪长岩、辉长岩	200以上	100~125

被压实路面最大许用应力值(MPa) 表5-17

被压实层类型	许用应力		被压实层类型	许用应力	
	压实开始	压实终结		压实开始	压实终结
碎石路面	0.7	4.5	细粒冷沥青混凝土	0.4	3.0
条形碎石路面	0.6	3.0	有机黏结料稳定土	0.4	1.3
无细土的砾石路面	0.4	2.5	最佳成分土	0.2	0.8
路拌砾石路面	0.6	2.8	细砂	0.15	0.4
贯入沥青碎石路面	1.0	5.0			
热沥青混凝土(碾压始温度约100℃,终温600℃)				0.5	3.0
砂质沥青料和土质沥青料(碾压始温度约100℃,终温600℃)				0.5	2.0

3. 压实影响深度

不同的压实机具,碾压不同类型填料,其压实影响深度也不同。反之,如果已知所需的压实深度,此时,取决于压实机构所接触面积大小。当接触应力接近于最佳应力时,则压实深度取决于压实机构接触面最小的边值。但是,碾压力大小又不允许无限制的加大,被碾压许用最大应力见表5-15~表5-17。表5-18~表5-19所列的压实深度,可供施工人员参考所列公式估算压实深度。

路基和路面最佳压实深度(cm) 表5-18

压路机类型	被压实的材料			备 注
	碎石、砾石	含有黏结合料碎石、砾石	沥青混凝土路面	
轻型	12~8	7~6	4~5	比较黏性材料,取用低值
中型	14~10	9~8	5~6	
重型	20~12	12~10	6~8	

土层压深度计算公式　　表5-19

<table>
<tr><th>压路机类型</th><th>黏　性　土</th><th colspan="2">非　黏　性　土</th></tr>
<tr><td>光轮压路机</td><td>$H_0=0.25\frac{w_1}{w_0}\sqrt{qR}$</td><td>$H_0=0.35\frac{w_1}{w_0}\sqrt{qR}$</td><td rowspan="3">$H_0$—最佳压实层厚度,cm;
q—压路机滚轮单位线压力,kN/m;
R—压路机滚轮半径,cm;
h_p—羊脚松散表面土壤深度,$h_p=5$cm
b—羊脚支撑面最小尺寸,cm;
w_1、w_0—土实际含水率和最佳含水率,%。</td></tr>
<tr><td>羊脚压路机</td><td>$H_0=0.65(L+0.2b-h_p)$</td><td></td></tr>
<tr><td>轮胎压路机</td><td>$H_0=0.53\frac{w_1}{w_0}\sqrt{0.1G}$,
G轮胎压路机为轮胎上的载荷,N</td><td></td></tr>
</table>

使用强夯夯击黏土地基,实践经验表明,当夯击能量为2 000kJ(kN·m)时,夯击加固影响深度6.8~8.0m。邯长高速公路使用强夯夯击湿陷性黄土路基,夯击能为2 000kJ,实测平均影响深度为7.23m。

4. 压实遍数

所谓碾压遍数是指相邻碾压轮迹相重叠0.2~0.3m,依次将路基或路面全宽度碾压完一遍,称为碾压一遍。直至被碾压的路基、路面达到规定的压实度,此时的碾压次数,称为碾压遍数。

一般路基和路面基层,大约需要碾压6~8遍。碾压碎石铺砌层时,需要碾压6~10遍。碾压沥青混凝土混合料时,需要8~12遍。

5. 压实厚度

根据压路机最佳压实深度,不同的压实机械都有适宜的压实厚度,详见表5-20。如果压实度小,施工效率低,压实层表面易产生裂纹或波纹。压实厚度大,则铺筑层的深部不易被压实。

$$松铺厚度=松铺系数\times压实厚度$$

式中:松铺系数、压实干密度与松铺干密度比值,一般通过现场实验确定,一般土壤松铺系数为1.3~1.6。

几种不同质量等级的压路机适宜的压实厚度　　表5-20

压路机类型	适宜压实厚度(cm)	碾压遍数(次)	适宜土壤种类
8~10t静光轮压路机	15~20	8~12	非黏性土
12~15t静光轮压路机	20~25	6~8	
18~20t静光轮压路机	20~25	6~8	

另外,若获得最佳压实度,除去选择适宜的压实机械外,应当使填料处于最佳含水率状态。换句话说,被压实填料,只有处于最佳含水率状态下,才能获得理想的压实效果。如果高或低于最佳含水率,又难以补充含水率时,应视土壤含水率选择相适宜的压实机械。

五、压实机械配备

无论业主招标审核投标人的提供的设备,还是在施工准备阶段,监理人员审核、检查承包人所投入机械设备种类、数量,是否满足工程的需要,均需要检查承包人的压实机械。

从对压实工序来说,承包人应根据工程压实度的需要,被压实的材料种类、性质、颗粒组成、含水率和施工实验所确定的摊铺层厚度,需要科学的、合理地配置压实机械,选择适宜的最佳机械组合。

1. 路堤压实机械选用

1）路堤压实机械选用原则

压实机械的选用，一般遵循的规则是：如果施工机械化程度高，应选用压实机械功能大、作业效率高的压路机。反之，施工机械化程度低，则选用相应功能的且经济的压路机械，以免造成浪费压实功能。

2）各类压实机械适用场合

- 轻型光轮压实机械（6～8t），适宜各种填料的平整预压。
- 重型光轮压实机械（12～15t）适宜压实细粒土、砂类土、砾石土。
- 重型轮胎压实机械（30t 以上）适宜各种填料，尤其是细粒土，土粒越细轮胎气压就愈高。
- 羊脚压路机械（包括格式和条式）适宜细粒土、粉土、黏土，但需要光轮压实机械配合，压实表面松散的土。
- 振动压实机械，适宜压实沙类土、砾石土、巨粒土，对细粒土压实效果不理想。
- 拖式压路机械，爬坡能力强，结构质量大，可采用螺旋行驶路线，适宜大面积压实。
- 自行式压实机械，机动灵活，适宜直线一般路段压实。夯实机械适宜小面积的压实。

2. 路堤施工压实机械审核

审核承包人的路堤施工压实机械选用，应从以下几个方面入手：

1）路基压实机械选用，总的要求是：一般多选用压实功能大的重型和超重型静力式压路机，例如：3Y10/12、3Y12/15、3Y15/20 等型号的压路机型。

2）应视填料不同，选用相适应的压实机械，具体来说：

（1）路基填料为黏性土时，黏土黏结性高，内摩擦阻力大，含水率多，需要较大压实作用力和有效的作用时间，才能获得较好的压实效果。一般不宜选用振动压路机，以免振动压实时水分被析出，压实层呈现“弹簧”现象，此时应选用羊脚（凸块轮）、光轮压路机。

从压实机械性能来说，羊脚（凸块轮）压路机械，适宜压实路基、基坑回填的底层，特别适宜压实湿度较大，粒度大小不一的黏性土及土块。

（2）路基填料为砂土、粉土、黏结性差，水不易侵入，不易被压实。此时，应掺入黏土或其他材料，进行改善处理。压实该类填料，也不宜采用振动压路机，应选用静力压实机械。

（3）介于砂土和黏土之间的各种砂性土、混合土具有较好的压实特性，适宜采用振动压路机。

（4）路堤填料为均匀的砂质土，最好选用轮胎压路机。

（5）路基填料为砂石、碎石、砾石土时，选用振动压路机效果比较理想。

（6）当路基填料含水率较小，且难以进行加水湿润时，应采用重型振动压路机，可获得较好的压实效果。反之，当填土含水率较大，且干容重较低时，宜选用轻型压路机械。

（7）当压实小规模和狭窄工程，特别是压实建筑物周围回填土时，宜选用小型振动压实机械和小型夯实机械。

3. 按填料含水率不同，适宜选用的压实机械

众所周知，土壤在处于最佳状态下，才能获得理想的压实效果。如果实际含水率比最佳含水率低 3%～5%，施工现场难以补充水分，则选用超重型静力压路机械，或重型压路机械进行碾压，主要机型 3Y12/15、3Y20 及振动压路机械。

如果实际含水率比最佳含水率高2% ~3% ,则不宜选用振动压路机械。若高出3%以上,则需采取措施降低含水率,才能进行压实。

然而,对于在软土地基上修筑路堤,仅仅遵循上述施工程序,还是不够的。在软土地基上修筑路堤,首先,要对软土地基进行治理,使之符合修建路堤的技术要求。关于对软土地基的治理方法,在第二、三章中已经述及。

在处理后的软土地基上,根据地基的强度和关键部位,还需要采取一些特殊材料修筑路堤,为使其满足设计要求,需要从以下四个方面着手:

一是对软土地基进行处理,其处理方法和措施在本书第二、三章中已做了详细论述。

二是采用新材料,尽力减轻填料的自重。

三是在填料中按受力要求,铺设土工(格栅)材料,增强填料的整体性能,以提高路堤强度和稳定性。

四是实行超载预压,使工后沉降满足《公路软土地基路堤设计与施工技术规范》(JTJ 017—96)的容许工后沉降的要求(见本书第七章)。

然而,仅从以上几个方面入手还是不够的,既要使用合格的填料,还必须采取科学填筑次序,选用合理压实工具和工艺,才能保证填料达到设计的压实度。因此,路堤填料和压实度就成为路堤施工的关键技术。

对于重点部位,例如桥梁台背填筑质量,关系着车辆能否安全、舒适行驶的关键部位,仅仅单一措施,往往难以获得令人满意的效果。对沿海公路桥涵地基处理和台背填筑问题,采用综合处理技术,可获得如愿以偿的效果。

第二节 冲击压实

前已所述,冲击压实是一种功效最高的压实设备,河北沿海公路Q1合同段,起讫桩号为K0 +000 ~ K9 +400、全长9.4km,特殊地质路段比较多,为了消除或降低路堤沉降,提高其稳定性能,经专家论证后,在清表后填筑前对地表采用冲击机械进行压实,在路堤填筑压实中,采用强夯进行了夯实。

一、冲击压实作业准备

1. 技术准备(略)

2. 机械准备工作(表5-21)

进场主要机械设备一览表　　表5-21

序号	设备名称	规格型号	数量	序号	设备名称	规格型号	数量
1	推土机	宣化140	2台	4	洒水车	东风	1台
2	压路机	30t、三一重工	2台	5	三边冲压机	5YCT23	2台
3	平地机	常林160	1台	6	五边冲压机	15KJ-T5	

表5-21中:冲击压实机械,采用中铁二十局生产的5YCT23冲击式压路机,其主要机械性能:

- 冲压机质量16 000kg;

- 牵引功率:176~260kW;
- 冲击势能:23kJ;
- 冲击压实能力:32~1 000t(320~10 000kN);
- 蓄能器单位面积的工作压力:4.5~5MPa。

3. 试验现场准备

在正式进行冲击压实作业前,需要先进行试验,以取得冲击压实参数。选定 K28+680-K28+800、长 120m 作为试验现场,划定中线和断面(20m 一个断面),标出冲击压实范围,进行高程复测,并做好记录。检测 0~30cm、30~50cm、50~80cm 处的原地密度、含水率,进行击实试验。冲压结束后检测上述相应位置的试验数据。

配备高振幅低频率 YC25 型冲击式压路机 1 台、QCY360 牵引机 1 台、PY165 平地机 1 台、QT140 推土机 1 台和 6 000L 洒水车 1 台、通勤面包车 1 台。

4. 冲击压实试验作业

冲击压实试验的目的,在于通过实地试验,总结施工经验,收集基础数据,指导大面积路基的施工。试验时共布设 3 个测试横断面,每断面 5 个测点。分 1~5 遍、6~10 遍、11~15 遍、16~20 遍进行测试。

第 1~5 遍,行进速度为 10~12km/h。

第 5 遍后,用推土机和平地机整平,进行第一次沉降观测。

第 6~10 遍,行进速度为 8~10km/h。

第 10 遍后,用同样机械进行二次整平和二次沉降观测。

第 11~20 遍,行进速度保持为 12~15km/h,每隔 5 遍进行一次整平,同时检测不同深度的压实度并进行沉降观测。

在冲击碾压过程中,表面一旦出现了较大起伏,直接影响到冲击碾压速度和压实效果时,故随时用推土机、平地机进行了整平。在冲击碾压过程中,天气较热时,路基表面扬尘,用水车进行适量洒水后,保证含水率在最佳含水率的 ±2% 以内,继续进行冲击压实。

冲压到第 20 遍后,采集各项数据后,用平地机认真刮平、洒水,然后用振动压路机碾压 1 遍,18t 或 21t 三轮静碾 2 遍,进行零层验收。通过试验路段,获得以下试验数据。

1)冲击压实后密实度

冲击压实后,采用灌砂法检测方法,测定地面以下 30cm、50cm、80cm 深度处的压实度,见表 5-22。

试验路段密实度 表 5-22

深度(cm)	压实度(平均值)(%)					增加(%)
	冲压前	5 遍	10 遍	15 遍	20 遍	
0~30	76.2	77.7	94.1	94.5	86.8	10.6
30~50	77.6	75.8	79.3	86.1	78.7	1.1
50~80	75.9	79.1	79.6	93.8	96.6	19.7

2)沉降量观测

选取 K28+700、K28+740、K28+780 等 3 个断面,每个断面确定 5 个测控点(左 18m、左 14m、中、右 14m、右 18m)。经测量冲击碾压前及每冲击 5 遍后的下沉量(表 5-23)。

K28 +700 试验路段沉降量　　表 5-23A

桩号位置 K28 +700 – m	沉降量(cm)					总沉降量(cm)	平均沉降量(cm)
	冲压前	5 遍	10 遍	15 遍	20 遍		
+700 左 18	0	-7.4	-7.4	-4.2	-3.6	-22.6	-21.4
+700 左 14	0	-8.0	-7.4	-3.2	-2.4	-21.0	
+700 中心	0	-7.0	-8.0	-2.6	-2.9	-20.5	
+700 右 14	0	-8.0	-7.7	-2.0	-4.3	-22.0	
+700 右 18	0	-8.5	-7.5	-2.7	-2.3	-21.0	

K28 +740 试验路段沉降量　　表 5-23B

桩号位置 K28 +740 – m	沉降量(cm)					总沉降量(cm)	平均沉降量(cm)
	冲压前	5 遍	10 遍	15 遍	20 遍		
+740 左 18	0	-9.6	-5.3	-3.0	-3.9	-21.8	-21.8
+740 左 14	0	-7.0	-8.6	-2.0	-3.4	-22.0	
+740 中心	0	-7.0	-7.4	-3.2	-3.0	-20.6	
+740 右 14	0	-7.6	-7.6	-4.0	-4.0	-22.0	
+740 右 18	0	-6.2	-5.8	-2.0	-5.8	-22.8	

K28 +780 试验路段沉降量　　表 5-23C

桩号位置 K28 +780 – m	沉降量(cm)					总沉降量(cm)	平均沉降量(cm)
	冲压前	5 遍	10 遍	15 遍	20 遍		
+780 左 18	0	-7.7	-7.1	-3.2	-3.7	-21.7	-22.2
+780 左 14	0	-7.2	-6.6	-3.2	-4.0	-21.0	
+780 中心	0	-8.7	-6.3	-3.0	-4.7	-22.7	
+780 右 14	0	-8.3	-7.2	-3.0	-4.1	-22.6	
+780 右 18	0	-8.0	-8.2	-1.8	-5.0	-23.0	

从以上数据可以看出：进行冲击压实 15 遍后，土体的压实度得到了很大提高，基本可满足地基处理要求，继续冲击至 20 遍，虽然土体沉降量仍在增长，但土体却回弹，说明此时已找到压实度的峰值，可以停止冲击。

3）试验路段结论

（1）人员配置：每个作业面管理人员 1 名、技术员 1 名、测量员 2 名、试验员 1 名、冲击压路机司机 2 名（换班作业）、平地机司机、洒水车司机和通勤车司机各 1 名。

（2）机械设备组合：每个工作面配备 YCY25 冲击压路机 1 台，QCY360 牵引机 1 台，每 2 ~ 3 个工作面配备平地机、推土机、洒水车、通勤车各 1 台。

（3）施工工艺和冲压遍数

冲压机行进速度，适宜 10 ~ 12km/h 左右，须遵循先慢后快的原则。冲碾时，应从路基一侧到路基中线形成一个同心椭圆，向路基另一侧平铺推进，轮迹重叠 1/2，铺盖整个路基表面为冲碾一遍（图 5-9），从以上数据分析，初步确定试验段得出冲压 15 遍作为指导大面积施工的重要参数。

(4)土体压实度平均增长值为10.5%,平均沉降量为21.8cm。

通过上述结论,与以往的超载预压施工方法相比,冲击压实存在见效快、操作简单、经济实用的特点,最主要的是大大缩短施工周期,解决了原地表压实度不能满足要求和工前有效沉降问题,给施工质量和预防工后沉降提供了有效的保障。

4)冲击压实试验体会

(1)用冲击式压实机调头范围大,应尽量安排长路段作业,避免过多"接头";同时,平地机、洒水车密切配合,以到达提高工效的目的。

(2)土表含水率较大时,冲压时表面易形成推移,上层20cm左右土体与下部脱离。因此,雨后或表面含水率较大时,应采取晾晒或采取其他措施,降低表面含水率,不宜直接冲压。

(3)冲压效果与表层30cm平整度和含水率密切相关。平整度好、表层含水率接近最佳含水率,则压实效果显著。因此,地表起伏较大时,必须及时配合机械进行整平。

(4)出现翻浆或弹簧现象时,应停止冲压工作,做翻晒处理,待含水率适合时再重新冲压。冲压作业完成后,用光轮压路机再次碾压、精平,进一步提高表层土的压实度。

二、冲击压实

根据试验路段取得的经验,结合工程实际,制订冲击压实作业流程,见图5-10。

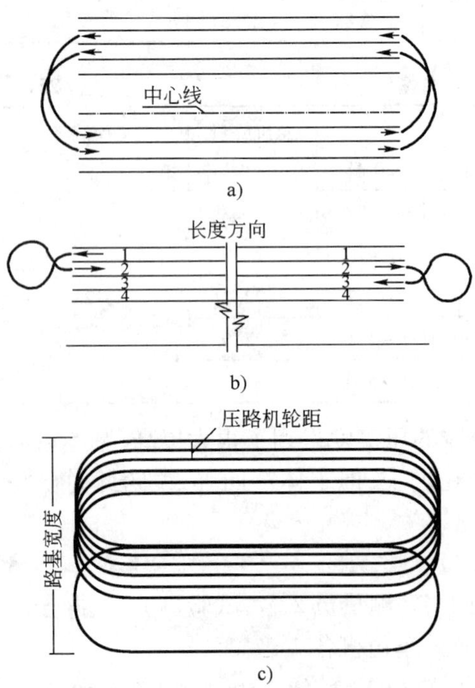

图5-9 冲击碾压路线示意图

a)冲压场地宽>4倍转弯半径;b)冲压场地宽度<4倍转弯半径;c)试验路段碾压路线

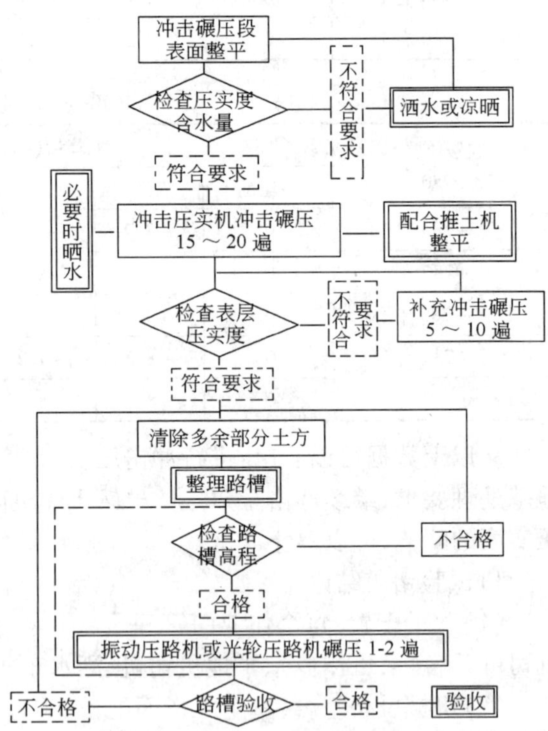

图5-10 冲击压实工艺流程

1)测量放线

量测出的路基边线,两侧分别宽出边线各2m,用白灰标示冲压范围。

2)清表整平碾压

清表作业要求同一般路堤。特殊要求之处：土坑、沟渠须用合格的填料填平；突起地楞也须铲除找平，并用光轮压路机先行碾压 1～2 遍，并检测压实度、含水率、液塑限，同时测出碾压前标高并作出标记，经过验收合格后方可冲击压实。

3）冲击压实

冲击压实行进速度，控制在 10～12km/h 左右。从路基一侧向另一侧转圈冲碾，冲碾顺序应"先两边、后中间"，相邻碾压路线重叠1/2 轮迹。如果路基宽度为 40m，一般碾压一遍需 20 圈。如果先冲压半幅路堤，冲压方式如图 5-9b）所示。

4）冲压检验和终止冲压标准

正式冲压前，应先选取试验路段，先行试压 15 遍，取得经验数据作为参考。连续压 15 遍后按照每 20m 一个断面，每个断面选定 5 个点作为沉降检测点，测点位置与冲击碾压前的位置相对应。

检验标准：用三边形碾压机，先碾压 14 遍，测量检测标高，然后再碾压 1 遍，再检测标高，并与碾压前标高比较。如果沉降量大于 1cm 就继续碾压，直到沉降量小于 1cm 才停止碾压。最后用灌砂法检测密实度和沉降量，具体检查项目和标准见表 5-24。

冲击压实检测项目　　表 5-24

项次	检查项目	规定值或允许偏差	检查方法和频率
1	压实度（%）	94%（检测范围 0～30cm）	灌砂法：每 2 000m² 测 4 处
		91%（检测范围 30～50cm）	
		85%（检测范围 50～80cm）	
2	宽度（mm）	不小于设计值	米尺：每 200m 测 4 处
3	沉降量（cm）	符合设计要求	每 20m 断面实测冲击前后高程

自检合格后报驻地监理抽检，同时，报总监办对冲压后的零层高程进行验收检测，并经计量监理工程师签认后方可进行填筑。

5）冲击压实作业注意事项

（1）冲压作业时，机械调头范围较大，因此，应尽力安排较长作业路段，以实现连续冲碾，不仅可提高冲碾效率，也可避免过多"接头"，保证路基的整体均匀性。

（2）冲压机械的冲击能量大，工程实践表明，路表 50cm 的土体含水率对冲压效果具有较大影响。含水率过大时，会发生翻浆等异常现象，就须晾晒处理或报请监理、业主，采取其他处理方案。

（3）当冲击压实符合要求后，用推土机粗略平整，光轮压路机静压 1～2 遍，然后用平地机进行精平，光轮压路机最后振动碾压 1～2 遍。

（4）在地势较低处、含水率严重偏大处挖一深 0.8m、宽 0.3m 的临时排水沟，以起到路基顶面排水、地下渗水的作用。

（5）为了避免结构物遭到损坏，必须制定相应的管理措施，严格控制冲击碾压的范围。在距离结构物 3～5m 内禁止进行冲击碾压作业。

（6）施工运输道路，采用洒水车经常洒水，保持路面湿润，避免尘土飞扬。路基表面发干时，也要适当洒水，避免冲击时尘土飞扬。

（7）清洗施工机械、设备及工具的废水、废油等有害物质以及生活污水，不得直接排放于河流、稻田中，也不得排放与饮用水源附近的土地上，以防污染水质和土壤。

三、冲击压实安全作业保护

冲击压实机械功率大、行驶速度快，必须树立起安全生产意识，施工前须加强对员工的安全生产教育，树立安全第一的观点。

1. 施工周围构造物保护

施工之前，应查明周围的构造物，并以醒目标记予以标识，在施工期间，派专人进行观测，一旦发现异常情况，如房屋、桥涵等开裂等要停止冲击，并报有关部门，做出相应的调整，如挖隔震沟，降低行驶速度，加大保护范围等，施工范围内不得留有闲杂人员与物品。

2. 操作机手

由于冲击压路机的颠簸非常厉害，故每台至少要配备4名操作机手，轮流进行作业，每次碾压时间不超过2h，严格禁止疲劳驾驶，在施工现场灰尘较大的情况下，要戴口罩施工。换班前后检查设备运行情况。

3. 冲击压路机驾驶

冲击压路机必须由专人按照厂家的操作要求驾驶，上机前熟悉机器的性能和特点，不得把机械转让他人驾驶。

4. 交通安全

对于冲击压实范围内的出入口，应设醒目的安全标记，禁止无关车辆与闲杂人员出入。

5. 夜间施工

夜间施工时，现场应设有符合操作要求的照明设备，施工场地要设置路灯，对于需要保护的结构物，施工中的小型桥涵、穿越路基的管线等设施设置围栏，并悬挂红灯警示标志。

6. 噪声的影响

施工过程中注意对环境的影响，要合理安排施工时间，尽量予以避免或降低噪声。

四、冲压试验检测结果

1. K5 +680 ~ K5 +980 试验路段检测结果（表5-25和图5-11）

三边形压实机冲击压实成果汇总（K5 +680 ~ K5 +980） 表5-25

检查深度(cm)	检查项目	压前	5遍	10遍	15遍	20遍	22遍	25遍
0 ~ 30	平均含水率(%)	14.1	23	14.3	7.2	12.8	7.8	23.4
	密实度(%)	72.4	94.7	87.1	99.7	93.7	86.6	83.7
30 ~ 50	平均含水率(%)	21.4	23.2	23.6	16.8	19.8	21.6	18.6
	密实度(%)	67.4	71.3	76.3	79.2	84.6	80.7	82.8
50 ~ 80	平均含水率(%)	25.5	23.5	22.1	19	21.8	22.2	25.2
	密实度(%)	67.7	67.9	80.4	80.5	82.2	81.9	79.8
80以下	平均含水率(%)	22.2	25.5	19.4	19	23	21.8	23.4
	密实度(%)	82	80.6	85.7	86.4	83.9	84.9	83.7
累计沉降量(cm)		0	17.8	25	26	27	27	27

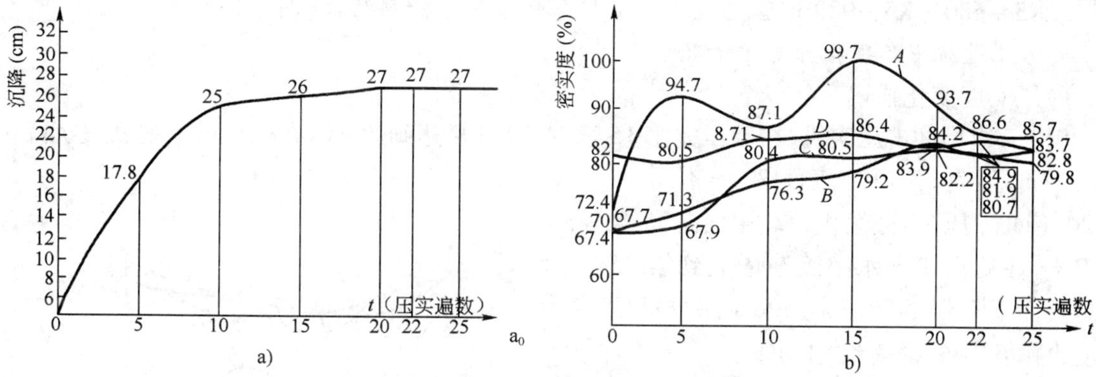

图 5-11　试验路段 K5 + 680 ~ K5 + 980 压实遍数与沉降关系（三边形冲压机）

a）压实遍数与沉降曲线；b）压实遍数与压实度曲线

图中 D、C、B、A 分别表示地表以下 >80cm、50 ~ 80cm、30 ~ 50cm、0 ~ 30cm 深度位置压实遍数与压实度所描绘曲线。

2. K6 + 050 ~ K6 + 250 试验路段检测结果（表 5-26 和图 5-12）

五边形压实机冲击压实成果汇总（K6 + 050 ~ K6 + 250）　　表 5-26

检查深度（cm）	检查项目	压前	10 遍	15 遍	20 遍	22 遍	25 遍
0 ~ 30	平均含水率（%）	10.5	11.6	12.1	13.7	15.5	15
	密实度（%）	89.9	91.1	89.1	86.5	88.8	88.6
30 ~ 50	平均含水率（%）	16.8	25.6	12	24	26	24.8
	密实度（%）	77.4	78.4	89	81.3	80.1	80.5
50 ~ 80	平均含水率（%）	20.3	32.3	26.8	27.2	28.6	27.2
	密实度（%）	69.2	75.5	75	79.9	78.7	78.8
80 以下	平均含水率（%）	18	30.2	23.4	26.3	28.5	31.4
	密实度（%）	81.1	78	81.9	80.5	79.6	76.7
累计沉降量（cm）		0	12	14.3	17.3	18.8	19

注：K6 + 050 ~ K6 + 250 原设计为超载预压段，设计工后沉降量为不大于 30cm。

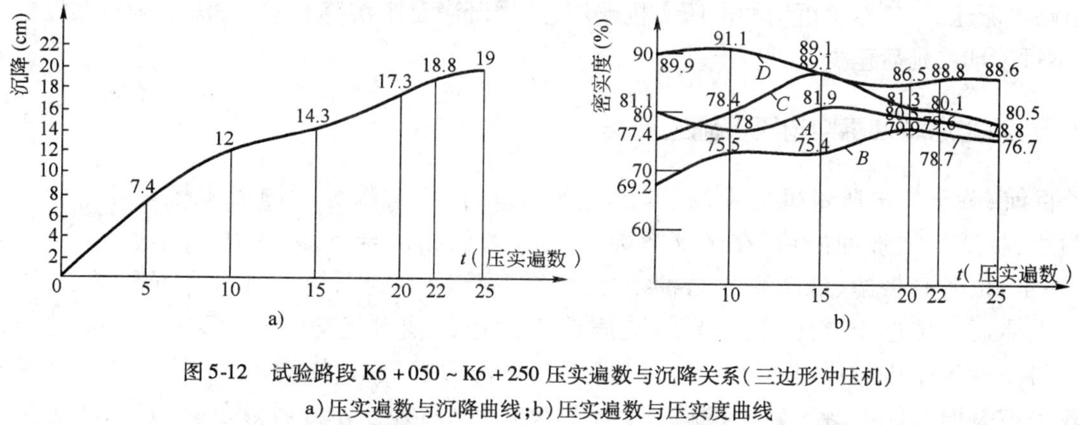

图 5-12　试验路段 K6 + 050 ~ K6 + 250 压实遍数与沉降关系（三边形冲压机）

a）压实遍数与沉降曲线；b）压实遍数与压实度曲线

图中 D、C、B、A 分别表示地表以下 >80cm、50 ~ 80cm、30 ~ 50cm、0 ~ 30cm 深度位置压实遍数与压实度所描绘曲线。

3. K5 +680 ~ K5 +980 试验路段压实度与含水率关系检测结果(图 5-13)

4. 碾压过程中各项指标变化情况

1)压实度变化描述

(1)三边形冲击压实机,在碾压完第 15 遍时,沉降量达到 26cm,在往后的 5 遍就只沉降了不到 1cm,但是,到离地表面 20cm 位置碾压 20 遍时,压实度就由 72.4% 提高至 94.7%,往后由于含水率逐渐增大到第 25 遍时反而下降到了 85.7%,30cm 深位置压实度也由 67.4% 提高到 84.6%。

(2)五边形冲击压实机,在碾压完第 20 遍以后,沉降量达到 17.3cm,再碾压 2 遍时沉降了 1.5cm,碾压完第 25 遍时沉降量与第 22 遍时检测结果相当。

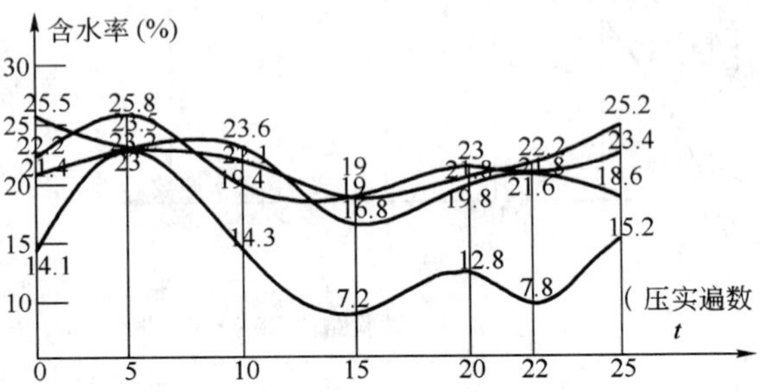

图 5-13　K5 +680 ~ K5 +980 含水率与压实遍数曲线

地表下 20cm 位置碾压 10 遍时,压实度就由 89.8% 提高至 91.1%,也由于含水率增大的原因到第 25 遍时下降到了 88.6%,30cm 深位置压实度 77.4% 提高到第 15 遍的 89%;继续碾压过程中,由于含水率增大密实度反而下降至 80.1%。

2)综合分析

综合以上结果,发现两个试验段压实度均未达到总监办要求的标准,造成以上结果的因素是由于含水率逐渐增大造成,具体为:

(1)三边形压实机:地表含水率由冲击碾压前的 14.1% 提高至 25.2%。

(2)五边形压实机:地表含水率由冲击碾压前的 10.5% 提高至 31.4%。

3)总结与建议

根据以上两种机械沉降量和压实度统计发现:

三边形冲压压实机,在这试验段当中冲击 15 遍比较合适;五边形冲压压实机碾压 20 遍比较合适。

如果地下含水率偏大,可将地表下 50cm 深度的土壤全部翻晒,待其含水率接近最佳值时用压路机碾压 2 遍,然后再用冲击压实机碾压,这样既满足了沉降要求,又满足了密实度的要求,不过工期将延后至少 1 月以上。

五、河北沿海公路冲击压实施工规程

目前,关于冲击压路机数量,我国已达到万余台,绝大部分为国产机械。冲击轮以曲线为边,构成正边形冲击轮,在位能落差与行驶动能相结合下,对被压土体进行静压、揉搓、冲击,以其高振幅、低频率进行冲击碾压,使压实面下的深层土石密度不断增加,受冲击压土体逐渐接近于弹性状态,具有克服路基隐患的技术优势,是土石压实技术的新发展。与一般压路机相比,压实效率可提高 3 ~ 4 倍(考虑上料、摊铺、平整的工序),并具有高效率破裂旧水泥混凝土路面的能力(表 5-27),因此,在土木工程领域里,已愈来愈多受到青睐。

冲击压路机与普通压路机的施工参数对比 表5-27

指 标	冲击压路机	普通压路机	指 标	冲击压路机	普通压路机
冲击有效宽度(m)	2	2.134	压实厚度(m)	0.8	0.3
行驶速度(km/h)	10~15	3~6	压实遍数	20	6
压实效率(m^3/h)	800~1 200	320~640			

冲击压路机械有:三边形、四边形、五边形等,冲击能量以25kJ为基本型号,还有15kJ、20kJ、30kJ等。综合分析河北等省市的经验,20kJ的三边形冲击压路机,处理湿陷性黄土地基时,有效影响深度为1.1m左右,25kJ为1.4m左右。

冲击碾压属于新技术,除做好试验段外,还应在施工过程中积极探索,总结经验,取树立动态设计的理念。

冲击碾压的效果,已为广大工程技术人员认可,但冲压效果的质量检查与管理方面措施明显滞后。从现有的检测手段与方法分析,还没有一种是令人满意的方法。因此,应用冲击碾压技术,必须在试验段成果的基础上,加强施工过程的检查与记录,严格按设计施工。

1.冲击压实使用范围

下列情况适宜采用冲击压实机械:

1)地基冲击碾压

(1)高路堤、路床、填挖交界路基冲击增强补压;

(2)厚度3m以内浅层软弱地基、湿陷性黄土等地基、路堑冲击碾压处理;

(3)路堤等分层填筑冲击;

(4)地下水位3m以下的路段,可以采取冲击压实。地下水位偏高的低填路段,采用砂砾垫层处理后,再进行冲击压实。

2)土石混填、填石路堤分层冲击;

3)旧砂石路、旧沥青路的冲击碾压与加宽部分的增强补压;

4)旧水泥混凝土路面的冲击破碎碾压。

5)对于风积沙、盐渍土等特殊土在试验段试验结果的基础上,经过充分论证方可实施。

2.不宜采用冲击碾压路段

下列情况不适宜冲击压实:

(1)加筋土档土墙路段。

(2)旧路改建中档土墙、桥梁和涵洞等的承载力不足以承受冲击碾压荷载的路段。

(3)含水率超出范围,经冲击碾压试验验证效果不明显的路段。

(4)路基增强补压试验段冲击碾压20遍后平均下沉量≤30mm的路段。

(5)最大纵坡超过6%。

(6)建筑物安全间距不足的路段。

(7)有需要特别保护的建筑物路段。

3.冲击压实使用场合要求

(1)冲击碾压宽度,不宜小于6m;

(2)自行式冲击压路机,单块最小冲压施工面积,不宜小于1 000m^2。

(3)牵引式冲击压路机,单块最小施工面积,不宜小于1 500m^2。

(4)工作面较窄时,需设置转弯车道,冲压最短直线距离,不宜少于100m。

4. 冲击碾压适宜的含水率

冲击碾压对土体或填料的含水率的范围要求如下:

(1)一般情况下,当细粒土含量≥50%时,含水量(W)范围:

$W_{opt}-4\% \leqslant W \leqslant W_{opt}+2\%$;当细粒土含量<50%,$W_{opt}-3\% \leqslant W \leqslant W_{opt}+2\%$。

(2)高液限土冲击碾压的含水量上限可放宽至30%。

(3)含水率超出以上范围经试验论证,确定控制范围。

5. 冲击压实机械适用条件

冲击压实机械机型不同,其适用条件亦有区别,详见表5-28。

不同类型冲击压路机的适用条件　　表5-28

冲击压路机型号		三边形(25kJ)	四边形	五边形
用途	地基与路堑冲击	适合	效果一般	效果一般
	土石混填填石路堤分层冲击	适合	效果一般	效果一般
	路基冲击补压	适合	效果一般	效果一般
	旧砂石(沥青)路面冲击	适合	效果一般	效果一般
	旧水泥混凝土路面冲击	不宜采用	适合	适合

6. 安全保护措施

选用冲击压实路基前,应查明冲压范围内的地下管线,调查与已有建筑物的距离。根据构造物类型,采取相应的保护措施。

1)安全距离

一般情况下可按表5-29核定水平安全距离。对有河沟等有明显隔震效果的,经确认不会造成影响时可适当减少安全距离。

冲击碾压水平安全距离　　表5-29

构造物类型	水平安全距离	构造物类型	水平安全距离
U形桥台和涵洞通道	距桥台翼墙端或涵洞5m	导线带内	10m
其余类型桥台	10m	水准点	10m
重力式挡土墙	距墙背内侧2m	电线杆	10m
扶壁(悬崖)式挡土墙	距扶(立)壁内侧2.5m	地下管线	5m
互通式立交桥梁	10m	建筑物	30m

施工之前,对于需要保护构造物,在保护范围内的外围,应设置明显的标记物。

2)涵洞或地下构造物顶部填土厚度

路堤之下如已建有涵洞,或其他构造物的,其顶部以上填土高度须大于以下高度,才允许进行冲击压实:

(1)顶部填土>2.5m。

(2)顶部填石高度>3.0m。

(3)土工格栅等合成材料竖向填土厚度大于1.5m。

3)特殊情况下冲击压实

对于不符合上述安全距离,但又需要进行冲击压实的路基,可采取以下两种防护措施:

(1)开挖宽0.5m深1.5m左右的隔震沟进行隔震。

(2)降低冲击压路机的行驶速度,增加冲压遍数。

7. 冲击压实施工工艺

1)路基冲压路线

视作业场地宽度和冲压机转弯半径不同,可采取以下行驶路线:

(1)作业场地宽度,大于冲压机转弯半径的4倍时,以路中心线对称地将场地分成两半。

(2)作业场地宽度,小于4倍转弯半径时,可在作业场地两端,设置所需的转弯场地。

以上两种场地情况,冲压机行驶路线见图5-9。同时,设置机手易辨识的临时标记物,便于机手识别按相应的标线冲击碾压。

2)冲击压实操作事项

(1)冲压时距路肩外边缘,宜保持1m安全距离,行驶速度控制10~20km/h。

(2)工作面起伏过大应停止冲压,用平地机刮平后再冲压。扬尘严重时应洒水。土的含水率较低时,宜于前一天洒水湿润。冲击时应注意冲击波峰,实施错峰压实,冲击5遍应改变冲压方向。

(3)冲压施工场地附近有构造物时,应致意观察,发现异常情况时,立即中断施工,以避免构造物损伤。

(4)冲压时若出现"弹簧"现象,可暂停施工,采取相应的技术措施后方可继续施工。

(5)施工过程中须有专人负责记录,记录资料归档备案。

(6)冲压边角及转弯区域应采取其他措施压实,以达到设计标准。

(7)冲压过程中应合理安排施工时间,减少噪声与振动对环境的不利影响。

(8)施工人须加强对员工安全生产教育,树立安全第一的观念。操作机手在上机前必须经过严格的培训,合格后方能上机。每台至少应配备2个操作机手,轮流进行作业,每台机手每次冲压时间不宜超过2h。冲击碾压范围内的出入口应有醒目的安全标记,禁止无关车辆与人员出入。在断绝交通的情况下应采取交通安全措施,设置交通指示标志。夜间施工时,现场必须设置符合操作要求的照明设备及夜间警示标志。

(9)冲击压路机以自行方式调迁时,每20km应停驶、休息一次,或洒水对胶轮进行降温,以防爆胎。

3)新建路基冲击碾压遍数

路基与路堑冲压,一般冲压40遍,最多50遍。土石混填、填石路堤分层冲压,一般为30遍,最多40遍。具体冲击压实遍数,应结合具体工程进行试验,以确定最佳冲击压实遍数。

4)对地基与路堑冲压、分层压实、路基(或路床)的补压、砂石与沥青路面改建公路,冲压时宜用长6cm铁钉系红布条作明确标记、准确定点,并注意保护,距检测点20cm范围内不得扰动。

8. 冲击压实试验

新建路基冲击压实时,应先选择有代表性路段进行实验。试验前应先测定试验路段的土的物理力学参数:天然含水量(%)、液塑限、天然密度(g/cm^3)、粒径组成、湿陷系数(只使用于湿陷性黄土地基和路堑的冲击碾压)。然后,按表5-30规定项目,进行试验前后的检测,以取得实际数据,对预定的冲击压实作业参数进行修订。

新路基试验路的检测项目　　表5-30

项　目	地基与路堑冲压	土石混填、填石路堤分层冲压	路基冲击补压
层厚	/	必做	/
沉降量	必做	必做	必做
压实度	必做	必做	必做
土的物理力学参数	选做	选做	选做
贯入值(DN)	必做	选做	选做
破碎状态	/	/	/
弯沉	/	/	/
平整度	/	/	/
承载力	选做	/	/
土质振动速度测量	/	选做	选做

1)沉降量试验检测

新建路基,在正式冲击压实前,应先测定的地面高程,冲击压实后根据被冲击压实的路基类型,分别按表5-31所规定的遍数,进行沉降检测,检测的样本数应不少于20个,水准仪测量精度应≯1mm,计算采用算术平均值。

冲击压实压实度检测位置　　表5-31

项　目	测点竖向位置(cm)	检测时间
地基和路堑冲压	表面下20、50、80、120	冲压前及每冲压10遍
土石混填、填石路堤分层冲压	表面下20cm、层厚的中间、层底上10	冲压前、10遍及以后每冲压5遍
路基增强补压	表面下20、50、80	冲压前、10遍及以后每冲压5遍
砂石路面冲压	表面下20、50、80	冲压前、10遍及以后每冲压5遍
沥青路面冲压	表面下20、50、80	冲压前、10遍及以后每冲压5遍
混凝土冲压	基层下20	冲压前、10遍及以后每冲压5遍

注:本表所指的测点位置指的是灌砂法或环刀的中间位置。

2)压实度试验检测

冲击压实试验时,应进行压实度检测,平面点数不少于4个,每个点不同深度的检测位置见表5-31。

3)松铺系数检测

压实层厚在60~100cm之间,根据具体情况选择2~3个不同的压实厚度试验,确定松铺系数。

4)弯沉检测

冲击破碎旧水泥混凝土路面时。每个车道弯沉检测的样本数不少于20个,采用5.4m贝克曼梁,检测频率与沉降量检测相同。

5)破碎状态

冲击破碎旧水泥混凝土路面时,板的检测数量不少于8块,分别在冲压0遍、5遍、10遍时检测破碎水泥板尺寸,10遍后每2遍检测一次破碎状况,可通过目测和尺量描绘,以确定是否达到设计要求。

9. 冲击压实试验结果整理

1)数据整理、分析

根据检测的数据,应及时进行整理分析,汇总成图表。不同冲压用途所包括的关系曲线见表5-32。

数据整理、分析内容 表5-32

序号	用途	关系曲线	备注
1	地基与路堑冲压	a、b、c、d	a—冲压遍数—沉降量曲线; b—冲压遍数—压实度曲线; c—冲压遍数—DN值曲线; d—压实度—湿陷系数曲线(仅对湿陷性黄土); e—冲压遍数—水泥混凝土路面破碎状况; f—冲压遍数—弯沉值
2	土石混填、填石路堤分层冲压	a、b	
3	路基冲击补压	a、b、c	
4	砂石路面冲压	a、b、c	
5	沥青路面冲压	a、b、c	
6	旧水泥混凝土路面冲压	a、b、c	

2)提交的报告应包括如下内容:

(1)试验全过程情况,包括工程概况、土质状况、自然条件、施工过程等。

(2)冲击碾压技术适用性及技术评价。

- 对新建道路的冲击碾压,应确定冲压的有效影响深度、有效压实厚度;
- 对旧了改建的冲击碾压,应确定其破碎效果、下沉量、对基层与路基的压实效果等,并与其他压实或破碎方法作技术对比分析。

(3)冲击碾压施工与其他施工方法经济分析比较。

(4)提出冲击碾压遍数、含水量控制范围、冲击压路机的型号、松铺系数、构造物的安全保护措施、冲压行驶速度、质量检测方法、质量控制检测标准等,以及全线设计、施工与质量控制的结论性意见与建议,报监理和业主审定,以指导大规模施工。

第三节 软土地基上路堤施工技术

关于软土地基治理,已在第二、三章中做了详细介绍。本章则是在已处理的软土地基上,采用一般填料和轻质土填筑路堤的技术。

一、软土地基上路堤填筑技术要求

软土地基上的路堤,除应遵循一般路堤填筑的要求外,还有其特殊的填筑的技术要求。

1. 软土地基上路堤填筑材料

1)水面以下部分的路堤,应选择透水性好的填料;水面以上可用一般土或轻质材料填筑。

2)使用的矿渣填料,至少放置1年以上,并有良好的级配,必要时应予以破碎。

(1)矿渣用于填筑水位以下或地下水位30cm以内的路堤时,其最大粒径应不大于30cm,同时粒径宜<1/2压实厚度,通过19mm筛孔量应≯10%,通过0.075mm的筛余料塑性指数应≤6。

(2)每层铺筑厚度,应根据试验确定。矿渣填料顶面应采用级配良好的矿渣,或者用最大粒径为7.5cm的破碎矿渣或碎石进行嵌缝,其厚度应≮10cm。

3)使用固化的盐渍土填料,已在第四章中专题进行了论述,在此不再冗述。

4)粉煤灰和轻质土填料,在本章第三节、四节中论述。

2. 取土坑布设

填筑路堤的土料,宜从取土场取用。如果必须在路堤两侧取土时,为保证路堤稳定,取土坑距离路堤坡脚的距离 l 应满足以下要求:

(1)当路堤填筑高度 $H<2$m 时,$l\geqslant 20$m。

(2)当 $H=5$m 时,$l\geqslant 40$m,且取土坑内每隔50m应留出顶宽为3m的横向土坡。

3. 软土地基上路堤基地处理和底基宽度

尽管对软土地基进行治理,但是还略逊于一般坚固的地基,当填筑到设计高程后,往往还需要进行超载预压,路堤还会产生下沉。

为使下沉稳定后的路堤仍符合设计断面尺寸,为此在进行路堤的堤底放样时,需要考虑下沉对路堤断面几何尺寸的影响。根据设计预故的下沉量,反算出堤底的富裕量,放样时对路堤的堤底宽度和边坡进行调整(图5-14)。

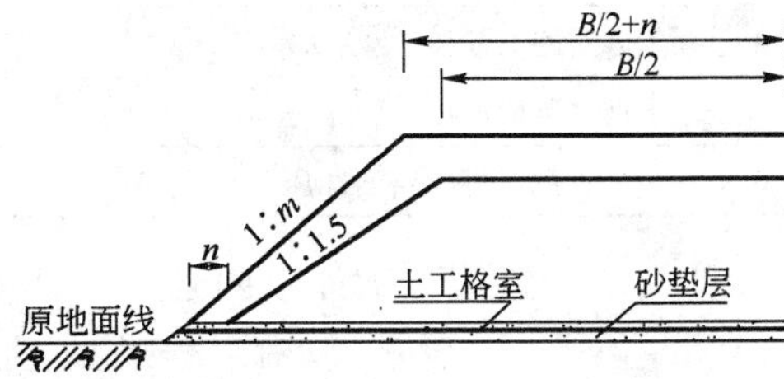

图5-14 沉降的路堤顶宽度和边坡调整图示

1)路堤堤底宽度和坡度调整量

调整后的路堤顶宽度 $B'=B+2n$;n 一般为0.5m;

调整后的边坡:

$$m=\frac{(h+\Delta h)}{1.5}h$$

式中:B——路基设计顶宽;

h——路基设计高度;

Δh——施工期内沉降;

n——砂垫层宽出路堤坡,$n=0.5$m。

2)路堤堤底处理

当路堤的堤底地面为斜坡时,堤底应做成台阶,如果还使用土工加筋带强化路堤结构强度,其路堤加筋结构形式,如图5-15所示。

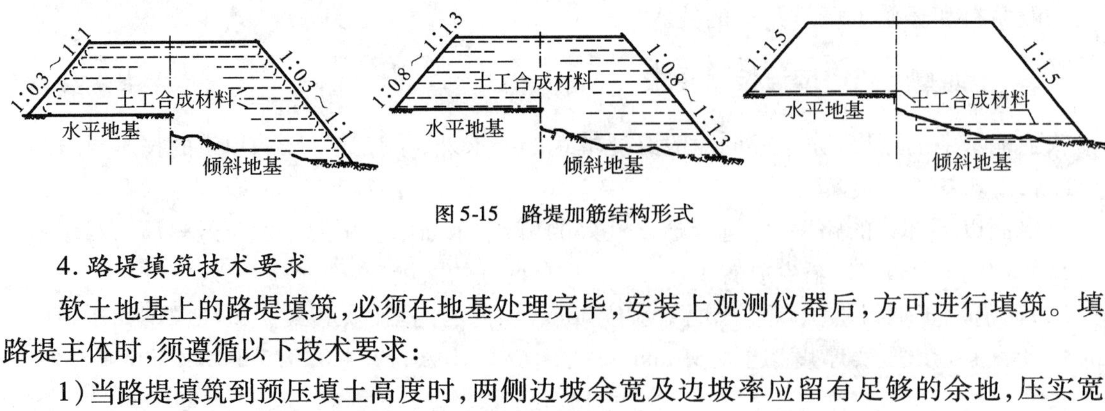

图5-15 路堤加筋结构形式

4. 路堤填筑技术要求

软土地基上的路堤填筑,必须在地基处理完毕,安装上观测仪器后,方可进行填筑。填筑路堤主体时,须遵循以下技术要求:

1)当路堤填筑到预压填土高度时,两侧边坡余宽及边坡率应留有足够的余地,压实宽度要大于设计宽度,以保证削坡后有效地断面尺寸和路堤宽度。

2)路堤在填筑过程中,应进行沉降和稳定性监测。当接近或达到极限填土高度时,应严格控制填土速率,以保证路堤在施工中稳定。一般要求:

(1)每填筑一层,应进行一次监测。

(2)沉降控制标准:路中心线每昼夜≯10mm;坡脚水平位移速率每昼夜≯5mm。其中以水平位移控制为主,超过此限度应停止填筑,或采取其他稳定措施,控制路堤水平位移和沉降。

(3)对观测结果应结合沉降和位移发展趋势进行综合分析。

3)桥头路堤填筑

(1)桥头路堤填筑,应比桥涵施工提前6个月以上,使桥台地基事先得到预压稳定后再开挖基础。

(2)在路堤预压期间,不应在路堤上做任何工程,只允许添加由于沉降而引起的附加填土。

(3)软土地基上的桥涵及加固工程,应在路堤预压期完成后再施工,并应采取防护措施,防止遭到流水冲和浸泡。

(4)桥台与路堤衔接部位,路堤与锥坡预压应同步填筑和压实。分层填筑厚度应控制在15cm。

(5)反压护道施工宜与路堤同时填筑。分开填筑时,必须在路堤达到临界高度前完成反压护道施工。

台背填筑是一个关键技术,对于预防不均匀沉降,防止发生跳车病害,至关重要,为此本章专设一节进行研究。

5.路堤填筑方法

1)一般填料填筑方法

软土地基上的路堤填筑,应由路中心向两侧分层填筑,并做出与路拱相同的横坡,一般为2%~4%。

2)铺设有加筋带路堤填筑方法

当填料强度不高时,或公路等级高的路堤,在填筑过程中往往铺设土工合成材料加筋带,以增强路堤整体强度,提高路堤稳定性。

(1)当路堤边坡陡于1:1时,土工加筋带在边坡处应包裹,折回长度应>1m,并在边坡处固定使之拉紧。

(2)当边坡比较陡时,包裹厚度应>45~60cm,还需用砂(土袋)支持或设置模架(图5-16)。

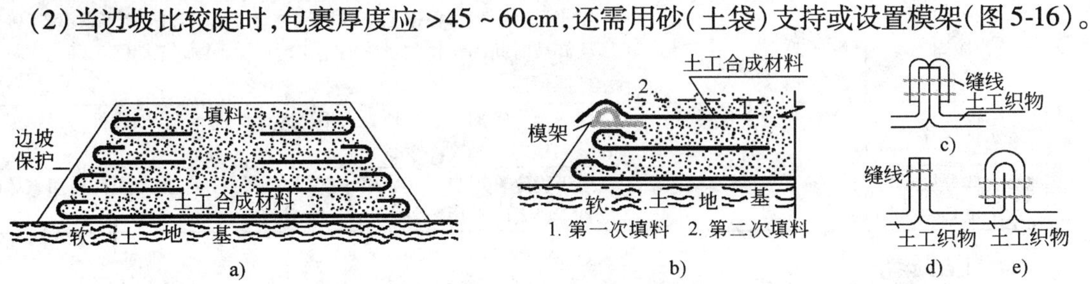

图5-16　路堤土工织物铺设和连接

a)土工加筋带两端包裹;b)临时用模架支承端头;c)平接缝;d)丁字接缝;e)蝶形接缝

(3)土工加筋带的连接,采用搭接时,搭接长度宜为300~600mm。上下层搭接处应错开,其错开长度应大于50cm。

采用缝接接长时,缝接宽度应>50mm。采用粘接时,粘合宽度应>50cm,无论缝接还粘合连接，其强度应不低于土工加筋带的抗拉强度。

(4)土工加筋带8cm以上的填料，砾石粒径应<6cm，填料厚度>15cm才能使用机械碾压。黏土填料可使用气胎或平碾压实，砂砾填料可使用振动压路机或夯打。

(5)采用多层土工加筋带加固的路堤，各层土工加筋带之间的间距，不宜小于最小压实厚度，且不大60cm。

(6)对于极软地基，为了充分拉紧路堤中加筋材料，防止软土下陷被挤出，需要注意填土次序，合适的填土顺序如图5-17所示。

(7)施工中应采取措施，禁止车辆在其上行驶，以防止土工加筋带受损，出现破损时应及时修补或更换。

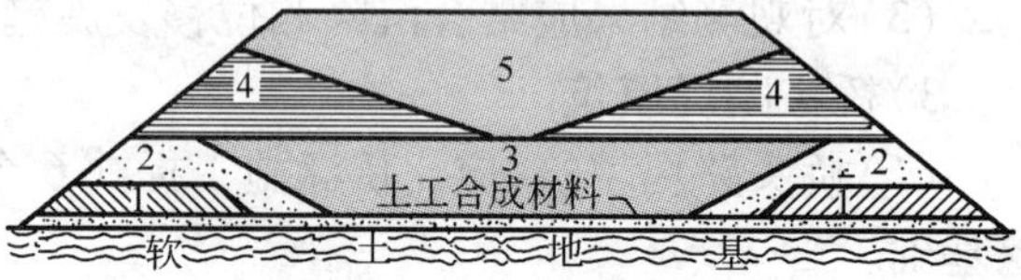

图5-17 软土地基上路堤施工

1-填筑通道；2-填两侧土锚固土工布；3-填筑内部；4-二次填侧土；5-二次填心土

6. 路堤超载预压

1)路堤超载预压时，宜选用细粒土或砂砾，以利后期工程利用。

2)超压路堤顶面高程，不应低于超压高程20cm，也不能高于10cm。预压路堤部分的压实度，应满足表5-1的要求。超载部分的压实度应达到重型压实标准的90%。

3)超载预压顶部，做成2.5%~4.0%的横坡，保证预压期内排水良好。

4)超压时间不宜低于3个月。

5)卸除超载后，路堤应挖至路槽底，并将路槽底以下15cm压实，压实度达到96%。

二、软土地基路堤沉降和位移观测

在软土地基上填筑路堤，一般地基都会发生沉降。为保证路堤稳定，必须在填筑过程中，适时对路堤沉降和位移进行观测，实施安全动态管理。

1. 观测的项目

在《公路软土地基路堤设计与施工技术规范》(JTJ 017—96)中，要求在施工过程中，加强路堤变形观测，实施动态观测，观测的项目如表5-33所示。

软土地基上的路堤沉降与稳定动态观测项目 表5-33

观测项目	仪具名称	观测目的
地面沉降量	地表型沉降计（沉降板）	用于沉降管理。根据测定数据调整填土速率；预测沉降趋势，确定预压卸载时间和结构物及路面施工时间，提供施工期间沉降土方量的计算值依据
地表水平位移	地表水平位移桩（边桩）	用于稳定管理。监测地表水平位移及隆起情况，以确保路堤施工的安全和稳定
地下土体分层水平位移	地下水体位移计（测斜管）	用于稳定管理与研究。用作掌握分层位移量，推定土体剪切破坏的位置。必要时采用

2. 观测点选择

施工观测仪器设置，一般应按设计要求进行布设。所选用的填筑路段应是地基条件差、地形变化大、设计问题多的部位和土质调查点附近位置。观测点位置布设原则和技术要求如下：

1)观测站布设位置

(1)路堤稳定性观测点布设位置

路堤稳定性观测，主要观测在路堤填筑过程中地面是否发生位移和隆起现象。其观测点设置位置要求：

①一般路段纵向每隔100～200m设置一个观测断面，桥头地段应设置2～3个观测断面。桥头纵向坡脚、填挖交界填方端、沿河等特殊路段，均应酌情增设观测点。

②同一路段不同观测项目的测点，宜布置在同一横断面上（图5-18）。

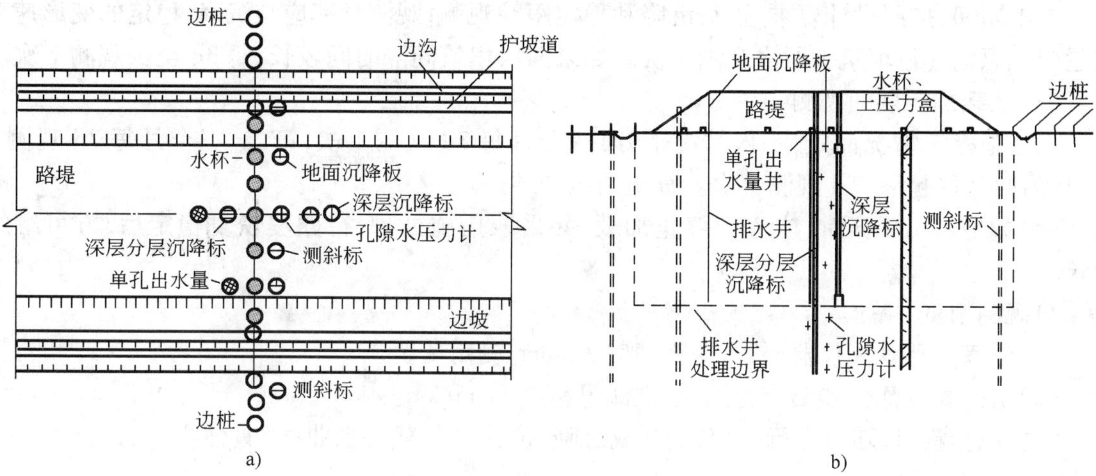

图5-18　观测点设置示意图

a）平面布置；b）立面布置

（2）路堤位移观测点布设位置

地表面位移观测点，应选择在路堤两侧趾部，以及边沟外缘与外缘以远10m的地方；预测可能发生的滑裂面和地面的切面位置，一般在路堤趾部以外设置3～4个位移边桩。同一观测断面上的边桩，应埋在同一横轴上。

（3）沉降观测点布设位置

沉降观测点，一般埋设沉降板进行高程观测，沉降板埋置于路基中心、路肩及坡趾的基底。

2）观测点埋设要求

（1）观测位移的边桩，可采用钢筋混凝土预制桩，混凝土等级应≥C25、长度≥1.5m，断面可以是圆形或正方形，边长或直径为10～20cm，顶部设置不宜磨损的桩头。埋置在地表以下1.2m深处，桩顶露出地面≤10cm。桩周围上部50cm用混凝土浇筑固定。

（2）工作基准桩，可采用废弃无缝钢管，或预制混凝土桩，打入硬土层深≮2m，打入软土深度应>10m，顶部50cm桩周围用混凝土固定，并在地面上浇筑1m×1m×0.2m的观测平台，桩顶露出平台15cm，并在桩顶制作出测头。

（3）校核基点桩，可用废弃无缝钢管，或预制混凝土桩制作，并打入岩层或具有一定深度的硬土层，桩四周采取永久性保护，定期与工作基点桩校核。

（4）沉降板埋置于路中心、路肩、及坡趾的基底。它由钢或钢筋混凝土底板、金属测杆、保护套管组成。沉降板尺寸≮50cm×50cm×3cm，测杆（直径4cm）和套管能接高，每节长≤50cm；套管顶加盖封口高出碾压面应≤50cm。

上述观测点在施工过程中，必须采取有效的保护措施或指定专人管理。

3. 观测时间和精度

在路堤填筑和预压期间，应对路堤实施动态观测，并按设计要求的次数进行观测。

1）观测次数

（1）初始观测

软土地基处理之后，地基稳定后观测1次，作为观测的初始值。

（2）施工期间观测

施工期间，按照设计要求，进行沉降和稳定跟踪观测，观测频率应与沉降、稳定的变形速率相适应。原则上每填筑1层应观测1次。如果两次填筑间隔时间较长，每3d至少观测1次。

（3）堆载预压期间观测

视地基稳定情况而定，一般情况下，第一个月每3d观测1次，第二、三个月每7d观测1次，从第四个月起每15d观测1次。直至预压期结束。

（4）如地基出现异常，应立即停止加载，并采取措施处理，待路堤恢复稳定后，方可继续填筑。

2）观测精度

（1）地面位移观测仪器要求：测距精度±5mm，测角精度2″。

（2）沉降板观测仪器要求：往返水准测量精度1mm/km。

根据观测资料，随时进行整理，绘制成沉降、位移与荷载关系曲线（具体内容，详见本书第六章）。

路堤填筑完成后，对路堤实施超载预压，使路堤在施工期间完成大部分沉降，并使工后沉降满足规范的要求。

三、观测成果在填筑过程中的应用

在实际施工中，对于观测的结果，结合沉降和位移发展趋势，应进行综合分析，并以水平控制为主，如超过设计规定的限制，应立即停止填筑或采取其他措施，防止路堤发生失稳。

在填筑过程中，当路堤变形速率符合以下要求，则可判断其处于稳定状态。

- 路堤中心线地面沉降速率，每昼夜≯10mm。
- 坡脚水平位移速率，每昼夜≯5mm。

上述标准以坡脚水平位移为主要判断指标。

四、超载预压卸载标准判断分析

在《公路软土地基路堤设计与施工技术规范》（JTJ 017—96）中，对高等级公路工后沉降标准作出如下规定（表5-34）。

高等级公路工后沉降标准　　表5-34

道路等级	桥台与路堤相邻处	涵洞或箱形通道处	一般路堤
高速、一级公路	≤0.10m	≤0.20m	≤0.30m
二级公路（采用高级路面）	≤0.20m	≤0.30m	≤0.50m

上表规定之意义是：在移去堆载预压荷载后，修筑上路面后，在其设计使用年限内，路堤沉降应满足上表的要求。因此，表5-34的规定的沉降则认为是工后最终沉降值。

软土地基最终沉降，可按下式估算：

$$m_s = S/S_c \tag{5-1}$$

式中：S——总沉降；

S_c——主固结沉降；

m_s——沉降系数1.1～1.7。

1. 软土地基路堤沉降组成

软土地基上的路堤，在填筑和投入使用后，所发生的沉降主要包括三部分组成：主固结沉降S_c、瞬时沉降S_d和次固结沉降S_s。

（1）主固结沉降S_c

软土地基在荷载作用下，产生超静孔隙水压力，随着时间的推移，地基土中的水分排出，地基土体积减少、地表下沉，这部分沉降是地基（路堤）沉降的主要组成部分，所以称为主固结沉降。

（2）瞬时沉降S_d

地基（或路堤）加载瞬间产生的沉降。它是由于土样中的存在少量的空气产生压缩，导致土颗粒局部重新排列，从而产生压缩沉降。在现场，瞬时沉降是由土体侧向变形所产生的，而土体总体积不变。

（3）次固结沉降S_s

在有效应力不变的情况下，土体体积仍然随时间增长而继续发生的沉降，然而这种变形非常缓慢，难以测量。

（4）地基总沉降　　$S = S_c + S_d + S_s$

2. 主固结沉降

主固结沉降多采用分层总和法进行计算，此外还可压缩模量E_s或$e - \lg p$曲线计算。

采用分层总和法，使用$e - p$曲线，计算主固结沉降量，其计算公式见本书第一章公式1-3。

关于$e - \lg p$曲线计算主固结，其与$e - p$曲线计算法一样，都是以无侧向变形条件压缩量的基本公式和分层总和法为前提的，每一分层压缩量仍同总和法。不同之处是Δ_e和初始孔隙比e_0由现场压缩曲线获得。鉴于计算过程复杂，沿海公路实际中又未采用，故省略该计算方法。

3. 瞬时沉降S_d计算

$$S_d = F\frac{PB}{E} \tag{5-2}$$

式中：P——路堤底面中点的最大垂直荷载；

E——由无侧限抗压试验得到的弹性模量平均值（分层厚度的加权平均）；

F——中线沉降系数，由图5-19查得；

B——示于图5-19中。当缺少实测资料资料时，可取用泊松比0.4～0.5查图5-19。

4. 次固结沉降S_s

次固结是在主固结完成之后才开始发生的，可用时间—压缩曲线的斜率，按式（5-4）近似求得：

$$S_s = \sum_{i=1}^{n}\frac{C_{ai}}{1 + e_{1i}}\lg\left(\frac{t_1}{t_2}\right)h_i \tag{5-3}$$

式中：C_{ai}——用孔隙比变化计算时各软土地层的次固结系数：

$C_a = (e_1 - e_2)/(\lg t_2 - \lg t_1)$；

e_1、e_2——分别为孔隙比与时间（对数）曲线尾端直线上两点的孔隙比；

t_1、t_2——分别为相应的孔隙比 e_1、e_2 的时间；

h_i——各土层厚度(m)。

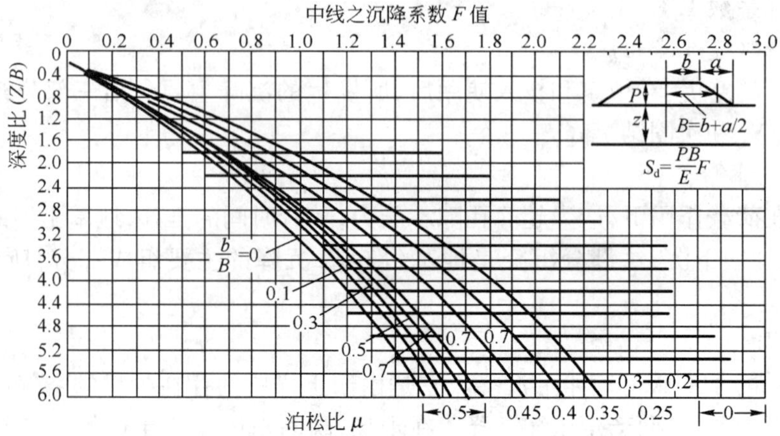

图 5-19　梯形荷载中线地基沉降系数

以上说明，软土地基最终沉降是十分复杂的问题，受多种因素制约。

《公路软土地基路堤设计与施工技术规范》(JTJ 017—96)中指出："沉降系数 m_s 为一经验系数，与地质条件、荷载强度、加荷速度等因素有关，其范围为 1.1～1.7，应根据现场沉降观测资料确定。"

从中可以看出，在这里沉降系数 m_s 是一个较小范围内的比较粗略的数字，很难精确锁定其范围与精度。因人、因经验而异，具有较大的随意性。

5. 软土地基沉降系数的确定

在软土地基上路堤，影响地基沉降系数的因素是多方面的，它包括填土高度(H)、填料容重(γ)、施工速率(V)、地基处理类型(N)、软土层厚度(h_1)、硬壳层厚度(h_2)、软土的强度及渗透固结性质(Y)等，可用式(5-4)加以概述：

$$m_s = f(H,\gamma,V,N,h_1,h_2,Y) \tag{5-4}$$

归纳分析式(5-4)中所列的各种影响因素，大致分为荷载和地基两个方面：

- 荷载方面的因素：包括路堤高度及填土密度，填土施工速率；
- 地基方面的因素：包括软土的强度及渗透固结性质，地下处理类型对地基土性的改变，软土层厚度及位置，硬壳层的应力扩散作用等。

1）荷载对沉降系数影响

随着路堤荷载的增加，地基的固结沉降也增加，同时在地基土体内部产生的剪应力也增加，这就使瞬时沉降有所增大，而且随着荷载的增加，软弱层中塑性变形区有增大的趋势，软土水平向塑性挤出致使地基总沉降量增大。

2）地基处理方法对沉降系数的影响

地基处理可以改善地基土的工程性质，提高承载能力。不同的处理方法对沉降系数有不同程度的影响，即使是同一种方法，由于边界条件的千差万别，也难以得出处理方法与沉降系数的准确关系。但是，按不同的处理类型，大体上看出：不同的处理方法对沉降系数的影响，并可以概括成以下四种类型：

(1)单纯预压类

单纯预压类的软土路,其基固结速度缓慢,在填筑过程中,地基土体中的剪应力使地基产生较大的瞬时沉降和塑性变形,这种影响在低荷载水平下尚不显著,填土越高影响的趋势越明显。

(2)竖向排水体类

砂井、塑料排水板等在地基中形成良好的排水通道,加速了土体固结,在填筑过程中地基土体抗剪强度增长较快,可以在一定程度上降低瞬时沉降。

(3)复合地基类

桩与地基土共同构成复合地基,荷载在桩上产生应力集中,分担了地基土承受的荷载,限制了软土的侧向变形;同时,桩的挤密作用增强了软土的承载能力。所有这些因素减少了地基的瞬时沉降和塑性变形,因此,复合地基类的沉降系数一般较小。

(4)挤密桩类

通过一定的机械将碎石、砂砾、废渣、砂、水泥等散粒材料挤入土体形成密实的桩体,从而对软土地基进行加固。在软土地基处理中,它是通过置换、加速排水、应力分担来共同提高稳定系数。所有这些因素大大减少了地基的瞬时沉降和塑性变形,因此,挤密桩类经常用在地质条件差、变形要求严格的高路堤段、桥头或通道与路堤的衔接部位。

3)填土施工速率对沉降系数的影响

填土速率缓慢,随着地基的固结,在剪应力作用下其剪应变也较小。相反,当填土较快时,地基土强度来不及增长,将产生较大的剪切变形,从这一意义上说,沉降系数随着填土速率的增长而呈增加趋势。为了便于在实践中应用,可以将填土速率分为三个档次:

慢速填土,表示分期加载或填土速率 $< 0.02\text{m/d}$;

一般填土,表示填土速率在 $0.02 \sim 0.07\text{m/d}$ 之间;

快速填土,表示填土速率 $> 0.07\text{m/d}$。

采用加荷速率这一指标,实际上只是把分期加载和快速填土这两种极端情况与一般正常速率的填土区别开来。

4)地质条件对沉降系数的影响

日本《软土地盘路堤设计》中,把瞬时沉降 S_d 当作一种简单的弹性变形,通过式(5-5)计算:

$$S_d = A\gamma H \tag{5-5}$$

式中:A——地基的瞬时沉降系数,$A = 12.4 - 0.44E_{qu}$;

E_{qu}——无侧限抗压强度试验得到的变形模量的加权平均值;

γ——填土容重;

H——填土高度。

式(5-5)中的 A,实际就是一个反映地质条件因素的系数,从式中可看出,土的变形模量越大,其瞬时沉降越小。但是,软土层的位置这一因素在该式中并没有反映出来。

众所周知,附加应力从上至下逐渐减小。因此,地基的瞬时沉降,主要发生在软弱层中。显然,同样厚度的软土层,表层的软土与深层软土的瞬时沉降是不同的。

在软土层之上,有时覆盖一层强度较高的表层,在此称为“硬壳层”。在它没有破坏时,对应力具有一定扩散作用。硬壳层越厚,其应力扩散作用越明显,可起到减小沉降系数作用。厚硬壳层上的低路基,其沉降系数可能小于1。利用硬壳层厚度这一指标,可以粗略地把表层土分为软土、一般软土和深层软土。

综上所述,可以得出各种因素对 m_s 影响的大致规律性(表5-35)。

影响沉降系数的诸因素评价 表5-35

影响因素	因素变化	m_s的变化趋势	备注
填土高度	随着高度的增加	增大	地基处理类型对 m_s 影响的次序为：单纯预压类→竖向排水体类→复合地基类→挤密桩类
填土密度	随着密度的增加	增大	
填土速率	随着速率的增快	增大	
地基处理类型	见备注	减小	
硬壳层	随着硬壳层厚度的增加	减小	
软土厚度	随着软土层厚度的增加	减小	
软土强度	随着强度的增加	减小	

5)公路软土沉降系数公式

综合以上分析，京津塘高速公路处理软土地基时，结合各种影响因素，经过统计计算得出沉降系数的综合计算公式(5-6)：

$$m_s = 0.123\gamma^{0.7}(\theta H^{0.2} + VH) + Y \tag{5-6}$$

式中：H——填土高度(m)；

θ——地基处理类型系数(取值见表5-36)；

V——填土速率修正系数(取值见表5-37)；

Y——地质因素修正系数(取值见表5-38)；

γ——路堤填土密度(kN/m^3)。

地基处理类型修正值(θ) 表5-36

地基处理类型	挤密砂桩类	砂井类	无地下处理	备注
修正值 θ	0.70	0.95	1.10	

填土速率修正值(V) 表5-37

填土速率	分期加载或速率<0.02m/d	一般填土速率在0.02~0.07m/d之间	快速填土速率>0.07m/d
修正值 V	0.005	0.025	0.05

地质因素修正值(Y) 表5-38

<table>
<tr><th colspan="2">地质因素</th><th>修正值 Y</th><th colspan="2">地质因素</th><th>修正值 Y</th></tr>
<tr><td colspan="2">软土层中夹有明显的排水层</td><td>-0.1</td><td rowspan="4">硬壳层厚度</td><td><2.5m</td><td>0</td></tr>
<tr><td colspan="2">软土层中没有明显的排水层</td><td>0</td><td>2.5~5.0m</td><td>-0.1</td></tr>
<tr><td rowspan="2">软土层平均不排水强度</td><td>>25kPa</td><td>-0.1</td><td>5.0~7.0m</td><td>-0.2</td></tr>
<tr><td><25kPa</td><td>0</td><td>>7.0m</td><td>-0.3</td></tr>
<tr><td rowspan="3">软土层厚度</td><td>>5m</td><td>0</td><td colspan="3" rowspan="3"></td></tr>
<tr><td>3~5m</td><td>-0.05</td></tr>
<tr><td><3m</td><td>-0.1</td></tr>
</table>

在地基处理类型中，表5-36只考虑了三种类型的处理方法，随着越来越多的方法应用到地基处理中，对地基处理类型进行补充(表5-39)。

补充后的地基处理类型修正值(θ)　　表 5-39

地基处理类型	挤密桩类	复合地基类	竖向排水体类	单纯预压类
修正值 θ	0.70 ~ 0.85	0.85 ~ 0.95	0.95 ~ 1.10	1.10

在地质因素修正值中,表 5-38 中没有考虑不同类型软土的不同工程性质。新的《公路软土地基路堤设计与施工技术指南》对软土按其成因类型、物理力学与化学性质等指标进行细分,划分为软弱土、淤泥质土、淤泥、泥炭质土和泥炭,在此基础上对该指南上的地质因素系数进行改进,对软土层厚度和硬壳层厚度也进行了相应的调整(表 5-40)。

改进的地质因素修正值(Y)　　表 5-40

地质因素		修正值 Y	地质因素		修正值 Y
软弱土类	孔隙比 <1.0	一般取 -0.2	硬壳层厚度	<0.5m	0
饱和黄土		取 -0.25		0.5 ~ 3.0m	-0.1
一般淤泥质土	孔隙比 1.0 ~ 1.5	-0.05		3.0 ~ 5.0m	-0.15
淤泥	孔隙比 1.5 ~ 3.0	0		>5.0m	-0.20
泥炭土类	孔隙比 >3.0	+0.2			
软土层厚度	>8m	0			
	3 ~ 8m	-0.05			
	<3m	-0.1			

从式(5-6)可以看出:m_s 是由各种因素条件的组合与相互作用决定的,从这方面来说,其值是千变万化的。即使有大量实测资料,亦很难统计出一个关系式。但是,从另一方面也应看到,它又是一个较小范围内的比较粗略的数字,它的变化范围一般在 1.1 ~ 1.7,极端条件下略有扩大,它的精度在 ±0.05 范围内一般就够了。我们可以选取某一地区的地质条件作为标准地层,找出 m_s 与其他因素的量的关系,对其他地区则按地质条件进行修正,可以得出一个近似值。

6)试验工程沉降系数计算值与实测值比较(表 5-41)

软基试验工程沉降系数实测值　　表 5-41

桩号(K143 +— —)	+475	+485	+495	+530	+570	+610
填土高度(m)	6.33	6.04	5.88	6.12	5.38	5.39
填土容重 γ(kN/m^3)	16.28	17.06	16.88	15.78	17.98	16.95
填土速率(m/d)	0.028	0.026	0.025	0.016	0.014	0.014
地基处理类型	水泥搅拌桩复合地基			竖向排水体		
地质条件	软弱土厚度 14m,无硬壳层					
预测最终沉降平均值	45.80	74.15	131.19	500.05	427.28	455.50
按地质资料计算主固结沉降	45.35	70.62	128.62	495.10	381.50	433.81
反算沉降系数	1.01	1.05	1.02	1.01	1.12	1.05
按沉降系数公式计算值	1.07	1.09	1.07	1.04	1.13	1.07

因此，在计算主固结沉降后，使用沉降系数反算出地基最终沉降。所以使用公路软土地基路堤设计与施工的技术规范提出的沉降系数是可行的。关于最终沉降，可以通过曲线拟合求得。对此，在本书第六章以沿海公路观测资料，使用多种曲线进行拟合，对软土地基最终沉降量进行研究。

第四节　粉煤灰路堤施工

粉煤灰是一种准轻质土材料代表，作为软土地基上的路堤填料，用黏性土或改性盐渍土包边，两者特点桴鼓相应，既满足了路堤路用性能，又减轻了地基的一部分负荷，还能就地取材，可取得显著的社会和经济效益。

一、粉煤灰路堤

粉煤灰质轻、易扬尘、基本上无黏结力，饱水后强度明显降低，还时含有少量超标金属，可能对环境产生一定的影响，所以用粉煤灰作为路堤填料时，采用黏土包边应做好排水设计，采取必要的防护措施。采用粉煤灰修筑高路堤时，必须进行稳定验算，并在结构设计中采取有关措施以保证路堤稳定。河北省石安高速公路穿越邢台地震区，对邢台至邯郸路段填高8m以下粉煤灰路堤，按地震烈度8°设计时，对粉煤灰路堤液化和动力强度进行了评估，提出了其液化和动力特性评估报告，保证路堤处于安全状态。

1. 设计参数选用

根据试验资料，粉煤灰填料 c、Φ 值如表5-42所示。粉煤灰填料湿容重试验值为1.5t/m^3，黏性封层土填料湿容重为1.95t/m^3，依据设计的粉煤灰路堤断面，整个路堤填料的加权平均容重为1.56t/m^3。在进行稳定验算时，填料容重的取值，考虑到路堤宽度较大，路堤包边土宽度相对较小，根据均质路堤地基应力分布规律，路堤两侧土压力小于中央部分的土压力。所以，尽管路堤是用非一种填料所填，两侧土的容重明显高于中间灰的容重，但是，验算时仍选用中心为粉煤灰的容重值。

粉煤灰路堤抗剪强度取值表　　表5-42

试验指标	实测值		设计采用值	试验指标	实测值		设计采用值
	不饱水	饱水			不饱水	饱水	
黏结力 c(kPa)	30	10	10	摩擦角 Φ(度)	39	31.5	30

粉煤灰与一般土质相比压缩变形小，渗透系数随密实度变化，密度度高则渗透系数就小，但是粉煤灰毛细现象十分强烈，为保证路堤稳定应设置隔离断层隔离地下水。

- 粉煤灰压实度95%（轻型击实实验）时：渗透系数：$K=(2.8\sim15.5)\times10^{-5}$cm/s；压缩系数：$a_{10N-20N}=0.19\sim0.34\text{MPa}^{-1}$；毛细水上升高度：$h=1.0\sim1.4$m。
- 粉煤灰压实度90%（重型击实实验）时：渗透系数：$K=(1.9\sim7.5)\times10^{-5}$cm/s；压缩系数：$a_{10N-20N}=0.11\sim0.22\text{MPa}^{-1}$；毛细水上升高度：$h=0.8\sim1.2$m。

2. 路堤结构及断面形式

粉煤灰路堤结构及断面形式，应以保证路堤强度和稳定性为目的，无论一般路段还是软土路段上的粉煤灰路堤，均应加强排水和防护设施。在河北省工程实践中，粉煤灰路堤结构常用以下三种结构（图5-20）。

1）砂垫层

位于软土地基的粉煤灰路堤，砂垫层起着排水和隔离作用，施工时可排除渗入路堤的雨水，运营期起隔离毛细水上升作用。砂垫层厚度一般以 30 ~ 50cm 为宜，两侧出水口处用土工布包裹或采用干砌片石护砌。

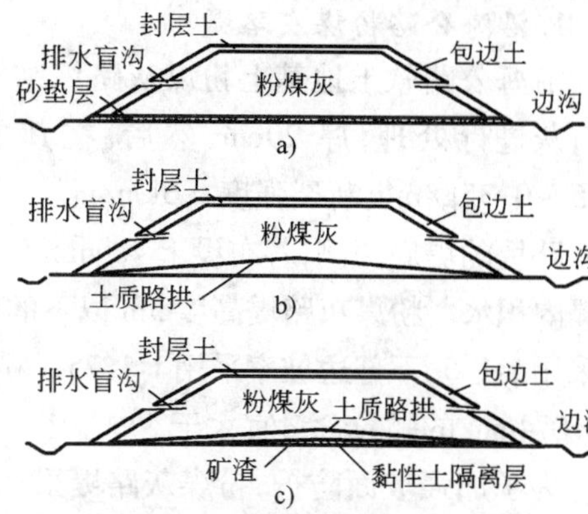

图 5-20　粉煤灰路堤结构形式

a）Ⅰ型；b）Ⅱ型；c）Ⅲ型

2）土质路拱

非低凹软土地段路堤，可不铺设砂垫层，应在天然地面上先修起土质路拱，使施工期间渗入粉煤灰路堤的雨水能顺利流出，并防止地基沉降产生倒拱。其拱度可根据软土地基计算沉降量大小适当确定。

3）排水盲沟

粉煤灰路堤的排水盲沟，是为排出施工期间渗入路堤中的雨水，设置在包边土中。当路堤上铺设路面后，排水盲沟则失去作用。根据调查发现，粉煤灰底部盲沟很少有排水痕迹，大量雨水通过边坡排流的，所以，雨季边坡遭到严重冲刷。

4）包边土

粉煤灰黏聚力很低，单独成形困难，所以，在粉煤灰路堤外侧，应包一层包边土。其作用：一是保证路堤的稳定；二是为路堤边坡上种植草皮创造条件。包边土应选用塑性指数不低于 6 的黏性土，其垂直边坡厚度不小于 1m。

5）封顶层

为避免粉煤灰长期暴露造成扬尘而环境污染，粉煤灰路堤应设置封顶层。封顶层一般用黏性土或二灰砂、白灰土等，其厚度不小于 20cm。为了便于施工，粉煤灰路堤封顶层可与路面结构层相结合，既作为粉煤灰路堤的封顶层，又可作为路面的底基层材料。

6）边沟作用

边沟的作用在于排除地表水，防止地表水浸泡路堤，保证边沟排水畅通，对保证粉煤灰路堤的稳定有着非常重要的作用。

二、沿海公路软土地基路堤

沿海公路 T5、T6 合同段、K132 + 650 ~ K160 + 140.47、全长 21.4km，地基分别为稻田、芦苇地、鱼塘和虾池地带，地质软弱、地下水高、地基承载力低，为减轻地基负荷，采用粉煤灰填料，使用黏性土、改性盐渍土包边。堤底采用粉煤灰 + 石灰（质量比为 90∶10）处理（图 5-21）。

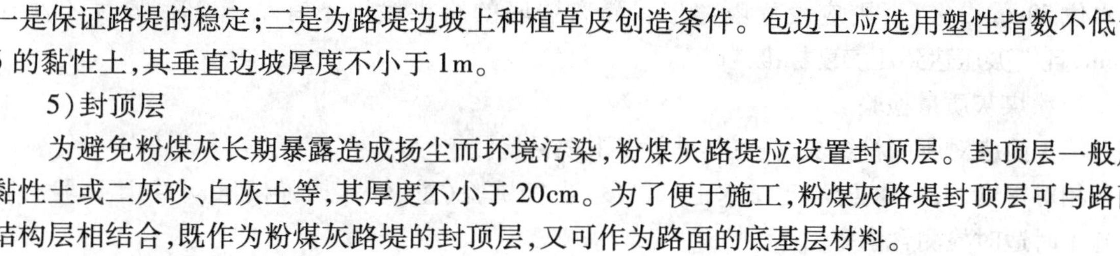

图 5-21　沿海公路软土地基粉煤灰路堤（尺寸单位：cm）

a）沿海公路粉煤灰路段；b）粉煤灰路堤结构

1. 沿海公路粉煤灰路堤

沿海公路软土地基上粉煤灰路堤结构，如图 5-21 所示。粉煤灰路堤的堤底，采用粉煤灰和石灰进行处理、厚 20cm，然后，在其上铺设一层土工布和一层土工膜。土工布规格为 $0.25 \sim 0.35 g/m^2$、断裂强度 >6km/m。

路堤的堤底两侧，各布设上 40cm×50cm 盲沟，水平间距 10m，垂直间距 1.0～1.5m，以排出路堤内积水。粉煤灰路堤高度 5m 以下的边坡，采用 1:1.5 的坡率，填高 5m 以上路堤，上部边坡率采用 1:1.5，下部边坡率采用 1:1.75。粉煤灰填料采用硅铝型低钙粉煤灰，烧失量宜小于 20%，<0.074mm 的颗粒含量宜大于 45%。

为了加强坡面防护，粉煤灰路堤采用塑性指数不低于 10 的黏质土或改性盐渍土包边，其垂直坡面厚度为 1m，堤底两侧各加宽 50cm，以保证路堤达到规定的压实度。粉煤灰路顶采用二灰土作封层，并以与路面结构层结合在一起。

2. 粉煤灰路堤施工技术要求

粉煤灰路堤，一般由路堤主体部分（粉煤灰）、护坡和封顶层（黏性土或其他材料）、隔离层、排水系统等部分组成，各部分作用同前所述。

1）粉煤灰路堤构造要求

位于软弱地基上的粉煤灰路堤，为隔断毛细水的影响，路堤堤底应离开地下水位或地表长期水位 50cm 以上，否则应设立隔离层。隔离层底的路拱横坡不宜小于 2%，厚度不小于 20cm，且应碾压达到压实度标准。

2）粉煤灰质量检验

施工前应对所用粉煤灰，应对其进行以下项目检测：

相对密度、天然休止角、毛细水上升高度、击实试验（重、轻）、回弹模量、承载比试验。同时施工时适时检测含水率。

3）粉煤灰路堤施工要求

（1）粉煤灰路堤，应分层填筑、分层碾压，并宜采用振动压路机碾压。当分成不同作业段填筑时，先填地段应分层留出台阶，使每个压实层相互重叠搭接，搭接长度应大于 1.5m。保证相邻作业段接头范围内压实度达到规定的要求。

（2）包边土护坡应与粉煤灰填筑同步进行施工。土质护坡摊铺宽度，应保证削坡后的净宽满足设计要求，同时按图纸要求做好土质护坡的排水盲沟。

（3）摊铺后的粉煤灰，必须及时碾压，做到当天摊铺，当天摊铺完毕，以防止水分蒸发而影响压实效果。碾压时，应使粉煤灰处于最佳含水率范围内。

（4）压实度达到本章表 5-1、表 5-2 规定的要求。

粉煤灰路堤分层填筑时，施工要求与路基本体相同，路堤顶面采用 30cm 厚的土作为封顶层，压实度要求达到 96%，粉煤灰路堤检查项目，同一般公路路堤，详细见《公路工程质量检验评定标准》（JTG F80/1—2004）。

（5）粉煤灰路堤施工前，应根据压实试验选定压实机械类型和压实遍数、摊铺厚度及压实度。

（6）粉煤灰路堤施工应符合国家及当地环境保护部门有关要求。

三、粉煤灰路堤施工

软土地基治理完毕后，按设计要求恢复线路中线，放出路基边线，对堤底进行处理，对所用粉煤灰填料检验合格后，按照程序报请监理工程师复检合格经批准后，则可进行路堤施工。

1. 粉煤灰路堤施工

粉煤灰路堤工艺流程（图 5-22）

1）测量放样

采用坐标法测量出路基边线，用白灰将边线标出。路堤的堤底每侧应加宽 30cm，以利路堤两侧边缘压实，在施工放线中直接将加宽值计算在内。第一层边部虚铺 15cm，按 1% 的横坡起拱。

2）打网格、运料

粉煤灰路堤施工，一般都采用机械化流水作业，在取料场用挖掘机装料，用自卸汽车运输。料场要控制粉煤灰的含水率。装运时每车 21.5m^3，虚铺 30cm，计算出卸料面积。在施工中用石灰画出 9m×8m 方格，恰好每车可卸两个格子。根据现场情况，确定一台挖掘机配六台自卸车，运输时控制运输车辆速度，记录运输距离和时间。

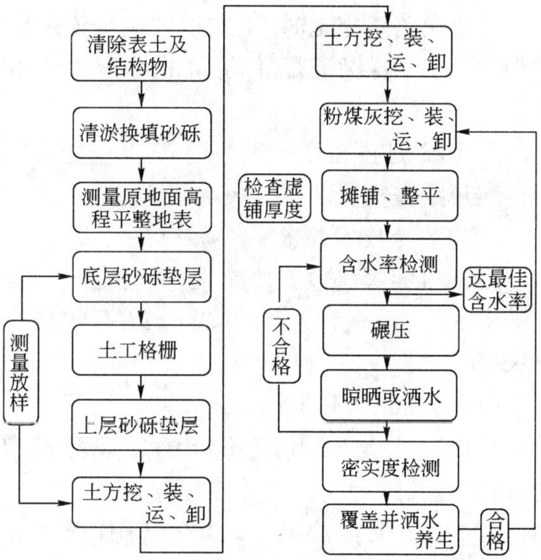

图 5-22　粉煤灰路堤填筑工艺

3）卸料、摊铺

（1）现场设专人指挥，将粉煤灰须卸在方格内，用推土机进行粗平，虚铺厚度控制在 30cm，摊铺宽度距两侧边线 1m。

（2）摊铺时使用推土机进行粗平，粗平时每 10m 左右插一花竿，花竿每节 30cm，作为推土机司机找平的依据。同时，安排专人将粉煤灰中的杂物及时的拣出。

（3）粗平完成后，用平地机进行精平。摊铺整平时，按先高后低、先两边后中间的原则单向进行作业，尽量不在施工段内调头，以保证路基平整度不大于 10mm，不得有大量的粉煤灰块滚到边坡以外。

（4）粉煤灰作业人员应配合机械施工作业，当机械无法到达的边角处实行人工整平；对局部不平处，人工找平；每三层按 1∶1.5 坡比修坡，要求不陡于设计边坡。

（5）及时检测粉煤灰含水率，在摊铺和碾压过程中由试验人员不断检测，记录水分蒸发速度，作为控制含水率的依据。在最佳含水率 ±2% 内时方可碾压，否则进行洒水拌和或翻耕晾晒，一直到接近最佳含水率。

4）静压、整平

摊铺整平后的粉煤灰填料，用 20t 压路机由外到内先静压 1 遍，然后用平地机整平，再用压路机静压 1 遍，测量粉煤灰厚度。然后振压 4 遍，光面静压 1 遍，最后再用平地机找平。

碾压时，压路机行驶速度为 1.5km/h。按先慢后快、先弱后强、先低后高、先两边后中间的原则作业，压路机来回算 1 遍，轮迹重叠 1/3 轮宽，碾压完毕后，要表面平整、坚实、无松散起皮和弹簧现象，对翻浆处挖除换填。

每碾压1遍，试验员检测压实度，直到压实度达到规定的压实度为止，观测用的沉降管周围，常常是压路机压不到的地方，应用小型机具将其夯实，并将所测压实度值与碾压遍数绘成曲线图，以便于进行观测分析。

2. 包边改性盐渍土施工

粉煤灰路基施工时，土质护坡应与粉煤灰填筑同步进行，底层包边土按设计要求做排水盲沟，包边土要保证最短方向的厚度1m，为了使其达到压实度要求，包边土两侧各加宽50cm。

图5-23是正在用改改性盐渍土包边施工的粉煤灰路堤实况。

图5-23　改性盐渍土包边路堤

1）包边土技术要求

用于粉煤灰包边的盐渍土，其含盐量不准大于1.5%（质量计），必须符合以下的技术要求：

（1）含盐量<1.5% ~ ≥1.0%时，或含盐量<1.0%，但是CBR值不能满足规范规定的，需要对其进行改良后才能用作包边土。

（2）盐渍土含盐量<1.0%，CBR值满足规范规定的CBR要求时，可直接用于包边土施工。

（3）改性土用的固化剂

使用KD固化剂，固化剂的细度在0.08mm方孔筛上的筛余量≯5%，且不得有受潮结块现象，并应在气温10℃以上条件下使用，甲料和乙料按1:4的比例混合使用。

固化类混合料配合比设计，按内掺法设计，盐渍土（烘干后质量）:固化剂为97:3。

2）包边（改性盐渍）土路堤施工

（1）一般要求

- 包边（改性盐渍）土施工，应与粉煤灰路堤填筑同步，并且压实厚度不大于20cm。
- 路堤基底包边（改性盐渍）土，应设置在底封层顶面，包边土填高至40cm时，应按设计图纸要求设置盲沟。
- 其他准备要求同路堤施工。

（2）摊铺

宜使用小吨位运输车辆，将取土场运来的盐渍土，卸至指定区域。在运输、卸料过程中，应采取必要的防护措施，以免污染沿途鱼虾、盐池。

- 包边用的盐渍土，采用小型推土机粗平，并铺以人工找平，并不得进入路堤填筑范围内。
- 包边土摊铺长度，应考虑固化剂初凝、终凝时间，流水作业段摊铺长度不宜大于200m。
- 应严格监测填料摊铺后的含水率，使施加KD固化剂后的含水率控制在最优含水率+2%范围内，否则采取处理措施。

（3）改性盐渍土拌和

- 拌和设备采用宝马拌和机，拌和设备始终处于良好工作状态。
- 所备盐渍土应将各种杂物拣除，在摊铺整平后，将固化剂量按规定的用量均匀地摊铺在整平的表面上，每袋固化剂的摊铺面积相等，用刮板将固化剂均匀摊开，即可进行拌和。

• 用拌和机拌和时，拌和深度应达到下层包边土的顶部，设专人跟随拌和机检查深度，严禁在拌和层中留有素土夹层，拌和遍数不少于 3 遍。

• 拌和之前及时检查含水率，使其≥最佳值。

• 拌和结束后，立即测定含水率。当含水率低于最佳含水率时，应洒水补充水量，补充的水量应保证在固化类混合料最佳含水率（0～+2%）范围内。补充水量时，用喷管洒水车均匀洒水补充，严禁在拌和路段及当天计划拌和路段上调头和停留。

• 洒水时，拌和设备应紧跟洒水车后面拌和，使水分在混合料中分布均匀，拌和遍数不少 2 遍。

（4）碾压

• 洒水拌和后，控制混合料的含水率在最佳含水率 0～+2% 范围内，立即进行碾压。

• 混合料压实应参考石灰土施工规范进行碾压，用 12～15t 三轮压路机碾压 2 遍，用振动压路机碾压 4～6 遍。碾压速度第 1 遍至第 2 遍控制在 1.5～1.7km/h，以后控制在 2.0～2.5km/h。

• 严禁压路机在已经完成或正处理碾压的路段上调头和紧急刹车，以保证固化土层表面不受破坏。

• 施工中，从固化土拌和（干拌、湿拌）到压实终了时间，不得超过固化剂的初凝时间。

• 一个路段完成之后，应按规定做密实度检查，如果未达到规定要求，重新碾压至合格为止。

（5）接缝处理

• 同日施工的两个工作段衔接处，第一段拌和后，留 5～8m 不进行碾压，第二段施工时，前段留下来未压部分，再加部分固化剂，重新拌和，并与第二段一起碾压。

• 施工接缝应按《公路路面基层施工技术规范》（JTJ 034—2000）的规定处理。

（6）养生

每一段碾压完成后，上一层土不能立即覆盖时，必须开始养生，养生视情况采用洒水或覆盖。采用覆盖方法对包边土养生时，在下层施工前必须将覆盖物清除干净。

（7）质量检验

• 固化剂用量要求控制准确；

• 混合料拌和均匀，无洒水不均现象；

• 碾压达到要求的压实度；

• 养生符合本规范要求。

包边土检查项目同一般路段；外观表面应平整、密实、无局部坑洼，曲线圆滑，边线顺直。

3. 顶封层施工

粉煤灰路堤顶封层，可直接与路面底基层相衔接，其压实度不小于 96%。

1）顶封层施工工序

施工方法基本上同上所述。顶封层按设计配合比：粉煤灰：石灰＝90：10（质量比）计算出石灰掺量，并用灰线打出方格。

2）布灰、拌和、摊铺：按每个方格内所需石灰数量进行准确布灰，一般每平方米石灰用量为 23kg，人工摊铺均匀，用路拌机拌和两遍，然后用推土机摊铺到路基计算宽度。

3）检测：拌和好后对石灰剂量、压实度、宽度、厚度等进行自检，报驻地监理工程师检查合格后，方可进行第二层施工。

4）第二层灰土施工：根据设计要求，基底边坡处的压实厚度为20cm，横坡为2%，中间部分的压实厚度要>50cm，并按2%的横坡施做路拱。

5）检测、养生：压实度、宽度、厚度、横坡、高程、平整度、中线偏位，检测合格后，用土工布覆盖，洒水养生。要求7d无侧限抗压强度≥0.2MPa。封层压实度未经现场监理工程师抽检，绝不允许下道工序施工。

4. 超载预压

位于软土地基上的路堤，顶封层填筑完成后，超载预压需要不少于6个月，保证工后沉降的稳定。

超载预压部分宜用细粒土，同样分层填筑、压实，压实度达到85%，填筑高度为1.7m，顶部应修整使具有3%的横坡，以利排水。超载预压到期后，卸去超载土方，路堤应挖至路面底，并将路面底以下的路堤表层30cm的深度加石灰拌和并压实，压实度应大于96%。

四、粉煤灰路堤压实研究

不同电厂的粉煤灰，其粒度成分也存在着差异，对压实质量亦有很大影响。在施工中，依据粉煤灰粒度不同，将其划分为粗灰、混合灰、细灰三种，以便采取不同的方式进行压实。

1. 粉煤灰压实性能

1）粗灰压实

粗灰粗颗粒单一，完全没有黏结力，压实成型困难。在石安高速公路的漳河北桥头路基，对一层粗灰采用36t振动压路机进行碾压试验，碾压2遍和碾压16遍效果基本上没有差别，说明碾压过程对20cm范围完全没起作用（表5-43）。《粉煤灰路堤设计施工技术规范》（JTJ 016—93）规定，粉煤灰填料<0.074mm颗粒含量宜大于45%，说明其粗灰远没达到这一标准，所以不宜作为填料。

粗灰碾压试验资料（动力触控锤击数）汇总表　　表5-43

碾压遍数	检验深度（cm）									频数
	0~10	10~20	20~30	30~40	40~50	50~60	60~70	70~80	80~90	
2遍	4	6	12	22	19					1
4遍	5	8	13	22	19					1
6遍	3	6.5	11.5	21	16	20	20	26	32	3
8遍	4	10	11.5	18.5	27					2
10遍	3	7.5	13.3	18.5	24					2
16遍	3	8	12	20	24					3

当考虑到灰场的实际条件，有时不得已时，经过试验表明，在粗灰之上，如果再铺上一薄层细灰，然后再进行碾压，则获得较为满意效果。

2）细灰压实

细灰粒度与粉质亚砂土相似，它有一定黏结力，表层完全可以压实。施工经验表明，一般灰振动压实8遍压实度可达到90%，而细灰6遍就足以超过此标准。但是，细灰的数量较少，在有的灰场中仅占15%，根据细灰的压实性质，在粉煤灰顶层铺设上一层细灰，就会保证顶层压实度。

3)混和灰的压实

混和灰压实性质介于粗细灰之间，一般表层10cm范围不易压实。表5-44是某处现场检验统计资料，基本体现了混和灰的压实性质。

粉煤灰路堤轻型动力触探检验资料统计表 表5-44

检验结果	深度范围(cm)					
	0~10	10~20	20~30	30~40	40~50	50~60
平均锤击数 $N_{10}-10$	5.0	10.8	14.6	19.2	22.0	26.8
换算压实度(%)	82	90	92	95	96	97
频数(次)	54	54	54	52	42	15

4)粉煤灰粒度与最大干密度和最佳含水率关系

粉煤灰是由微细颗粒组成，因细颗粒(<0.0074mm以下)比表面积大，颗粒之间结合紧密，空气和水充满其间体积较小，故最大干密度数值较高，最佳含水率相对偏少。

如果细颗粒减少，最大干密度也相应减少，而相对应的最佳含水率则增加。通过现场取样试验得出结论：粉煤灰粒度成分不同，其最大干密度和最佳含水率也不同，故压实度与粉煤灰的粒度成分密切相关(表5-45)。

颗粒含量与最大干密度与最佳含水率之间关系 表5-45

试验项目	细颗粒含量		
	大于45%	人于30%	小于30%
最大干密度(W_0)(g/cm^3)	1.092	1.041	1.024
最佳含水率(%)	33.7	34.8	35.1

5)粉煤灰压实质量与压实机械功能密切相关

实践得知，在粉煤灰路堤施工中，一定吨位的压实机械压到一定遍数时，压实度即停止增长，需要换更大吨位的压路机进行压实，才能达到压实度要求。表5-46是石安高速公路某合同段粉煤灰路堤压实度试验记录。

压实遍数与压实度(%)的关系 表5-46

桩　号	重型机型	碾压遍数与所达到的压实度(%)						
		地面找平	2	4	6	8	10	12
K402+000~K402+100	25t	81.04	85.5	94.32	92.8	87.7	93.68	93.6
K402+150~K402+205	SV500F	93.45	93.06	90.64	89.4	90.3	93.9	94.8
K402+32~K402+400上	SV500F	92.75	96.6	93.99	88.24	92.53	95.05	94.42
K402+325~K402+400下	*	92.96	88.23	93.8	97.15			

注：*压实机械型号为SV500F、TS290。

(1)粉煤灰路堤碾压2~4遍内，压实度逐渐上升；在6~8遍内，振动压路机越振压越松散，压实度反而下降。振压10~12遍与2~4遍的压实功是相同的。在压实4遍以后，调换大吨位胶轮静碾TS290静压2~4遍，就能达到压实度要求。

(2)粉煤灰碾压时的含水率，控制在1.0~1.1最佳含水率之间易达到压实度要求。

(3)钢胶轮振动压路机 SV500F 碾压 4 遍后,测得的压实度 92% 以上为 75%;再采用 TS290 胶轮静压 2 遍,压实度达到 97%。压实度在 95% 以上就要用大吨位宝马 BM-217D 型机械,振击力达到 50t 的振动压路机,再组合 TS290 胶轮静压才能达到压实标准。

6)粉煤灰二次压实效应

由于粉煤灰本身几乎没有黏性,其压密是靠嵌挤作用,所以粉煤灰的压实不仅要靠上部荷载,还要靠侧向压力,形成嵌挤,即周围压力愈大,粉煤灰愈容易压实。

粉煤灰在碾压过程中,压路机向前冲力与向下的振动力共同在表层形成一个推力,把表层挤松(地表为临空面),对每一层灰来说,压路机对表层不断进行"挤松－压实－挤松"这一循环(图 5-24),粉煤灰越粗这一影响深度越大,所以对第一层灰来说,压实效果有限(细灰除外)。但是,上第二层灰碾压时,对于第一层灰来说,由于其上又有一层的荷载,增加了侧向压力,也就更容易挤密,同时,由于粉煤灰没有像黏土层那样的板体效应,压路机械荷载可以较大的传递下去,所以碾压上一层粉煤灰也是对下层粉煤灰的再次碾压,上层密实度提高的同时,下层的密实度也在提高,这就是粉煤灰的二次压实效应。

大量实测资料证明,粉煤灰具有二次压实效应,而且压路机吨位越大,其效应越明显。从图 5-25 中可以看出,上面一层灰压实过程中,其下面一层灰压实度也在提高,反映出重型压路机有效影响深度可达 0.90m。

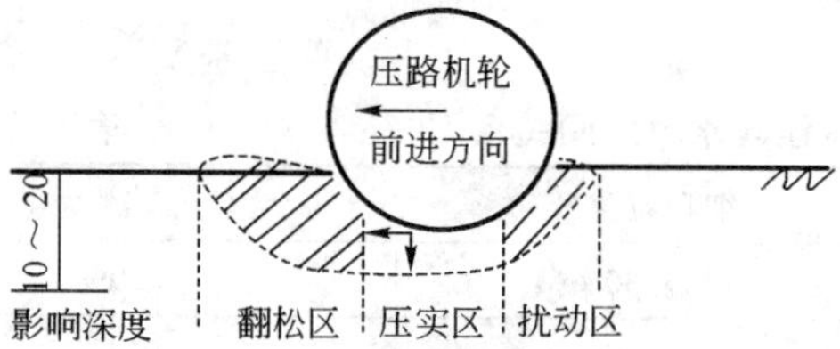

图 5-24　重型压路机碾压粉煤灰示意图

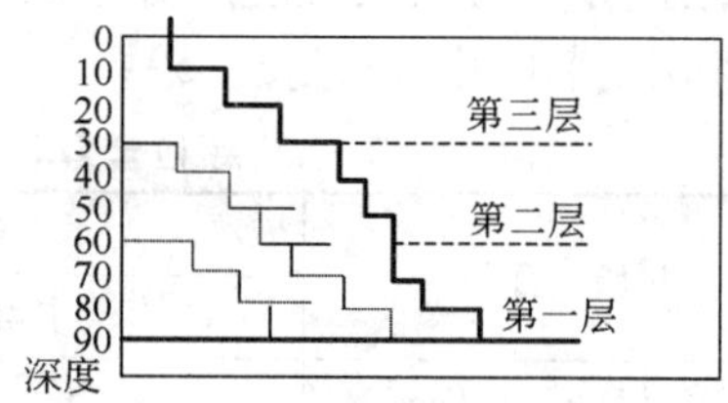

图 5-25　粉煤灰路堤分层压实效果统计图

7)粉煤灰路堤施工控制压实标准研究

根据粉煤灰二次压实效应特点,我们编制了一个"施工控制标准值表"(表 5-47)作为施工中控制值,该标准虽然略低于规范标准,与"规范标准"并列,最终标准仍以规范标准为准。

压实度规范标准和施工控制表　　表 5-47

距路槽底深度(cm)	压实度(%)(重型)		距路槽底深度(cm)	压实度(%)(重型)	
	规范标准	施工控制标准表		规范标准	施工控制标准表
0～80	≥96	>95	>150	≥93	>90
80～150	≥94	>92			

采用"施工控制标准值表"似乎降低了压实标准,实际上并非如此,其理由如下:

(1)根据粉煤灰的二次压实效应,虽然在施工检验时所用的施工控制标准比原标准有所降低,但最终达到的仍旧是规范标准。图 5-25 资料显示出了重型压路机对粉煤灰的有效影响深度可达 0.90m,说明该类型压实机械对下层有明显的影响。第一层灰按照施工控制标准表控制,铺上第二层灰经过压实后,由于二次压实效应的作用,可使第一层灰达到规范规定的压实标准。

(2)采用"施工控制标准值表",实际上相当于每层灰压实后,用规范标准检验前一层的压实度,所以粉煤灰压实标准并未降低。

(3)根据滏河北桥头试验段 54 个点的资料显示,第二层碾压后,下面一层灰的压实度实际提高了 3～6 个百分点。表 5-47 中施工控制标准值比最终标准仅减少 1%～2%,留有充分余地。

(4)考虑到粉煤灰顶层没有二次压实的机会,所以在施工控制标准值中,规定距路槽底深度 0～80cm 范围,两个标准仅差 1%,以确保质量。

采用施工控制标准,是充分利用粉煤灰的二次压实效应,在一定程度上减少机械设备的投入,降低工程造价,有利于加快工程进度。

2. 粉煤灰路堤压实厚度与施工机械配备

粉煤灰路堤压实厚度与压路机的吨位、工作方式、填料的粒度、含水状况等条件密切相关。压实厚度不宜在施工开始阶段硬性规定,而应根据实际施工经验,不断总结和调整,以期在保证质量的前提下充分发挥机械设备的效能。

实践证明,粉煤灰表层不易压实,如上所述压路机对表层不断进行着“挤松—压实—挤松”等这一循环,使其表层压实过程自始至终存在着一个“翻松区(10～20cm)。如果粉煤灰填筑厚度过小,那么,压路机只是翻来翻去地做无用功,对本层填料并不再起压实作用,所以应该寻求一个最佳压实厚度。

为探索这一填筑厚度,分别通过对压实厚度 15cm、20cm、30cm、40cm、50cm 的测试,证实了粉煤灰填料并非越薄越易压实。试验结果认为,重型压路机在碾压时,粉煤灰虚铺厚度按 40cm 较为有效。考虑到最佳压实厚度同时与粉煤灰种类、含水状况压实设备等因素有关,综合各路段施工经验后认为,粉煤灰路堤的压实厚度与压路机械密切相关。没有选用易压实的细灰,也没选用不易压实的粗灰,而选用条件一般的混合灰。建议采用表 5-48 数据作为施工控制值。

粉煤灰压实厚度控制表　　表 5-48

压路机吨位(t)	压实度(重型)(%)			压路机吨位(t)	压实度(重型)(%)		
	96	94	93		96	94	93
28t 以下中型振动压路机	25	25	25	36t 以上重型振动压路机	35	35	35

注:＊采用细灰。

大面积的纯粉煤灰路堤施工,一般均使用大型机械设备(表 5-49),这些机械设备吨位大、马力大,行驶过程对已碾压好的粉煤灰表层起扰动作用,但对下层仍有挤密作用。在推土机摊平过程中,采用分层摊平,有利于压实,根据测试经推土机粗平和平地机细平后,压实度可达 75%～85%。

石安高速公路部分路基施工机械技术指标　　表 5-49

名称	型号	自重	振动力	载重	其　他
推土机	T140-1	14t			
压路机	Yz14	14t	26t		稳压车速 1.5～1.7km/h
压路机	Yz18	18t	36t		振压车速 2～2.5km/h
平地机	NY160B	14.2t			
太脱拉	T815-S1	15t		15t	
铲运机		15t		15t	

五、粉煤灰路用性能评价

1. 粉煤灰路堤填料

理论研究和工程实践证明，用粉煤灰填筑公路路堤有许多优点，它有足够的内摩擦角，能使路堤具有足够的稳定性能。

粉煤灰中含有多种活性物质，在水化作用下发生火山灰反应，使其后期强度越来越高，是路面基层良好结合料，广泛用作二灰土、二灰砂、二灰碎石等路面基层。

粉煤灰压缩变形大，压实成形后压缩系数小，路堤建成后沉降量最小，路堤稳定性好，整体强度高，路面平整度易保证。从而延长路面使用期限，减少养护维修费用。在软弱地基上应用粉煤灰修筑路堤，工程经济效益明显，具有广阔的应用前景。

粉煤灰质轻，用作软土地基上的路堤填料，最大填高可达10.67m。经过超载预压试验、观测，路堤已达到设计要求，保证了路堤稳定。同时，经验算在7～8度地震度条件下，路堤不会液化、不会失稳，路堤处于安全状态。

2. 粉煤灰粒度成分与其本身性能有关

公路软土地基路堤设计与施工技术规范，要求粉煤灰需有一定数量的细料含量，以利早期强度的发展。但是，作为路堤填料主要是利用其机械强度，对粉煤灰的粒度成分并无严格要求。从压实角度看，含较多粗颗粒的粉煤灰，其内摩擦角会增大，有一定的有利倾向。但颗粒尺寸单一，细料太少，粗颗粒易压碎，碾压成形困难。但是，在施工中考虑到灰场的实际条件，有时还得使用粗灰。经试验，在粗灰的上面铺一薄层细灰碾压，便取得满意的结果。施工经验提示，要达到90%的压实度，一般灰（混合灰）振动碾压8遍，而细灰只需要压6遍。虽增加压实工作量，但扩大了粉煤灰的可用量。

3. 粉煤灰二次压实效应

粉煤灰在松散状态下无黏性、无板体效应。粉煤灰路堤的压实主要依靠压实机械强度，使其颗粒间产生嵌挤作用。机械强度越大，周围侧向力越大越容易碾压成活。

粉煤灰压实是一个挤松—压实—挤松的循环过程。表层以下10～20cm不易一次压实，而振动压路机械振力的影响深度可达60～90cm，利用这一特征，碾压上一层时，下一层的密实度也在提高。从而使下层表面难以压实的10～20cm厚的粉煤灰达到压实度要求。

4. 粒度成分与最大干密度和最佳含水率的关系

施工实践表明：粉煤灰中细颗粒越多，最大干密实度值较高，最佳含水率减少；反之，细颗粒减少，最大干密实度相对减少，而相对应的最佳含水率则增加。由于粉煤灰粒度成分的差异性，直接影响施工控制用的最大干密实度和最佳含水率。忽视这种变化，将会导致压实度达不到要求或超标。因此，及时批量地检测粉煤灰的粒度成分、最大干密度和最佳含水率，是粉煤灰路堤施工中要掌握的重要环节。

5. 粉煤灰压实规律探索

粉煤灰路堤的压实度与碾压机械压实功能的大小、摊铺厚度、最佳含水率控制、碾压遍数等因素密切相关。其中碾压机械压实功能的大小至关重要。施工实践告知，总的趋势是采用20～50t的振动压路机，或振动羊足碾进行压实作业，能取得满意的压效果。

鉴于粉煤灰结构与一般土质不同，碾压机械较复杂，对压实机械有特殊要求，振动机压路机是不可缺少的机具。实践表明，在最佳含水率条件下，同一压实功能的振动压路机压到一定的遍数，压实度即停止增长，有的反而下降。此时必须调换更大吨位的振动压路机继续碾压，方可达到所要求的压实度。

对粉煤灰路堤压实施工，可归纳为"先静后振，先轻后重，静振结合，胶碾压平"规律。至于轻重压路机如何搭配，应通过试验路段来选择有效的机械组合。但是，30t 以上大吨位的振动压路机具有明显的优势，35t 的振动压路机使摊铺厚度可达 35cm，再配以胶轮静碾，是一种理想的压实机械组合。

根据石安等四条高速公路建设中，粉煤灰路堤压实度均采用重型击实标准结合工程试验，测定出粉煤灰在压实度(重型)93% ~95%的条件的内摩擦力、黏结强度、回弹模量参数(表 5-50、表 5-51)，可为今后施工参考。

粉煤灰 c、Φ 值　　表 5-50

粉煤灰状态	压实度** (%)	内摩擦角 Φ(0)	黏结强度 c(kPa)
饱水	90	27 ~ 31	10 ~ 20
不饱水	90	29 ~ 35	15 ~ 25
饱水	93	30 ~ 33	10 ~ 20
不饱水	93	37 ~ 39	25 ~ 30
饱水	95	33 ~ 37	10 ~ 20
不饱水	95	35 ~ 41	25 ~ 50

注：* 公路粉煤灰路堤设计与施工技术规程(JTJ 016—93)中仅有压实度(重型)90% 的 c、Φ 值。

**：重型击实标准。

粉煤灰路堤回弹模量　　表 5-51

压实度(%)(重型)	回弹模量(MPa)	压实度(%)(重型)	回弹模量(MPa)
90%	25 ~ 35	95%	30 ~ 40
93%	25 ~ 37		

注：公路粉煤灰路堤设计与施工技术规程(JTJ 016—93)中仅有压实度(重型)90% 的回弹模量。

第五节　气泡混合轻质土填料

在轻质材料中，气泡混合轻质土是一种新型路堤填料，其容重可在 5 ~ 12kN/m^3 范围内调整。因为它含有大量的气泡，作为软土地基上的路堤填料大有作为，特别是桥台台背填料，能有效地减轻软土地基负荷，提高路基的稳定，在治理桥台台背冻胀、桥头跳车病害，已崭露头角。

气泡混合轻质土，就是在原料土中，按照一定比例添加固化剂、水和发泡剂，经过充分混合、搅拌后所形成的轻型填料，称为气泡轻质土。图 5-26 简要地说明了气泡混合轻质土的制作流程。

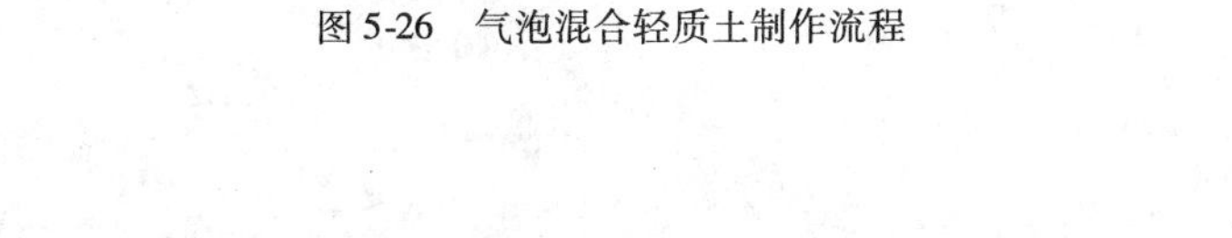

图 5-26　气泡混合轻质土制作流程

气泡轻质土，最早是1972年挪威率先在公路填土中使用，此后便得到了较为广泛的应用。20世纪90年代，日本又相继将废弃的泡沫塑料制成一定大小的颗粒，并按一定的比例与工程废弃土混合，制成了容重可自由调整的轻质土。现在最新的轻质土材料，是向土中混入一定比例的气泡和固化材料，从而制成容重和强度都可自由调整的气泡混合轻质土。

一、气泡混合轻质土制作

气泡混合轻质土制作材料，主要有原料土、固化剂和发泡剂。按一定比例混合制作而成的。

1. 原料土

原料土可以是工程废弃土或粉煤灰，也可以是细砂，但为了达到与固化剂及气泡的充分混合，并确保气泡混合轻质土的流动性，原料土的粒径宜小于5mm，对于不满足要求的原料土，应先期进行分解及必要的筛分处理。

2. 固化材料

固化材料分为主剂和辅剂两种，主剂主要是起固结、加强土体骨架的作用，而辅剂起催化、早凝为目的的固化材料。

主剂以水泥类为主，常用的有火山灰水泥、普通硅酸盐水泥、高炉硅酸盐水泥等，这些材料加入士中后与水发生水化作用，产生 $Ca(OH)_2$ 产物。$Ca(OH)_2$ 与黏土颗粒发生离子交换形成固化物，达到加固土体骨架的作用。实践证明，主剂使用高炉水泥的效果更佳。

辅剂是指石膏粉、硅粉等辅助材料，加入这些材料的目的在于减少主剂的用量，达到降低造价的目的。

3. 发泡剂

发泡剂主要有界面活性类、蛋白类、树脂类材料等，通过将适量的倍率稀释后的起泡剂，定量地泵送到发泡装置，与压缩空气充分混合而产生大量的微小气泡群。在这里，压缩空气是通过空压机加压，用减压阀控制输气压力，以稳定的压力和气量向发泡装置供气。气泡是由致密、直径为30～300μm的气泡群体组成，要求气泡具有一定的稳定性，与土混合后可在土中形成多量的微小孔隙。

二、气泡混合轻质土特性

综上所述，气泡混合轻质土是人工制作的土工材料，具有水泥混凝土同等的耐久性，其容重可以做得比一般的土体小得多，而其强度和变形特性可以达到甚至超过良好的土体，且便于施工等优点。

1. 气泡轻质土性能

1）容重和强度可调性

气泡混合轻质土内含有大量的微小气泡群，气泡体积含有率达40%～70%，容重不但比一般的土体要小得多，而且可以按照需要，通过调整土体中的气泡和固化剂的含量，制作出容重在 $3\sim13kN/m^3$ 内的轻质填料。

与容重可调节性原理一样，通过改变各种成分的配合比，气泡混合轻质土的强度可以在0.3～5MPa的范围内调整。图5-27形象地说明了气泡混合轻质土、混凝土及各种土的容重与无侧限抗压强度之间的变化关系。

2）高流动性

气泡轻质土具有良好的流动性，可通过管道泵送，最大输送距离可达 1 500m，最大泵送高度可达 30m。为防止泄漏，在进行气泡混合轻质土的浇筑施工时，通常不得不砌一些必要的支挡模板或安装预制混凝土面板。

3）固化后自立性

由于轻质土中使用水泥作为固化剂，通常在浇筑 5h 后就会开始固化，且固化后可以自立，可进行垂直填土，且对支挡结构物几乎没有推挤力。

4）良好施工性

气泡轻质土具有良好的流动性，而且固化后的能够自立，且不需振捣和碾压作业，可进行远距离或在小空间内施工。此外，气泡混合轻质土中混有大量的气泡群，成品的体积可达到材料体积的 3 倍以上。

5）耐久性和隔热性

气泡轻质土属水泥类材料，与高分子材料相比，其耐久性、耐热及抗油污能力强，具有水泥材料同等的耐久性。气泡轻质土中含有大量的气泡，具有良好的隔热性。

6）渗透系数 $10^{-3} \sim 10^{-4}$cm/s，最大稳定吸水率≤25%。

2. 轻质土材料种类

轻质材料的种类很多，按其容重可分为：准轻质材料，例如：粉煤灰；轻质土材料，例如：气泡混合轻质土（图 5-28）；超轻质砌块，如 EPS 等。

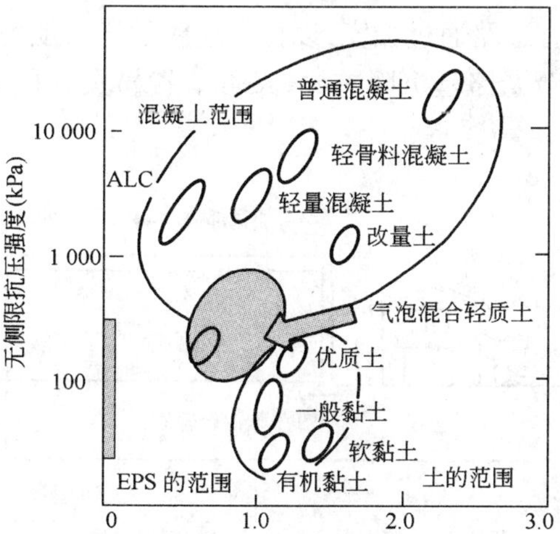

图 5-27　常用土工材料容重与无侧限抗压强度之间关系

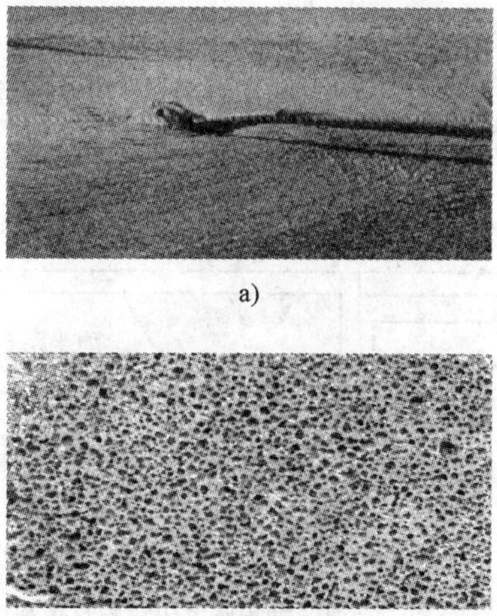

a)

b)

图 5-28　气泡混合轻质土

a）气泡混合轻质土浇筑；b）气泡混合轻质土样品断面

常见的几种轻质材料，简要介绍如下，可供参考。

1）准轻质材料

由粉煤灰等材料构成的轻质土，一般由火山灰质矿渣颗粒组成，容重 12 ~ 16kN/m³，其特点：施工时需要机械碾压，具有自硬性特性（火山灰质水泥反应），可利用废弃材料，但是减重效果不完全令人满意。

2）超轻质土材料

（1）气泡混合轻质土，一般土砂、水泥、水和气泡混合组成的材料，其容重 5kN/m³ 以上。其特点：容重和强度可自由调整，具有流动性和自硬性，可利用废弃物制作，不需要机械压实作业，还具有比较好的力学性能，良好的隔热、隔音等效果。

(2)泡沫塑料颗粒混合轻质土，一般土砂、泡沫塑料颗粒及稳定材料(水泥)混合组成，容重 $7kN/m^3$ 以上，其特点：容重可自由调整，与土的变形性能相近，可利用废弃物制作。

(3)EPS(Expanded Polystyrene，发泡聚苯乙烯)块体材料，是一种将球状或颗粒状的聚苯乙烯树脂，在其中添加发泡剂，然后合成的发泡树脂，其容重 $0.16 \sim 0.3kN/m^3$，属于超轻量的轻质材料。不能利用建筑废弃料，对浮力抵抗能力差，价格也昂贵。

三、气泡混合轻质土应用性能

气泡混合轻质填土技术，在公路建设中已得到了广泛的应用，河北沿海公路在处理桥梁台背填料中使用该种材料，在解决桥头跳车病害中收到良好的效果。

1. 用作桥(涵)台背填料

气泡混合轻质土用作桥(涵)背填料，消除了填料自身的工后沉降问题，有效地解决了桥头与路基间的刚柔突变难题，避免了桥头跳车病害的发生(图 5-29)。

2. 用作低填土路堤中软基换填

对于低填土路堤，通过适当的荷载设计计算，确定出气泡混合轻质土的容重、强度及软基的换填厚度，使换填过后的软基在各种荷载作用下均能保持超固结状态。

3. 用作旧路基加宽改造材料

随着经济的发展、车流量的不断增加，往往对已有道路通过加宽，以提高道路的通行能力。此时，使用气泡混合轻质土可以垂直填筑，既可避免新老路基沉降差异，又可节省昂贵的用地和拆迁费用(图 5-30)。

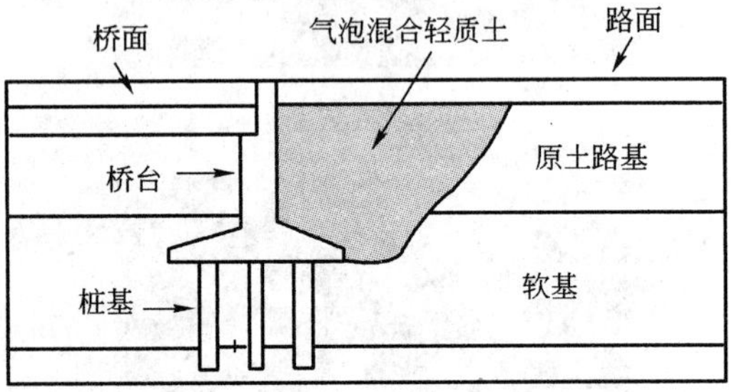

图 5-29　气泡混合轻质土用作台背填料

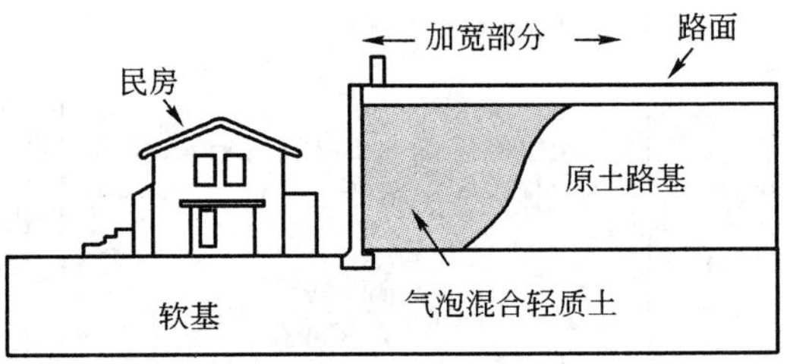

图 5-30　气泡混合轻质土用作旧路加宽

总之，气泡混合轻质土应用比较广泛，可以较好地解决其他方法所无法解决的难题。

四、气泡轻质土材料试验研究

在河北沿海公路建设中，根据工程实际情况和需要，邀请河北科技大学，结合沿海公路工程实际，开展对气泡混合轻质土工程性能进行应用研究。研究人员于 2005 年度实地参观和调研了中江高速公路气泡轻质土施工，了解了工程实施效果和相关资料，结合本工程的实际，对气泡混合轻质土和 EPS 块体材料进行了室内试验和工程试验。

室内试验主要研究试配的轻质材料基本性质、力学及耐久性等室内试验。工程试验就是对轻质材料施工和台背填筑具体工程进行实施性研究。

1. 气泡混合轻质土物理力学和路用性能研究

在轻质土研究中,为制备气泡混合轻质土,选用了以下原材料:

- 水泥等级为32.5R;
- 原料土分别为唐海海砂、河沙及黏性土;
- 发泡剂用的是日本进口的动物蛋白类发泡剂。

1)气泡混合轻质土配合比试验

试验时选用的气泡混合轻质土配合比,如表5-52所示。配合比序号为 $A \sim E$,原材料采用海砂、冀东水泥,其序号 E 配合比采用太行牌各等级水泥。

气泡混合轻质土基本配合比　　表5-52

配合比序号	配合比组成					风积砂颗粒组成	
	水泥（kg/m³）	砂（kg/m³）	水（kg/m³）	发泡剂（L/m³）	容重（kg/m³）	孔径 Mm	小于该孔径质量百分比(%)
A	300	300	205	1.16	8.3	1	100
B	275	550	241	0.88	10.9	0.5	99.5
C	400	300	255	1.00	9.8	0.25	96.7
D	450	225	260	1.01	9.6	0.074	21.7
E	350	0	220	1.20	6.0		

2)气泡混合轻质土物理性能

(1)容重特性

气泡混合轻质土容重大小,主要受控于配合比及龄期及所处环境状态。

(2)渗透特性

在一定水头压力作用下,气泡混合轻质土会产生渗透,其渗透途径与外部连通的孔隙有关外,还反应了气泡混合轻质土内部孔隙与外部的连通程度。按照表5-52的基本配合比 A、B 及 E 组制成的试件、龄期取28d,所测的渗透系数为 $10^{-5} \sim 10^{-6}$cm/s,介于一般黏性土与软黏土之间,并且随容重的减小而增大(表5-53)。

不同配比气泡混合轻质土的渗透系数　　表5-53

配合比序号	容重（kN/m³）	龄期（d）	试件尺寸（mm）	渗透系数测定值（cm/s）
A	8.3	28	直径61.8mm 高40mm	5.4×10^{-5}
B	10.9			1.3×10^{-6}
E	6.0			8.6×10^{-5}

(3)干燥收缩特性

为了探明气泡混合轻质土的干燥收缩性能,选择了 B、E 两种配合比,制成10cm×10cm×40cm试件,在20℃的恒温恒湿室内存放,用收缩仪测定长度变化,试验结果(表5-54)表明,增加河砂用量可减干燥收缩量。一般情况下,气泡混合轻质土干燥收缩率是轻量混凝土的2倍以上,是普通混凝土的4~6倍,这种收缩容易引起龟裂,但伴随着收缩的发生,张拉徐变也变大,对因收缩引起的龟裂起到一定程度的缓解作用。

不同配比气泡混合轻质土的收缩性 表 5-54

配合比序号	龄期(d)	试件尺寸(cm)	收缩系数测定平均值(mm/m)	备注
B	120	10×10×40	1.17	
E	120		2.36	

(4)干湿循环对性能的影响

将制成的试件,在标准条件下养生 28d 后,再在温度为 50℃的恒温箱中放置 2d,然后在水中放置 1d(完全浸泡)为一个周期,测试试件干湿循环 1 次、5 次、10 次后的无侧限抗压强度及耐久系数,试验结果绘制成曲线见图 5-31,并表明:在试验的初期(第 1 个循环)试件的强度有所降低约为 10% ~20%,此后,随着循环次数的增加强度基本趋于稳定。

(5)冻溶试验对性能的影响

同样,将制备的试件,在标准条件下养生 28d,再在 -24℃条件下,进行冻结 24h,然后在恒温恒湿箱(21℃、24h)中融解,作为一个周期,共进行 10 个周期的试验,试验结果绘制成图 5-32。试验结果表明:经过冻融循环后所有配合比试件的强度均有所降低,在第 1 周期下降得比较明显,然后趋于平缓;试验过程中,未发现试块表面有破坏现象,说明气泡混合轻质土的抗冻融性能较好。

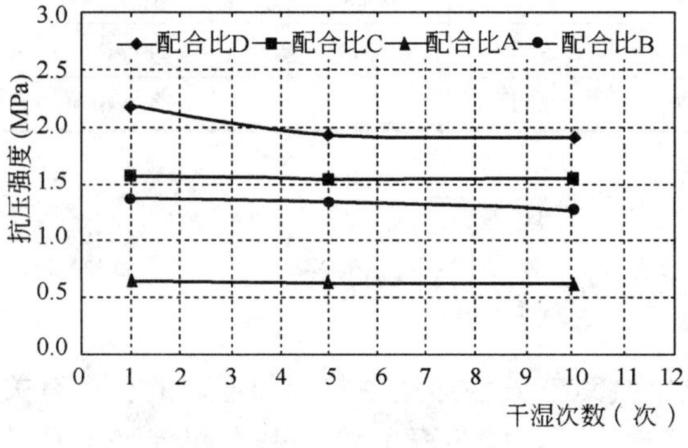

图 5-31 干湿循环次数与强度变化关系

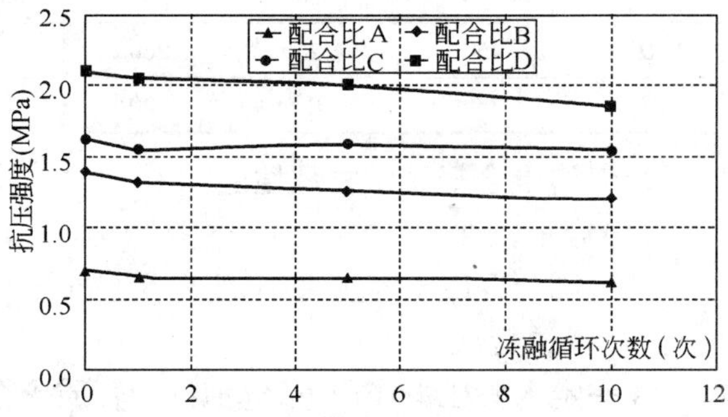

图 5-32 冻融次数与抗压强度关系

(6)耐腐蚀性试验

气泡混合轻质土耐腐蚀试验的项目、试验条件及试验结果见表5-55。由该表可知,轻质土耐碱腐蚀性能较耐酸腐蚀性能要好。实际上,轻质土的强度主要由其孔隙骨架提供,其耐酸、耐碱性能与普通混凝土类似。

耐腐蚀试验一览表 表 5-55

序号	试验项目	试验条件	试验后外观	试验结果(%)		备注
				质量变化率	强度变化率	
1	耐酸腐蚀试验	养护 28d 试件,在 0.4mol/L 硫酸溶液中浸渍 24h	表层酥松	11.6	—	①
2	耐碱腐蚀试验	养护 28d 试件,在饱和氢氧化钙溶液中浸渍 24h	无有异常	1.2	—	①
3	耐柴油腐蚀试验	养护 28d 试件,在柴油中浸渍 24h	无有异常	—	82.3	②

续上表

序号	试验项目	试 验 条 件	试验后外观	试验结果(%)		备注
				质量变化率	强度变化率	
4	耐盐雾腐蚀试验	养护 28d 试件,在盐雾试验箱中连续雾化 5 周	无有异常	—	80.7	②

注:①相对于试件试验前的质量损失率;
②相对于未经浸渍试件强度的百分率。

3)气泡混合轻质土力学性能

(1)无侧限压缩破坏特性试验

在进行力学试验时,选取三组配合比 P_1、P_2 及 P_3:其中 P_3 配合比不含原料土,为纯水泥性气泡混合轻质土;P_1 和 P_2 配合比则含原料土,且原料土为砂,砂与水泥的质量比 P_1 为 5,P_2 为 3。对该三种配合比做无侧限压缩破坏试验,其应力应变曲线参见图 5-33。

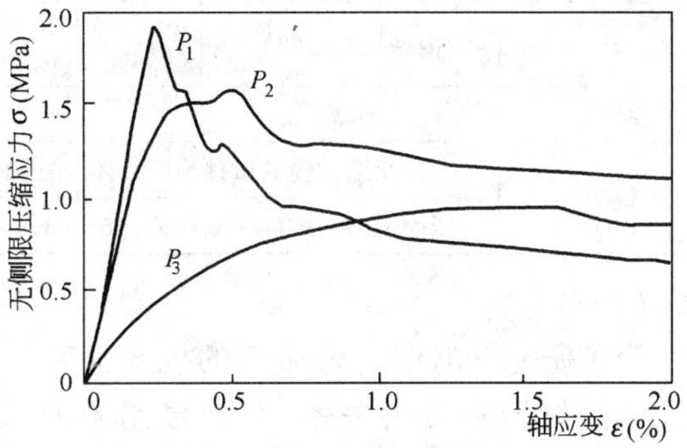

图 5-33　无侧限压缩破坏试验的应力—应变曲线

从图 5-33 可知:含砂量多,气泡含有率较低的 P_1 曲线表现为脆性破坏。不含砂、气泡含有率较高的 P_3 曲线表现为塑性破坏。P_2 的破坏形式则介于 P_1 和 P_3 之间。这里提示我们,配合比不仅控制了气泡混合轻质土的强度,同时也控制了其压缩破坏特性,强度越高,在相同压缩应力下,其变形越小。

无侧限抗压强度是气泡混合轻质土力学性能最基本的评价指标。在对其进行研究时,围绕影响无侧限抗压强度的诸因素开展试验。主要考虑以下因素:

①气泡含有率对无侧限抗压强度的影响;

②原料土对无侧限抗压强度的影响;

③固化材料对无侧限抗压强度的影响;

④养生环境对无侧限抗压强度的影响;

⑤养生温度与龄期对无侧限抗压强度的影响。

通过上述对气泡混合轻质土影响因素的试验,得出如下基本结论:

- 随着气泡含有率增加,气泡混合轻质土的无侧限抗压强度会逐渐降低。
- 在气泡含有率相同的情况下,河砂与水泥的比例越大,无侧限抗压强度就越低。
- 对于普通硅酸盐水泥,气泡含有率大于 70% 后,其无侧限抗压强度即低于 0.4MPa,工程上已经很少采用。
- 在不改变配合比和其他原材料的情况下,采用高炉矿渣水泥比采用普通硅酸盐水泥的无侧限抗压强度高;当采用相同配合比时,水泥等级越高,轻质土强度越高。
- 浸水养生与暴露养生均会降低轻质土的强度,尤其是暴露养生,其强度的降低幅度达 25% 以上。为保持气泡混合轻质土的强度,应尽量避免浸水,同时,应对气泡混合轻质土的暴露面进行必要防护,避免因暴露而强度降低。

• 气泡混合轻质土的无侧限抗压强度，在一定的范围内随其养生温度的升高而增大，随养生龄期的增加而增大。

(2)常规压缩与三轴压缩试验

选取基本配合比 *D*，分别进行三轴压缩和常规压缩试验，试验结果见表 5-56。由该表可知，气泡混合轻质土的剪切强度较高，而其压缩模量高达 40MPa 以上。这些特性，说明气泡混合轻质土用做路基填土，其自身稳定性很高，而其压缩变形则非常小。

气泡混合轻质土的压缩性能　　　　表 5-56

配合比序号	三轴压缩试验			常规压缩试验
D	内摩擦角 φ(°)	凝聚力 c_u (kPa)	压缩系数 α (MPa^{-1})	压缩模量 E_s(100~200kPa) (MPa)
结果	6.1	132.2	0.04	47.3
说明	三轴压缩试验的试件为圆柱体：ϕ39.1mm×80mm			
	压缩试验的试件为圆柱体：ϕ61.8mm×20mm			

(3)抗弯特性

为了研究气泡混合轻质土的抗弯强度与无侧限抗压强度的关系，对配合比为 *D* 的 28d 龄期的气泡混合轻质土，分别按图 5-34所示的尺寸截取试件，以一定的加速度进行试验，其试验结果见表 5-57。

由该表可知：3 号试验体的抗弯强度明显要高，这与其抗弯加载方式有关。

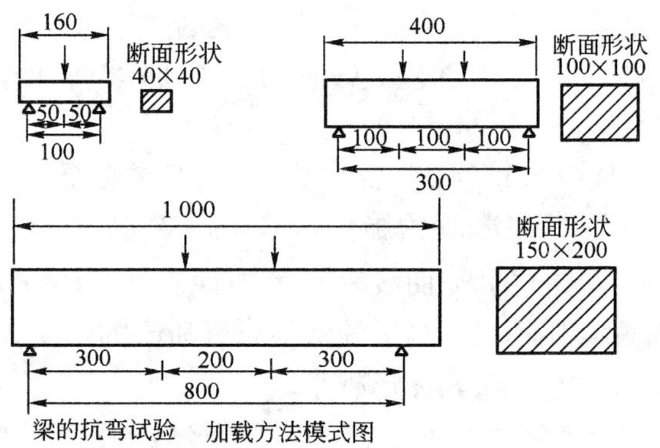

图 5-34　试件断面尺寸(尺寸单位：mm)

(4)CBR 特性

通过以往试验可知，试件的 CBR 值与其无侧限抗压强度之间有着一定的线性关系。在进行 CBR 试验时，采用两种不同的配合比，其中 *A* 采用海砂及盾牌水泥，*E* 为邯郸水泥厂太行牌 32.5R 水泥，不掺砂。试件均为 ϕ152mm×170mm。其试验结果见表 5-58。显然，基本配合比的 CBR 值均满足相关规范的要求。

弯曲试验结果一览表　　　　表 5-57

编号	试验体类别	*A* 抗弯强度(MPa)	*B* 抗压强度(MPa)	*A/B*	备注
1	150×200×1 00	0.286	0.841 *	0.34	* 从梁试验体中取样作为试验体
		0.316	0.877	0.36	
		0.309	0.881	0.35	
2	100×200×400	0.307 * *	0.875 * *	0.35	* * 各三个的平均值
		0.352	1.143	0.31	
		0.363	1.043	0.38	
3	40×40×160	0.460 * *	0.875 * *	0.53	* * 各三个的平均值
		0.469	1.143	0.41	
		0.490	1.043	0.47	

不同配比的气泡混合轻质土的 CBR 强度　　表 5-58

配合比序号	龄期 (d)	试件尺寸 (mm)	CBR 测定 平均值(%)	注:序号 A: 采用砂及盾牌水泥。 序号 E:采用邯郸水泥厂生产的太行牌水泥,不加砂
A	28	直径 152 高度 170	46	
E	28		26	

(5)回弹模量试验

进行回弹模量时,试件采用两种配合比,分别采用海拉尔水泥、海拉尔风积砂;广州青州水泥厂的金鹰牌水泥,试件尺寸都为 ϕ50mm × 80mm,养护龄期为 28d。其试验结果见表 5-59 根据试验结果,气泡混合轻质土的无侧限抗压强度与弹性模量具有较好的线性关系(图 5-35)。

不同配合比的回弹模量试验结果　　表 5-59

配合比序号	龄期(d)	试件尺寸(mm)	抗压强度(MPa)	回弹模量(MPa)
A	28	直径 50 高度 80	0.46	152.6
B	28		1.14	228.5
C	28		1.53	476.3
D	28		1.90	493.7

(6)剪切特性

对气泡轻质土试件,通过单面剪切试验结果表明,在水平位移达到 10mm 时,残留摩擦抵抗力为最大剪应力的 70% 以上。因此,在垂直应力作用下,即使有裂缝发生,由于有最大剪应力的 70% 以上的摩擦抵抗力存在,气泡混合轻质土体不至于发生急剧的变形。

(7)附着强度

在试验中,分别考察了气泡混合轻质土与钢板、混凝土、工作缝等附着面之间的附着强度,不同附着对象的附着强度 σ 与无侧限抗压强度 q_u 之间的关系可归纳如图 5-36。附着强度低时破坏面发生在结合面,附着强度高时破坏面发生在试件内部。

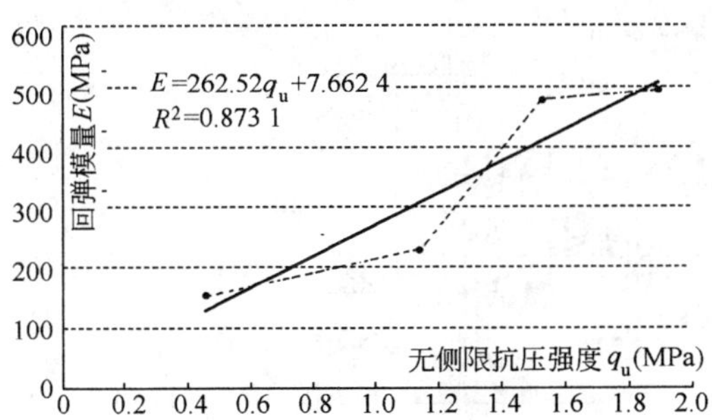

图 5-35　回弹模量与无侧限抗压强度的关系

附着强度 σ 与无侧限抗压强度 q_u 之间的关系

附着对象	$\sigma(q/q_u)$	附着对象	$\sigma(q/q_u)$
钢板	0.06	工作缝	0.07
混凝土	0.10		

(8)与沥青材料的黏结性

气泡混合轻质土用作填筑材料时,有时直接与沥青混凝土直接接触。为此,特进行了气泡混合轻质土与沥青材料之间的黏结强度试验。试验分别进行了两种基本配比与两种沥青材料的黏结试验,试验结果见表 5-60。通过试验结果表明:气泡混合轻质土与沥青材料具有比较好的黏结性能。

不同配合比轻质土与沥青材料间的黏结强度　　表 5-60

配合比序号	龄期(d)	试件尺寸(cm)	沥青材料	黏结强度(MPa)
A	28	10×10×26 沥青混凝土 16cm、轻质土 10cm	HAP	0.37
			乳化沥青	0.40
C	28		HAP	0.20
			乳化沥青	0.24

(9)耐久性能

气泡混合轻质土的耐久性,反应了其在不同外在因素的长期作用下的力学性能的稳定性。这些外在因素,通常为循环荷载、干湿交替、冻融交替及腐蚀性物质的化学侵蚀等。

为评价气泡混合轻质土的耐久性,我们以无侧限抗压强度的变化比值来定义耐久系数:

$$耐久系数=\frac{外在因素作用一定年限或次数后的无侧限抗压强度}{初始无侧限抗压强度}$$

显然,当耐久系数越大时,说明气泡混合轻质土在某一外在因素作用下,其耐久性越好;反之,则耐久性越差。

(10)疲劳试验

试验配合比采用基本配合比 *A*。其疲劳寿命一般可用直接拉伸试验、间接拉伸试验和弯曲试验三种方法来检验(图 5-36、图 5-37)。从材料实际受力特性和试验的复杂程度来看,弯曲试验与其他两种试验相比,是更为可行和合理的试验方法。进行耐久性试验时,采用三分点加载方法,以保证梁的底面能有一段弯矩相等的均匀受拉区。梁的加载模式有两种:一是应力控制,二是应变控制。具体试验时选用了应力控制模式,这是因为气泡轻质土的破坏性形式是脆性破坏,其极限应变较小。其试验结果绘制出疲劳曲线及方程(图 5-36 和图 5-37),可供应用时参考。

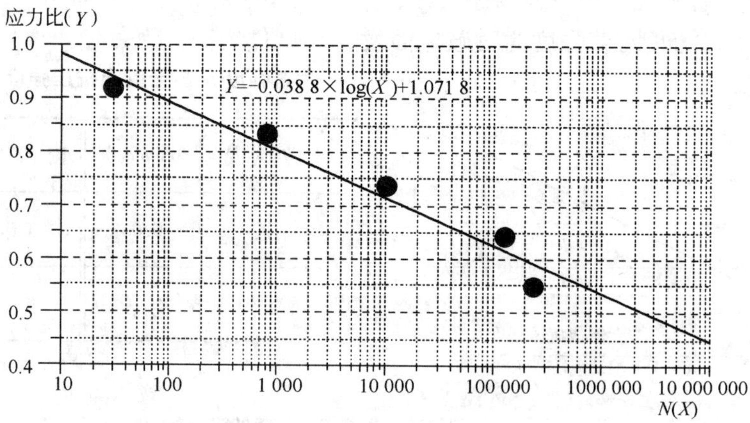

图 5-36　50%保证率下的疲劳曲线及疲劳方程

2. 气泡轻质土热导性能试验

(1)导热性能试验

选取基本配合比 *B* 和 *D*,采用唐海海沙砂及盾牌水泥,制成 5mm×10mm×15mm 试件、养护 28d,进行导热性能试验。试验结果:*B* 配合比导热系数平均测定值为 0.193 8W/m^2×*k*;*D*

配合比为 1 853W/m^2 ×k。这表明气泡混合轻质土的导热系数小，其隔热性能明显，且气泡混合轻质土的导热系数随容重的增加而减小（1kcal/m^2 · h · ℃ = 1.162 79W/m^2 ×k）。

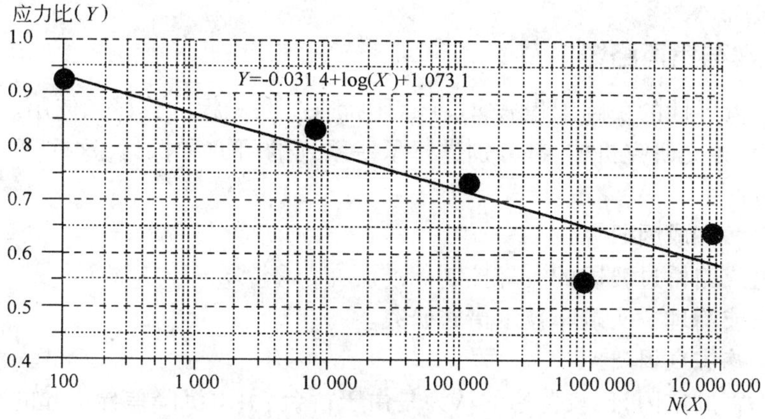

图 5-37 95%保证率下的疲劳曲线及疲劳方程

（2）气泡轻质土与常用材料的隔热性能比较

与几种常用的主要建筑材料进行对比，可知气泡混合轻质土具有较好的隔热性（表 5-61）。

几种主要建筑材料的导热性能比较 表 5-61

容重（kN/m^3）	材料种类	导热系数 k（kcal/m^2 · h · ℃）	与 5cm 厚软木相当	
			必要厚度（cm）	每 m^2 重量
2.4	软木	0.044	5.0	12.0
6.0	气泡轻质土	0.100	11.4	68.2
9.0	气泡轻质土	0.175	19.9	178.9
15.0	轻集料混凝土	0.400	45.5	681.9
17.0	炉渣	0.700	79.6	1352.4
19.5	填土路基	1.047	119.0	2320.1
21.6	水泥稳定土	1.256	142.7	3083.0
23.0	水泥混凝土	1.400	159.1	3659.3
23.5	沥青混凝土	4.868	260.0	6109.9

3. 气泡混合轻质土试验总结

通过上述一系列的试验研究，对气泡混合轻质土性能得以下几点结论：

1）路用性能

（1）作为路用填筑材料：气泡混合轻质土的 CBR 强度、压缩型及耐疲劳性满足要求。

（2）与其他路用材料，例如：沥青材料、混凝土材料之间也具有比较好的黏结力。

2）耐久性能和隔热性能

容重相对比较高（≥8kN/m^3）的气泡混合轻质土，具有较好的隔热性能，用于寒区道路工程时，干湿交替及冻融作用对其性能有一定的影响，但影响程度有限，耐久性满足要求。

气泡混合轻质土属多孔性材料，其性能影响因素较多，尤其是配合比所采用的原材料对其性能影响非常显著，对其认识还有待于进一步进行研究。

第六节　桥涵台背填筑

一、桥头跳车与台背路堤

桥头跳车是世界性的公路工程病害，一直困扰着公路工程的建设和使用。围绕这个问题，许多国家、地区和独立研究机构，都分别进行了一系列的研究和探讨，这些研究和探讨主要集中在以下三个方面：

- 桥头跳车病害成因研究；
- 桥头引道或路桥过渡段的沉降控制标准研究；
- 关于预防或治理桥头跳车技术措施研究。

1. 桥头跳车病害成因研究

桥头跳车病害的成因，比较普遍的认为是由于桥台、引道沉降差异引起的。引起这种差异因素，归结为桥梁台背填料压实不够、水对台背填料的流蚀等因素。

(1)为了解决这个问题，从消除和减少这个差异着手，设计上采取纵坡变化，施工上采取控制引道沉降量，试图达到想望的目的。

(2)关于对桥头引道沉降量控制，各国都有自己的标准，大致控制工后沉降量为 10～30cm。我国的高速公路建设中，对桥头引道沉降量控制为 10cm。

关于纵坡变化的控制值，包含三个方面：

- 搭板容许纵坡变化值；
- 桥台与搭板之间容许坡差；
- 桥面与引道面之间的容许台阶高度。

关于搭板容许纵坡变化值，有资料显示，对于连续桥跨应取用 1/250，简支跨应取用 1/200。京石高速公路调查中指出：如果当车辆以 60km/h 的速度通过桥头，当 $\Delta i<0.5\%$(1/200)时，没有跳车感觉。

桥台与搭板之间容许坡差，国外资料显示，当引道搭板长 6.1～9.1m 时，引道与桥台沉降差接近 2.54cm 时，不会造成桥头跳车，折合容许坡差 Δi 为 0.28%～0.42% 范围内。

还有，桥面与引道面之间台阶越高，行车越不舒适。台阶过高车轮会跳离路(桥)面，容易导致行车事故。国内外的一些学者认为，当台阶高达 1.2cm 时会产生跳车，就需要进行修补。

2. 桥头跳车防治处理措施

针对桥头跳车问题，综合对其防治处理措，人们从以下三个方面进行了研究：

1)合理设置桥头搭板

桥头合理设置桥头搭板技术已被普遍接受，所以一般高速公路桥头均设计有搭板过渡。

2)改善台背填料

改善台背填料性能，包括回填土种类和施工技术。在一般地基上，台背填料选用优质填料，同时铺设土工加筋带，增强填料整体性能。

3)台背地基治理，换填轻质填料

对于位于软土地基上的桥涵，首先对台背地基进行技术处理，构筑复合性地基，增强地基的强度。对路堤提前进行堆载预压，换填轻质填料，减轻地基附加应力，使桥台背工后沉降控制在容许范围内。

随着轻质土材料的问世，给解决这一难题带来了一缕曙光。河北沿海公路，吸取前人的经验和教训，从大量的资料中，披沙拣金，吸取当代科技的精华，结合沿海公路的工程实际，对位于软土地基上的桥涵，其台背填料换填上气泡混合轻质土、EPS 轻质块体、流态粉煤灰填料，围绕这个课题，展开一系列研究，取得令人满意的效果。

图 5-38 是综合研究该难题的设计概念图示。在台背填筑上气泡混合轻质土，同时设置桥头搭板，并采取相应的技术措施，力图通过工程试验对其治理效果进行检验。

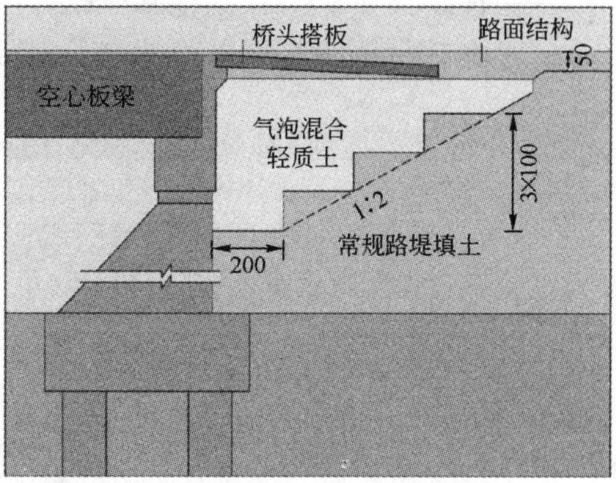

图 5-38　轻质土台背填筑示意图(尺寸单位:cm)

二、气泡混合轻质应用研究

本节讨论中心课题是:采用气泡混合轻质土，替代台背常规回填填料，降低台背高路堤荷载，减小路堤压缩变形，以预防、缓解或消除桥头跳车病害。

主要试验、研究内容:

- 根据气泡混合轻质土特性，研究适宜不同用途的填筑体的结构。
- 结合理论计算及试验段工程，研究台背填料使用气泡混合轻质土的设计原则与程序。
- 总结台背轻质土填筑施工、设计、质量控制与检测的经验，并结合经济性分析，确定气泡混合轻质土预防桥头跳车的适用范围。

1. 桥头跳车病害治理回顾

桥台与路基连接处，是刚柔突变部位，两者垂直变形，各唱各的调，难以和谐，以至于形成沉降差异，桥头跳车病害在所难免。

1)对桥头跳车病害认识

桥台是承重结构，刚强不阿，几乎不压缩，垂直变形微乎其微。台背路堤，在自重和强大车轮冲击碾压下，其刚度无法与桥台相比，因此，桥头跳车病害，长期困扰行车舒适。

与台背毗联的路堤沉降，从结构组成上分析，由三部分组成，即路面结构层、路堤填土层及地基，但是主要变形是路堤变形。

20 世纪对软土地基虽然采取了一系列治理措施，强化了软土地基强度，但是，大量的工程实践表明，桥头跳车病害依然存在。分析其原因，自然落实到台背填土变形。

台背路堤填土压缩变形，主要来自两个方面:

一是填料之间含有水分和空隙，尤其是当路堤压实度不够时，在高路堤自重、上部静荷载、交通荷载的共同作用下，填料出现压缩变形。

二是路基渗水致使填料软化或部分流失，导致填料压缩变形。

当台背路堤填料的压缩变形积累到一定程度，桥头搭板底下出现脱空沉陷，导致桥头搭板严重变形，由此形成桥头跳车。

2)防治桥头跳车常见途径

从人们对桥头跳车病害认识起，就开始研究对其治理方法，到如今对其所采取的治理方法或说是途径，可归纳为:

一是加固软土地基,提高地基承载力;

二是降低台背荷载,降低附加应力作用强度及深度(图 5-39)。

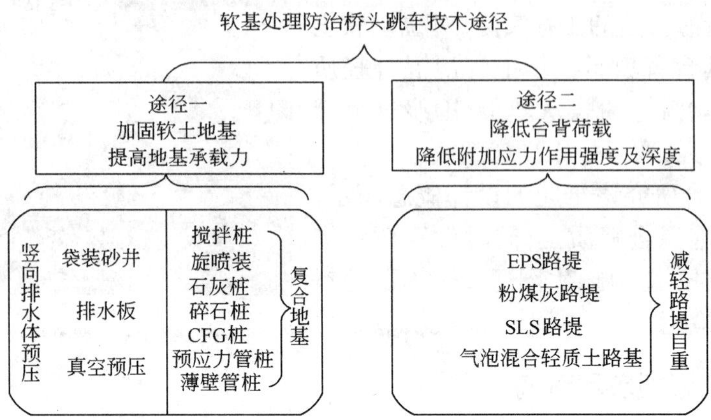

图 5-39　软地基处桥头跳车治理措施

3)桥头跳车病害治理实践

河北省在沿海公路建设中,对桥头跳车病害治理,曾进行过以下实践活动:

(1)利用含水率对砂的密实性影响,以达到提高回填砂的密实度。

(2)采用石灰、粉煤灰进行台背回填,利用石灰、粉煤灰易于压实的特性,在小型压实机械的碾压下使压实度达到规范要求。

这些技术措施,因其前提依旧是物理密实的方法,受施工条件的限制,依旧存在一定程度的缺陷。

历史进入 21 世纪,在总结过去经验的基础上,又进一步对其进行研究,非物理性密实措施应运而现。

(3)在河北邯长、青银高速公路上,采用了流态粉煤灰技术,利用流态粉煤灰自身固化强度,以避免台背填料的压缩变形。

(4)宣大高速公路上,在桥头搭板施工后、路面施工之前,利用水泥、粉煤灰浆液,对台背回填料进行压浆处理,发挥胶凝材料自身固化强度的特点,弥补台背填料压实不够的缺陷。从技术质量上讲,这种方法比物理密实台背填料更有优势。

4)流态粉煤灰施工技术

使用粉煤灰水泥流态混合料,回填桥台台背路堤,曾是 1996 年河北省交通重点课题,鉴于该项目社会效益和经济效益显著,2000 年获河北省科技进步三等奖,2002 年获河北省交通厅科技进步二等奖。

流态粉煤灰施工技术,具有施工工艺简单,无须碾压和振捣,施工工期短,成本低等优点,还解决了粉煤灰存放会污染环境的弊端,特别适于作为桥台台背填料,对于避免桥头跳车病害,也具有显著地“疗效”。还可用于浇筑高填方路堤的空隙及空洞,回填采空区等不易碾压密实部位,均比较方便适用。

(1)粉煤灰水泥流态混合料施工配合比

粉煤灰水泥流态混合料,根据工程使用部位不同,强度要求不同,可适时调整施工配合比。

常用配合比范围如下所示：

水泥：粉煤灰：水 =6% ~10%：94% ~90%；65% ~75%（外掺）填加剂为水泥用量的1% ~5%；稠度：13% ~215%。

（2）施工准备

①填筑台背：基坑基底应除虚渣、浮土、积水、并应夯实整平。

②填充采空区及浇筑高填方路段，应清除底部虚渣、积水。

③施工前应对进场的材料按批进行抽检，以保证材料质量。

④施工前对施工设备进行全面检查、调整，以保证设备处于良好的状态。

⑤应有充足的水源。

（3）材料

①粉煤灰

• 粉煤灰为 SiO_2、Al_2O_3 和 Fe_2O_3 的总含量应 >70%。烧失量应≤20%。

• 粉煤灰的比表面积宜大于 $2500cm^2/g$。

• 干粉煤灰和湿粉煤灰都可以用。干粉煤灰如堆放于空地上，应防止飞扬造成污染；湿粉煤灰含水率不宜超过 35%，并在浇筑前测定含水率。

• 应将凝结的粉煤灰块打碎，同时清除有害杂物。

②水泥：宜采用 32.5MPa 水泥，水泥堆放应注意防潮。

③水，凡人或牲畜的饮用水均可用于施工。配料允许偏差，见表 5-62。

（4）施工机械及相应设施

施工机械及相应设施，应有三相动力线，架设临时电线不方便时，可采用 6kW 以上发电机。拌和设备一般采用 400 升以上水泥混凝土上拌和机或泥浆泵。当使用泥浆泵时，要与卧式混凝土拌和机相结合使用。

（5）混合料的搅拌

拌制混合料时，各种计量器具应保持准确，对材料（粉煤灰）的含水率，应经常进行检测，为了保证流体粉煤灰具有良好的流动性，施工时搅拌稠度采用 13 ~15s 为宜，可通过调整用水量的方法进行控制。

混合料应使用机械搅拌，应搅拌均匀，一般搅拌时间应≥3min。

（6）混合料浇筑

混合料浇筑速度要与拌和速度相匹配，使浇筑工作不间断（图 5-40）。

配料数量允许偏差（质量计） 表 5-62

项 次	材 料	允许偏差（%）
1	水泥	±1
2	粉煤灰	±3
3	水	±3

图 5-40 流态粉煤灰回填台背施工实况

①浇筑混合料前，应对支架、模板进行检查，模板内的杂物积水应理干净，模板如有缝隙，应填塞严密，模板内面应涂刷脱模剂。

②混合料应按一定厚度、顺序和方向分层浇筑，应在下层混合料初凝或重塑前浇筑完成上层混合料。

③斜面上浇筑混合料时，应从低处开始逐层扩展升高，保持水平分层。

④气温低于5°C时，应停止浇筑。

(7)养护

混合料浇筑完成后，对于台背应加盖草毡养护(24h后)，保证强度增长，养护期间应严禁车辆行人通行。高填方和采空区填充为隐蔽连续作业，无须养护。

(8)质量检测

施工过程中每天至少做2组试件，监测现场强度。要求28d强度大于0.6MPa。

2.使用气泡轻质土治理桥头跳车病害理论研究

1)软弱地基换填轻质土原理

(1)时间 $e \sim P$ 曲线与固结过程

如图5-41所示，对于附加应力 P_z 而言，其作用时间自起始点 t_0 开始，至 t_a 或 t_b，有效应力相应由0增加到 P_a 及 P_b，孔隙比相应减小到 e_a 或 e_b。

当有效应力增加到 P_z 时，孔隙比稳定在 e_z，不再减小。此时的附加应力完全转化为有效应力。

在附加应力与有效应力转化过程中，本质上是土体不断压缩固结的过程，故有效应力与其对应的孔隙比值形成的 $e \sim P$ 曲线，即是土体的固结压缩曲线。

在这里引入时间轴的 $e \sim P$ 曲线，称为时间 $e \sim P$ 曲线。显然，时间 $e \sim P$ 曲线上的时间轴是非线性轴，仅能定性表征附加应力转化为有效应力过程。以此为基础，详细阐述超载预压及换填轻质土作用原理。

(2)基于时间 $e \sim P$ 曲线的超载预压原理

在软土地基预压过程，本质是超孔隙水压力不断消散，有效应力不断增长的过程；地基土层的附加应力完全转化为有效应力时，主固结完成、沉降趋于稳定。超载预压意义就在于：通过增大预压荷载，或延长预压时间，在施工期内尽可能让有效应力达到或超过永久荷载下的附加应力，以消除工后沉降。图5-42中：

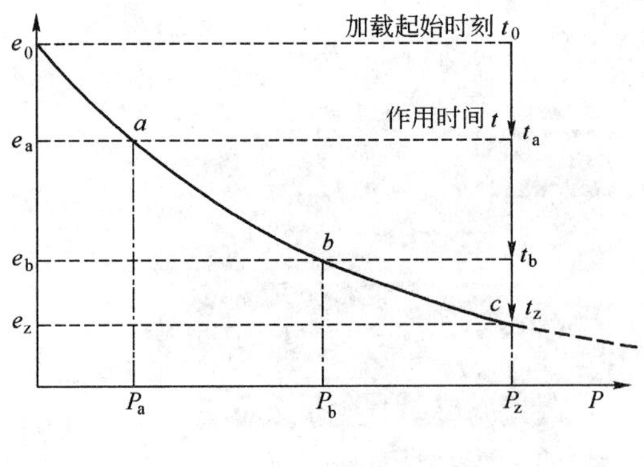

图5-41　时间 $e \sim P$ 曲线示意图

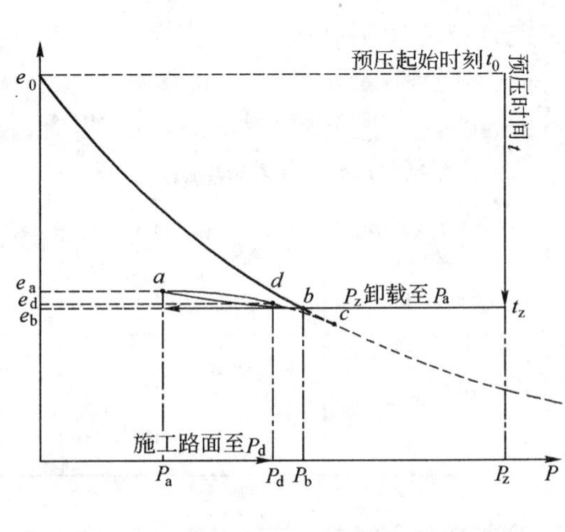

图5-42　超载预压达到要求时 $e \sim P$ 关系

P_z 为路堤超载预压荷载作用下的附加应力；

P_b 为超载预压 t_z 时刻地基土层的有效应力；

P_d 为路面竣工后路堤永久荷载下的附加应力。

超载预压的目的和意义在于，在 t_z 卸载时刻，$P_b \geq P_d$，即地基土层在卸载后处于超固结状态，自卸载到路面施工到工后，土体孔隙比自正常压缩曲线的 b 点沿回弹曲线到 a 点，然后在施加路面结构层荷载后，从 a 点沿再压缩曲线到达 d 点，孔隙比变化量为：

$$(e_b - e_a) + (e_a - e_d) = e_b - e_d$$

由于 e_d 限制在再压缩曲线上，工后沉降为0。在工程实践中，由于受稳定性要求等因素的影响，超载量($P_z - P_d$)不太可能很大，加之受工期的控制，预压时间经常无法满足条件，由此出现 $P_b < P_d$ 的状况，此时，如图5-43所示，由于 e_d 在正常压缩曲线上，$e_b - e_d$ 包含了 c_d 段的孔隙比变化量，由此产生工后沉降。

(3)软基路段换填轻质土作用原理

为避免工后沉降的发生，针对 $P_b < P_d$ 的情况，如果可以降低永久荷载，则附加应力 P_d 必然随之降低，如图5-44。

当 P_d 降到 P_s 位置时，在确定的 P_b 状态下，工后有效应力 $P_b > P_s$（即永久荷载下的附加应力），土体处于超固结状态，可消除工后沉降，此即软基路段换填轻质土的理论依据。其原理进一步表达如下：

卸载后，将容重远较常规填土要小的轻质土换填常规填土，使永久荷载由 P_d 降到 P_s，然后再进行路面施工，其过程如图5-44，孔隙比将自正常压缩曲线的 b 点沿回弹曲线退到 a 点，然后，在轻质土和路面荷载的作用下，孔隙比自 a 点沿再压缩曲线到达 s 点，由于 e_s 处于再压缩曲线上，孔隙比变化量 $e_b - e_s < 0$，工后沉降为0。

总之，软基路段换填为轻质土的本质意义：在于降低软土层的附加应力，使其孔隙比稳定在回弹再压缩曲线上，地基土层处于超固结状态，以此消除工后沉降。

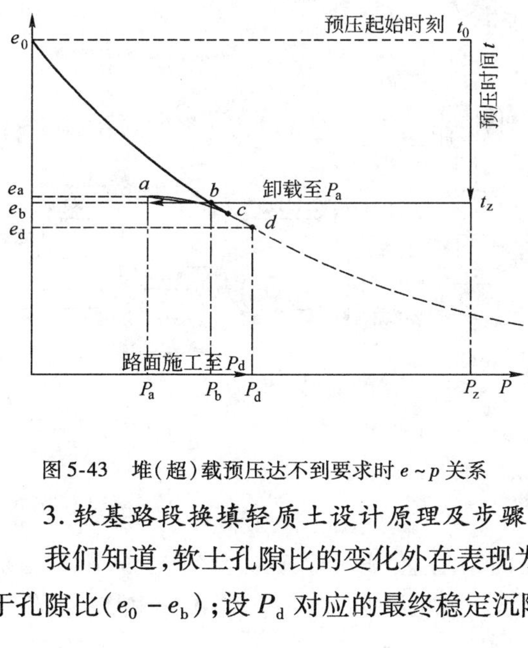

图5-43　堆(超)载预压达不到要求时 $e \sim p$ 关系

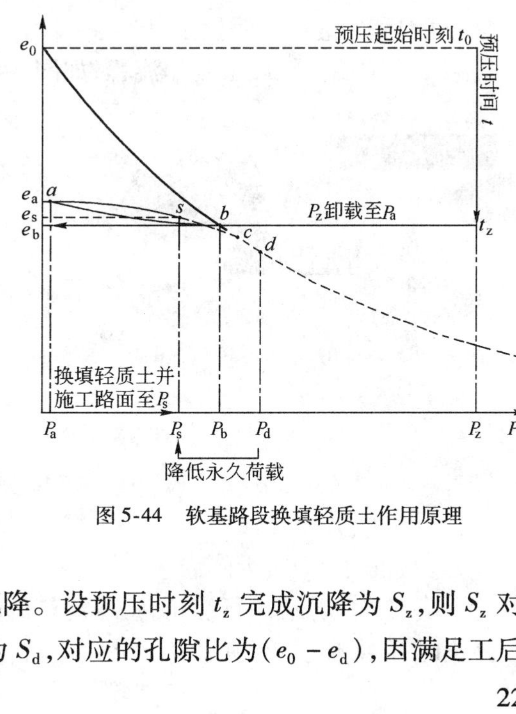

图5-44　软基路段换填轻质土作用原理

3. 软基路段换填轻质土设计原理及步骤

我们知道，软土孔隙比的变化外在表现为沉降。设预压时刻 t_z 完成沉降为 S_z，则 S_z 对应于孔隙比($e_0 - e_b$)；设 P_d 对应的最终稳定沉降为 S_d，对应的孔隙比为($e_0 - e_d$)，因满足工后沉降为 0 的孔隙比条件为 $e_b < e_d$，则沉降条件为 $Sz > S_d$。

当 S_z 为已知时，关键是要如何计算 S_d。这里，采用一维固结理论的分层总和法。

为使 S_z 与 S_d 的内在参数相吻合，首先采用一维固结理论，根据 P_z 和 t_z，计算理论上的 S_z'。计算时，相关土层的计算指标采用试验资料，计算结果考虑一个修正系数 λ；当 S_z 与 S_z' 不一致时，调整 λ 值，直至 $S_z = S_z'$。

采用确定的 λ 值和试验资料，根据 P_d 计算 S_d。

1）换填土厚度计算

据此，软基路段换填轻质土的设计，可根据实测 S_z 和计算 S_d 值的比较按如下原则进行：

（1）计算 P_d 和 S_d

计算常规填土状态下的 P_d 和 S_d，如 $S_d < S_z$，则可以不做换填处理，反之，则必须进行换填处理；

（2）调整计算荷载

当 $S_d > S_z$ 时，调低 P_d，即调低计算荷载（常规填土高度），直至 $S_d = S_z$，计算此时的 P_d 为 P_s，P_s 对应的常规填土高度为 H_s，而原始 P_d 对应的填土高度为 H_d；

（3）换填土厚度计算

设常规填土容重为 R_t，轻质土容重为 R_q，路面结构层和交通荷载为 Q_h，欲使 P_d 降到 P_s，则轻质土换填厚度 H_q 可按下式计算：

$$Hq = \frac{Hd \times Rt - Qh - Hs \times Rt}{Rt - Rq}$$

确定了换填厚度，即可展开轻质土其他细节的进一步设计。

2）换填气泡轻质土施工程序及方法

（1）气泡和气泡混合轻质土制作

气泡和气泡混合轻质土制作流程，如图 5-45 所示。

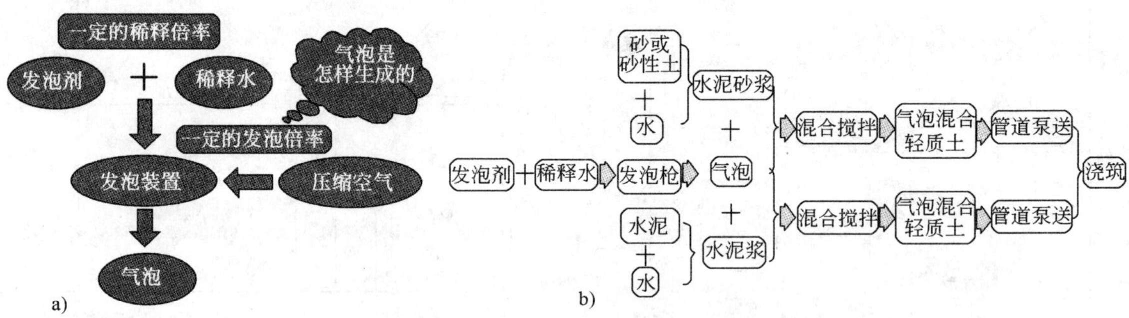

图 5-45　气泡及气泡混合轻质土制作流程

a）气泡制作流程；b）气泡混合轻质土制作流程

（2）气泡混合轻质土浇筑

整个填筑体应分层进行浇筑，每层浇筑的间隔时间至少 1d。气泡混合轻质土采用软管泵送。浇筑时始终保持出料口埋入气泡混合轻质土中，尽量避免消泡和离析现象发生

(图 5-46)。

(3)纵横坡调整

因气泡混合轻质土流动性较大,在浇筑过程中无法实现路面坡度要求,需待浇筑完成并达到一定强度后,用路面基层或底基层材料进行纵横向坡度调整。

(4)施工质量管理

气泡混合轻质土在浇筑过程中,应加强质量管理,其质量目标及工程完成后的检测结果,见表 5-63。

图 5-46 气泡混合轻质土浇筑

气泡混合轻质土品质要求

表 5-63

试验名称	湿润容重 (kN/m^3)	流动值 (mm)	空气量 (%)	28d 无侧限抗压强度 (MPa)	回弹模量 (kPa)
设计值	6.5	180	65	0.8	
检验标准	6.5 ±0.65	180 ±20	65 ±3	0.8 以上	
工后检测值	6.46	185	65	1.41	289 751

在施工过程中,气泡混合轻质土质量检测内容和方法:

①湿润密度:上午和下午各 1 次。

②流动值:上午和下午各 1 次。

试验方法:硬质塑料制成的空心圆筒,内径 80mm、高 80mm,静置在光滑的玻璃板上,将样品注满圆筒,慢慢将圆筒垂直提起并静置 1min,然后测量直径,求其平均值。操作方法如图 5-47所示。

(5)气泡含有率(不定时)

试验操作方法(图 5-48):往 500ml 的量筒中,分别加入 200ml 的气泡混合轻质土试样和水以及 100ml 的酒精进行消泡,读取最后量筒中剩余液体的读数,按下式求出气泡含有率:

$$气泡含有率 = (500ml - 最后剩余量) \div 200ml(试样) \times 100\%$$

图 5-47 气泡混合轻质土流动值测试

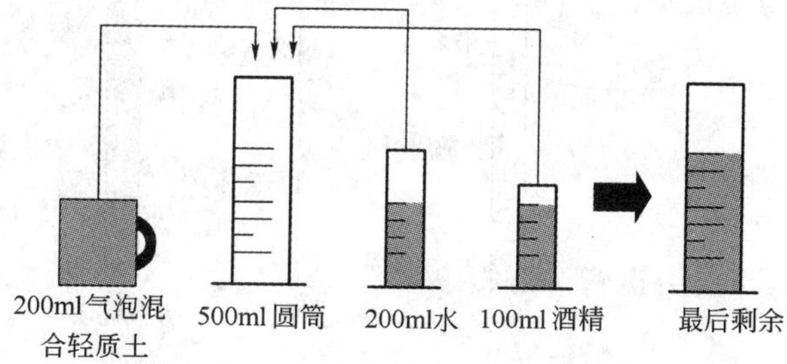

图 5-48 气泡含有率测试示意图

(6)无侧限抗压强度(每次浇筑时取样)

试验方法:每天浇筑时取样,制作 1 组 15cm × 15cm × 15cm 的试样共六个,检测 7d 和 28d 的无侧限抗压强度。试验结果取三个试样的平均值。

为了检验采用气泡混合轻质土的效果,对上述工程进行了监测。监测内容包括沉降观和台背土压力观测,以下为监测结果。

①沉降监测

对比两个桥台填土顶部距桥台 2m 处的沉降观测结果,从中可以看出,普通土桥台背的土体的沉降量远大于轻质土桥台背土体的沉降量,且轻质土台背的沉降已基本完成,普通土台背的沉降则在继续发生(图 5-49)。

②两种不同填土对桥台产生的土压力情况

轻质土对桥台的土压力,并不随深度的增加而增加,几乎为零。普通土台背的土压力则与深度之间表现出良好的线性关系,即随着深度的增加,土压力也基本呈线性增加(图 5-50)。

4. 试验段工程理论计算分析

1)有限元模型建立

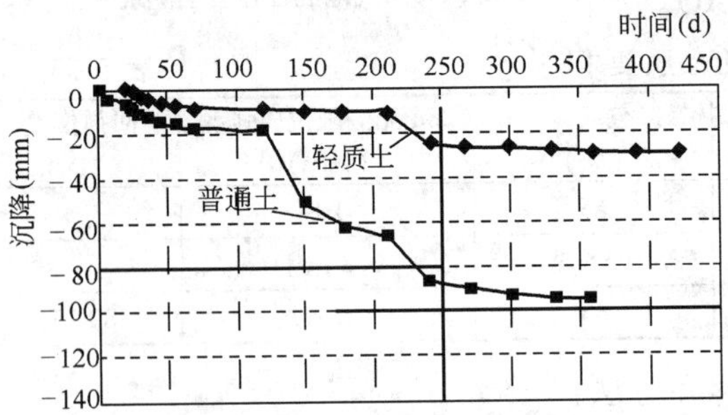

图 5-49 沉降~时间曲线

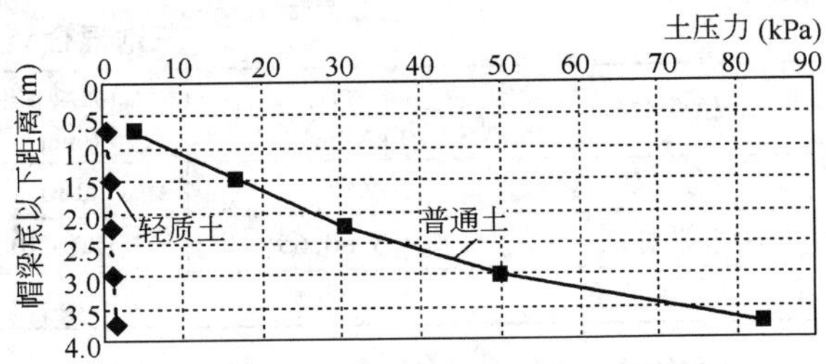

图 5-50 轻质土与普通土压力与深度比较

(1)桩基有限元模型—等效桩墙

根据 Ellis & Springman(2001),在二维有限元模型中,一排桩基被简化成为一个平面应变的等效桩墙。为了在整体上使得这种简化可以较好地模拟桥台与土体的运动,该桩墙单位长度的柔度应该与其所替代的土体和桩基相适应(图 5-51)。考虑到土体通常对于柔度仅有很小的贡献,这里就将其忽略不计。等效桩墙采用梁单元来模拟。

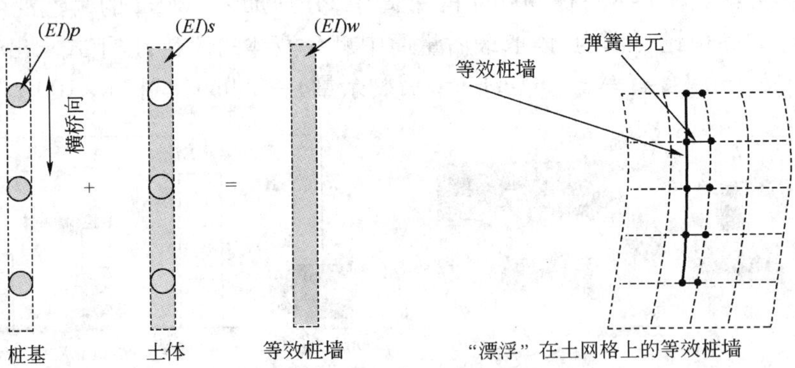

图 5-51 桩基有限元模型

在本计算模型中,将梁单元看成"漂浮"在土的网格上面,在梁的节点通过弹簧单元与土的网格中代表梁中线位置的节点连接,而桩与土之间的相互作用则用弹簧单元来模拟。由于本例中为端承桩,而且桩是在经过预压处理后的软基上施工的,所以这里不考虑土与桩之间在顺着桩长方向上的相互作用,而仅仅考虑土与桩之间在垂直于桩长方向上的相互作用。

对于等效桩墙的刚度,采用使其弯曲刚度(EI)同其所替代的排桩;面积则是使等效桩墙的面积同其所替代的排桩。

(2)桩土作用有限元模型

用弹簧单元来模拟桩与土之间的相互作用,而弹簧单元的参数则是通过另外的有限元分析来确定的。对于单根桩其原理可以参见图5-52。考虑的土体范围可按照距离桩中心最小为25倍桩的直径来取(这里所考虑的土体的范围为一个矩形)。再根据按上面的方法取得的有限元模型,进行平面应变有限元计算,计算当桩在土体中移动时位移与反力的关系,即可得到用于模拟桩—土之间相互作用的弹簧单元的刚度。有限元网格见图5-53。

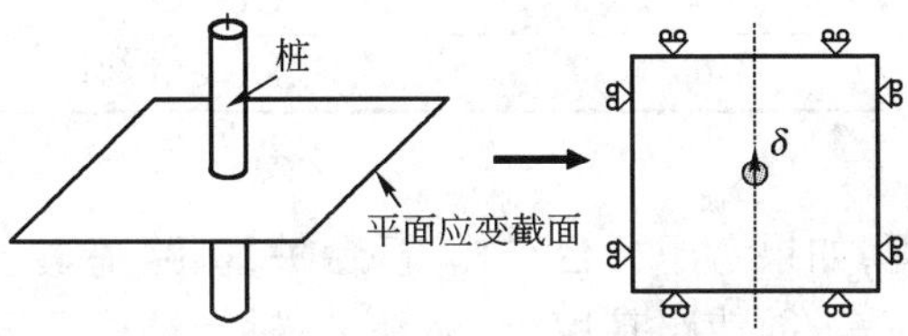

图5-52　立桩-土相互作用有限元模型原理

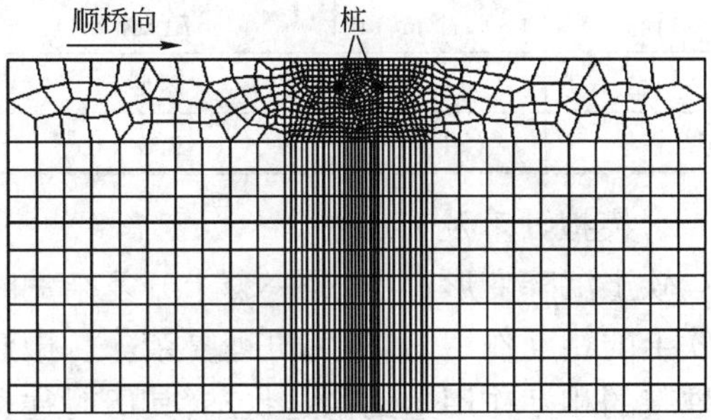

图5-53　分析桩-土之间相互作用有限元网格

(3)竖向排水体处理

为了加快软基固结过程,工程中采用了竖向砂井以加快软基中水的排出。由于本研究的目的不是竖向砂井的排水效果,所以采用 Ellis & Springman(2001)中对竖向砂井的处理方法,即用三个等效竖向砂墙来代替工程实际中的竖向砂井的作用。

①边界条件及参数取值

计算中,用有限元模型模拟了弱风化砂岩以上的土层,并在沿桥的轴线方向以桥台壁厚的中线为中线前后模拟了50m的长度。具体边界条件如下:

- 在模型的底部约束了竖直方向的位移,并认为底部不透水。
- 在模型的左右两边,仅约束边上节点的水平方向的位移。
- 对于模拟桩基的单元则在底部约束水平和竖直方向的位移。
- 由于有限元模型中有不同的土层,为了简化计算,没有引入界面接触单元,而是简单地将不同土层的交界面处的位移处理为连续的。
- 对于桥台与土的交界面、桥台与气泡混合轻质土的交界面、气泡混合轻质土与土的交界面等处,则设置弹簧来考虑它们之间的相互作用,弹簧设置的原则为两种材料不能互相侵入,其他方向没有相互作用力。
- 整个需要模拟的土体的初始状态通过相应的计算得到。

②材料参数取值(表5-64)

材料参数取值表　　表5-64

a)采用剑桥弹塑性模型的软土的材料参数						
地层	γ(kN/m^3)	C_C	C_S	e_0	p_c(kPa)	k(m/s)
淤泥	16.1	0.2114	0.0173	1.557	58.0	1.0×10^{-9}
淤泥质亚黏土	16.6	0.2353	0.0149	1.281	126.2	1.0×10^{-9}
b)采用 Drucker-Prager 弹塑性模型的土的材料参数						
地层	E(kN/m^2)	ν	ϕ(度)	c(kN/m^2)	γ(kN/m^3)	k(m/s)

续上表

填土	5000	0.30	30	10	18.8	1.0×10^{-6}
砂垫层	5000	0.30	30	0	20	1.0×10^{-3}
含卵砾石	60,000	0.30	30	0	18	1.0×10^{-5}
强风化砂岩	60,000	0.30	30	0	18	1.0×10^{-5}

c)采用线弹性模型的材料参数

材料	$\gamma(kN/m^3)$	$E(kN/m^2)$	ν	$k(m/s)$
桥台	24.5	2.5×10^7	0.17	1.0×10^{-20}
桩基	24.5	2.5×10^7	0.17	1.0×10^{-20}

2)模拟计算及节点划分

软土沉降变形过程,是一个十分复杂的时间历程,如果考虑桥台结构、桥台桩基、路基填土与软土的相互作用,其作用机理复杂。从微观角度而言,欲使路基填土、地基土、桥台结构及桥梁桩基的相互作用达到稳定状态,其历时往往需要几年、几十年甚至上百年的时间。而就工程实践而言,关心的问题主要在以下几个方面:

- 路基填土施工过程中路基本身的稳定性;
- 桥台桩基和桥台施工后因为地基土层的变形可能出现破坏性位移;
- 路面施工完毕通车后,可能出现桥头跳车病害。

采用气泡混合轻质土,换填软地基上的桥台台背常规路基填土,即着眼点在于上述问题。为验证台背填土的处理效果,有限元计算时间跨度,自填土预压开始,到最后路堤填土、地基土、桥台结构及桥台桩基之间的相互作用,直至接近稳定的时刻。该时间跨度应大于路面使用年限,综合考虑计算工作量,取50年。

模拟工况则尽可能与实际相吻合,分台背填筑常规填土(下称常规工法)和填筑轻质土(下称轻质土工法)两种:

(1)常规工法

①填土预压。

②软土地基在填土预压下固结。

③当测量到的填土月沉降量小于3cm时,桩基和桥台开始施工。

④进行路面铺装并继续固结直到地基重新达到稳定。

(2)轻质土工法

轻质土工法施工过程①、②和④同台背为普通填土的情形,但是步骤③改为:进行桩基和桥台施工,并用气泡混合轻质土换填普通填土。

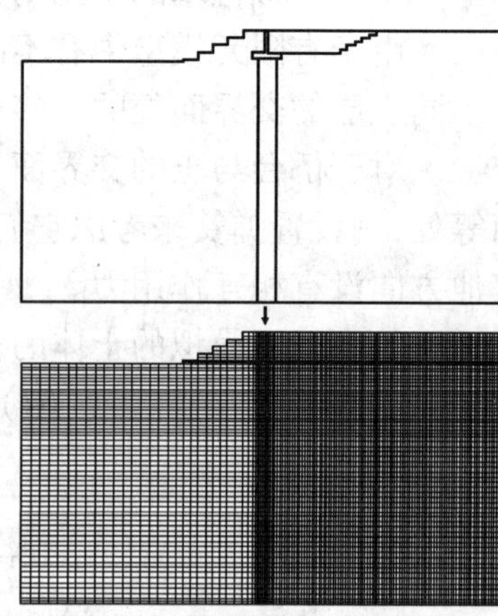

图5-54 计算收敛时有限元网格

计算结果收敛时,采用有限元网格如图5-54所示,共用9372个四节点平面应变单元(有的带有结点孔隙压力自由度的,有的没有)、梁单元和弹簧单元,共9 423个节点。

3)计算结果及分析

计算输出的结果为填土预压后第50年的相关成果。下面分别介绍并予以分析。

(1)变形及沉降

如图 5-55 所示，当土体变形达到稳定后，常规工法与轻质土工法的变形性状完全不同：

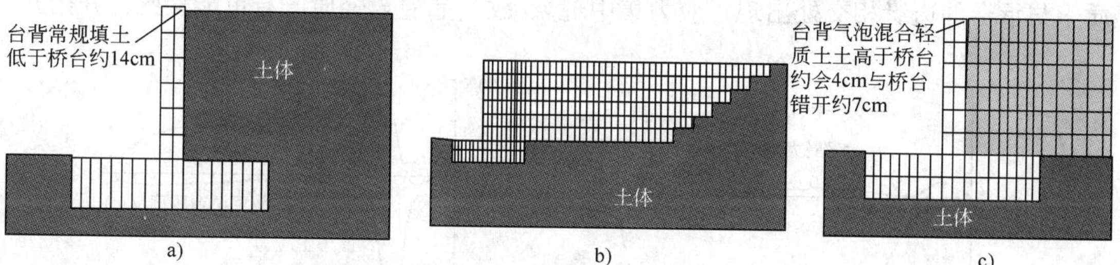

图 5-55　台背路堤变形图示

a)桥台附近变形图(台背常规填土;b)桥台与台背气泡混合轻质土变形图示;c)台背气泡混合轻质土与桥台总体变形图示

①常规工法桥台和台背填土之间存在明显的沉降差，其值达到 14cm，正是这种沉降差造成了桥头跳车；

②轻质土工法桥台和台背轻质土之间亦有 4cm 的高差，且在桥台顶处轻质土与桥台之间分开了约 7cm；实际上，变形计算表明，台背轻质土发生了向着远离桥台方向的旋转，正是这种旋转导致了轻质土高出桥台并在桥台处与桥台背面脱离。

原地面总沉降沿路基中线纵向分布如图 5-56 所示：

①台前总沉降及工后沉降两种工法没有区别；

②台后轻质土填筑范围内工后沉降，比常规工法普遍小 10 ~ 20cm；

③台背随着离轻质土填筑范围的距离增大，两种工法的工后沉降及总沉降逐步趋于一致。

(2)沉降随时间的变化规律

从图 5-56、图 5-57 中可以发现，两种工法的近点在 50 年后的沉降量均小于远点；无论是近点还是远点，轻质土工法的最终沉降量均小于常规工法；而在气泡混合轻质土换填常规填土的时刻，近点和远点沉降均出现轻微反弹现象，这一定程度反应了轻质土工法的超固结特性。

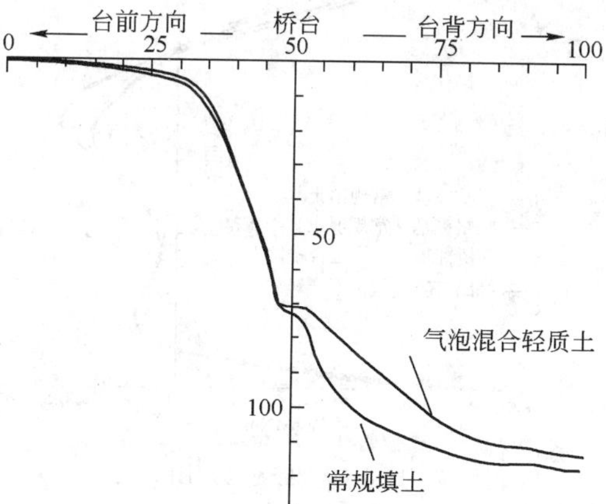

图 5-56　原地面沿路基中线纵向总沉降曲线图

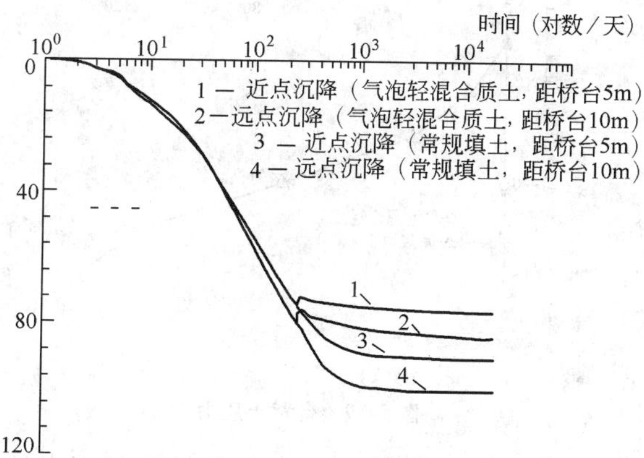

图 5-57　路基中线不同位置沉降 ~ 时间关系曲线

(3)应力及弯矩

①台后气泡混合轻质土主应力

试验时还分别计算了沉降稳定后台背气泡混合轻质土路堤的顶面和底面主应力。从图5-58中可知，气泡混合轻质土上部受到压应力作用而下部则受到拉应力；此外，在气泡混合轻质土与承台的边缘相交处出现了应力集中现象，故气泡混合轻质土有可能从此处开始开裂。

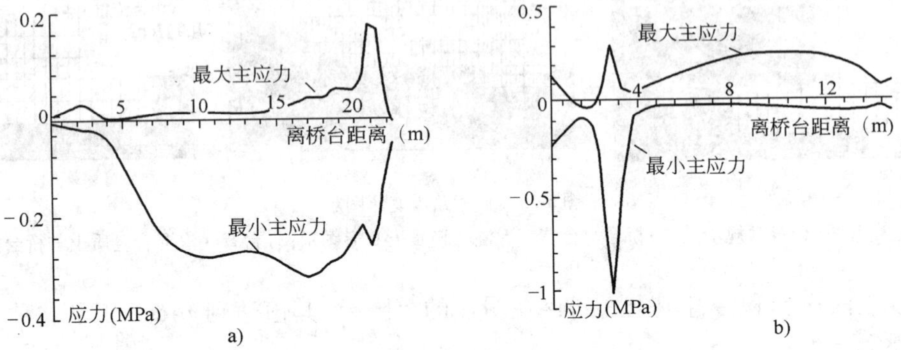

图5-58　台后气泡混合轻质土主应力分布图

a）顶部主应力；b）底顶部主应力

②台背土压力

当台背填土为气泡混合轻质土时，台背将没有土压力；当台背的填土为常规填土时，台背的土压力随深度增加而增加，而且基本上呈线性关系（图5-59）。

③桩基弯矩

图5-60为计算得到的桩基中的弯矩图：无论台背填土为常规填土还是气泡混合轻质土，无论是临桥桩基还是临路桩基，桩基中弯矩的分布规律是相似的：其最大的弯矩均出现在桩基底部（即桩嵌入基岩处）；桩身则有两个峰值，上部峰值位于淤泥层，下部峰值位于强风化层；在桩顶（即桩与承台连接处）附近也出现了弯矩峰值。

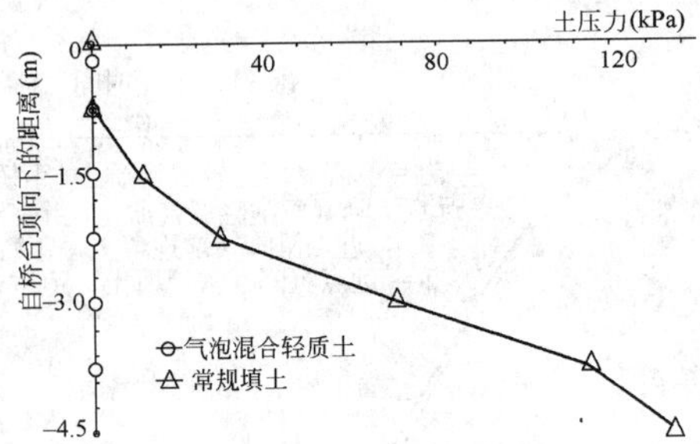

图5-59　台背土压力

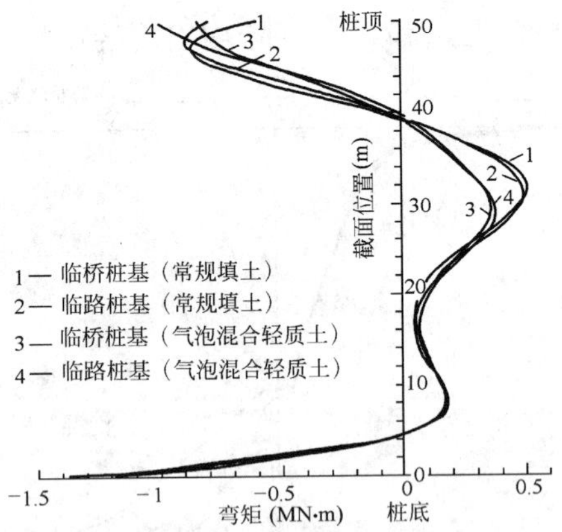

图5-60　桩基弯矩图

需要注意的是，由于在处理桩基与基岩的连接时，采用了桩基与大地固结的假设，该假设与实际情况的符合程度并不明确；另一方面，由于本次计算采用等代桩墙代替桩基，造成地基土压力无法从桩间进行传递，这使台背气泡混合轻质土和常规填土对桩基形成的弯矩值差别不大，故桩基弯矩图很可能与实际不符。针对这一问题，在以后的计算和工程实践中作进一步研究。

4)理论数值计算结果的认识

(1)台背常规处理工法的工后沉降及总沉降明显比台背轻质土工法要大。

(2)利用轻质土工法的超固结特性,台背回填轻质土有可能完全消除工后沉降,进而避免桥头跳车现象。

(3)就土压力而言,台背轻质土对桥台的土压力几乎为0,这对桥台的稳定极为有利,在此基础上,可适当简化桥台及桥台桩基结构。

(4)由于轻质土存在底部应力集中点问题,以及轻质土沿路基纵向发生整体转动的计算结果,这就提示设计轻质土路基时,有必要在纵向按一定的间距设置变形缝,以消除应力集中及转动可能产生的破坏后果。

5. 台背气泡混合轻质土应用总结

1)软基路段台背气泡混合轻质土换填结构设计

采用复合地基处理台背软基时,基于路桥过渡段沉降过渡的需要,设计上对复合地基桩位平面间距、桩身长度,采取自桥台向路基方向渐变过渡的方式进行布置。

(1)台背路堤刚度渐变过渡纵断面设计

近年来,对上述设计方式,还发展了地基刚度梯度过渡复合地基的概念,如高强复合地基、长短桩复合地基等。所谓刚度梯度过渡,即是通过在地基土层空间不同位置布置长度变化的刚性桩和柔性桩,实现地基整体刚度的梯度过渡,以满足沉降变形的过渡需要。

显然,这种设计思路和设计理论,较单纯地调整单一复合地基桩体间距和长度更为先进,这在技术上可以控制桥头引道路堤(或路桥过渡段)对差异沉降形成的坡差,对解决桥头跳车问题更有效。

基于上述设计理论和设计思路,结合沿海试验段的设计经验,对气泡混合轻质土填筑纵断面做了改进,如图5-61所示,纵断面设计按荷载过渡的原则分三级填筑,具体要求如下:

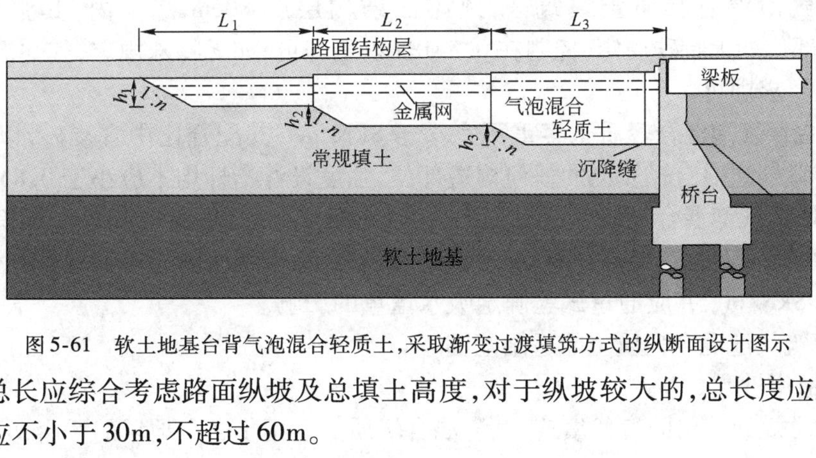

图5-61　软土地基台背气泡混合轻质土,采取渐变过渡填筑方式的纵断面设计图示

①填筑总长应综合考虑路面纵坡及总填土高度,对于纵坡较大的,总长度应适当加长,但原则上总长应不小于30m,不超过60m。

②原则上 h_1 不应小于1.5m;h_2 和 h_3 不超过1.0m,不低于0.3m。

③各级轻质土填筑体相邻处的台阶坡比 n 值宜控制在1~2范围,一般情况可按2控制。

④当原地面起伏不大时,应尽可能使 $L_1 = L_2 = L_3$。

⑤顶面纵坡通过设置台阶形成,原则上纵坡台阶高差不应超过30cm;当纵坡较大时,宜加设台阶来控制台阶高差。

⑥各级填筑体之间应设置沉降缝及纵坡台阶。

（2）台背路堤刚度渐变过渡横断面设计（图5-62）

2）台背回填料气泡混合轻质土结构设计

单纯作为台背回填料使用的气泡混合轻质土，其设计纵断面一般如图5-63所示，具体要求如下：

（1）底面宽度不应小于2m。

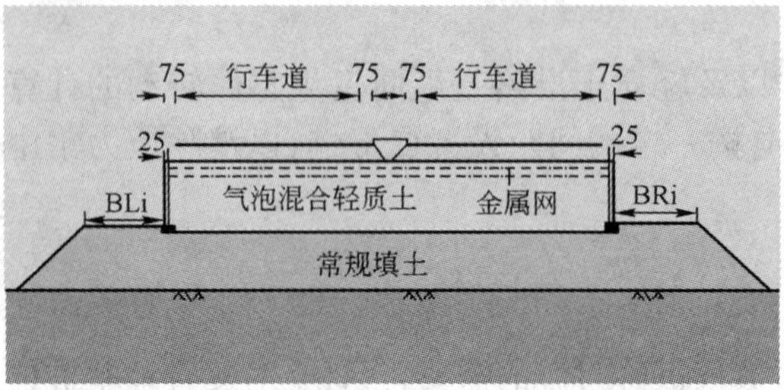

图5-62　软基路段台背气泡混合轻质土填筑横断面设计图示

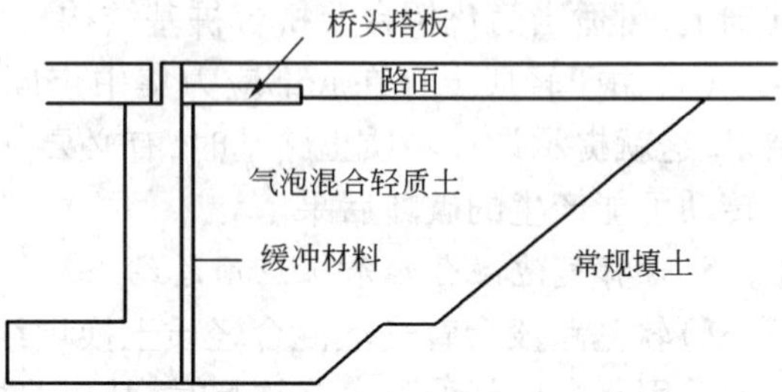

图5-63　作为台背回填料的气泡混合轻质土纵断面

（2）当填筑高度超过3m时，要求设置如图所示的衔接台阶，台阶宽度按0.5～1.0m控制，台阶在垂直方向的位置视施工便利，但离底面的距离不应低于1/3的轻质土填高。

（3）当考虑地震作用时，宜在轻质土与台背之间设置缓冲层，缓冲材料可考虑用橡胶或EPS板材。

（4）轻质土顶面纵向长度应超过桥头搭板至少1m。

（5）宜在轻质土顶部设置1～2层金属土工格网。

3）容重与强度设计

台背轻质土容重与强度设计，应综合考虑轻质土路基的不同结构部位并区别对待；同时，应充分考虑工程地域的气候特征，设计一般原则如下：

（1）台背气泡混合轻质土填筑区，离路面结构层底80cm范围内，其强度不应低于0.8MPa；其余部位如无特殊规定，控制在0.5MPa以上即可；如无特殊规定，气泡混合轻质土的容重满足强度要求即可。

（2）寒区台背气泡混合轻质土容重不宜小于$8kN/m^3$，其配合比中宜掺砂，以提高抗冻融性能。对于台背气泡混合轻质土的任何构造部位，强度设计指标均不应小于0.8MPa。

（3）潮湿地区气泡混合轻质土，原则上应在原地面以上填筑；对于台背常年积水或地下水位以下位置，如确因工程需要，亦可填筑气泡混合轻质土，但填筑时应确保填筑部位无积水，且容重不宜小于$8kN/m^3$，并应通过试验确定吸水增重的影响。

4）台背填筑气泡混合轻质土的适用范围

（1）技术适用性

作为台背常规回填料的替代填筑，气泡混合轻质土适用于各个地域的桥台，尤其适用于北方高桥台的部分换填，由于固化强度较常规填料高、重量轻，对避免或减小台背回填料的压缩变形非常有利，同时，因对桥台的土压力几乎为0，且具有保温隔热的优良性能，兼有防止桥台冻胀变形的作用，因而技术性能非常优越。当然，用轻质土替代台背常规回填料，应注意南北地域的气候不同，其配合比设计要有所区别。

根据前述气泡混合轻质土在软基路段台背换填设计原理的分析，气泡混合轻质土可以减小或消除工后沉降，避免桥头跳车病害是完全可行，但由于气泡混合轻质土换填的前提是必须用常规填土进行超载或堆载预压，就工期而言，不如复合地基的技术优势大；从某种程度上说，气泡混合轻质土换填台背常规填土，更大的意义在于：常规的超载或堆载预压无法满足工后沉降要求时，采用气泡混合轻质土换填能够彻底解决工后沉降问题。

（2）经济适用性

就经济性而言，气泡混合轻质土的直接造价偏高，但就综合效益而言，气泡混合轻质土对桥台的土压力为0，可优化桥台结构，节省造价；对于深厚软基路段，台背换填气泡混合轻质土，与预应力管桩相比，其直接造价明显要低。

三、台背气泡轻质土路堤工程实例

在河北沿海公路上T6合同段上，K146+957中桥3号台和K159+534大桥0号台毗联的路堤，以本章前述的研究成果，采用轻质土换填常规填料，依据《公路软土地基路堤设计与施工技术指南》及桥梁设计图纸和相关工程地质资料，将原设计变更轻质土路堤，经过两年运营实践，证明所研究的成果，对于解决桥头跳车病害，提供一个成功的工程实例。

1. 台背气泡轻质土路堤工程概况

1）台背气泡轻质土路堤地基处理

K146+957中桥3号台位于软弱地基，采用塑料排水板对地基进行了处理，然后，在处理后的地基上填筑轻质材料，其路堤结构如图5-64所示。

路堤下部采用准轻质材料—粉煤灰填筑。在粉煤灰填料上，实施填土预压。所有用预压土为不透水性的黏性土，其容重不低于16kN/m^3。预压土顶面横向填筑宽度，按标准路基放宽控制。预压预压期控制标准为3个月，或台后20m处沉降量不超过3cm。

2）台背气泡轻质土填筑

经过堆载预压后的地基沉降满足设计要求后，挖出预压填土，然后换填气泡混合轻质土。

（1）气泡混合轻质土基本参数

- 路床80cm内，轻质土湿容重为6.5kN/m^3；
- 无侧限抗压强度不低于0.8MPa。
- 其他部位的湿容重6.0kN/m^3；
- 无侧限抗压强度不低于0.6MPa。
- 双向土工格栅沿路基纵向铺设。

（2）粉煤灰顶面处理

如图5-64所示，在换填上气泡轻质土之前，粉煤灰路堤顶部按设计要求做成台阶状，并设30cm的5%灰土上封层和20cm的二灰下封层，上封层待预压完成后反开挖施工。封层顶设2%横坡。

（3）填筑气泡混合轻质土

填筑轻质土时，两侧设立支撑，如图5-65所示。然后，在支撑结构之间，像浇筑混凝土那样，分层浇筑轻质土。路面施工之前，轻质土顶面龄期不小于15d，护栏底座为混凝土现浇筑。

填筑台背轻质土时，沉降缝应穿过保护面板基础，现浇钢筋混凝土护栏底座应设置预切缝，其设置的技术要求，同新泽西防撞护栏。沉降缝采用厚度1.8～2.0cm木板或夹板填塞。台背换填料气泡混合轻质土后，原桥头踏板取消。待轻质土达到28d龄期设计强度后，方可进行护栏底座施工。

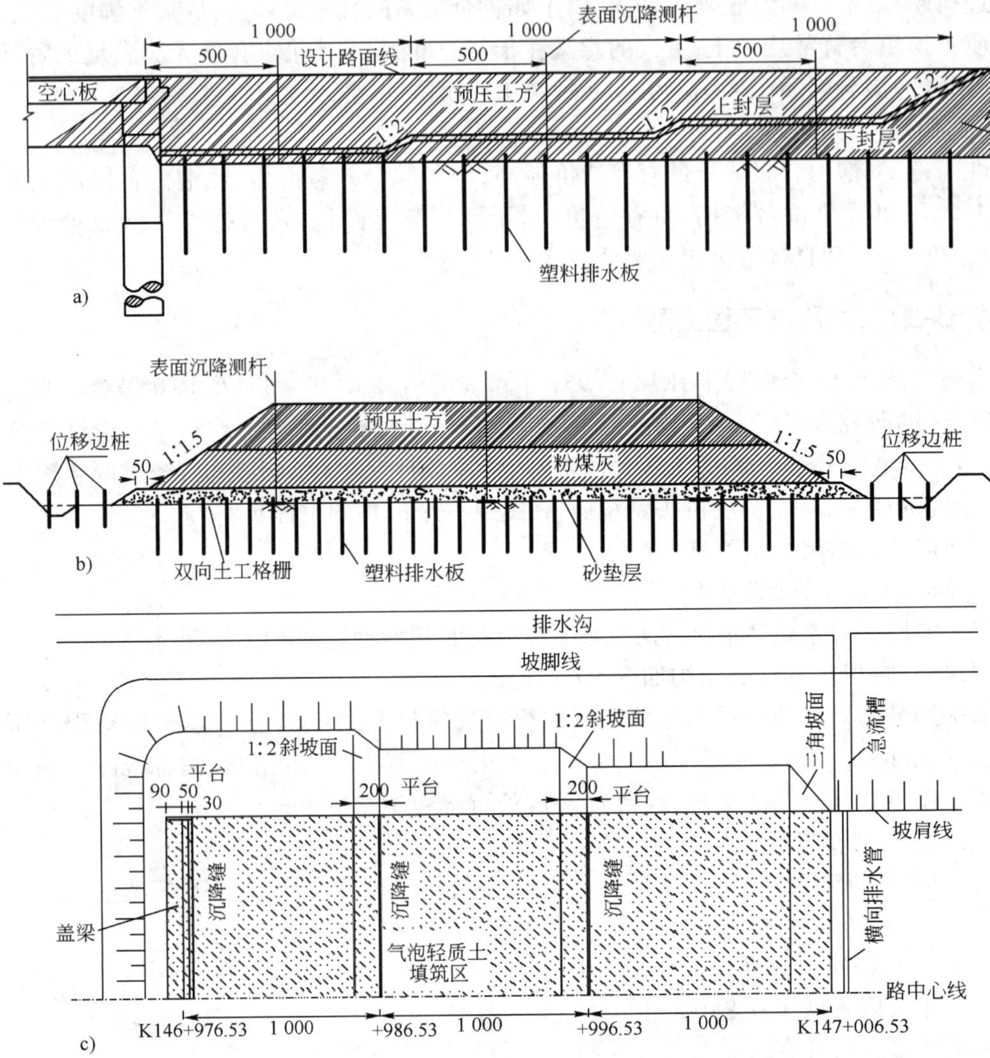

图 5-64　K146 +957 中桥 3 号台背路堤地基(尺寸单位:cm)

a)中心线纵断面;b)横断面;c)平面图

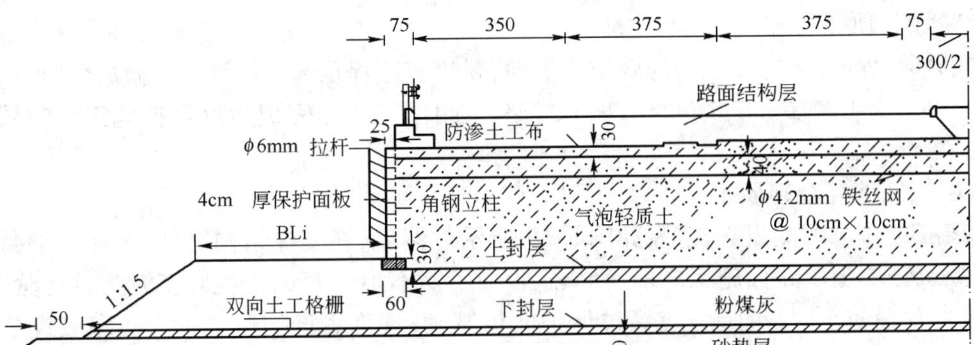

图 5-65　轻质土填筑设计图示(尺寸单位:cm)

由于桥台锥坡已取消,桥台耳墙设计仅需要遮盖住背墙牛腿即可。台帽以下仍用轻质土填筑,应注意的是,需避免将立柱完全包裹在轻质土中,离立柱最近距离不小于6cm。

(4)高程控制

为确保路面结构层厚度,同时确保总荷载不超过设计值,以确保工后沉降在允许范围内,轻质土顶面标高施工误差以 -10 ~ +2cm 为控制标准。轻质土顶面做成台阶横坡,台阶高度以底基层料填补。

(5)气泡混合轻质土路堤外观处理

气泡混合轻质土路堤外观,镶嵌4cm混凝土保护面板,以使与环境协调,营造美丽的外观装饰(图5-66)。混凝土面板处的沉降缝,采用厚度1.8~2.0cm木板或夹板填塞。

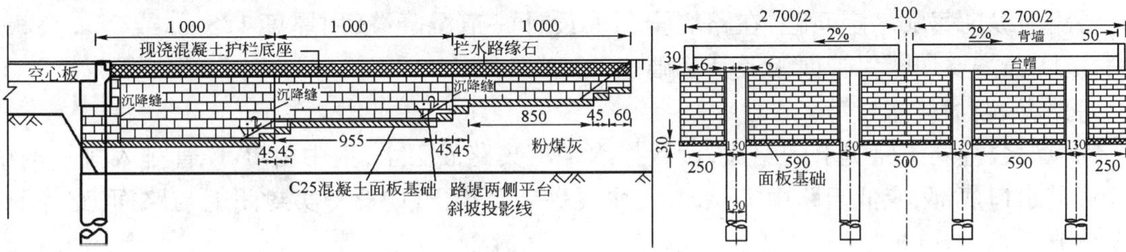

图5-66　台背轻质土填筑路堤纵横断面图(半幅,尺寸单位:cm)

(6)路堤两侧平台

气泡混合轻质土路堤两侧平台,边坡上的台阶均进行植草绿化(图5-67)。施工中,粉煤灰路堤体表面,至少覆盖30cm黏性土封层。

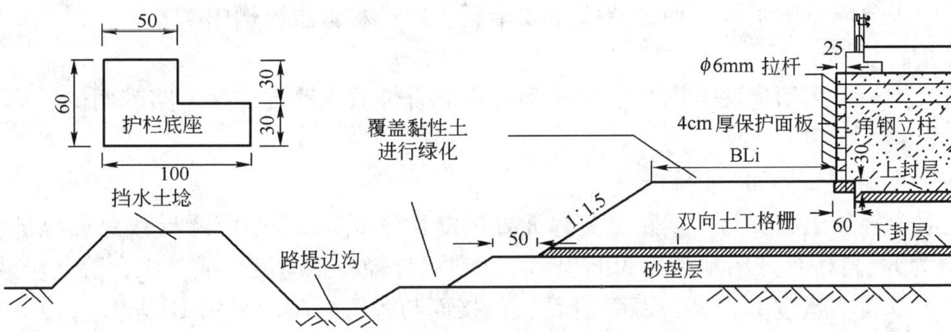

图5-67　轻质土填筑设计图(尺寸单位:cm)

2. 轻质土路堤设计

轻质土路堤设计应根据软土地基特点,选择轻质土设计参数。

1)轻质土主要设计参数

总结沿海公路试验设计和施工经验,轻质土的物理和力学参数,建议按以下要求进行设计。

(1)容重

路槽底以下80cm范围内气泡混合轻质土容重选用$6.5kN/m^3$,其余区域为$6kN/m^3$。

(2)抗压强度

气泡混合轻质土的单轴抗压强度,路槽底以下80cm范围内取用0.8MPa,其余区域取用0.6MPa。

2)气泡混合轻质土路堤辅助设计

为了更好地保证轻质土路堤耐久、美观、安全,需要增加辅助部分。具体设计内容如下:

(1)内部防排水设计

气泡混合轻质填土体顶部,应用防渗土工织物包裹,防渗土工布采用机织土工布,要求渗透系数小于10^{-10}cm/s。

(2)气泡混合轻质填土补强设计

为了加强轻质土的稳定性,在路堤底部、路堤顶部等应力集中部位,应分别铺设塑钢土工格栅(铁丝网),以增强路堤的整体性能。

(3)气泡混合轻质土路堤侧防护和伸缩缝布设

气泡混合轻质填土侧面,采用水泥混凝土面板进行防护,面板采取预制板,由角钢进行加固,以营造美观而坚固的路侧外观。

沿路堤纵向每隔一定间距,在路堤全断面设计一道沉降缝,用厚度1.8cm或2cm夹板填塞满,沉降缝需要切断保护面板及其基础。

3)路堤、路面排水设计

气泡混合轻质土路堤上的路面,设置拦水带汇集路面雨水,集中由PVC管排入排水沟中。PVC管进水口底部,应低于路面1cm,并用水泥砂浆环绕PVC管密实封闭上与路面、路缘石接触面空隙。

预埋的PVC排水管,采用箍环固定在面板和护栏座中。箍环宜采用铝制品,并采取防锈措施,每隔2m设置1个。PVC管出水端宜水平设置,以避免冲刷排水沟底部,管转折处应连接牢靠和密闭。

轻质土路堤的纵向排水沟,按原设计的排水沟设置,并通过横向排水沟与原坡脚外的排水沟相连。中央分隔带的下渗水通过路线纵坡排至横向排水管急流槽中。

4)防护栏设置

波形梁护栏采用预埋法兰盘与护栏座和气泡混合轻质土路堤连接。路基两侧波形梁采用加强型护栏。

5)与常规路堤交界面设计

气泡混合轻质土路堤与常规路堤交界面处的断面形式,从考虑沉降导致路面纵坡增大不超过4‰,为此,自桥台开始至台后30m止,将气泡混合轻质土厚度分成3级台阶逐步减小,最后一级台阶厚度不超过1m与常规路堤衔接,衔接面与各级台阶均采用1:2坡比过渡。

3. 气泡混合轻质土路堤施工(以下简称轻质土)

轻质土路堤按以下程序施工:施工准备、轻质土制作与填筑、质量检测。

1)轻质土路堤施工准备

在浇筑轻质土之前,应首先做好防、排水工程等施工准备工作,包括台背路基反开挖、铺筑上封层等。

(1)预压土反开挖

严格按设计纵断面,进行开挖和铺设上封层;其中,轻质土路堤底部台阶坡面放坡,应尽可能做到精细,要求每铺设一级,即对放坡面进行平整处理。上封层完成后、轻质土施工前,应对轻质土基底进行整修和碾压,确保基底路基土压实度不低于91%。

(2)施工保护面板基础、立角钢立柱

轻质土路堤保护面板基础,如直接坐落于压实路基土上,其基础可直接施工;否则应在基础底部上设置20cm厚砂砾垫层。角钢立柱要立直。

(3)铺设土工布

土工布按设计铺设,应尽可能地减少接头,如不可避免时,则应在搭接处用热沥青或防水胶布密封处理,密封宽度以3~5cm为宜。

2)轻质土填筑

(1)安装保护面板

轻质土保护面板,采用水泥混凝土预制板时,要严格控制尺寸,以免给安装带来困难。面板之间的接缝、面板与地基之间联结,要填充密实、避免漏浆、立柱要牢靠。面板之间设置的沉降缝,应用木板塞满。沉降缝表面作成勾凹缝美化处理(图5-68)。

(2)材料选择

轻质土制作应按照“就地取材、安全经济”的原则,尽量采用当地的优质材料。

(3)轻质土配合比

轻质土配合比应通过课题试验进行选择,室内配合比应同时做7d和28d强度试验,工地现场要做施工配合比验证。

(4)轻质土浇筑

轻质土路堤整个填筑体,应按水平分层、分区进行浇筑,上下相邻两层浇筑的间隔时间不低于8h。一般来说,单个分区单层浇筑时间应控制在2~6h以内;单层浇筑厚度,应控制在0.25~1.2m间(图5-69)。

图5-68 浇筑轻质土边部角钢立柱

图5-69 分台阶浇筑轻质土

(5)纵横坡调整

因轻质土流动性大,浇筑时难以形成纵横坡,为此在顶面设置固化台阶,然后用路面底基层料回填台阶高差。在编制施工组织设计时,应充分考虑设计固化台阶的高差大小,据此事先设计好各个分区的浇筑层数及各层厚度。

(6)沉降缝设置

当底层土工布铺设完毕,浇筑第一层轻质土前,应按设计位置设置沉降缝木板。

施工时若有暴雨或大雨天气应停止浇筑;当雨后恢复浇筑下一层前,应检查前一层是否受到雨水冲刷,如在初凝后出现明显的松散层,应将松散层刨除后再行浇筑下一层。

4.轻质土施工质量管理

1)轻质土路堤施工检测

关于轻质土施工质量检测,国内暂无相应的规范。本工程依据课题研究成果给出的轻质土品质要求参考值(表5-65)。

轻质土品质要求　　表5-65

试验名称	湿容重(kN/m³)	流动值(mm)	28d单轴抗压强度(MPa)	备注
设计值	A	B	C	
检验标准	$A \pm 0.1A$	$B \pm 20$	$\geqslant C$	
检测频率	每工作日检查2次		每工作日取1~3组	

2)轻质土质量管理及检验方法

(1)原材料检验及质量控制

①水泥:按1次/500t的频率进行检测。

②水:可采用一般工程用水,参照普通水泥混凝土用水标准。

③发泡剂:以气泡容重满足40~60g/L为标准进行检测,其检测频率为每施工日1次。

④土工布:渗透系数检测频率为每5 000m²检测1次,不足5 000m²按5 000m² 进行检测1次。

⑤铁丝网、保护面板和角钢立柱

铁丝网、保护面板和角钢立柱,仅作几何尺寸及外观质量检测:

- 铁丝网铁丝直径≮设计值、网眼≯设计值,且不能出现明显锈迹。
- 保护面板几何尺寸误差,控制在±1cm,不使用有裂缝的保护面板。
- 角钢立柱规格,应满足设计要求,且不能出现明显生锈现象。

(2)搅拌过程质量管理

①材料的计量精确度

材料用量的精确度,直接影响到轻质土成品质量,影响到成品的强度、轻量性、流动性,因此,在计量水泥、气泡、水、砂等材料时,必须尽量做到准确,并应符合符合表5-66的要求。

材料计量精度　　表5-66

材　料	精确度	材　料	精确度	材　料	精确度	材　料	精确度
砂	4%	水泥	3%	水	2%	发泡剂	3%

②湿容重

湿容重系指轻质土初凝前流动状态下的容重,按以下方法测定:

a.先测定容器的容积V和质量m_1。

b.从出料口取试料。

c.将试料装在容器中,水平放置,试料的表面与容器的上沿齐平(用直尺刮平),然后测定其质量m_2。

d.用下式求湿容重:

$$\text{湿容重} = (m_1 - m_2)/V \qquad (\text{g/cm}^3)$$

湿容重的测试按每工作日测试2次为准。

③流动值

流动值是用来确认是否达到了规定流动性的参数。可以确保材料不发生离析,泵送距离可达到500m,浇筑时有良好的操作性。标准的流动值为180mm,施工控制标准为180±20mm。

流动值的测定按下述方法进行:

a. 由出料口取试料。

b. 准备内径 80mm、高 80mm 黄铜或硬质材料制成的空心圆筒。

c. 将圆筒水平静置于钢板或硬质塑料板上。

d. 慢慢将试料注满圆筒(不能溢出)。

e. 手指轻敲管制外侧,使试料的表面与圆筒的上端齐平。

f. 慢慢将圆筒垂直提升,并静置 1min。

g. 用尺量出认为是最大的直径以及与其垂直方向的直径,取两者的平均值作为流动值。

④单轴抗压强度

单轴抗压强度测定方法同普通混凝土工程,测试试件尺寸可选 15cm×15cm×15cm 或 10cm×10cm×10cm。试件取样频率,为每工作日 1~3 组,强度检测频率为所有试件总数的 20%。强度检测标准为 28d 强度不小于设计值。必要时进行实挖验检查(图 5-70)。

(3)轻质土路堤几何尺寸控制

宽度误差控制标准 ±2cm,长度误差控制标准 ±50cm;底面高程误差控制标准 ±10cm;顶面高程误差控制标准 -10cm~+2cm。

图 5-70 台背轻质土路堤实地挖验检查

(4)固化后质量管理

①轻质土的养护

轻质土路堤浇筑完毕后,应及时将设计的防渗土工布铺设在路基顶部,以保持水分达到养护的目的。由于轻质土基本上是可连续施工,施工过程中无须养护。

②轻质土顶面路面施工前保护

轻质土路堤上路面施工前,为避免其强度不够可能引起的破坏,在强度尚未达设计要求时,严禁在轻质土路堤顶面行使车辆或其他施工机械,若路面施工间隔时间较长,顶面应覆盖其他材料予以保护。

5. 轻质土软地基监测

在试验路段软地基监测,仅强调表面沉降观测,位移等其他观测参照原设计要求。

1)表面沉降测点布设

表面沉降测点布设,同一般软土地基。为便于气泡轻质土与常规工法台背填筑处理效果分析对比,特在 K146+957 中桥 0 号台台背布设类似常规表面沉降测点以进行观测。

2)观测频率要求

(1)加载期间观测频率

应确保每一级加载对应的沉降观测次数不少于 2 次;当加载间歇期,每超过 2d 以上时,其后观测频率按 1 次/2d 控制。

(2)预压期间观测频率

按 1 次/3d 控制;但当沉降速率小于 1mm/d 时,可按 1 次/7d 控制。

(3)其他要求

每次进行沉降测杆标高测量时,均应同步测量测点处当前填筑面高程(预压期间亦测);应注意测杆高度高出填筑面不宜太多:

①在加载期间，以不超过50cm为标准；

②预压期间以不超出10cm为标准。

预压土方加载期间，一旦沉降速率超过10mm/d，应立即停止加载，并将当前加载卸除，以确保路堤稳定。仅当沉降速率不超过2mm/d时，方可继续加载。

③轻质土施工期及其后的沉降观测

a. 轻质土浇筑施工期，应继续进行表面沉降观测，但仅保留中桩位置测点进行观测即可。要求观测频率每天1次。

b. 在轻质土施工完毕至路面施工前，应继续进行沉降观测，该期间应将高出轻质土顶面部位的测杆锯掉，观测频率可按1次/5d控制。

c. 路面底基层摊铺前，应测1次表面沉降；待路面施工完毕后，应挖出表面沉降测点，再次测量高程，以检查路面施工引起的沉降量。

四、台背EPS轻质块体路堤工程实例

EPS块体材料是一种化学稳定性比较强的高分子合成材料，它能耐腐蚀、耐微生物、耐气候的影响；具有超轻特点，其密度仅为普通填料的1/60～1/100。它耐压缩性、耐水性、自立性、侧向变形很小，用其填筑桥头路堤，可以有效地降低路堤附加应力和路堤沉降，可以较好地解决桥路之间沉降差异，大大减轻或消除对桥台侧向压力，可以说是当今解决桥头跳车病害的一副"良药"。EPS路堤施工方便、简单、快速、无需大型施工机械，可有效缩短工期。因此，在治理桥头跳车病害时，它是种备受关注的材料。

1. 泡沫聚苯乙烯(EPS)砌块材料

EPS(Expanded Polystyrene，发泡聚苯乙烯)块体材料，是在球珠状或颗粒聚苯乙烯树脂中，添加上发泡剂后合成的发泡树脂。它具有与气泡轻质土具有相同的工程特性，它超轻、耐压、耐水、自立、化学稳定。它制作成轻质量砌块，像砌筑其他块体一样，可按需要切割成便于搬运和砌筑的块体，更可方便施工(图5-71)。

图5-71　正在桥头砌筑EPS砌块

1)EPS物理特性

通过试验测试，EPS块体的密度一般在20～32kN/m^3，大约是土的1/50～1/100。饱水28d的吸水率平均值仅为5.6%。有资料显示，经过9年后测得的吸水率平均值为10%。

EPS块体与钢筋混凝土板之间的摩擦系数为0.7，与干(湿)砂之间的摩擦系数为0.4(0.3)，EPS块体之间的摩擦系数为0.5。

EPS块体的热变形温度约束70～80℃，在该温度下开始软化。一旦被点燃，离开火源后，3s内会自行熄灭。因此，在房屋上使用EPS块体时，应当在EPS块体两侧进行防火保护，同时也防止遭到小动物啃噬。当使用其作为填料时，其填方量超过1 500～2 000m^3，或在空气中长时间暴露时，制作块体时应添加阻燃剂。

但是，对芳香族碳化氢、卤族碳化氢、酮类、脂类等矿物油系溶剂具有易容解的性能，因此

需要避免与这些物质接触。

2）EPS 块体力学性质

试验资料表明，随着 EPS 块体密度增大，抗压能力、抗弯和抗剪能力也随之而增大（表 5-67、图 5-72）。

EPS 块体材料物理力学性质　　表 5-67

试验项目	试件尺寸，mm	单位	试验结果		
试件密度		kg/m³	15	20	30
压缩 10% 时压应力	50×50×50	kPa	50～110	110～160	200～250
抗弯强度	120×50×50	kPa	60～30	150～390	330～570
抗剪强度		kPa	80～130	120～170	210～260
压力弹性模量		kPa	1 600～5 200	3 400～7 000	7 700～11 300
7d 水下试验后吸水性		体积	≤7%		

图 5-72　EPS 块体材料力学试验

通过对 EPS 试件试验表明，当压缩量小于 1%，压应力与 SPS 块体材料材料变形成直线关系，处于弹性阶段，卸载后变形可以恢复。当压缩量达到 10% 时，EPS 材料处于塑性变形范围，因此以此时的压应力作为替代抗压强度（图 5-73）。日本工业标准 JISK7220 规定，以 $\varepsilon=5\%$ 时的压应力作为抗压强度。当 $\varepsilon=2\%\sim4\%$ 时，EPS 块体材料已进入塑性状态。当 $\varepsilon\leqslant1\%$ 时，EPS 处于弹性阶段，所以 $\varepsilon=1\%$ 的压应力作为容许压应力。试验表明，当 EPS 密度为 20kg/m³ 时，容许压应力为 150kPa。

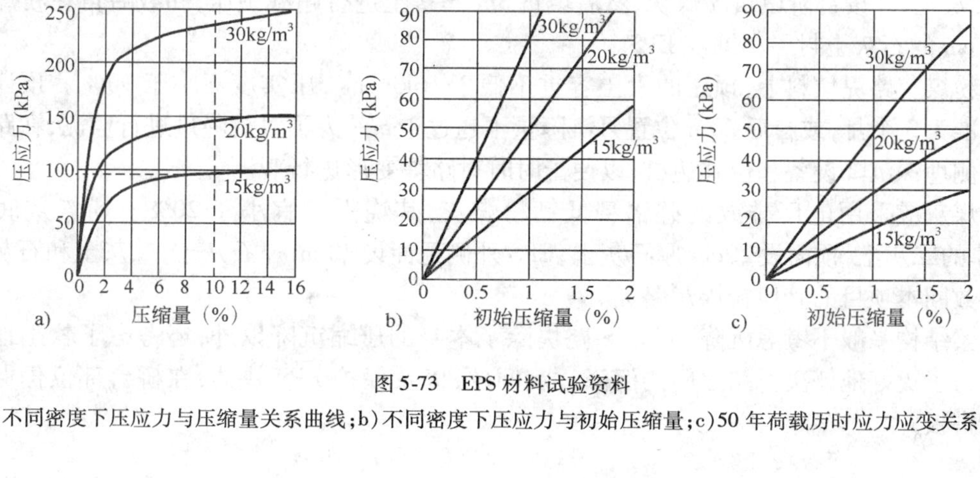

图 5-73　EPS 材料试验资料

a）不同密度下压应力与压缩量关系曲线；b）不同密度下压应力与初始压缩量；c）50 年荷载历时应力应变关系曲线

当EPS处于弹性阶段，在重复荷载作用下，不会出现明显的蠕变变形。为了防止EPS材料在重复荷载作用下发生较大塑性变形，引起路堤破坏，因此在设计中取压缩量为1.0%作为控制指标。图5-73c)试验资料表明了经过50年疲劳荷载以后，总压缩量变化曲线。据此，其上如果填筑60cm石料，可不计交通荷载引起的塑性变形。国外试验资料显示：在40cm×90cm×180cmEPS试块上，采用荷载频率0.17Hz，以三种荷载进行反复荷载分试验，在弹性范围变位范围内，表明累计变位的最大值为2.5mm，经过10万次反复变形，累计变位只有0.6mm，故可认为在EPS内部无变位累积、弹性模量无变化。

鉴于EPS块体材料上述特性，可以大幅度降低地基的垂直压力和支挡结构的侧向压力，显著地降低地基的沉降，能比较完善地解决路堤-结构物错台，防止侧向挤出和滑移，节省道路用地，已受到国内外的工程界的关注。公路用的EPS是在模型内发泡制作成型的，也就是说，将准备发泡的聚乙本烯小球，根据所设计的密度放入金属模型内，进行加热及冷却形成块状体。河北省沿海公路积极采用新材料，并对其应用进行应用研究，在T6合同段K149+023的中桥进行实桥试验。

2. EPS路堤工程实例

河北沿海公路K149+023中桥，是一座与路中心线斜交80°的斜桥，同样处于软弱地基地带，桥头路段平均填土高度5.3m，设计纵坡为0.581%；地基土地表厚12.6m为淤泥质亚黏土，中部为厚4.5m和厚3.3m的亚黏土；下部为厚大于10m的亚黏土。

原地基处理方案为：桥头相邻30m范围采用排水+清淤换填0.5m砂砾+砂垫层+土工格栅+水泥搅拌桩复合基础。搅拌桩布置间距1.2~1.4m，设计打设深度为15m。根据对EPS块体应用研究成果，如果改用EPS块体材料填筑，可取消了原设计16 530延米水泥搅拌桩。

1) K149+023中桥EPS路堤

(1)软土地基处理

图5-74为K149+023中桥桥头软土地基治理设计图示。该桥对软土地基，仍采取塑料排水板进行治理。然后，在塑料排水板上土工格栅砂垫层上，填筑准轻质材料—粉煤灰，其顶面做成台阶形，为路堤刚度形成逐渐过渡到一般路堤提供条件。

为了消除路面荷载的施工沉降、确保工程质量，更好地解决工后沉降问题，结合原施工图设计，清淤换填50cm砂砾垫层，打设塑料排水板、铺筑50cm砂垫层、铺设土工隔栅、铺筑20cm二灰土，并按台阶填筑粉煤灰，然后填筑3m厚素土进行超载预压，卸载后再在粉煤灰设20(30)cm的石灰土封层和铺筑EPS。

在粉煤灰路堤填料上，预压的素土容重不低于16kN/m^3，压实度不小于90%。预计预压控制标准为3个月，或台后20m位置月沉降量不超过3cm。为了对沉降量进行监测，在路堤中心和路侧埋深沉降设备和位移边桩，以便于时时对路堤变形进行观测。

粉煤灰应采用电厂排放的硅铝型低钙粉煤灰，其烧失量宜小于20%。粉煤灰底部设20cm厚的二灰土，顶面设20cm厚石灰土，EPS外侧顶面设30cm厚石灰土，二灰土和石灰土的技术参数同本项目的其他粉煤灰路堤。

桥梁结构一般不考虑沉降，而EPS路堤除了本身的压缩沉降以外，还考虑了软土地基的沉降。为了更好地解决桥路之间的沉降过渡问题，以及保护EPS块体，在桥台部位仍保留原设计的搭板。

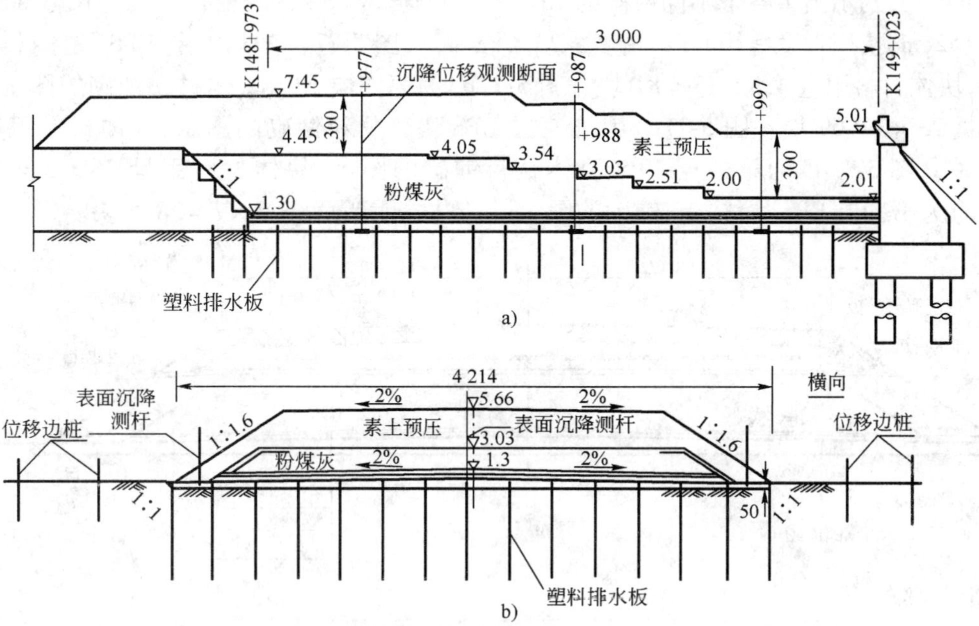

图 5-74　K149 +023 中桥地基治理方案(尺寸单位:cm)

a)纵断面;b)横断面

(2)EPS 块体材料布设

根据对 EPS 路堤地基的沉降计算、稳定性验算、顶面荷载及 EPS 强度等应力验算、抗浮验算等,与底部填筑的部分粉煤灰相同,K149 + 023 桥头 EPS 从桥头 5 层逐渐过渡到 1 层(图 5-75),即图中的 L1 ~ L5。

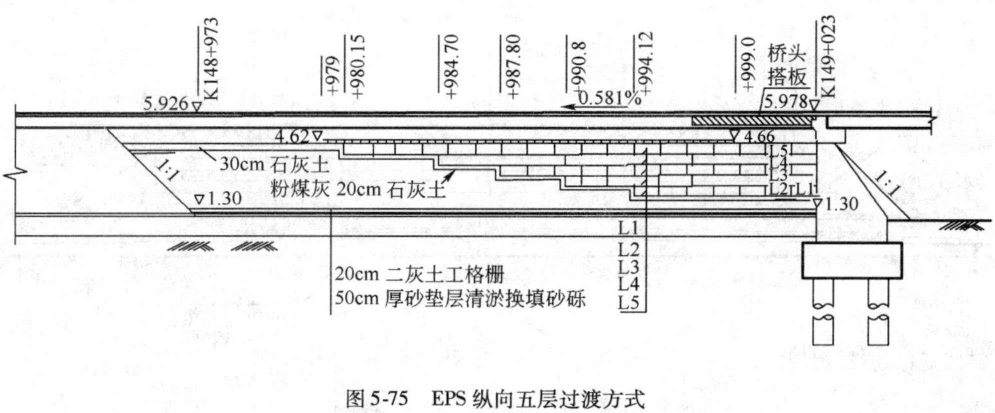

图 5-75　EPS 纵向五层过渡方式

图 5-76 为 EPS 的不同位置的横断面。其中图 5-76a)为 K148 +981 处的横断面,尚未铺筑 EPS 块体材料的断面,基本上同一般路堤;图 5-76b)开始铺筑 EPS 块体材料时的横断面;图 5-76c)是铺筑 4 层 EPS 块体材料。

这样,桥台背后 EPS 块体材料分层铺筑,实现路堤刚度由桥台逐步过渡到一般路段。鉴于 EPS 块体材料具有良好的抗压缩性能,用其填筑的桥台背变形几乎与桥台一致,因此,可以有效的消除沉降差异,再加上保留桥台背后搭板设置,从而达到消除桥头跳车病害。

(3)EPS 块体材料平面布设

图 5-77 分别示出了各个不同层次的 EPS 平面铺砌。EPS 块体材料，标准块尺寸 600cm × 125cm × 52cm，抗压强度≥100kPa，密度 > 23.0kg/m³。图 5-77a）为第五层 EPS 块体材料铺砌的图示，块体材料用量 4.5 × 18 = 81 块。图 5-77b）为第四层 EPS 块体材料铺砌的图示，块体材料用量 23 × 3 = 69 块。图 5-77c）为第三层 EPS 块体材料铺砌的图示，块体材料用量 5 × 12 = 60 块。图 5-77d）为第二层 EPS 块体材料铺砌的图示，块体材料用量 26 × 3 = 52 块。图 5-77e）为第一层 EPS 块体材料铺砌的图示，块体材料用量为 5.5 × 7 = 38.5 块。

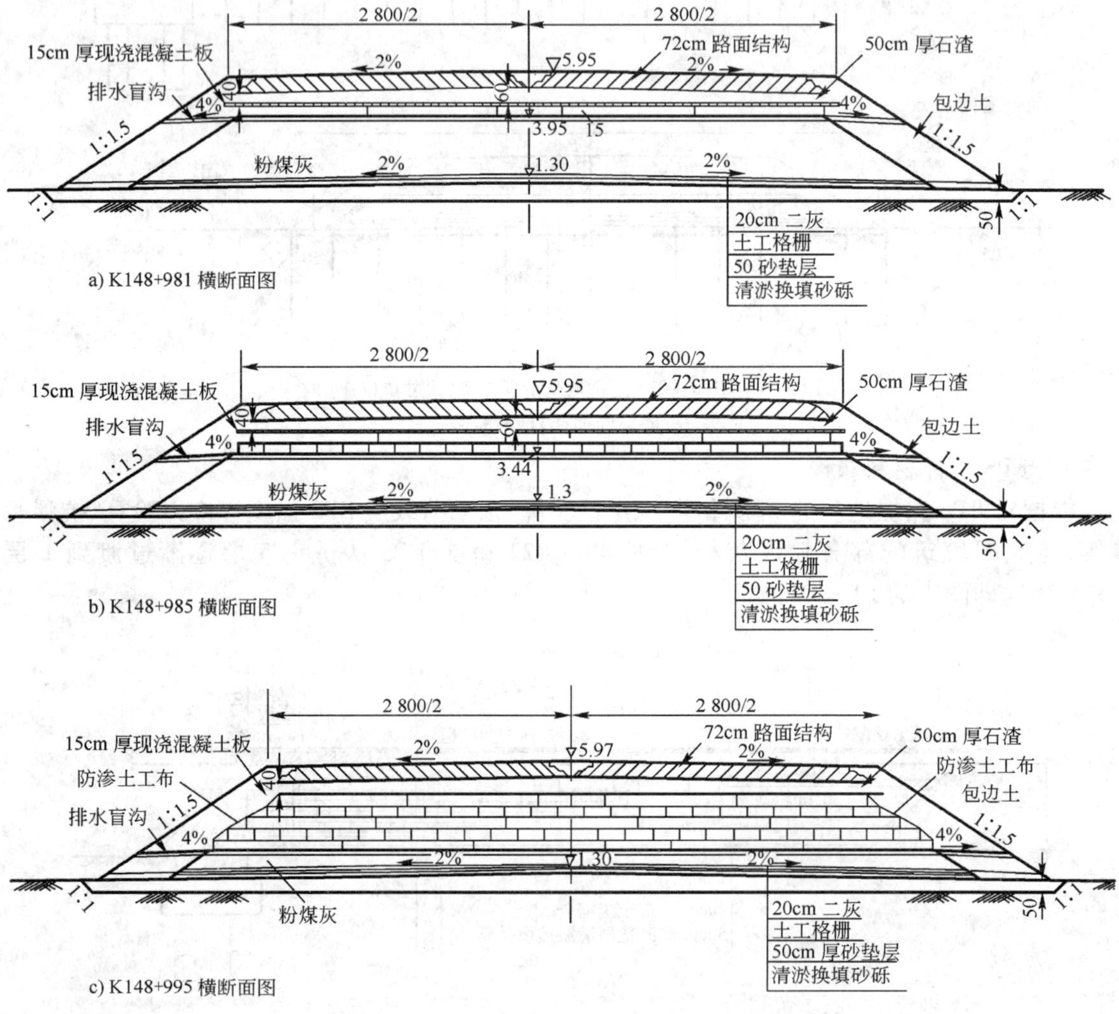

图 5-76　K149 + 023 中桥 EPS 过渡横断面

EPS 材料采用阻燃型，标准块尺寸为 600 × 125 × 52cm，要求抗压强度大于 100kPa，密度大于 23.0kg/m³。EPS 块体材料之间，采用爪形紧固联结件，用 1.0mmA_3 镀锌钢板加工而成，联接件分单面和双面两种，单面联结件用于 EPS 顶面联结，总用量 531 只；双面联结件用于 EPS 上下层联结，总用量 1 910 只（图 5-78）。它们的布设间距，沿 EPS 长度方向不大于 1m。

底层 EPS 铺筑就位后，用 Φ10mmI 级钢筋制成销钉打入石灰土中固定，每一标准 EPS 块体，用 6 根（长度方向 3 根、宽度方向 2 根）L 形销钉固定住（图 5-79）。

2）SPS 块体材料顶面保护

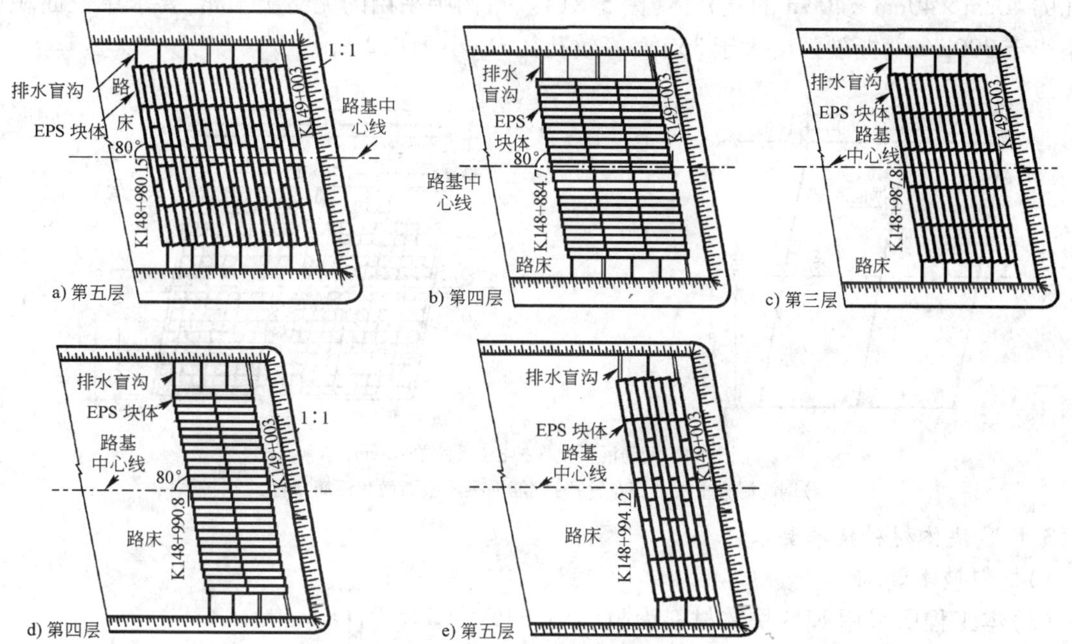

图 5-77　K149 +023 中桥台背平面各层 EPS 块体材料布置图示

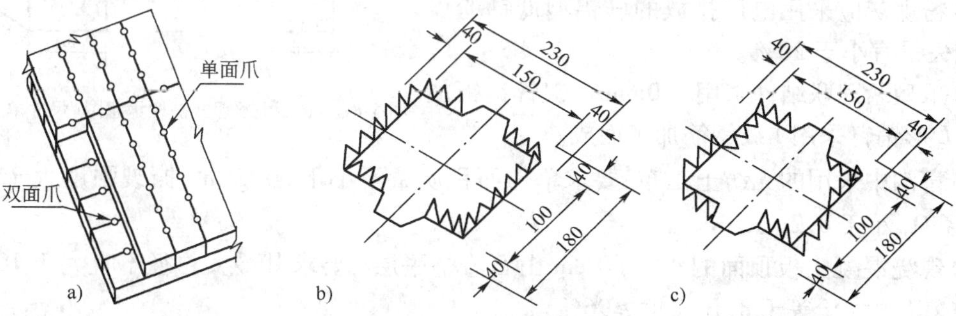

图 5-78　EPS 块体材料联结件

a) EPS 连接件布设(尺寸单位:mm);b) 单面爪形联结件;c) 双面爪形联结件

EPS 顶面采用 15cm 厚的现浇钢筋混凝土板加以保护,混凝土板顶面设 32 ~60cm 厚的普通山石渣填料,路面结构仍按原施工图(图 5-80)。钢筋混凝土保护板,均采用相同配筋和相同厚度,混凝土等级为 C25,其平面尺寸应大于 EPS 填筑的平面。浇筑时用插入式振捣器和平板式振动器振实,表面抹平横向断缝,并用 10mm ×30mm 油浸杉木条嵌塞。

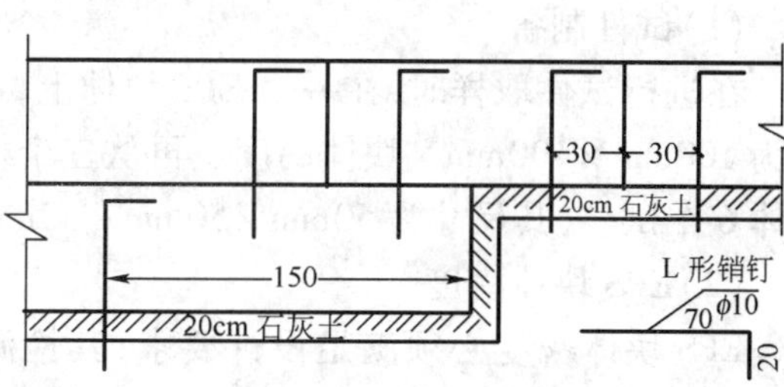

图 5-79　基面与底层 EPS 固定(尺寸单位:cm)

现浇混凝土板顶面用 40 ~60 cm 石渣整平层，要求其最大粒径不宜大于 10cm,最小强度 CBR 值大于等于 8,压实度 ≥ 96%。桥头搭板、桥台台前锥坡及两侧护坡仍按原设计进行施工。EPS 路段范围内,不设置集水井排水系统;护栏基础改为混凝土块埋置式,混凝土块为预留孔的 40cm×40cm×40cm 的立方体(图 5-81)。盲沟中采用的无纺土工布,要求单位面积质量不小于 300g/m^2,撕裂强度大于 350N,等效孔径 O_{95}小于 0.2mm。

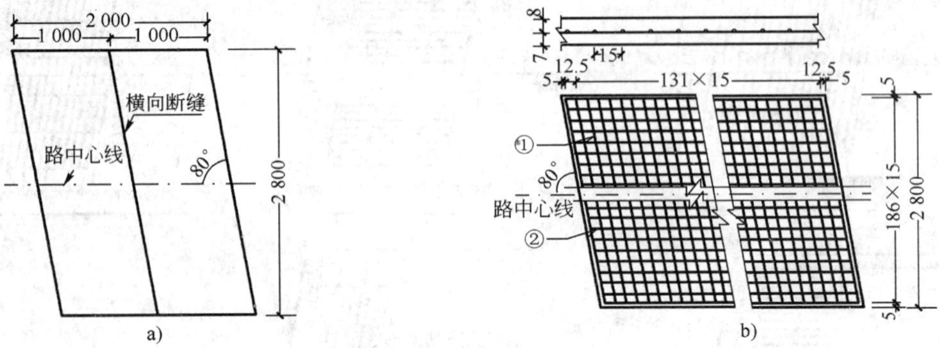

图 5-80 钢筋混凝土保护板(尺寸单位:cm)

a)钢筋混凝土板平面布置;b)钢筋混凝土板断面和钢筋布置

3. EPS 块体材料技术要求

1)材料技术要求

(1)本工程所采用 EPS 块体材料为阻燃型,EPS 标准块尺寸为 600cm×125cm×52cm,要求抗压强度大于 100KPa(5%应变),密度大于 23.0kg/m^3。

(2)粉煤灰应采用电厂排放的硅铝型低钙粉煤灰,其烧失量宜小于 20%。

(3)爪型紧固联结件采用 1.0mmA_3 镀锌钢板加工而成,*L* 形销钉采用 I 级钢筋加工而成。

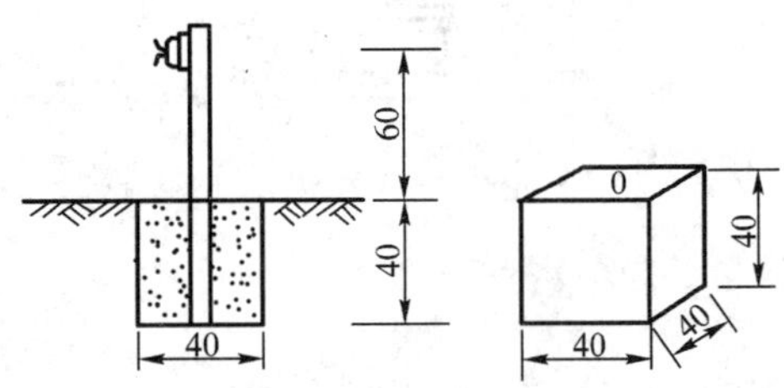

图 5-81 混凝土预埋式护栏示意图(尺寸单位:cm)

(4)盲沟中采用的无纺土工布,要求单位面积质量不小于 300g/m^2,撕裂强度大于 350N,等效孔径 O_{95}小于 0.2mm。

(5)现浇混凝土板顶面的 40~60 cm 山石渣整平层,要求其最大粒径不宜大于 10cm,最小强度 CBR 值大于等于 8,压实度≥96%。

(6)护栏基础改为混凝土块埋置式,混凝土块为预留孔的 40cm×40cm×40cm 的立方体。

2)材料质量检查

(1)试件制备

在进行试件取样时,在一个 EPS 块体上,从块体的角隅和侧边上划线取出三个柱体,其尺寸为 100mm×100mm×块体高度。再从三个柱体上分别在中间和端部取出两个试件,即每个块体 6 个试件,其尺寸为 50mm×50mm×50mm。

(2)EPS 块体密度

EPS 块体密度必须满足设计要求,其检测方法:制备尺寸为 100mm×100mm×50mm 试件,将其放在 60℃烘箱内烘干 24h,然后测定其密度$\not<$23.0kg/m^3。

(3)EPS 块体强度

EPS 块体材料,必须满足设计要求抗压强度。其抗压强度测定,可采用无侧向约束的压缩仪进行检测,制备的试件尺寸为 50mm×50mm×50mm,试件形状尺寸容许误差 ±1mm。压缩试验速度为 5mm/min。当试块压缩变形 5%(2.5mm)时,要求平均最小抗压强度达 100kN/m^2

以上,单个测试件≮$80kN/m^2$。

(4)压缩性检验

EPS 块体出模后,至少放置 24h,才能用电热丝进行切割成试件,以免过分的收缩、膨胀或畸变。试件放入 60℃烘箱里烘 24h,以使其干燥,然后压缩进行压缩试验。

(5)EPS 块体材料阻燃性试验

EPS 材料阻燃性试验,试件尺寸采用 10mm×25mm×100mm。试验方法采用火柴点燃,在除去火源以后 3s 之内自行熄灭,作为燃烧时的自灭性指标。

(6)EPS 块体几何尺寸

EPS 块体应有一致的几何尺寸和平整表面。检测时,以丈量精度达 1mm 的卷尺,分别在长、宽、高测量 4 点、6 点、6 点求其平均值。测量单位为 mm。其形状尺寸的容许误差如表5-68 所示。

EPS 标准块件尺寸及允许误差 表 5-68

项目	单位	标准	误差	测量方法	项目	单位	标准	误差	测量方法
长度	mm	6 000	±20	卷尺法	厚度	mm	520	±5	卷尺法
宽度	mm	1 250	±10	卷尺法					

在标准块件上切割后的零星块体尺寸,测得的长、宽、高其最大容许偏差为±1%;长、宽、高的最小尺寸为 0.520m。

施工时对 EPS 块件的形状尺寸、密度、抗压强度和燃烧性的质量检验,必须进行抽样检查,其管理频度如表 5-69 所示。

质 量 管 理 频 度 表 5-69

EPS 工程量(V)(m^3)	试 验 块 件	EPS 施工量(V)(m^3)	试 验 块 件
V<2 000	2	5 000≤V<10 000	4
2 000≤V<5 000	3	10 000 以上	每 2 000m^3 一块

4. EPS 路堤施工技术要求

1)EPS 块体材料堆放

EPS 材料堆放,应采取措施,防防止被大风吹走,防止烟火、防紫外线照射等措施,同时应防止雨水滞留,防止有机溶剂或石油类油剂的侵蚀。

2)EPS 块体材料铺设

(1)在进行铺筑 EPS 块体材料前,应对施工基面整平放样。整平时应从路基横向两侧向中间砂垫层,厚度应均匀一致,表面平整,并满足设计要求,用 6m 直尺控制垫层平整度,砂层顶层容许误差为±10mm。

(2)铺设 EPS 块体时,应禁止拖拉机及其他重型机械直接在 EPS 块上行驶。块体要求错缝设置,块体间的缝隙及高差一般应小于 20mm 及 10mm。块体间产生高低差,采用无收缩水泥砂浆调平,当曲线部其缝隙大于容许误差时,要求采用砂、无收缩水泥砂浆或轻骨料填塞。

(3)为使 EPS 块体间相互固定,设置有金属联结件,块体各层间用双面爪形联结件。底层 EPS 块用 L 形销钉固定于施工基面,边铺设边联结(图 5-82)。

(4)遇到高度、曲线部及与构造物接触处,可能需要特殊加工,使之成为需要的尺寸,应在运输前在厂家按要求尺寸事先割成需要的块件。确需在工地加工的,必须用电热丝进行切割。

图 5-82　EPS 铺筑和块体之间联结

3)混凝土保护板施工

EPS 块体上的混凝土保护板,采取现场浇筑法施工。混凝土混合料可用泵送或手推车运送,铺浇后用平板振动器捣实后抹平。混凝土横缝间隔为 10m,其缝宽为 10mm,采用沥青浸透杉木条嵌缝。

4)EPS 路堤边部处理

EPS 路堤的两侧,需要防渗土工布包裹及覆土护坡,其主要目的:

(1)防止有害物质及水侵入、火灾、紫外线辐射及啮齿动物的损害。

(2)对 EPS 块起有压重作用。

(3)作为护坡面植生的基础。

防渗土工布要求埋入 EPS 块体底和 15cm 混凝土板底不小于 2m,施工时要求分段从底部反折包裹上来并逐层夯实路肩土。防渗土工布采用机织土工布,要求渗透系数小于 10^{-10}cm/s,搭接处用热沥青或防水胶布密封处理,密封宽度以 3 ~ 5cm 为宜。

两侧覆土最小垂直厚度不小于 0.25m,覆土应采用细粒料进行填筑,最大粒径不宜大于 8cm。护坡覆土必须进行充分夯实。

现浇混凝土板顶面覆盖 40 ~ 60cm 山坡土,并予整平。路面底基层、基层施工时,应考虑压实方式,避免采用强振幅的压路机进行碾压,避免损坏现浇混凝土板。

5. EPS 路堤软地基监测

软土地基上的 EPS 路堤监测,只进行表面沉降观测,位移等其他观测参照原设计要求。

1)表面沉降测点布设

表面沉降测点布设,同一般软土地基。为便于对 EPS 台背填筑与常规工法台背填筑效果分析对比,在 K149 + 023 中桥 3 号台台背,还布设类似的常规表面沉观测点,按常规进行观测。

(1)观测频率要求

加载期间观测频率,应确保每一级加载对应的沉降观测次数不少于 2 次;当加载间歇期超过 2d 以上时,其后观测频率按 1 次/2d 控制。

预压期间,观测频率按 1 次/3d 控制;但当沉降速率小于 1mm/d 时,可按 1 次/7d 控制。

(2)其他要求

每次进行沉降测杆高程测量时,均应同步测量测点处当前填筑面高程(预压期间亦测);应注意测杆高度高出填筑面不宜太多:在加载期间,以不超过 50cm 为标准,预压期间以不超出 10cm 为标准。

预压土方加载期间，一旦沉降速率超过 10mm/d，应立即停止加载，并将当前加载卸除，以确保路堤稳定；仅当沉降速率不超过 2mm/d 时，方可继续加载。

2）EPS 施工期及其后的沉降观测

EPS 施工期，应继续进行表面沉降观测，要求观测频率每 5d 观测 1 次。

在 15cm 厚的混凝土板施工完毕至路面施工前，应继续进行沉降观测，观测频率仍按 1 次/5d 控制。

路面底基层摊铺前，应测一次表面沉降；待路面施工完毕后，应再次测量高程，以检查路面施工引起的沉降量。

第六章　路堤稳定性判别与工后沉降预测

在软土地基上修筑路堤,关键的技术问题是如何控制和预测地基沉降,这是一个十分复杂的技术问题。本章结合河北沿海公路实际,通过对施工观测资料分析,对其进行了研究。

第一节　软土地基路堤沉降

软土地层组成错综复杂,在其上修建的路堤,必须事前进行地质勘探,施工中经常进行观测,以便及时发现异常,尽快采取控制措施,确保工程安全。但是,对其施工控制方法,至今还没有一种公认的、成熟的、可普遍采用的方法。为了探讨这个问题,首先,应当了解在软土地基上路堤变形过程。

一、天然软土变形破坏机理分析

在软土地基上修筑了路堤,等于给它施加了荷载,于是就会产生压缩变形。软土在较快加荷(填筑)条件下,软土颗粒接触点产生滑移、靠拢,导致土粒之间的接触点增加、水膜变薄和孔隙比减小,从而增加了抵抗荷载的能力,这就是传统土的固结变形理论。按照该种变形理论分析,土体变形既包括弹塑性变形,也含有次固结变形。

1. 软土地基受荷后破坏过程

基于以上变形机理,对于软土的变形破坏,可以划分为三个阶段:

(1)第一阶段—弹性变形阶段

在第一阶段土体变形,土体结构基本保持完好状态,但不能排除少量的破损。这一阶段固结系数很大,工体难以产生比较大的侧向变形,应力与应变基本成直线关系。

(2)第二阶段—塑性变形阶段

在这一阶段,除了土粒间的滑移外,还伴随着结构的塌陷。在不排水条件下,此时由骨架承受的一部分压力转移到孔隙水上,致使孔隙水压力急剧上升,孔隙压力系数 $B = \Delta\mu/\Delta\sigma_z$,甚至可能大于1。由于 $B>1$,在荷载增加的同时,有效应力不增加甚至减小,这时的土体变形主要是剪切变形,出现水平位移,属于塑性变形阶段,应力与应变呈非线形关系。

(3)第三阶段—剪切破坏阶段

第三阶段为剪切破坏阶段,随着变形进一步增加,在土体内将形成一个贯通的塑性变形区,此时,在应力增量不大的情况下,将发生较大的应变,表明土体已经进入破坏阶段。

2. 软土地基破坏形式

在大部分软土地基稳定性分析中,如果土体是均质很厚的土层,假定破裂面是一种圆弧破坏模式(图6-1),这是常采用软土地基破坏的分析方法。然而,如果在底层中存在有软弱地层,或者存在有一层硬壳层,土体可能发生的是平移破坏模式(图6-1b),这时路堤稳定受到软弱层厚度、层位控制。

二、软土地基施工控制方法

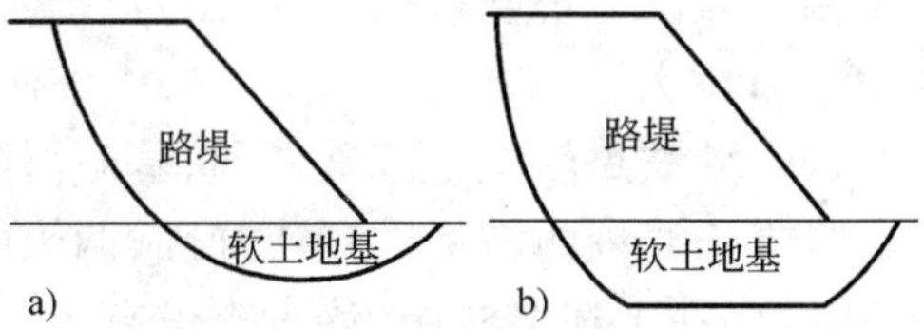

图 6-1　软土地基受荷破坏形式
a）圆弧破坏；b）浅层平移破坏

对于软土地基上修筑的路堤，归纳在施工常采用施工控制方法，主要有三种类型。

1. 主要施工控制方法

一是经验值控制施工法，例如：根据观测到的边桩位移速率、地面沉降速率、孔隙水压力消散程度进行控制。

二是制作控制图控制施工法，例如：预测破坏的沉降与边桩位移率的相关控制图法、地基承载力的孔压系数控制法。

三是设计计算校核法，例如：承载力计算校核法，稳定计算校核法。

在上述三种施工控制方法中，以第一种方法较为常用，它采用某一种观测经验值作为判断工程安危的标准，该法直观而方便，但缺少理论依据，有可能对工程判断偏于保守或不安全。

2. 规范上规定的方法

在《公路软土地基路堤设计与施工技术规范》（JTJ 017—96）中，要求在施工过程中，加强路堤变形观测，实施动态观测，观测的项目，详见第五章表 5-33。然后，根据观测的资料，绘制成以下成果曲线图：

（1）根据沉降观测资料，绘制成以下曲线图：

①荷载-时间-沉降过程线，包括地面综合沉降或分层沉降；

②路基横向沉降盆图（不同观测时间，相应的沉降盆线）；

（2）水平位移观测

①地面位移：I. 荷载-时间-水平位移过程线；II. 地面横向位移分布图。

②土体内部水平位移：水平位移随深度变化曲线。

（3）孔隙压力观测

①荷载-孔隙压力-时间关系曲线；

②孔隙压力等值线（视必要和可能）

③基底土压力观测：荷载-时间-土压力变化过程线。

④搅拌桩承载能力观测：荷载-沉降变化过程线；沉降-时间过程线。

⑤单孔出水量观测：荷载-时间-出水量变化过程线。

⑥地下水位井水位观测：全年时间-地下水位变化线。

⑦其他。

3. 施工中控制操作方法

在《公路软土地基路堤设计与施工技术规范》（JTJ 017—96）对高等级公路的工后沉降标准作出规定，见第五章表 5-34。

在实际施工中，对于观测的结果，结合沉降和位移发展趋势，进行综合分析，并以水平控制为主，如超过此限应立即停止填筑。由于人们对工程控制的标准认识不相同，因此，推断发生破坏时地基土体的位移也不尽不同。

例如：杭甬高速公路，对沉降板沉降速率控制在 15mm/d，坡脚边桩水平位移控制在 40mm/d。

温州欧江二桥联接线工程,出现严重裂缝路段,沉降速率为19mm/d,边桩水平位移速率为16.5mm/d。

连云港铁路软土地基破坏前,基底沉降速率为33mm/d,边桩水平位移速率为21.7mm/d。

日本长崎港防波堤的预压加固,两天的沉降曾达80mm,地基仍稳定。

总之,在上述方法中,均没有没有考虑软土成因、地基处理方式、施工的不同阶段,而采用相同的控制标准,这种做法显然是值得研究的。

第二节　沿海公路路堤观测试验

沿海公路为了检验不同类型治理软土地基效果,以便于今后优化施工方法。并对治理措施进行了试验研究,提出适宜本工程及类似工程的质量控制标准。

一、试验研究内容

遵照在软土地基上施工技术规程,我们选定了试验路段,埋深检测仪器,对以下项目进行研究。然后,根据观测结果进行分析,再与其他常规方法进行对比,用以作为今后软土地基修筑路堤时借鉴和参考。

1. 现场观测

在试验路段上,分别在水泥搅拌桩、塑料排水板和现浇薄壁振动混凝土管桩等处理的软土地基路堤上埋设仪器进行现场观测,研究不同方法下路堤变形规律,总结其各自的适用性。

2. 沉降预测方法

在沉降观测资料的基础上,使用双曲线法、星野法、浅岗法、S型曲线法等曲线拟合方法,及人工神经网络系统方法,分别对预测结果进行对比分析,研究各种预测方法的适用性。

二、试验路段选取

为了研究和比较软土地基不同治理方法效果,特选择有代表性的路段,对以下几种治理方法进行了观测研究。

- 砂垫层+土工格栅+超载预压;
- 砂垫层+土工格栅+竖向排水体(塑料排水板)+超载预压;
- 砂垫层+土工格栅+深层水泥搅拌桩;
- 现浇混凝土薄壁管桩。

试验路段为T5标段中的K143+174与K143+653。该路标段地处滨海平原,地基属饱和淤泥质黏土、亚黏土,室内土工试验天然含水率为27%~39%,一般呈软塑状。软弱土层厚度14m,承载力很低。

三、试验路段地质基本特征

根据野外钻探和静力触探相结合方法,获得试验路段的地质特征,按层序由上而下分述如下:

1. 填筑土

路堤填筑高度一般为1.50m左右,层底高程一般为0.97m左右。灰褐;软塑;人工开挖的河道堆积土主要成分为亚黏土。

2. 软弱土

(1)第一层为软弱土,厚度一般为2.00m左右,层底高一般为-1.03m左右。灰色、软塑,以亚黏土为主,土质不均匀,结构松散,切面较光滑,局部黏性较弱,含少量腐殖质。

(2)第二层为软弱土,厚度一般在5.20m左右,层底高程一般为-6.23m左右。灰色;流塑,以亚砂土为主,土质均匀,结构松散,切面粗糙,具层理。

(3)第三层为软弱土,厚度一般在4.50m左右,层底高程一般为-10.73m左右。灰色,流塑,以亚黏土为主,土质均匀,11.6~12.6m亚黏土与亚砂土互层,层理明显,见贝壳碎片。

(4)第四层为亚黏土,厚度一般在2.30m左右,层底高程一般为-13.03m左右。灰褐色,软塑,土质不均,结构较致密,切面粗糙。

(5)第五层为亚黏土,厚度一般在2.50m左右,层底高程一般为-15.53m左右。灰色,硬塑,土质不均,结构较致密,切面粗糙,具砂感。

(6)第六层为亚黏土,厚度一般在1.00m左右,层底高程一般为-16.53m左右。灰色,软塑,土质均匀,切面光滑,见贝壳碎片。

(7)第七层为亚黏土,厚度一般在1.80m左右,层底高程一般为-18.33m左右。灰褐,硬塑,土质不均,结构致密,含少量粉砂颗粒,切面粗糙。

(8)第八层为黏土,厚度一般在2.20m左右,层底高程一般为-20.53m左右。灰褐,硬塑,土质不均,结构致密,略具砂感。

(9)第九层为亚黏土,厚度一般在3.00m左右,层底高程一般为-23.53m左右。黄褐色,硬塑,土质不均,结构致密,含少量粉砂颗粒,切面粗糙。

(10)第十层为亚黏土,厚度一般在2.70m左右,层底高程一般为-26.23m左右。褐黄色,硬塑,土质不均,结构致密,夹褐黄色亚砂土团,切面比较粗糙。

(11)第十一层为亚黏土,厚度一般在1.30m左右,层底高程一般为-27.53m左右。褐黄;硬塑;土质不均,结构致密,含大量粉砂颗粒,切面粗糙。

试验段所在地段工程地质纵段如图6-2、图6-3所示,各土层物理力学指标如表6-1所示。

四、试验方案设计及变形观测方法

1. 试验方案设计

1)软土地基治理设计方案

(1)水泥土搅拌桩试验理设计方案

K143+445中桥西桥台背30m区段路堤,地基采用深层水泥土搅拌桩进行了治理。搅拌桩按正三角形布置,桩长15m、桩径0.5m,沿路线前进方向桩间距按1.0~1.4m,分三个等区由密到疏渐变布设,处治宽度至坡脚0.5m(图6-4)。

(2)塑料排水板试验方案设计

K143+499.5~+653处的涵洞,采用塑料排水板处理,处理深度为14m,排水板断面尺寸为10cm×0.4cm,按正三角形布置,间距1.5m(图6-5)。

(3)现浇薄壁振动混凝土管桩

K143+175~+445中桥之间,采用现浇薄壁振动混凝土管桩处理,管桩外径1.0m、壁厚0.2m,处理深度为15m,桩间距分别采用2.0、2.5和3.0m(图6-6)。

表 6-1

试验路段各土层物理力学指标

取土深度(m)	含水率 w (%)	密度 ρ (g/cm^3)	干密度 ρ_d (g/cm^3)	比重 G	饱和度 S_r (%)	孔隙率 n (%)	孔隙比 e	塑性(100kg)			液性系数 I_L	塑性(76kg)			液性指数 I_L	压缩系数	压缩模量	抗剪强度(快剪)		按《公路土工试验规程》JTJ 024—85 土的工程分类名称定名
								液限 w_L (%)	塑限 w_p (%)	塑性指数 I_p		液限 w_L (%)	塑限 w_p (%)	塑性指数 I_p		P = 100 ~ 200kPa $a_{1\text{-}2}$ (MPa^{-1})	P = 100 ~ 200kPa $E_{S(1\text{-}2)}$ (MPa)	黏聚力 c (kPa)	内摩擦角 φ (°)	
2.00 ~ 2.20	37.4	1.82	1.32	2.74	96	51.7	1.06	69.1	32.1	37.0	0.14	52.6	28.1	24.5	0.38	0.725	2.85			黏土
4.00 ~ 4.20	29.9	1.88	1.45	2.71	95	46.6	0.87	33.9	18.1	15.8	0.75	29.0	18.7	10.3	1.09	0.306	6.12	8.0	24.4	亚黏土
6.00 ~ 6.20	27.7	1.94	1.52	2.71	96	43.9	0.78	33.6	18.0	15.6	0.62	28.8	18.6	10.2	0.89	0.226	7.89	9.0	27.4	亚黏土
8.00 ~ 8.20	32.1	1.88	1.42	2.71	96	47.5	0.90	37.3	19.3	18.0	0.71	31.3	19.5	11.8	1.07	0.383	4.97	11.0	17.5	亚黏土
10.00 ~ 10.20	38.6	1.80	1.30	2.71	96	52.1	1.08	41.5	21.1	20.4	0.86	34.1	20.7	13.4	1.34	0.797	2.62	10.0	4.0	亚黏土
12.00 ~ 12.20	36.0	1.89	1.39	2.71	100	48.7	0.90	37.2	19.3	17.9	0.93	31.2	19.5	11.7	1.41	0.487	4.00	14.0	23.7	亚黏土
14.00 ~ 14.20	32.8	1.84	1.39	2.71	93	48.9	0.95	42.8	21.7	21.1	0.53	35.0	21.1	13.9	0.84	0.494	3.96	12.0	3.7	亚黏土
16.00 ~ 16.20	17.9	2.08	1.76	2.70	91	34.6	0.53	28.8	15.9	12.9	0.16	25.6	17.2	8.4	0.08			9.0	39.6	亚黏土
18.00 ~ 18.20	32.6	1.84	1.39	2.73	92	49.2	0.96	52.4	25.4	27.0	0.27	41.4	23.6	17.8	0.51	0.425	4.63	24.0	7.3	黏土
20.00 ~ 20.20	26.7	2.00	1.58	2.70	100	41.5	0.71	29.7	16.3	13.4	0.78	26.2	17.5	8.7	1.06	0.232	7.37	9.0	28.0	亚黏土
22.00 ~ 22.20	38.6	1.82	1.31	2.74	97	52.1	1.08	77.9	35.6	42.3	0.07	58.5	30.4	28.1	0.29	0.547	3.82	31.0	4.0	黏土
24.00 ~ 24.20	21.1	2.07	1.71	2.70	98	36.7	0.58	26.4	14.4	12.0	0.56	24.0	16.2	7.8	0.63	0.246	6.42			亚黏土
27.00 ~ 27.20	28.6	1.96	1.52	2.72	99	44.0	0.78	47.6	23.5	24.1	0.21	38.2	22.3	15.9	0.40					亚黏土
29.30 ~ 29.50	19.0	2.01	1.69	2.70	86	37.5	0.59	26.6	14.4	12.2	0.38	24.1	16.2	7.9	0.35					亚黏土

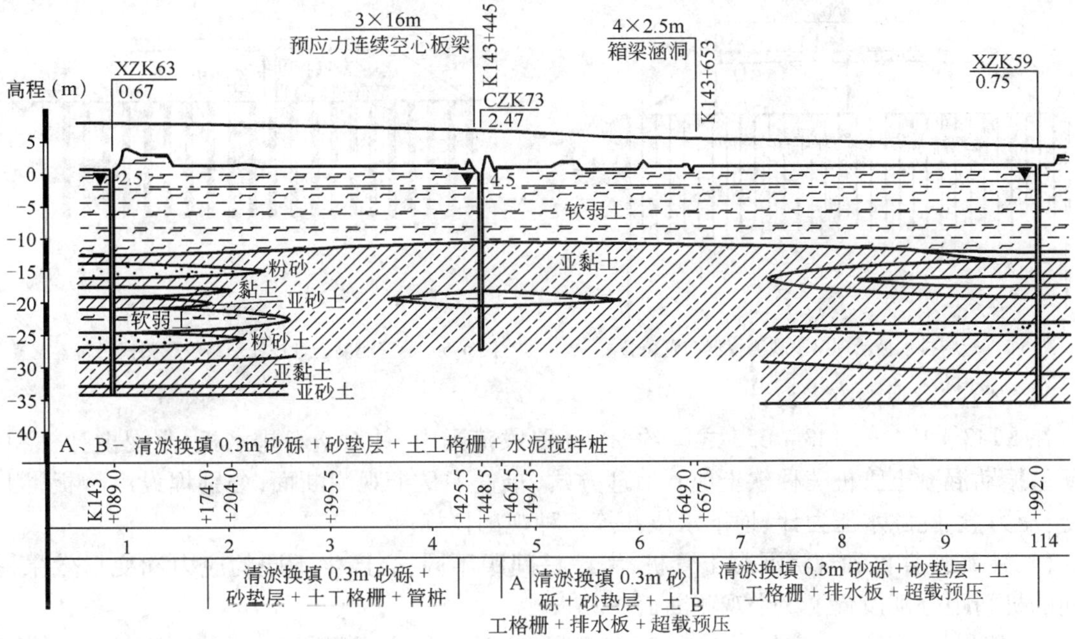

图 6-2　试验所选代表性路段地质图之一

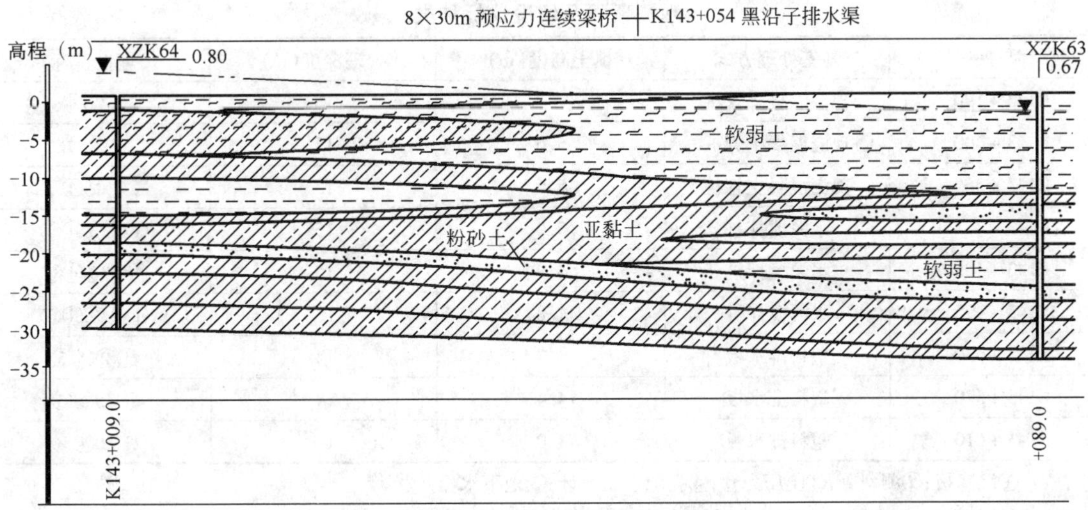

图 6-3　试验所选代表性路段地质图之二

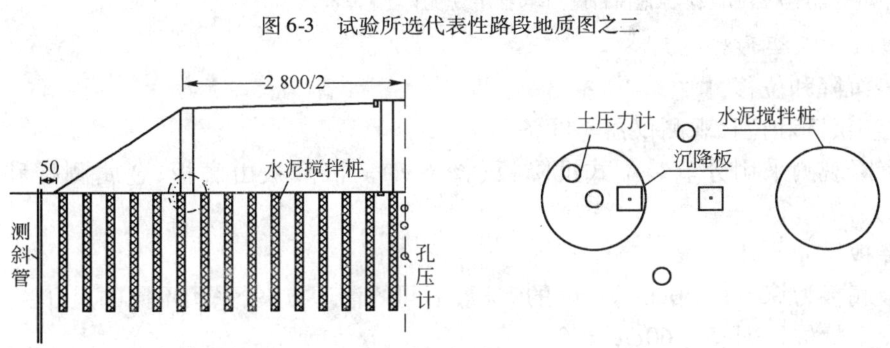

图 6-4　水泥搅拌桩治理路段观测仪器埋布设位置

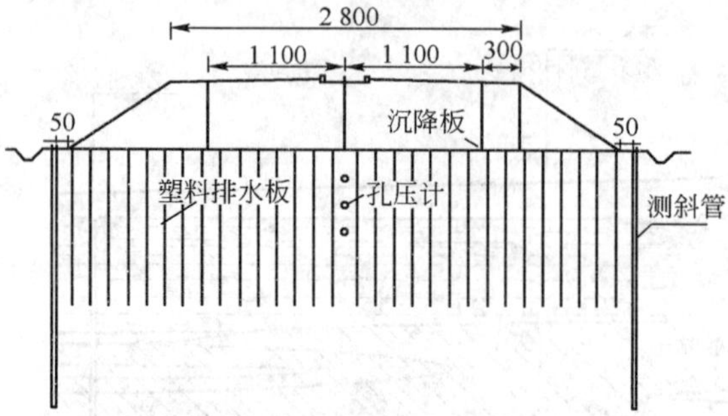

图 6-5 塑料排水板治理路段观测仪器布置位置

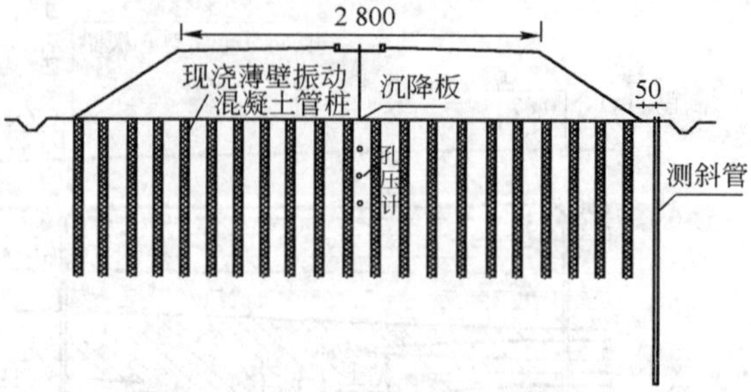

图 6-6 薄壁混凝土管桩处理路段观测仪器布置位置

2)试验路段观测方案设计

在 K143+174 ~ K143+653 之间约 500m 路段范围内,针对塑料排水板、水泥搅拌桩和现浇薄壁振动混凝土管桩三种软土地基治理方式,布置了 9 个观测断面,分别埋设沉降板、测斜管、土压力盒、孔隙水压力计、地下水位井等 5 种观测仪标。

(1)水泥搅拌桩和现浇混凝土管桩,考虑桩间距不同,会产生不同的应力和变形效果,按不同的桩间距分别设置了 3 个观测断面。

(2)塑料排水板治理方式,按填土高度不同,亦选取 3 个观测断面,具体断面桩号、填土高度及埋设仪器见表 6-2。

观测断面及埋设仪标种类 表 6-2

断面桩号	地基处理方式	填土高度(m)	处理深度(m)	埋设仪标
K143+190	现浇混凝土管桩	7.7	15	①②④
K143+300	现浇混凝土管桩	5.6	15	①②④
K143+385	现浇混凝土管桩	5.6	15	①②④
K143+475	水泥搅拌桩	5.0	15	①②③④⑤
K143+485	水泥搅拌桩	4.9	15	①②③④⑤
K143+495	水泥搅拌桩	4.8	15	①②③④⑤
K143+530	塑料排水板	4.7	14	①②④⑤
K143+570	塑料排水板	4.4	14	①②④⑤
K143+610	塑料排水板	4.0	14	①②④⑤

注:1. ①沉降板;②测斜管;③土压力盒;④孔隙水压力计;⑤地下水位井。
2. 表中填土高度为路面高程-原地面高程,不包括超载预压填土厚度。

2. 仪器埋设及变形观观测

1)地表沉降和位移

(1)地表沉降和位移观测仪器与设备

地表沉降观测采用分节装配式沉降板(图 6-7)。沉降板由底板、金属测杆和保护套管组成。

①沉降板尺寸

沉降板底板为 60cm×60cm×1cm 的钢板,不同的治理方案,采用不同的尺寸:

- 混凝土管桩处理段为 60cm×60cm×1cm;
- 水泥搅拌桩处理段为 20cm×20cm×1cm;

• 塑料排水板处理段为 50cm × 50cm × 1cm。

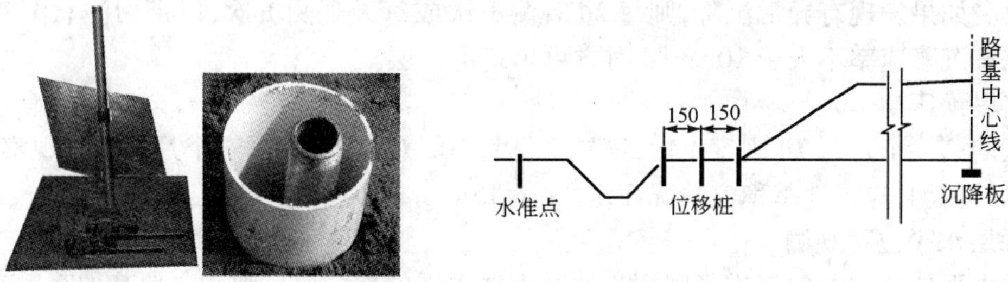

图 6-7　沉降板构造和沉降接管及位移桩设置(尺寸单位:cm)

②金属测杆和保护套管

金属测杆均为直径 3cm、长度为 20 ~ 30cm 带箍丝扣连接的钢管,保护套管为直径 7cm 的 PVC 管并配以护盖。

观测仪器采用莱卡 Na2 型水准仪及配套测微器,水准尺为铟钢制成,观测精度可达到 0.1mm。

(2)观测仪器埋设

观测仪器埋设时,根据预定的断面坐标进行放线,具体位置:

• 混凝土薄壁管桩处理段,埋设在路基中心位置,在原地面下 10cm 处。

• 水泥搅拌桩处理段路段,埋设于路基中心和左右路肩桩头及两搅拌桩中间桩间土位置。

• 塑料排水板处理段,埋设于路基中心及左右路肩和 11m 位置原地面下 10cm 处。

沉降板埋置时先用砂找平,放上焊接上了钢管沉降板,使钢管保持竖直,基底稳固,然后用 7cm 直径的 PVC 管保护,盖好管帽。

该断面所有沉降板和保护套管放好后,在路基两侧设置定位桩,以方便接管时寻找管位,最后回填基坑土并夯实。

(3)观测方法

初次埋好后应测量测杆高程,回填夯实待下一层压实完成后,挖出沉降管,再次测测杆高程,两次高程之差即为沉降量,测量完成后接管掩埋夯实,如此循环至路堤施工高程。这种观测方法,由于沉降管总是埋在压实层以下,每次测量均需人工开挖和掩埋,比较费时烦琐,但受到施工破坏相对较少,保证了观测结果的可靠性。

(4)观测要点

①沉降观测要求四个固定:一固定观测人员;二固定观测仪器和设备;三固定观测线路和观测方法;四固定观测环境和条件,以保证观测精度。

②经常检查水准仪,发现仪器有误差立即到有资质单位校正。

③观测数据现场计算,及时判断每项结果是"正常"、"异常"、或"错误",发现数据有错误或不沉降反而上升,则应对测点再次观测,测点没问题就进一步检查水准点是否有变化;发现数据有异常,应分析原因并监视地基变形和稳定动态的发展,及时控制施工加载速率,防止地基发生剪切破坏。

(5)观测频率

①路堤填筑期

在施工期间位移观测，应每填筑一层土观测一次；如果两次填筑时间间隔较长，每3d至少观测一次。如果发现有异常沉降，则每2d观测1次或每天观测1次，以密切注意沉降异常的动态。在日沉降速率不大于10mm/d时方可填筑下一层。

②路堤预压期

预压期第一个月每7d观察1次，第二个月每10d观察1次，第三个月每15d观察1次，第四个月以后观测，应视地基稳定情况而定，一般15d或30d观测1次。

2）深层水平位移观测

深层水平位移用测斜仪进行观测。地基土体水平位移主要反映软土地基加载后产生剪切变形；其变化大小，一方面影响路堤剖面形状，另一方面用来判别地基的稳定性。

（1）深层水平位移观测仪器与设备

深层水平位移观测仪器为测斜仪和测斜导管。试验时采用CX-1型数显测斜仪，它由测头、连接电缆、测读仪等组成，其外观如图6-8所示。

测斜仪的主要工作原理：在测头内部装有一块高精度的石英绕性加速度计，以敏感测量测头倾斜后的重力加速度，再通过一定的关系式将重力加速度分量转换成水平位移量。

测斜导管为PVC管，管径71mm、壁厚6mm，每节管长3m，内壁开有四条对称导槽，作为测斜仪滑动轨道，槽宽5mm、槽深3mm，导槽要求垂直并光滑。埋设时测斜导管需用接头连接，并用螺钉紧固。

（2）深层水平位移观测仪器设备埋设

在地基处理施工完后，施加荷载之前，选定钻孔位置，钻至基本不产生侧向变形的深度。提出钻杆，把预先接好的导管下放到钻孔中，第一根导管底部用底盖应密封，测斜管的一对导槽，应与预计滑动面方向一致。

钻孔中如果有水，测斜管可能下不去，可向管内加入清水以帮助下沉，同时，在上接头时下部管子应用绳子拉住，以免不小心管子掉入孔中。

两管对接好后，应用防水材料将对接位置封好。管子下到孔底后，在管子与孔壁之间间隙，加入少许中砂，同时倒入清水将砂慢慢冲入孔中间隙，不能将一桶砂一次倒入，这样会造成上部堵塞、下部空虚，将会影响以后的观测数据。

最后在出露地面以上的导管周围用1m长的水泥套管保护，埋设的测斜导管及保护措施如图6-9所示。

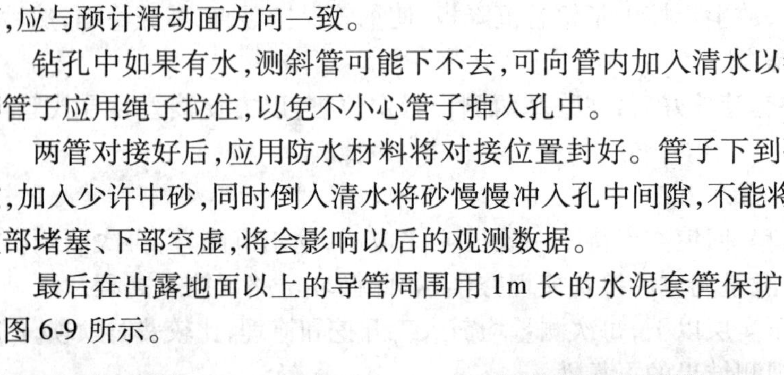

图6-8　测斜仪和测斜导管

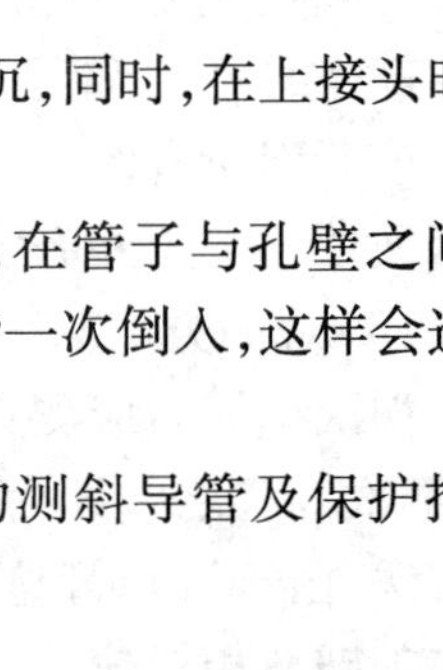

图6-9　深层水平位移观测仪器

（3）深层水平位移观测要点

①测斜管埋设完毕后，待测斜管与周围被扰动土相互作用密合稳定，并通过检测确认后，

测定初读数,即该点的测试零值。

②每次测量前均应检查电压值,当电压低于4.5V时,应充电后重新检测,以保证数据的正确性。在导管中下放测头时,必须把电缆接头接好并给测头供电,否则易损坏仪器。

③每次测定时,应事先检查测斜管十字槽道是否畅通无阻和光滑,深度是否缩短等,然后进行测定,以免测试结果失真。

④测头放入孔底后,要求测量时每次提拉测量必须是电缆上的刻度标志的同一点,否则就会引起误差。当读数不稳定时应查明原因,不能取变化的读数的中间值。读数不稳常见的原因有电压不够、各个接头连接不够紧密、附近施工机械的震动干扰等。检测时,应在没有施工机械干扰的情况下进行,必要时应在黎明或傍晚没有机械作业时进行观测。

⑤如遇测斜管位置原地面上升、下降,或其他原因需要接长或剪短测斜管时,接长或剪短测斜管的长度必须是50cm的整倍数,否则测量时测头到达的深度与上次不同而产生一定的误差。

⑥每次测完后应用清水冲洗干净测头,晾干后涂润滑油保护,保持导轮转动灵活。测头中的加速度计是石英高灵敏度部件,使用及运输过程中必须轻拿轻放,在震动较大的车辆上运输时,一定要在测头盒子下面铺放具有弹性的柔软护垫加以保护,防止仪器受到过大的震动。

(4)观测频率

施工期间侧向水平位移观测,应在施加每级荷载的前、后1~2d分别及时测定;在施加荷载后的加荷间歇期间内每隔3~5d测定次,间歇期超过20d后,则每隔20~30d观测1次;预压期每个月观察1次。

3)土压力观测

土压力观测主要测定复合地基桩、土在路堤荷载下的受力情况。

(1)土压力观测仪器与设备

测定土压力及其变化的仪器是土压力计。试验段所埋设仪器采用JXY-2型单膜土压力计。它主要由膜盒、传感器、电缆和接收仪组成,其外观如图6-10所示;接收仪采用QLA-1型钢弦式存储测频仪。

土压力计工作的基本原理是:仪器中的钢弦在不同的压力作用下自振频率发生改变,测出其频率,根据出厂时标定的频率与压力之间的关系公式来计算土压力值。

(2)土压力计的埋设

本项目土压力计只用于水泥搅拌桩处理段。土压力计运至工地后,首先对其进行分类编号,接着进行埋前初读数的室内检查,以确定准确的初读数。

土压力盒采用挖坑埋设法,每个断面在路基中心、左右路肩各埋设1组。每组4个,2个埋设于水泥搅拌桩桩头,2个埋设于桩间土处。埋设时保证每组土压力盒在同一平面,上下四周约20cm范围用细砂填实。每只土压力计外引电缆均编好测点号码,集中穿入硬塑料管埋于电缆沟引至路基坡脚并加以保护,土压力盒的埋设及保护见图6-11。

(3)观测频率

施工期间土压力观测,应分别在施加每级荷载之前和加载完毕之后及时测定,并注意继续跟踪测2~3次,观察加载前后地基反力是否稳定。在施加荷载后的间歇期间每隔7d观测1次。预压期每隔10~15d观测1次。

4)孔隙水压力观测

孔隙水压力观测，主要测定在施加路堤荷载的过程中地基中孔隙水压力的变化状况，用于分析地基土层的排水固结特性及其对地基变形、强度变化和地基稳定性的影响。其测定值是监测地基变形和稳定性动态变化的一个重要量值。

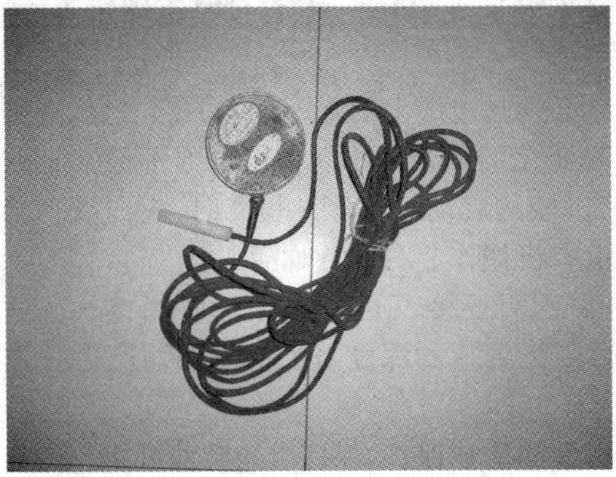

图 6-10　压力盒

图 6-11　压力盒埋设

(1)孔隙水压力仪器与设备

孔隙水压力用孔隙水压力计进行检测。试验时所埋设的仪器采用 JXS-1 型、JXS-2 型钢弦式孔隙水压力计，由测头、电缆和数字钢弦频率接收仪组成，外观形式见图 6-12、图 6-13，原理同土压力计。

图 6-12　孔隙水压力计

图 6-13　孔隙水压力计测头及透水石

(2)孔隙水压力计埋设

孔隙水压力计的埋设，是一项非常细致的工作，它的埋设过程分为以下几个过程：

①准备工作

首先，在埋设之前，应将孔隙水压力计测头上的透水石放入清水中煮沸 2h，以排除其孔隙内的气泡和油污，煮沸后的透水石浸泡在冷开水中，避免露出水面，孔隙水压力计测头及透水石见图 6-14；其次，准备封孔回填用的泥球和干净的中粗砂，泥球采用

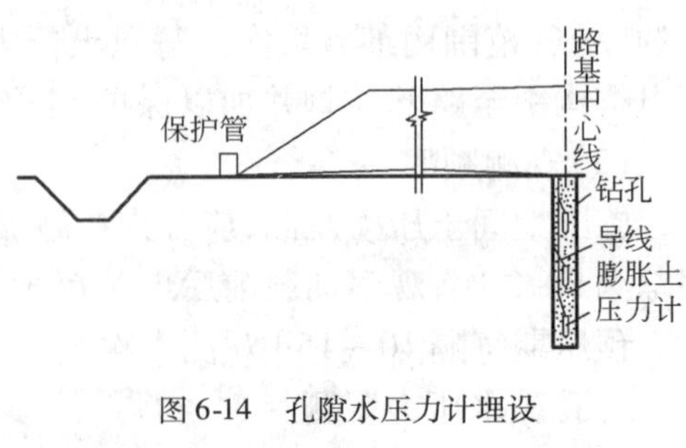

图 6-14　孔隙水压力计埋设

高崩解性黏土球。最后,准备埋设的工具,如钻杆连接管、铅丝、电缆护管等。

②钻孔

孔隙水压力计采用单孔单埋的干钻法钻孔埋设方式,钻孔孔径为110mm,钻孔位置为设定断面的路基中心。钻至预埋高程以下20cm时停钻清孔,通过钻杆注入清水,将孔内泥浆翻出。

③埋设

成孔后向孔内投入适量粗砂作为下滤层,然后用钻杆将孔隙水压力计送到预定的深度,此时继续投入适量粗砂,使仪器周围和上部用砂填充并作为滤层,再投入黏土泥球捣实作为上封层;最后边填土边捣实,直到孔口为止。孔隙水压力计埋设与封孔过程中,应进行跟踪监测,严禁损坏仪器测头与连接电缆,一旦发现,必须及时处理重新埋设。

④电缆埋设与保护

连接电缆采用挖槽埋设方式,槽深30cm,敷设时必须留有富裕度(一般为敷设长度的5%~10%),并禁止相互交绕。为防止填土过程中载重汽车等压断电缆,在电缆外加一层金属软管予以保护。

(3)孔隙水压力观测频率

在施加路堤荷载之前,应测定各测点的初始孔隙水压力值。在施加路堤的各级荷载时,应在施加每一级荷载增量之前,施加荷载完毕之后,分别测定孔隙水压力的变化,如发现孔隙水压力出现急剧增大,应跟踪测定其孔隙水压力值,直到孔隙水压力消散稳定为止。在施加每一级荷载的间隙期,初始10d内,每隔2~3d测定1次,以后每隔7~10d测定1次。预压期每隔10~15d观测d次。

(4)孔隙水压力观测要点

孔隙水压力观测,应抓住测定的时机,测定施加荷载过程中关键是孔隙水压力值,观测结果及时整理和分析,以监视地基变形和稳定性变化与发展,控制路堤的施工加载速率。

5)地下水位井

原位观测仪器的现场埋设与测试工作,是现场监测工作的一个重要组成部分。现场埋设与测试技术,关系到现场监测成败与否的一个重要环节,观测仪器的保护工作也至关重要。观测仪器埋设完毕后,要与施工单位经常沟通,说明观测仪器的重要性,督促施工单位施工时应尽量避免损坏仪器;观测仪器要做好标记,易于让工作人员察觉到,这样施工时可以减少意外损坏;一旦仪器发生意外损坏,必须及时做好补救工作等。

第三节　河北沿海公路观测资料成果图

从2006年3月路堤填筑开始,到2007年10月路面施工结束,对在K143+174~K143+653之间布置的9个观测断面,按照设计要求进行了不间断观测,然后根据观测结果绘制成观测成果图,以便进行分析研究,探索其内在发展规律。

一、地表沉降变化曲线

1.水泥搅拌桩地基沉降关系曲线

根据观测资料,绘制成荷载-时间-沉降变化关系曲线(图6-15、图6-16)。从图上分析可知,使用水泥搅拌桩处理的地基,在路堤填筑过程中地表沉降随荷载的增加变化不大,施加超载预压填土时,沉降随荷载的增加而迅速增加。超载预压填土完成后,沉降速率明显减慢,3个月后基本稳定。

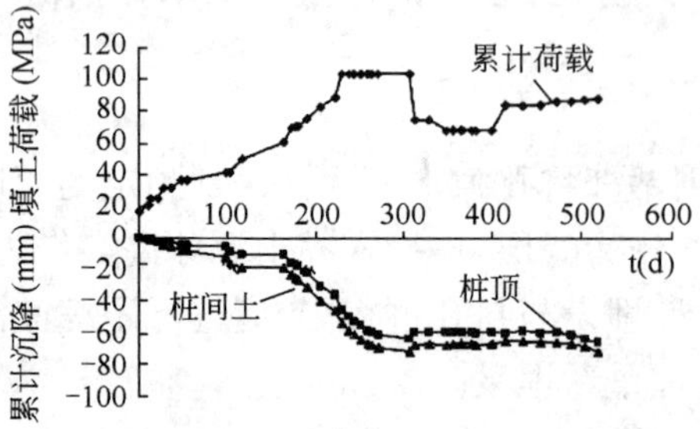

图 6-15 水泥搅拌桩(桩间距 1.2m)K143 +485 断面荷载-时间-沉降关系曲线

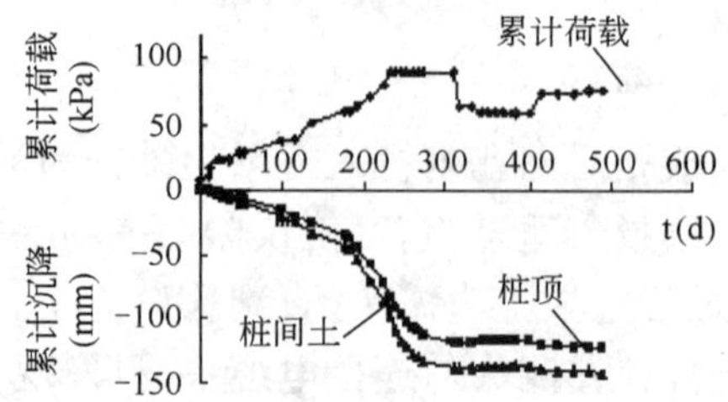

图 6-16 水泥搅拌桩(桩间距 1.4m)K143 +495 断面荷载-时间-沉降关系曲线

预压荷载卸载后,沉降量小的路段发生反弹,但不明显。在路基顶封层和路面结构层施工过程中,地表沉降很小,只有 3mm 左右。

从沉降量分析,水泥搅拌桩间距 1.4m(K143 +495)的沉降大于桩间距为 1.2m(K143 +485)。

2. 塑料排水板地基沉降关系曲线

图 6-17 和图 6-18 是根据观测资料绘制的塑料排水板处理路段的路堤加荷-时间-沉降关系曲线。从图中可知,在路堤填筑过程中,地表沉降随荷载的增加而增大,停止填筑时沉降速率减慢。

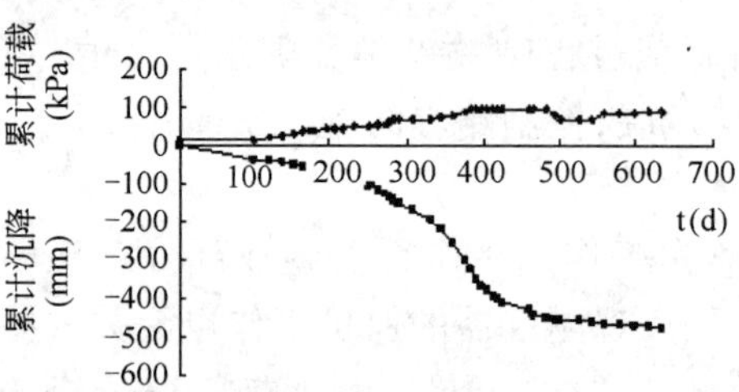

图 6-17 塑料排水板 K143 +530 断面荷载-时间-沉降关系曲线

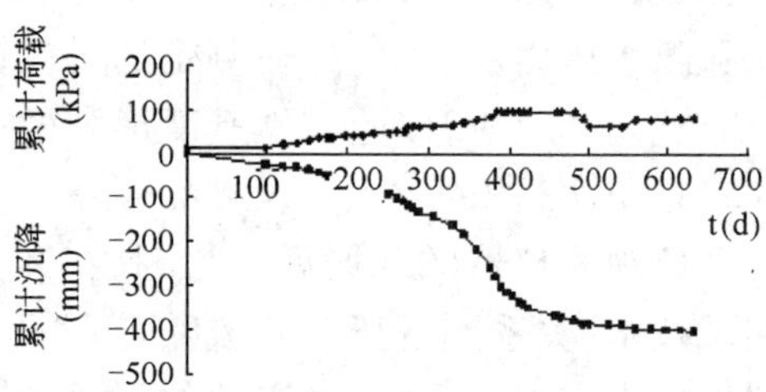

图 6-18 塑料排水板 K143 +570 断面荷载-时间-沉降关系曲线

施加超载预压填土后,地表沉降随荷载的增加而明显增大。在超载预压填土完成后,随着预压时间的延长,沉降值的增大渐趋缓慢。

预压荷载卸载后,沉降并无明显的反弹,而是缓慢增加,分阶段卸载的 2 个多月时间里(2007 年 3 月底至 6 月初),观测断面路基中心最大沉降值增加 8mm,路基顶封层施工期间沉降为 2mm,路面底基层和基层施工期间地表沉降为 10mm,施工下面层和上面层地表沉降值为 5mm。

二、侧向水平位移变化关系曲线

1. 水泥搅拌桩地基侧向位移关系曲线

图 6-19 和图 6-20 是根据观测资料绘制的塑料排水板处理路段的路堤加荷-水平位移-时

间关系曲线。

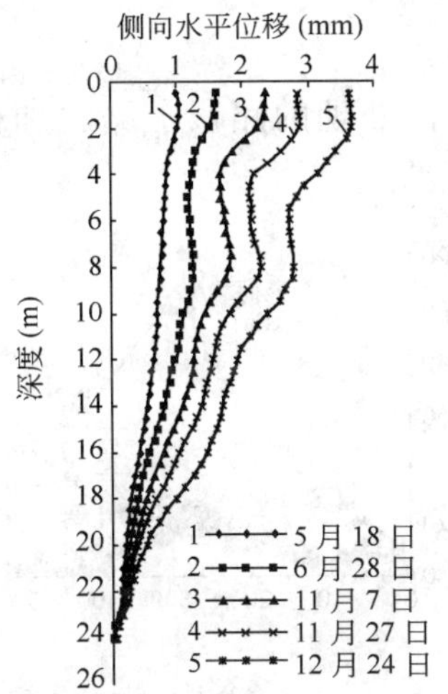

图 6-19　水泥搅拌桩 K143 + 475 断面荷载-时间-水平位移关系曲线

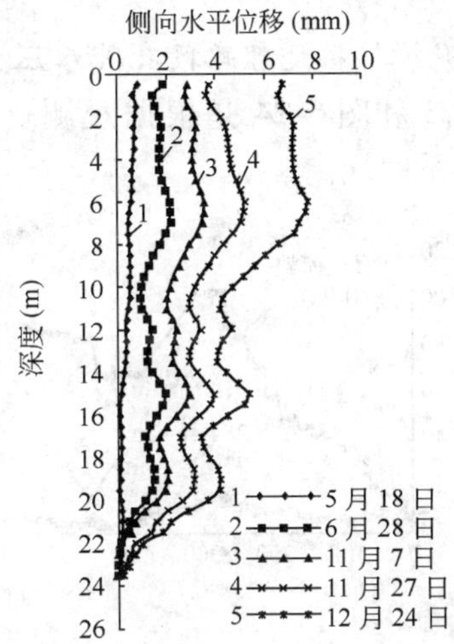

图 6-20　水泥搅拌桩 k143 + 495 断面荷载-时间-水平位移关系曲线

水泥搅拌桩处理路段，在路堤填筑过程中，侧向水平位移随荷载的增加而增大，停止填筑时侧向水平位移基本也不增加。预压荷载卸载后，侧向水平位移无明显的回弹。

路基顶封层和路面结构层，在施工期间侧向水平位移基本没有变化。随着桩间距的增大，侧向位移量增大。

2. 塑料排水板水平位移关系曲线

图 6-21 和图 6-22 是根据观测资料绘制的塑料排水板处理的路段上路堤加荷-水平位移-时间关系曲线。

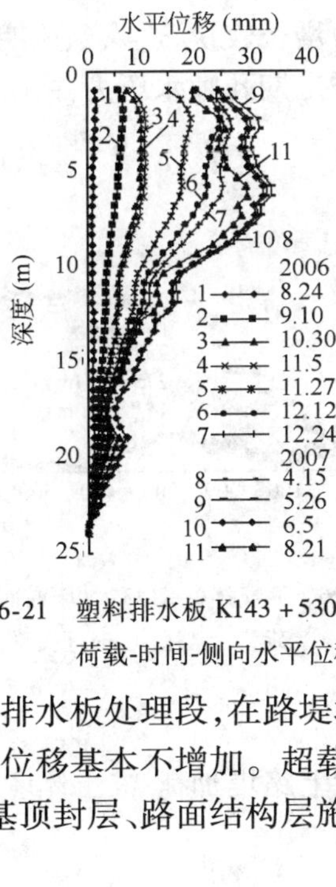

图 6-21　塑料排水板 K143 + 530 断面荷载-时间-侧向水平位移关系曲线

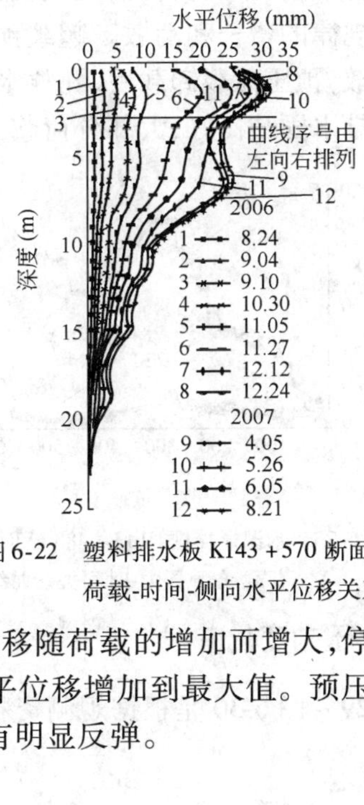

图 6-22　塑料排水板 K143 + 570 断面荷载-时间-侧向水平位移关系曲线

塑料排水板处理段，在路堤填筑过程中，侧向水平位移随荷载的增加而增大，停止填筑时侧向水平位移基本不增加。超载预压填土末期，侧向水平位移增加到最大值。预压荷载卸载后，到路基顶封层、路面结构层施工期间，侧向水平位移有明显反弹。

三、孔隙水压力变化曲线

1. 水泥搅拌桩处理路段孔隙水压力变化曲线

图6-23和图6-24是根据观测资料绘制的水泥搅拌桩处理的路段上路堤加荷-孔隙压力-时间关系曲线。

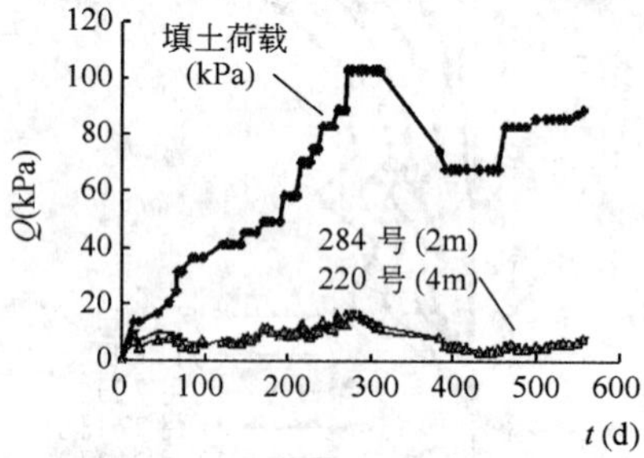

图6-23 水泥搅拌桩 K143 + 485 断面荷载-孔隙水压力-时间关系曲线

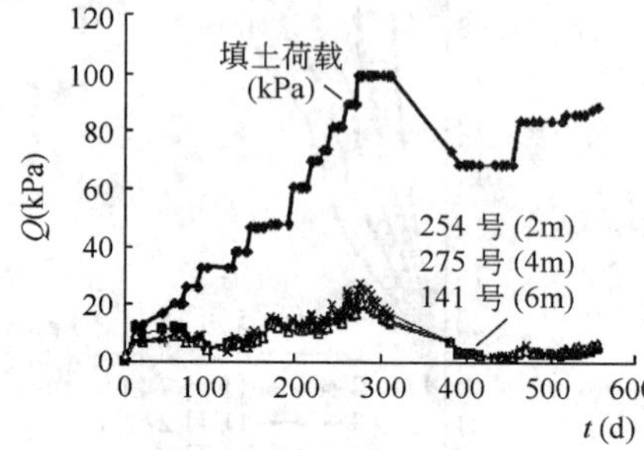

图6-24 水泥搅拌桩 K143 + 495 断面荷载-孔隙水压力-时间关系曲线

水泥搅拌桩处理路段，在路堤填筑过程中，随着填土荷载的增加、停歇，软土地基超静孔隙水压力呈有规律的增长和消散。超载预压土填筑期间，孔隙水压力增长较快，进入预压期孔隙水压力逐渐消散，预压荷载卸载后，孔隙水压力消散较快，在路面施工期孔隙水压力并无明显增加。

2. 塑料排水板处理路段孔隙水压力变化关系曲线

图6-25～图6-28是根据观测资料绘制的塑料排水板处理的路段上路堤加荷-孔隙压力-时间关系曲线。

塑料排水板处理段，在路堤填筑过程中，随着填土荷载的增加、停歇，软土地基超静孔隙水压力呈有规律的增长和消散。超载预压土填筑期，孔隙水压力增长较快，进入预压期孔隙水压力逐渐消散，预压荷载卸载后，孔隙水压力消散较快，在路面施工期孔隙水压力并无明显增加。表明地基排水固结良好，大部分荷载由土体承担。

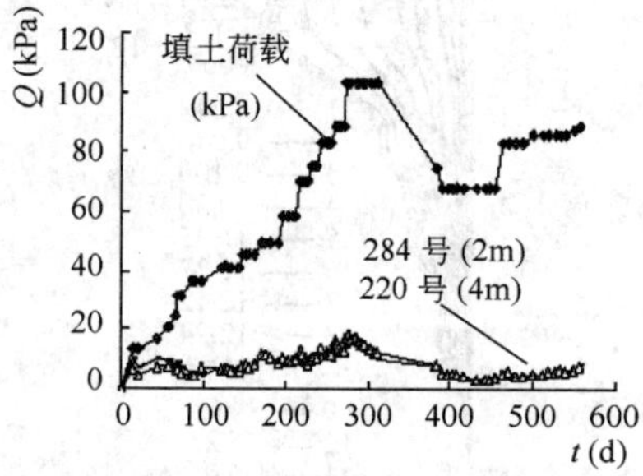

图6-25 水泥搅拌桩 K143 + 485 断面荷载-孔隙压力-时间关系曲线

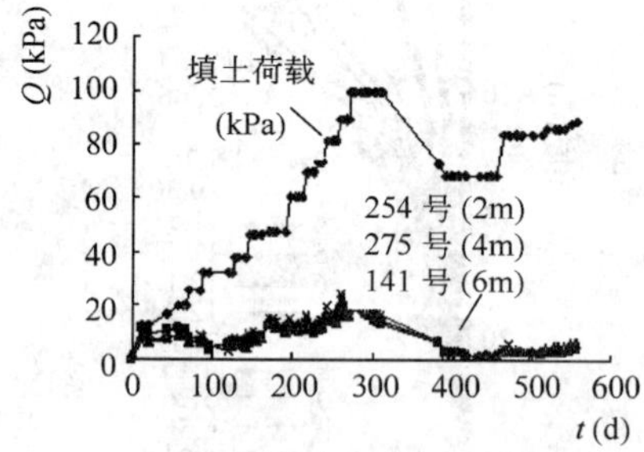

图6-26 泥搅拌桩 K143 + 495 断面荷载-孔隙压力-时间关系曲线

四、土压力变化曲线

图6-29～图6-30是根据观测资料绘制的水泥搅拌桩路段上路堤加荷-桩土体应力比变化关系曲线。

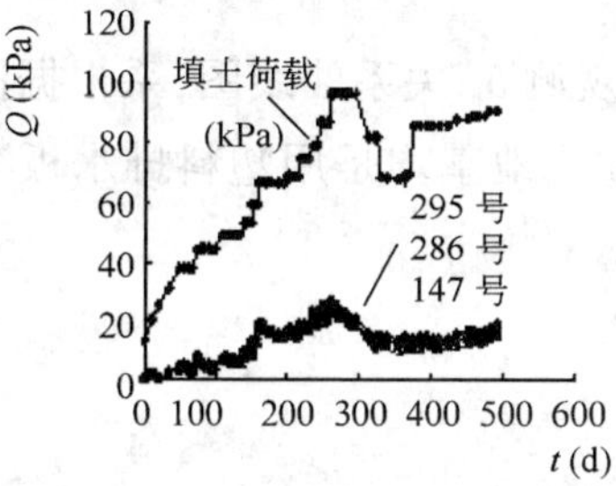

图 6-27　水泥搅拌桩 K143 +530 断面荷载-孔隙压力-时间关系曲线

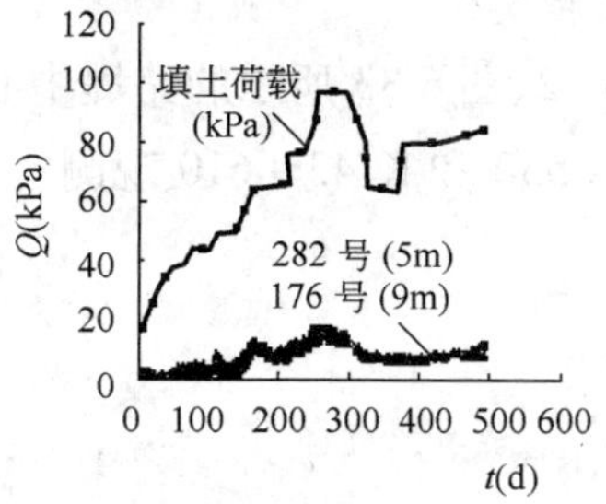

图 6-28　水泥搅拌桩 K143 +570 断面荷载-孔隙压力-时间关系曲线

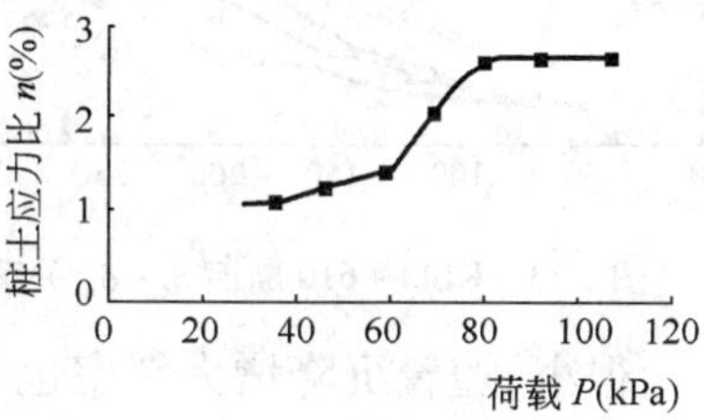

图 6-29　K143 +475 中搅拌桩土应力比与填土荷载曲线

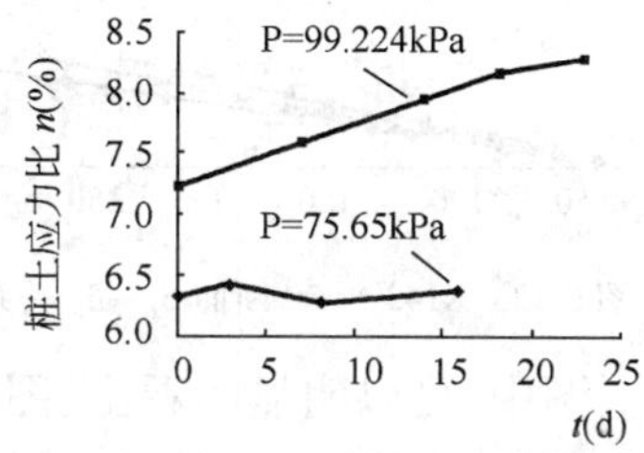

图 6-30　K143 +475 中搅拌桩土应力比随固结时间变化曲线

加荷过程中，桩土应力比 n 不是一个常数。在低荷载时，桩土应力比较小，随着荷载的增大，桩土应力比逐渐增加，当荷载增大到一定程度后，桩土应力比呈现出变化减缓趋势。在荷载值约为 85kPa 时，桩土应力比趋于最大值并趋于稳定。

桩土应力比随固结时间的增长略有波动，一般是随固结时间增加而增大，但总的增幅较小，在 1.5% 到 13.9% 之间。

第四节　软土地基路堤施工中稳定性判别

对正在填筑的路堤的稳定性进行评价，方法有以下几种。

一、$S_t \sim \delta_h$ 法判断法

在路堤填筑过程中，将现场实测的路堤中心沉降 S_t 与最大侧向位移 δ_h 绘制在纵坐标纸上，通过 $S_t \sim \delta_h$ 曲线来定义参数 α_1、α_2（图 6-31）。利用 α_1、α_2 来判断地基的稳定性。

其判断标准为：

当 $\alpha_2 \geqslant \alpha_1 + 30°$ 或 $\alpha_2 \geqslant 40°$ 时，表明地基处于不稳定状态，需要及时降低填筑速率。

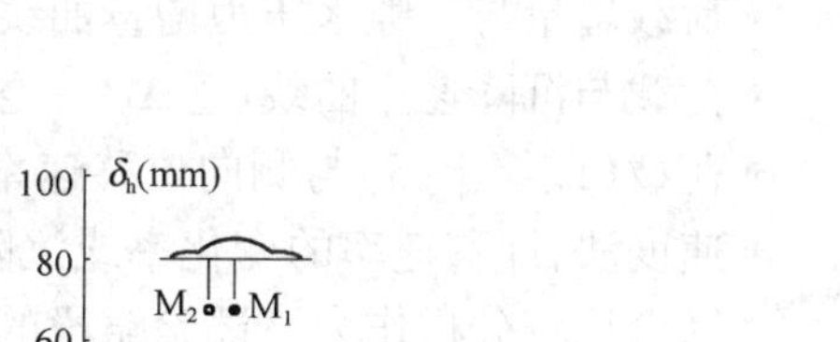

图 6-31　$S_t \sim \delta_h$ 关系示意图

1. $S_t \sim \delta_h$ 法基本原理

在软土地基上填筑路堤时，在瞬时加载阶段，其最大侧向位移与路堤中心沉降 S_t 大致相等。关于这一点理论，通过建筑在深厚软基上的路堤观测数据分析已得到了证实，并进一步认为在地基固结期间，路堤坡脚处的最大侧向位移约相当于路堤中心沉降 S_t 的 20% 左右。

2. 工程实例

图 6-32、图 6-33 所示的路堤中心沉降 S_t 与测向位移观测 δ_h 关系曲线图，系根据沿海公路在 K143 + 530 和 K143 + 610 观测资料绘制的，该两断面软土地基均是用塑料排水板法进行治理的。

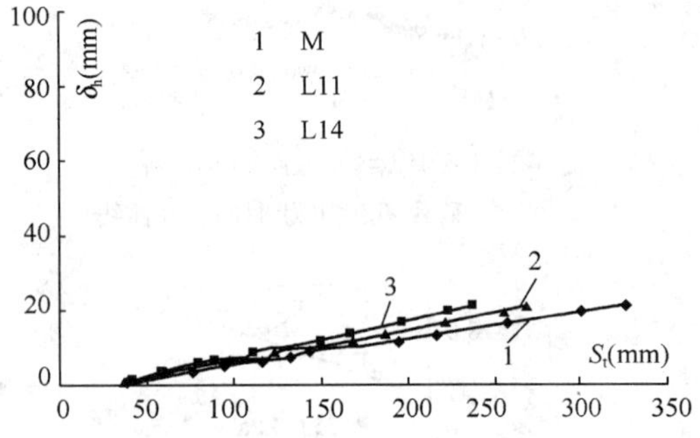

图 6-32 K143 + 530 断面 $S_t \sim \delta_h$ 关系图

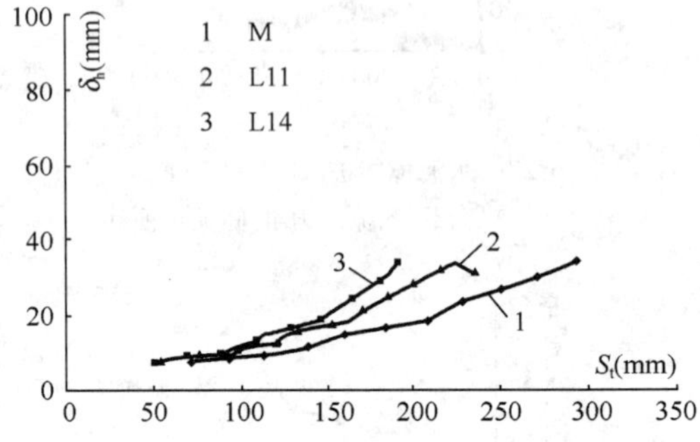

图 6-33 K143 + 610 断面 $S_t \sim \delta_h$ 关系图

从上图中，可以明显的看出，图中各曲线的斜率开始很小，随着沉降增大斜率也略有增加，这说明由于荷载的增加地基开始进入塑性变形阶段，地基的侧向挤出（即水平位移）增大。图中 α_1、α_2 均小于控制标准，说明地基一直处于稳定状态。实际上施工确也如此。

$S_t \sim \delta_h$ 法简便易行，比较直观，适宜用于塑料排水板施工稳定性监控，一旦出现 α_1、α_2 两个参数超过稳定标准后，表明地基处于不稳定状态，需要降低填筑速率。

二、拐点法判断法

根据观测资料，可以绘制出荷载增量与孔隙水压力增量、荷载与沉降速率、荷载（或填土高）与侧向位移速率关系曲线，在这些关系曲线上都会出现拐点，可以利用这个特性对路堤稳定性作出判断。

1. 拐点法

拐点法包括：

- 荷载增量与孔隙水压力增量曲线（$\sum \Delta P - \sum \Delta u$）拐点分析法。
- 荷载与沉降速率曲线（$\sum \Delta P - \sum S_v$）拐点分析法。
- 荷载（或填土高）与侧向位移速率曲线（$\sum \Delta P - \sum V_h$）拐点分析法。
- 速度法，即移速率的变化率或沉降速率的变化率。
- 综合比较分析作为该试验路段的施工控制方法。

（1）荷载增量 ΔP 与孔隙水压力增量 Δu 拐点分析法

该曲线拐点分析法，就是根据累计填土荷载 $\sum \Delta P$ 和累计孔压增量 $\sum \Delta u$ 绘制的 $\sum \Delta P - \sum \Delta u$ 关系曲线，当该曲线上出现明显向上非线性转折拐点时，即曲线斜率突然增大，则意味着该监测点附近的土体出现塑性破坏，路基存在失稳的可能性（图 6-34、图 6-35）。

软黏土孔隙水压力增量 Δu，可表示

$$\Delta u = K_u \Delta P$$

式中：K_u——荷载孔隙水压力系数。

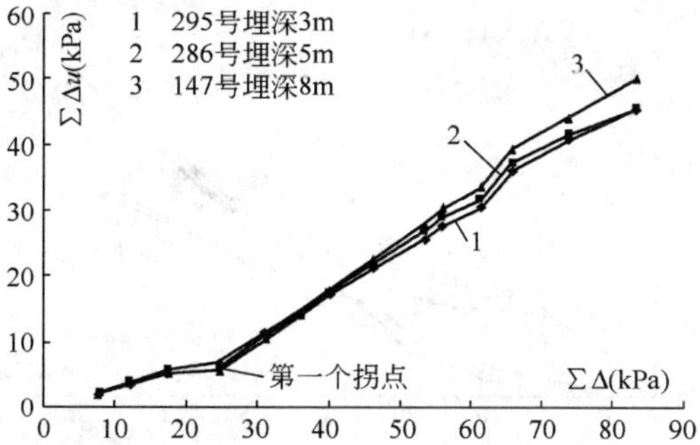

图 6-34　K143 + 530 断面 $\sum\Delta P - \sum\Delta u$ 关系图

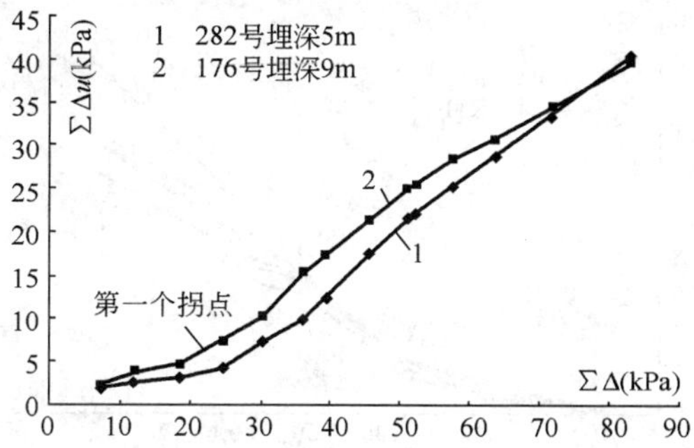

图 6-35　K143 + 570 断面 $\sum\Delta P - \sum\Delta u$ 关系图

当地基在稳定状态下，孔隙水压力增量与荷载增量呈线性关系。当关系曲线出现非线性转折，即 K_u 增大时，说明地基土体已出现局部剪切破坏，当其发展到一定程度时地基失稳。

(2)荷载与沉降速率曲线($\sum\Delta P - \sum S_v$)拐点分析法

$\sum\Delta P$ 为累计填土荷载，$\sum S_v$ 为累计日最大表面沉降速率与该级填土前的沉降速率之差)，两者组成的 $\sum\Delta P - \sum S_v$ 关系曲线，当其出现明显向上非线性转折拐点时，即曲线斜率突然增大，则意味着该监测点附近的土体出现塑性破坏，路基存在失稳的可能性。

(3)荷载(或填土高)与侧向位移速率曲线($\sum\Delta P - \sum V_h$)拐点分析法

$\sum\Delta P$ 为累计填土荷载，$\sum V_h$ 为累计日最大侧向位移速率。当 $\sum\Delta P - \sum V_h$ 关系曲线出现明显向上非线性转折拐点时，即曲线斜率突然增大，则意味着该监测点附近的土体出现塑性破坏，路基存在失稳的可能。

2. 工程实例

图 6-34 所示的 $\sum\Delta P - \sum\Delta u$ 关系图，是沿海公路观测路段上的 K143 + 530 断面，从图上看出，当荷载达到 25kPa 时，曲线出现了第一个拐点，曲线后段未再次出现显著拐点，说明地基一直处于稳定状态，此与实际工程吻合。

从图 6-35 所示的 $\sum\Delta P - \sum\Delta u$ 关系图可以看出，K143 + 570 断面曲线的规律不明显，另外两个断面的曲线在 $\sum\Delta P$ 达到 28kPa 时出现了一次拐点。

图 6-36 所示的 $\sum\Delta P - \sum S_v$ 关系图，同样是上图 6-34 所示的 K143 + 530 断面，可以看出，曲线均有拐点，*OA* 段斜率较小，*AB* 段斜率明显增加，*BC* 段斜率再次变小，这与地基的变形阶段相吻合，*AB* 段斜率增大，说明地基开始进入变形第二阶段，这个阶段需要控制填土速率，*BC* 段斜率减小说明地基通过排水固结强度增加。

图 6-37 是为 $\sum\Delta P - \sum V_h$ 综合关系图，图中 K143 + 570 断面曲线的规律不明显，另外两个断面的曲线在 $\sum\Delta P$ 达到 28kPa 时出现了一次拐点。

荷载增量与孔隙水压力增量曲线，荷载与侧向位移速率曲线，出现第一次拐点的累计荷载比较接近，都在 25kPa 附近。但荷载与沉降速率曲线出现第一次拐点位置在 30 ~ 40kPa。

三、加速度法

在路堤填筑过程中，如果路堤是稳定的，则沉降和侧向位移随时间的变化曲线趋于收敛到某一定值，因而其沉降速率和侧向位移速率是不断减小并趋于零，否则处于不稳定状态，需要采取必要措施加固。其沉降量(或侧向位移)随时间变化与地基稳定状态的关系如图 6-38 所示。

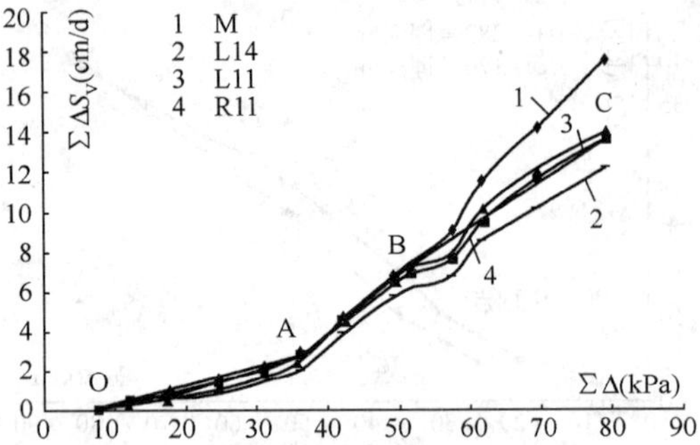

图 6-36　K143 + 530 断面 $\sum \Delta P - \sum S_v$ 关系图

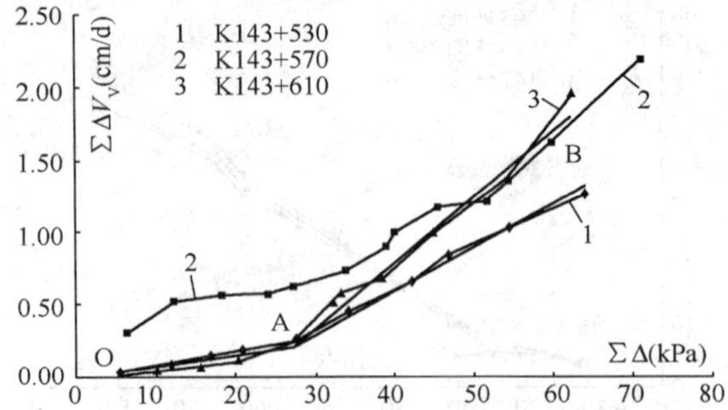

图 6-37　各断面 $\sum \Delta P - \sum V_h$ 关系图

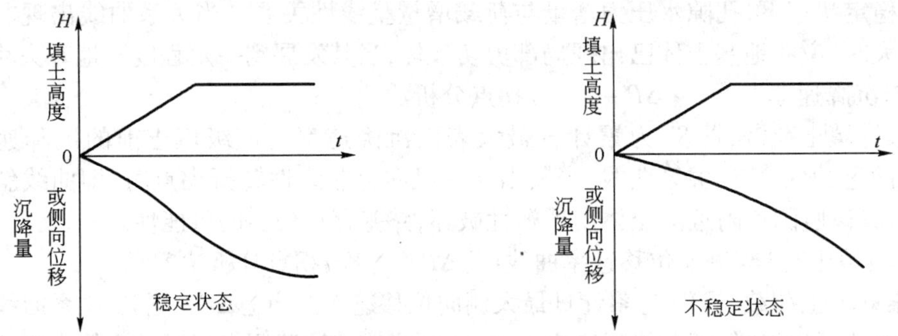

图 6-38　沉降量（或侧向位移）随时间变化与地基稳定状态的关系示意

在路堤填筑过程中，如果处于临界破坏状态时，不及时采取有效措施，一般不超过 2 ~ 3d，甚至更短时间，破坏就会发生。因此，在对具体工程分析时，以 d 为最小时间单位，计算侧向位移速率以及加速度、或沉降速率及加速度。以每一层土的填筑周期为一个观测判断时段，一般为 6 ~ 8d。在此时段内，须密切进行监测，一般情况下需要每天观测 1 次数据，并整理判断，如果有破坏迹象，要缩短数据观测间隔时间，以便及时做出符合实际情况的判断。其判别公式为：

1. 侧向位移加速度法

$$\left.\begin{aligned} a_D &= \frac{v_{D(m+1)} - v_{D(m)}}{\Delta t} && \text{判断条件} \\ v_{D(m+1)} &= \frac{\Delta D_{(m+1)}}{\Delta t} && a_D < 0 \quad \text{处于稳定状态} \\ v_{D(m)} &= \frac{\Delta D_{(m)}}{\Delta t} && a_D \geqslant 0 \quad \text{可能处于不稳定状态} \end{aligned}\right\} \tag{6-1}$$

式中：a_D——侧向位移加速度，当 $a_D \geqslant 0$ 时，地基可能处于不稳定状态，需要缩短观测时间段加强观测，并及时收据数据进行整理分析（mm/d^2）；

$v_{D(m+1)}$——第 $m+1$ 个时间段的侧向位移平均速率，一般以天（d）为单位；

$v_{D(m)}$——第 m 个时间段的侧向位移平均速率，一般以天（d）为单位；

Δt——时间间隔，一般以天（d）为单位；

$\Delta D_{(m+1)}$——第 $m+1$ 个时间段的最大侧向位移（mm）；

$\Delta D_{(m)}$——第 m 个时间段的最大侧向位移（mm）。

2. 路堤中心沉降加速度法

$$
\left.\begin{aligned}
a_S &= \frac{v_{S(m+1)} - v_{S(m)}}{\Delta t} && \text{判断条件} \\
v_{S(m+1)} &= \frac{\Delta S_{(m+1)}}{\Delta t} && a_S < 0 \quad \text{处于稳定状态} \\
v_{S(m)} &= \frac{\Delta S_{(m)}}{\Delta t} && a_S \geqslant 0 \quad \text{可能处于不稳定状态}
\end{aligned}\right\} \tag{6-2}
$$

式中：a_S——路堤中心沉降加速度，当 $a_S \geqslant 0$ 时，地基可能处于不稳定状态，需要缩短观测时间段加强观测，并及时收集数据进行整理分析（mm/d^2）；

$v_{S(m+1)}$——第 $m+1$ 个时间段的路堤中心沉降平均速率，一般以天(d)为单位；

$v_{S(m)}$——第 m 个时间段的路堤中心沉降平均速率，一般以天(d)为单位；

Δt——时间间隔，一般以天(d)为单位；

$\Delta S_{(m+1)}$——第 $m+1$ 个时间段的路堤中心沉降(mm)；

$\Delta S_{(m)}$——第 m 个时间段的路堤中心沉降(mm)。

在上述判别公式中，以侧向位移加速度法为主要判别公式，路堤中心沉降加速度法为辅。

在路堤填筑过程中，只要侧向位移加速度 $a_D<0$，即使路堤中心沉降加速度 $a_S \geqslant 0$，仍可继续填筑，但要加强现场监控。

因为路堤中心沉降的加速，并非仅仅由侧向位移的加速所引起，而大部分是由于地基的固结排水加速进行所引起，这种加速沉降是趋于安全的。

由于地基硬壳层以及加筋土工布等各种因素的影响，有时候地基的最大侧向位移并非发生在荷载施加的一瞬间，而是有一个时间滞后效应，因而侧向位移速率并非一开始就达到最大。所以在每一层土的填筑周期内（一般为6～8d），侧向位移加速度 a_D 可能要经历一个以小到大在逐渐减小的过程，这是正常现象，不必大惊小怪，只要在侧向位移加速度 a_D 增加过程中加强现场监控即可。但是在下一层土填筑之前，必须保证侧向位移加速度 $a_D<0$ 才可进行施工。

3. 加速度法工程实例分析

表6-3为预压期内各断面路堤中心地表沉降速度及加速度观测资料。

各断面路堤中心地表沉降速度及加速度　　表6-3

K143+530			K143+570			K143+610		
沉降(mm)	沉降率(mm/d)	加速度(mm/d^2)	沉降(mm)	沉降率(mm/d)	加速度(mm/d^2)	沉降(mm)	沉降率(mm/d)	加速度(mm/d^2)
25.77	3.43	-0.04	20.23	2.89	-0.07	16.53	2.36	-0.083
17.4	2.49	-0.13	14.32	2.05	-0.12	13.37	1.91	-0.064
11.96	1.83	-0.09	9.64	1.80	-0.04	9.8	1.4	-0.073
14.66	1.38	-0.06	12.22	1.53	-0.03	8.72	1.09	-0.039
6.32	1.26	-0.02	6.1	1.22	-0.06	5.37	1.07	-0.004
7.07	1.01	-0.04	6.62	0.95	-0.04	7.27	1.04	-0.004

从表6-3中看出：在预压期沉降速率逐渐减小，沉降加速度一直小于零。说明地基在逐渐固结稳定。

第五节 软土地基路堤沉降预测方法

沉降观测是验证设计与指导施工的重要手段,它不仅可以用来控制软土地基的稳定性,更重要的是:可以运用其进行路堤沉降预测,推算地基最终沉降量,计算工后沉降量以及计算沉降速率等,确定预压稳定后铺筑路面时间和验证设计是否正确合理。

目前,软土地基沉降预测方法,归纳起来大致分为三大类:

一是通过对地基土样试验,获取地基的土性参数,选择合适的计算模型,用以计算地基的沉降量。

二是通过对实测的沉降数据进行回归分析,以获得沉降规律,从而预测路堤的沉降量。

三是从分析影响软土地基沉降的因素,建立起沉降系数计算半经验方法。

前者由于土的结构关系和模型参数确定困难,在工程中难以使用。第二类是通过实测沉降数据,建立回归方程对路堤后期沉降量和最终沉降量进行预测,已成为工程技术人员十分关注的问题。目前该类基于曲线拟合的软土地基沉降预测方法主要有双曲线法、星野法、浅岗法、S形曲线法以及人工神经网络系统等。第三类是半经验法,在第五章中已进行了运用。

一、曲线拟合理论预测沉降量方法

1. 双曲线和星野法

(1)双曲线法

假定地基下沉平均速率,以双曲线形式拟合地基沉降方法。从填土开始到任意时间 t 的沉降量 S_t 可用下式表示(图6-39):

$$S_t = S_0 + \frac{t}{\alpha + \beta t} \tag{6-3}$$

式中:S_0——初期沉降量($t=0$);

S_t——t 时刻的沉降量;

t——经过时间;

α、β——从实测值求得的系数,化为直线表示直线的截距和斜率(图6-40)。

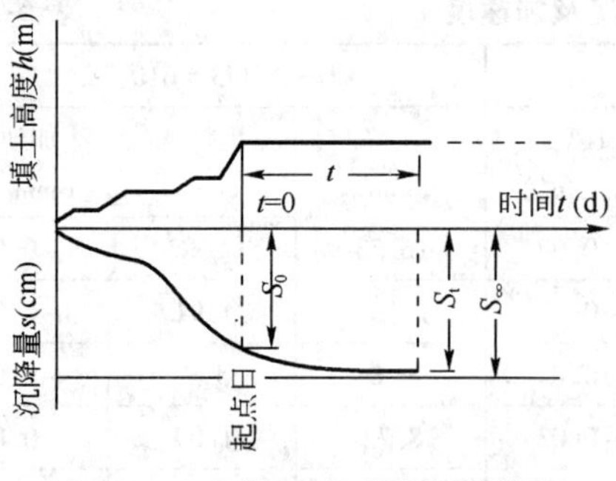

图6-39 双曲线 S-t 关系图(沉降模式)

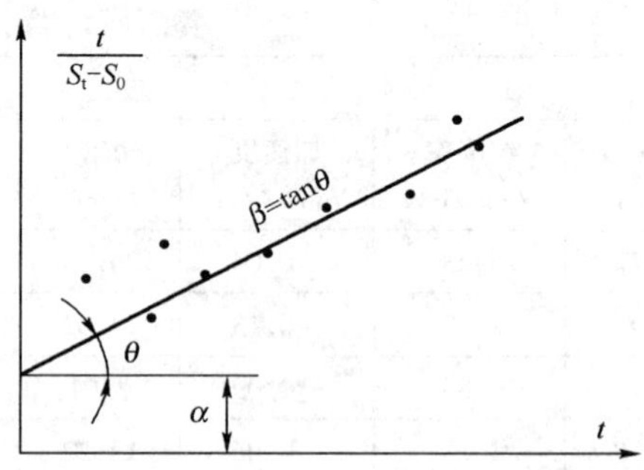

图6-40 α、β 求法

当 $t=\infty$ 时,最终沉降量 S_∞ 可用下式求得:

$$S_\infty = S_0 + \frac{1}{\beta} \tag{6-4}$$

荷载经过时间 t 后的残留沉降量 ΔS 用下式求得：

$$\Delta S = S_{\infty} - S_{t} \tag{6-5}$$

用此方案推测 t 时沉降，要求有较长时间的沉降观测资料，实测沉降时间一般要求至少在半年以上。

(2)星野法

星野法是基于太沙基固结理论得出的固结度 U 和时间 t 的平方根成正比的关系，通过对在现场获取的实测沉降值研究，认为包括剪切变形沉降的总沉降量和时间平方根成正比(图6-41)，其基本计算公式为：

$$S_{t} = S_{0} + \frac{AK\sqrt{(t - t_{0})}}{\sqrt{[1 + K^{2}(t - t_{0})]}} \tag{6-6}$$

上式可改写成：

$$\frac{t - t_{0}}{(S_{t} - S_{0})^{2}} = \frac{1}{A^{2}K^{2}} + \frac{1}{A^{2}}(t - t_{0}) \tag{6-7}$$

式中：S_0——瞬时加载产生的瞬时沉降量；

K——影响沉降速度的系数；

A——求 $t\to\infty$ 时最终沉降值的系数。

这样，$(t-t_0)/(S_t-S_0)^2$ 与 $(t-t_0)$ 的关系，正是斜率为 $1/A^2$、截距为 $1/(A^2K^2)$ 的直线，据此可用图解法求出系数 A 和 K(图6-40)。

具体步骤如下：

①先假定 t_0 和 S_0，由实测数据计算出 $(t-t_0)/(S_t-S_0)^2$ 与 $(t-t_0)$，如图6-42所示；

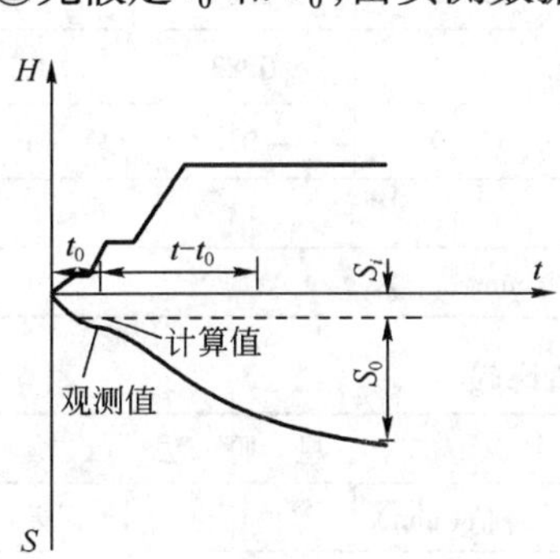

图6-41　星野法 S-t 关系图

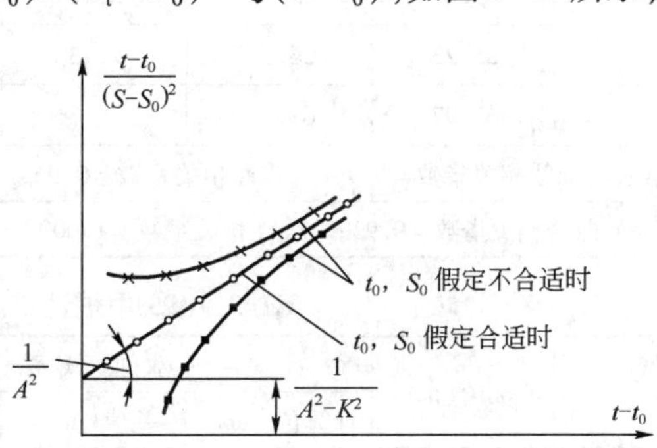

图6-42　参数 A、K 的确定

②再假定几组 t_0、S_0 进行计算，在假定的 t_0 和 S_0 中选出直线性最好的一组，来确定 A 及 K 值；

③将以上确定的 A、K、t_0 和 S_0 代入式(6-6)，即可计算任意时间 t 下的沉降量 S_t。

当式(6-6)中的时间 $t\to\infty$ 时，便可得到星野法计算最终沉降量的公式：

$$S = S_0 + A$$

在观测点数偏少的情况下，采用星野法预测沉降要比双曲线法准确，但其适应性不如双曲线法强。

(3)工程实例分析

运用双曲线法和星野法,对 K143 +475、K143 +485、K143 +530、K143 +610 观测资料进行沉降分析,然后对预测的各断面沉降值与实测值进行比较(表 6-4 ~ 表 6-9)。

K143 +475 中桩计算沉降值与实测值比较 表 6-4

时间(d)	实测值(mm)	双曲线法			星野法		
		计算值(mm)	差值(mm)	误差(%)	计算值(mm)	差值(mm)	误差(%)
245	34.00	35.53	1.53	4.50	33.82	-0.18	-0.53
252	36.25	36.67	0.42	1.16	35.45	-0.80	-2.21
260	37.67	37.75	0.08	0.21	36.79	-0.88	-2.34
265	38.13	38.28	0.15	0.39	37.44	-0.69	-1.81
272	39.64	38.87	-0.77	-1.94	38.18	-0.46	-3.68
307	40.82	40.58	-0.24	-0.59	40.36	-0.46	-1.13
双曲线法:曲线相关指数 =0.981 线性相关系数 =0.905 最终沉降 =43.68mm							
星野法:曲线相关指数 =0.939 线性相关系数 =0.998 最终沉降 =44.51mm							

K143 +485 中桩计算沉降值与实测值比较 表 6-5

时间(d)	实测值(mm)	双曲线法			星野法		
		计算值(mm)	差值(mm)	误差(%)	计算值(mm)	差值(mm)	误差(%)
245	56.83	63.25	6.42	11.30	62.18	5.35	9.41
252	59.92	64.52	4.60	7.68	63.66	3.74	6.24
260	62.48	65.46	2.98	4.77	64.85	2.37	3.79
265	63.79	65.89	2.10	3.29	65.42	1.63	2.56
272	65.23	66.36	1.13	1.73	66.06	0.83	1.27
307	67.97	67.61	-0.36	-0.53	67.89	-0.08	-0.12
双曲线法:曲线相关指数 =0.982 线性相关系数 =0.963 最终沉降 =69.56mm							
星野法:曲线相关指数 =0.939 线性相关系数 =1.000 最终沉降 =71.16mm							

K143 +495 中桩计算沉降值与实测值比较 表 6-6

时间(d)	实测值(mm)	双曲线法			星野法		
		计算值(mm)	差值(mm)	误差(%)	计算值(mm)	差值(mm)	误差(%)
245	97.59	100.72	3.13	3.21	97.66	0.07	0.07
252	102.11	104.82	2.71	2.65	102.27	0.16	0.16
260	106.66	108.5	1.84	1.73	106.21	-0.45	-0.42
265	108.99	109.65	0.66	0.61	108.17	-0.82	-0.75
272	111.84	111.26	-0.58	-0.52	110.47	-1.37	-1.22
307	117.61	115.99	-1.62	-1.38	117.46	-0.15	-0.13
双曲线法:曲线相关指数 =0.984 线性相关系数 =0.940 最终沉降 =124.08mm							
星野法: 曲线相关指数 =0.997 线性相关系数 =1.000 最终沉降 =132.07mm							

K143 +530 中桩计算沉降值与实测值比较　　表 6-7

时间(d)	实测值(mm)	双曲线法			星野法		
		计算值(mm)	差值(mm)	误差(%)	计算值(mm)	差值(mm)	误差(%)
398	368.74	368.74	0.00	0.00	364.27	-4.47	-1.21
405	387.00	388.85	1.85	0.48	381.36	-5.64	-1.46
413	395.36	402.89	7.53	1.90	395.58	0.22	0.06
418	401.68	409.04	7.36	1.83	402.55	0.87	0.22
425	408.75	415.62	6.87	1.68	410.58	1.83	0.45
460	430.86	432.35	1.49	0.35	434.32	3.46	0.80
双曲线法:曲线相关指数 =0.968　线性相关系数 =0.901　最终沉降 =456.53mm							
星野法:　曲线相关指数 =0.987　线性相关系数 =0.998　最终沉降 =480.69mm							

K143 +570 中桩计算沉降值与实测值比较　　表 6-8

时间(d)	实测值(mm)	双曲线法			星野法		
		计算值(mm)	差值(mm)	误差(%)	计算值(mm)	差值(mm)	误差(%)
398	315.75	315.86	0.11	0.03	313.20	-2.55	-0.81
405	325.39	330.47	5.08	1.56	325.85	0.46	0.14
413	337.61	341.66	4.05	1.20	336.83	-0.78	-0.23
418	343.71	346.82	3.11	0.90	342.37	-1.34	-0.39
425	350.33	352.52	2.19	0.63	348.89	-1.44	-0.41
460	369.18	367.98	-1.2	-0.33	369.06	-0.12	-0.03
双曲线法:曲线相关指数 =0.987　线性相关系数 =0.866　最终沉降 =393.04mm							
星野法:　曲线相关指数 =0.998　线性相关系数 =1.000　最终沉降 =412.76mm							

K143 +610 中桩计算沉降值与实测值比较　　表 6-9

时间(d)	实测值(mm)	双曲线法			星野法		
		计算值(mm)	差值(mm)	误差(%)	计算值(mm)	差值(mm)	误差(%)
398	323.61	323.98	0.37	0.11	321.92	-1.69	-0.52
405	333.41	336.95	3.54	1.06	332.49	-0.92	-0.28
413	342.13	347.10	4.97	1.45	342.04	-0.09	-0.03
418	347.50	351.79	4.29	1.23	347.00	-0.5	-0.14
425	354.77	356.97	2.20	0.62	352.96	-1.81	-0.51
460	372.13	371.02	-1.11	-0.30	372.29	0.16	0.04
双曲线法:曲线相关指数 =0.983　线性相关系数 =0.870　最终沉降 =393.86mm							
星野法:　曲线相关指数 =0.998　线性相关系数 =1.000　最终沉降 =419.45mm							

双曲线法和星野法两种沉降预测,都是基于非线性回归方法,为了衡量回归效果的优劣,为此引入一个指标

$$R^2 = 1 - \frac{\sum_{i=1}^{n}(y_i - \tilde{y}_i)^2}{\sum_{i=1}^{n}(y_i - \bar{y})^2} \tag{6-8}$$

式中：y_i——为实测沉降值；

$\bar{y}$——实测沉降平均值；

$\tilde{y}_i$——计算沉降值。

R^2 称为相关指数，用以衡量所配的曲线与沉降观测值拟合的优劣，它的平方根 R 称为相关系数。R^2 和 R 愈大（愈接近1），则表明曲线回归效果愈优。从表6-4～表6-9可以看出：

采用双曲线法预测沉降曲线相关指数为0.968～0.987，相关系数为0.866～0.963；

星野法预测沉降曲线相关指数为0.939～0.998，相关系数为0.998～1.000；

两种方法对本次沉降值都有良好的拟合效果，并且随着沉降观测值的增多误差减小，预测的工后沉降量为0.586cm～3.273cm，满足规范要求高速公路主控制段工后沉降允许值不大于10cm的控制标准。

根据 $U=\frac{S_t}{S_\infty}$ 来推算各个时段的土体平均固结度的计算结果见表6-10。

不同时段土体平均固结度计算表 表6-10

桩号	双曲线法计算土体平均固结度(%)		星野法计算土体平均固结度(%)	
	预压40d	预压75d	预压40d	预压75d
K143+475	90.8	93.5	89.1	91.7
K143+485	93.8	97.7	91.7	95.5
K143+495	90.1	94.8	84.7	89.1
K143+530	89.5	94.4	85.0	89.6
K143+570	89.1	93.9	84.9	89.4
K143+610	90.1	94.5	84.6	88.7

从表6-10可以看出，星野法计算土体平均固结度值小于双曲线法计算土体平均固结度值，这是因为星野法预测最终沉降值较双曲线法大，但从预压时间看，预压40d土体平均固结度均在84%以上，预压75d比预压40d土体固结度增长值不超过5%。

这说明采用水泥搅拌桩和塑料排水板加固整个软弱土层，超载预压后经过大约两个月时间，就可使加固土体固结度达到85%以上（此时的工后沉降值为0.586cm～3.273cm）而满足卸载要求。

2. 浅岗预测法

(1)浅岗法原理

浅岗法(Asaoka)是建立在太沙基单向固结方程的基础上（以体积应变表示的形式）：

$$\frac{\partial \varepsilon}{\partial t}=C_v\frac{\partial^2 \varepsilon}{\partial z^2} \quad 或 \quad \dot{\varepsilon}=C_v\varepsilon_{zz} \tag{6-9}$$

设 t 时刻的沉降为 S_t，则有：

$$S_t=\int_0^H \varepsilon \mathrm{d}z \tag{6-10}$$

$$\dot{S}_t=\int_0^H \dot{\varepsilon}\mathrm{d}z=C_v\int_0^H \varepsilon_{zz}\mathrm{d}z=C_v\{\varepsilon_z(t,z=H)-\varepsilon_z(t,z=0)\} \tag{6-11}$$

在荷载一定的条件下，式(6-10)与式(6-11)等价：

$$S + \alpha_1 S' + \alpha_2 S'' + \cdots + \alpha_n S^{(n)} + \cdots = C \tag{6-12}$$

由于 S 的高阶微分系数迅速减小，实用上用其两项已很精确，即

$$S + \alpha_1 S' = C \tag{6-13}$$

使时间 $t = \Delta t \cdot j (j = 1,2,3\cdots)$，即分成若干时间小段，时间 t_j 的沉降量以 S_{tj} 表示，得到(6-14)的差分形式：

$$S_{tj} = \beta_0 + \beta_1 S_{tj-1} \tag{6-14}$$

S_j 是离散化了的沉降量，如图 6-43 所示。式中的 β_0，β_1 是待定常数，按以下步骤求得：

①选定 Δt，求出相应被分割开的沉降量 S_{tj}。

②把得到的 S_{tj}，S_{tj-1} 绘成图 6-44 的形式。

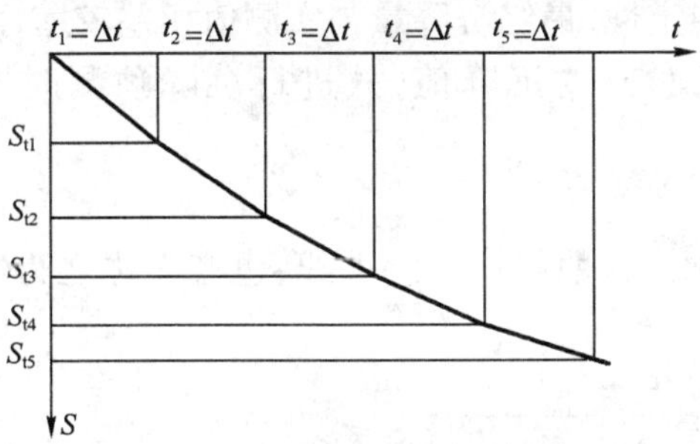

图 6-43　浅岗法 $t_j - S_{tj}$ 关系图

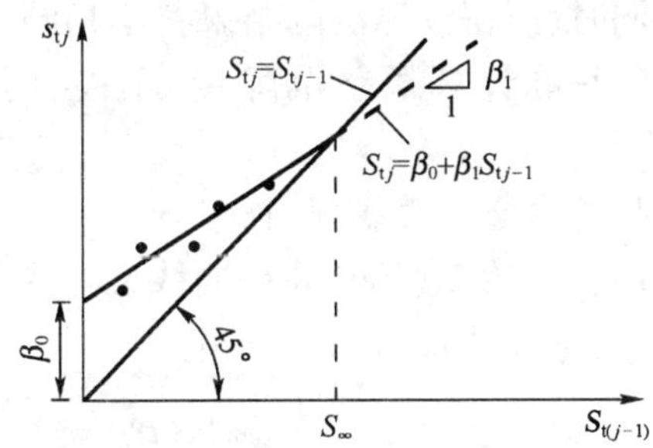

图 6-44　β_0、β_1 求解图

③连接描绘的各点，确定了一条直线，该直线的截距和斜率分别是 β_0、β_1。由式(6-14)可知，当 $S_{tj} = S_{tj-1}$ 时所得沉降即为最终沉降 S_∞，故 $S_\infty = \beta_0/(1-\beta_1)$。

从浅岗法计算步骤中可以分析出，该方法的关键在于合理选择时间间隔 Δt。不同的 Δt 会导致不同的计算沉降值，Δt 过小会使拟合点的波动性较大，拟合直线的相关系数较小；Δt 过大，S_i 点过少，易产生较大的偏差，而且对是否进入次固结阶段不易做出判断。一般 Δt 在 30～100d之间，在实际的推算过程中，宜同时取多个不同的 Δt 进行计算，求出相应的最终沉降量，而后在其中选取相关系数较好的沉降值作为最终沉降值。

(2)计算实例

下面以 K143 + 530 中桩断面观测数据为例，说明其计算过程。时间间隔 Δt = 25,50,75(d)，从观测数据中分别取对应的沉降量，按照上述浅岗法的计算步骤，分别绘制出 S_{tj}，S_{tj-1} 图，并得到相应拟合直线(图 6-45)。

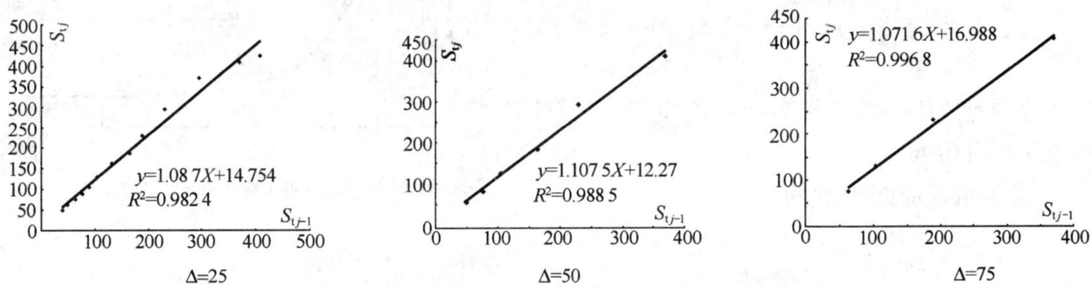

图 6-45　S_{tj}，S_{tj-1} 图

通过以上三图的直线拟合结果，按浅岗法计算最终沉降量结果见表6-11。

最终沉降量预测结果 表6-11

计算次数	时间间隔（天）	计算总沉降量（mm）	相关系数 R	最终沉降量（cm）
3	25	169.59	0.9824	237.26
	50	114.14	0.98815	
	75	237.26	0.9968	

表6-11中分别计算的3个时间间隔所得最终沉降量，然后取相关系数 R 最大的计算结果作为K143+530断面的软土地基最终沉降预测值。

可以看出，由浅岗法得到的沉降预测结果，受样本点选取随机性的影响较大，当时距 Δt 取值不同时，所得预测沉降结果各不相同，表现出不稳定性，最终沉降量与实测值相差较远，而且该方法只能计算最终沉降量，不能计算曲线任意时刻的沉降值，故进行沉降预测时不建议采用。

3. 费尔哈斯曲线预测

1）费尔哈斯（Verhulst）曲线又称 S 形曲线，亦称泊松曲线或推理曲线，也有人称之为饱和曲线，模型表达式为：

$$x^{(1)}(t)=\frac{a/b}{1+\left(\frac{a}{b}\times\frac{1}{x^{(1)}(0)}-1\right)e^{-a(t-t_0)}} \tag{6-15}$$

S 形曲线模型主要用来描述具有饱和状态的过程，即 S 形过程。1837年，比利时生物学家费尔哈斯（Verhulst）从马尔萨斯（malthus）的生物总增长规律出发提出的种群在有限环境下的数量动态模型，其解的轨道为 S 形曲线，在灰色系统中，把费尔哈斯模型作为灰色系统模型中的一个特殊模型，该模型的特点是：

（1）在 $x^{(1)}$ 甚小时，$dx^{(1)}/dt$ 也甚小，系统发展缓慢（即初期发展慢）。

（2）在 $x^{(1)}$ 较大时，$dx^{(1)}/dt>0$ 系统发展较快（即中段发展快）。

（3）当 $x^{(1)}(t_c)=|a|/|b|$，则 $dx^{(1)}/dt=0$，$x^{(1)}$ 不再增大（即后期逐渐趋于稳定）。

此后，尽管 $t>t_c$，但由于 $dx^{(1)}/dt=0$，$x^{(1)}$ 也不再发展，所以有 $x^{(1)}(t)=x^{(1)}(t_c)=\text{const}$，$t\in[t_c,\infty]$，这时系统完全饱和，$x^{(1)}(t)$ 呈一条 S 形曲线。

一条典型的费尔哈斯（Verhulst）模型曲线（S 形曲线）如图6-46。

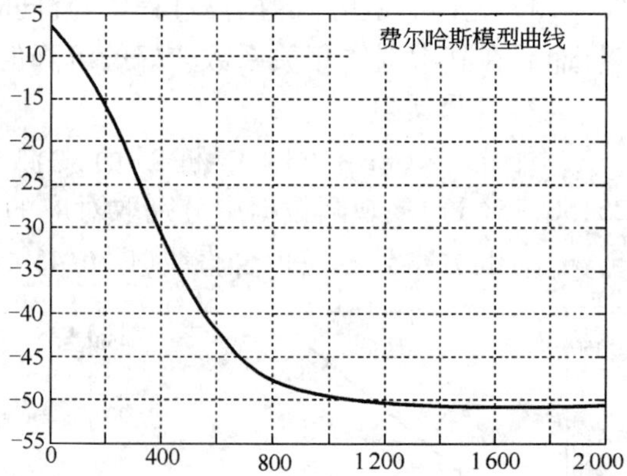

图6-46 S 形曲线费尔哈斯模型曲线

2）费尔哈斯曲线模型的求解

（1）三段计算法

从公式（6-15）中，可以得到：

$$y_t=\frac{c}{1+ae^{-bt}} \tag{6-16}$$

式中：y_t——t 时刻对应的预测值；

t——时间；

a、b、c——待定参数。

三段计算法求费尔哈斯曲线方程中的参数有以下两点要求：

• 时间序列中的数据项或时间的期数是 3 的倍数，并把总项数分为 3 段，每段含 $n/3=r$ 项；

• 自变量 t 的时间间隔相等，或时间长短相等，前后连续，期数 t 由 1 开始顺编，即取 $t=1、2、3、\cdots、n$。按此要求，则时间序列中各项数分别为 $y_1、y_2、y_3，\cdots，y_n$。将其分为 3 段：

第 1 段为 $t=1、2、3、\cdots、r$；

第 2 段为 $t=r+1、r+2、r+3、\cdots、2r$；

第 3 段为 $t=2r+1、2r+2、2r+3、\cdots、3r$

设 $S_1、S_2、S_3$ 分别为 3 个段内各项数值的倒数和，即：

$$S_1=\sum_{t=1}^{r}\frac{1}{y_i} \qquad S_2=\sum_{t=r+1}^{2r}\frac{1}{y_i} \qquad S_3=\sum_{t=2r+1}^{3r}\frac{1}{y_i} \tag{6-17}$$

即将 S 形曲线方程式改为倒数形式：

$$\frac{1}{y_t}=\frac{1}{k}+\frac{ae^{-bt}}{k} \tag{6-18}$$

这样，3 段数值的倒数和分别为：

$$\left.\begin{aligned}
S_1&=\sum_{t=1}^{r}\frac{1}{y_t}=\frac{r}{k}+\frac{a}{k}\sum_{i=1}^{r}e^{-bt}=\frac{r}{k}+\frac{ae^{-b}(1-e^{-rb})}{k(1-e^{-b})}\\
S_2&=\sum_{t=r+1}^{2r}\frac{1}{y_t}=\frac{r}{k}+\frac{ae^{-(r+1)b}(1-e^{-rb})}{k(1-e^{-b})}\\
S_3&=\sum_{t=2r+1}^{3r}\frac{1}{y_t}=\frac{r}{k}+\frac{ae^{-(2r+1)b}(1-e^{-rb})}{k(1-e^{-b})}
\end{aligned}\right\} \tag{6-19}$$

由此，由

$$\left.\begin{aligned}
S_1-S_2&=\frac{ae^{-b}(1-e^{-rb})^2}{k(1-e^{-b})}\\
S_2-S_3&=\frac{ae^{-(r+1)b}(1-e^{-rb})^2}{k(1-e^{-b})}
\end{aligned}\right\} \tag{6-20}$$

为了消去 a 和 k，用 S_2-S_3 去除 S_1-S_2，即得：

$$\frac{S_1-S_2}{S_2-S_3}=\frac{1}{e^{-rb}} \tag{6-21}$$

则参数 b 的计算公式为：

$$b=\frac{\ln\dfrac{(S_1-S_2)}{(S_2-S_3)}}{r} \tag{6-22}$$

又因为

$$\frac{(S_1-S_2)^2}{(S_1-S_2)-(S_2-S_3)}=S_1-\frac{r}{k} \tag{6-23}$$

所以，参数 k 的计算公式为：

$$k = \frac{r}{S_1 - \dfrac{(S_1 - S_2)^2}{(S_1 - S_2) - (S_2 - S_3)}} \tag{6-24}$$

有了 k,可由

$$\frac{(S_1 - S_2)^2}{(S_1 - S_2) - (S_2 - S_3)} = \frac{ae^{-b}(1 - e^{-rb})}{k(1 - e^{-b})} \tag{6-25}$$

加以变换,得到 a 的计算公式:

$$a = \frac{(S_1 - S_2)^2(1 - e^{-b})k}{[(S_1 - S_2) - (S_2 - S_3)]e^{-b}(1 - e^{-rb})} \tag{6-26}$$

系数确定后,则由式(6-16)可求得任意时刻 t 的沉降 y_t,当 $t \to \infty$ 时,对应的 y_t 即为最终沉降值。

(2)最小二乘拟合法,公式(6-16)可以变形为:

$$y_t = \frac{c}{1 + e^{a-bt}} \tag{6-27}$$

$$\ln\left(\frac{c}{y_t} - 1\right) = a - bt \tag{6-28}$$

令:

$$y = \ln\left(\frac{c}{y_t} - 1\right) \tag{6-29}$$

则:

$$y = a - bt \tag{6-30}$$

由于费尔哈斯曲线模型具有单调递增的特性,当 $t \to \infty$ 时,$y_t = c$,故求参数 c 时,首先确定其初始值,初始值定为时间序列中的实测最大值,给定一定的步长递增,在计算机中通过多次试算来确定;c 值确定后,通过最小二乘拟合法可以求出 a,b,上述所有过程都可以编写程序通过电算来实现。

3)费尔哈斯曲线在软土地基路堤沉降预测中的应用

根据太沙基固结理论,导出的 S(沉降)-t(时间)曲线形状如图 6-47a)所示。但是,从观测的大部分填方段落沉降曲线,以及很多相关文献上查阅的资料看,实测沉降曲线形状常常如图 6-47b)所示,典型沉降曲线大致可以分为三段:

在开始阶段,沉降增长慢,曲线斜率小(ds/dt 值小)。在中段,沉降发展逐渐增大,曲线斜率逐渐增大(ds/dt 值增大),沉降发展快,在后期沉降逐渐趋于稳定,增加值趋于 0,ds/dt 趋于 0,最终沉降 S 为一定值。由上述规律可以看出,这种沉降发生、发展、稳定的规律与费尔哈斯曲线模型吻合。

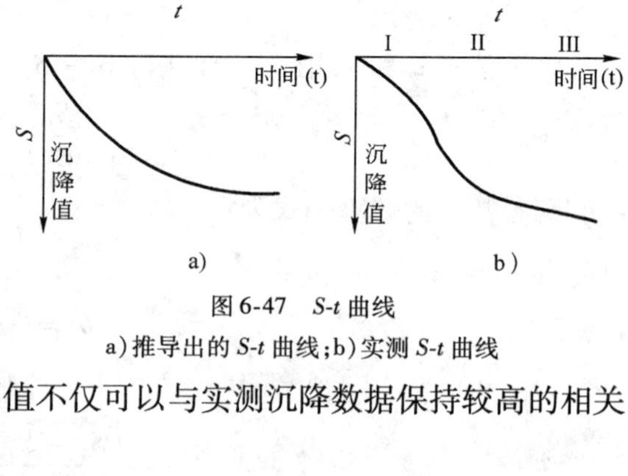

图 6-47 S-t 曲线

a)推导出的 S-t 曲线;b)实测 S-t 曲线

通过对该曲线特点研究,发现对曲线中的时间因子增加一个指数,并对其进行调整,则预测值不仅可以与实测沉降数据保持较高的相关性,也可以得到较满意的最终沉降回归结果。

现以沿海公路观测路段 K143 + 475、K143 + 485、K143 + 495、K143 + 530、K143 + 570、K143 + 610 断面中桩沉降观测数据为例,利用最小二乘拟合法对模型求解,其中时间因子指数分别定

为:0.5、0.8、1.0、1.5,所得结果如表6-12～表6-17所示:

K143 +475(水泥搅拌桩)**断面费尔哈斯曲线沉降预测结果**　　表6-12

	回归方程	最终沉降(mm)	相关指数	相关系数	显著性	剩余标准差
1	$Y=94.02/(1+\exp(5.905-0.33005X^{0.5})$	94.02	0.973	0.971	306.014	3.064
2	$Y=64.96/(1+\exp(4.315-0.05188X^{0.8})$	64.96	0.979	0.976	398.155	2.704
3	$Y=56.53/(1+\exp(3.746-0.01623X^{1.0})$	56.53	0.983	0.979	473.218	2.488
4	$Y=49.03/(1+\exp(2.905-0.00092X^{1.5})$	49.03	0.989	0.984	738.390	2.005

注:X-时间(d),　Y-沉降(mm)　　　预估最终沉降量:49.03mm

K143 +485(水泥搅拌桩)**断面费尔哈斯曲线沉降预测结果**　　表6-13

	回归方程	最终沉降(mm)	相关指数	相关系数	显著性	剩余标准差
1	$Y=174.83/(1+\exp(5.987-0.32324X^{0.5})$	174.83	0.967	0.966	246.234	5.711
2	$Y=112.29/(1+\exp(4.365-0.05122X^{0.8})$	112.29	0.974	0.971	315.095	5.085
3	$Y=96.72/(1+\exp(3.791-0.01602X^{1.0})$	96.72	0.978	0.974	369.818	4.712
4	$Y=81.72/(1+\exp(2.955-0.00093X^{1.5})$	81.72	0.985	0.980	556.062	3.871

注:X-时间(d),　Y-沉降(mm)　　　预估最终沉降量:81.72mm

K143 +495(水泥搅拌桩)**断面费尔哈斯曲线沉降预测结果**　　表6-14

	回归方程	最终沉降(mm)	相关指数	相关系数	显著性	剩余标准差
1	$Y=234.11/(1+\exp(6.188-0.36256X^{0.5})$	234.11	0.979	0.982	345.548	7.962
2	$Y=177.18/(1+\exp(4.526-0.05571X^{0.8})$	177.18	0.984	0.985	450.514	7.007
3	$Y=159.13/(1+\exp(3.927-0.01712X^{1.0})$	159.13	0.986	0.987	539.550	6.420
4	$Y=137.41/(1+\exp(3.055-0.00098X^{1.5})$	137.41	0.992	0.989	871.455	5.078

注:X-时间(d),Y-沉降(mm)　　　预估最终沉降量:137.41

K143 +530(塑料排水板)**断面费尔哈斯曲线沉降预测结果**　　表6-15

	回归方程	最终沉降(mm)	相关指数	相关系数	显著性	剩余标准差
1	$Y=1312.31/(1+\exp(5.182-0.23674X^{0.5})$	1312.31	0.986	0.987	874.619	22.508
2	$Y=1115.84/(1+\exp(3.955-0.03262X^{0.8})$	1115.84	0.991	0.994	1 406.057	17.846
3	$Y=787.14/(1+\exp(3.308-0.01017X^{1.0})$	787.14	0.993	0.994	1 747.208	16.036
4	$Y=562.94/(1+\exp(2.504-0.00058X^{1.5})$	562.94	0.996	0.996	2 984.792	12.305

注:X-时间(d),　Y-沉降(mm)　　　预估最终沉降量:562.94mm

K143 +570(塑料排水板)**断面费尔哈斯曲线沉降预测结果**　　表6-16

	回归方程	最终沉降(mm)	相关指数	相关系数	显著性	剩余标准差
1	$Y=1250.63/(1+\exp(5.397-0.24168X^{0.5})$	1250.63	0.989	0.993	1 093.937	17.404
2	$Y=849.73/(1+\exp(3.965-0.03466X^{0.8})$	849.73	0.992	0.995	1 559.247	14.626

续上表

	回归方程	最终沉降(mm)	相关指数	相关系数	显著性	剩余标准差
3	$Y=639.59/(1+\exp(3.356-0.01069X^{1.0})$	639.59	0.993	0.995	1 859.967	13.409
4	$Y=476.04/(1+\exp(2.560-0.0006X^{1.5})$	476.04	0.995	0.995	2 727.299	11.097

注:X-时间(d),Y-沉降(mm)　　预估最终沉降量:476.04mm

K143+610(塑料排水板)断面费尔哈斯曲线沉降预测结果　　表 6-17

	回归方程	最终沉降(mm)	相关指数	相关系数	显著性	剩余标准差
1	$Y=1\,253.58/(1+\exp(4.186-0.17401X^{0.5})$	1 253.58	0.982	0.984	670.302	19.301
2	$Y=1\,253.58/(1+\exp(3.380-0.02325X^{0.8})$	1253.58	0.989	0.992	1 147.394	14.864
3	$Y=1\,101.96/(1+\exp(2.989-0.00674X^{1.0})$	1101.96	0.991	0.994	1 396.255	13.450
4	$Y=553.18/(1+\exp(1.953-0.00042X^{1.5})$	553.18	0.993	0.994	1 897.922	11.606

注:X-时间(d),　Y-沉降(mm)　　预估最终沉降量:553.18mm

从表6-12～表6-17可以看出:随着时间因子指数的逐渐变化,最终沉降量也在变化,指数逐渐减小,后期沉降会逐渐增大。即其后期次固结持续的时间也逐渐延长,这就较好地解决了其他沉降曲线回归的最终沉降量偏小的问题。对于一般的软土地基路段,指数取大一点较为合理,对于软土地基深度较深或次固结时间较长的路段,指数宜取小一些。

软土地基沉降一个普遍的规律是:

一般软土地基后期沉降稳定时间越长,其选用的指数也应该越小。本项目研究发现:当指数取为1.5时,回归相关指数和相关系数均较高,故取该曲线预测的最终沉降值作为实测断面的预估最终沉降量。

4. 预测结果分析、比较

使用上述方法,对同一试验路段的观测资料分析,并将最终沉降量预测结果汇总于表6-18,表中S_∞为预测最终沉降量,ΔS为工后(剩余)沉降量(其值为路面使用年限,即15年)内的沉降-预压期沉降)。

软土地基最终沉降量预测结果汇总(mm)　　表 6-18

软基处理方法		水泥搅拌桩			塑料排水板		
断面桩号		K143+475	K143+485	K143+495	K143+530	K143+570	K143+610
累计沉降(填筑期)		40.82	67.97	117.61	430.86	369.18	372.13
双曲线法	S_∞	43.68	69.56	124.08	456.53	393.04	372.13
	ΔS	2.23	1.09	5.25	25.27	23.42	21.33
星野法	S_∞	44.51	71.16	132.07	480.69	412.76	419.45
	ΔS	2.66	2.66	12.52	48.91	42.65	46.23S
曲线法	S_∞	49.03	81.72	137.41	562.94	476.04	553.18
	ΔS	8.21	13.75	19.80	132.08	106.86	181.05
均值	S_∞	45.80	74.15	131.19	500.05	427.2	455.50
	ΔS	4.37	5.83	12.52	68.75	57.64	82.87

对表 6-18 三种预测方法的计算结果分析，可以看出：

1）水泥搅拌桩加预压处理后的软土地基，相对于路基填筑结束时，剩余沉降量均值，在 4.37 ~ 12.52mm 之间。

塑料排水板加预压处理后的软土地基，相对于路基填筑结束时，剩余沉降量均值，在 57.64 ~ 82.87mm 之间。

如果考虑路面铺筑及运营期中产生的次固结沉降（在路基不发生过大塑性变形，次固结可按总沉降的 8% 估算），则工后沉降量均值在 4.69 ~ 89.50mm 之间，满足软土地基设计要求，处理效果较理想，达到了预期目的。

2）总体上讲，三种方法预测结果大体相近，但是 S 形曲线线预测结果偏大，双曲线法偏小，星野法居中。三者可以相互验证，取得较为合理的结果，具有可参考的意义。

3）表 6-18 中没有列入浅岗法的沉降预测结果，由于受样本点选取随机性的影响较大，时距 Δt 取值不同，所得预测沉降结果各不相同，表现出不稳定性，最终沉降量与实测值相差较远，故不建议采用。

4）S 形曲线模型增加时间因子指数，可以获得更好的回归效果，能较好的解决其他沉降曲线回归的最终沉降量偏小的问题。

二、人工神经网络系统预测分析

1. 人工神经网络概念

人工神经网络（Artificial Neural Networks，简称为 ANN）系统，是近年来发展起来的一门十分活跃的交叉学科，它是通过电子或光电元件，模仿和简单抽象人脑工作方式，从而设计成的一种算法，广泛用于模式识别与图像处理、控制与优化、预测与管理、通信等多个重要领域。

人工神经网络系统，用大量的神经元，按一定规律互连而成的网络，网络的信息输出，通过神经元间的相互作用来实现。

2. 人工神经网络模拟软地基沉陷

利用人工神经网络编写计算语言，模拟塑料排水板和水泥搅拌桩处理的软土地基沉降，取得了较好的效果。鉴于篇幅所限，未编入其模拟计算过程（可参考有关图书），在这里，仅列出 6 个断面的观测数据模拟结果，以与上述其他方法进行比较（表 6-19 ~ 表 6-24）。

K143 +475（水泥搅拌桩）中桩计算沉降值与实测值比较　　表 6-19

日　期	07.1.5	07.1.12	07.1.20	07.1.25	07.2.1	07.3.8
天数	245	252	260	265	272	307
实测值（mm）	34.00	36.25	37.67	38.13	39.64	40.82
预测值（mm）	32.83	34.07	36.92	38.97	38.76	42.59
误差（%）	-3.44	-6.01	-1.99	2.20	-2.22	4.34
预估最终沉降量：50.21mm						

K143 +485（水泥搅拌桩）中桩计算沉降值与实测值比较　　表 6-20

日　期	07.1.5	07.1.12	07.1.20	07.1.25	07.2.1	07.3.8
天数	245	252	260	265	272	307
实测值（mm）	56.83	59.92	62.48	63.79	65.23	67.97

续上表

日　期	07.1.5	07.1.12	07.1.20	07.1.25	07.2.1	07.3.8
预测值(mm)	57.90	58.99	64.23	65.42	66.12	68.82
误差(%)	1.88	-1.55	2.80	2.56	1.36	1.25
预估最终沉降量:83.69mm						

K143+495(水泥搅拌桩)中桩计算沉降值与实测值比较　　表 6-21

日　期	07.1.5	07.1.12	07.1.20	07.1.25	07.2.1	07.3.8
天数	245	252	260	265	272	307
实测值(mm)	97.59	102.11	106.66	108.99	111.84	117.61
预测值(mm)	96.13	100.98	108.36	111.76	113.84	120.09
误差(%)	-1.50	-1.11	1.59	2.54	1.79	2.11
预估最终沉降量:140.52mm						

K143+530(塑料排水板)中桩计算沉降值与实测值比较　　表 6-22

日　期	07.1.5	07.1.12	07.1.20	07.1.25	07.2.1	07.3.8
天数	398	405	413	418	425	460
实测值(mm)	368.74	380.70	395.36	401.68	408.75	430.86
预测值(mm)	372.49	395.29	369.83	426.12	428.03	439.65
误差(%)	1.02	3.83	-6.46	6.08	4.72	2.04
预估最终沉降量:573.03mm						

K143+570(塑料排水板)中桩计算沉降值与实测值比较　　表 6-23

日　期	07.1.5	07.1.12	07.1.20	07.1.25	07.2.1	07.3.8
天数	398	405	413	418	425	460
实测值(mm)	315.75	325.39	337.61	343.71	350.33	369.18
预测值(mm)	309.16	314.95	346.98	352.61	364.36	378.69
误 差 (%)	-2.09	-3.21	2.78	2.59	4.00	2.58
预估最终沉降量:485.93mm						

K143+610(塑料排水板)中桩计算沉降值与实测值比较　　表 6-24

日　期	07.1.5	07.1.12	07.1.20	07.1.25	07.2.1	07.3.8
天数	398	405	413	418	425	460
实测值(mm)	323.61	333.41	342.13	347.50	354.77	372.13
预测值(mm)	332.54	348.69	356.78	356.24	359.63	380.69
误差(%)	2.76	4.58	4.28	2.52	1.37	2.30
预估最终沉降量:562.69mm						

从表 6-19 ~ 表 6-24 可以看出,其预测趋势与实测结果接近,最大误差为 -6.46%。与表 6-15 中双曲线法、星野法、费尔哈斯曲线法预估的最终沉降量比较,神经网络法预估的最终沉降量大一些,这对工程来说是偏安全的。

第六节　施工超载预压和卸载控制标准

为了严格控制软土地基工后不均匀沉降量，为此，许多国家在技术规范中都对其规定了适宜的沉降控制指标。

根据国内外资料介绍，对桥头引道规定容许差异沉降：

美国为12.7～25.4mm，路面不作规定，一般路段为0.30～0.61m。

法国为3～5cm，一般路段为10cm。

德国交通部1990年新颁布的《软弱地基上道路建设规范》规定，预压荷载的高度及作用时间必须保证，道路运营期由于堤身自重及行车荷载作用，不引起地基土的沉降。

我国规定，高速公路和一级公路桥台与路堤相邻处，在路面设计使用年限内，工后残余沉降量≤10cm，涵洞或箱型通道处≤20cm，一般路段≤30cm。

一、施工超载预压设计

当采用排水固结法处理软基时，为了解决工后沉降的问题，时常采用超载预压法，加速软土地基排水固结。一般来说，超载越大，堆载时间越长，则减小卸载后地基残余沉降的效果越好。

超载预压即是土力学中的回弹再压缩理论，也就是说，通过超载措施，以提高地基压缩模量，从而达到降低地基的沉降量。

但是，在实际工程中，由于条件所限，采用很大的超载与长期的堆载并不现实，反之，用少量的超载甚至不超载，或短期的预压，可能达不到预期的效果。因此，探讨堆载预压的合理设计与卸载时间，无论在理论上还是实际工程上都具有重要意义。

1. 超载预压原理

1）超载预压原理

将超过原设计荷载 P_f 的过量荷载 P_s 也施加在地基上，P_s/P_f 称为超载系数，经超载预压一段时间后移去 P_s。地基经过超载预压后，受压土层各点的有效竖向应力如果大于设计荷载引起的相应点的附加总应力时，则在地基土则不会再发生主固结沉降，同时减小次固结沉降，并推迟次固结沉降的发生。

2）超载预压消除主固结沉降

图6-48所示，在设计荷载 P_f 单独作用下，地基所发生沉降－时间曲线，如图中虚线 f 所示，最终固结沉降量为 S_f。

在超载 P_f+P_s 作用下，相应的地基沉降-时间曲线为图中 $(f+s)$，最终固结沉降量为 S_{f+s}。由图6-48可见，在时间 t_{SR} 时，超载预压的沉降量达到 S_f，即可移去过量荷载 P_s。这样的预压，如果受压土层各点的有效竖向应力大于设计荷载引起的相应点附加总应力时，则今后在设计荷载作用下地基土将不会再发生主固结沉降。

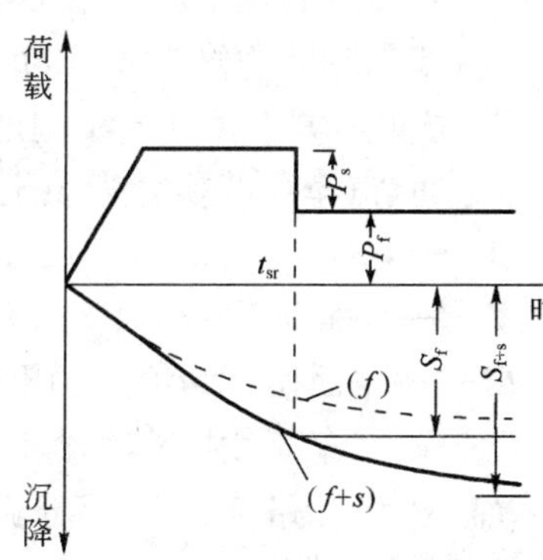

图6-48　堆载预压引起的主固结沉降

3）超载预压减小次固结沉降

超载卸除后，土体由原来的正常固结状态变成超固结状态，而使次固结系数减小；且超载越大，超载卸除后发生次固结沉降的时间越推迟，土的次固结系数越小。

2. 超载预压设计中应注意问题

1）关于主固结沉降

受压土层的平均固结度，如果满足式(6-31)时，在使用荷载作用下，地基仍有可能发生主固结沉降。其原因是由于土的性质不同，某一时间受压土层内超静孔隙水压力的分布是不均匀所致。

$$U_{f+s}(H) \geqslant \frac{P_f}{P_f + P_s} \tag{6-31}$$

2）在超载预压的过程中，由于路堤产生的沉降，降低了超载预压的填土高度，应考虑增加预压沉降的附加超载，使在超载预压过程中始终保持路堤填筑高度不低于设计超载 $P_f + P_s$ 的填筑高度，保证在设计超载下预压。

3）超载预压时，因为超载增大了路堤的填筑高度，往往超过了地基的极限高度，因此必须注意路堤的稳定性，采用分级施加预压荷载，控制加荷速率并监测地基的稳定性。

3. 预压高度反馈修正

路堤超载预压高度，一般在施工设计中已给出。但是，由于受计算方法的不完善及计算参数确定的偏差等因素影响，其设计结果的准确性，往往不能令施工满意。根据施工前期的实测资料，如果对超载高度进行反馈修正，则可能使超载预压高度更符合实际。

工程实践经验表明，对于同一工程地点，路中线处的填土厚度与其对应的最终沉降基本呈直线关系，并且通过研究可知：

路中线处不同深度处的附加应力，均基本与填土厚度为正比关系，软土压缩实验时中线处弹性模量基本不随填土厚度变化，从而得出路基的沉降与填土厚度基本成正比的结论。

根据最终沉降与填土厚度的经验方程：

$$S = m(H + S) \tag{6-32}$$

式中：S——最终沉降；

H——与 S 对应的填土高度，$H + S = T$ 填土厚度；

m——沉降系数，其经验取值见本书第五章。

通常每级填土厚度的计算方法，是两次填土碾平之后测得的地表高程的差值，由于没有考虑每次沉降导致的填土厚度增加量，因此，其值偏小需要进行修正。

每级填土厚度的修正方法为：

实际填土厚度 = 实测地表高程差值 + 两次测量高程时间内地基沉降量。

将路面、汽车荷载换算为填土求得等效填土高度 H_e：

$$H_e = H_d - T_r + T_{re} + T_{ve} \tag{6-33}$$

式中：T_r——路面厚度；

T_{re}——路面换算为填土的厚度；

T_{ve}——汽车荷载换算为填土的厚度；

H_d——设计路基高度，等于路面高程与原始地面高程之差。

将 H_e 代入式(6-32)求得 H_e 对应的最终沉降 S_e：

$$S_e = m(H_e + S_e) \tag{6-34}$$

取 U 为卸载时地基的平均固结度，$U \geqslant 80\%$。那么，可用下式计算超载厚度 T_0：

$$S_e - [S_r] = m(H_e + S_e + T_0)U \tag{6-35}$$

式中：T_0——超载厚度；

T_0 = 超载前后实测地表高程差值 + 两次测量高程时间内地基沉降量；

S_r——工后允许沉降。

二、预压卸载控制方法及控制标准

确定合理的预压期限，是预压阶段的主要工作，在施工设计阶段，已经对填土预压规定了预压期，但这个预压期只能作为一个控制指标，实际施工中不能用它来作为预压结束的天数，必须通过对现场实测沉降观测资料来分析确定路堤超载的卸载时机。

利用实测资料进行卸载控制的方法主要有：工后沉降值法、平均速率法以及有效应力面积比法。

1. 工后沉降值法

路基工后沉降值指的是：道路达到设计使用年限的路基沉降与路面铺筑之前的地基已发生的沉降之差。

对于超载预压，预压期内地基完成的沉降量，不能小于路面设计使用期限内的沉降量与容许工后沉降之差。工后沉降分析式为：

$$S_r = S_f - (S_t)_{f+s} \leqslant [S_r] \tag{6-36}$$

式中：S_r ——工后沉降量；

S_f ——永久荷载的最终沉降量；

$(S_t)_{f+s}$ ——超载到 t 时刻完成的沉降量；

$[S_r]$ ——容许工后沉降量。

理论和工程实践均表明，填土厚度与其对应的最终沉降基本为线性关系。

由 $\dfrac{S_e}{H_e} = \dfrac{S_\infty}{H_\infty}$ 得：

$$\frac{S_e}{S_\infty} = \frac{H_e + S_e}{H_\infty + S_\infty} \tag{6-37}$$

式中 H_∞、S_∞ 分别为预压荷载下沉降完成后的填土高度（如不是均质土，则换算成均质土）和最终沉降量。

S_∞ 可以根据双曲线法推算得到，按下式计算 H_∞。

$$H_\infty = H_t - (S_\infty - S_t) \tag{6-38}$$

式中：H_t、S_t 分别为 t 时对应的路中线处填土高度和沉降

实际的超载厚度为

$$T_0 = H_\infty - H_e \tag{6-39}$$

由式(6-37)可以得到使用荷载下的最终沉降 S_e

$$S_e = \frac{H_e}{H_\infty} S_\infty \tag{6-40}$$

剩余沉降量 S_r 为

$$S_r = S_e - S_t \tag{6-41}$$

当剩余沉降 S_r，小于允许工后沉降 $[S_r]$ 时，可以卸载。

《公路软土地基路堤设计与施工技术规范》(JTJ 017—96)对高等级公路的工后沉降标准规定见本书第五章5-34。在施工中判定是否达到这一标准，应根据沉降观测资料推算总沉降，推算方法使用比较广泛的有双曲线法、星野法、指数曲线法，用计算结果推算工后沉降。

2. 平均速率法

平均速率法指的是：当荷载施加完成以后，路基中心的月沉降速率或连续两个月沉降观测值小于某一个限值时，即可卸载。

广(州)—佛(山)高速公路建设时，郑启瑞等人提出沉降速率卸载标准 $[V_s]$：沉降速率连续 3 个月小于 5mm/月。该标准在深(圳)—汕(头)高速公路、(北)京—珠(海)高速公路等多条高速公路上得到广泛应用。杭甬高速公路建设时提出的沉降速率卸载标准为：一般路段小于 2 ~ 3mm/月，桥头路段小于 1mm/月。

刘吉福推导证明，在恒载阶段，t 时的剩余沉降 S_r，与沉降速率 V_s，存在以下关系：$V_s = \beta S_r$。

因此，根据允许工后沉降 $[S_r]$，可以确定沉降速率卸载标准 $[V_s]$。当实测沉降速率小于沉降速率卸载标准 $[V_s]$ 时，可以卸载。

3. 有效应力面积比法

朱向荣(1988)对超载卸除后地基的残余变形进行了研究，结果表明，超载卸除后土层的残余应变与卸载时土层的平均固结度及超载比有关，当固结度相同时，土层的残余应变随卸载量的增大而减小，当卸载量一定时，土层的残余应变随平均固结度的提高而减小。

为了消除永久性荷载下的固结与次固结变形，一般以为，只要将超载保持到堆载作用下时刻的固结与次固结变形等于使用荷载下的最终沉降，即当压缩土层的平均固结度达到下式要求时即可卸载：

$$\overline{U} = \frac{S_f + S_{sc}}{S_{f+s}^m} \tag{6-42}$$

1)对双面排水的黏土层，考虑到土层虽达到了平均固结度 U_t，但是土层中间部位相当大的一部分土层由于孔隙水压力没有消散，在超载卸除后，使用荷载作用下土层会继续固结，而靠近上下边界的土层则处于卸载状态，为了消除超载卸除后继续发生的主固结沉降，超载应维持到使土层中间部位的固结度达到设计值。

浙江大学潘秋元、朱向荣等研究和总结了土的次固结变形规律，对于正常固结土的次固结变形主要有如下几点结论：

(1)正常固结黏土的次固结系数随固结压力的变化不大；

(2)次固结系数不随排水距离的变化而发生改变；

(3)黏性土的次固结变形所占的比例不大，一般小于 10%。

2)超载卸除后土体的变形特征主要表现为：

(1)卸载大小和卸载时间的影响：

卸除超载将使土的次固结系数 C_a 减小，且卸载越大，C_a 减小越大，发生次固结的时间越推迟。

(2)超载卸除后土样的变形和时间关系

卸除后，土体发生回胀变形，卸载越大，回胀变形越大。分析整个变形过程，可认为变形有三个阶段，在卸载瞬间，土样中产生负的孔隙水压力，土样吸水产生膨胀变形，当负孔压基本消散后，土样继续产生由于土颗粒蠕动引起的次回胀变形，一定时间以后土的次固结变形逐渐占主导地位，土样将继续产生次固结变形，并且发生次固结的时间随卸载的增大而推迟，当卸载量足够大时，在很长时间内土样仍以回胀变形为主。

(3)潘秋元的有效应力面积比的计算式可以表示为：

$$\text{有效应力面积比 } R = \frac{\text{使用荷载下地基中的总应力面积}}{\text{卸载前地基中达到的有效应力面积}}$$

土的残余变形卸载后，土中总应力面积与卸载前土体中的有效应力面积之比称为有效应力面积比)的影响。

土体次固结系数随有效应力面积比的减小而减小，即残余变形随着有效应力面积比的减小而减小。事实上，根据有效力原理，当持荷时间一定时，土在超载作用下的有效应力一定，也就是卸载后土的前期固结压力一定，则卸载越大，土的超固结比越大，土的有效应力面积比越小。当堆载与超载大小一定，则堆载与持荷时间越长，土的有效应力面积比越大，卸载后土的前期固结压力越大。由于使用荷载一定，则卸载后土的超固结比越大，也即卸载后土样的有效应力面积越小。但超固结比越大，次固结系数减小越多，发生次固结的时间也越迟。

为了同时考虑卸除超载时地基达到的平均固结度和超载比对地基残余变形的影响，较合理的是以有效应力面积比 R 作为超载预压设计和卸载控制的标准。

当 $R=1$ 时，在路堤荷载作用下，土层将不会产生主固结变形，但仍然产生一定的次固结变形；

当 $R<1$ 时，如 $R<0.75$，在使用期，工后沉降很小，一般控制有效应力比卸载标准为$R \leqslant 0.75 \sim 0.80$。

参照固结度的概念，刘吉福提出了有效应力系数的概念，定义为：

$$U_e = \frac{\sigma_t - (u_t - u_0)}{\sigma_f} \tag{6-43}$$

式中：σ_t——时路中线处平均总应力；

σ_f——使用荷载下路中线处的平均总应力面积；

u_t——时路中线处平均孔压；

u_0——路中线处平均初始孔压。

有效应力系数实质上与有效面积比成倒数关系，与固结度定义类似。采用有效应力系数时，$[U_e] \geqslant 1.25$。

设预压时填土厚度为 T，根据预压期观测资料可以计算出预压荷载对应的 H_∞，利用式(6-44)可以计算得到使用荷载对应的填土厚度 T_e

$$T_e = \frac{H_e}{H_\infty} T \tag{6-44}$$

根据 T、T_e 可以计算路中线处的 σ_t 和 σ_f

$$\sigma_t = TK_z \tag{6-45}$$

$$\sigma_f = T_e K_z \tag{6-46}$$

结合孔压观测资料，由式(6-47)可以计算得到有效应力系数。

计算有效应力面积比时，需要计算使用荷载下的总应力面积和卸载前的有效应力面积：

$$\text{总应力} = \text{附加应力十自重应力}$$

附加应力可以利用附加应力 σ_t 与填土高度 z 的关系式计算得到。

在土层参数未知的情况下，计算自重应力比较困难。此时可以计算有效应力系数，它与有效应力面积比成正比关系。

对于卸载标准，地基规范还规定，卸载前受压土层的平均固结度必须达到 80% 以上。目前，对于地基的固结度，还存在两种观点，即按地基沉降定义的平均固结度和按应力定义的平均固结。

三、工程实例分析

1. 塑料排水板段

1）利用工后沉降法进行卸载判断

选择断面 K143 + 610 作为卸载判断示例，该断面设计高程 5.413m，地面高程 1.18m，路基设计高度 $H_d = 4.633$m。路面厚度为 0.72m，换算为填土厚度为 1.08m。

《公路软土地基路堤设计与施工技术规范》（JTJ 017—96）规定，行车荷载对沉降的影响很小，可以忽略不计。

利用星野法对超载至 2007 年 4 月 11 日实测的沉降曲线进行拟和，得到超载后的 S_∞ 为 422.5mm。

$$H_e = 4.633 - 0.72 + 1.08 = 4.993\text{m}, H_t = 5.39\text{m}（超载时填土的高度）$$

由公式（6-38）$H_\infty = H_t - (S_\infty - S_t)$，可得：$H_\infty = 5.39 - (0.4225 - 0.384) = 5.3515$m

可以得到使用荷载作用下的最终沉降量

$$S_e = 4.993/5.3515 \times 422.5 = 394.2\text{mm}。$$

由公式 6-41 $S_r = S_e - S_t$，可得：$S_r = 394.2 - 384 = 10.2\text{mm} < [S_r] = 30\text{cm}$。

满足规范要求可以卸载。

2）利用沉降速率进行卸载判断：

K143 + 530、K143 + 570、K143 + 610 各断面预压期的沉降速率见表 6-25、表 6-26 及表 6-27。

K143 + 530 断面预压期沉降速率 表 6-25

预压天数(d)	7	14	21	29	34	41	76	82	98	110
沉降速率(mm/d)	3.68	2.49	1.71	1.83	1.26	1.01	0.63	1.98	0.44	0.38

K143 + 570 断面预压期沉降速率 表 6-26

预压天数(d)	7	14	21	29	34	41	76	82	98	110
沉降速率(mm/d)	2.89	2.05	1.38	1.53	1.22	0.95	0.54	0.54	0.51	0.43

K143 + 610 断面预压期沉降速率 表 6-27

预压天数(d)	7	14	21	29	34	41	76	82	98	110
沉降速率(mm/d)	2.36	1.91	1.40	1.09	1.07	1.04	0.50	0.61	0.33	0.25

从表 6-25 ~ 表 6-27 看，在卸载时，路基的沉降速率在 0.25mm/d ~ 0.43mm/d 之间，未达到沉降速率控制标准 5mm/月，即 0.0167mm/d。

3）利用有效应力系数法进行卸载判断：

选择断面 K143 +610 作为卸载判断示例。

$$H_e = 4.993\text{m}, H_\infty = 5.351\,5\text{m}, T = 5.39\text{m}。$$

由 6-44 式 $T_e = \dfrac{H_e}{H_\infty}T$，可得 $T_e = 4.993/5.351\,5 \times 5.39 = 5.03\text{m}$。

取 $K_z = 1$，由式 6-45、6-46 可得：$\sigma_t = TK_z = 5.39$，$\sigma_f = T_e K_z = 5.03$，

加载完成时：深度 3m 处 $U_0 = 20.814\text{kPa}$；深度 6m 处 $U_0 = 19.462\text{kPa}$；深度 9m 处 $U_0 = 25.358\text{kPa}$；平均孔压 $\overline{U}_0 = 21.878\text{kPa}$。

卸载时：深度 3m 处 $U_t = 13.645\text{kPa}$；深度 6m 处 $U_t = 10.605\ \text{kPa}$；深度 9m 处 $U_t = 10.678\text{kPa}$；平均孔压 $U_t = 11.642\text{kPa}$。

由 6-43 式 $U_e = \dfrac{\sigma_t - (u_t - u_0)}{\sigma_f}$，可得：$U_e = \dfrac{5.39 - (11.642 - 21.878)}{5.03} = 3.11 > 1.25$。可以卸载。

2. 水泥搅拌桩段

1）利用工后沉降法进行卸载判断：

选择断面 K143 +495 作为卸载判断示例，该断面设计高程 6.101m，地面高程 1.31m，路基设计高度 $H_d = 4.791\text{m}$。路面厚度为 0.72m，换算为填土厚度为 1.08m。《公路软土地基路堤设计与施工技术规范》（JTJ 017—96）规定，行车荷载对沉降的影响很小，可以忽略不计。

利用星野法对超载至 2007 年 3 月 8 日实测的沉降曲线进行拟和，得到超载后的 S_∞ 为 124.2mm。

$$H_e = 4.791 - 0.72 + 1.08 = 5.151\text{m}, H_t = 5.38\text{m}（超载时填土的高度）$$

由公式 $H_\infty = H_t - (S_\infty - S_t)$，可得：$H_\infty = 5.38 - (0.124\,2 - 0.117\,6) = 5.37\text{mm}$

可以得到使用荷载作用下的最终沉降量 $S_e = 5.151/5.37 \times 124.2 = 119.13\text{mm}$。

由公式 $S_r = S_e - S_t$，可得：$S_r = 119.13 - 117.6 = 1.53\text{mm} < [S_r] = 10\text{cm}$。

满足规范要求可以卸载。

2）利用沉降速率进行卸载判断（表 6-28 ~ 表 6-30）

K143 +475 断面预压期沉降速率　　表 6-28

预压天数(d)	7	14	21	29	34	41	76	82
沉降速率(mm/d)	0.321	0.319	0.230	0.215	0.178	0.092	0.035	0.034

K143 +485 断面预压期沉降速率　　表 6-29

预压天数(d)	7	14	21	29	34	41	76	82
沉降速率(mm/d)	1.368	0.874	0.851	0.680	0.671	0.363	0.344	0.055

K143 +495 断面预压期沉降速率　　表 6-30

预压天数(d)	7	14	21	29	34	41	76	82
沉降速率(mm/d)	1.544	1.048	0.850	0.754	0.729	0.435	0.366	0.015

3）利用有效应力系数法进行卸载判断：

选择断面 K143 +495 作为卸载判断示例：$H_e = 5.151\text{m}$，$H_\infty = 5.37\text{m}$，$T = 5.38\text{m}$。

由式 6-44$T_e = \dfrac{H_e}{H_\infty}T$，可得 $T_e = 5.151/5.37 \times 5.38 = 5.16\text{m}$。

取 $K_z=1$，由式 6-45、6-46 可得：$\sigma_t=TK_z=5.38$，$\sigma_f=T_eK_z=5.16$，加载完成时：

深度 2m 处 $U_0=26.98$kPa；深度 4m 处 $U_0=29.70$ kPa；深度 6m 处 $U_0=34.40$kPa；平均孔压 $\overline{U}_0=30.36$kPa。

卸载时：深度 2m 处 $U_t=18.50$kPa；深度 4m 处 $U_t=21.53$kPa；深度 6m 处 $U_t=23.62$kPa；平均孔压 $\overline{U}_t=21.22$kPa。

由式(6-43) $U_e=\dfrac{\sigma_t-(u_t-u_0)}{\sigma_f}$，可得：$U_e=\dfrac{5.38-(21.22-30.36)}{5.16}=2.81>1.25$。可以卸载。

四、超载预压卸载分析比较

通过对上述三种方法进行比较可知：

- 平均速率法：比较直观，但该方法的控制标准（平均沉降速率连续 2 个月 <5mm/月）过于保守。
- 最终沉降预测法，操作时较为麻烦，但是结果较为理想，不过最终沉降量预测不准，对结果影响很大。
- 有效应力面积比法受一定的条件限制。

在这里，我们可以结合最终沉降法和有效应力法对其他的路段进行卸载时机的判定，即最终沉降预测法与有效应力系数相结合，通过对最终沉降法所判定的卸载时机，再用有效应力系数进行检验，以保证确定正确的卸载时机。当工后沉降达到规范要求，同时有效应力系数 $U_e>1.25$，便可以卸载。

第七章　半刚性路基上长寿命路面

目前,在我国高速公路上,常用的主要路面类型有水泥混凝土路面和沥青混凝土路面。在这两类路面中,沥青混凝土路面特点:行驶舒适而安全,适应多种气候和交通环境,同时,还便于施工和维修。因此,无论大江南北,长城内外,在公路建设中,沥青混凝土路面,往往是首选的路面结构。河北沿海公路也不例外,选用了改性沥青混凝土路面。

第一节　河北沿海公路一般路面结构

河北沿海公路路面,在满足交通量和使用要求的前提下,结合当地气候(自然区划为II区)、水文、土质等自然条件,总结当地公路建设实践经验,选择沥青混凝土路面。

在工可研究时,确定路面设计年限为15年,全线交通组成如表7-1所示。

交通量预测结果表　　表7-1

车　型	小　客	大　客	小　货	中　货	大　货	集装箱	拖　挂
比例(%)	28.28	6.13	10.62	12.7	22.78	4.73	14.77

根据预测的交通量和交通组成,路面主要设计指标如下:

以双轮组单轴轴载100kN为标准轴载,在设计使用年限内,设计车道的标准轴载累计作用次数 $Ne=1.52\times10^7$,路面设计弯沉值 $l_d=0.221$mm。遵照据现行沥青路面设计和施工技术规范,设计出各路段的路面结构。

1. 主线上的路面结构

主路线上沥青混凝土路面结构,如图7-1所示。

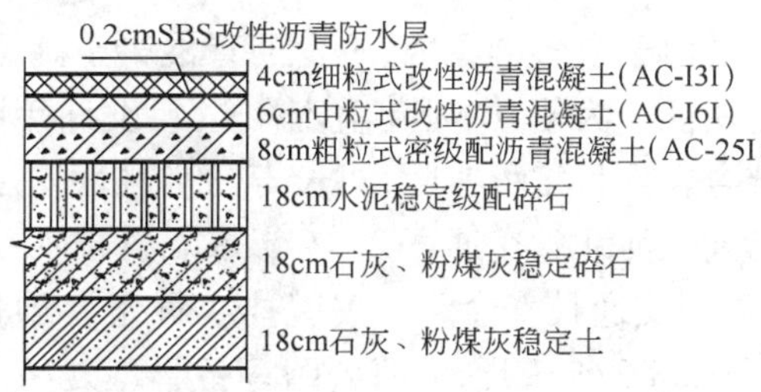

图7-1　主路路面结构(尺寸单位:cm)

2. 国内高速公路路面面层

目前,在国内高速公路上,路面面层最常采用的结构组合为三层式,我省最常用的厚度为15cm,即:

4cm上面层+5cm中面层+6cm下面层

其中:上和中面层多采用改性沥青混凝土;下面层多采用普通沥青混凝土。根据全国各地交通超载现状及初步设计审查意见,本项目的主路路面厚度采用18cm,中和上面层用改性沥青,下面层用普通沥青。

为了尽量减少水损害的发生,三层结构均采用密级配,即现行规范中的I型沥青混凝土。之所以如此,以尽量减少路面病害,尤其是预防路面水损害的发生,这符合当前实践的经验。采取这种措施,基本已被工程界所认可,是目前的典型结构。

根据公路沥青路面设计规范修订的最新信息,在修订的新规范中,即将取消II型级配,而全部采用Ⅰ型级配,因此,这也符合未来的发展趋势。

3. 沥青混凝土路面质量评述

目前,所建设的高速公路的沥青混凝土路面,根据按疲劳设计原则,设计寿命通常应为15~20年。然而,实际上使用寿命远没有达到设计年限,早期损坏现象十分普遍。原交通部质量监督站,曾公布过沥青混凝土三十余病害。这些病害大致归纳为两类:

第一类早期损坏,发生在沥青路面建成不久,当年或2~3年内,损坏形式,表现为车辙、坑槽、网裂。

第二类早期损坏,未达到设计寿命,发生了结构性破坏。

然而,引起这些病害的原因,各抒己见,但也大致可归纳如下:

- 由于地基,特别是软土地基处理不当,或路基碾压不足、路堤填土不符合设计要求等,导致路基承载能力不足,从而引起路面损坏。
- 由于半刚性基层开裂,使沥青面层出现反射裂缝,于是致使路基弱化、路面唧泥及碎裂等病害。
- 由于沥青面层材料选择或设计不当,从而引起车辙、水损坏、低温开裂、泛油、松散等病害。
- 由于路面各结构层材料质量变异及摊铺碾压不均匀,在路面最薄弱环节发生的车辙、坑槽、泛油等病害。

为了解决沥青混凝土所发生种种病害问题,道路工程界许多研究机构和学者,对此一直进行着坚持不懈努力,探赜索隐,追本溯源,积铢寸累,取得了可喜的研究成果。河北沿海公路,在已往沥青路面研究成果中取精用宏,结合具体工程实际,开展长寿命路面研究和试验工作。

第二节　半刚性路基上长寿命沥青路面

由于众多的原因,不少沥青混凝土路面在华年就患上重病,未老先衰,难以履行路面的使用功能。为使其“延年益寿”,达到设计年限,寿终正寝。为此,沿海公路根据以往研究成果,结合本项目工程实际,对长寿命半刚性基层沥青路面综合技术进入实施性试验研究。该项目已列入河北省交通厅2005年重点科技项目,同时列入交通部2005年西部交通建设科技项目“重载交通长寿命路面关键技术研究”(项目编号:2005 318 000 01)子课题。

2006年3月,沿海公路筹备管理处与河北省科交公路工程咨询公司共同对现场进行了考察,在Q1合同确定总长度5.035km为试验路段,正式进入实施性试验研究日程。

一、长寿命沥青混凝土路面

在本项目中,所谓长寿命路面是指:使所修筑的沥青混凝土路面,保证路面设计使用年限内不发生路面结构性破坏,同时,大型维修周期大于12年。

在半刚性基层和底基层的基础上,长寿命路面采用多碎石沥青混凝土SAC系列路面结构。为了达到预期目的,针对一般沥青路面产生病害的主要原因,在本项目中采取了以下技术措施。

1. 箱式封闭防水体系

在路堤中设置沥青隔断层,与边坡、中央分隔带布设的防水层与路面一起,组成箱式防水体系，隔断下部水分毛细上升进入上部填土的通道，阻止边坡和中央分隔带上雨水和路面上的雨水渗入路基，保证路基顶面以下150cm范围内的路堤，永久处于干燥状态，使路基回弹模量保持长期稳定。同时，还建立健全路堤上排水系统，使地面水、雨雪水快速排泄到路基之外(图7-2)。

2. 采取多种黏结技术，改善相邻结构层之间薄弱界面

为了保证路面预期年限内不发生结构性破坏，试验工程采取SAC沥青路面系列结构体系，并且在各施工层之间，采取粘结层等措施，强化结构层之间连接，形成整体结构(图7-3)。

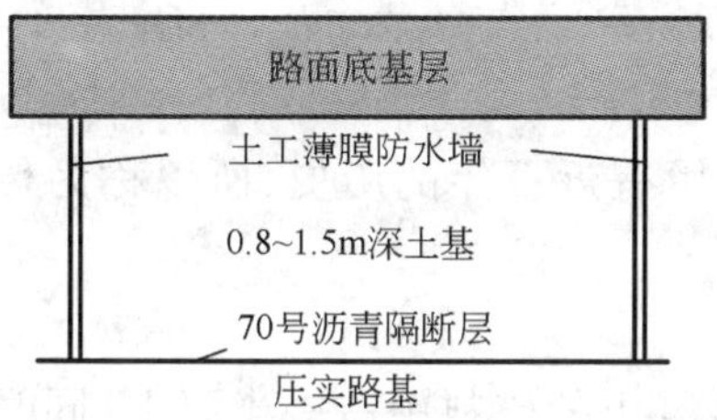

图7-2　完善的防水体系示意图

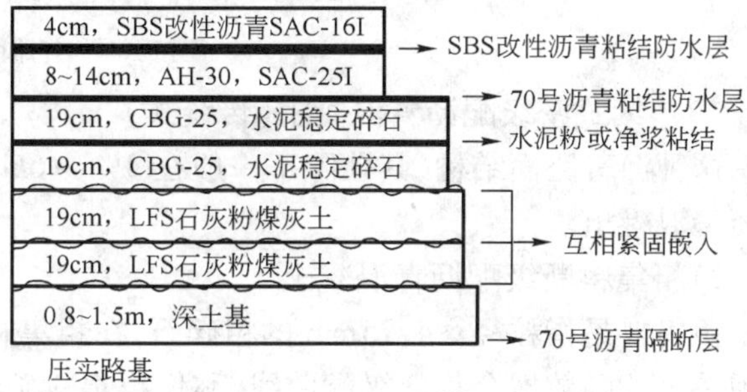

图7-3　试验路面结构示意图

3. 地基实施强化处理

对路基中沥青隔断层以下路基，采取强夯或冲击压实，提高路堤填筑的密实度。

4. 精细化施工管理

在整个路面施工中，制订精细化管理措施，实施详细的跟踪检测，严格按设计要求施工，确保路面施工质量。

二、沥青系列路面

1. 当今的公路路面

早在20世纪80年代以前，路面已分为柔性路面和水泥混凝土路面(刚性路面)。其中沥青路面是柔性路面中的主要路面。按照沥青路面的基层和底基层不同，柔性路面实际上分为两种：

一是沥青面层下为柔性基层和底基层。柔性基层是指：沥青稳定碎石、级配碎(砾)石、填隙碎石。柔性底基层是指：未筛分的碎石、砂砾。

二是沥青面层下为半刚性基(底)层。例如：以贫混凝土、水泥稳定粒料、石灰粉煤灰稳定粒料铺筑的基层和底基层，称为半刚性基(底)层。

半刚性沥青路面就是在沥青路面结构中，有一层或二层以上半刚性材料层结构。

在水泥路面结构上，加铺沥青混凝土面层，称为复合性路面结构。

综上所述，当前高速公路的路面结构，可以说分为四大类：柔性基础上的沥青路面、半刚性基础上的沥青路面、刚性组合式沥青路面、刚性路面。除去刚性路面外，其余三种统称为沥青路面。

2. 沥青混凝土路面

沥青混凝土路面，按照矿料的组成，可分为两大类：

第一类：密实式沥青混凝土路面

密式沥青混凝土路面，孔隙率或空气率 $V_a < 4\%$ 或 5%。其特点透水性小，沥青混凝土密

实，抗变形能力强，用其铺筑的路面，表面构造深度太小，只有 0.25mm，是目前比较常用的沥青路面结构。鉴于矿料组成方式不同，密式沥青混凝土又分为三种（图 7-4）：

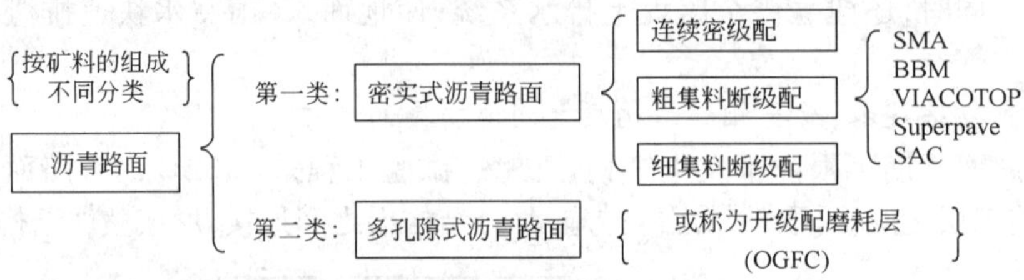

图 7-4　沥青路面类型

1）连续式密级配沥青混凝土（传统式）

这种沥青路面结构，其孔隙率一般在 3% ~6%。已使用有近百年的历史，所以称为传统式沥青混凝土。

2）粗集料断级配沥青混凝土

粗集料是指粒径 >4.75mm 的粗碎石，在粗集料沥青混凝土的矿料中占一半以上，同时不能用一个幂函数拟合集料级配曲线，称作粗集料矿料级配。其中 SAC 多碎石路面则属于该种结构，此外还有 SMA 路面结构、BBM 薄沥青路面结构、VIACOTOP。

（1）SMA（Stone Mastic Asphalt）沥青混凝土，粗集料占 60% ~70%，比传统式密级配使用比较多的沥青和比较多的沥青填料。

（2）BBM—薄沥青路面结构

这种路面结构属于断级配密实沥青混凝土。与 SMA 相比，是更显著的断级配。其常用厚度为 3 ~4mm 的表面层、厚 2 ~2.25cm 的很薄表面层。厚 1.5 ~2.0cm 的超薄表面层，多用于养护或新老路面的表面层。

（3）VIACOTOP

这种路面系瑞典使用的粗集料断级配沥青混凝土，多用于上覆层。

（4）SAC 多碎石沥青路面

在沥青混合料中，如果 >4.75mm 的粗碎占集料总量 60% 以上的集料，用其铺筑的沥青混凝土路面，称为多碎石沥青混凝土路面。为了与沥青混凝土施工规范（JTG F40—2004）沥青混凝土命名相区别，在规范上相应的路面序列前加 S，故用 SAC 表示多碎石沥青混凝土。这是本章主要阐述的路面结构。

（5）Super pave，又称为优质沥青路面或高级沥青路面。

上述几类沥青路面结构中，只有 SAC 序列是我国具有自主知识产权的。河北沿海公路试验路面，则是在半刚性基层上铺筑 SAC 沥青路面。本章对此只对该类路面进行阐述。

3）细集料断级配沥青混凝土

由细集料占多数组成的断级配沥青混凝土，称为细集料断级配沥青混凝土。它分热压式沥青混凝土和浇筑式沥青混凝土。

前者适宜气候温和地区，后者常用特立尼达湖沥青。

第二类：多孔隙沥青混凝土路面

多孔隙沥青混凝土路面（PAC），或开级配磨耗层（OGFC），该类路面孔隙率在 18% 以上，最大可达到 28%，所以沥青混凝土内部孔隙构成了水流通道，消除或大幅度降低行车溅水现象，因而又称为排水型磨耗层，同时，构造深度大，满足行车要求，常被用作磨耗层，又可称为开级配磨耗层。此外，还可显著降低噪声，所以又称为减噪磨耗层。

总之，目前沥青混凝土向粗集料断级配方向发展。在南方多雨地区，OGFC 也是一种常采用的结构形式。其构造深度大，符合设计要求，孔隙率大和透水性大。

三、SAC 多碎石沥青路面

SAC 多碎石沥青路面（以下简称 SAC 路面），使用英文名称时，译为 Stone Asphalt Concrete。这种类型的路面，始创于 1988 年下半年，并在京石高速公路上铺筑。从 20 世纪 90 年代起，SAC 开始推得到广使用，至今已有 20 年的历史。

SAC 是一种粗集料断级配沥青混凝土，这种路面结构是吸收上述两类沥青路面的优点，避免两者的各自的缺陷，而构成的一种新的级配沥青路面。

1. *SAC 路面系列产品*

前述，SAC 路面已历经 20 余年沧桑，形成了系列产品，即 SAC-10、SAC-13、SAC-16、SAC-20、SAC-25、SAC-30。其中 4.75mm 以上的粗集料含量，占到 60% ~70%。

在 SAC 产品系列中，工程实践证明：

- SAC-16、13、10 可用作沥青路面表面层。
- SAC-20、25 用作中面层。
- SAC-25、30 用作底面层。

在路面中应用最多的是 SAC-16，SAC-10，它们主要用于旧沥青路面和新铺沥青路面上的很薄和超薄层。

沥青路面面层按厚度不同，可分为薄层沥青混凝土面层，厚度为 25 ~ 30mm；很薄层厚度为 20 ~ 25mm；超薄层厚度 15 ~ 20mm。

在 SAC 路面序列的集料中，大于 4.75mm 粗集料含量，在集料总体中，占主要成分。根据粗集料的含量多少，SAC 路面又分为以下三种结构：

1）紧密接触式密实结构

当碎石含量在 70% 左右时，则属于紧密接触式密实 SAC 路面结构。所谓紧密型，系指在沥青混凝土中，碎石与碎石互相能接触，形成材料骨架，其中骨架之间的空隙 40% ~41%。细集料、填料和沥青组成沥青砂胶填充在粗集料孔隙中，将粗集料粘结在一起，形成以粗集料为骨架的整体。

在紧密式结构中，按集料所占总集料中比例，细化为紧密式、一般式和疏松式结构，具体分界线如图 7-5 所示。

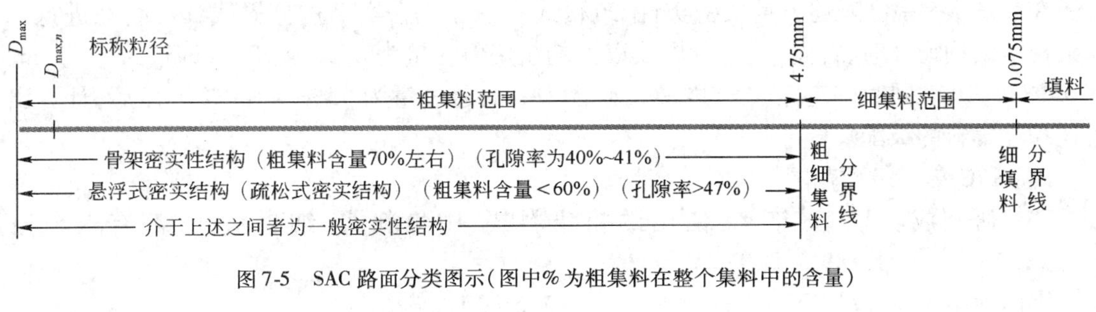

图 7-5　SAC 路面分类图示（图中% 为粗集料在整个集料中的含量）

2)悬浮式密实结构

当粗集料含量<60%时,SAC 则属于悬浮式密实结构。所谓悬浮式结构,粗集料中的碎石之间并不互相接触,或只有部分能够接触,没有形成骨架。细集料、填料和沥青组成的沥青砂胶的体积占47%(或说粗集料之间空隙为47%),大于或显著大于粗集料间的孔隙率,粗骨料犹如悬浮在沥青砂中。

3)一般骨架密实结构

介于上述之间的密实结构,粗集料之间的空隙43%~46%,属于一般性的骨架密实结构。

2. SAC 系列的矿料配合设计

1)SAC 沥青路面设计原理

SAC 沥青混合料,主要由矿料和沥青两大材料组成。密实性沥青混凝土体积一般包括:矿料、沥青和空气三部分。其中矿料体积率常占83%~85%,沥青常占10%~13%左右,孔隙率约占3%~4%。

因此,SAC 沥青混凝土的物理性质,既与上述主要材料有关,也与三者所占比例有关。所以合理地选择材料,恰当的选定三者比例,从而获得最佳混合料。

试验和实践证明,沥青混凝土的使用性能和耐久性,主要取决于矿料的类型和质量、集料级配组成,沥青混合料的试件密度和标准密度试验方法。

矿料类型和质量包含有:矿料原始岩性、颗粒形状、针片状颗粒含量、粉尘和泥土含量、软弱岩石含量、压碎值、磨耗层和磨光值等物理和力学指标。

工程实践证明:沥青不是保证混凝土的多个因素中的关键者,只有在矿料质量和级配合理的前提下,使用改性沥青才能发挥其有效作用。

SAC 集料级配原则是:就是用粗集料形成骨架,用细集料填充骨架之间的空隙,使设计的沥青混凝土既密实、空气率小,水不容易渗入,又具有较高的高温抗永久形变能力。用作表层还具有较好的抗滑能力。

2)SAC 矿料端部断级配设计思想

SAC 集料级配分三部分:①粗集料、②细集料、③是填料。

(1)粗集料:粗细集料分界线统一定为4.75mm,即大于该界限的集料为粗集料。其含量大于60%,工程实践多为65%~75%。

(2)细集料:粒径在4.75~0.075 mm 的集料定为细集料。

(3)小于0.075 mm 定为填料。

SAC 粗集料断级配矿料,包括有悬浮式密实结构、一般骨架密实结构和紧密骨架密实结构。矿料密实结构,随岩石品种而异。

在前图7-5中已表述出骨架密实性、疏松式和悬浮式密实结构分界线,因此,在进行 SAC 骨架密实结构设计时,首先:确定分界线以上的粗集料含量为65%或70%,即通过4.75mm 量的35%或30%,同时确定标(公)称最大粒径 D_{max} 的通过量为95%~100%。然后,计算出粗集料和细集料的级配。

(4)SAC 集料级配范围

SAC 研究成功近20年来,使用的粗集料式、中集料式、细集料式,都有六个控制点(图7-6):

①标称最大粒径处两个点,通常为95%、97.5或100%。

②筛孔尺寸4.75mm出两个点，通过量原来为30%、35%或40%。近年来改为25%和35%。

③筛孔尺寸0.075 mm处两个点，通过量为4%～10%之间某一值。

上述6个点形成较宽的级配范围。本书常使用两个控制点的中值，所以实际上使用三个控制点。

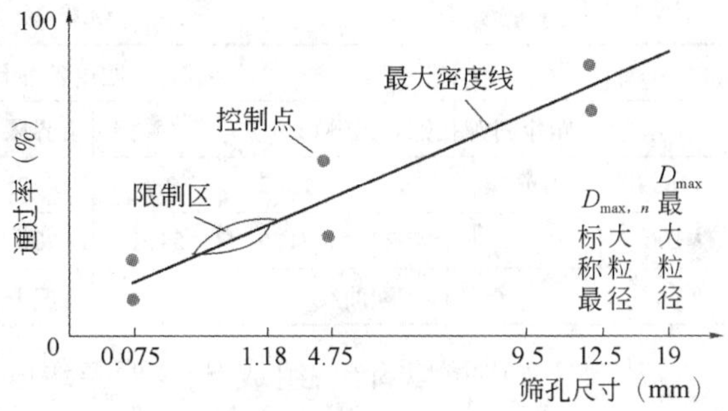

图7-6 SAC集料设计控制点示意图

第一个控制点是标称最大粒径通过量，如95%、97.5%、100%。

第二个控制点是4.75mm筛孔通过量，例如30%、35%或40%。

第三个控制点是0.075mm筛孔通过量，例如4%～10%之间的某一值。

此外还可在4.75mm和0.075mm设立一个控制点，例如1.18mm。

利用上述三个控制点，计算两段级配曲线：第一段：描写粗集料，其孔隙率大，约占40%；第二段：描写细集料（含填料），应是密实性集料。

这两段曲线连接在一起，就组成一个完整的中断级配曲线。如果采用四点控制，则用三段曲线组成一条完整的中断级配曲线（其中两段为细集料不连续曲线）。

上述完整的中断级配曲线，允许小范围的调整，但是一旦中断级配曲线确定后，不应再变化，以保证沥青混合料的物理、力学性能稳定。此与以往规定的一个级配范围是大不相同之处。

3）粗集料级配计算基本公式

$$P_{di} = A\left(\frac{d_i}{D_{max}}\right)^B \tag{7-1}$$

式中：P_{di}——d_i筛孔尺寸的通过量（%）；

d_i——某筛孔尺寸（mm）；

D_{max}——矿料的最大粒径（mm）；

A、B——系数。

使用公式（7-1），确定矿料的标称最大粒径D_{max}后，设定$D_{max,n}$和4.75mm两个筛孔的通过量后，利用（7-1）式计算出相应的粗集料级配计算公式。

例如：SAC-20

SAC-20的最大粒径D_{max}为26.5mm，标称粒径为19mm，设定通过19mm筛孔的通过量为97.5%，设定4.75mm筛孔的通过量为30%，代入公式（7-1），得：

$97.5 = A\left(\frac{19}{26.5}\right)^B$，$30 = A\left(\frac{4.75}{26.5}\right)^B$ 解立该两方程，求得：$A = 129.377$，$B = 0.850\,22$，代入式（7-1），则为：

$$P_{di} = 129.38\left(\frac{d_i}{26.5}\right)^{0.850\,22} \tag{7-1A}$$

利用公式（7-1A），将各筛孔孔径代入，则可计算出各筛孔的通过量，描绘出SAC-20的断级配曲线（表7-2）。

SAC-20 断级配实例 表 7-2

<table>
<tr><td colspan="12">通过各筛孔的质量(%)</td></tr>
<tr><td colspan="5">粗集料筛孔筛孔尺寸(mm)</td><td>界限</td><td colspan="6">粗集料筛孔筛孔尺寸(mm)</td></tr>
<tr><td>26.5</td><td>19</td><td>16</td><td>13.2</td><td>9.5</td><td>4.75</td><td>2.36</td><td>1.18</td><td>0.6</td><td>0.3</td><td>0.15</td><td>0.075</td></tr>
<tr><td>100</td><td>97.5</td><td>84.2</td><td>71.5</td><td>54.1</td><td>30</td><td>22.2</td><td>16.4</td><td>12.3</td><td>9.1</td><td>6.7</td><td>5.0</td></tr>
<tr><td colspan="5">粗集料级配曲线</td><td>断开</td><td colspan="6">细集料级配曲线</td></tr>
</table>

从表 7-2 中可以看出:组成 SAC 两条级配曲线,在 4.75mm 处断开,所以 SAC 系列称为断级配曲线。

采用同样的方法,设定 SAC 系列产品的 D_{max},标称粒径 $D_{max,n}$ 通过量为 100%、97.5%,4.75mm的筛孔通过量分别为 30%、35%、40%,分别代入(7-1)式,便可计算出 SAC 相应产品的 A、B 系数(表 7-3)。

SAC 系列产品粗集料级配 *A*、*B* 系数表 表 7-3

<table>
<tr><td rowspan="2">SAC 系列</td><td rowspan="2">D_{max}(mm)</td><td colspan="2">$D_{max,n}$</td><td rowspan="2">4.75mm
通过量(%)</td><td rowspan="2">A</td><td rowspan="2">B</td></tr>
<tr><td>粒径(mm)</td><td>通过量(%)</td></tr>
<tr><td rowspan="3">SAC-30</td><td rowspan="3">37.5</td><td rowspan="3">31.5</td><td rowspan="3">100</td><td>30</td><td>117.730</td><td>0.6364</td></tr>
<tr><td>35</td><td>110.159</td><td>0.5549</td></tr>
<tr><td>40</td><td>108.803</td><td>0.4843</td></tr>
<tr><td rowspan="3">SAC-25</td><td rowspan="3">31.5</td><td rowspan="3">26.5</td><td rowspan="3">100</td><td>30</td><td>112.870</td><td>0.7004</td></tr>
<tr><td>35</td><td>111.133</td><td>0.6107</td></tr>
<tr><td>40</td><td>109.651</td><td>0.5330</td></tr>
<tr><td rowspan="3">SAC-20</td><td rowspan="3">26.5</td><td rowspan="3">19</td><td rowspan="3">100</td><td>30</td><td>133.500</td><td>0.8685</td></tr>
<tr><td>35</td><td>128.654</td><td>0.7573</td></tr>
<tr><td>40</td><td>124.596</td><td>0.6610</td></tr>
<tr><td rowspan="3">SAC-16</td><td rowspan="3">19</td><td rowspan="3">16</td><td rowspan="3">100</td><td>30</td><td>118.570</td><td>0.9914</td></tr>
<tr><td>35</td><td>116.016</td><td>0.8644</td></tr>
<tr><td>40</td><td>113.844</td><td>0.7574</td></tr>
<tr><td rowspan="3">SAC-13</td><td rowspan="3">16</td><td rowspan="3">13.2</td><td rowspan="3">100</td><td>30</td><td>125.444</td><td>1.1780</td></tr>
<tr><td>35</td><td>121.847</td><td>1.0272</td></tr>
<tr><td>40</td><td>118.823</td><td>0.8965</td></tr>
<tr><td rowspan="3">SAC-10</td><td rowspan="3">13.2</td><td rowspan="3">9.5</td><td rowspan="3">100</td><td>30</td><td>177.063</td><td>1.7370</td></tr>
<tr><td>35</td><td>164.573</td><td>1.5146</td></tr>
<tr><td>40</td><td>154.468</td><td>1.3219</td></tr>
</table>

4)细集料级配计算

细集料级配计算的基本公式形式同公式(7-1)。只是把右边的公式 D_{max} 改为 4.75mm,于是公式(7-1)改为式(7-1B)。类似粗集料的方法,计算出细集料的各粒径的集料数量。

$$P_{di} = A\left(\frac{d_i}{4.75}\right)^{B} \tag{7-1B}$$

利用公式(7-1B),设定 4.75mm 分别为 30%、35%、40% 和 0.075mm 通过量为 4%,则可

联立求解出 SAC 系列中的细集料的 A、B 系数(表 7-4)。

SAC 系列产品细集料级配 A、B 系数表　　表 7-4

SAC 系列	4.75m 通过量(%)	0.075	A	B	备　注
SAC-30	30	4%	30	0.488 7	如果为了需要,例如:SAC-16 希望控制 1.18mm 通过量为 15% 和 0.075mm 通过量为 6%。可将 4.75 ~ 1.18 为一段,1.18 ~ 0.075 为一段,仍可利用式 7-1B 求解 A、B 系数:$30=A\left(\frac{4.75}{4.75}\right)^B$,变为 $4=\left(\frac{1.18}{4.75}\right)^B$ 联立求解。
	35		35	0.522 9	
	40		40	0.555 0	
SAC-25	30		30	0.485 7	
	35		35	0.522 9	
	40		40	0.555 0	
SAC-20	30		30	0.431 9	
	35		35	0.469 1	
	40		40	0.501 3	
SAC-16	30		30	0.388 0	
	35		35	0.425 1	
	40		40	0.457 3	
SAC-13	30		30	0.318 6	
	35		35	0.355 8	
	40		40	0.388 0	
SAC-10	30		30	0.318 6	
	35		35	0.355 8	
	40		40	0.388 0	

例如:SAC-30,设 $D_{max}=4.75$mm,0.075 通过量为 4%,则式(7-1B)为:

$30=A\left(\frac{4.75}{4.75}\right)^B$,$4=\left(\frac{0.075}{4.75}\right)^B$,联立求出细集料级配的 A、B 系数。

从此可利用表 7-3、表 7-4 计算出 SAC 系列的各产品任意筛孔的通过量,计算结果列于表 7-5。

SAC 系列集料级配表　　表 7-5A

SAC	通过下列各筛孔(mm)的质量(%)												
	31.5	26.5	19	16	13.2	9.5	4.75	2.36	1.18	0.6	0.3	0.15	0.075
30-1	100	89.6	72.5	65.0	57.5	46.6	30	21.4	15.2	11.0	7.8	5.6	4.0
30-2	100	90.9	75.5	68.7	61.7	51.4	35	24.3	16.9	11.9	8.3	5.7	4.0
30-3	100	92.0	78.3	72.0	65.6	56.0	40	27.1	18.5	12.7	8.6	5.9	4.0
25-1		100	79.2	70.2	61.4	48.7	30	21.4	15.2	11.0	7.8	5.6	4.0
25-2		100	81.6	73.5	65.3	53.4	35	24.3	16.9	11.9	8.3	5.7	4.0
25-3		100	83.7	76.4	69.0	57.9	40	27.1	18.5	12.7	8.6	5.9	4.0
20-1			100	86.1	72.9	54.8	30	22.2	16.4	12.3	9.1	6.7	5.0
20-2			100	87.8	75.9	59.2	35	25.2	18.2	13.3	9.6	6.9	5.0
20-3			100	89.2	78.6	63.2	40	28.2	19.9	14.2	10.0	7.1	5.0

续上表

SAC	通过下列各筛孔(mm)的质量(%)												
	31.5	26.5	19	16	13.2	9.5	4.75	2.36	1.18	0.6	0.3	0.15	0.075
16-1				100	82.6	59.6	30	22.9	17.5	13.4	10.3	7.9	6.0
16-2				100	84.7	63.7	35	26.0	19.4	14.5	10.8	8.1	6.0
16-3				100	86.5	67.5	40	29.0	21.2	15.5	11.3	8.2	6.0
13-1					100	67.9	30	24.0	19.2	15.5	12.4	10.0	8.0
13-2					100	71.3	35	27.3	21.3	16.8	13.1	10.2	8.0
13-3					100	74.5	40	30.5	23.3	17.9	13.7	10.5	8.0

注:4.75mm 筛孔通过量 30%、35%、40% 分别对应紧密(SAC-××-1)、一般(SAC-××-2)、疏松(悬浮)式(SAC-××-3)路面结构。

SAC-10 集料级配表 表 7-5B

SAC	通过下列各筛孔(mm)的质量(%)									
	9.5	7.5	4.75	2.36	1.18	0.6	0.3	0.15	0.075	＊表 7-10A、表 7-10B 中产品系列主要差别在于4.75mm 通过量分别为30%、35%、40%。分别为紧密、一般、疏松密实结构参考集料级配
10-1	100	66.3	30	24.0	19.2	15.5	12.4	10.0	8.0	
10-2	100	69.9	35	27.3	21.3	16.8	13.1	10.2	8.0	
10-3	100	73.2	40	30.5	23.3	17.9	13.7	10.5	8.0	

在表 7-3、表 7-4 中对应的每一种集料级配对应有 3 个级配,主要区别是在 4.75mm 筛孔通过量分别为 30%、35%、40%,分别对应紧密、一般和疏松(悬浮)密实结构。这些级配还必须进行检验后调整后方可使用。

以上计算出的集料级配,只是提供了一个级配曲线,为适应不同岩石品种的特性,还需要对集料级配进行检验,确定是紧密、一般、疏松的密实结构。若不符合就应对粗、细集料配合比进行调整,然后计算新的集料级配。

3. 集料级配检验方法

检验集料级配的目的是否满足使用要求。对集料级配要求,视气候条件不同,对路面的要求也不同。寒冷的地区,抗水破坏能力及表面抗滑能力是主要问题,要求沥青混凝土密实度大、空气率小。在炎热的南方则不然,高温抗永久形变能力则不可忽视。

1)集料级配检测内容

(1)物理性检验内容

用所确定的集料级配,制成的沥青混凝土:是否具有适宜的空气率 V_a,使自由水难以透入;是否具有适宜的矿料间隙率 *VMA*,以保证在高温季节不容易泛油和产生剪切形变形成的严重车槽。

(2)力学检验的内容

用所确定的集料级配,制成的沥青混凝土,是否具有良好的水稳定性、高温抗形变能力、抗剪切能力等。

(3)检验方法

级配检验方法和步骤如下:

①集料级配初步检验

使用 VCA_{DRF}（干捣实孔隙率检验方法）方法，根据公式(7-1)（或表 7-8 ~ 表 7-10）选定的 SAC 集料级配，对所用集料级配和沥青等原材料进行初步检验。如不符合要求，对集料级配进行调整，使之符合下述的公式(7-4)两侧平衡。

②试验室验证

使用初步检验合格的级配，制备沥青混凝土试件，按常规（马歇尔试验或 GTM 试验）对制备沥青混合料试验方法，进行物理和力学验证，高温下抗永久变形能力、车辙试验、抗渗透等试验，对混合料级配进行验证。

③最终级配检验

根据验证的试件结果，再使用 VCA_{AC} 法（沥青混凝土粗集料孔隙率检验方法）对沥青混合料级配进行最终检验。检验不合格进行调整配合比，重复上述步骤进行二次、三次调整检验，确定最终沥青混合料级配，作为目标配合比设计的依据。生产单位即可按最后确定的集料级配，计划或订购、安排各个不同粒径的生产量。订购或生产集料时，料场的振动筛筛孔尺寸与设计的级配尺寸有差异，其对应尺寸见表 7-6。

碎石场用筛尺寸(mm)　　表 7-6

碎石场用筛孔(mm)	40	33	23	20	16	12	9	6	备注
相对应的室内筛孔(mm)	31.5	26.5	19	16	13.2	9.5	7.5	4.75	

④目标配合比计算

根据确定的最终沥青混合料级配，计算各料仓集料组成，各料仓供料百分率，使各料仓单位时间的供料数量，使之符合最终检验的配合比。

为了在施工过程中，确保集料级配符合设计要求，一般将不同规格的集料，分成六组分别储存在料仓中。鉴于细集料含量在不超过 25%，可备 1 个或两个料仓。粗集料一般分成四或三个冷料仓。每个料仓中按 SAC 产品类别，存储不同集料粒径组（表 7-7）。

SAC 集料分组表　　表 7-7

<table>
<tr><th rowspan="2">SAC 系列
产品料仓</th><th colspan="4">粗集料按粒径分组(mm)</th><th colspan="2">细　集　料</th></tr>
<tr><th>1 号仓</th><th>2 号仓</th><th>3 号仓</th><th>4 号仓</th><th>5 号仓</th><th>6 号仓</th></tr>
<tr><td rowspan="2">SAC-30</td><td>31.5 ~ 26.5</td><td>26.5 ~ 19</td><td>19 ~ 9.5</td><td>9.5 ~ 4.75</td><td rowspan="2">4.75 ~ 0.075</td><td rowspan="2">砂或其他</td></tr>
<tr><td>或</td><td>31.5 ~ 19</td><td>19 ~ 9.5</td><td>9.5 ~ 4.75</td></tr>
<tr><td rowspan="2">SAC-25</td><td>26.5 ~ 19</td><td>19 ~ 13.2</td><td>13.2 ~ 9.5</td><td>9.5 ~ 4.75</td><td rowspan="2">4.75 ~ 0.075</td><td rowspan="2">砂或其他</td></tr>
<tr><td>或</td><td>26.5 ~ 19</td><td>19 ~ 9.5</td><td>9.5 ~ 4.75</td></tr>
<tr><td rowspan="2">SAC-20</td><td>19 ~ 16</td><td>16 ~ 13.2</td><td>13.2 ~ 9.5</td><td>9.5 ~ 4.75</td><td rowspan="2">4.75 ~ 0.075</td><td rowspan="2">砂或其他</td></tr>
<tr><td>或</td><td>19 ~ 13.2</td><td>13.2 ~ 9.5</td><td>9.5 ~ 4.75</td></tr>
<tr><td rowspan="2">SAC-16</td><td>16 ~ 13.2</td><td>13.2 ~ 9.5</td><td colspan="2">9.5 ~ 4.75（可分两个）</td><td rowspan="2">4.75 ~ 0.075</td><td rowspan="2">砂或其他</td></tr>
<tr><td>或</td><td>16 ~ 13.2</td><td>13.2 ~ 9.5</td><td>9.5 ~ 4.75</td></tr>
<tr><td rowspan="2">SAC-13</td><td colspan="2">13.2 ~ 9.5（可分两个）</td><td colspan="2">9.5 ~ 4.75（可分两个）</td><td rowspan="2">4.75 ~ 0.075</td><td rowspan="2">砂或其他</td></tr>
<tr><td>或</td><td>13.2 ~ 9.5</td><td colspan="2">9.5 ~ 4.75（可分两个）</td></tr>
<tr><td rowspan="2">SAC-10</td><td colspan="2">9.5 ~ 7.5（分两个）</td><td colspan="2">7.5 ~ 4.75（分两个）</td><td rowspan="2">4.75 ~ 0.075</td><td rowspan="2">砂或其他</td></tr>
<tr><td>或</td><td>9.5 ~ 7.5</td><td colspan="2">7.5 ~ 4.75（分两个）</td></tr>
</table>

⑤生产配合比计算

根据目标配合比，计算出生产配合比，通过调整供料设备速度，确定每个料仓集料单位时间的供料数量。同时在生产过程中，加强质量检测，时时控制施工质量。至此，多碎石沥青SAC 系列产品设计和施工工艺流程，可简要归纳为图 7-7 示。

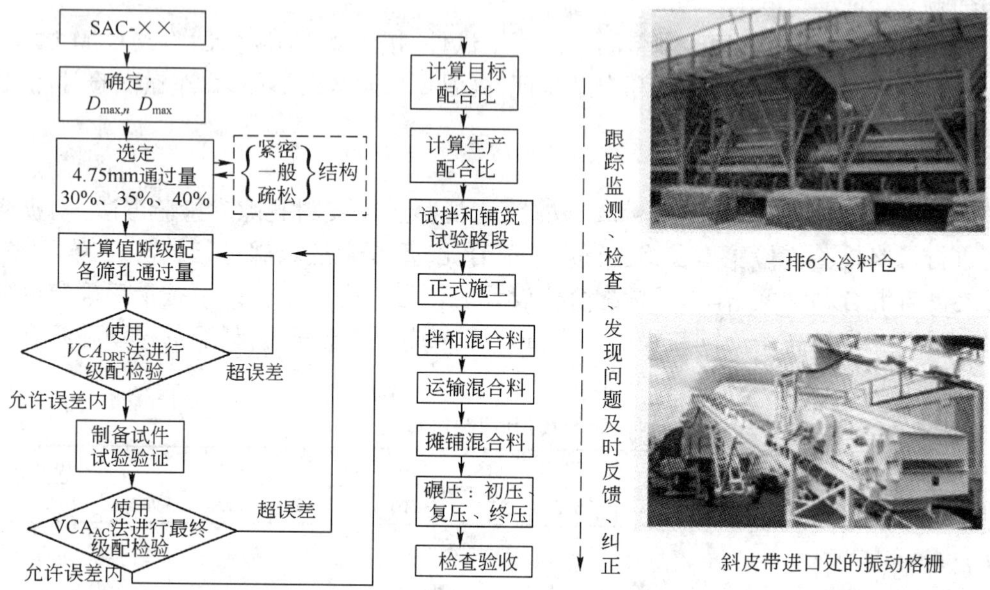

图 7-7　SAC 系列产品设计和施工工艺流程图示

2）VCA_{DRF}初步检验方法（骨架密实结构初步检验方法）

SAC 沥青混凝土可细化为由五部分组成：粗集料、细集料、填料、沥青、空气（孔隙）。对于骨架密实性结构的沥青混凝土，粗骨料的空隙应由（细集料＋填料＋沥青＋预留孔隙率）填满，形成密实性结构，用公式表述如下：

$$粗骨料的空隙 = 细集料 + 填料 + 沥青 + 预留孔隙率(3\% \sim 4\%) \tag{7-2}$$

VCA_{DRF}检验方法，是在没有组成沥青混凝土前，检验矿料级配是否满足式 7-2 的要求。如果不满足则需要进行调整，使之满足物理检验要求，供做目标配合比和生产配合比应用。

（1）VCA_{DRF}检验方法基本原理

粗集料不同密度（干捣实密度、一般密度、疏松密度）的孔隙率 VCA_{DR} − 预留孔隙率 V_a 后，剩余的孔隙用（细集料体积＋填料体积＋沥青体积率 = $VCA_{ma,B}$）的体积率填满。用公式表述如下：

$$VCA_{DRU} = VCD_{DR} - V_a \quad , \quad VCA_{DRU} = VOL_{ma,B} \tag{7-2A}$$

式中：VCA_{DRU}——密实的粗集料可用孔隙率（%）；

VCD_{DR}——风干粗集孔隙率，（%）；

V_a——预留孔隙率；

$VOL_{ma,B}$——细集料体积＋填料体积＋沥青体积率。

（2）VCA_{DRF}——利用粗集料干捣实孔隙率检验法（基本公式）

$$P_{ca} + P_{fa} + P_{fi} = 100\% \tag{7-3}$$

式中：P_{ca}——矿料级配中粗集料含量（%）；

P_{fa}——矿料级配中细集料含量百分率（%）；

P_{fi}——矿料级配中小于0.075mm的填料（即矿粉、水泥）的含量百分率（%）。

干捣实的粗集料的孔隙率 VCA_{DRC}（用小数形式参加运算）表述为：

$$VCA_{DRC}=\left(1-\frac{GCA_{DRC}}{G_{b,ca}}\right)\text{，经数学变换后为：}GCA_{DRC}=G_{b,ca}(1-VCA_{DRC})$$

式中：GCA_{DRC}——粗集料的干捣实密度（g/cm^3）；

$G_{b,ca}$——粗集料的毛体积密度（g/cm^3）。

（3）用于 VCA_{DRF} 进行级配检验的基本方程为：

粗集料单位质量内去掉预留孔隙后的孔隙率 = 单位质量细集料体积率 + 单位质量内填料体积率 + 单位质量内沥青体积率

$$\left(\frac{P_{ca}}{GCA_{DRC}}\right)\times(VCA_{DRC}-V_a)=\frac{P_{fa}}{G_{b,fa}}+\frac{P_{fi}}{G_{a,fi}}+\frac{P_B}{G_B} \tag{7-4}$$

式中：V_a——沥青混凝土中的空气或孔隙率（%），预留值通常为3%～4%，目的防止在使用过程中产生泛油或车辙；

P_B——沥青用量（油石比，%）；

G_B——沥青的密度（g/cm^3）；

$G_{b,fa}$——细集料的毛体积密度（g/cm^3）；

$G_{a,fi}$——填料的视密度（g/cm^3）。

公式（7-4）意义：左侧为干捣实粗集料的孔隙率减去预留孔隙率的孔隙率；右侧为细集料、填料和沥青的体积率之和，即沥青砂胶体积率 $VOL_{ma,B}$。

①作为密实结构，在规定的预留孔隙率下，公式（7-4）左右两侧计算值应当相等。

②如果右边显著大于左侧，粗集料形成的骨架被沥青砂胶撑开，粗骨料成悬浮状态。沥青混凝土的高温抗永久形变能力直接受到影响。反之，右侧数值显著小于左侧，则孔隙率大于预留值，沥青混凝土透水性大，容易产生水破坏，高温抗永久形变能力也不能得到保证。

③利用公式（7-4）需要先对粗集料进行干捣实试验，确定其干捣实密度 GCA_{DRC}。

④当利用公式（7-4）时检验粗集料级配时，如不符合要求，可以通过调整 P_B、P_{ca}、P_{fa}，可以调一项或两项、或同时进行调整，使之两边数值相等。

3）试验室验证

同一般沥青混合料检验方法。

4）VCA_{AC} 最终检验方法（沥青混凝土骨架密实结构检验法）

（1）名词定义：通常集料有两种孔隙。

一是开口孔隙，即与外界沟通的孔隙，换句话说，水能进入的孔隙或集料能吸水的孔隙。

二是密闭孔隙，不与外界沟通，换句话说，水能不能进入的孔隙，或不能吸水的孔隙。

当集料烘干的质量为 M 时，用包括两种孔隙在内的集料体积（毛体积），去除 M 所得的密度称为集料的毛体积密度，G_b。

用仅包括密闭孔隙的集料体积（毛体积），去除以 M 所得的密度称为集料的表观密度，也称为视密度，G_a。

用毛体积去除表干饱和集料的质量 Ms_{d}，所得的密度称为表干饱和密度，或简称为表干密度，G_{sd}。

(2) VCA_{AC}检验方法原理

VCA_{AC}检验方法用于马歇尔试验和其他试验方法制成的沥青混凝土试件的矿料级配，供生产使用。其基本原理如同公式(7-2)。

以往计算沥青混凝土的最大理论密度时，粗集料和细集料的密度，都采用毛体积密度 G_{b} 和视密度 G_{a} 组成有效密度 G_{e}。即有效密度 G_{e} 为：

$$G_{\mathrm{e}} = G_{\mathrm{b}} + C(G_{\mathrm{a}} - G_{\mathrm{b}})$$

式中：C 与集料吸水率 W_{a} 有关的系数，一般为 0.6 或者 0.5。$W_{\mathrm{a}} < 0.5\%$，C 值取用 0；$W_{\mathrm{a}} = 0.5\% \sim 1.0\%$，$C$ 值取用 0.2；$W_{\mathrm{a}} = 1.0\% \sim 1.5\%$，$C$ 用 0.5；$W_{\mathrm{a}} = 1.5\% \sim 2.0\%$，C 用 0.8。

(3) VCA_{AC}检验法的基本公式

骨架密实结构是指粗集料形成骨架，也就是说碎石与碎石互相接触，起着承受行车荷载作用；细集料、填料和沥青组成的沥青胶砂填充在粗集料的孔隙，并将其粘结在一起，形成坚固的沥青混凝土路面。但是，还必须留有一定的孔隙率，预防沥青泛油和形成严重的车辙。

用 VCA_{AC}方法检验，其目的检验沥青混凝土集料是否属于密实性结构。其基本公式如下所示：

沥青混凝土中：

粗集料孔隙率 = 细集料体积率 + 填料的体积率 + 有效的沥青体积率 + 预留的孔隙率

$$VCA_{\mathrm{AC}} = VOLFA_{\mathrm{AC}} + VOLFI_{\mathrm{AC}} + VOLFB_{\mathrm{AC}} + V_{\mathrm{a}} \tag{7-5A}$$

式中：VCA_{AC}——沥青混凝土中粗集料的孔隙率(%)；

$VOLFA_{\mathrm{AC}}$——沥青混凝土中细集料的体积率(%)；

$VOLFI_{\mathrm{AC}}$——沥青混凝土中填料的体积率(%)；

$VOLFB_{\mathrm{AC}}$——沥青混凝土中有效沥青的体积率(%)。

式(7-5)还可表示为下式，以便于进行计算。

$$VCA_{\mathrm{AC}} = \frac{MFA_{\mathrm{AC}}}{G_{\mathrm{b,fa}}} + \frac{MFI_{\mathrm{AC}}}{G_{\mathrm{a,fi}}} + \frac{MB_{\mathrm{e}}}{G_{\mathrm{B}}} + V_{\mathrm{a}} \tag{7-5B}$$

式中：VCA_{AC}——沥青混凝土粗集料的孔隙率(%)；

MFA_{AC}——沥青混凝土中细集料的质量(g/cm^3)；

MFI_{AC}——沥青混凝土中填料的质量(g/cm^3)；

MB_{e}——沥青混凝土中有效沥青的质量(g/cm^3)；

式(7-5B)中其他符号意义，见下所述。

(4)沥青混凝土各部质量

式(7-5B)中各组成部分的质量分解计算如下：

①沥青混凝土中全部集料的质量 MMA_{AC}

$$MMA_{\mathrm{AC}} = \frac{G_{\mathrm{b,s}}}{(1 + P_{\mathrm{B}})} \tag{7-6A}$$

式中：$G_{\mathrm{b,s}}$——沥青混凝土试件毛体积密度(g/cm^3)；

P_{B}——沥青用量(油石比)。

②沥青混凝土中粗集料质量 MCA_{AC}

$$MCA_{AC} = P_{ca} \times MMA_{AC} \tag{7-6B}$$

式中：P_{ca}——沥青混凝土中，>4.75mm 粗集料的百分率(%)。

③沥青混凝土中粗集料孔隙率 VCA_{AC}

$$VCA_{AC} = 1 - \frac{MCA_{AC}}{G_{b,ca}} \tag{7-6C}$$

式中：$G_{b,ca}$——沥青混凝土中粗集料的毛体密度(g/cm³)。

④沥青混凝土中细集料质量 MFA_{AC}

$$MFA_{AC} = P_{fa} \times MMA_{AC} \tag{7-6D}$$

式中：P_{fa}——沥青混凝土中，4.75~0.75mmx 细集料的百分率(%)。

⑤沥青混凝土中填料质量 MFI_{AC}

$$MFI_{AC} = P_{fi} \times MMA_{AC} \tag{7-6E}$$

式中：P_{fi}——沥青混凝土中填料，即<0.075mm(矿粉、水泥等)含量的百分率(%)。

⑥沥青混凝土中沥青质量 MB_{AC}

$$MB_{AC} = G_{b,s} - MMA_{AC} \tag{7-6F}$$

于是，公式(7-5A)中的细集料体积的百分率 $VOLFA_{AC}$，填料的体积百分率 $VOLFI_{AC}$ 分别按下式可以计算出：

$$(\text{细料})：VOLFA_{AC} = \frac{MFA_{AC}}{G_{b,fa}}，(\text{填料})VOLFI_{AC} = \frac{MFI_{AC}}{G_{b,fi}} \tag{7-6G}$$

⑦集料中间立柱吸收的沥青质量 MB_a，可按下式计算：

$$MB_a = MMA_{AC} \times G_B \times \frac{(G_e - G_{b,ma})}{(G_e \times G_{b,ma})}$$

于是有效沥青的质量 $MB_e = MB_{AC} - MB_e$，沥青混凝土中的沥青的体积百分率 $VOLB_{AC}$：

$$VOLB_{AC} = \frac{MB_e}{G_B} \tag{7-6H}$$

至此，公式(7-6)左右两边的各项数值均有公式可以计算，一旦代入具体数据资料，就可以对沥青混凝土中的集料级配进行检验。如果检验的误差超过表 7-8 的要求，则需要对级配进行调整，按上述步骤重新进行计算，直到符合该表中误差要求。

不同筛孔通过量的允许误差 表 7-8

级配类型	筛孔尺寸(mm)					
	$D_{max,n}$	>9.5	4.75	2.36	0.3	0.075
SAC-10	±0.5		±0.7	±1.5	±1.5	±1.0
SAC-13 ~ SAC-30	±0.5	±0.5	±0.7	±1.5	±1.5	±1.0

5）一般和疏松(悬浮)路面结构集料级配检测方法

该两种 SAC 系列产品检测方法，同紧密密实结构。

SAC 系列产品中的一般密实结构的粗集料孔隙率 VCA_{DR}，大于紧密风干粗集料风干的孔

隙率 VCA_{DRC}。即：

$VCA_{DR}=VCA_{DRC}+(3\%\sim4\%)$，可用于车辙不是主要危险的公路的路面结构。一般来说，VCA_{DR}每增加1%，粗集料含量要减少1.0%～1.3%。

SAC系列产品中的疏松（悬浮）路面结构，粗集料之间的孔隙率，比紧密密实结构大6%。

四、多碎石沥青混凝土路面实例

河北沿海公路根据SAC多碎石路面结构理论研究和室内试验，吸取以往的SAC路面建设经验，在沿海公路Q1合同段上，选定以下路段铺筑SAC沥青路面，通过实际工程试验对该类路面进行实施性研究，在研究的基础上提出施工关键控制技术和施工指南。

（一）试验路段选择及路面结构

试验路选定在Q1合同段，桩号AK0+000～K5+036（双幅），全长约5.035km，分别采用了12cm、15cm、18cm三种沥青混凝土结构，具体各种路面结构形式及分布桩号如图7-8所示。

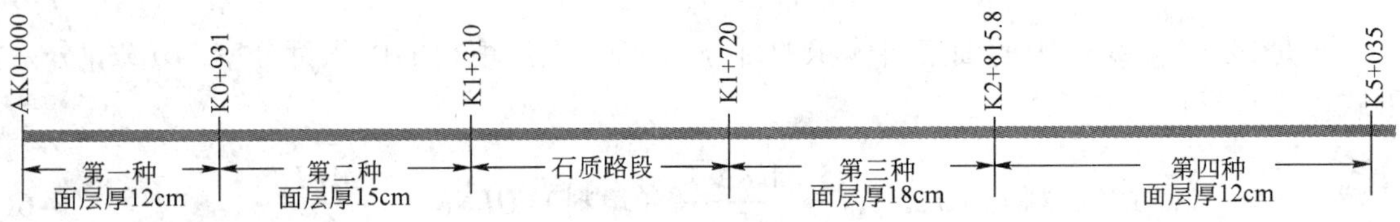

图7-8　沿海公路SAC路面试验路段布设

1.第一种路面结构

第一种路面结构，位于AK0+000～K0+931路段，面层厚度12cm，其路面具体结构见图7-9。在填方路段，当填土高度小于1.5m时，路面结构中隔断层布设在路床顶面以下0.8m处。填方高度不足0.8m处，路面结构中隔断层布设在路床顶面以下0.3m处。

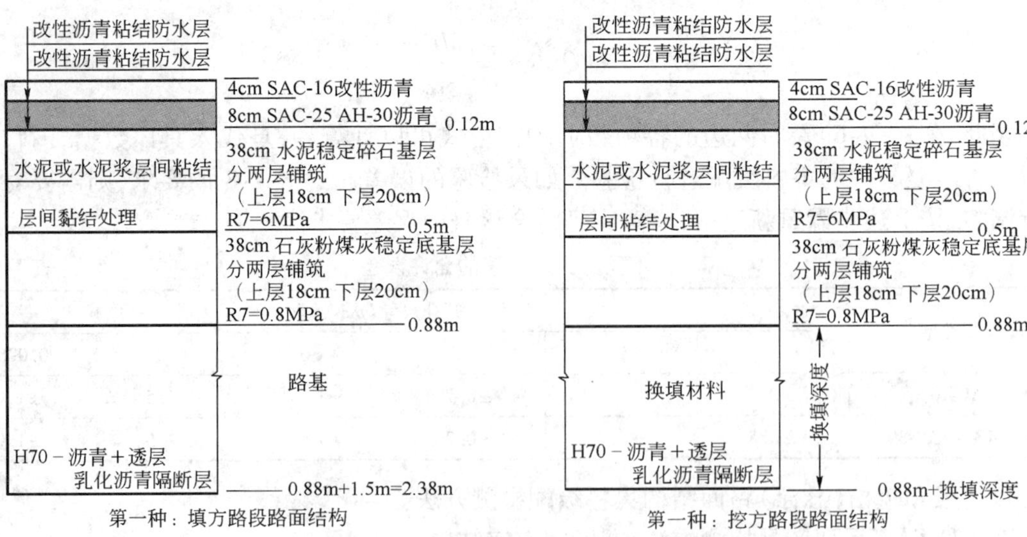

图7-9　第一种SAC沥青混凝土路面结构图示

2. 第二种路面结构

第二种路面结构，位于 K0 + 931 ~ K1 + 310 路段，面层厚度 15cm，其路面具体结构见图 7-10。适用条件与第一种路面结构相同。在采取的换填方式处理的路堤内设置隔断层。

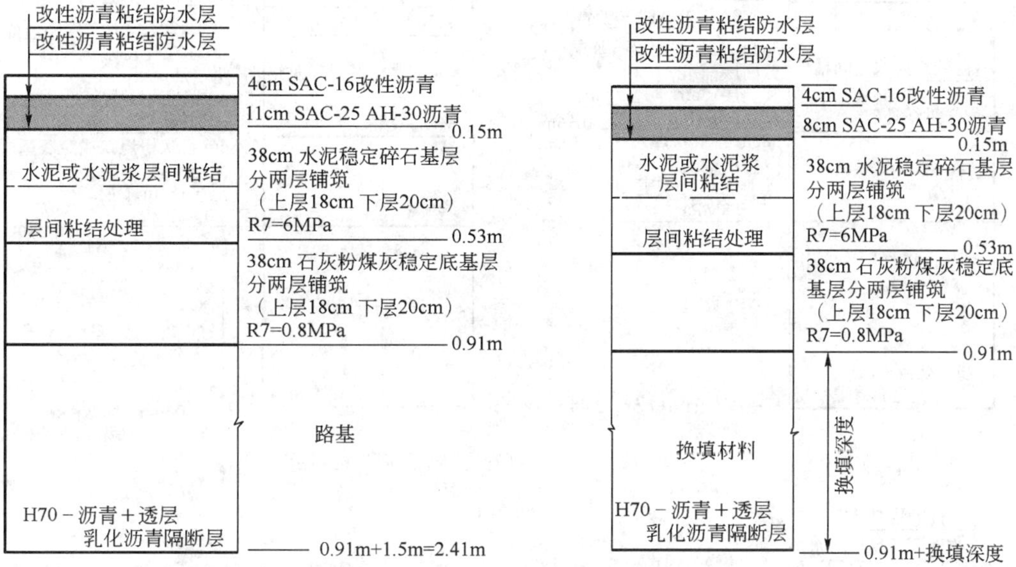

图 7-10　第二种 SAC 沥青混凝土路面结构图示

K1 + 310 ~ K1 + 720 路段，地质勘测为石质路基段，在本路段内没有采用石灰粉煤灰稳定土底基层，具体结构调整如下：

K1 + 310 ~ K1 + 720 段路面结构变为：4cmSAC16 改性沥青 + 11cmSAC25AH-30 沥青 + 38cm 水泥稳定碎石基层（R_7 = 6MPa）+ 19cm 级配碎石 + 石质路基（图 7-11）。

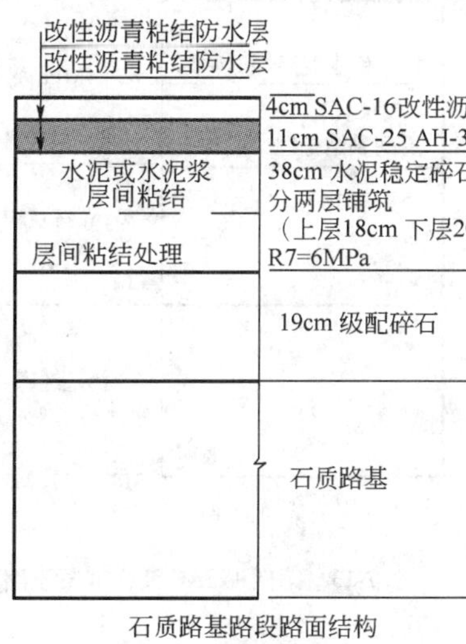

石质路基路段路面结构

图 7-11　石质路基路面结构

3. 第三种路面结构

第三种路面结构，位于 K1 + 720 ~ K2 + 815.8 路段，面层厚度 18cm，其路面具体结构见图 7-12。适用条件与第一种路面结构相同。在采取的换填方式处理的路堤内设置隔断层。

4. 第四种路面结构

在试验路段的基础上增加 K2 + 815.8 ~ K5 + 036 路段，长 2.26km，以此作为对比路段，列为第四种路面结构，具体路面结构见图 7-13。填挖过渡路段，路面结构变化如图 7-14 所示。

5. 桥面铺装采用 4cmSAC16 + 6cmSAC25。

（二）沥青面层混合料设计

1. 中、下面层混合料设计

如前所述的一样，面层的施工质量，第一个关键问题是原始材料质量。面层所用的碎石质量技术要求同基层。沥青材料采用 AH-30 号沥青，其技术指标见表 7-9。

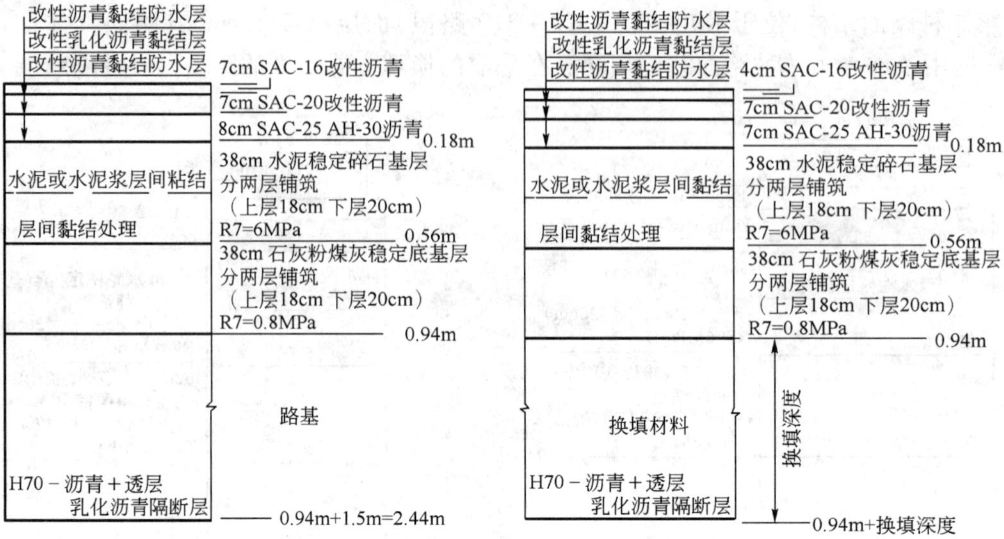

图 7-12　第三种 SAC 沥青混凝土路面结构图示

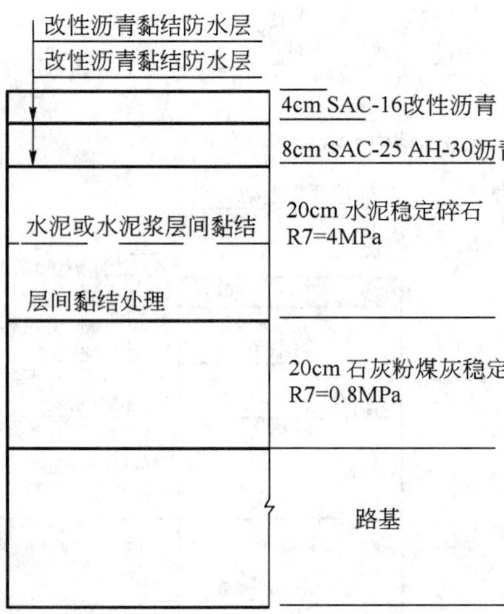

第四种:路面结构

图 7-13　第四种 SAC 沥青混凝土路面结构

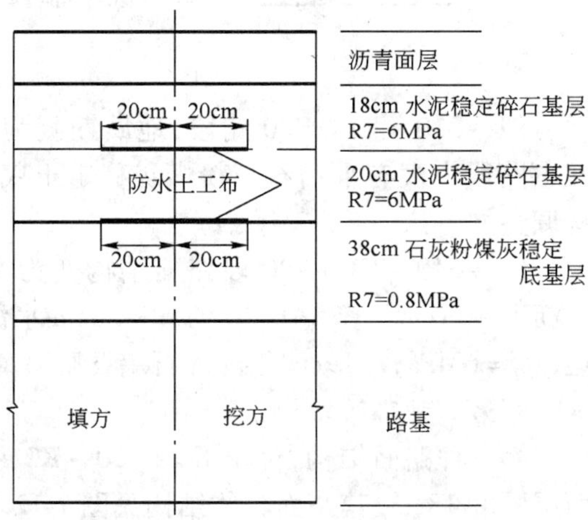

图 7-14　填挖过渡段路面结构

AH-30 号沥青指标试验报告　　表 7-9

试 验 项 目	技术要求	试验结果	试验方法	备　注
针入度(1/10mm)100g,25℃,5s	20～40	32	T0604	* 薄膜加热试验 163℃,5h
软化点(环球法)(℃)	>55	61-5	T0606	
延度(5cm/min,15℃),cm	≮5			
60℃动力黏度 Pa·s	—	1656-5	T0620	
10℃延度(cm)	5	4-8	T0605	
15℃延度(cm)	—	7		

续上表

试验项目		技术要求	试验结果	试验方法	备　注
闪点(COC)		>260	288	T0611	* 薄膜加热试验 163℃,5h
蜡含量(%)蒸馏法		≤3	1.4	T0615	
密度(g/cm^3)15℃		实测	1.034	T0603	
溶解度(三氯乙烯),%		≯99.0			
薄膜加热试验*	质量变化(%)	≯ ±0.8	-0.38	T0609	
	延度(15℃),cm	实测			
	残留针入度比(%)	≥65	70	T0604	

中、下面层均采用 SAC-25 紧密式骨架密式实结构级配类型,具体级配根据具体石料进行调整;其中碎石的最大标称粒径 $D_{max,n}=26.5$mm 的通过率为 100%。试验段全部采用石灰岩。各种规格材料密度见表 7-10。

1)首次级配检验调整

用粗、细集料各个粒级的含量和相应的毛体积密度,计算 SAC-25 粗、细集料的毛体积密度 $G_{b \cdot ca}$(g/cm^3)和 $G_{b \cdot fa}$(g/cm^3)见表 7-10。

各种规格材料的密度　　表 7-10

项　目	碎石规格(mm)					机制砂	矿粉	沥青
	19~26.5	13.2~19	9.5~13.2	4.75~9.5	3~5m			
毛体积密度	2.708	2.709	2.699	2.68	2.686	2.634	—	—
表干密度	2.719	2.719	2.712	2.7	2.717	2.675	—	—
表观密度	2.737	2.738	2.735	2.733	2.771	2.747	2.77	1.034

(1)级配检验调整(表 7-11、表 7-12)

①初步设定级配。

SAC-25 的矿料级配　　表 7-11

筛孔 mm	26.5	19	16	13.2	9.5	4.75	2.36	1.18	0.6	0.3	0.15	0.075
通过率%	100	79.2	70.2	61.4	48.7	30.0	21.4	15.2	11.0	7.8	5.6	4.0

粗细集料毛体积密度　　表 7-12

集　料	粗集料 $G_{b.ca}$	细集料 $G_{b.fa}$	填料 $G_{b.ma}$	备　注
比例*	70%	26%	4%	* 粗、细和填料在总集料中的比例
密度(g/cm^3)	2.699 1	2.659 6	2.770 0	

②粗集料干捣实密度试验

按各个粒级集料在 SAC-25 粗集料中的比例,配成混合料,做粗集料干捣实密度。用粗集料的毛体积密度 $G_{b.ca}$ 计算其相应的干捣实孔隙率 VCA_{DRC},取两位小数。计算结果:粗集料干捣实密度为 1.627 6g/cm^3,干捣实孔隙率 VCA_{DRC} 为 39.70%。

③检验级配

用 VCA_{DRF} 方法对 SAC25 的矿料级配进行初步检验。检验的目的是,在预估沥青用量(用油石比 B/M 表示）情况下，确定所选定的矿料级配是否符合紧密骨架密实结构，令 $Va=3.5\%$。级配检验结果见表 7-13。

级配检验结果 表 7-13

VCA_{DRF}	预估 B/M	粗集料空隙体积	细集料体积	填料体积	沥青体积	实际孔隙率
39.70%	3.50%	17.07%	9.78%	1.44%	3.38%	5.74%

表 7-13 数据说明，表中 SAC25 的矿料级配说明实际孔隙率偏大，粗集料多，所以应对级配进行调整。

④调整粗料，粉料、细集料不变。减粗料比例，调整后的比例见表 7-14。令孔隙率 Va 为 3.5%。用 VCA_{DRF} 方法进行矿料级配调整的基本方程，抄录公式（7-4）。

$$\frac{P_{ca}}{GCA_{DRC}}\times(VCA_{DRC}-V_a)=\frac{P_{fa}}{G_{b.fa}}+\frac{P_{fi}}{Ga\cdot fi}+\frac{P_B}{G_E} \quad （同前款公式 7-4）$$

调整后的粗细集料及填料比例 表 7-14

粗、细、填料含量（质量（%）	P_{ca}	P_{fa}	P_{fi}	比例总和
计算结果	65.67%	26%	4.00%	95.67%
重新分配后比例	68.64%	27.18%	4.18%	100%

（2）级配二次检验调整

以表 7-14 为基础重复以上工作步骤，对集料各组成部分再次进行调整。调整结果，分别叙述如下：

①经试验后，粗集料干捣实密度为 1.627 6g/cm^3，孔隙率为 39.70%。

②矿料级配检验

令 $Va=3.5\%$，得到表 7-15。

级配二次检验调整后结果 表 7-15

VCA_{DRF}	预估 B/M	粗集料空隙体积	细集料体积	填料体积	沥青体积	实际孔隙率
39.70%	3.50%	16.74%	10.22%	1.51%	3.38%	3.86%

表 7-15 中的数据说明，表中 SAC-25 的矿料级配说明实际孔隙率还偏大，应进一步对级配进行调整。

③调整细集料，粗集料、填料不变。令 $V_a=3.5\%$。（加细料比例）调整后的比例见表 7-16。

再次调整后粗细集料的比例 表 7-16

粗、细、填料含量（质量（%）	P_{ca}	P_{fa}	P_{fi}	比例总和
计算过程（加细料）	68.64%	27.6%	4.2%	100.44%
重新分配后比例	68.36%	27.47%	4.16%	100%

（3）三次检验调整

以表 7-16 为基础重复以上工作步骤。

①经过试验检验，粗集料干捣实密度为 1.627 6g/cm^3，孔隙率为 39.70%。

②矿料级配检验，令 $Va=3.5\%$，得到表 7-17。

第三次调整后的计算结果　　表 7-17

VCA_{DRF}	预估 B/M	粗集料空隙体积	细集料体积	填料体积	沥青体积	实际孔隙率
39.70%	3.50%	16.67%	10.33%	1.50%	3.38%	3.47%

上述数据说明，表中 SAC-25 的矿料级配说明实际孔隙率已接近 3.5% 要求，不再进行调整。

以表 7-16 为基础，重新计算可以得到新级配，见表 7-18。

SAC-25 调整后的矿料级配　　表 7-18

筛孔 mm	26.5	19	16	13.2	9.5	4.75	2.36	1.18	0.6	0.3	0.15	0.075
通过率%	100	80.0	71.3	62.7	50.3	31.6	22.5	16.0	11.5	8.2	5.8	4.2

2）目标配合比设计

（1）矿料级配

按照表 7-18 的级配设计要求，进行 SAC-25 目标配合比设计。目标配合比设计结果见表 7-19，并绘制出相应的级配曲线图 7-15。

SAC-25 混凝土矿料合成级配　　表 7-19

筛孔直径	矿料规格（mm）							合成级配	设计要求
	19～26.5	13.2～19	9.5～13.2	4.75～9.5	3～5	机制砂	矿粉		
（mm）	各规格种类矿料通过百分率（%）							（%）	（%）
26.5	100	100	100	100	100	100	100	100	100
19	46.5	95.8	100	100	100	100	100	82.6	80.0
16	14.9	87.4	100	100	100	100	100	69.8	71.3
13.2	4.5	15.6	92.7	100	100	100	100	62.5	62.7
9.5	2.4	1.6	14.7	91.2	100	100	100	48.5	50.3
4.75	0.8	0.2	2.7	7.9	93	100	100	32.4	31.6
2.36	0.3	0.2	0.4	1.1	11.5	93.3	100	23.8	22.4
1.18	0.2	0.2	0.4	0.7	1	60.1	100	16.3	16.0
0.6	0.2	0.2	0.4	0.7	1	37	100	11.7	11.5
0.3	0.2	0.2	0.4	0.7	1	18.5	100	8.0	8.2
0.15	0.2	0.2	0.4	0.7	1	11.3	99	6.5	5.8
0.075	0.2	0.2	0.4	0.7	1	6	88.8	5.1	4.2
比例	32%	7%	14%	16%	7%	20%	4%		

（2）试验室验证—马歇尔试验

采用马歇尔试验方法进行 SAC-25 混合料的设计。SAC-25 马歇尔技术指标要求见表 7-20。

根据沥青的黏温曲线(图 7-16),AH-30 号沥青的拌和温度为 165 ~ 170℃,碾压温度为153 ~ 157℃。

SAC 马歇尔试验技术指标及其建议值 表 7-20

试验项目		技术指标
击实次数	大型击实仪	112
	标准击实仪	75
空气率(%)		3 ~ 5
沥青饱和度(%)		65 ~ 75
稳定度(kN)	大型击实仪	>16
	标准击实仪	>7.0
流值(0.1mm)	大型击实仪	30 ~ 60
	标准击实仪	20 ~ 40
残留稳定度(%)		>75

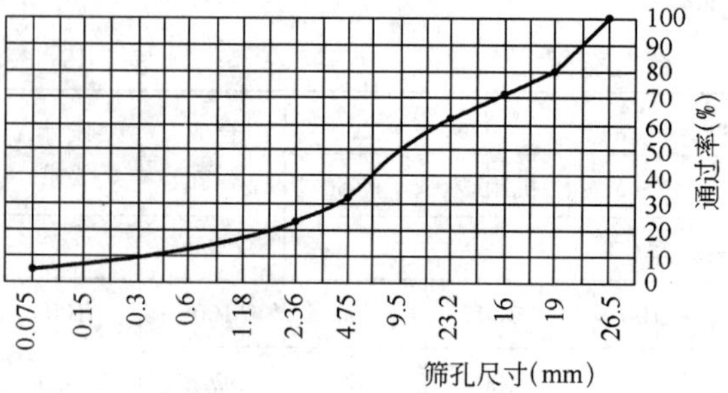

图 7-15 级配曲线图

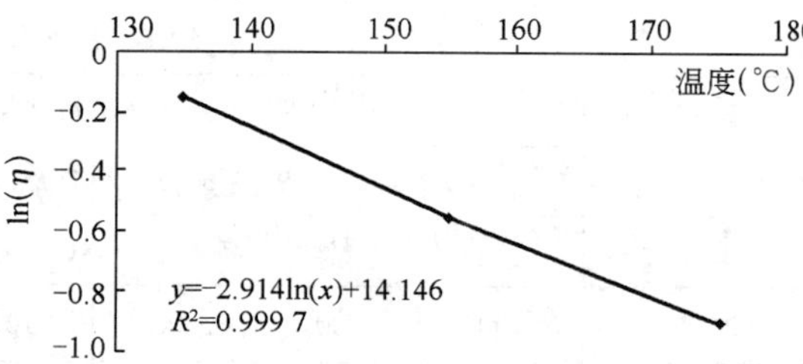

图 7-16 AH-30 号沥青黏温曲线图

根据布式黏度计的说明,沥青混合料的拌和及击实温度可以在此基础上提高 14℃,因此,进行沥青混合料设计时拌和温度为 180℃,击实温度为 170℃。采用大马歇尔进行设计。

采用 3.0%、3.5%、4.0% 和 4.5% 共 4 组油石比,在上述条件下进行马歇尔击实试验。采用改进蜡封法测定试件毛体积密度,马歇尔试验结果见表 7-21 和绘制的油石比与沥青混合料的体积指标及稳定度、流值的关系图(图 7-17)。

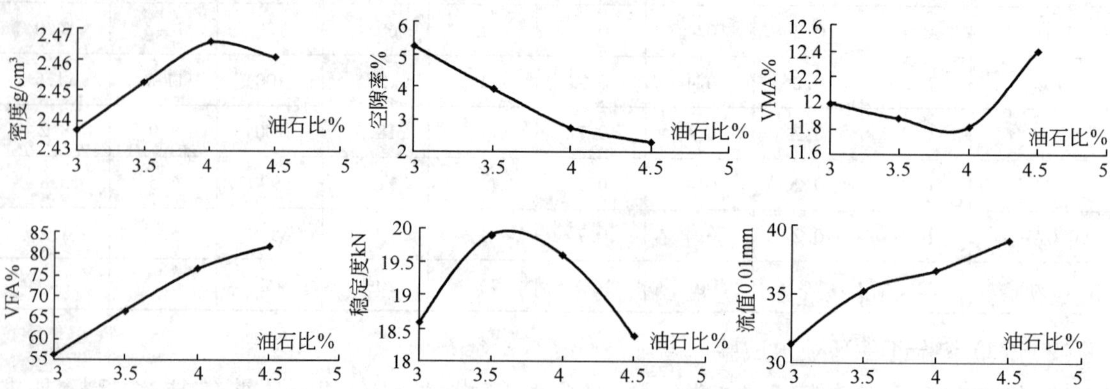

图 7-17 油石比与沥青混合料的体积指标及稳定度、流值的关系图

SAC-25 马歇尔试验结果 表 7-21

油石比 %	试件密度 g/cm³	理论密度 g/cm³	孔隙率 %	*VMA* %	*VFA* %	稳定度 KN	流值 0.01mm
3.0	2.436 7	2.572	5.26	11.99	56.16	18.6	31.3
3.5	2.452	2.554	3.98	11.87	66.48	19.9	35.2
4.0	2.465 6	2.536	2.76	11.80	76.59	19.6	36.7
4.5	2.460 6	2.518	2.29	12.40	81.57	18.4	38.9

根据混合料配合比设计的技术要求，确定沥青混合料的最佳油石比及对应的技术参数见表 7-22。

SAC-25 沥青混合料最佳油石比及技术参数 表 7-22

油石比范围%	最佳油石比%	孔隙率%	密度 g/cm³	VMA%	VFA%
3.4～3.8	3.6	3.5	2.455	11.33	69

（3）沥青混合料性能试验

①水稳定性检验

水稳定性试验结果见表 7-23，SAC-25 沥青混合料抗水损坏性能满足《公路沥青路面施工技术规范》（JTG F40—2004）的要求。

SAC-25 沥青混合料水稳定性检验结果 表 7-23

项　　目	油石比（%）	设 计 要 求	检 验 结 果	试 验 方 法
残留稳定度（%）	3.6	>80	89.96	T0709　2000

②高温稳定性检验

试验温度为 60℃，轮压 0.7MPa，车辙试验结果见表 7-24。

SAC25 沥青混合料车辙试验结果 表 7-24

油石比（%）	试 验 项 目	规 范 要 求	试 验 结 果	试 验 方 法
3.6	动稳定度（次/mm）	不小于 1 000	8 681	T0719—1993

③低温性能检验

试验温度为 −10℃，控温精度为 ±0.1℃，加载速率 50mm/min。试验设备为 WDW 电子万能试验机，弯曲试验结果见表 7-25。

SAC25 沥青混合料弯曲试验结果 表 7-25

项　　目	单　　位	试 验 结 果	试 验 方 法
弯曲试验破坏应变	$\mu\varepsilon$	2 083	T 0715—1993
抗弯拉强度	MPa	7.0	
弯曲劲度模量	MPa	3 405.5	

3）生产配合比设计

（1）矿料级配设计

各热料仓集料掺配比例及合成级配见表 7-26。

SAC-25 型沥青混合料矿料级配　　表 7-26

热料仓集料规格(mm)*	比例%	筛孔尺寸(mm)											
		26.5	19	16	13.2	9.5	4.75	2.36	1.18	0.6	0.3	0.15	0.075
		通过率											
22~32	25.0	98.9	22.7	7.5	4.1	1.1	0.2	0.2	0.2	0.2	0.2	0.2	0.2
11~22	30.0	100	95.4	79.8	54.3	14.7	3.6	2.1	1.5	1.4	1.4	1.4	1.4
6~11	13.0	100	100	100	100	99.0	2.5	1.4	1.1	1.0	0.9	0.8	0.7
0~6	28.0	100	100	100	100	100	94.5	63.6	32.6	20.0	11.9	8.4	5.2
矿粉	4.0	100	100	100	100	100	100	100	100	100	100	99.0	82.0
合成级配		99.7	79.3	70.8	62.3	49.5	31.9	22.7	13.8	10.2	7.9	6.9	5.3
要求级配		100	79.2	70.2	61.4	48.7	30.0	21.4	15.2	11.0	7.8	5.6	4.0

* 该表中筛孔尺寸为碎石常用筛孔尺寸。

(2)油石比确定

采用3.3%、3.6%和3.9%共3组油石比,在上述条件下进行马歇尔击实试验,采用蜡封法测定试件毛体积密度,马歇尔试验结果见表7-27。

沥青混合料马歇尔试件体积参数试验结果　　表 7-27

油石比(%)	试件密度(g/cm³)	理论密度(g/cm³)	孔隙率(%)	*VMA*(%)	*VFA*(%)
3.3	2.461	2.560	3.87	11.36	65.97
3.6	2.470	2.549	3.11	11.04	71.83
3.9	2.472	2.539	2.64	10.99	75.97

根据《重载交通长寿命沥青路面关键技术研究》指导书的技术要求,确定沥青混合料的最佳油石比及对应的技术参数如表7-28。

SAC-25 沥青混合料最佳油石比及技术参数　　表 7-28

油石比范围(%)	最佳油石比(%)	孔隙率(%)%	密度(g/cm³)	VMA(%)	VFA(%)
3.4~3.6	3.5	3.5	2.468	11.33	70

2. 上面层沥青混合料设计

上面层采用SAC-16的紧密骨架密实结构级配类型,具体级配根据具体石料进行调整;要求碎石的 $D_{max,n}$ =16mm 的通过率为100%。

1)原材料

(1)粗集料

采用卢龙产玄武岩,集料规格分成16~13.2mm、13.2~9.5mm和9.5~4.75mm三个粒级。粗集料技术指标见表7-29。

粗集料技术指标　　表 7-29

试验项目		沿海高速粗集料技术要求	试验结果	试验方法
石料压碎值(%)	≯	20	10.6	T 0316—2005
洛杉矶磨耗损失(%)	≯	28	9.9	T 0317—2005

续上表

试验项目		沿海高速粗集料技术要求	试验结果	试验方法
表观相对密度 ≯		2.6	2.748	T 0304—2005
吸水率(%) ≯		2	1.13	T 0304—2005
与沥青的黏附性 ≯		4级	4级	T 0616—1993
坚固性(%) ≯		12	0.4	T 0314—2000
针片状含量(%)≯	混合料	15	4.1	T 0312—2005
	粒径大于9.5mm	12	3.5	T 0312—2005
	粒径小于9.5mm	18	12.4	T 0312—2005
水洗法<0.075mm颗粒含量, ≯		0.5	0.3	T 0310—2005
软石含量(%) ≯		1	0.7	T 0320—2000
石料磨光值(%) ≮		42	46	T 0321—2005
石料冲击值(%) ≯		25	5.9	T 0322—2000

(2)细集料

采用石灰岩机制砂,机制砂的技术指标见表7-30。

机制砂的技术指标 表7-30

试验项目	沿海高速细集料质量技术指标	试验结果	试验方法
表观相对密度 ≮	2.50	2.782	T 0328—2005
坚固性(>0.3mm部分)(%) ≯	12	0.2	T 0340—2005
<0.075mm颗粒含量(%) ≯	2	—	T 0333—2000
砂当量(%) ≮	60	81	T 0334—2005
亚甲蓝值(g/kg) ≯	25	1.0	T 0349—2005
棱角性(流动时间,s) ≮	30	40.7	T 0345—2005

(3)沥青

采用邯郸恒质筑路有限公司的SBS(I-C)改性沥青,对改性沥青分别采用《公路沥青路面施工技术规范》(JTG F40—2004)的技术要求及PG(美国沥青路用性能分级规格[PerformanceGraded]分级两种方法对改性沥青进行了评价。试验结果分别见表7-31和表7-32。

SBS改性沥青的技术指标 表7-31

试验项目		SBS改性沥青技术要求*	试验结果	试验方法
针入度(1/10mm)		60~80	67	T 0604
针入度指数PI	不小于	-0.4	-0.39	T 0604
5℃延度(cm)	不小于	30	36	T 0605
软化点(℃)	不小于	60	73.5	T 0606
运动黏度(Pa·s)135℃,不大于		3	2.0	T 0625
闪点(℃)	不小于	230	301	T 0611
溶解度(%)	不小于	99	99.3	T 0607

续上表

试验项目		SBS 改性沥青技术要求*	试验结果	试验方法
弹性恢复(%) 不小于		65	92	T 0662
48h 软化点差(℃) 不大于		2.5	1.5	T 0661
密度(g/cm³)15℃		实测	1.034	T 0603
薄膜加热	质量变化(%)不大于	±1.0	-0.15	T 0609
	针入度比(%)不小于	60	70	T 0604
	延度 5℃(cm)不小于	20	25	T 0605

注：*河北沿海高速公路沥青路面施工指导书

沥青胶结料 PG 等级试验结果 表 7-32

	技术指标及试验方法		试验结果		规范要求
原样沥青	闪点温度,T48(℃)		301		最小,230℃
	黏度、T316、(Pa·s)试验温度 135℃		2.0		最大,3Pa·s
	动态剪切,T315,(kPa)G*/sinα,试验温度@10rad/s,℃		76℃	1.41	最小,1.00kPa
			82℃	0.95	
旋转薄膜烘箱加热试验	质量改变,(%)		-0.15		最大,1.00%
	动态剪切,T315,(kPa),G*/sinα,试验温度@10rad/s,℃		76℃	2.26	最小,2.20kPa
			82℃	1.46	
压力老化试验	动态剪切,T315,(kPa),G*/sinα,试验温度@10rad/s,℃		16℃	6 422	最大,5 000kPa
			19℃	4 360	
	蠕变劲度,T313,s,m 值,试验温度@60s,℃	s	-18℃	420.64	s,最大,300.00MPa
			-12℃	253.16	
		m	-18℃	0.290	m 值,最小,0.300
			-12℃	0.321	
结论	本试验依据 AASHTO、M320-03 规范评定所检沥青等级为 PG76-22				

(4)填料

材料为 32.5 号水泥。

2)SAC-16 配合比设计

采用马歇尔试验方法进行 SAC16 紧密骨架型混合料设计,采用标准击实仪进行击实,击实 75 次/面。为确定拌和及击实温度,对改性沥青进行了不同温度的黏度试验,以确定黏温曲线。试验结果见表 7-33、图 7-18。

不同温度的黏度结果 表 7-33

试验温度℃	黏度 Pa·s
135	0.95
175	0.187 5
200	0.087 5

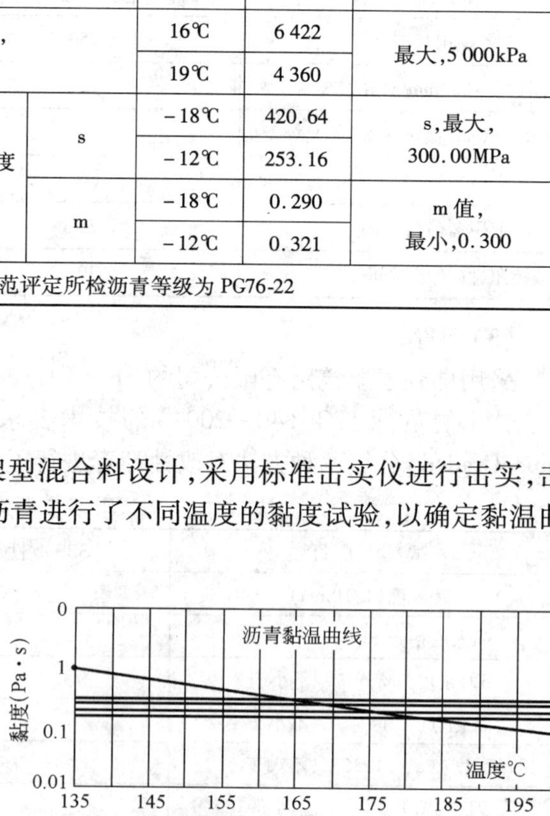

图 7-18 改性沥青黏温曲线

以黏度为(0.17±0.02)Pa·s时的温度作为沥青混合料的拌和温度范围;以黏度为(0.28±0.03)Pa·s时的温度作为沥青混合料的压实成型温度范围。确定的拌和温度范围175~182℃;压实温度范围163~167℃。进行马歇尔击实试验时,混合料拌和温度为175℃,击实温度为170℃。

2.36mm以上集料筛成单一粒径,单独试验测试密度,0~2.36mm混合测量密度。其结果见表7-34。

集料密度　　表7-34

粒　径	集料毛体积密度 G_b(g/cm³)	集料表干密度 G_{sd}(g/cm³)	集料视密度 G_a(g/cm³)	集料吸水率 W_a(%)
16	2.678 7	2.694 9	2.722 8	0.60
13.2	2.6518	2.682 4	2.709 6	1.15
9.5	2.662 4	2.695 1	2.718 4	1.23
4.75	2.645 7	2.684 7	2.727 7	1.47
2.36	2.631 0	2.679 1	2.763 9	1.83
0~2.36	2.547 2	2.615 2	2.741 6	2.85

注:沥青的密度为1.031g/cm³,水泥的密度是3.007g/cm³。

3)级配的检验与调整

(1)参照本书表7-11,初步确定SAC-16的矿料级配见表7-35。

SAC16的矿料级配　　表7-35

筛孔(mm)	16	13.2	9.5	4.75	2.36	1.18	0.6	0.3	0.15	0.075
通过率(%)	100	82.6	59.6	30	22.9	17.5	13.4	10.3	7.9	6.0

(2)用 VCA_{DRF} 方法检验矿料级配

用粗、细集料各个粒级的含量和相应的毛体积密度,计算SAC-16粗、细集料的毛体积密度 $G_{b.ca}$(g/cm³)和 $G_{b.fa}$(g/cm³),计算结果见表7-36。

集料密度　　表7-36

集　料	粗集料毛体积密度 $G_{b.ca}$	细集料毛体积密度 $G_{b.fa}$	全体矿料毛体积密度 $G_{b.ma}$
密度(g/cm³)	2.652 7	2.571 4	2.651 3

按各个粒级集料在SAC16粗集料中的比例,配成混合料。做粗集料干捣实密度和松装密度试验。用粗集料的毛体积密度 $G_{b.ca}$ 计算其相应的干捣实孔隙率 VCA_{DRC} 和松装孔隙率 VCA_{DRL},取两位小数。计算结果见表7-37。

粗集料的干捣实孔隙率结果　　表7-37

松方密度	松装状态	捣实状态	松方密度	松装状态	捣实状态
密度(g/cm³)	1.538 6	1.591 9	孔隙率(%)	42.00	39.99

用 VCA_{DRF} 方法对SAC-16的矿料级配进行初步检验。检验的目的是,在预估沥青用量(用油石比 B/M 表示)情况下,确定所选定的矿料级配是否符合紧密骨架密实结构,检验结果见表7-38。

SAC-16 初步检验结果 表 7-38

VCA_{DRF}	预估 B/M	沥青体积	细集料体积	填料体积	实际孔隙率(%)
39.99	4.1	3.977	9.333	1.995	5.2

上述数据说明,表中 SAC-16 的矿料级配说明实际孔隙率偏大,所以应对级配进行调整。

(3)级配调整

①假设实际孔隙率为 3%。

VCA_{DRF}方法进行矿料级配调整的基本方程(公式 7-4,再次抄录如下)

$$\frac{P_{ca}}{GCA_{DRC}}\times(VCA_{DRC}-V_a)=\frac{P_{fa}}{G_{b.fa}}+\frac{P_{fi}}{Ga\cdot fi}+\frac{P_B}{G_E}\text{(同前款公式 7-4)}$$

②调整粗集料

细集料、填料不变分别为 24% 和 6%。计算得到粗集料含量 P_{ca}:

$$0.2324P_{ca}=15.304,P_{ca}=65.8。$$

重新计算分配得到新粗细集料和填料含量:

粗集料 $P'_{ca}=68.7\%$,细集料含量 $P'_{fa}=25.1\%$,填料为 $P'_{fi}=6.2\%$,此级配较为合适。

③调整细集料

假定粗集料、填料不变,分别为 70% 和 6%,则细集料含量 P_{fa}:

$P_{fa}=(16.2655-6/3.007-4.1/1.031)\times2.5714=26.5\%$。重新计算分配得到新的粗细集料和填料含量。

$P'_{ca}=68.3\%$,$P'_{fa}=25.9\%$,$P'_{fi}=5.8\%$,填料较少,不合适取消。

④调整填料

假定细集料、填料不变,分别为 24% 和 6%,则填料含量 P_{fi}

$P_{fi}=(16.2655-24/2.5714-4.1/1.031)\times3.007=8.9\%$。重新计算分配得到新的粗细集料和填料含量。

$P'_{ca}=68.0\%$,$P'_{fa}=23.3\%$,$P'_{fi}=8.7\%$,填料较多,不合适取消。采用调整粗集料级配作为试验级配。

⑤对调整后的级配进行 VCA_{DRF} 方法检验

按各个粒级集料在 SAC16 粗集料中的比例,配成混合料。做粗集料干捣实密度和松装密度试验。用粗集料的毛体积密度 $G_{b.ca}$ 计算其相应的干捣实孔隙率 VCA_{DRC} 和松装孔隙率 VCA_{DRL},取两位小数。计算结果见表 7-39。

调整后的干捣实试验结果 表 7-39

松方密度	松装状态	捣实状态	松方密度	松装状态	捣实状态
密度(g/cm^3)	1.5394	1.5956	孔隙率(%)	41.97	39.85

采用 VCA_{DRF} 方法检验矿料级配,检验结果见表 7-40。

调整后的级配检验结果 表 7-40

VCA_{DRF}	预估 B/M	沥青体积	细集料体积	填料体积	实际孔隙率(%)
39.85	4.1	3.977	9.760	2.062	3.2

经过检验实际孔隙率为3.2%较为合适,那么重新计算,可以得到新的级配见表7-41。

SAC-16 调整后的矿料级配　　表7-41A

筛孔尺寸(mm)	16	13.2	9.5	4.75	2.36	1.18	0.6	0.3	0.15	0.075
通过率(%)	100	83.2	60.7	31.3	23.8	18.2	14.0	10.7	8.1	6.2

4)目标配合比设计

(1)目标配合比合成级配见表7-41B,并依据该表配合比资料绘制出集料级配曲线(图7-19)。

目标配合比设计结果　　表7-41B

材料名称		19	16	13.2	9.5	4.75	2.36	1.18	0.6	0.3	0.15	0.075	%
碎石	13.2~16	100	94.8	16.3	0.2	0	0	0	0	0	0	0	18
	13.2~9.5	100	100	93.6	25.5	0.4	0	0	0	0	0	0	28
	9.5~4.75	100	100	100	99.9	10.8	0.2	0.1	0	0	0	0	25
4.75~2.36		100	100	100	100	97.4	16.4	1.9	1.8	0.0	0.0	0	3
水泥		100	100	100	100	100	100	100	100	100	100	99.6	6
机制砂		100	100	100	100	100.0	89.1	63.1	34.5	19.2	12.5	6.0	20
设计级配		100	100	83.2	60.7	31.3	23.8	18.2	14	10.7	8.1	6.2	
合成级配		100	99.1	83.1	61.2	31.7	24.4	18.7	13.0	9.8	8.5	7.2	

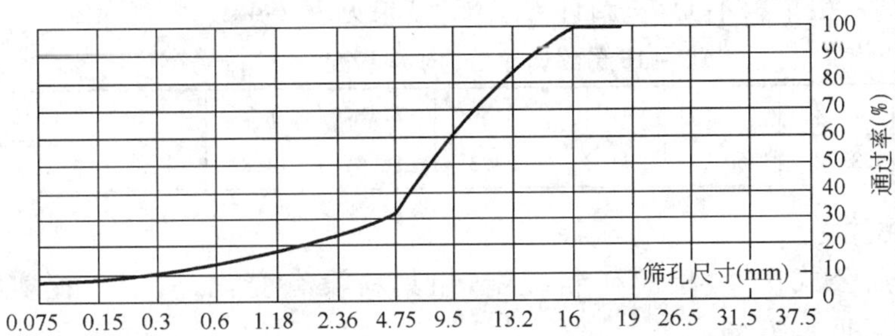

SAC-25中下面层

图7-19　目标配合比合成级配曲线图

(2)试验室验证—原材料试验

对每一挡混合料进行密度试验,其结果见表7-42。

各档料的密度试验结果　　表7-42

粒　径	集料毛体积密度 G_b(g/cm^3)	集料表干密度 G_{sd}(g/cm^3)	集料视密度 G_a(g/cm^3)	集料吸水率 W_a(%)
13.2~16	2.665 7	2.693 6	2.742 2	1.05
9.5~13.2	2.660 3	2.688 6	2.737 7	1.06
4.75~9.5	2.648 8	2.682 7	2.741 8	1.28
2.36~4.75	2.631 0	2.679 1	2.763 9	1.83
0~2.36	2.547 2	2.615 2	2.741 6	2.85

(3)计算有效密度

全部料的(合成)毛体积密度:$G_{b.ma}$ = 100/(18/2.665 7 + 28/2.660 3 + 25/2.648 8 + 20/2.547 2 + 3/2.631 0 + 6/3.007) = 2.652 3g/cm^3。

全部矿料(合成)表干密度:$G_{sd.ma}$ = 100/(18/2.693 6 + 28/2.688 6 + 25/2.682 7 + 20/2.615 2 + 3/2.679 1 + 6/3.007) = 2.689 7g/cm^3。

全部矿料的合成吸水率 W_a = 94/(18/1.05 + 28/1.06 + 25/1.28 + 3/1.83 + 20/2.85) = 1.31%。

由于吸水率介于1~1.5%之间,所以C值取0.8。有效密度用下式计算:

$$G_e = G_{b.ma} + C(G_{sd.ma} - G_{b.ma}) = 2.652\,3 + 0.8(2.689\,7 - 2.652\,3) = 2.82\,2\text{g/cm}^3。$$

(4)马歇尔试验结果见表7-43。

SAC-16 调整后的马歇尔试验结果 表7-43

油石比(%)	试件毛体积密度(g/cm^3)	最大理论密度	孔隙率(%)	*VMA*(%)	*VFA*(%)	稳度度(kN)	流值(0.1mm)
4	2.357 2	2.527 3	6.7	15.6	56.8	11.32	42.1
4.5	2.363 3	2.509 9	5.8	15.8	63.0	11.41	41.9
5	2.389 3	2.493	4.2	15.3	72.7	11.49	47.0
5.5	2.38	2.476 4	3.9	16.0	75.7	11.48	49.9

从表7-43中可知,当孔隙率4%的时候,最佳油石比为5.2%。

根据实际拌和的沥青混合料和成型的试件,5.2%的油石比偏大,不太合适。经课题组商议后,将填料调整为7%,粗集料不变,重新计算级配,结果见表7-44。

SAC~16 最终调整后的矿料级配 表7-44

筛孔(mm)	16	13.2	9.5	4.75	2.36	1.18	0.6	0.3	0.15	0.075
通过率(%)	100	83.2	60.7	31.3	24.3	18.9	14.8	11.5	9.0	7.0

5)对最终调整级配检验

用 VCA_{DRF} 方法(前公式7-4)检验矿料级配,粗集料没有变化,所以干捣实密度仍用1.595 6g/cm^3,检验结果见表7-45。

检 验 后 的 结 果 表7-45

VCA_{DRF}	预估 *B/M*	沥青体积(cm^3)	细集料体积(cm^3)	填料体积(cm^3)	实际孔隙率(%)
39.85	4.1	3.976	9.452	2.328	3.3

经过检验实际孔隙率仍然为3.3%,检验级配合理。进行目标配合比设计。计算有效密度:

全部矿料的(合成)毛体积密度:$G_{b.ma}$ = 100/(18/2.665 7 + 29/2.660 3 + 24/2.648 8 + 20/2.547 2 + 2/2.631 0 + 7/3.007) = 2.655 7g/cm^3。

全部矿料(合成)的表干密度:$G_{sd.ma}$ = 100/(18/2.693 6 + 29/2.688 6 + 24/2.682 7 + 20/2.615 2 + 2/2.679 1 + 7/3.007) = 2.692 7g/cm^3。

合成吸水率:W_a = 94/(18/1.05 + 29/1.06 + 24/1.28 + 2/1.83 + 20/2.85) = 1.32%

由于吸水率介于1~1.5%之间所以C值取0.8。有效密度用下式计算:$G_e = G_{b.ma} + C(G_{sd.ma} - G_{b.ma})$ = 2.674 2g/cm^3。

最终目标配合比见表 7-46 及级配曲线图 7-20。

目标配合比设计结果 表 7-46

材料名称	16	13.2	9.5	4.75	2.36	1.18	0.6	0.3	0.15	0.075	比例%
13.2～16	94.8	16.3	0.2	0	0	0	0	0	0	0	18
13.2～9.5	100	93.6	25	0.4	0	0	0	0	0	0	29
9.5～4.75	100	100	99	10.8	0.2	0.1	0	0	0	0	24
4.7～2.36	100	100	100	97.4	16.4	1.9	1.8	0.0	0.0	0	2
水泥	100	100	100	100	100	100	100	100	100	99.6	7
机制砂	100	100	100	100.0	89.1	63.1	34.5	19.2	12.5	6.0	20
设计级配	100	83.2	60	31.3	24.3	18.9	14.8	11.5	9	7	100
合成级配	99.1	83.1	60	31.7	25.2	19.7	13.9	10.8	9.5	8.2	

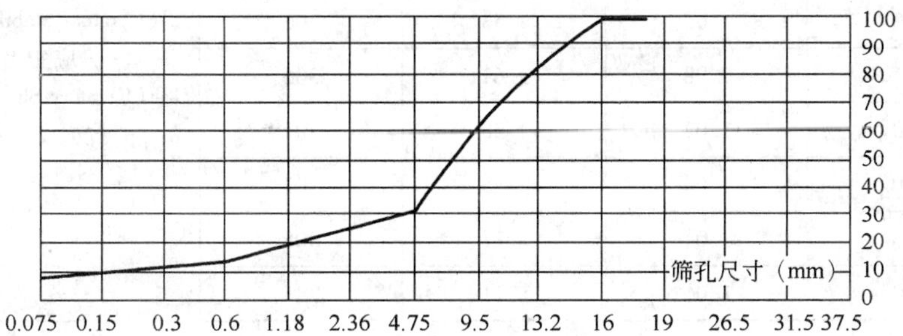

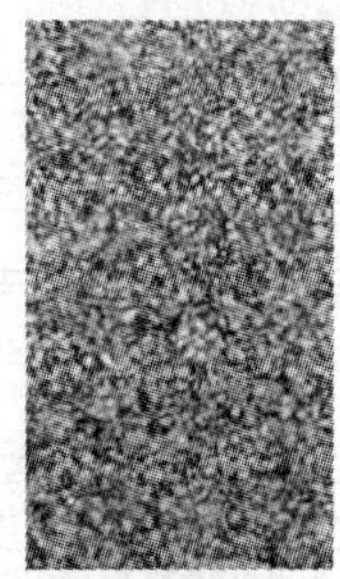

均匀稳定的面层

图 7-20　最终目标集料级配曲线图

采用 4.0%、4.5%、5.0% 三组油石比，进行了马歇尔试验，其试验结果见表 7-47。

SAC-16 最终调整后的马歇尔试验结果 表 7-47

油石比（%）	试件毛密度（g/cm^3）	最大理论密度（g/cm^3）	孔隙率（%）	*VMA*（%）	*VFA*（%）	稳定度（kN）	流值（0.1mm）
4	2.383 2	2.529 9	5.8	14.7	60.5	12.58	46.2
4.5	2.391 5	2.512 5	4.8	14.8	67.4	11.20	47.9
5	2.397 9	2.489 6	3.7	15.0	75.4	10.97	49.1

* 表中：*VMA*—矿料间隙率（%）；*VFA*—沥青饱和度。

综合确定沥青混合料的最佳油石比为 4.7%，密度是 2.394 1g/cm³，矿料间隙率 *VMA* 为 14.8，*VFA* 为 71%。

6）力学性能试验

（1）车辙试验：SAC-16 车辙试验结果见表 7-48。

SAC-16 车辙试验结果 表 7-48

时　间	组　别			平 均 值
	1	2	3	
45min	5.597 7	5.859 4	6.978 5	沥青混合料车辙试验的动稳定度 DS 的平均值 =（6 117 + 5 202 + 8 714）÷ 3 = 6 678 次/mm
60min	5.700 7	5.980 5	7.050 8	
DS（次/mm）	6 711	5 202	8 714	

(2)水稳定性试验

分别采用残留稳定度及冻融劈裂两种评价方法,对 SAC-16 完全骨架密实型混合料进行了评价,残留稳定度为96.7%;冻融劈裂比为93.0%。

(3)GTM(GyratoryTestingMachine—美国工程兵旋转压实剪切实验机)试验,分别采用0.7MPa、0.9MPa、1.1MPa 三种压强对设计的沥青混合料采用 GTM 对其性能进行了评价,试验结果表明,设计的沥青混合料无论从 GSI 和 GSF 指标看都是安全的(表7-49)。

SAC-16GTM 试验结果 表7-49

试验压强 MPa	油石比%	GSI	GSF	旋转次数	备注
0.7	4.0	0.98	4.09	293	GSI(Gyratory Stability Index)—应变比;GSF(Gyratory Shear Factor)—抗剪安全系数
	4.5	0.98	2.86	266	
	5.0	0.98	2.44	289	
0.9	4.0	1.00	4.53	306	
	4.5	0.98	3.61	306	
	5.0	1.02	2.58	309	
1.1	4.0	1.00	2.75	307	
	4.5	1.04	2.11	305	
	5.0	1.06	1.71	281	

7)生产配合比设计

(1)矿料级配设计

各热料仓集料掺配比例及合成级配见表7-50。

SAC-16 型沥青混合料矿料级配 表7-50

热料仓规格*(mm)	比例%	筛孔尺寸(mm)										
		19	16	13.2	9.5	4.75	2.36	1.18	0.6	0.3	0.15	0.075
		通过率										
11~22	40	100	99.3	60	5.8	0.1	0.1	0.1	0.1	0.1	0.1	0.1
6~11	25	100	100	99	93.7	2.3	0.7	0.7	0.7	0.7	0.7	0.7
3~6	8	100	100	100	100	77.6	8.2	2.5	2.2	1.7	1.1	1.1
0~3	21	100	100	100	100	100	95.5	64.6	45.5	25.1	14.7	7.9
水泥	6	100	100	100	100	100	100	100	100	100	100	95
合成级配		100	99.7	83.8	60.8	33.8	26.9	20	15.9	11.6	9.4	7.7

注:* 料仓规格是对应的碎石筛孔尺寸。

(2)油石比确定

采用马歇尔进行击实,马歇尔试验采用击实75次/面,沥青的加热温度为170℃,矿料的加热温度为195~200℃,拌和温度175℃,击实温度170℃。

采用4.1%、4.4%和4.7%共3组油石比,在上述条件下进行马歇尔击实试验,采用蜡封法测定试件毛体积密度,马歇尔试验结果见表7-51。

沥青混合料马歇尔试件体积参数试验结果　　表 7-51

油石比(%)	试件密度(g/cm^3)	理论密度(g/cm^3)	孔隙率(%)	*VMA*(%)	*VFA*(%)	
4.1	2.379	2.513	5.34	13.81	61.35	*VMA*—矿料间隙率； *VFA*—沥青饱和度
4.4	2.374	2.503	5.14	14.23	63.89	
4.7	2.361	2.493	5.28	14.95	64.69	

根据以上试验，最终确定沥青混合料的最佳油石比为 4.4%，对应技术参数：最佳油石比为 4.4%，孔隙率为 5.14%，密度为 2.374g/cm^3，矿料间隙率 *VMA* = 14.23%，沥青饱和度 *VFA* 为 63.89%。

第三节　半刚性基(底)层上长寿命路面施工关键技术

目前，在高速公路的建设中，路面出现的病害，归纳起来大致有以下原因：一是路堤的原因，二是路面基层原因，三是路面自身结构。针对这些原因，沿海公路在路面施工前和施工过程中采取以下几项关键技术，收到了良好效果，其经验可供参考。

一、防止路堤下沉的关键技术

(一)路堤下沉原因分析

路堤不均匀沉降，导致路面产生沉陷、裂缝等病害，致使整个路面结构承载能力下降。引起路堤不均匀沉降，经过综合分析其后，主要有以下两个方面：

1. 中央分隔带渗水

目前，大多数高速公路，都在中央分隔带上植树或种草，虽然设有排水和防渗措施，但在施工中某些细节控制的不好，例如：护栏施工损坏防水层等，雨水顺损坏处渗入路基中去；或是由于植物根系的生长，使水分沿着植物根系渗入，这是路面产生病害的重要原因之一。

2. 土路和地基中气态水上升

由于路基(土基)和地基中必然存在一部分水分，在温度等外界因素的影响下，水分会变成水气上升，由于路面的覆盖作用，水气不能通过沥青面层向大气中散发，在路面结构层和路堤中凝结成自由水，并且不断积聚，积少成多，从而成为病害隐患。

(二)防止路堤下沉的对策

为了减少路基的不均匀沉降，防止路基的整体模量降低，在试验路段施工过程中，采取了以下几项技术措施：

1. 强化路肩压实度，减少路堤工后沉降

在路堤顶面以下 1.5m 范围内，施实普通压实机械碾压后，再使用冲击压实机械冲压一遍，以提高路堤压实质量。

2. 在路堤中设置沥青隔断层

在路堤顶面以下 120 ~ 150cm 深度，设置 AH－70 沥青隔断层，阻止路堤下方水分向上方侵入，保持路堤顶部一定深度范围内的填土含水量不变，从而保持土基抗压弹性模量不降低(图 7-21)。

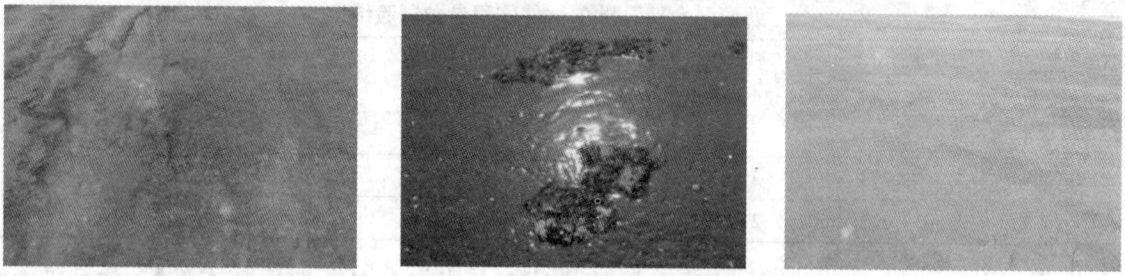

a) b) c)

图 7-21 沥青隔断层施工实况

a)未施作隔断层前的路堤表面;b)未撒布普通乳化沥青,沥青隔断层起泡;c)撒布乳化沥青后的沥青隔断层

1)在施作沥青隔断层之前,对其以下填土施加一遍强夯,以强化路基的压实度,减少路堤沉降。

2)沥青隔断层施工技术要求

沥青隔断层采用重交通 AH-70 沥青。具体做法:采用自动撒布车,先撒布 0.4 ~0.6kg/m^2 普通透层乳化沥青,然后再撒 2kg/m^2 热沥青。

乳化沥青需满足阳离子乳化沥青 PC-2 技术要求,其具体技术指标见表 7-52。热沥青质量满足 AH-70B 级沥青的技术要求,具体技术指标见表 7-53。

透层乳化沥青性能指标 表 7-52

试验项目		规范值	结果	备注
沥青含量		>55	58	蒸馏法
破乳指数		快	快	
筛上剩余量		<0.1	0.011	630μm
恩格拉黏度		1.6	3.0	
电荷		+	+	
残留物试验	针入度	>60	120	25℃
	延度	>80	83.9	25℃
	溶解度	>99	99.5	三氯乙烯

隔断层沥青 AH-70 试验指标 表 7-53

指标	试验值	备注	指标	试验值	备注
针入度	65	25℃	延度(cm)	>100	15℃
软化点	46.0℃	环球法			

在撒布热沥青之前,必须撒布少量的乳化沥青,才能收到收到良好的效果,否则热沥青会泛起气泡,影响施工质量。

从图 7-21 可以看出,少量透层油能有效抑制土基表面尘土。在透层油上面再撒布沥青隔断层不会产生气泡。反之,没有撒布透层的热沥青会产生大量气泡,影响隔断层隔水效果。

3)当喷洒隔断层沥青后,严禁车辆通过,并尽快填筑上层土,以防长时间裸露遭到破坏,影响隔断层的完整性,降低隔断层隔离水气功能。为保证沥青隔断层不受损坏,填筑上覆土层时应采取倒退式方法，先铺筑上 20～25cm 的土，之后再按正常方式施工(图 7-22)。

a)　　　b)　　　c)

图 7-22　沥青隔断层施工

a)洒布隔断沥青；b)倒退式在隔断层上填土实况；c)隔断层填筑效果

采取上述施工方法，经过工后挖验证明，施作的隔断层工程质量良好，没有出现破坏现象。

在挖方路段，根据换填土处治的实际情况，在路槽顶面以下适当的位置处，像路堤那样，同样设置沥青隔断层，隔断地下水毛细作用。应特别注意的是，在挖方路段设置的隔断层，应高于边沟渗沟的底面，与边沟排水设施相互配合，以保证水能顺利的排出而不倒灌。

3. 边坡防水措施

为防止雨水从边坡上渗入路堤，在隔断层至底基层的路堤外侧 2.5m 的位置处埋设高分子油毛毡，并与路面防水层构成箱式防水“围墙”(图 7-23)。

具体作法：在路堤边坡距离外侧边缘 2.5m 处，开挖宽度为 30cm 沟槽，将油毛毡在槽底平铺 25～30cm，使其与隔断层充分接触(图 7-23)。

a)　　　b)　　　c)　　　d)

图 7-23　边坡竖向防水施工

a)开挖的沟槽；b)隔断层上油毛毡铺设；c)油毛毡埋设；d)逐层夯实沟槽填土

普通油毛毡较厚，埋在土中后使用寿命可充分保证。然而，普通油毛毡极易折断，难以保证在施工过程中不被损坏。因此，边坡防护采用聚乙烯丙纶复合防水卷材，其技术性能见表 7-54。这种防水层两面都有网状织物、韧性好，具有优良好的施工操作性。

聚乙烯丙纶复合防水卷材性能指标　　　表 7-54

检测项目	方向	试验条件	标准要求	检测结果	检测项目	方向	试验条件	标准要求
断裂拉伸强度(N/cm)	纵向	常温	≥60	70	撕裂强度(N)	纵向	≥20	93
	横向	常温	≥60	73		横向	≥20	78
胶断伸长率(%)	纵向	常温	≥400	760	不透水性	0.3MPa 30min	无渗漏	
	横向	常温	≥400	750				

为防止路面水进入路堤，在基层顶面喷洒 AH-70 号重交沥青膜，用量为 2.0kg/m^2。截断上层水分下渗进入基层的通道，在面层和基层、上面层与下面层之间，设置 SBS 改性沥青粘结防水层，其用量为 2.2kg/m^2，以足够厚的沥青膜能有效防止水分进入下承层。

4. 中央分隔带防水

为防止雨水和地面水，从中央分隔带进入道路结构中，为此在其内铺设防水土工布，将土工布两侧边缘收起到与路面平齐后平铺，使其呈阶梯状（图 7-24）。

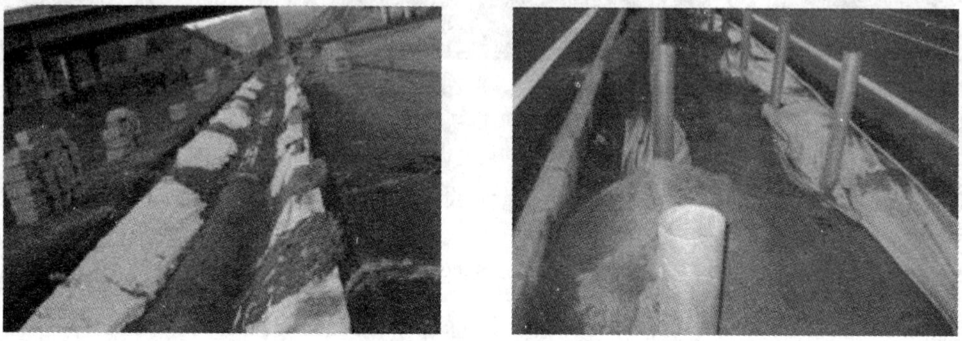

图 7-24　中央分隔带防水设计

通过以上多项防水措施，在试验路段从路面面层到路堤隔断层之间，形成一个箱形防水体系，将路基顶部以及中下面层包裹起来，有效阻断了外部水分进入路面结构和路基的所有通道。

5. 建立完善的排水系统

上述措施应当说属于被动防水措施，同时还应建立完善的排水系统，使雨（雪）水及时排离公路范围之外，尽力减少地面水在公路上停留的机会，关于路堤防水体系详见本书第八章相关内容。

（三）路堤填筑与压实技术要求

1. 路堤填料

根据路基设计要求，路堤顶面至 80cm 深度处，如 CBR 值小于 15%，用石灰进行处理。试验段填土为当地沿线山皮土，属中粒土，CBR 值较高。具体性能指标见表 7-55 和表 7-56。

土颗粒分析　　表 7-55

孔径（mm）	<D 土质量（g）	通过率（%）	孔径（mm）	<D 土质量（g）	通过率（%）
20	3 000	100	2	2 016	67.2
10	2 911	97	1	1432	47.7

土场性能指标　　表 7-56

项　目	指标	项目	指标	项　目	指标	项目	指标
松方密度 g/cm^3	1.550	塑限%	22.4	最大干密度 g/cm^3	1.882	CBR%	15.4
最佳含水量%	12.4	液限%	25.5	塑性指数%	3.1		

2. 路基压实技术

在路堤顶面 1.5m 以下的不同深度里，用冲击式压路机压实，或采用普通压路机压实完毕后,再用强夯夯实一遍,以强化路堤压实度。

施工完成后,对路堤采用贝克曼梁进行了弯沉检测,检测结果见表7-57,其代表弯沉值均小于设计弯沉值。

沿海高速公路回弹弯沉测试结果　　表7-57

桩　号	点数	平均值0.01mm	标准差	代表值0.01mm	设计弯沉0.01mm
K0+568~K1+100	154	135.95	43.78	223.5	310.5
K1+100~K1+640	164	109.73	42.47	194.67	310.5
K1+780~K2+720	358	179.65	44.32	268.29	310.5
K3+700~K4+510	274	191.85	33.24	258.33	310.5
K4+540~K4+885	80	200.53	35.89	272.31	310.5

二、路面基层(底)施工关键技术

路面基(底)层是SAC路面的基础,其施工质量关系着长寿命路面的成败。在路面基(底)层施工中,采取了以下技术措施,以保证路面的结构的整体性能。

(一)通用关键技术

1.铺筑试验路段,总结经验,确定施工各项参数

鉴于路面所处环境复杂,无论是路面基(底)层还是面层,均须分别铺筑试验路段。通过试验路段来修正室内设计参数,这可以说是理论与实践相结合的原则。

试验路段长度一般不少于200m。对于路面基(底)层,在试验路段完成后,经监理工程师批准,还应铺筑长度为500m的标准段,以及长度为1 000m的样板段,然后召开观摩会全线推行,以形成规范化施工,这是保证路面基(底)层施工的重要组织和技术措施。

试验路段的目的:验证混合料的生产配合比设计,拌和设备的稳定性,摊铺、压实工艺,确定松铺系数,检验承包人采用的机械能否满足备料、拌和、运输、摊铺和压实的质量要求及工作效率,作为今后施工现场控制的依据。

2.场区硬化技术

无论路面基层,还是面层,施工,必须对拌和场站地面进行硬化处理,设置隔断设施,以保证材料分种类堆放,防止污染环境。

场地硬化标准:采用15cm厚石灰土(8%)+15cm厚C25水泥混凝土面层结构。

处理范围:进场站入口前30m,场区内运料道路亦应做相硬化,并建立完善的排水设施。

场地内布设材料堆放专用区,各种规格材料应整齐堆放,不同规格的材料之间,必须设置隔墙;隔墙高度不小于1.5m,对于细料还得用红砖和石棉瓦等材料建筑储料仓,以保证材料不被污染、雨淋或受潮。对容易造成污染的石灰、粉煤灰等应加强管理,及时洒水或苫盖。对废水、废油、废渣等按指定地点排放,以避免污染空气和水源和农田,认真做好环境保护。

(二)石灰粉煤灰路面底基层施工关键技术

1.提高路面底基层与路基连接措施

为了增强底基层与路基之间的接触面,使底基层与路基形成一个整体,在进行底基层施工之前,在对路基顶面整平后,采用改进的羊角辗碾压一遍,使表面出现凹凸,增加路基及底基层之间的连接(图7-25)。

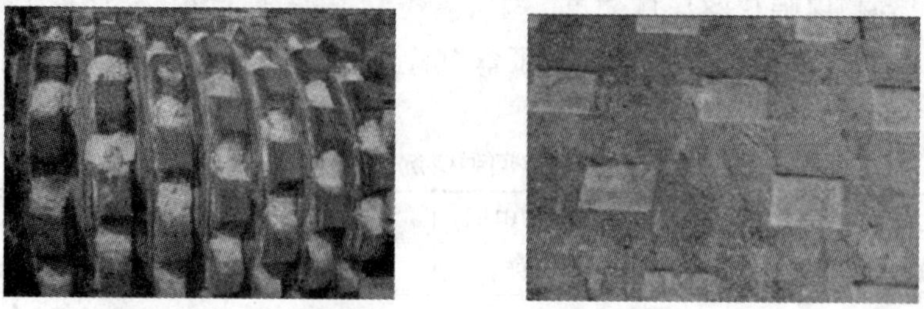

a)　　　　b)

图7-25　采用改进羊角辗处理后路基表面

a)羊角压实机构;b)压实效果

2. 路面底基层施工关键技术

试验路面的底基层,为厚度38cm石灰粉煤灰稳定土,分下层20cm、上层18cm两层施工,其7d浸水抗压强度≥0.8MPa。底基层施工必须把握以下几个关键技术。

1)材料

石灰要求III级以上消解石灰或生石灰;粉煤灰中SiO_2、Al_2O_3和Fe_2O_3的总含量应大于70%,粉煤灰烧失量不超过20%,粉煤灰比表面积宜大于2 500cm^2/g。沿海公路施工所用石灰,产自抚宁县茶棚乡马各庄石灰场。粉煤灰为秦皇岛电厂。原材料的性能指标见表7-58。

石灰和粉煤灰的性能指标　　表7-58

消石灰		粉煤灰			
有效钙镁含量%	未消解残渣含量%	活性氧化物含量%	烧失量%	细度	
				0.3mm通过率%	0.074mm通过率%
62.1	2.1	81.97	4.68	99.9	97.6

从表7-58的结果可以看出,消石灰属于II级石灰,粉煤灰的活性氧化物含量较高,烧失量较小,并且粉煤灰比较细。

2)石灰粉煤灰稳定土配比设计

为确定石灰粉煤灰稳定土的最佳配合比,先优选出4种配合比方案,从中有针对性选择了三种方案,测定其各自的无侧限抗压强度,通过经济和强度比较,确定出最优配合比为石灰:粉煤灰:土料为8:20:72。

3)石灰粉煤灰施工技术要求

石灰粉煤灰(以下简称二灰)稳定土底基层,采用路拌法分为下上两层施工。第一层(下层)厚20cm施工完成后,马上进行高程测量,第二天采用羊角辗碾压一遍,使表面出现大约5mm凹凸面,以增加上两层二灰稳定土之间的联结。

4)上、下底基层联结措施

上、下底基层之间,采用前述同样的工艺,继续使用羊角辗在下底基层上碾压一遍,形成凸凹不平的接触面,再铺筑上底基层,以增加上下底基层之间的联结。

5)相邻路段交界处接缝处理

先施工的底基层路段,应把底基层做至两路段交界处,以上每层退后5~8m,在下一路段施工时把各结构层做至接缝处。如相邻两个路段交界位于构造物附近的,施工接缝亦应按上述方法进行接缝处理。

6）二灰基层和底基层在养生期间，要保持一定的湿度，时间不少于7d，必须采用编织物覆盖，洒水养生。养生期间封闭交通，除养护车辆外严禁其他车辆通行。

3.二灰土底基层施工质量预防措施

对于低塑性二灰土，在施工过程中容易出现的质量问题，主要表现在：不好成型、表面松散、表层起皮、弹簧、裂缝等问题，其预防对策分述如下：

1）表层起皮现象

二灰土碾压时形成夹层、起皮现象，大致有五种情况：

（1）表层过湿，含水率掌握不均，二灰土被压路机轮子黏起，而出现的麻麻点点，并越积越多。

预防或处理措施：掌握住碾压时间，待表层接近最佳含水率时进行碾压。

（2）混合料含水率不足，或表层含水率蒸发过快，碾压时发生推移而起皮。

预防或处理措施：若整层含水率均小于最佳含水率，应重新拌和，补充水分后整平碾压。若是因表面2～3cm厚二灰土含水率不够，则先洒水补充水分待表面二灰土接近最佳含水率不发生黏轮时进行碾压。

（3）薄层贴补，人为地制造一个滑动面。

预防或处理措施：应尽量减少平地机带料找补操作，混合料成型时用平地机精平到比虚铺标高高0.5～1.0cm的高程线上，洒布粉煤灰和石灰时要考虑到比土多出0.5～1.0cm，平地机整平时，要像木工刨皮一样，一层层地刮到预定的高程。

（4）含水率不均匀、布料不均匀、拌和不均匀所引起的孔隙比增大，无法达到最佳压实度，从而降低了二灰土的极限承载力，造成整体剪切破坏。

预防或处理措施：严格控制含水率，二灰土最后一次拌和前，应及时检测含水率，并根据季节确定加大拌和洒水量，春夏施工时风大，气温较高，二灰土最后1次拌和完控制的含水率一般比最佳含水率高3%～4%；雨季空气潮湿，一般控制在比最佳含水率高1%～2%。然后按下列要求，合理安排碾压程序：

①用推土机跟在拌和机后排压，使整型后的二灰土有一定的密实度，减少静碾压路机从动轮的推挤作用。

②正式碾压时，先用振动压路机稳压1遍，接着低振1遍，高振2遍，最后再低振1遍，使压实层的下半部分达到密实度的要求，再用18～21t三轮碾压2遍，使压实层上半部分达到密实度要求，碾压完后立即检测压实度。

③当压实度接近最佳密实度时，三轮静碾压过2遍后，立即检测压实度，严禁超压而造成的剪切破坏。

④压实尽量避开高温时间成型碾压，一般成型时间为早6:00～10:00，晚4:00～8:00为宜。

（5）土的塑性指数太低，表面形成搓板、起皮。

预防或处理措施：塑性指数太低，碾压不能成活，弃之不用，另行换土。

2）二灰土弹簧现象

二灰土弹簧现象有两种情况，一是由于二灰土过干出现干弹簧，二是由于过湿而出现湿弹簧，二灰土最佳含水率比较大，一般在18%～19%左右，随着粉煤灰比例增加，最佳含水率也增大，因此，在二灰土拌和之后要控制好含水率，尽量减少弹簧现象的出现，从而加快施工进度。

3)二灰土裂缝现象

二灰土由于配比、施工、养护不当很容易产生裂缝,影响因素有:

(1)土质

土的塑指越高,二灰土出现的裂缝机率越多。塑指高土有较强的伸缩性,遇水发胀,干则收缩,因此在选择二灰土的土质时,应选择塑指在20以下的土质,若沿线取土困难,可视情予以降低,土的塑指以能成块为度。如果塑指太低则影响二灰土强度。

(2)混合料的配合比。

二灰土中若土的比例越大,则土出现裂缝的机率越高。土对水的敏感程度要比石灰、粉煤灰大,所以要适当控制土的比例。

(3)含水率的影响

二灰土中的粉煤灰、石灰成分对水的敏感性相对较弱,所以施工时其含水率略比最佳含水率偏大2%~4%,容易压实成型,且不起皮。但如果含水率过大,加上成型以后,水分蒸发速度快,致使其中的土产生激烈的收缩,会导致二灰土开裂,含水率越大开裂的程度就越宽越深。

(4)养护不及时

二灰土施工的最好季节是春和夏初,雨季施工易受雨水影响,施工质量难以控制,而秋后施工天气潮湿含水率较大,二灰土的强度增长缓慢,不利于工序衔接。

春末夏初风大,中午气温高,水分易蒸发。二灰土成型以后,如得不到及时养护,则容易产生表面开裂。土含水率较低,塑性指数较小,开裂程度轻。但是上述三种不利因素耦合,就会形成深、宽、面积较大的龟裂。

另外,石灰、粉煤灰含有较高的化学活性物,其中氧化钙、二氧化硅所形成的离子与黏土颗粒的离子发生一系列物理化学反应。一是需要吸收水分子形成晶体颗粒,二是在反应过程中进行放热也要蒸发一部分水分,如果在初期反应较快时,水分得不到及时的补充,则也容易发生收缩裂缝,因此,二灰土成型后养护十分重要,一般最少7d。可以采取编织物覆盖的办法,从而保证二灰土水分缓慢蒸发,避免裂缝增多增大。

(三)水泥稳定碎石路面基层施工关键技术

路面基层采用水泥稳定碎石,总厚度为38mm,分两层摊铺,上基层18mm,下基层20mm。7d无侧限抗压强度不小于6MPa(施工时不大于7MPa),粗集料的最大粒级控制为用26.5mm。

1. 水泥稳定碎石早期破坏原因分析

水泥稳定碎石发生早期破坏的原因有以下几个原因:

- 集料级配范围太大;
- 集料规格要求不严;
- 拌和机的料斗太少,通常仅3~4个;
- 料堆无隔墙,互相交错;
- 料斗间隔板太低,料斗中料互有交错;
- 场地不硬化处理;
- 拌和室不够长,拌和时间不够。

针对以上情况,在水泥稳定碎石基层施工中,采用了以下措施:

1)原材料技术要求

水泥:秦皇岛蓝图水泥厂罐装 P. O32.5 号水泥。碎石:青龙产石灰岩。集料经过二次筛分成单一粒级,粗集料分成 26.5 ~ 19mm、19 ~ 13.2mm、13.2 ~ 9.5mm、9.5 ~ 4.75mm 四个粒级。细集料采用 0 ~ 4.75mm 的石屑。

水泥及碎石的技术指标见表 7-59 和表 7-60。

水泥技术指标　　表 7-59

项目	细度(%)	初凝时间(min)	终凝时间(min)	稳定性	3d 强度		28d 强度	
					抗折	抗压	抗折	抗压
结果	2.4	201	310	合格	4.2	19.0	7.0	34.0

试验段集料技术指标　　表 7-60

集料规格(mm)	吸水率(%)	针片状含量(%)	压碎值(%)	备注
19 ~ 26.5	1.5	10.0	20.5	
13.2 ~ 19	1.4	12.8		
9.5 ~ 13.2	1.4	14		
正常路段 9.5 ~ 13.2	—	—	14.8	

2)水泥稳定碎石配比设计

水泥稳定碎石集料级配技术要求,如表 7-61 所示。表中级配上限为连续式密级配,下限为粗集料断级配。

水泥稳定碎石基层用集料级配　　表 7-61

类型	通过下列筛孔的质量百分比(%)											
	26.5	19.0	16.0	13.2	9.5	4.75	2.36	1.18	0.6	0.3	0.15	0.075
级配下限	100	81.6	73.5	65.3	53.4	35.0	23.1	15.3	10.3	6.8	4.5	3.0
级配上限	100	83.7	76.4	69.0	57.9	40.0	28.2	19.9	14.2	10.0	7.1	5.0

试验路采用水泥稳定碎石的级配,介于连续密级配与粗集料断级配之间,主要考虑混合料要容易压实,并且尽量的形成骨架。碎石集料掺配比例及合成级配见表 7-62。

试验路的合成级配　　表 7-62

规格(mm)	通过下列筛孔的质量百分比(%)												比例
	26.5	19	16	13.2	9.5	4.75	2.36	1.18	0.6	0.3	0.15	0.075	
19 ~ 26.5	100	27.3	4.8	0									23
13.2 ~ 19	100	97.1	72.5	16.4	0.1	0.1	0.1	0.1	0.1	0.1	0.1	0.1	12
9.5 ~ 13.2			100	94.2	9.6	0.2	0.2	0.2	0.2	0.2	0.2	0.2	10
4.75 ~ 9.5				100	90.2	13.8	0.2	0.2	0.2	0.2	0.2	0.2	19
0 ~ 4.75					100	98.0	67.2	52.9	33.9	20.2	12.4	6.5	36
合成级配	100	82.9	74.8	66.5	54.1	37.9	24.3	19.1	12.3	7.4	4.6	2.4	

水泥稳定碎石选用水泥剂量为 5%、6%、7%,分别制成混合料进行重型击实试验,测定每一水泥剂量混合料的最佳含水量 W_o 和最大干密度 γ_{max};

测定不同水泥剂量混合料试件的无侧限抗压强度时使用静压法，试件的含水量等于 W_o，干密度等于 100% γ_{max}；

试件保温保湿养生 6d，泡水 1d，取出做 7d 龄期抗压强度。每种混合料的试件数量为 13 个。测定 R_7 的设计强度为 6MPa。

在标准条件小养生 7d，然后进行无侧限抗压强度检测，其结果见表 7-63。

不同剂量水泥稳定碎石击实试验比较 表 7-63

水泥用量	最佳含水率 (%)	最大干密度 (g/cm^3)	R_7 平均值 (MPa)	S	C_V	R_7 代表值 (MPa)
5%	5.1	2.332	4.39	0.232	5.3	4.01
6%	5.2	2.335	5.42	0.144	2.7	5.18
7%	5.3	2.337	6.78	0.294	4.3	6.30

通过试验选取符合强度要求的最佳配合比作为水泥稳定集料的生产配合比，水泥剂量为 7.0%，此时最佳含水率为 5.3%，最大干密度为 2.337g/cm³。

2. 水泥稳定碎石施工关键技术

1）原材料质量稳定技术

原材料质量稳定，是保证基层施工质量基础，为此特地定制一台碎石专用筛分机械（图 7-26），生产量为 100t/h，对施工单位购进的原材料进行二次精筛分。粗集料筛分成四个粒级，即 26.5 ~ 19mm、19 ~ 13.2mm、13.2 ~ 9.5mm 和 9.5 ~ 4.75mm 四个粒级，细集料采用 0.075 ~ 4.75mm，并分别堆放在用砖隔墙的堆料仓内。

a)

b)

图 7-26 专用碎石筛分机生产现场

a）单粒级筛分机；b）单粒级集料

2）改造拌和机

（1）增加料斗

水泥稳定碎石拌和机，一般只有 4 个料斗，鉴于原材料级配变化对混合料级配的影响较大。原设备很难严格控制混合料的级配，在试验段铺筑中，增加了两个料斗，采用 6 个料斗，其中 4 个料斗分别装 26.5 ~ 19mm、19 ~ 13.2mm、13.2 ~ 9.5mm 和 9.5 ~ 4.75mm 的粗集料，另两个料斗分别装 1 种细集料（图 7-27）。

（2）提高称料的精度

在每个料斗下面，安装有小皮带秤，其精度一般为 1%。为了更精确控制集料用量，特将皮带称的精度改成0.5%,以保证输送带上粗细集料符合级配要求。

图7-27　集料料斗与改造后的水泥稳定碎石拌和机

(3)加长双卧轴拌和机实际有效拌和长度,提高拌和料均匀性

原来施工的拌和机拌缸有效长度较短,不能满足水泥稳定碎石拌和要求,为此,对其进行了改造增加了一个拌缸。在第一个拌缸内拌和时,按照要求加入水泥和水,经过第一个拌缸拌和的水稳碎石进入到输送带,然后输送到第二个拌缸内进行二次拌和,然后在第二个拌缸内拌和完毕后装入运料车。这样有效的增加了水泥稳定碎石拌和的均匀性。

3)运料车装料和运输

(1)运料车中装料时,分3~5次装,减少离析。

(2)运料车装满料后,用完整的、紧固在车厢两侧篷布覆盖,以防表层混合料水分蒸发。

4)现场摊铺和压实

(1)在摊铺下层水泥稳定碎石之前,首先,先用羊角辗处理底基层表面,形成凹凸底基层顶面,并清扫干净,除去浮土杂物,然后撒水湿润。

(2)现场摊铺和压实

在摊铺混合料过程中,要采取措施减少离析。特别两侧翼板内的料粗集料偏多,此部分料要与新料一起送到分料室。

混合料由分料室布下时,要降低料的下落高度,避免粗集料滚到下部导致底部离析成蜂窝状(图7-28)。

a)　　b)

图7-28　水泥稳定碎石压实效果;

a)水泥稳定碎石表面;b)钻芯后情况

2. 上下基层之间连接强化措施

为了加强上下基层的层间黏结，采取以下措施：

1）在上下基层间喷撒水泥浆

为了增强上下基层之间联结，在铺筑上层水泥稳定碎石基层前，须将下基层顶面清扫干净、撒水湿润，按 1.5kg/m^2 用量喷洒上纯水泥浆（图 7-29），再摊铺上基层水泥稳定碎石。

a)　　b)

图 7-29　上下基层层间处理措施实况

a）清扫冲洗后的下承层表面；b）摊铺前方 100m 洒水泥浆

基层施工结束后及时养护，用土工布覆盖，每天定时洒水，遇高温或大风天气缩短洒水时间间隔，增加洒水量。

2）连续压实措施

如果有足够的混合料生产能力和碾压设备，可在下基层约长 100～150m 碾压结束后，即可返回到刚碾压结束段的起点位置，摊铺上层水泥碎石，但是，上层摊铺和碾压必须在下层水泥初凝之前完成。这种方法可以加强上下两层结合，且不需撒水泥纯浆或干水泥。

3）裂缝调查

半刚性基层的裂缝，往往被认为是不可避免的。一般养生完成，去掉土工布后往往 2～3d 就出现距离不等的裂缝，甚至每 10～20m 就有 1 条。为减少半刚性基层的裂缝，往往采用调整级配、降低水泥用量等技术措施，但是，效果并不明显。

河北沿海公路使用的水泥稳定碎石，采用了 7% 的水泥用量，远大于正常施工的同类基层的水泥用量。试验段 6 月份完成施工，经过 7、8 月份的高温季节，在铺筑面层之前调查发现了“奇迹”，基本上没有产生裂缝，仅仅在 K1 的 363m 位置出现了一小段，此外，由于施工时下雨产生了 7 条横向收缩裂缝，裂缝间距最小 8m，最大 90m。分析原因，主要是在施工中采用了以下技术措施，才收到比较好的效果。

（1）通过对级配进行调整，采用骨架型级配，有效的减少了裂缝。

（2）对集料进行二次筛分、增加料斗的数量及采用两个拌缸进行拌和，增加了水泥稳定碎石的均匀性，也有效的减少了裂缝的数量。

（3）对路基顶面、石灰粉煤灰稳定土、水泥稳定碎石之间界面采用了不同的处理措施，增加了各层之间的联结，基层与底基层之间、底基层与路基之间有效的形成一个整体，有效的减少了裂缝的产生。

三、SAC 系列路面施工关键技术

在半刚性基(底)层上,修筑的 SAC 系列品种路面时,需要关注以下关键技术。

1. 集料原材料质量

制作碎石的原材料的石质,应当是硬质岩石,例如:玄武岩、安山岩、闪长岩、砂岩、片麻岩、辉长岩、花岗岩等,严禁使用软质、风化的、粘有泥土的石块制作碎石;制作碎石的石块应比要求的碎石粒径大 3 倍以上。

1)制作碎石岩石品种

视为集料使用的部位不同,按下列要求进行选择:

(1)用作抗滑层或表层的集料,应该耐磨,具有良好的磨光值,常选用硬质岩石制作。

(2)用作中下面层的集料,可用符合要求的各种岩石。同一种沥青混凝土应选用同一种岩石破碎。

2)SAC 系列产品对粗、细、填料的技术要求

(1)粗集料应有良好的颗粒形状,应接近于立方体,其具体技术要求,应符合《公路沥青路面施工技术规范》(JTG F40—2004)表 4.8.2 的要求。

(2)细集料除与粗集料相同的要求外,应洁净、干燥、无风化、无杂质。颗粒形状好、扁平颗粒少、粉尘少,其质量应符合《公路沥青路面施工技术规范》(JTG F40—2004)中的表 4.9.2 要求。<0.075mm 粉尘含量不能超过 5%。

用机制砂作为细集料时,其中<0.075mm 的颗粒含量应在 4% ~5% 之间。《公路沥青路面施工技术规范》(JTG F40—2004)规定的 S15、S16 不能直接用作细集料。

(3)填料应包括石粉、消石灰、硅酸盐水泥、粉煤灰(高钙)。填料可以填充空隙减少沥青用量,则增加稳定度,改善于集料的粘结力。

2. 集料粒径选用

根据面层厚度选用集料的粒径(表 7-64),一般层厚是标称粒径的 2.5 ~3.0 倍,特殊情况可以到 2 倍。

粗集料参考粒径　　表 7-64

SAC 系列品种	可用厚度(mm)	适用路面层次	SAC 系列品种	可用厚度(mm)	适用路面层次
SAC－10	15 ~20	超薄或磨耗层	SAC－20	50 ~60	中(底)面层
	20 ~30	薄层面层或磨耗层	SAC－25	60 ~70	中(底)面层
SAC－13	30 ~40	表面层	SAC－30	>70	中(底)面层
SAC－16	40 ~50	表面层	注:标称粒径＝层厚/(2.5 ~3.0)		

3. 沥青材料的选用

用作表面层的沥青制作的混凝土,应具备以下性能:

1)具有比较高的抗低温裂缝和抗温度疲劳裂缝的能力;

2)同时还应有优良的高温抗永久变形的能力。

前者 1)应采用较稀、针入度大的沥青;后者 2)应采用黏稠、针入度小的沥青。因此,需要

根据路面所处气候和公路上的位置选用。

- 严寒地区:用作表面的沥青可选用110、130号;
- 寒冷地区:用作表面的沥青可选用90、110号;
- 温区:用作表面的沥青可选用70、90号;
- 热区:用作表面的沥青可选用50、70号。

3)温度差不大的地区,在温度裂缝不是主要矛盾的情况下,特别是纵坡大于3%的路段上,SAC-13、SAC-16可使用稠度比较小的沥青,例如50号,或聚合物改性沥青。高温炎热地区,中面层可用针入度20~30的30号沥青,底面层的可用针入度35的30号沥青。

4)中底面层的沥青应比面层低1~2等级的沥青。

4. 路面集料结构类型选用

沥青路面按SAC集料的级配选用可参考表7-65。

中型以上货车占预测交通量40%以上路面结构选用参考表　　表7-65

<table>
<tr><th colspan="2" rowspan="2">气候区</th><th colspan="3">额定载重车15t占总交通量(%)</th><th rowspan="2">备　注</th></tr>
<tr><th>>50%</th><th>5%~50%</th><th><5%</th></tr>
<tr><td rowspan="3">夏炎热区</td><td>表面层</td><td rowspan="3">紧密结构</td><td rowspan="3">一般结构</td><td>一般结构</td><td rowspan="9">中型以上货车占预测交通量40%</td></tr>
<tr><td>中面层</td><td>一般结构</td></tr>
<tr><td>底面部</td><td>疏松结构</td></tr>
<tr><td rowspan="3">夏热区</td><td>表面层</td><td>紧密结构</td><td>一般结构</td><td>一般结构</td></tr>
<tr><td>中面层</td><td>紧密结构</td><td>一般结构</td><td>一般结构</td></tr>
<tr><td>底面层</td><td>一般结构</td><td>一般或疏松</td><td>疏松结构</td></tr>
<tr><td rowspan="3">夏凉区</td><td>表面层</td><td>一般结构</td><td>一般结构</td><td rowspan="3">疏松结构</td></tr>
<tr><td>中面层</td><td>一般结构</td><td>一般结构</td></tr>
<tr><td>底面层</td><td>疏松结构</td><td>疏松结构</td></tr>
</table>

5. 集料级配储存与保护

SAC系列产品认为:在决定沥青路面强度和稳定的多个因素中,粗集料质量和级配是关键因素,然后沥青在混合料才能发挥应有的作用。因此,SAC系列产品精心打造了集料级配。在施工过程中,如何保证粗集料级配质量,就成为SAC系列产品成功与否的关键所在。

1)粗集料预防离析的技巧

多碎石沥青混凝土SAC系列产品,从集料备料开始,中间包括运输、储存、进入料仓、供料、拌和、运输SAC混合料、摊铺等全过程中,每个作业环节都有可能会发生集料离析问题。集料,特别是粗集料一旦发生严重的离析,用心良苦的粗集料级配精心设计,将会前功尽弃。因此,预防集料发生离析,就成为SAC系列产品成败的关键问题。为此,从技术到管理上,都必须采取措施,确保集料和混合料不发生离析,或不发生不允许的离析。表7-66列出的措施,虽然微不足道,但是,它可决定面层最终质量。这就是一句时尚铭言:"细节质量决定成败"。表中所列的在作业中采取的预防离析措施,是沿海公路在修筑SAC试验路面中总结出的经验,可供同行们参考和借鉴。

可能发生集料离析作业环节及预防措施　　　　表 7-66

序号	作业环节	不正确作业方式	正确作业方式	预防措施说明
1	装车作业			采取输送带装料，车辆应按右图序号来回移动车辆或装料机具，不断变换装卸位置
2	输送带卸料	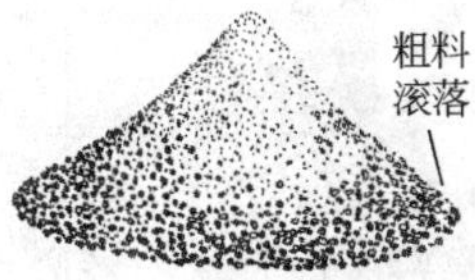	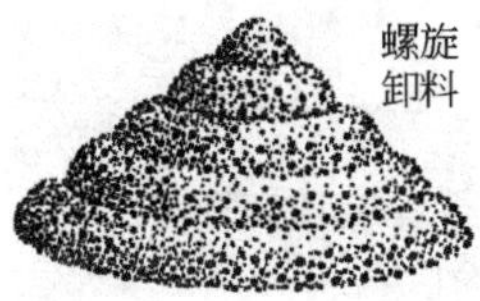	卸料设备不断旋转，变换卸料位置，使料堆形成下大上小，成圆锥状，大粒径集料不致于滚落
3	抓斗卸料或装车时	如果只在一处卸料，就会造成集料离析		抓斗卸料，每抓一斗，轮换一处卸料，就会避免出现集料离析
4	用推土机修筑堆料作业			不应长时间在同一平面上推料，否则，就会造成离析。推料时，每层厚 <1.2m，尽量少扰动集料
5	卡车卸料，铲车堆料			左图卡车卸料方式正确，一卸成几堆，可减少集料离析
6	推土机和输送带联合作业	 推土机和输送带协同作业		推土机和输送带配合作业，水平成层缩进，系正确的卸料方式
7	混合料拌拌和作业	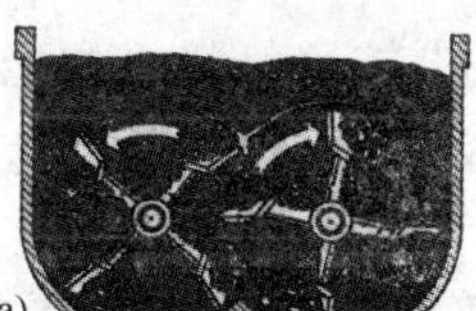 a)	 b)	左图 a)，缸内混合料多，拌和不均；b) 图缸内混凝土混合料少，会造成离析

续上表

序号	作业环节	不正确作业方式	正确作业方式	预防措施说明
8	混合料运输作业			装混合料时，卡车应按图中序号来回移动，才最大限度减少离析
9	压实作业	紧密式SAC路面压实，不同于连续密实结构路面的压实		紧密式压实作业，碎石多初压第一遍静压，接着采取振动压实，一直结束

2）集料级配检验取样

在生产过程中，施工人员和试验检测人员，需要时时检测集料级配质量。在检验集料时，应按下列要求从料堆上取样：

（1）在料堆的上、中、下几个均匀分布的部位，分别取大致相等数量的试样，混合后作为一份代表性的料样。

不应在料堆底脚处和顶部取样，因为那里的离析最为严重。取样时应移去料堆表面的集料，用方边铁锹铲入料堆内部取样。为避免取样时料堆上方的粗集料向下滚落，可在取样处上方架一档板。

（2）在皮带输送机上取样时，取样应在皮带输送机的出料口，用接料器定时抽取若干份试样混合后成为一份代表性的料样。

在石场的皮带输送带上取样，往往容易取具有代表性的料样，取样时应在皮带的全宽度上采集，以避免集料在宽度方向的离析。

（3）自动取样。在输送带料口，安装自动取料器，可以做到均匀取样（图7-30）。

（4）料样的缩分

料样缩分是极具技巧性的工作，取样人员必须十分小心操作，如果材料发生离析将完全破坏料样的代表性。用机械纵切法（分料器）对粗集料和干燥的细集料进行缩分，通常效果较好。用四分法进行缩分，更多地依赖于操作人员的技巧，宜用于潮湿集料的缩分。取样合适与否，直接影响到检测结果，关系着产品最终质量。

6. 拌和时集料级配控制技术

为了在拌和时准确供料，确保其组成符合设计要求，按照集料级配配置6个冷料仓，以适应多碎石沥青混凝土SAC系列的设计和施工。各等级SAC产品施工时，设置的冷料仓个数，见前表7-7。

沥青混合料冷料计量，靠皮带转速确定。为了准确计量冷料的数量，在每个冷料仓安装皮带称，精度为0.5%，精确计量各档冷料流质量（图7-31）。

图7-30　输送带出口的自动取料器

图7-31　安装的皮带称和皮带称控制系统

在拌和楼控制室,安装上皮带称的控制系统。控制系统在启动初始输入各冷料仓输送重量,在生产过程中设有密码保护可避免人为更改。

输料系统有三方面的功能:

1)具有锁定功能,在按照目标配比输入各档冷料比例后锁定,此时操作人员将不能对冷料输入量作随意改动。

2)在控制系统屏幕上,可很直观的看到每个冷料仓的集料的重量。

3)为防止由于铲车司机的倏忽造成某种规格料短缺,只要缺少某种规格料10s后控制系统会自动控制拌和楼运行。

7.施工碾压温度和碾压机械组合

在集料级配不产生离析问题的情况下,SAC系列产品的质量取决于压实质量。路面的压实质量与混合料的铺筑温度,压实机械的组合和压实遍数密切相关。

沿海公路SAC试验路面混合料,施工时矿料加热到195～200℃,沥青拌和站控制沥青加热温度为175℃,沥青混合料的拌和温度为180℃,压实温度170℃。随温度降低30号石油沥青混合料会比70号沥青混合料更难以压实,因此,摊铺完成后及时用钢轮压路机与重型轮胎压路机组合的方式进行碾压。钢轮压路机在前,仅仅第一遍采用静压,其余均采用振动机械压实,钢轮压路机碾压3遍后,轮胎压路机再碾压2～3遍。在压实的过程中沥青混合料稳定,虽然在初压阶段就开始振动,但是完全没有推移现象。

在施工过程中,连续抽查3个施工日共80辆运输车辆的到场温度,以及相应混合料的摊铺温度列于表7-67。

SAC25施工温度检测(°C)　　表7-67

项　目	到场温度	摊铺温度	初压温度	复压温度	终压温度
平均值	173	163	152	134	124
最大值	174	170	163	136	130
最小值	170	157	140	132	119
观测数	80	80	60	60	60

压实后SAC-25沥青混合料表面看均匀美观,基本上看不出离析带,雨后也没有发现渗水现象。压实后及雨后的表面如图7-32所示。

目前,沥青路面的压实机械,一是双缸双驱动轮振动压路机,二是质量26t的轮胎压路机,还有少量的30t大质量的轮胎压路机。对于一幅双向车道的高速公路,一般有5~6台压路机可以满足施工要求。可以是2台双缸双驱动轮振动压路机,3台质量26t轮胎压路机。也可以是3台双缸双驱动轮振动压路机,3台质量26t的轮胎压路机。

a) b)

图7-32 SAC-25下面层施工成品实况

a)碾压成形后的表面;b)雨后不渗水

第一组合:2台双缸双驱动轮振动压路机,3台质量26t轮胎压路机

初压:2台双缸双驱动轮振动压路机,从外侧向中心振动碾压。错轮重叠1/2轮宽。最后碾压中心部位。碾压完全幅为一遍,共压4遍。前两遍行速1.5~2.0km/h,后两遍为3.0~5.0km/h。

复压:3台质量轮胎压路机,紧跟初压以3.0~4.5km/h,各碾压3遍。

终压:用10t两轮压路机或初压所用的机械静压两遍以上,行速4~5km/h,消除轮迹。第二组合:3台双缸双驱动轮振动压路机,3台质量轮胎压路机。

两台双缸双驱动轮振动压路机,从外侧向中心振动碾压,行速1.5~2.0km/h。第三台跨纵向接缝以同样速度碾压。经过一个往返碾压后,向接缝宽的一侧错轮继续碾压。三台碾压完全幅为一个碾压遍。复压与终压同第一组合。

图7-33根据实测的压实度与碾压遍数绘制的压实度、孔隙率与碾压遍数曲线,可供编制施工组织设计时参考。

8.基层与底面层之间黏结防水层施工

在铺筑底面层之前,需对基层进行处理。用水冲洗表面的泥土、碎石,待表面干燥之后,用强力吹风机吹去上面的浮尘。清扫干净基层表面,即使有少许浮尘也会减弱沥青层与下承层的粘附效果。

基层与底面层之间不设透层油,清扫干净水泥稳定碎石基层后,用沥青洒布车洒下封层70号沥青、用量为2.0kg/m²。最后撒上粒级19~26.5mm单粒级碎石,碎石用量为满铺用量的55%~60%,以增强基层与底面层之间连接,图7-34为撒布的单粒碎石实况。

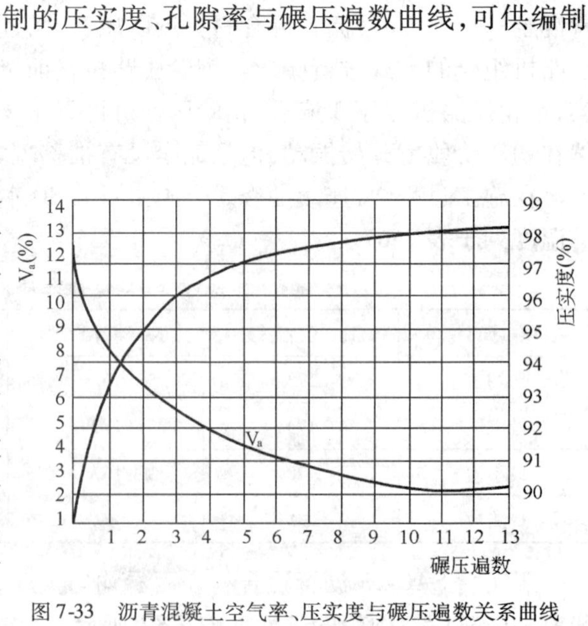

图7-33 沥青混凝土空气率、压实度与碾压遍数关系曲线

图7-34　底面层与基层之间的撒布一层单粒粒料，增强底面层与基层黏结力

四、长寿命路面面层施工效果

长寿命路面面层，施工关键工序，前以已述及，其他施工事项和技术要求，同一般沥青混凝土路面，不再冗述，在此仅介绍采取关键技术处理后，SAC 系列路面实际效果。

1. SAC-25 底基层施工效果

1）底面层与基层之间黏结质量

前已所述，为增强基层与底面层联结，在底面层施工前，清扫干净基层顶面后，撒布 70 号沥青粘结防水层，并且撒布 19～26.5mm 单粒径石料，从钻芯取样分析，基层与底面层之间粘结良好，部分基层材料被带起，粘结防水层的单粒径石料完全被沥青包裹，在底面层底部大约 1.0cm 范围内形成富油层（图7-35）。

2）不同碾压厚度的尝试

SAC 面层厚 15cm，一般分三层摊铺碾压，从试验路面层结构形式可以看出，试验路改变了传统的三层结构，采用中下面层 11cm 一次摊铺碾压的措施，减少了摊铺层数，不仅节省机械人力消耗，还有效的施工时间，并且压实度完全满足要求。

另外在铺筑 18cm 路面时，进行了大约 50m 中、下面层 14cm 一次摊铺碾压的尝试，松铺系数为 1.18，使用胶轮 CP271 碾压两遍，振动钢轮 CC722 碾压两遍，用 DD130 碾压两遍。路段钻取芯样压实度满足最大理论密度 94% 的要求（图7-36）。从该图还可以看出，样芯密实性很好。铺筑试验路面，在现在的摊铺及碾压设备水平下，一次碾压成型 14cmSAC-25 下面层是完全可行。

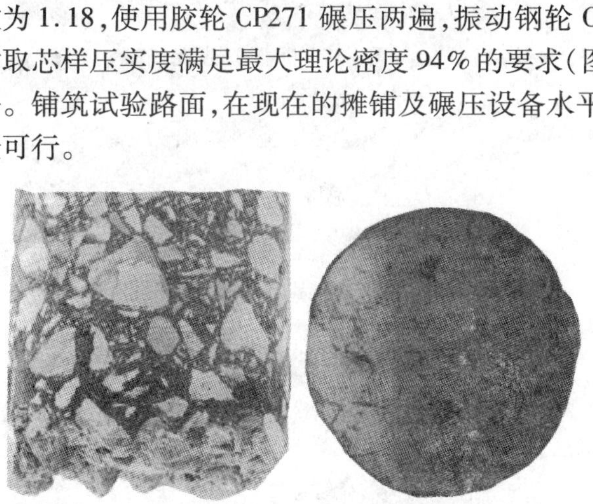

图7-35　底面层与基层的粘结情况

图7-36　一次碾压成型 14cmSAC-25 下面层样芯

2. 上面层改性沥青 SAC-16 施工效果

在面层之间，使用 SBS 改性沥青布设了黏结防水层。施工时先用钢丝扫帚清除下承层表面的泥块等杂物，用水冲洗表面的尘土、碎石，待表面干燥之后，再用强力吹风机吹去表面的松散颗粒。然后，用沥青洒布车洒 SBS 改性沥青黏结防水层，撒布量为 2.2kg/m^2。在两个施工段起讫点，在本施工段起点洒布前，用土工布或油毛毡覆盖上一施工段，这样可以有效防治重叠施工造成的防水层油量过大，发生泛油。最后撒 13.2～16mm 单粒级玄武岩碎石，碎石用量为满铺用量的 55%～60%（图 7-37）。

3. 桥面铺装

桥面为 4cmSAC16＋6cmSAC-25 结构设计。在桥面铺装上设下封层，在表面层与底面层之间设 SBS 改性沥青粘结防水层。其施工工艺：

首先用路面抗滑能力恢复车将桥面铺装拉毛（图 7-38），除去桥面铺装混凝土表面的浮浆，使骨料外露，以利于层间粘结。清扫干净后喷洒热 AH－70 号石油沥青，随后撒布 19～26.5mm单粒级石料，撒布量为满铺时的 55%～60%，作为下封层。

铺 6cmSAC-25 沥青混凝土下面层，用 SBS 改性沥青做粘结防水层，撒布 13.2～16 单粒级玄武岩石料，撒布量为满铺时的 55%～60%，然后做 SAC-13 上面层。

图 7-37 面层之间粘结防水层

图 7-38 桥梁铺装拉毛处理

第八章　不良地基公路防护

公路防护设施,均需要根据路段所处理的地理、地形、气候、水文地质等自然环境,因地制宜采取防护措施,以保证受到气候等因素影响时,维护路基安全稳定。

水是万物生存之源,但是,对于公路来说,水是公路产生病害重要因素之一。河北沿海公路一些路段通过水稻田,一些路段通过鱼虾盐池,一年之中长时间会受到池水或稻田水的浸泡,严重威胁路堤安全。受到潮汐和冲击的影响路段,需要采取防止海潮冲蚀措施。此外,沿海气候和地面水中还含有许多侵蚀性介质,对混凝土和钢材结构产生腐蚀作用,因此,需要采取防腐措施,防止人工构造物受到地面水和海洋气候侵蚀。

第一节　路堤安全防护措施

为了保证沿海公路路堤安全,维护其永久稳定,对软土地段路堤采取以下防护措施:

1. 一般填方路段路堤排水

路线经过一般填方路段,在路堤坡脚两侧设置排水沟,其底宽 1.0m、深 1.0m、内坡1:1.5、外坡 1:1。从路堤排来的地面水,沿排水沟纵向排入附近的河流、排洪渠(沟)。当不能排入河流时,应适当设置蒸发池或湿地,采取自然蒸发消渗方式(图 8-1)。

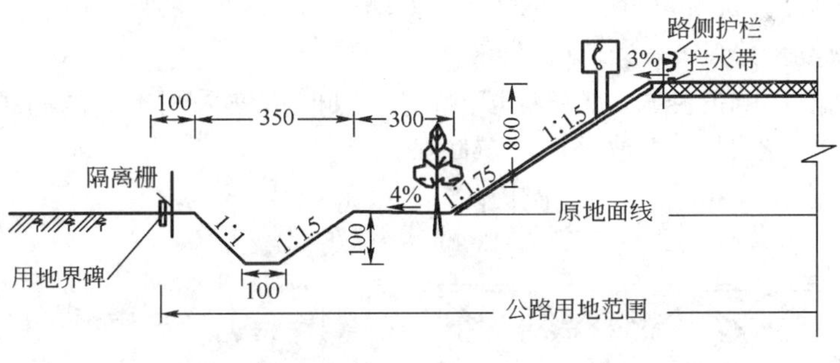

图 8-1　一般路堤边沟排水(尺寸单位:cm)

2. 鱼虾盐池、水稻田路堤排水

1)鱼虾盐池养殖路段路堤排水

沿海公路在 K144 + 635 ~ K160 + 135 路段、长达 15 公里之多,穿越盐碱、鱼虾养殖池,为防止池水浸泡路堤,在排水沟之外,设置平均高 1.5 ~ 2m 的挡水土埝,隔开路堤与鱼虾、盐池,避免池水浸泡路基。排水沟底宽 60cm,底面与池塘底齐平,靠路堤填筑 60cm 填土,加强对路堤的防护,并与外侧的挡水土埝,共同构筑成路堤路侧排水沟(图 8-2)。

2)水稻田区段路堤排水

K104 + 135 ~ K144 + 635 路段,长度 4 公里之多,属于人工开发出的水稻田地区。沿线两侧系水稻田地带,灌溉水渠纵横交织。在水稻生长期里,稻田内一般灌溉有深 0.2m 的水,如同上述措施,在边沟外设置高 0.3 ~ 0.5m 小土埝,阻挡农灌水浸蚀路堤。此时,稻田地段路堤边沟底宽100cm，低于原地面70cm，靠近路堤一侧填筑宽280cm填土，以强化路堤坡脚的防护（图8-3）。

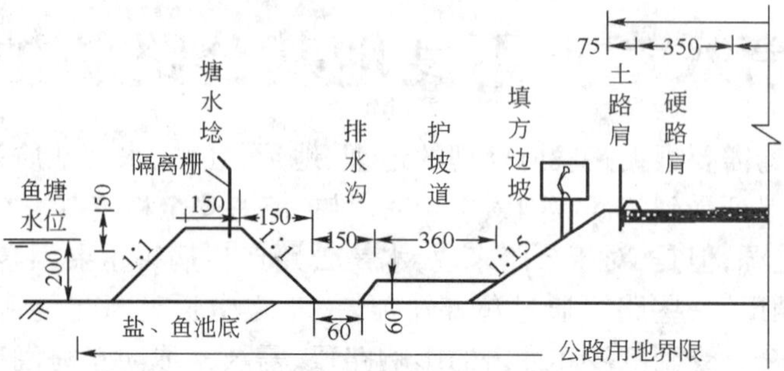

图8-2　鱼虾盐池路段挡水埝（尺寸单位：cm）

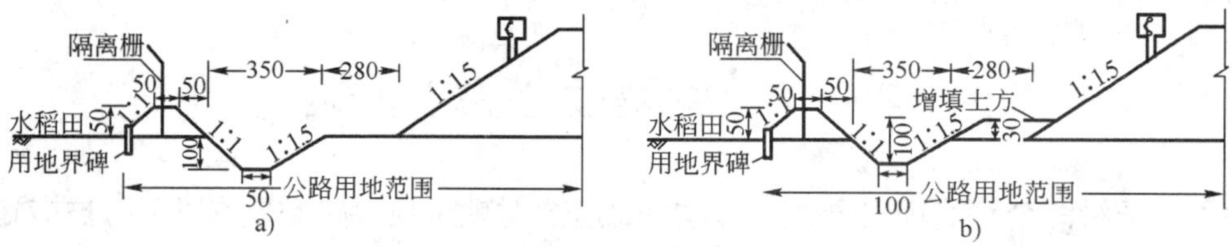

图8-3　水稻田挡水埝布设（尺寸单位：cm）

a）适宜路堤高度＞2m；b）适宜路堤高度＜2m

3. 路堤边坡防护

低矮的路堤边坡，坡度一般为1∶1；路堤填高＞8m，粉煤灰路堤填高＞5时，坡度改为1∶1.75。对于边坡防护，视不同路段，采用不同的防护方式。

1）不受洪水或潮汐影响的路段

不受洪水和潮汐影响的路段，视路堤填筑高度不同，边坡采用不同的防护方式。

（1）当路堤高度＜3m时，边坡采用植草防护。

（2）路堤高度＞3m～5m时，边坡采用混凝土格网防护（图8-4）。

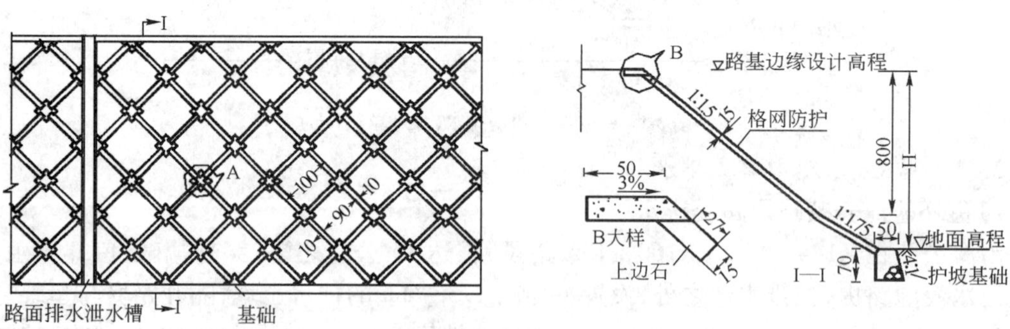

图8-4　边坡混凝土格网防护措施（尺寸单位：cm）

a）平面；b）侧面

路堤边坡采用格网防护，其混凝土等级为C20，采用M12.5砂浆勾缝。基础采用M7.5浆砌片石，遇到有水地段采用C20混凝土。基础底埋入冰冻线以下≮25cm。坡面防护与路肩石、基础及与路面泄水槽相接处，采用1号预制块的一半。基础每隔15m设1道2cm沉降缝。

路基边坡达到路基压实度并经刷坡后进行防护施工，格网在路面路面泄水槽处断开，先做泄水槽，后做格网防护。在 1 号预制块中间用 ϕ12mm、长 40cm 的钢筋固定(图 8-5)，上边石采用 C25 现浇混凝土(图 8-4b)。

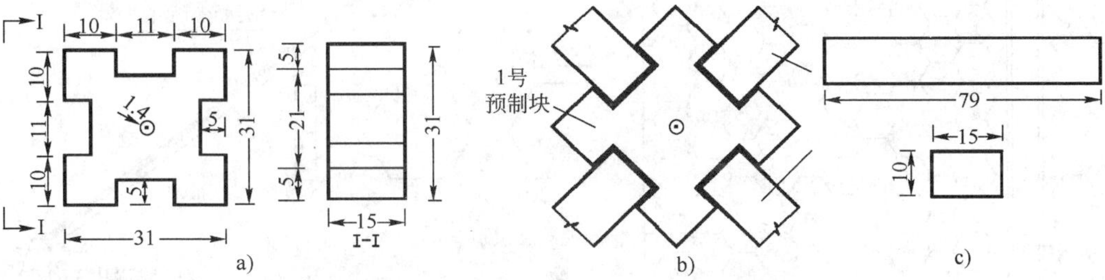

图 8-5 格网防护预制块件(尺寸单位:cm)

a)1 号块件;b)1、2 号块件连接方式;c)2 号块件

(3)路堤填筑高度 >5m 时，路堤边坡采用混凝土空心六边块防护如图图 8-6 所示。

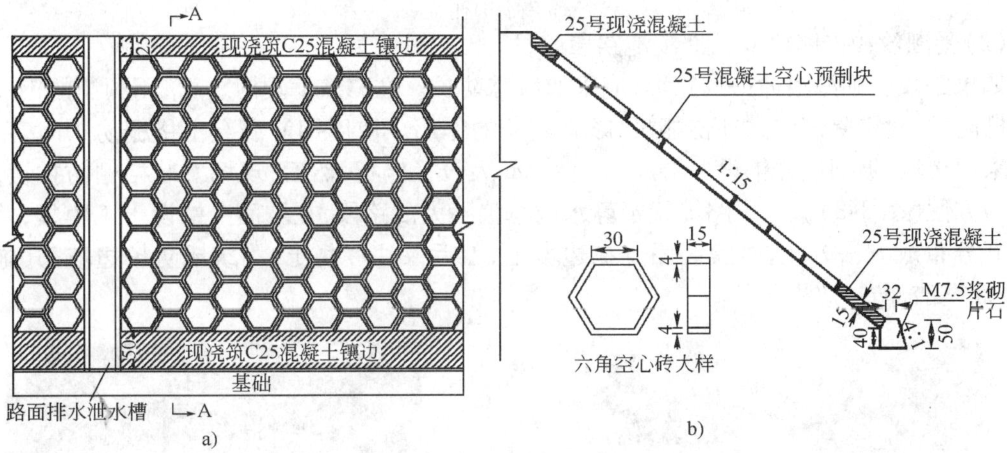

图 8-6 混凝土空心砖边坡防护(尺寸单位:cm)

a)平面;b)侧面

六角空心砖混凝土为 C20，砌筑时高出坡面 5cm，其他砌筑要求和基础构造，沉降缝的布设等技术要求，同以上几种防护方式。空心砖内可以种植适宜沿海环境的草本植物补充防护。

(4)桥头 10m 范围内，采用混凝土预制块全坡面防护。从绿化美化角度分析，互通式立交区和分离式立交路段，是公路视觉节点，采用混凝土空心预制块，并结合路堤防护，进行种植花草，进行绿化美化。

2)受洪水或潮汐影响的路段

(1)受一般洪水或潮汐影响的路段

对于受到一般跨越河流或受到潮汐影响路段，在水位 +0.5m 以下路堤，坡面采用混凝土预制块进行全防护(图 8-7)。混凝土预制块为六边形，预制时混凝土等级采用 C20，预制块之间采用 M12.5 砂浆勾缝。混凝土预制块护坡基础，在有水路段采用 C20 混凝土浇筑矮挡土墙，无水路段护坡的基础采用 M7.5 浆砌片石。无论在有无水路段，矮挡土墙基底必须置于冰冻线以下不小于 25cm 处。

预制块砌筑之前，沿坡面需铺筑一层厚 12cm 石灰砂垫层，将坡面找平。垫层土中石灰比例为 10%。砌筑混凝土预制块时，在坡面最下层，铺设一排带有泄水孔的六边块，排除坡面内部的水。基础每隔15m设一道2cm沉降缝。路基边坡达到路基压实度,并经过刷坡后再进行防护施工。在路面泄水槽处断开,先进行泄水槽施工,防护砌筑预制块防护。

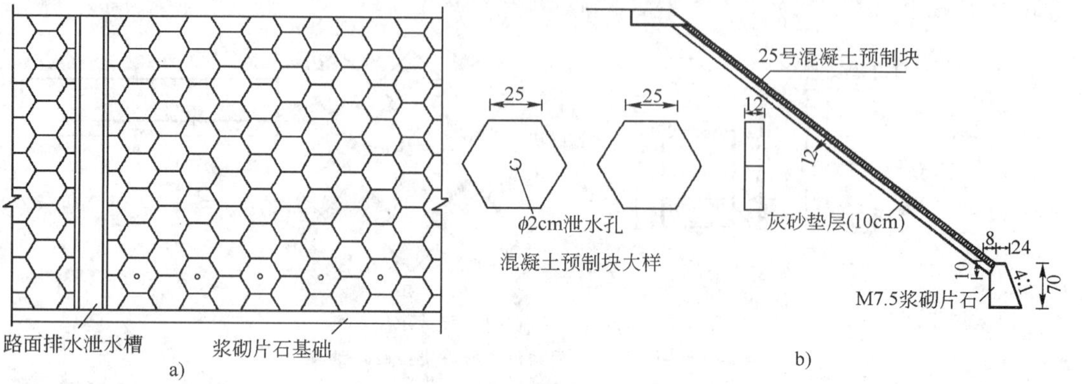

图8-7 混凝土预制块防护图示(尺寸单位:cm)

a)平面;b)侧面

(2)受潮汐冲击路段或长期浸泡路段防护

如果路段受到海浪冲击的路堤,应采取特殊防护。在修筑海堤时,常采用预制的钢筋混凝土格栅防护,对消除海浪的冲击能量,颇有显著的作用。使用钢筋混凝土格栅防护时,路堤边坡应采用缓坡,坡面应先铺设一层厚20~40cm大粒径碎石,然后,现场安装格栅防护设施,施工甚为方便(图8-8)。对于路堤置于静水或海浪不大的路段,在坡面上铺设土工膜袋,并使用短锚杆分布成方格方式,将膜袋固定在边坡上,然后泵注混凝土,构筑成防护边坡,其施工简便,坡面整洁,防护效果显著。

a)

b)

图8-8 受海浪冲击的路堤边坡防护工程实例

a)钢筋混凝土格栅护坡防护;b)土工膜袋护坡防护

4. 中央分隔带防护

总结路面病害发生原因,中央分隔带渗水防护不佳,也是引起路面病害的不可忽视的原因之一。从行车安全和路容绿化美化出发,一般在中央分隔带上,多半种植上草坪和灌木。因此,中分带基地防水问题,必须引起充分注意。

1)一般路段(非超高)中央分隔带排水设施

图8-9是沿海公路非超高路段中央分隔带防水措施。在非超高路段上,由于分隔带表面不封闭,为此在底部和基层及底基层表面上,设置一布一膜土工布隔水层,防水层规格:PE膜厚0.3mm,单位质量$400g/m^2$,断裂强度≥8.5kN/m,渗水率$\leqslant 10^{-12}cm/s$,幅宽4m,搭接宽度不

小于 10cm，并设置纵向级配碎石盲沟，沟宽 30cm、深 20cm，盲沟底设纵向 ϕ10cm 软式透水管，并每隔 50m 左右设置级配碎石集水槽，集水槽底比盲沟底深 10cm，用水泥砂浆砌筑，集水槽配横向 ϕ10cm 塑料排水管，横向坡度 2%，将中央分隔带渗入水排出路基之外。

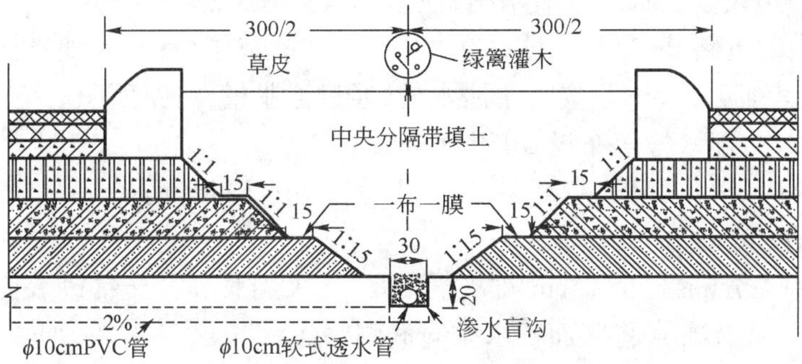

图 8-9　一般中央分隔带防水（尺寸单位：cm）

2）超高路段中央分隔带排水

中央分隔带下铺设有通讯管道路段，为确保其管道安全，通讯管道周围用 5cm 厚的混凝土包封，周围用粗中砂填至与路面底基层持平，然后填土与下基层持平，再铺筑 15cm 厚的石灰土，其中石灰比例为 10%，压实度达到 85%。石灰土上铺设上一布一膜防水层。在防水层上再用 2cm 水泥砂浆抹平，铺设上表面无花纹的彩釉花砖。

彩釉方砖尺寸为 255mm × 255mm × 50mm，靠两边处铺黄色砖两块，中间铺枣红色（图 8-10），砌缝要添满砂浆，整齐美观，并认真做好勾缝。

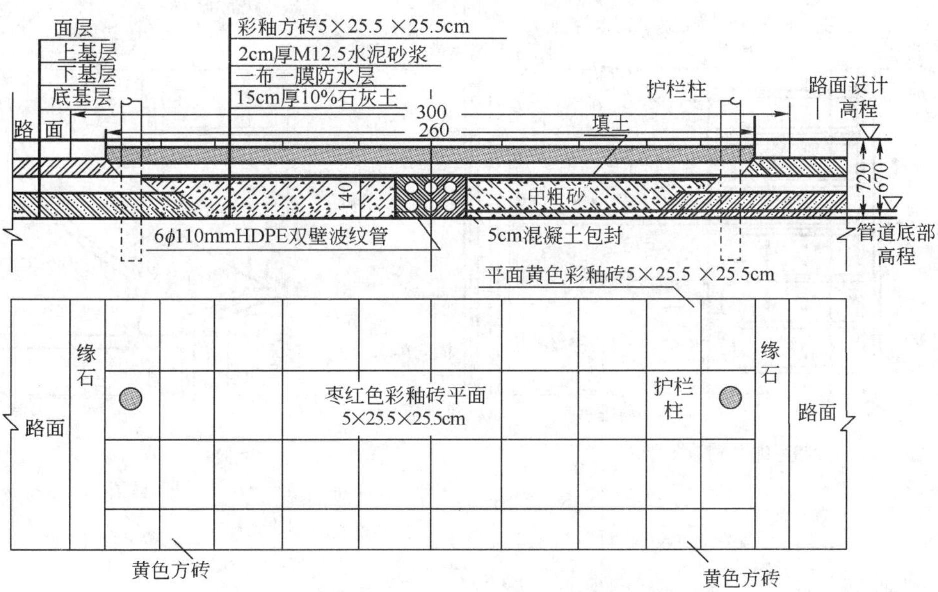

图 8-10　河北沿海公路超高路段中央分隔带防水设计

5. 路基路面排水系统

路基排水对于公路稳定来说，是关系到公路永久稳定与沿线环境保护长远大事。因此，路基路面排水系统，应全面进行规划，合理布局，少占农田，并结合当地的水文地质、气象条件与排灌系统相协调，重视环境保护，防止水土流失和水源污染。路基排水设施，主要有排水沟、泄水槽等。

排水沟设置在填方路基两侧，并与沟渠贯通，不能贯通时适当设置湿地，自然蒸发消渗。排水沟断面为梯形，底宽1.0m，深1.0m。

一般路段在路边设置拦水带+泄水槽，泄水槽间距按照20m设置1个，在凹曲线变坡点150m范围内，桥头附近路基，以及纵坡底圆曲线段150m范围内，间距加密至15m。在凹曲线底部，在最低点及其前后各5m设置1个泄水槽，通过泄水槽，将路面积水集中排入路基边沟。

沿线路基排水沟、泄水槽等布设，可以概括如下：

1）路线纵坡<0.3%的路段、超高路段，采用分散排水（拱形防护）。路面边部设置拦水带+急流槽，集中流入急流槽内排出。

2）超高路段中央分隔带，铺15cm石灰土压实后，采用彩和方砖铺砌表面，分隔带间隔4m种树防眩，采用平铺漫流方式将路面积水排向低侧路面。

3）路堑路段，视地形适当设施截水沟，引导地面水排离路基之外。

4）路面内部水排出措施，引导路面渗水汇集排入边沟。

为排除通过路面接缝、裂缝或空隙，以及由路基或路肩渗入并滞留在路面结构内的自由水，沿路面边缘布设边缘排水系统，即级配碎石垫层+路肩石+土路肩，将路面结构内的自由水排至边坡再流入边沟。

上述措施可以简要归纳如图8-11所示。该图是一段路堤和路堑标准防排水系统，左为路堤采用拱形防护，拱内种植草木，路面设有完善的排水系统。右侧为挖方路堑路段，同样布设完善的排水系统，确保地面水快速排离路基之外。

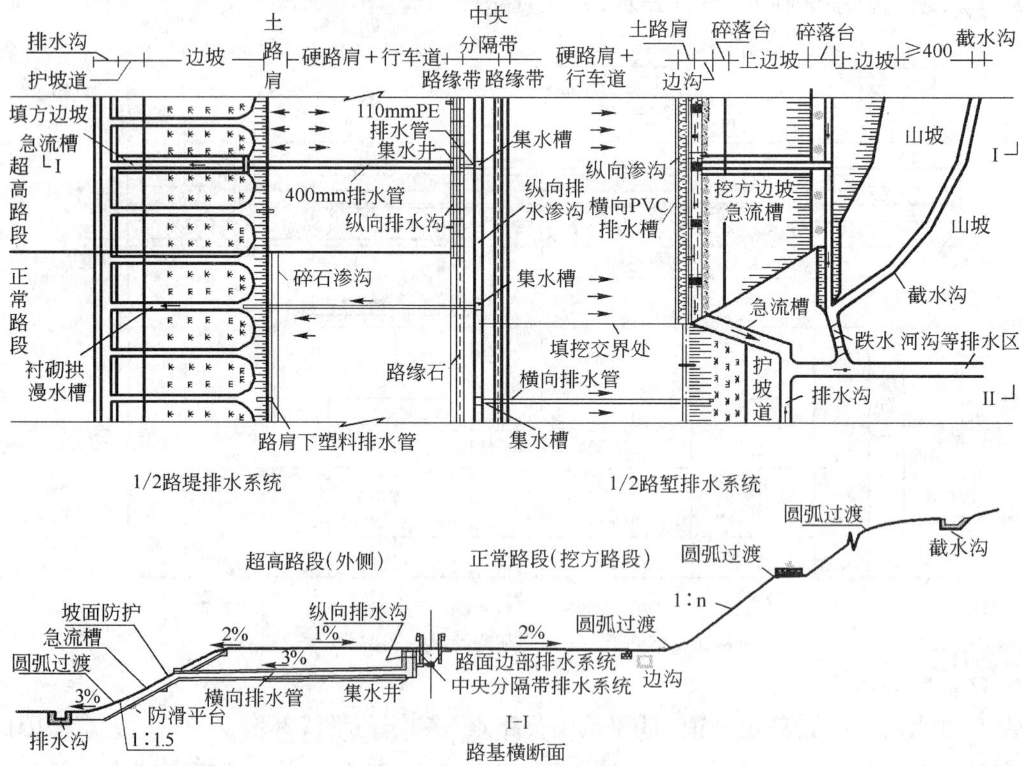

图8-11　完善的路堤和路堑排水系统

第二节　人工结构物防腐技术

当海水盐度在3.0% ~3.5%,pH值在8~8.2之间,它不仅是天然强电解质溶液,更是一个含有悬浮泥沙、溶解的气体、生物以及腐朽的有机物的复杂体系,因而,对人工构造物产生很大的腐蚀作用。

沿海地带空气湿度大,空气中含有过多盐分,在金属表面很易形成液膜导致钢材腐蚀。

经过归纳分析,导致海水具有腐蚀能力的原因,有化学、物理和生物等因素,它们之间常常是相互关联,加之气候影响,进一步加剧腐蚀作用。一般热带腐蚀性最强,温带次之,两极区最弱。

处于沿海地区钢筋混凝土,水中的腐蚀介质,一旦随水分渗入混凝土,便对混凝土内的钢筋造成腐蚀,久而久之导致钢筋混凝土结构损坏(图8-12)。

图8-12　跨越北戴河上的桥梁结构腐蚀状况

随着时代的前进,沿海地区的钢筋混凝土结构腐蚀,已经成为一个世界性的严重问题。为提高沿海地带人工构造使用寿命,对此国内外都对其开展了许许多多研究,提出许多行之有效的防腐措施。

一、钢筋混凝土结构防腐技术

在沿海地区,混凝土或钢筋混凝土结构,之所以受到腐蚀而遭到破坏,主要有以下两个途径:

一是由于海水渗入,造成结构破坏。

二是由于碳化作用,引起混凝土内部碱性环境的降低,导致钢筋锈蚀,造成结构破坏。

以上两种化学腐蚀相互交替、互相促进,加速了对结构的腐蚀、破坏。

1.混凝土结构抗腐蚀研究

根据调查研究,钢筋混凝土受腐蚀后,之所以遭受破坏,其最终因素是钢筋锈蚀。而导致钢筋锈蚀的原因,是水泥混凝土不密实,存在有孔隙率,使带有腐蚀介质的海水有隙可渗。因此,预防钢筋混凝土腐蚀,最重要的、最基本的施之一,就是提高混凝土的密实度。之二是提高钢筋的耐腐蚀能力。

2.海洋环境腐蚀力度分析

海洋环境对结构腐蚀,一般有三个腐蚀峰值,一是浪花飞溅区,称为第一腐蚀峰值,对钢材平均腐蚀率0.2~0.5mm/年；二是平均低潮线以下0.5~1.0m处，称为第二腐蚀峰值，对钢材平均腐蚀率为0.1~0.3mm/年。三是海水海泥交界处下方，称为第三腐蚀峰值，对钢材平均腐蚀率0.03~0.07mm/年。

按照海洋腐蚀位置不同，一般划分为飞溅、潮差、永浸、海泥和海洋大气等区，其对钢材腐蚀情况见图8-13所示。

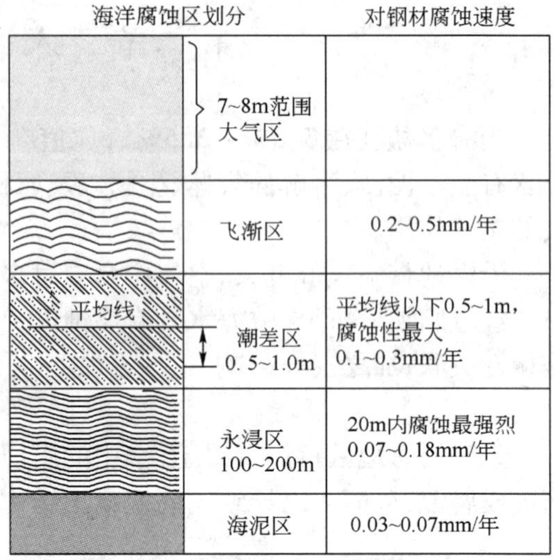

图8-13　海洋腐蚀区和对

此外，按腐蚀介质类别和腐蚀程度不同，海洋腐蚀可分为强腐蚀性、中等腐蚀性、弱腐蚀性和无腐蚀性共四个等级。

3. 钢筋混凝土防腐措施

针对钢筋混凝土发生腐蚀的原因，为提高其抗腐蚀的能力，目前比较成熟的措施主要有，采用高性能混凝土、增加混凝土保护层厚度、施作混凝土保护涂层、掺合阻锈剂等。

1）高性能混凝土

采用优质混凝土矿物掺合料和新型高效减水剂复合，配以与之相适应的水泥和级配良好的粗细集料，形成低水胶比、低缺陷、高密实、高耐久性的混凝土材料。高性能混凝土以较高的抗氯离子渗透性为特征，其优异的耐久性已受到国际上研究和工程界的认同。

2）增加混凝土保护层厚度

这是提高钢筋混凝土使用寿命的最为直接、简单而经济有效的方法。但是，保护层厚度受到一定限度，当厚度超过一定限度，反而其果。

3）混凝土保护涂层

混凝土保护层，一般能够延长混凝土和钢筋混凝土的使用寿命，然而大部分涂层本身会不断老化而丧失功效，一般寿命在5~10年，只能做辅助措施。

4）掺入阻锈剂，提高混凝土护筋能力

在混凝土混合料中掺入阻锈剂，使钢筋表面形成氧化物保护膜，提高混凝土的护筋性。

大量地工程研究实践表明，采用高性能混凝土，是在恶劣的海洋环境下提高结构耐久性的最基本措施。然后，根据不同构件和部位，尽可能提高钢筋保护层厚度，某些部位还可以用复合保护涂层，或阻锈剂等辅助措施，形成以高性能混凝土为基础，综合运用各种防护措施，以有效提高其混凝土结构的使用寿命。

二、沿海高速公路桥梁防腐设计

1. 桥梁整体防腐设计

根据钢筋混凝土被腐蚀的原因分析，第一位的措施提高混凝土的密实性，同时综合运用其他防护措施。河北沿海公路为提高沿线人工构造物防腐能力，主要采取以下措施。

1）桥梁结构形式选用

从消除桥梁结构裂缝和提高其抗腐蚀能力，在结构形式主要采用以下措施：

(1)采用预应力结构,消除主梁裂缝

凡是跨径 >6m 的桥涵,其上部均采用预应力结构,采用 A 类构件设计,避免主梁出现裂缝,同时,采用真空吸浆法技术,压注预应力孔道水泥浆。

在后张预应力混凝土构件中,孔道至构件边缘的净距,不得小于孔道直径,同时,不小于 50mm,以有效避免海洋大气对主梁的腐蚀。

(2)采用整体结构,避免出现外露钢件(筋)

结合沿线地质情况,对于跨径 <6m 构造物,采用 1~6m 和 1~4m 钢筋混凝土整体现浇箱形结构,避免结构中钢筋直接外露。

(3)整体基础和现浇结构

对于腐蚀性较强的路段,凡跨径 <6m 的构造物,采用整体基础 + 整体现浇板,且现浇板采用防腐混凝土,同时加大保护层厚度,板内受拉钢筋采用环氧涂层钢筋。

2)下部结构设计

下部结构盖梁,采用普通钢筋混凝土结构,在正常使用的极限状态下,对于盐池路段,按 IV 类环境设计。

对于鱼虾养殖区路段,受海水影响较大,按 III 类环境设计。

2. 桥梁局部构造处理措施

对于位于比较强的腐蚀环境的桥梁,根据《公路工程地质勘察规范》有关规定,采用以下防护措施:

1)腐蚀环境强的路段防腐措施

对于位于比较强的腐蚀环境结构物,在其上、下部主体结构,继续使用原设计等级的防腐混凝土,同时采取以下防护措施:

(1)桩、柱和现浇整体板涵的整体基础,主筋净保护层厚度不小于 7.5cm,构造钢筋保护层厚度不小于 2.5cm。

(2)对于 4m、6m 现浇整体板涵,保证受拉钢筋净保护层厚度不小于 4.5cm,且采用环氧涂层钢筋,构造钢筋保护层厚度不小于 2.5cm。

(3)钻孔桩的钢护筒保留(每桩 2m),以增加其抗腐蚀能力。

(4)对于盐池区构造物,自地面下 1m 以上结构部件均外涂环氧防腐涂料,防腐蚀涂层厚度不小于 150μm。

2)对中等、弱腐蚀环境的防护措施

对于处于中、弱腐蚀环境的混凝土结构,在原设计等级基础上,根据《公路工程地质勘察规范》有关规定采用二级防护措施。

(1)下部桩、柱混凝土采用普通硅酸盐水泥,水灰比 0.5(抗渗等级相当于 0.6MPa),最少水泥用量 350~380kg/m^3,水泥中的 C_3A 含量小于 5%。

(2)桩、柱钢筋净保护层厚度,均不小于 7cm,构造钢筋保护层厚度不小于 2.5cm。

(3)现浇箱涵受拉钢筋的净保护层厚度不小于 4cm,构造钢筋保护层厚度不小于 2.5cm。

3)中、大跨经桥梁防腐措施

对位于中等腐蚀区域,预应力混凝土连续箱梁桥(含先张法),在其上、下部结构原设计标号的防腐混凝土基础上,采取以下防腐措施:

(1)自地面下 1m 以上,在结构部件均外涂环氧防腐涂料。

(2)桩、柱均加大钢筋保护层至7.5cm,构造钢筋保护层厚度不小于2.5cm。

(3)钻孔桩钢护筒保留(每桩2m),以增加其抗腐蚀能力。

(4)根据《公路工程地质勘察规范》附录D表D.0.9,自常水位+1m以下部分~地面下1m以上柱表面用沥青类、高分子树脂类涂膜防护。

三、高性能混凝土及施工

在这里所说的防腐混凝土,指的是高性能混凝土,它是伴随着超高、长、大型混凝土结构发展应运而生,如海底隧道、跨海大桥、有害环境,不断对混凝土提出要求。高性能混凝土(High Performance Concrete,简称HPC)的概念,是针对混凝土结构物耐久性而言。也就是说,配制出的混凝土不仅强度高,而且耐久,浇筑时不产生缺陷,其特点归纳如图8-14所示。

1. HPC的特征

1)高的工作性能

在拌和、运输、浇筑时具有高流动性,坍落度20cm以上,并且不泌水、不离析,具有良好的可泵性,浇筑时能自流平,坍落度损失小。

2)体积稳定性好

在硬化过程中,水化热小、升温小、冷却时温差收缩小,干燥时收缩性小,收缩徐变小。硬化后结构致密,不易产生宏观和微观裂缝。

3)高的强度

具有高的早期强度,同时后期强度也不断增长。但是,并不等于说,低强度混凝土不具备高性能。

4)优良的耐久性能

所谓耐久性性系指结构致密而稳定,具备有高的抗渗性、抗冻融性、抗腐蚀性能。能有效地抵制硫酸盐、氯离子等有害介质的侵蚀。能抑制碱-集料反应,一句话能在严酷的环境下具有较长的寿命,使用寿命可达100年以上。

2. HPC配制方法

低水灰比、高性能减水剂和超细活性矿物掺合料的复合技术,在它们的共同作用下,使所浇筑的混凝土具有水化热低、含碱量低、体积稳定等特点,不仅提高了其耐久性,还提高了后期强度。特别是超细活性矿物应用,已成为混凝土的第六组成部分(图8-15)。HPC混凝土,只靠高强度是不够的,强调的是耐久性。众所周知,混凝土破坏主要是裂缝造成的,为防止发生温度收缩、干缩裂缝,必须限制水泥用量,降低水灰比,控制水化放热速度,所以必须掺合大

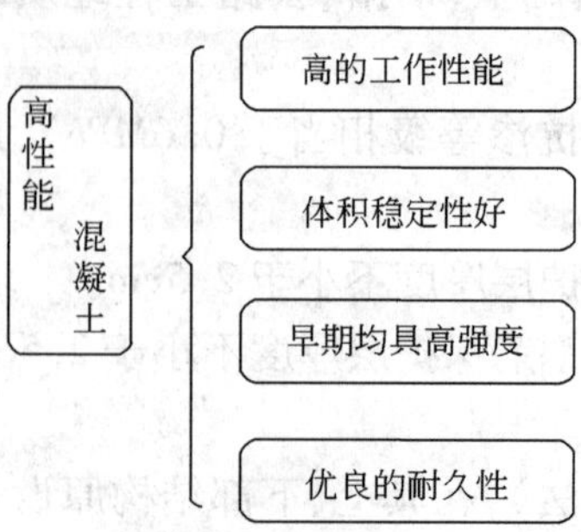

图8-14 高性能(HPC)混凝土特性

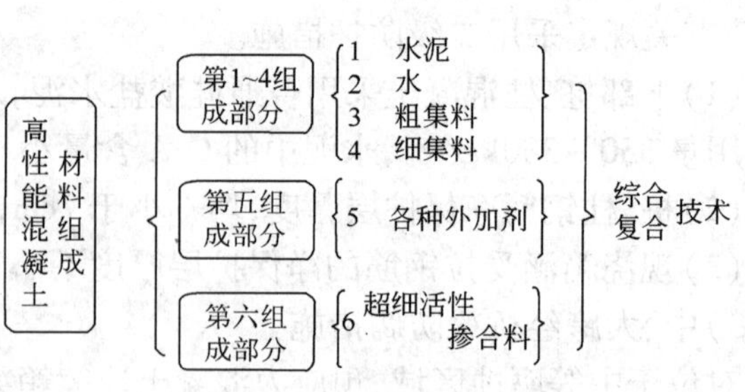

图8-15 HPC材料组成

量的超细活性矿物。

3. HPC 对原材料要求

HPC 原材料包括集料、拌和水、外加剂等，它们带入混凝土的氯离子总量，一般不应超过混凝土中水泥重量的 0.1% ~0.3%。

1）水泥

普通硅酸盐水泥具有早期强度高、凝结硬化快、碱度高、碳化慢等特点。而矿渣硅酸盐水泥的早期强度低、干缩性大，有泌水现象，而且其碱度较低，相对中性化速度为普通硅酸盐水泥的1.4 倍。鉴于以上原因，沿海公路水泥采用普通硅酸盐水泥，其性能指标应符合（GB 175—1999）的要求，水泥中氯离子含量应小于 0.03%，碱含量（等效 Na_2O）应小于 0.6%，铝酸三钙含量小于 5%。

2）集料

粗、细集料主要技术指标按 GB/T 14684—2001 验收、复核，不准采用可能发生碱集料反应的活性集料。

细集料：细集料应采用颗粒坚硬、级配良好、粒径小于 5mm 的天然洁净河砂，细度模数为 2.3 ~ 2.9，含泥量小于 2%，泥块含量小于 0.5%。细集料中氯离子含量应小于 0.03%，严禁采用海砂。

粗集料：粗集料由质地坚硬、颗径范围宜在 5 ~ 25mm、符合连续级配要求的碎石或砾石组成，氯离子含量应小于 0.03%，含泥量控制在不大于 0.5%。

3）掺和料

掺和料应选用细度不小于 4000cm^2/g 的 II 级粉煤灰及硅灰。硅灰按《高强高性能混凝土用矿物外加剂》（GB/T 18736—2002）验收、复核。粉煤灰按《港口工程粉煤灰混凝土技术规程》（JTJ/T 273）验收、复核。

4）水

拌和水氯离子含量不宜大于 200mg/L，严禁用海水拌和混凝土。

4. HPC 配合比设计

河北沿海公路配置的高性能混凝土分别为 C25、C40、C50，其原料采用河北唐山冀东水泥，等级为 P. O 42.5；C30 采用河北唐山冀东水泥，水泥等级为 P. O32.5 水泥；细集料采用河北迁安中砂，细度模数 2.67，表观相对密度 2.65g/cm^3；碎石采用河北双鸭山石灰岩碎石，综合表观密度 2.708g/cm^3；水采用井水；粉煤灰采用唐山西郊电厂粉煤灰；硅粉为天津产硅粉。经检测各项原材料均满足规范要求。使用上述原料，施工单位进行了配合比设计，最后确定了施工配合比，汇总在表 8-1 中。

5. 高性能防腐混凝土施工

为了提高混凝土的密实度、减少裂缝、保证其整体耐久性，为此，在施工过程中必须严格控制如下环节：

1）拌和

混凝土混合料中掺入硅粉，宜用强制式搅拌机，搅拌时间需 150 ~ 180s，比常规混凝土长 30 ~ 60s。

掺入硅粉的混凝土，从原材料质量、配料精度、投料顺序、水胶比、搅拌等全过程中，必须严格进行质量控制，以免出现较小水胶比变化而引起较大的强度波动。

（1）须严格控制水胶比，特别注意集料含水率的变化。

表 8-1

混凝土配合比汇总

混凝土等级	使用部位	水泥（kg）	砂（kg）	碎石（kg）	水（kg）	粉煤灰（kg）	硅灰（kg）	减水剂（%）	纤维网（%）	水胶比	砂率（%）	坍落度（mm）
C25	承台、系梁、护栏、桩基、搭板、护坡坡身、踏步、锥坡、防撞墩、护墙、预制块	324	660	1217	149	58	16.2	3.2		0.37	34	60
C25	水下灌注桩	311	768	1107	184	68	17	3.1		0.46	41	200
C30	墩柱、肋板、帽梁及耳墙、垫石、搭板、封头、防撞体及挡块、牛腿、磨耗层、涵顶垫层、挡土墙	340	610	1215	153	61	17	3.4		0.37	33	60
C30 泵送	同上	356	785	1065	195	62	17	7.12		0.45	42	160
C40	桥面铺装、临时支座、空心板、绞缝、墩柱、垫石、现浇混凝土	360	625	1214	151	65	18	3.6		0.34	34	60
C40 泵送防水	桥面铺装	407	723	1067	179	63	17	5.32	0.9	0.38	40	140
C40 泵送	临时支座、绞缝、墩柱、垫石、现浇混凝土	366	745	1100	185	65	18	5.49		0.41	40	140
C50	空心板梁、现浇箱梁、绞缝、横隔板、现浇桥面板	417	623	1194	150	75	21	5		0.29	34	60
C50 泵送	现浇箱梁、绞缝、横隔板、现浇桥面板	472	693	1094	185	45	20	6.98		0.34	39	140
C50	空心板梁、箱梁、横隔板、现浇桥面板	460	623	1194	165	75	21	5.5		0.3	34	80
C50 泵送聚丙烯	现浇箱梁、现浇桥面顶板	470	670	1190	180	45	20	7	1	0.37	36	140

(2)在搅拌中,外加剂、硅粉等必须充分分散,才能发挥应有作用。如果出料口卸下的拌和物坍落度有明显差别或成球状时,应重新搅拌。

(3)高效减水剂宜采用后掺法,有利于保证混凝土拌和物的工作性。

(4)混凝土浇筑施工,必须连续进行、不得间歇。

(5)必须根据外加剂的品种、性质在规定时间内进行添加。如果外加剂为固体粉料时,可与水泥、砂、碎石同时搅拌,且适当延长搅拌时间。当外加剂为液体时,应按固体含量计算掺量,并从用水量中扣除外加剂的水量。

2)运输

高性能混凝土比较黏稠,出机后要缩短运输中转时间。水平运输用自卸车运送,运输过程中高性能混凝土勿产生分离;垂直运输可采用料斗运送或泵送。

3)浇筑

高性能混凝土应及时浇筑,振捣时间比常规混凝土延长约15s,插入式振捣器的功率需要加大,插入的间距更要紧密,比普通混凝土更深入,使内部空气完全排出,至混凝土不下沉、不出气泡、并泛浆为止。浇筑时注意事项:

(1)如果高性能混凝土下部为常规混凝土,应在其初凝前浇筑高性能混凝土,并一起振捣。

(2)如果侧面为常规混凝土,则应在两者浇至同一要求高度后抽去模板一起振捣。

(3)如浇筑过程不是连续进行,应特别注意振捣不同批次混凝土界面,防止发生冷连接,即使很少的混凝土量也要如此。

(4)高性能混凝土泌水小或根本不泌水,然而,水分蒸发会导致表面出现塑性裂缝,所以振捣、抹面和养护必须连续进行,不得耽搁。

综上所述,浇筑这种混凝土之前,必须进行演练,必须有良好施工组织管理,才能确保高性能混凝土的成型质量。

4)养护

高性能混凝土强度和耐久性,需要在良好的养护条件下才能充分发展。养护的关键是从振捣结束、开始用喷水雾养护,必须有效地防止混凝土表面水分蒸发并保持其表面潮湿,养护时间不少于21d。

5)温控措施

(1)高性能混凝土水化热温升控制

掺用缓凝型高效减水剂及Ⅰ级粉煤灰,可降低水泥初期的水化热,并使其峰值推迟,最高温升降低,同时还可大幅度降低混凝土的单位用水量,相应的单位胶凝材料用量降低,从而降低混凝土热裂的危险。

(2)高性能混凝土的最高浇筑温度控制

若在夏季施工,则必需降低浇筑温度,也就是降低最高温升和初始温差,达到降低表面拉应力的目的。降低浇筑温度要控制3个环节,控制集料温度、控制水泥温度,充分利用制冷设施来降低出机温度。混凝土运输中采用搅拌车,减少运输途中的温度回升;减少入仓振捣时的温度回升。

6)混凝土质量控制

(1)施工过程中严格控制集料质量,发现活性集料立即清除。

(2)严格控制混凝土施工质量,确保水灰比、坍落度在设计要求的范围,按规定的混凝土振捣规程进行操作,以保证混凝土的密实度,同时重视混凝土振捣后的抹面工作。

(3)为了抵抗环境水对混凝土的侵蚀,在桥梁下部结构施工中,应注意将工程结构断面适当增大,并增加钢筋保护层厚度,使钢筋保护层厚度超过 5cm。另外,对于混凝土结构外露面的外缘、棱角和沟槽均做成圆弧形,以便减少碰撞破损和裂缝产生。

(4)为保证钢筋位置的正确,混凝土保护层应满足设计要求。钢筋的垫块,应采用细石混凝土或水泥砂浆制作,有条件时最好采用定型的塑料垫块,不得采用石子作垫块,严禁使用短钢筋作为垫块。钢筋不宜在露天存放,应放在密闭的仓库中,这一点对预应力钢筋和钢丝尤为重要。

(5)混凝土浇捣抹面完成后,应立即覆盖,开始养护防止风干和日晒失水。终凝后,混凝土顶面应立即开始持续潮湿养护。

四、防腐涂层施工

沿海高速公路防腐涂层采用环氧防腐涂料,要求防腐蚀涂层厚度不小于 150μm。

1. 环氧封闭底漆

环氧封闭底漆由特制的改性环氧树脂、助剂、溶剂等组成,与交联剂反应组成双组分自干型底漆,其与水泥底材结合优异,具有良好的防潮抗碱性能,技术指标见表 8-2。

环氧底漆技术指标 表 8-2

项目	指标	项目	指标
细度	≤20μm	附着力	≤1 级
固体含量	≥30%	冲击性	50cm
柔韧性	1mm	漆膜颜色及外观	透明、无机械杂质
干燥时间	表干≤6h	耐水性(96h)	漆膜不起泡、不脱落
	实干≤24h	耐碱性(10% NaOH,48h)	漆膜不起泡、不脱落

2. 环氧封闭底漆施工

1)按比例配制环氧封闭底漆,兑稀至喷涂黏度 12~15s。

2)将混凝土构件表面的残缺、破损部分清除干净,达到结构密实部位,连同表面小孔、内角用腻子修补平整,腻子涂刮后,表面仍存在的不平糙纹及表面凸出部分,用砂纸磨平并除去构件表面上的浮土;对于金属部位表面,应先涂刷一遍防锈漆。

3)清洗打磨过的构件表面,应使其充分干燥。

4)用滚筒或毛刷均匀地涂刷底层涂料,不得漏涂,严禁在不适合气温条件下进行,超过可使用时间的涂料不再使用。

3. 丙烯酸聚氨酯半光面漆

采用特制的丙烯酸树脂为基料,加入颜料、填料、改性剂、助剂等,与交联剂组成双组分常温固化型丙烯酸聚氨酯面漆,其技术指标和施工配置指标分别见表 8-3、表 8-4。

丙烯酸聚氨酯面漆技术指标 表 8-3

项目	指标	项目	指标
外观	漆膜平整	耐水性(96h)	漆膜无异常
光泽(60°)	30~50	耐汽油(24h)	漆膜无异常

续上表

项　目	指　标	项　目	指　标
附着力	≤1级	硬度	≥2h
冲击性	50cm	耐盐雾性(1000h)	漆膜不起泡、不脱落
干燥时间	表干≤1h	耐盐雾性(500h)	漆膜不起泡、不脱落
	实干≤24h		

丙烯酸聚氨酯面漆施工配制　　表8-4

项　目	指标	项　目	指标	项　目	指标
组分一(色浆)	100	专用稀释剂	适量	熟化期	0.5h
组分二(固化剂)		黏度	15~22s	适用期	8h

1)丙烯酸聚氨酯半光面漆施工方法

丙烯酸聚氨酯半光面漆,为双组分涂料,需要现场配制。配漆时,首先必须将组分一充分搅匀,然后将组分二缓慢地加入到组分一中,并且再次充分搅拌均匀,用专用稀释剂兑稀至施工黏度,熟化0.5h后在规定的适用期内用完。涂刷时用滚轮或毛刷在构件外面均匀涂刷两遍,坚决避免漏涂及涂刷厚度不一致(图8-16)。

a)　　　　b)

图8-16　丙烯酸聚氨酯半光面漆效果

a)现场涂层效果;b)构件上部结构涂层

2)涂层施工时环境要求

施工场地地面应保持平整、清洁,涂刷施工时不能有灰尘飞扬。施工环境温度不得低于15℃,相对湿度不大于70%。施工配套方案,见表8-5。

施 工 配 套 方 案　　表8-5

序号	涂　料	道　数	膜厚(μm)	理论涂覆率(m^2/kg/道)
1	环氧封闭底漆	1	40~60	8
2	丙烯酸聚氨酯半光面漆	2	40~60/道	8

五、评述

通过室内试验和工程实践表明:

1)混凝土中掺加活性掺合料(粉煤灰、硅灰),不仅可以节约水泥,提高经济效益,而且可以改善混凝土密实度,提高其抗氯离子渗透性,增强对钢筋的保护性能。同时,还可以弥补单加粉煤灰易于离析泌水的问题，且28d强度高于普通混凝土，抗渗性能得到提高。明显优于单掺（仅掺入粉煤灰）的强度、抗渗性及抗氯离子渗透性。

2）对7d强度影响强弱分析：砂率 > 粉煤灰 > 水灰比 > 用水量 > 硅灰；

对28d强度影响的强弱分别为：水灰比 > 硅灰 > 粉煤灰 > 用水量 > 砂率。

从结果来分析比较，对于早期强度影响较大的是砂率和粉煤灰，而硅灰对早期强度影响不是特别显著，而水灰比和硅灰对后期强度影响显著。

3）对混凝土抗氯离子渗透性强弱顺序为：硅灰 > 水灰比 > 粉煤灰 > 砂率 > 用水量，其中硅灰的掺入对抗氯离子渗透性影响最显著，不掺硅灰时，混凝土抗氯离子渗透性基本为低渗透，但是掺加3%后渗透性变为极低，降低幅度达50%。

4）硅粉掺量过大时（大于9%）时，试件成型操作困难，且混凝土坍落度损失大，不易施工，抗氯离子渗透性增长不大，因此，建议掺合料中，硅粉含量不宜大于9%，选择5% ~7%范围。

5）使用硅烷浸渍剂后的混凝土，其电通量都有不同程度的降低，普通混凝土使用硅烷浸渍剂后，其电通量降低幅度高于高性能混凝土。

6）硅烷浸渍剂经稀释后，也能对混凝土有一定保护作用，但保护效果较未稀释前有较明显的降低。稀释后硅烷浓度越低，其保护效果越差。

7）环氧类涂料应用较为成熟，可以满足沿海工程条件下构件的防腐功能。

附录一　河北沿海高速公路土建工程施工监理单位一览表

河北沿海高速公路土建工程施工、监理单位一览表

附表 1-1

合同号	起讫桩号	长度(km)	工程内容	施工单位	驻地监理	总监办
东段(秦皇岛至乐亭段)土建工程标段划分、施工和监理单位						
Q1	K0 +000 ~ K9 +400	9.4	路基、桥梁 K0 +000 ~ K23 +000 路面	中铁十九局集团第三工程有限公司	河北通达工程监理咨询有限公司	秦皇岛保神交通建设监理有限公司
Q2	K9 +400 ~ K23 +000	13.6	路基、桥梁	吉林省交通建设集团有限公司		
Q3	K23 +000 ~ K36 +700	13.667	路基、桥梁 K23 +000 ~ K50 +200 路面	宁夏路桥工程股份有限公司	北京华通公路桥梁监理咨询公司	
Q4	K36 +700 ~ K50 +200	13.5	路基、桥梁	中铁十九局集团第四工程有限公司		
Q5	K50 +200 ~ K64 +100	13.9	路基、桥梁 K50 +200 ~ K78 +100 路面	贵州公路桥梁工程总公司	黑龙江省公路监理咨询公司	
Q6	K64 + 100 ~ K69 + 728.75	5.629	路基、桥梁	山西太行路桥有限公司		
Q7	K69 +600 ~ K78 +100	8.5	路基、桥梁	黑龙江北琴海路桥工程集团有限公司		
西段(乐亭至冀津界段)土建工程标段划分、施工和监理单位						
T1	K78 +100 ~ K92 +100	14.0	路基桥梁	唐山远大交通工程有限公司	唐山交通建设工程监理咨询有限责任公司	河北省交通建设监理咨询有限公司
T2	K92 + 100 ~ K106 + 100	14.0	路基桥梁	中铁二十二局集团第四工程有限公司		
T3	K106 + 100 ~ K118 + 250	12.15	路基桥梁	唐山公路建设总公司	廊坊市交通技术咨询监理公司	
T4	K118 + 250 ~ K132 + 650	14.4	路基(含软基处理)、桥梁	中铁一局集团第一工程有限公司		
T5	K132 + 650 ~ K146 + 350	13.7	路基(含软基处理)、桥梁 K132 +650 ~ K160 +140.477 路面	中铁十七局集团第三工程有限公司	邯郸市交通建设监理咨询有限公司	
T6	K146 + 350 ~ K160 + 140.477	13.79	路基(含软基处理)、桥梁	天津市公路工程总公司		

附录二 DX 挤扩灌注桩施工记录表

DX 挤扩灌注桩挤扩记录 附表 2-1

工程名称:沿海公路乐亭至冀津界段高速公路 标段( )

<table>
<tr><td>施工单位</td><td colspan="7"></td><td colspan="2">施工日期</td><td colspan="3">年 月 日</td></tr>
<tr><td>桩号</td><td></td><td>孔口高程(m)</td><td colspan="5"></td><td colspan="2">钻机编号</td><td colspan="3"></td></tr>
<tr><td>桩径(mm)</td><td></td><td>桩长(m)</td><td colspan="2"></td><td colspan="3">设计孔深(m)</td><td colspan="2"></td><td colspan="2">挤扩班号</td><td></td></tr>
<tr><td>挤前孔深(m)</td><td></td><td>挤后孔深(m)</td><td colspan="2"></td><td colspan="3">沉渣厚度(mm)</td><td colspan="2"></td><td colspan="2">挤扩机编号</td><td></td></tr>
<tr><td>盘号</td><td>高程(m)</td><td>深度(m)</td><td colspan="2">作业时间</td><td colspan="8">年 月 日 时 分 至 日 时 分</td></tr>
<tr><td rowspan="6">一盘</td><td rowspan="6"></td><td rowspan="6"></td><td colspan="10">挤扩压力值(MPa)</td></tr>
<tr><td>1</td><td>2</td><td>3</td><td>4</td><td>5</td><td>6</td><td>7</td><td>8</td><td>9</td><td>10</td></tr>
<tr><td colspan="10">挤扩盘径(mm)(允许偏差:-40mm)</td></tr>
<tr><td colspan="3">设计盘径(mm)</td><td colspan="4">实际盘径(mm)</td><td colspan="3">偏差:mm</td></tr>
<tr><td colspan="3"></td><td colspan="4"></td><td colspan="3"></td></tr>
<tr><td colspan="10"></td></tr>
<tr><td rowspan="6">二盘</td><td rowspan="6"></td><td rowspan="6"></td><td colspan="10">挤扩压力值(MPa)</td></tr>
<tr><td>1</td><td>2</td><td>3</td><td>4</td><td>5</td><td>6</td><td>7</td><td>8</td><td>9</td><td>10</td></tr>
<tr><td colspan="10">挤扩盘径(mm)(允许偏差:-40mm)</td></tr>
<tr><td colspan="3">设计盘径(mm)</td><td colspan="4">实际盘径(mm)</td><td colspan="3">偏差:mm</td></tr>
<tr><td colspan="3"></td><td colspan="4"></td><td colspan="3"></td></tr>
<tr><td colspan="10"></td></tr>
<tr><td rowspan="6">三盘</td><td rowspan="6"></td><td rowspan="6"></td><td colspan="10">挤扩压力值(MPa)</td></tr>
<tr><td>1</td><td>2</td><td>3</td><td>4</td><td>5</td><td>6</td><td>7</td><td>8</td><td>9</td><td>10</td></tr>
<tr><td colspan="10">挤扩盘径(mm)(允许偏差:-40mm)</td></tr>
<tr><td colspan="3">设计盘径(mm)</td><td colspan="4">实际盘径(mm)</td><td colspan="3">偏差:mm</td></tr>
<tr><td colspan="3"></td><td colspan="4"></td><td colspan="3"></td></tr>
<tr><td colspan="10"></td></tr>
<tr><td rowspan="6">四盘</td><td rowspan="6"></td><td rowspan="6"></td><td colspan="10">挤扩压力值(MPa)</td></tr>
<tr><td>1</td><td>2</td><td>3</td><td>4</td><td>5</td><td>6</td><td>7</td><td>8</td><td>9</td><td>10</td></tr>
<tr><td colspan="10">挤扩盘径(mm)(允许偏差:-40mm)</td></tr>
<tr><td colspan="3">设计盘径(mm)</td><td colspan="4">实际盘径(mm)</td><td colspan="3">偏差:mm</td></tr>
<tr><td colspan="3"></td><td colspan="4"></td><td colspan="3"></td></tr>
<tr><td colspan="10"></td></tr>
<tr><td colspan="13">有关情况说明:</td></tr>
<tr><td colspan="2">施工监理:

年 月 日</td><td colspan="4">工程负责人:

年 月 日</td><td colspan="4">校核:

年 月 日</td><td colspan="3">记录人:

年 月 日</td></tr>
</table>

工程名称：沿海公路乐亭至冀津界段高速公路　　附表 2-2

钻孔原始记录

承包人：　　合同号：　　编号：

原表：

桥梁名称及桩号				墩台名称及编号		钻孔编号	
设计孔底高程		实际孔底高程		护筒高程		钻孔方法	
钻孔设计直径		钻孔设计深度		实际钻孔深度		钻头类型	
钻孔日期 月　日　时	本班进尺（m）	累计进尺（m）	钻孔偏位情况	泥浆比重	地质情况	发生事故及处理办法	机长签字

记录员：　　承包人检验员：　　承包人技术负责人：　　现场监理：

附录三　有关规范摘录

一、《建筑地基基础设计规范》GB 50007—2002 的第3.0.4条

第3.0.4条

1. 按地基承载力确定基础底面积及埋深或按单桩承载力确定桩数，传至基础或承台底面上的荷载效应应按正常使用极限状态下荷载效应的标准组合。相应的抗力应采用地基承载力特征值或单桩承载力特征值。

2. 计算地基变形时，传至基础底面的荷载效应应按正常使用极限状态下荷载效应的准永久组合，不应计入风荷载和地震作用。相应的限值应为地基变形允许值。

3. 计算挡土墙土压力\地基或斜坡稳定及滑坡推力时，荷载效应应按承载能力极限状态下荷载效应的基本组合，但其分项系数均为1.0。

4. 在确定基础或承台高度、支挡结构截面、计算基础或支挡结构内力、确定配筋和验算材料强度时，上部结构传来的荷载效应组合和相应的基底反力，应按承载力极限状态下荷载效应的基本组合，采用相应的分级系数。

当需要验算基础裂缝宽度时，应按正常使用的极限状态荷载效应标准组合。

5. 基础设计安全等级、结构设计使用年限、结构重要性系数应按有关规范的规定采用，但结构重要性系数 γ_0 不应小于1.0。

二、《建筑基桩检测技术规范》(JGJ 106—2003)第6.4.3条

第6.4.3条　单桩的水平临界荷载可按下列方法综合确定：

1. 取单向多循环加载法时的 $H-t-Y_0$ 曲线或慢速维持荷载法时的 $H-Y_0$ 曲线出现拐点的前一级水平荷载值。

2. 取 $H-\Delta Y_0/\Delta H$ 曲线或 $\lg H-\lg Y_0$ 曲线上第一拐点对应的水平荷载。

3. 取 $H-\sigma_s$ 曲线第一拐点对应的水平荷载。

三、《建筑基桩检测技术规范》(JGJ 106)第6.4.4条

第6.4.4条　单桩的水平极限承载力可按下列方法综合确定：

1. 取单向多循环加载法时的 $H\text{-}t\text{-}Y_0$ 曲线产生明显陡降的桥前一级、或慢速维持荷载法时的 $H\text{-}Y_0$ 曲线发生明显陡降的起始点对应的水平荷载值。

2. 取慢速荷载法时的 $Y_0\text{-}\lg t$ 曲线尾部出现明显弯曲的前一级水平荷载。

3. 取 $H-\Delta Y_0/\Delta H$ 曲线或 $\lg H-\lg Y_0$ 曲线上第二拐点对应的水平荷载。

4. 取桩身折断或受拉钢筋屈服时的前一级水平荷载。

后　　记

随着大规模的工程建设发展，对不良地基处理技术不断创新，犹如盛开的鲜花，争奇斗艳。笔者仅结合自身的工作实践，以河北沿海公路工程为例，把实际运用到的对不良地基上处理技术，连同管见所及的资料，分门别类地编撰在一起。虽不是高文雅作，但可以说，用平铺直叙的方式，把目前软土地基、盐渍土、砂液化地基常用的处理技术，简明扼要地一一述出。

从书中列举的一些处理技术，可以做出如下描述：

1. 对软弱地基处理技术，从换填方法开始，逐步发展人工挖孔、机械钻孔、振冲碎石桩、深层搅拌桩、DX 钻孔挤扩桩，构筑成复合地基，逐步提高了处理后的软弱地基的强度和稳定。

2. 从人工井点降水固结软土技术起，发展到采用塑料排水板技术，与堆载预压、真空预压、超载预压技术联合应用，使得处理的饱和软弱地基获得成功，提高软弱地基承载能力。

3. 从人工夯实，机械碾压、振动碾压、冲击压实、强夯技术、高真空击密技术，显著地提高了路堤压实质量；特别是强夯与高真空技术相结合，使在地震中给人类造成极大灾害的液化砂被牢固地囹圄在地层深处。

4. 从使用一般路基填料，发展到与土工材料联合运用，采用化学技术改性盐渍土，使用各种类型的固化剂固化不同种类的软弱土壤，开发利用粉煤灰，发展到气泡混合轻质土和 EPS 块体，使路堤填料出现质的飞跃。再综合利用上述技术，成功地解决了长期困扰桥头跳车病害问题。

综上所述，人们对不良地基处理技术，伴随着新劳动工具的出现，或说每一次劳动工具(机械)创新，不良地基上施工技术和质量就向前迈上一个新台阶。

每出现一种新材料，使不良地基上筑路质量产生一个质的飞跃。这些生动事实，展现了广大公路建设者们以科学发展观为指针，不断创新、不断发展的历史过程。

目前，环渤海北部的高速公路已投入使用，工程继续向渤海南部延伸。笔者相信，伴随着科学技术发展，工业化水平的提高，对不良地基的处理技术，将会不断创新，以后再出版的这类书中，内容将会更加丰富多彩。

作者

2009 年 7 月

参 考 文 献

[1] 河北沿海高速公路有关设计资料和施工资料.河北沿海高速公路筹建处,2005~2007.
[2] 河北沿海高速公路研究报告.河北沿海高速公路筹建处,2006~2008.
[3] 公路路基设计规范(JTG D30—2004).北京:人民交通出版社,2004.
[4] 公路路基施工技术规范(JTG F10—2006).北京:人民交通出版社,2006.
[5] 建筑地基基础设计规范(GB 50007—2002).北京:中国建筑工业出版社,2002.
[6] 建筑地基处理技术规范(JGJ 79—2002).北京:中国建筑工业出版社,2002.
[7] 公路软土地基路堤设计与施工技术规范(JTJ 017—96).北京:人民交通出版社,1996.
[8] 陈忠平,王树林,邓江.气泡混合轻质填土新技术.北京:人民交通出版社,2004.
[9] 侯岩峰,魏正义.公路项目质量管理技术.北京:人民交通出版社,2004.
[10] 江苏宁沪高速公路股份有限公司,河海大学主编.交通土建地基工程手册.北京:人民交通出版社,2001.
[11] 何挺继,朱文天,邓世新.筑路机械手册.北京:人民交通出版社,1998.
[12] 公路沥青路面施工技术规范(JTG F40—2004).北京:人民交通出版社.
[13] 沙庆林.多碎石沥青混凝土 SAC 系列的设计与施工.北京:人民交通出版社,2005.
[14] 交通部公路科学研究院.公路冲击压实应用技术指南.北京:人民交通出版社,2004.
[15] 公路工程土工合成材料等九项(JT/T 513-521—2004).北京:人民交通出版社,2004.
[16] 新疆公路学会.盐渍土地区公路设计与施工指南.北京:人民交通出版社,2006.